在中西古今之间

——余纪元学术文集

傅永军　张志伟　主编

中国人民大学出版社
·北京·

目　录

第一编　柏拉图研究

第二编　亚里士多德研究

第三编　中国的希腊哲学研究

第四编　孔子与亚里士多德

第五编　比较研究与德性伦理学

附录　研究·书评·对话

前　言

张雅洁

时光荏苒，转眼纪元逝世已五年，五年来对纪元的怀念从未稍减。感激张志伟、傅永军及中国人民大学出版社，还有把纪元的文章从英文翻译成中文的他在国内的学生和学界同道：晏玉荣、李涛、金小燕、韩燕丽、钱圆媛、惠贤哲、许欢、林航、朱清华、孔祥润和陈昱翰。是他们的辛勤付出使这本书能得以面世，这无疑将是对纪元最好的纪念。

我觉得这会是一本极有价值的书。纪元作为中国人在世界希腊哲学领域的贡献是举世公认的，同时他在中西比较哲学领域的建树也走在了世界学术界的前沿。这一点从本书内容中得到了全面的反映。全书大致可以分为三部分，第一部分是纪元对柏拉图研究和亚里士多德研究的贡献，第二部分是他对中西比较哲学及伦理学的贡献，第三部分是来自世界各地的学者与纪元的对话。纪元的学术研究跨越中西哲学领域，纪元的人生追求也有中西哲学思想的双重烙印。在纪元身上既有亚里士

多德"吾爱吾师，吾更爱真理"的精神，也有中国哲学所追求的精神。冯友兰先生说中国哲学追求四个境界：第一为自然境界，第二为功利境界，第三为道德境界，第四也是最高境界为天地境界。汤一介先生认为达到"天地境界"需要践行王阳明的"知行合一"。纪元推崇并践行亚里士多德德性伦理学的最高境界"活得好，做得好"，就是在践行这种"知行合一"的天地境界。我觉得这样说没有言过其实，这可以从纪念缅怀纪元的诗文，也可以从我和他一起的三十年生活中反映出来。

纪元在短暂的人生中做出了使人为他骄傲的成就。他生前常常感恩对他的成长有帮助的人，感恩他能成为别人的帮助和所有的遇见：前辈如仙逝的苗力田老师、汪子嵩先生，以及他的祖父母，同辈中最要感激的是他的堂兄余建松、堂嫂余芳瑛在他童年和少年时对他的关爱。我代表纪元将此书献给他们。

序言：中西哲学交流的真正对话者

不知不觉中，纪元离开我们快五年了。但我总觉得他还在我们中间：我的眼前总是浮现出他的音容笑貌，我的耳畔总是回响着他的爽朗笑声，我的心中总是挂念着他来自遥远的电话！最近，我们的共同好友、山东大学傅永军教授告诉我，由他和中国人民大学张志伟教授主编的纪元的学术文集《在中西古今之间——余纪元学术文集》就要出版了，我才真正意识到纪元已经驾鹤西去！

永军兄告诉我，他与志伟教授商议，嘱我为这本文集写篇序言。他说邀请我的原因有二：其一，众所周知，我与纪元有着几十年深厚的兄弟情谊，我们两个家庭也长期保持着密切联系，因而我应当了解纪元的为人和生活；其二，我从事的研究工作与纪元有着太多交集，无论是在学习上还是在工作上都有许多共同的经历，因而我也应当了解纪元的工作和思想。的确，我与纪元有着深厚的感情交往，在生活中如手足兄弟。从这个角度说，我应当责无旁贷地接受这个邀请。但如果从了解纪元的工作和思想来看，我却感到很惭愧，因为我并不觉得自己真正理解纪元，或者说，我并不认为自己最有资格来讨论纪元的工作和思想。但友情难却，我也很愿意借此机会表达一下自己对纪元思想的肤浅理解，更是对纪元的深深怀念。从本文集收入的纪元的论文可以看到，无论是在中西之间，还是在古今之际，纪元都是真正意义上的有思想的对话者。我把这种思想对话看作纪元的思想从"通达"、"透彻"到"融合"的过程，这就是他从古希腊哲学的通达研究，走向对中西哲学的透彻比较，最后到达德性伦理学的最大融合。

一、古希腊哲学的通达研究

应当说，纪元的大部分著作我都阅读过，他早期对柏拉图和亚里士多德哲学的研究论著，包括他的英文著作 *The Structure of Being in Aristotle's Metaphysics*（2003），充分体现了纪元在古希腊哲学领域的深厚功底以及他对柏拉图和亚里士多德哲学的深刻理解。他的这些著作目前已经成为国际研究希腊哲学学者的必读书目。根据我的理解，纪元论著的明显特点就是，思路特别清晰，表达特别简洁，论证特别严谨，观点特别鲜明。这四个"特别"不仅反映的是纪元写作风格的特色，更是纪元思想深刻的表现。例如，在他的名篇《亚里士多德论 ON》中，他清晰地分析了亚里士多德在不同著作中对 on 的不同论述方法，由此揭示了"十类范畴即是 on 的十类种，任何一种范畴都不能是任何其他范畴的属或一个成分。它们不能互相归结，也不能归结为一个共同的东西。范畴彼此间是异质的"①。由此出发，他进一步说明了 on 的第一意义和其他意义，以及 on 与 ousia、ti esti、to ti en einai 等范畴的内在关联，最后指出，"亚里士多德对 on 的讨论是从范畴即 on 的不同类别的划分起始的，范畴划分是亚氏形而上学的主要贡献之一"②。文章的论述无论是在逻辑上还是在表达上都非常清晰，不仅通过文本分析揭示了亚

---

① 余纪元：《亚里士多德论 ON》，《哲学研究》1995 年第 4 期：第 65 页。（此文收入本文集第二编。——编者注）

② 同上书，第 72 页。

里士多德的真实思想，而且澄清了国内外学术界对亚里士多德 on 概念的一些误解和误译，提出了自己的独到观点。文章论证的严谨性充分体现了纪元严密的逻辑分析训练和扎实的文献分析功底，更反映出纪元对亚里士多德思想理解的深刻之处，因而该文已经成为国内学术界理解亚里士多德 on 概念的经典文献。

纪元对古希腊哲学的"通达"不仅体现在他作为一个观察者与研究者对柏拉图和亚里士多德思想的义理分疏，而且表现在他作为一个对话者与古代哲学家的思想沟通，特别是在他对柏拉图的通种论和亚里士多德的幸福观的分析之中。值得一提的是，《柏拉图"通种论"研究》是纪元的本科毕业论文。在这篇独具慧眼的论文中，他抓住了柏拉图不同时期对通种的论述，指出了通种论的最大困难在于动静关系的处理，论证了在柏拉图那里动静无法互相分有的观点。重要的是，这个论证不是借助于已有的研究成果，而是在这些成果之上运用柏拉图的论述，展开了与柏拉图本人的对话。在讨论动静无法互相分有的时候，纪元借用柏拉图之口反唇相讥于柏拉图，认为柏拉图在《智者篇》中所阐述的关于动静关系的观点与他在《泰阿泰德篇》中的论述矛盾，因为柏拉图的理念论本身就存在困难。纪元在文中明确指出，柏拉图的错误在于，"全部结果只是在于提出了抽象的逻辑根据而未见实际的解答"[①]。很难想象，这样大胆的结论出自一名哲学系本科生之手！他敢于挑战学术权威，甚至设想与柏拉图直接对话，这些都反映了纪元过人的胆识和敏锐的学术洞察力。

我特别注意到，纪元与古代哲学家的对话不是钻入故纸堆里挖掘古人的思想，而是站在当代哲学的视角重新解读古代哲学家的理论观点，

---

① 余纪元：《柏拉图"通种论"研究》，载周勇胜、徐梦秋、洪峻峰：《八十年代大学生毕业论文选评》，福建人民出版社，1986，第317-318页。（此文收入本文集第一编。——编者注）

因而，这种对话是现代人与古代人的跨时空对话，是古今思想之间的碰撞和交流。这普遍存在于他对古希腊哲学的研究中，特别明显地表现在他对亚里士多德的幸福观的解释中。纪元对亚里士多德的幸福观做过系统的研究，从亚里士多德的伦理学中寻找这种幸福观的发展线索，从与柏拉图《国家篇》幸福观的对比中挖掘亚里士多德德福一致论的思想根据，从古希腊伦理学中发现"活得好"与"做得好"之间的密切联系。无论是在《亚里士多德的伦理学》（2011）还是在《德性之镜：孔子与亚里士多德的伦理学》（2009）中，纪元都非常清晰地向我们展现了他与这些古人的对话，并站在当代哲学的立场上对古人的幸福观做出了细致的分析阐述。他与人合作的多部著作，如与荷西·格雷西亚（Jorge Gracia）合编的《从古代到中世纪早期的理性与幸福》（*Rationality and Happiness: From the Ancients to the Early Medievals*，2003）和《经典的使用与误用：西方对希腊哲学的解释》（*Uses and Abuses of the Texts: Western Interpretations of Greek Philosophy*，2004）等，也为我们展现了他对古典文本的深刻理解以及对当代西方解释的不满。在《亚里士多德论幸福：在柏拉图的〈国家篇〉之后》一文中，纪元比较了亚里士多德的幸福观与柏拉图的幸福观，指出两者之间存在着"令人惊异的亲密的哲学亲缘关系"[①]，认为亚里士多德在《尼各马可伦理学》中展现的两种幸福观的对立就是柏拉图哲学王悖论的另一激进程度较缓和的表现形式。他说："思辨的幸福与哲学家的生活对应，而实践智慧和伦理德性的幸福与国王对应。亚里士多德在幸福论上有突出的贡献，但是他做出贡献的根源通过他对柏拉图的继承可得到更富有成果的理解。《伦理学》和《国家篇》处理的共同项目是追求理智优秀和满足道德要求之间的矛盾。"[②]

---

① 余纪元：《亚里士多德论幸福：在柏拉图的〈国家篇〉之后》，朱清华译，《世界哲学》2003 年第 3 期：第 94 页。（此文收入本文集第二编。——编者注）

② 同上。

在《"活得好"与"做得好"：亚里士多德幸福概念的两重含义》一文中，纪元证明了亚里士多德伦理学的"幸福"（eudaimonia）概念是"在两种意义上说的"，而非只具有一种意思。"它既是'活得好'也是'做得好'。这一区分构成了亚氏伦理学主要论证的基础。它是一条贯穿许多主要论争的单一线索。"① 这种解读为我们深刻理解亚里士多德的幸福观提供了重要思路，也让我们对纪元始终提倡的"活得好"与"做得好"之间的密切关系有了更为深层的理解。正因为纪元在古希腊伦理学研究中的突出贡献，维基百科在他的人物专条中把他对幸福观的理解作为他的重要哲学贡献之一。

二、中西哲学的透彻比较

众所周知，纪元最为重要的哲学贡献在于他对中西哲学的比较研究，在于他从这种比较研究中得到的重要哲学结论。而正是在这种比较研究中，我们可以看到纪元思想的透彻性特征。这种透彻性表现在，正如傅永军指出的，纪元不仅在比较哲学研究的范围、目的、任务、方法及其比较研究的可能性等问题上提出了一些原创性的、有重要开拓意义的理论观点，而且在自己的研究中身体力行，通过自己的研究实践对自己的比较哲学主张进行验证，体现了一种知行合一的学术态度。

从研究范围看，纪元的比较工作表现在古人思想之间、古今思想家之间以及跨文化研究的视角等不同方面。这特别明显地反映在他对孔子与亚里士多德之德性观的比较、孔子与苏格拉底之自我概念的比较、道家与斯多葛学派之自然观的比较以及中国哲学与希腊哲学之方法论的比

---

① 余纪元：《"活得好"与"做得好"：亚里士多德幸福概念的两重含义》，林航译，《世界哲学》2011年第2期：第246页。（此文收入本文集第二编。——编者注）

较上。纪元对孔子伦理学与亚里士多德伦理学的比较研究成果，集中于他的《德性之镜》一书中，国内外哲学界已经有了大量讨论，对这种研究成果给予了很高的评价。然而，纪元对中国哲学与希腊哲学之方法论的比较工作，却较少引起学界的关注和讨论。这种比较工作包括两个方面：一方面是关于这两种哲学共同包含的对德性伦理学的理解问题，另一方面则是关于这种比较研究的方法论问题。前者涉及对伦理学的实践作用的深层理解，后者则包含对跨文化研究的方法论思考。

纪元通过对古希腊哲学的德性伦理学与中国古代哲学的实践伦理学的比较研究，发现了一种被长期忽视的解释路径，即伦理学是一种改变人们生活的实践活动。他不仅指出了这种解释路径在古希腊哲学和中国古代哲学中的共有表现，而且分析了导致这种路径长期被忽视的主要原因以及在当今复兴这种解释的必要性和重要性。他认为，当今关于德性伦理规范性的辩论忽略古老的实践性概念并非偶然，这在很大程度上是由古人和今人做伦理学的不同方式决定的。他说："古代哲学家们做伦理学的动力在于他们将其作为一种生活方式。这是非常个人的而且非专业的。他们致力于他们的生活理想，并试图说服别人他们的生活方式是唯一正确的。他们的伦理话语是他们对人类应该如何生活的特定观点的表达和证成。因此，他们关注的焦点在于他们所选择的生活方式是否有效。这并不奇怪。古代哲学家们寻求在生活中体现他们的哲学，其讨论伦理学是一种自我修养和自我成长的过程。……相比之下，当今的伦理学是一门学术性学科和一种理论研究。它主要致力于概念分类、思想实验和论证构建……大多数伦理学工作者是出于智力兴趣和学术训练而工作，很少有人将伦理观点与自己的生活联系起来。有专业规范来确定人们应当进行哪种研究以及如何安排研究。遵循这些规范对于一个人的事业至关重要。因此，当伦理学家是一回事，而过生活又是另一回事。"① 这正所谓"九言劝醒迷途仕，一语惊醒梦中人"(《红楼梦》语)。在当代德性伦理学缺失实践性要求的大背景下，纪元明确提出，"重要的是，尽管我们不能完全照搬那些使得德性伦理学具有实践性的古代方法，但是德性伦理学应该对行为主体的生活引发某些转变的古代观点仍然具有重要意义和吸引力"②。

难能可贵的是，纪元不仅在理论上坚持复兴古代方法的重要性，而且在自己的教学实践中身体力行这些方法，努力教导学生们如何去过一种好的生活。无论是在美国纽约州立大学布法罗分校的校园里，还是在中国人民大学和山东大学的课堂上，纪元都以自己的言行感染着学生，劝慰他们如何从"做得好"走向"活得好"，从他的几部中文讲演录中就可以明显地看出这一点。他的中文讲演录基本上都是他在课堂上的讲座实录，包含了许多他在其他理论文章中没有显露的真知灼见，其中特别重要的就是他对亚里士多德德性论和幸福观的阐发。例如，在《亚里士多德伦理学》(2011)的前言中，纪元明确指出："伦理学被亚里士多德归类为实践科学。实践科学的主要目的不在于求知，而在于践履其所倡导的生活方式，并且能够改善人的品格。当然，伦理学试图理解人类生活的最高善，并提供解释。但伦理学不是一种纯粹的智力活动，不是一种纯理论研究，而是有一种实践取向，有一种实用性。一种好的伦理学也就不仅是一种只提出严格论证的学理系统，它还能影响人生选择，进行心灵培育，让人们的生活更有意义，让人们变成更好的人。"③ 纪元把我国著名古希腊哲学专家汪子嵩先生看作践行亚里士多德伦理学的现实典范。他这样写道："幸福，在亚里士多德看来，不仅是令人称颂的，

① Jiyuan Yu, "The Practicality of Ancient Virtue Ethics: Greece and China," *Dao* 9 (2010): 300. (参见收入本文集第五编的钱圆媛的译文，引文出自本书第 344 页。——编者注)
② Jiyuan Yu, "The Practicality of Ancient Virtue Ethics: Greece and China," *Dao* 9 (2010): 301. (参见收入本文集第五编的钱圆媛的译文，引文出自本书第 346 页。——编者注)
③ 余纪元:《亚里士多德伦理学》，中国人民大学出版社，2011，第 2 页。

更是让人钦羡效仿的、一心想要拥有的生活。汪公的生活正是我一直力图模仿的,如特殊物模仿柏拉图的'相'一样。我一直希望和要求自己修炼出汪公般的智慧、祥和、宽厚与大气,能像汪公那样对希腊哲学孜孜不倦,对同行学友虚怀若谷,对晚辈学生悉心提携,对世事境遇宠辱不惊,对名利淡泊超然,等等。"①纵观纪元的一生,他完全做到了所有这些,甚至更多。他正是以自己的一生,完美地诠释了何谓"做得好"和"活得好",这也恰好体现了纪元思想的透彻性特征。

三、德性伦理学的最大融合

作为国际著名哲学家,纪元的哲学贡献不仅在于古希腊哲学研究和中西哲学比较研究,更在于他能够从这些研究中提炼升华出对不同哲学传统比较研究的方法论思考,并由此提出他自己关于德性伦理学的独到理解。正是由于他在哲学上的这些创新性成就,他的工作才得到国际哲学界的高度评价,他的思想才得到世界哲学家的普遍认可。在我看来,他在比较哲学方法论和德性伦理学方面取得的成就,充分体现了他思想的融合性特征,这就是思想的出神入化境地,亦如冯友兰先生所言的"天地之境"。

与其他研究者从事的比较研究不同,纪元的比较哲学研究的特点在于超越了通常设定的比较双方的优劣分析,给出了不同哲学观念之间共有的思想特征。这种比较研究的目的是求同存异,而不是弃同求异。因此,严格意义上说,纪元的比较研究不是通常的哲学比较工作,而是比较哲学的研究。这种比较哲学的特点在于确立研究的方法论,寻求不同哲学传统之间的共同特征。纪元的比较哲学方法论主要体现为两种形

---

① 余纪元:《亚里士多德伦理学》,第6页。

式，即"以朋友为镜"和"拯救现象"。纪元的《德性之镜》就充分体现了他用"以朋友为镜"的方法表达的比较双方对等或平等的含义，其中既包含了比较者摈弃对被比较对象的任何先入之见，不对任何一方带有偏见或厚此薄彼，又包含了被比较对象之间事实上的对等或平等地位。纪元通过对孔子伦理学和亚里士多德伦理学的比较研究，具体实现了这种"以朋友为镜"的方法，并由此提出了具有独创性的关于实践智慧的思想。

"拯救现象"是亚里士多德伦理学中使用的论述方法，其主要方式是建立可比较的现象，阐明现象之间的差异，拯救所比较现象中的真理。纪元相信，如果我们把在不同文化及传统中的所言所信看作"现象"，则拯救现象方法可以非常有用地延伸到比较哲学领域。他在与尼古拉斯·布宁（Nicholas Bunnin）合著的文章《拯救现象：亚里士多德主义的比较哲学方法》（"Saving the Phenomena：An Aristotelian Method in Comparative Philosophy"）中指出："比较哲学之所以是'比较'，乃是因为它涉及不同的哲学传统。这些传统的发展是相对独立的。典型的比较哲学是指西方哲学传统与印度、中国或非洲这些非西方的不同传统间的比较。比较西方传统中的不同体系（或更确切地说，比较复杂的种种西方传统中的不同体系）是很经常的哲学实践，但它从未被叫作比较哲学。这里的约定似乎是这样的：西方哲学学说间的直接和间接的联系与交互作用，不管在目的或内容上多么不同，都使西方传统间的现象集合合法化。可比较哲学是把在其发展过程中没有相互影响或者没有经过紧密交集的传统纠集到一起，故它不是在探讨现存的或潜在的自然对话，而是把对话形式加诸现实中不具备对话之必要条件的不同传统之间。"① 他们相信，拯救现象法对于比较哲学的意义在于，"可引导比较哲学超越对来自不同文化传统的哲学思想的后哲学考察，获得不仅仅是

① 余纪元、布宁：《拯救现象：亚里士多德主义的比较哲学方法》，余纪元译，《世界哲学》2017年第6期：第7页。（此文收入本文集第二编。——编者注）

描述性的结果。比较哲学能够是创造性的哲学工作。如果我们现在声称'比较哲学是创造性的'时机还未成熟的话，拯救现象法则表明，它可以合法地声称其未来是创造性的，而且我们也应理直气壮地从这一方面去培育它。实现这样的未来，需要呼唤比较哲学家的创造性"①。显然，纪元在这里理解的"比较哲学"就是一种"对话哲学"，一种跨文化之间的交流哲学。纪元正是践行这种哲学的对话者：他试图运用这种比较哲学的方法论，说明不同哲学传统对话的目的在于寻求真理，也就是寻求这些传统之间的最大公约数。这个最大公约数，在纪元看来，就是亚里士多德意义上的德性伦理学，也就是当代哲学意义上的实践智慧。

德性伦理学在当代哲学中被看作对亚里士多德伦理学的复兴，以麦金泰尔的伦理学为代表。与后果论和义务论不同，这种德性论强调的是道德德性在伦理学中的核心地位。由于纪元对亚里士多德德性伦理学所做的大量工作，他通常被划入当代德性伦理学阵营。然而，纪元对麦金泰尔等人的德性伦理学始终多有批评，他本人也并不认同自己属于当代德性伦理学阵营。事实上，纪元继承的是亚里士多德意义上的或亚里士多德主义的德性伦理学。这种伦理学的特点在于强调实践智慧在伦理活动中的重要地位，道德德性的获取和判定需要通过实践智慧加以验证。在批评麦金泰尔的德性伦理学时，纪元就明确地表达了对古人的实践智慧的推崇，由此说明当代德性伦理学在指导人们道德生活方面的缺失。纪元根据亚里士多德对德性的理解，在不同的地方多次指出，伦理学应当研究人们的道德品格，而优秀的品格则是幸福的主要成分。进一步说，幸福并非主体的主观感受，而是客观的兴旺发达的状态。说一个人是幸福的，是指一个人做人做得很成功，而研究幸福问题就是要探讨人们应当如何过上好的生活。因此，从德性到幸福的过程，就是追求"做

---

① 余纪元、布宁：《拯救现象：亚里士多德主义的比较哲学方法》，余纪元译，《世界哲学》2017年第6期：第17页。

得好"和"活得好"的统一。这是一种"知行合一"的最佳状态，也是"天人合一"的最高境界。纪元短暂的一生，已经达到了这种最佳状态和最高境界！

以上这些是我重读余纪元后对他丰富而深刻思想的肤浅认识，希望能够对读者了解这位不平凡的国际著名华裔哲学家和思想家的哲学与人生有所帮助，可以更好地理解本文集收入的文章。这也是我对纪元最好的怀念！

当然，本文集收入的仅是纪元生前发表过的代表性论文。他更多的思想还呈现于他的重要论著之中，包括已经移译为中文的《德性之镜：孔子与亚里士多德的伦理学》（原书出版于2007年，中文版于2009年出版）和以中文出版的《〈理想国〉讲演录》（2009）、《亚里士多德伦理学》（2011），还包括未译为中文的合编著作 *Rationality and Happiness: From the Ancients to the Early Medievals*（2003）、*Uses and Abuses of the Texts: Western Interpretations of Greek Philosophy*（2004）。当然，还有他花费三年时间与布宁合作编撰完成的百万字"巨著"《西方哲学英汉对照辞典》（2001）和英文版 *The Blackwell Dictionary of Western Philosophy*（2004）。我认为，这两部辞典恰好完美地诠释了纪元在中西哲学之间对话的工作意义，成为他作为中西哲学交流使者的重要标志。

最后，我要特别感谢傅永军教授对我的盛情邀请和充分信任，给了我这样一个难得的机会，让我重新阅读纪元，重新认识纪元！我相信，纪元将以自己的文字和思想永存于我们以及后人的心中！

（签名）

2021年4月25日于北京

第一编

柏拉图研究

论柏拉图的回忆说 *

回忆说是柏拉图认识论的一个重要内容。它由于神秘色彩过于浓厚，一直被视为柏拉图哲学的一大糟粕而受到严厉指责。可实际上，人们的贬斥却很少是基于对柏拉图在《曼诺篇》《斐多篇》《会饮篇》《斐德罗篇》等对话中关于回忆说的各种不同证明、论述以及回忆说自身演变的分析。我们觉得，最好还是先耐心地听听柏拉图说了些什么。或许我们可以发现，回忆说虽然与灵魂不朽说纠缠不清，但对于柏拉图理念论的建立和发展，对于以后西方哲学的发展也曾起过一定的积极作用。

一、《曼诺篇》中的回忆说

F. M. 康福特（F. M. Cornford）指出："回忆说的出现标志着与有关灵魂性质和知识来源的流行观念的完全决裂。"① 这句话有一半不免失之偏颇，而另一半却是真知灼见。

康福特所谓的关于灵魂性质的传统观念是指人死后灵魂消散的思

＊　原载于《中国人民大学学报》1988 年第 2 期。——编者注
①　康福特：《柏拉图的知识论》，劳特利奇出版社，1957，第 8 页。

想。这在古希腊人中确实是存在的，如《斐多篇》77-78 中西米阿斯和克贝就持有大致相同的观点。但在古希腊人的传统中，更为盛行的是灵魂不朽观念。在《荷马史诗》中就有人死后灵魂游荡在冥间的说法。在以酒神狄奥尼索斯神话为基础的奥菲斯（Orphic）教义中，在品达（Pindar）及悲剧诗人的作品中，灵魂不朽观念得到进一步发展。毕达哥拉斯从埃及引入了它。他移居南意大利后把自己的神秘主义与当地盛行的奥菲斯教结合起来，使得灵魂不朽观念在古希腊人的信仰中具有坚固的基础。

柏拉图《曼诺篇》中的回忆说正是以这种传统观念为基础的。它主要包括以下论点：（1）灵魂是不朽的。它虽有一个叫作"死"的端点，可另一时又会重新产生，永不殄灭。（2）不朽的灵魂多次降生，见到过这一世界及另一世界存在的一切事物，所以具有万物的知识。（3）既然有知识，那么灵魂当然可以回忆起来。灵魂本来知道一切，而万物本性又是相近的，因此，我们通过回忆某一件事情，就可以发现其他一切。（4）回忆某一件事情的过程，也就是学习过程。"由此可见，所有的研究，所有的学习都不过只是回忆（anmnesis）而已。"[①]

柏拉图坦率地承认，他的学说并不是自创的，而是"从某些擅长预言的聪明男女"[②]，即可能是属于奥菲斯教的祭司、诗人那里听来的。大多数柏拉图研究者都断定，公元前 387 年柏拉图正第一次出访南意大利和西西里，并与毕达哥拉斯派的著名代表阿启泰（Archytas）交往甚密，而《曼诺篇》作于公元前 386 年前后，因此学说渊源较为明显。《曼诺篇》早于其他有关对话，它的回忆说是最原始的形态。

然而，柏拉图把灵魂不朽的信仰与知识问题联系起来，把它改造成哲学问题，在认识论领域却引起了一场变革。回忆说的提出是与知识源泉问题相关的。在《曼诺篇》中，曼诺苦求德性的一般定义却未得其

---

① 《曼诺篇》81D。本文所引柏拉图原话，除有特殊说明外，均译自洛布（Loeb）古典丛书希英对照本及 B. 乔威特（B. Jowett）编著的《柏拉图对话全集》，以下仅注篇名。

② 《曼诺篇》81A。

果，便否定认识，认为"一个人既不能研究他所知道的东西，也不能研究他不知道的东西"①。如果他知道，那他就不必研究；如果他不知道，那他也就不知道自己要研究的是什么，即使碰到了寻求的对象也无法得知这正是自己所寻求的东西。这就明确地提出了"我们的知识究竟是怎样得来的"这一问题。从赫拉克利特开始提出认识问题以来，希腊哲人一直把知识看作由对象在心灵中产生，通过抽象从对象中导出。柏拉图在《斐多篇》中把这种倾向概括为："只有脑髓才提供听觉、视觉、嗅觉，产生出记忆和观念，而知识则来自稳定性的记忆和观念。"②可他自己却另辟蹊径，以回忆说回答了曼诺的质疑。在他看来，人的心灵根本不是完全空白的，而是先天地具有知识。知识不是由对象在心灵中产生的，而是心灵自身的产物。我们只要碰上适当的可感对象，做出一定的努力，就可以从心灵中把它抽引出来，形象地说，也就是回忆起来。这确实如 F. M. 康福特所说，是与传统知识来源观的"完全决裂"。

把知识的源泉从对象转移到心灵自身使柏拉图成为理性主义的鼻祖。黑格尔曾深刻指出，柏拉图的回忆除经验的意义外，还具有一种"内在化、深入自身的意义"③。莱布尼茨宣称自己是柏拉图的同道。④他对回忆说评论道："这学说尽管像个神话，但至少有一部分与赤裸裸的理性并无不相容之处。"⑤那么，与理性相容的这一部分是什么呢？那就是"为什么一切都必须是我们由对外物的察觉得来，为什么就不能从我们自身之中发掘出点什么呢？"⑥剥开回忆说的浓重神秘色彩，那么，它完全可以被看作关乎普遍必然知识来源问题的一次虽然幼稚却不失为具有重大意义的尝试性解答，是人类对自身认识结构的拓荒。回忆说所提出的问题及其"返身内求"的探索方式对 17 世纪理性主义者的"天

---

① 《曼诺篇》81A。

② 《斐多篇》96B。

③ 黑格尔：《哲学史讲演录》第 2 卷，贺麟、王太庆译，商务印书馆，1960，第 193 页。

④ 参见莱布尼茨：《人类理智新论》上册，陈修斋译，商务印书馆，1982，第 3 页。

⑤ 同上书，第 7 页。

⑥ 同上书，第 7 页。

赋观念论"、对康德的范畴学说具有重大影响。

柏拉图对知识来源的转向是苏格拉底对哲学对象的转向在认识论领域的反映。后者批判了自然哲学，把哲学对象从天上引向人间，从自然引向人自身，从感性引向理性，在哲学史上划了一道分水岭。《曼诺篇》所讨论的主题与早期对话基本相同，仍是运用"助产术"探讨"德性可否被教""什么是德性"这类苏格拉底的老问题。可是，这篇对话经过一系列关于德性的定义的提出和推翻，终究无法获得一个共同概念，按惯常方式应结束全文时，却引入了回忆说，从而使对问题的探索进入另一层次。并且，它给"助产术"加了一个大前提，改造成一种回忆原有知识的手段。因而，回忆说的提出，标志着柏拉图已经基本摆脱苏格拉底的德性论，开始建立自己的理念论。《曼诺篇》中的"苏格拉底"是柏拉图自己的代言人而不是历史上的苏格拉底。它在柏拉图理念论的发展史上可以看作与苏格拉底相分离的一个里程碑。可是，《曼诺篇》中回忆的对象是理念吗？

英国著名古希腊哲学研究专家大卫·罗斯（David Ross）做了断然的否定。他说，在《曼诺篇》中，"没有任何把理念与回忆说联系起来的尝试"[①]。与此对立，权威性的六卷本《希腊哲学史》编著者 W. K. C. 格思利（W. K. C. Guthrie）却把这里的回忆说与后面几篇对话中的回忆说看成前后一致的理论，都以理念为对象。他说："如果存在于可感世界之外，为无肉体的灵魂所见的道德性质不是形式或柏拉图的理念，那就很难明白它是什么。"[②] 我们认为，以上两种观点都有一定的片面性。《曼诺篇》中回忆说的对象确实是理念，但此理念与《斐多篇》等后面的对话中的理念不同，是正处在分离过程中却又尚未完全与可感世界割裂开的理念。理由如下：

第一，据西方学者考证，柏拉图首次使用"理念"（idea；eidos）一词是在《游叙弗伦篇》中。它是一篇早期苏格拉底－柏拉图对话的作

---

① 罗斯：《柏拉图的理念论》，牛津大学出版社，1953，第 18 页。
② 格思利：《希腊哲学史》第 4 卷，剑桥大学出版社，1975，第 254 页。

品。让我们比较一下柏拉图的论述。《游叙弗伦篇》5d："在各种行为中的虔敬不都是同样的吗？不虔敬不是一切虔敬的反面吗？所有不虔敬不都性质相同，作为不虔敬，有一个单一的理念？"《曼诺篇》72c："你认为对男子有一类健康，对女子则有另一类？抑或只要我们发现健康，那无论是在男子身上还是在女子身上，它都是一个普遍的、同一的理念？"《斐多篇》102B："理念单个存在，其他事物分有它们并从此获得名称。"可以清楚地看到，《曼诺篇》中的"理念"与《游叙弗伦篇》中的一样，其含义是指"存在于事物中的共相"，亦即苏格拉底所寻求的定义的对象，但却与《斐多篇》中的有异，不是如格思利所说的"存在于可感世界之外"的性质。大略地说，只是在《斐多篇》指出"分有"（metekhein）和"摹仿"（mimesis）概念，说明理念与具体事物之间存在着空间上的距离时，才标志着理念对具体事物的完全独立。

第二，《曼诺篇》所回忆的内容一是德性的普遍定义，二是数学定理。它们在《曼诺篇》中正是"理念"一词指称的对象。后来柏拉图在《巴门尼德篇》前半部分探讨究竟存在着哪些理念以供事物分有这一问题时，否认了头发、污泥、秽物的理念，对自然物，如树、人、火等的理念是否存在犹豫不决，但却把德性方面的理念和数学方面的理念这两类《曼诺篇》中的回忆对象尊为理念世界最重要的成员。[①] 可见罗斯对《曼诺篇》中理念与回忆之间联系的否认是站不住脚的。何况，如果回忆与理念无关，那回忆的对象又是什么呢？

第三，亚里士多德曾指出，柏拉图与苏格拉底在哲学上的一个根本区别点是，柏拉图把理念从具体事物中分离出来，使之成为独立实在。[②] 这种分离在柏拉图那里有一个过程，它的终点是《斐多篇》。但是，《曼诺篇》中的回忆说是一个关键的环节。因为一旦把神界与人间、灵魂与肉体的分离运用到对知识的寻求上，由此类推出理性与感性、理念与事物的分离就相当容易了。

①　参见《巴门尼德篇》130B—E。
②　参见亚里士多德：《形而上学》1078b30。

《曼诺篇》最后对"知识就是回忆"的论点进行了一次实验。在直观性严重的古希腊哲学中，这是极其难得的。曼诺有一个少年奴隶，从未受到任何教育。柏拉图让他笔下的"苏格拉底"画了一个边长 2 尺、面积为 4 平方尺的正方形 ABCD，要求这个少年奴隶回答比该正方形 ABCD 的面积大一倍的正方形的边长是几尺。经过"苏格拉底"反复诘问，不断纠正错误的答案，结果少年奴隶竟然回忆起大一倍的正方形的边长等于原正方形 ABCD 的对角线 BD 的长度，即 $\sqrt{8}$ 尺，就是说，回忆起了他灵魂中原有的毕达哥拉斯定理（直角三角形斜边的平方等于其他两边的平方之和）。柏拉图因而下结论说："人们必须坚定相信，通过回忆去试图发现现在还不知道的东西，换言之，就是去发现此时此刻尚未记起的东西。"[①]但是，我们认为，这个实验恰好暴露了柏拉图以不朽灵魂具有先验知识来解决普遍必然知识起源问题的错误所在。实验依赖"苏格拉底"（他预先知道答案）施行"助产术"才得以进行。难道毕达哥拉斯也是通过这种途径发明勾股定理的吗？ F. 福留（F. Flew）说得好："必须认识到的是，无论谁教曼诺的奴隶，都没有人教过毕达哥拉斯。"[②]

二、《斐多篇》中的回忆说

在《斐多篇》中，不仅神圣与世俗、灵魂与肉体，而且理智与感觉、知识与意见、理念与事物、实在与摹本、不可见与可见、不可灭与可灭等都以显明的对立形式呈现在人们面前。关于它们的统一问题，正是以后西方哲学争论不休的常青话题。难怪伽达默尔说："从许多方面考虑，柏拉图的对话《斐多篇》都必定是全部希腊哲学中最令人惊奇、最富有意义的作品之一。"[③]

---

① 《曼诺篇》86A-Ba。
② 福留：《西方哲学概论》，转引自格思利：《希腊哲学史》第 4 卷，第 255 页。
③ 伽达默尔：《对话与辩证法》，耶鲁大学出版社，1980，第 21 页。

柏拉图把理念和具体事物截然分离开来。具体事物是众多的、相对的、变动不休的，理念是单一的、绝对的、永恒不动的。在这里，理念已经不仅是"种""共相"，而且是"目的""模型""标准"了。柏拉图常用"自身"（auto 或 Kathauto）来表示理念已经成为另一个单一的独立的本体，如"相等自身""美自身"等。这样一来，他就不可避免地面临两个问题：（1）理念与可感世界如何联系？（2）我们如何认识理念？他对第一个问题的解答是"分有说"："如果在美自身之外还有美的事物，那么它之所以美，不是因为别的，就是因为它分有美自身。每类事物都是如此。"① 而他对第二个问题的解答就是"回忆说"。

《斐多篇》中的回忆说与《曼诺篇》中的回忆说是密切相关的。《斐多篇》在开始引入回忆说时指出，对回忆说的一个出色证明是："如果你对人们提出适当的问题，他们自己便会对一切做出正确的回答。人们心中要是没有某些知识或对事物的正确了解，是不可能做到这一点的。当你要他们数学作图或做诸如此类的事情时，这种情形表现得特别明显。"② 这显然是《曼诺篇》中对少年奴隶的实验的重提。可是，这两篇对话中的回忆说也具有重大差别：

第一，《曼诺篇》中回忆的对象是尚未与具体事物相分离的理念；而《斐多篇》中回忆的内容则是作为单个存在物的理念。

第二，《曼诺篇》主张万物的本性是相近的，所以通过回忆一个事物可回忆起其他一切；《斐多篇》确定一类事物有个独立的理念，所以认为通过感觉一个事物只能回忆起它所属的那个理念。

第三，尤为重要的是，《曼诺篇》中的回忆说是以灵魂不朽为前提推出来的，它成为二界分离的重要一环；而《斐多篇》中的回忆说却以理念世界和可感世界的分离为基础推出，它反而成为对灵魂不朽的一个证明。

柏拉图从二界分离开始。他肯定，世界上存在着相等的事物，如相

---

① 《斐多篇》100C。

② 《斐多篇》73A。

等的木头、相等的石头，也存在着超越于它们的相等的理念。"相等的事物与相等的理念是不一样的。"① 我们能感觉到许多相等的木头、相等的石头及其他事物。正是从它们之中我们 "获得了一个与它们不同的相等的理念"②，而且知道具体的相等物力图与相等自身等同，却未能相及，远逊于它。但这并不是说我们是从感觉中获得关于理念的知识的。相反，它只是说明我们必定早已知道了相等自身，现在通过对相等事物的感觉把它回忆起来了。正如看见好友的竖琴回忆起它的主人来一样。柏拉图说："在第一次看见相等的物体并想到它们都力图变成相等自身却未能如愿时，我们必定以前已经有了相等自身的知识。"③ "在我们听、看或使用其他感官之前，我们必定已经在某处获得了相等自身的知识。"④

那么，我们通过可感觉的相等事物获得相等的理念为什么并不意味着我们是从感觉获得关于理念的知识呢？

在柏拉图之前，巴门尼德把主体的思维、感觉与客体的存在、现象（不存在）各各对立。他认为，"用感觉去认识现象可以得出凡人的见解，它们是同一的；用感觉去认识存在或用思维去认识现象都是不可思议的，它们根本不同一。而作为思维与作为存在是一回事"⑤。只有用思维去认识存在才能获得真理性的认识。柏拉图完全遵循着巴门尼德的"真理之路"。他认为，赫拉克利特的变动不休的宇宙只是感觉的对象而不是知识的对象。在《国家篇》中，他明确宣称："知识和意见，因能力不同，相关的对象亦不同。"⑥ 知识的对象是存在，其作用是认识存在的性质；意见的对象是存在与不存在的中间物，即可变事物。在柏拉图哲学中，具体事物可感但不可知，理念可知但不可感。因而我们绝不能

---

① 《斐多篇》74C。
② 《斐多篇》74B。
③ 《斐多篇》74E–75A。
④ 《斐多篇》75B。
⑤ G. S. 基尔克、J. E. 拉文：《前苏格拉底哲学家》，剑桥大学出版社，1979，第277页。
⑥ 《国家篇》478A。

从对相等事物的感觉中获得关于相等理念的知识。在《泰阿泰德篇》中，他全面系统地批判了从感觉中可以得到确定性知识的观点。实际上，坚信知识要有对象和内容就必须有一个永恒不变的世界正是柏拉图分离二界的一个根本原因。

但是，感觉虽然不是认识理念的工具，但却是回忆理念所不可或缺的条件。柏拉图说："除非通过看、摸或其他感觉，我们不会，也不可能得到它的知识。"①强调感觉在回忆中的作用，是《斐多篇》回忆说的一个特点。

柏拉图继续论证道，我们一生下来就能看、能听、能进行其他感官活动。既然在具有这些感觉之前，我们肯定已经获得了相等的知识，那么，我们必定是在出生之前获得的。进而，我们在出生之前不仅知道相等、大、小，而且也知道美自身、善自身、正义、神圣及所有"在我们辩证的问答进程中打上'自身'标记的事物"②。一句话，所有的理念都是在出生之前知道的。我们在出生时遗忘了它们，随后又通过感官的运用再次获得它们，即回忆起我们本来就具有的知识。所以，"在出生之后，学习的人只是回忆，学习只不过是回忆而已"③。普遍的、必然的知识存在着，它们与暂时性的知觉之间的区分是那样明显。柏拉图希望从结果出发获得解释，获得证明。但认识对象的二重化、认识层次的完全割裂、对感觉作为认识来源的否定使他最终走向了先验论。

这当然为作为经验主义者的亚里士多德所反对。在《形而上学》中，他以嘲弄的口吻说："如果知识真的出于自身，那就很奇怪我们竟不知道自己具有伟大的知识。"④在《论灵魂》中，他区分了主动理性和被动理性。主动理性是无感觉的，无法记忆；而被动理性是可生可灭的，不能转世轮回。所以，亚里士多德认为回忆是不可能的。⑤在他看

---

① 《斐多篇》75A。
② 《斐多篇》75D。
③ 《斐多篇》76A。
④ 亚里士多德：《形而上学》1078b99。
⑤ 参见亚里士多德：《论灵魂》117a25。

来,"我们是直接地认识一些事物的"①。学习过程绝不是一个回忆过程。"我们的学习要么通过归纳,要么通过证明。证明从普遍出发,归纳从特殊开始。但除非通过归纳,否则要认识普遍是不可能的。"②换言之,一切都要以感觉经验为基础。

《斐多篇》的主题是论证灵魂不朽。柏拉图为此搜集了许多证明因素,伦理的、神话的、辩证的、经验的,等等。回忆说亦同样被当作灵魂不朽的证明之一。回忆的主体是灵魂。既然人们都是在回忆以前所知道的东西,那么,人们的灵魂就肯定存在于人们出生之前。柏拉图因而推出:"在进入人体之前,灵魂就预先存在,独立于肉体并具有理智。"③我们知道,在《曼诺篇》中,灵魂不朽说是从奥菲斯教和毕达哥拉斯派手中接受过来的,现在柏拉图通过自己的理念论和回忆说给它做了逻辑证明。于是,理念论、回忆说、灵魂不朽在《斐多篇》中构成一个严密的整体。

可是,《曼诺篇》从灵魂不朽推论回忆说,《斐多篇》却以回忆说证明灵魂不朽。两篇对话的论证过程是逆向的,构成了一个循环论证。晚期希腊怀疑论哲学家阿格里波(Agrippa)提出了独断论者在理性领域的五个基本错误,其中之一是:"应该证明研究对象的事物自身却要求对象来证实。"④这确实击中了柏拉图回忆说在论证方式上的要害。

三、《会饮篇》《斐德罗篇》中的回忆说

柏拉图的《会饮篇》与《斐德罗篇》一向被视为不可分开的两部作品。它们的文风极其相似,它们的中心主题都是对"爱情"的探索。因

① 亚里士多德:《前分析篇》67a20。
② 亚里士多德:《后分析篇》81a40a。
③ 《斐多篇》76D。
④ 塞克斯都、恩披里柯:《皮浪主义概略》第1卷第15章第169节。

而，我们也把这两篇对话中的回忆说合并论述。

《曼诺篇》《斐多篇》都肯定灵魂是在出生之前获得对理念的认识的。那么，灵魂在进入肉体之前是怎样认识的呢？《斐德罗篇》首先回答了这一问题。

柏拉图说："在诸天的绝顶外，还存在着天外境界。无色、无形、不可触摸的真实存在的本质占据着这个领域。它是一切真知识的对象，只有理智——灵魂的舵手——才能观照到它。"① 这其实就是《国家篇》"线段说"（509C-511E）中的第一等级，即理念世界。柏拉图把这一尽善尽美的作为终极实在的本体界形象地比喻为"真理的原野"。所有灵魂都竭尽全力想求见它，因为"在那儿生长着适合灵魂的最高部分所需的草料，灵魂赖以翱翔的羽翼要靠这种草料来滋养"②。

在这里，柏拉图提出了著名的灵魂三重结构论。他认为，所有灵魂都是由两匹飞马和一个御车夫构成的组合体。载着诸神灵魂的车马平行排列，可以不费力地进到天外，观照实在。而构成其他灵魂的两匹飞马却一匹驯良、一匹顽劣，由于劣马难以驾驭，因此它们对实在的观照就根据追随神、接近神的程度分为三种情况：（1）有的只能十分吃力地洞见事物的本体；（2）有的只能窥见事物本体的局部；（3）有的对本体界可望而不可攀，困顿于下界扰攘，互相践踏。由于本体难见或者受罪恶拖累，它们会失去羽翼沉到地上。其中前两类见过真理，所以第一胎不投生于兽类而投生于人。但根据所见真理的多少程度，人分成九等，第一等是哲学家，最末一等是僭主。灵魂附着肉体后，便遗忘了之前的知识。顺便指出，在《国家篇》第 10 卷，柏拉图则把灵魂遗忘前事的原因归结为它们在投生途中喝了阿米勒斯河之水。

遗忘了的东西当然可以回忆起来。《斐多篇》确定回忆必须通过感觉。《会饮篇》《斐德罗篇》进一步说明，在所有的感觉中，最为适宜的是对美的欣赏。眼睛是我们最锐利的器官。正义、节制及其他理念的摹

---

① 《斐德罗篇》247C。

② 《斐德罗篇》248B。

本都黯然无光，不易为眼睛所见。但正如美本身是灵魂自身直接可见的一样，美的理念在地上的摹本则可以亲眼见到。"美最可爱也最易为视力所见，这是它的特权。"①美为连接可感世界与理念世界提供了桥梁。在这两篇对话中，美的理念与《国家篇》中善的理念一样是理念世界的最高成员。

因而，在《会饮篇》《斐德罗篇》中，对美的爱就成了灵魂的主要功能，成了灵魂回忆理念的途径和条件。柏拉图甚至直接把爱智慧的哲学家称作"爱美者"②、"以哲学的爱去爱少年的人"③。可在这两篇对话中，爱的目的却有所不同。在《会饮篇》中，爱情的目的是"凭美来孕育生殖"④。有生殖力的人碰到一个美的对象便欢欣鼓舞、精神焕发。在身体方面生殖力旺盛的人接近女人，生育肉体子女。在心灵方面生殖力旺盛的人接近美少年，孕育思想及其他心灵美质，即生育心灵子女。那么，人为什么要生殖呢？"因为通过生殖，凡人的生命才能绵延不朽。"⑤人们的爱的热忱和欲望，表现为一种有死生物在今世努力追求不朽的努力。在《斐德罗篇》中，爱美是为了能回忆起天上的景象，使灵魂恢复羽翼，从地界重返天上，也就是说，使灵魂早日摆脱肉体的束缚，获得出世的不朽。

但并非每个人的灵魂见到美都能引起回忆。"凡是对于上界事物只暂时约略窥见的那些灵魂"⑥，以及"下地之后不幸习染尘世罪恶而忘掉上界伟大景象的那些灵魂"⑦，都不易做到这一点。他们只是在身体方面生殖力旺盛，见到尘世的美往往只能引起兽欲。只有哲学家才保持着回忆的本领。他们不仅见到的上界真理最多，而且在尘世中"总是根据他

---

① 《斐德罗篇》250D。
② 《柏拉图文艺对话集》，朱光潜译，人民文学出版社，1963，第123页。
③ 同上书，第124页。
④ 同上书，第166页。
⑤ 同上书，第266页。
⑥ 同上书，第125页。
⑦ 同上书，第125-126页。

们的能力的程度专注在这种光辉景象的回忆中"①。

在《会饮篇》《斐德罗篇》中，能回忆起理念的对美的爱表现为两种形式。

一种形式是迷狂。它是一种出神的状态，是灵魂的一种直观，是对实在的直接把握。哲学家的灵魂"见到尘世的美，就能回忆起上界真正的美"②，因而就恢复羽翼，并置现世的一切于不顾，急欲展翅翱翔。这种人在一般世人眼中不免被看成疯狂。柏拉图认为，其实，这是一种爱的迷狂。"钟爱美少年的人有了这种迷狂，就叫作爱情的迷狂。"③它高于预言的迷狂、宗教的迷狂和诗的迷狂，是最珍贵的出神状态。罗斑（Robin）正确地指出："如果说哲学的爱是兴奋或狂热的最高形式，那是因为在由于对美的所见所引起的情绪中，它能够唤醒这些沉睡着的回忆。"④哲学家的灵魂能使御车夫（理智）借驯马（意志）之助，约束劣马（欲望），过富有哲学味的生活，最后身轻如燕，举翼升天。哲学家的灵魂重返上界的时间要比其他灵魂短得多。

另一种形式则是理智的进展。在《斐德罗篇》中，柏拉图就断定："人必须按照被称为理念的事物去运用理智，通过推理，把杂多的感觉统摄成一个统一体：这就是对我们的灵魂所曾见到的事物的回忆。那时灵魂随神周游，无视我们现在称作存在的东西，昂首观照真实的存在。"⑤在《会饮篇》中，柏拉图进一步提出，对于生育心灵子女的人来说，只爱美的形体是远远不够的。爱情之本质在于进入神秘境界，窥觅真正的美。这就需要一系列的步骤。《会饮篇》回忆说的独特之处在于，它把对个体美的感觉到回忆起美的理念勾勒为一个有序的过程：

第一步，要回忆理念的人"必须去爱一个特殊的美的形体，从此孕

---

① 《斐德罗篇》249C。
② 《斐德罗篇》249D。
③ 《柏拉图文艺对话集》，朱光潜译，第125页。
④ 罗斑：《希腊思想和科学精神的起源》，陈修斋译，商务印书馆，1965，第243页。
⑤ 《斐德罗篇》249C。

育出美妙的道理"①。

第二步，他必须认识到这个形体之美与别的形体之相同，认识到"一切形体的美只是一个并且是同一个"②，从而把他的爱从专注于某一个美的形体推广到一切美的形体。

第三步，"他会认识到心灵的美比外在形体的美价值更高"③。"哪怕有德性的心灵并不漂亮，他也会心满意足地去爱。"

第四步，他应沉思现在的制度与法律的美，认识到其中的一致性，并解脱过去像奴隶般只爱个体美的状况。

第五步，他应进展到各种学问知识的美。"现在他凭临美的汪洋大海，通过沉思，可以产生出许多美好崇高的思想和富于哲学意味的观念。"④

最后，在经过这些步骤，获得足够强盛的精力后，他就能达到目标，观照那神奇的美的本性的景象。柏拉图描绘说："这种本性是永恒的，不生不灭，不盈不缺。"⑤它是绝对的美、普遍的美，是独立的、始终单一的存在，是"纯正、洁静、不为人类的肉欲色彩及如此众多的凡间垃圾所污染的美的理念"⑥。"所有其他美的事物都以某种方式分有它。"⑦哲人通过对这种美的观照而获得不朽。它是一个人最值得过的生活境界，是"爱的终极和更神秘的胜境"⑧。

理念（eidos 或 idea）在古希腊文中皆出自动词"看"（idein），其最原始的意义是"可见的东西"，也就是形象。柏拉图从这里引申出"灵魂可见的形象"，从而获得了抽象的性质；再进一步规定，理念就变成了"为一种特殊性质所表明的类"。柏拉图强调爱美，强调对美的视觉（看）的过程，正反映理念含义逐步深化的过程，从而把回忆说和理

① 《会饮篇》210A。
② 《会饮篇》210B。
③ 《会饮篇》210B。
④ 《会饮篇》210D。
⑤ 《会饮篇》210E。
⑥ 《会饮篇》211E。
⑦ 《会饮篇》211B。
⑧ 《会饮篇》210A。

念论紧密联系在一起。

通常所谓柏拉图"精神恋爱"的真实含义就在于此。他的爱远远超出了两性直接联系的范围。对柏拉图来说，真正的爱乃是对美与善的神秘沉思，是灵魂的融合，是人类精神的一种至为深沉的冲动，它说明了人类崇拜永恒本性的根源。亚里士多德说追求知识是人的本性，而柏拉图在这里用"爱"将这种人性具体化了。通过爱，柏拉图既从审美的角度又从理智的角度把世界各种因素和谐统一起来，把感性世界与理性世界连接起来。

我们看到随着回忆说的发展，理智的成分越来越多。回忆从只需感觉触发演变成一个由可感事物开始逐级概括以至达到最高本质的过程。这样一来，"人们具有先天知识"这一前提已形同虚设。回忆说陷入深深的矛盾之中。正如范明生先生所指出的那样，柏拉图在进行总体解释时是先验论的，可"在研究具体的认识过程时，实际上做出了带有辩证含义的唯物主义的理解"[1]。也许柏拉图是意识到这一矛盾的。虽然他直到晚年的最后一部著作——《法律篇》仍坚持灵魂不朽说，但回忆说却基本上只限于上述四篇对话。后来他在《斐利布篇》中提到过"回忆"[2]，但那只是对这一概念的日常意义上的使用。作为认识论的回忆说，柏拉图在《国家篇》中就撇开了。在那里，他提出了一条把握理念的新途径。理性认识理念不再依靠回忆，而是"凭借辩证法的力量"[3]。他还说："在进行这种活动时，人的理性绝不引用任何可感事物，而只运用理念，从一个理念到另一个理念，并且归结到理念。"[4]这就把心灵从知识内容的承担者改造为知识能力的承担者了。

因而，回忆说只是柏拉图在思想发展的一定阶段所持有的一种认识论。以后，随着柏拉图理念论的不断变化，他的认识论也经常变更。除

---

[1] 范明生：《柏拉图哲学述评》，上海人民出版社，1984，第80页。

[2] 《斐利布篇》33C-34C。

[3] 《国家篇》511B。

[4] 《国家篇》511C。

《国家篇》中的心灵转向说外，他还在《泰阿泰德篇》中批判了感觉主义并提出"蜡块说"；在《智者篇》中研究了意义理论；在《蒂迈欧篇》中则主张宇宙灵魂与个人灵魂同构的学说及流射影像说等。但在所有这些理论中，回忆说的影响是最大的，常常被看作柏拉图认识论的同义词。它一方面规定了先验论的基本原则，给人类探讨普遍必然知识的来源指明了一条道路，另一方面又由于和宗教神学难分难解而屡受攻击。

柏拉图论理念之间的分有 *

　　"分有"概念，在柏拉图哲学中，除了为大家所熟悉的"个别事物对理念的分有"这一含义外，还有另一层鲜为人知的意思，即"理念之间的分有"。理念之间的分有学说是柏拉图哲学的一个重要部分，是其精华和价值所在。全面准确地阐述和分析这一学说，有助于具体地揭示理念论的意蕴及内在困境，完整地把握柏拉图思想的发展线索，纠正长期以来对柏拉图哲学的了解只停留在其《斐多篇》《国家篇》等少数著作的片面化倾向。

一

　　当柏拉图在可感世界之外设立了一个真正实在的理念世界之后，他马上就面临巴门尼德的哲学问题：如何用理念世界解释可感世界的存在？柏拉图提出"分有"作为联系理念世界与可感世界的桥梁。具体事物之所以存在，乃是由于它们分有理念的缘故。"无物能使一个事物变

　　* 原载于《文史哲》1987年第2期。——编者注

成美，除非以某种方式分有美或同于美。"① 但是在《巴门尼德篇》，他自己意识到这种分有说存在着重重困难。在该篇前半部分，他以"巴门尼德"做自己当时思想的发言人，批判了以"少年苏格拉底"为代表的个别事物分有理念说。究竟存在着哪些理念以供事物分有？具体事物以什么方式分有理念？如果"分有"不能成立，那么我们有没有知识？神能否治理我们？如此等等。柏拉图本人在总结个别事物分有理念说失败的原因时把一切都归咎于理念的特性，认为是理念的特性、理念的定义而不是理念自身的分离才造成这种分有的失败。他借"巴门尼德"之口对"少年苏格拉底"说："我觉得这是由于你没有充足的训练而力图定义美、正义、善及所有其他理念的缘故。"② 在《会饮篇》《国家篇》《斐多篇》等对话中，柏拉图把理念规定为一个自我完善的整体。"它们每一个总是其自身，具有同一的自我存在和不变的性质。"③ 理念是绝对的、永恒的、单一的、完整的，彼此之间没有任何联系。既然柏拉图现在把问题归结到理念自身的特性上，那么他就从此着手，重新考察理念。

在《巴门尼德篇》135C，柏拉图指出，如果不从事物中分离出理念，则会丧失推理能力。在同篇的136E，他又借"巴门尼德"之口对"苏格拉底"说："我钦佩你对他说，你不关心可感事物的困难或用哪种方法考察问题，而只关心思想对象的困难，关心我称作理念的东西。"要寻求真理，得先将个别事物搁在一边，必须将注意力集中在理念世界。这是第一步。

柏拉图继续指出，在理念世界要考察的是理念的关系。"如果一个人要证明我既是一又是多，我不觉为奇。但是，如某人要抽象出单纯的观念，如相似、不相似、一、多，动、静，等等，然后说这些是自身互相结合和分离的，那我真要大为好奇了。"④ 在《巴门尼德篇》

---

① 《斐多篇》100D。
② 《巴门尼德篇》135C。
③ 《斐多篇》78C。
④ 《巴门尼德篇》129A—130A。

129A-130A，"好奇"一词竟重复了六次之多。柏拉图、亚里士多德多次说过好奇是哲学的起源。古希腊文中的"好奇"具有因惊异而探求原因的意思。柏拉图对理念之间的联系感到好奇，表明他就要进一步探求它们的究竟。这种联系，柏拉图同样以"分有"这一名词表示。这是第二步。

第三步，柏拉图进而指出了探求理念间关系的具体途径："不但要考虑到从一个既定前提得出的结果，也要考虑到从否定前提得出的结果。"①换言之，我们不但要在理念是互相孤立的前提下研究其结果，也要从反面，即在理念不是互相孤立而是互相联系的前提下研究它们的结果。

于是，柏拉图从"个别事物对理念的分有"转入了"理念之间的分有"。

理念之间的分有与个别事物分有理念中的"分有"字面上相同，但具有实质上的差别：（1）在个别事物分有理念学说中，柏拉图是在肯定分有的前提下探讨分有的形式；而在理念之间的分有学说中，柏拉图重点研究的是它们之间究竟是否果真分有。（2）个别事物对理念的分有是单向的，即只是个别事物分有理念，而理念绝不分有个别事物；理念之间的分有则是双向的，"一"分有"是"，"是"亦分有"一"。（3）个别事物对理念的分有是指理念给个别事物以存在的根据；而理念之间的分有实际上则是指联系。"一"分有"是"，"一"与"是"相结合，相联系；"一"不分有"是"，即"一"与"是"不相结合，不相联系。F. M. 康福特（F. M. Cornford）指出，这个分有的含义是"跟某物相联系"②。陈康先生亦认为，理念之间的分有与联系同义，旨在陈述范畴联结的思想。③格思利（Guthrie）更进一步指出了这种联系的具体内涵。他写道："一个理念（A）分有另一个理念（B），意即它有 B 这样一种

① 《巴门尼德篇》135E-136A。
② 康福特：《柏拉图的知识论》，劳特利奇出版社，1957，第255页。
③ 参见柏拉图：《巴曼尼得斯篇》，陈康译注，商务印书馆，1982，第233页。

属性，因此 B 可以真正地做它的谓语。"①

二

在《巴门尼德篇》的后半部分，柏拉图提出了八组假言推论。从表面上看，前四组推论的前提都是"如若一是"（"一"是"一"的理念的简称，同时也是其他理念的代表）。后四组推论的前提都是"如若一不是"。可实际上是形似而实质相反。前四组的"如若一是"有两种含义。一是将重点放在"一"上，其含义是：如果一是孤立的，不分有是（第一、四组）。二是将重点放在"是"上，其含义是：如果一分有是，和是相结合。由于重点这一挪动，它就与第一组假言推论的前提完全不同。当作基点的不再是孤立的"一"，而是与"是"相结合的一（第二、三组）。后四组推论的前提"如若一不是"，也有两种含义。一是前提中的"不是"是指"相对的不是"，那么前提的含义是"如若一分有相对的不是"（第五、七组）。二是前提中的"不是"是"绝对的不是"，那么前提的含义是"如若一不分有相对的不是，一是绝对的不是"（第六、八组）。②据此，我们试把八组推论列式如下：

第一组，如果一不分有是，推论：它对自身导致什么结果。

第二组，如果一分有是，推论：它对自身导致什么结果。

第三组，如果一分有是，推论：它对异于一的其他理念导致什么结果。

第四组，如果一不分有是，推论：它对异于一的其他理念导致什么结果。

第五组，如果一分有相对的不是，推论：它对自身导致什么

---

① 格思利：《希腊哲学史》第 5 卷，剑桥大学出版社，1978，第 150 页。

② 参见《巴门尼德篇》137C-166C；柏拉图：《巴曼尼得斯篇》，陈康译注，附录 2。

结果。

第六组，如果一不分有相对的不是，推论：它对自身导致什么结果。

第七组，如果一分有相对的不是，推论：它对异于自身的其他理念导致什么结果。

第八组，如果一不分有相对的不是，推论：它对异于自身的其他理念导致什么结果。

按照柏拉图的看法，任何一个存在物都是既同于自身又异于自身即相对不是其他。"是"与"相对的不是"是每一个存在物不可分割的两个方面。一也不例外。所以，后四组关于"不是"的推论实际上是前四组推论的补充。第一组和第六组、第二组和第五组、第三组和第七组、第四组和第八组两两结合，构成了对"一"的理念的完满推论。因而，八组推论实际上可归为两列：第一、四、六、八组为一列，前提都是"一不分有其他理念"，或"一与其他理念分离"；第二、三、五、七组为一列，前提都是"一分有其他理念"。

下面，我们分别以第一组、第二组推论为例，阐明柏拉图对理念间关系的观点。

第一组推论的前提是"如若一是"。"是"在这里纯粹是一个系词，没有本体论上的内容。在《巴门尼德篇》142C，柏拉图干脆抛弃了这个系词，明明白白地讲了这个假设的意义是"如若一一"，即"如果一是孤立的，不分有存在"。就此前提，柏拉图推出：（1）它不和多结合，即不分有多。因为如果一和是结合，那么，在一这一方面除了一与一的关系外，还有一和是的关系。这后一关系为"一"增添了一方面，因此"一"是"多"。但现在一不和是结合，所以它当然不是多。（2）一也不分有"部分""整体"。部分是多，整体由部分组成，也是多。既然 不是多，那么它也就既不是整体，也没有部分。（3）一也不分有"首端""末端""中间"。因为如果一个事物有首端、末端、中间，那么必有部分。而现在"一"没有部分。（4）一也不分有"界限"。界限即是首端和末端。现在"一"没有首端和末端，所以也没有界限。（5）就此往下，柏拉图继续推出，如果"一"不分有"是"，那么一除了不分有上述理念外，跟下面的理念也不相分有或相结合："形状（圆、直）""在其他的里、在自身的里""静止、变动""异、同""类似、不类似""等、不等""大于、小于""年老些、年少些、同年龄""时间""是""名字"。最后的结论是："这个'一'既不被命名，也不被言说，也不被臆测，也不被认识，万有中也无任何的感觉它。"①

第二组推论的前提是"如若一是"。柏拉图解释说："现在的这个假设不是：如若一一，乃是'如若一是'，什么结果必然产生。"跟第一组推论的前提不同，这里的"是"不只是一个系词，而是"存在"这个理念。"如若一是"即是说"如若一分有存在"②。就此前提，柏拉图推出：（1）如果"一"分有"是"，那么，"一"有部分，而"一"和"是"构成一个整体。因此，"一"既分有部分，又分有整体。（2）"是的一"中的每一部分都是"一"和"是"的统一体，对半分割可直至无限。同时，因为"是的一"既是整个，又是部分，部分乃是整个的部分，整个乃是部分的整体，那个是整个的也就是整个的一切部分，部分为整个所包围，所限制，因此部分是有限者。这样，如若"一"分有"是"，则它也分有"有限"和"无限"。（3）凡有限者皆有端。"一"分有"有限"，所以"一"也分有"首端""末端""中间"。（4）凡是有端的皆分有形状。"一"分有端，所以"一"也分有"形状"。（5）就此往下，柏拉图推出，如若"一"分有"是"，那么，它不仅跟上述理念相结合，而且还分有下列理念："在自身里、在其他里""变动、静止""同、异""类似、不类似""接触、不接触""等、不等""是""时间""同龄、年老些、年少些""过去、现在、将来"，最后，"也就能有

---

① 《巴门尼德篇》142A。
② 《巴门尼德篇》142B。

以它为对象的知识、意见、感觉"①。

理念之间既可以互相分有，也可以决然无关，关键在于什么样的前提。第二、三、五、七组推论的前提强调"一"和"是"之间的分有，得出的结论是"一"跟其余的十三对理念也分有；第一、四、六、八组推论的前提坚持理念的单一性和封闭性，结果导致它跟一切理念都不相关，最后毁灭了自己。

那么，柏拉图本人倾向于哪种结论呢？从逻辑上推断第一组推论结果是"一"要落到不可言说的地步。而柏拉图在《巴门尼德篇》125C明确指出过，理念绝不能毁灭，所以他应该赞同理念之间的分有。然而，迄今为止，我们找不到柏拉图本人的明确表述。《巴门尼德篇》的最后结论是："看起来无论如若一是，或者如若一不是，它和其他的，相对于它们自身以及彼此相对，既完全是一切，又不是一切；既表现为一切，又不表现为一切。"②前提是一种假设，结论当然是不确实的。

三

柏拉图对理念之间究竟可否分有的答案在《智者篇》中就十分清楚了。学者们公认，《智者篇》作于《巴门尼德篇》之后，在《智者篇》217C，柏拉图让"苏格拉底"提到他少年时与"巴门尼德"的会晤，这似乎在暗示我们，这两篇的思想是互相关联的。

柏拉图认为，理念之间的关系只有三种可能：要么全部都不能结合（分有）；要么全部都能结合；要么有的能结合，有的不能。

全部都不能结合是不可能的。一个理念如果无论在任何方面都不分有另一个理念，那么很显然，动与静就完全不能分有存在——柏拉图重复着《巴门尼德篇》第一组推论的前提。而不分有存在，则意味着动静

---

① 《巴门尼德篇》155D。
② 《巴门尼德篇》166C。

不存在。那么，所有以前的希腊哲学都要被推翻，因为它们都用连续、间断、运动、静止来讨论存在，这就把动、静说成分有存在了。正如那只要一张口，腹中马上就会有另一个声音来反对他的欧吕克利亚一样。柏拉图由此下出定论："如果不存在事物间的互相结合，那么一切都是胡说。"① 显然，《巴门尼德篇》第一、四、六、八组推论的前提和结论在这里遭到了全面的否定。柏拉图已明确指出，否定理念之间的联系是不可能的。理念之间都不可能不结合也不意味着它们都能结合。柏拉图说："如果理念之间都能分有，那么静止是运动，运动也是静止。"② 而这是不可能的。

因而唯一可能的情况是：理念之间有的能分有，有的不能分有。为了最后确定理念之间的关系，柏拉图认为只需要选择几个最普遍的理念进行考察，以免多了反而糊涂。而这几个理念之间联系的确定则可推广到全部理念。柏拉图选择的六个最普遍的理念（种）是："存在""不存在""运动""静止""相同""相异"。哲学史上常把柏拉图对这六个最普遍理念的关系的研究称为"通种论"。从《巴门尼德篇》如此众多的理念中选出这六个理念作为最普遍的理念并不是任意的。存在与不存在、运动与静止，这是早期希腊哲学中两对最根本的矛盾。巴门尼德和赫拉克利特各执一端，争论不休。相同、相异是事物间最普遍的关系。相同不过是表现于关系中的存在，而相异则是表现于关系中的不存在，任何一个事物都同于自身而异于其他。

用比较少的理念来说明全部理念间的关系，同样，还需以其中的某个理念来说明这六个理念间的关系。柏拉图选择了"运动"。

运动与相同、相异。运动与相同是两个不同的理念，故而运动异于相同，不是相同。然而它又的确是相同，因为一切理念都同于自身，都分有相同，所以，运动既是相同，又不是相同。"这必须承认，不要惊奇。我们说它相同，又不相同，我们的意思是不一样的。说它是相同，

① 《智者篇》252B。
② 《智者篇》252D。

因为它分有相同，同于自身；说它不是相同，因为它分有相异，分有相异才与相同分开，不成相同而成相异，所以反过来说它不是相同是对的。"① 同此理，运动既是相异，又不是相异。

运动与静止。运动与静止是绝对不能互相分有的。"运动怎能静止，静止怎能运动"，"运动完全异于静止"②。柏拉图在《智者篇》256B 说："假如运动本身在某种情况下分有静止，那么说运动是静止，也就没有什么离奇了。"但事实上它根本不分有静止。③ 许多专家都认为，柏拉图在《智者篇》没有确定运动和静止之间的联系，如罗斯（Ross）的意见是"运动与静止绝对不能结合"④。罗斑（Robin）认为，"在运动与静止之间是没有任何联系的可能的"⑤。

运动与存在、不存在。运动分有存在，因此存在。而运动既然可以异于相同、相异、静止，也就没有理由否认运动异于存在，所以"运动真的不是存在，而又是存在"⑥。《巴门尼德篇》第二组推论的结果是："如若一是，如我们已讨论的，它既是一，是多，又不是一，不是多。再分有时间，它岂不必然地某时分有是，因为它是一；某时又不分有是，因为不是一。"⑦ 如果说，在《巴门尼德篇》一是存在又是不存在还只是虚拟推论的结果，那么在《智者篇》动是存在又不是存在却是确定的结论了。

存在与不存在。更进一步，不存在不仅在运动上存在，而且在存在自身上也存在。存在对于自身来说是存在，而对于他物来说，则是不存在。这就达到了存在与不存在的统一。

巴门尼德曾经断言，不存在不可想，不可名，毫无意义。现在柏拉图怎么说存在与不存在是统一的呢？这是因为，巴门尼德的"存在"是

① 《智者篇》256B。
② 《智者篇》255E。
③ 参见康福特：《柏拉图的知识论》，第 286 页。
④ 罗斯：《柏拉图的理念论》，牛津大学出版社，1953，第 114 页。
⑤ 罗斑：《希腊思想和科学精神的起源》，陈修斋译，商务印书馆，1965，第 256 页。
⑥ 《智者篇》256A–C。
⑦ 《巴门尼德篇》155E。

世上万物最一般性质的概括，凡能说出来的都是存在，对不存在确实不可言说。现在柏拉图认为存在自身也是一种特殊规定性，也与不存在相结合，那不存在反过来也与存在相结合，就不是不可言说的了。举个例子，说运动不是静止，这并没有否认运动和静止的存在，而只是意味着两者不同一或运动异于静止。世界上存在的每一个异于静止的事物都可以被否定性地描绘为"它不是静止"。然而它却存在着并跟静止同样真实。这样，我们便证明了"不是什么"也是"什么"，也存在，不存在无非是异于这一类性质的另一种存在。这个结论完全否定了巴门尼德"存在者存在，不存在不可言说"的教条。存在与不存在的统一，这是通种论，也是柏拉图理念之间的分有学说的顶峰。黑格尔正确地指出："柏拉图的最高形式是'有'与'非有'的同一。"①

通种论最后的结果是：存在、相同、相异、不存在皆可互相分有，它们都分有运动和静止，运动和静止则不能互相分有。这证实了柏拉图所谓理念间关系的第三种可能：有的能结合，有的不能。

柏拉图在《斐多篇》《国家篇》等著作中反复论述过，理念的主要特征是"一又同一"，即理念是一个单一的自我完善的整体，它是孤立的、隔离的，跟其他理念毫无关系。可他现在断定理念乃至对立的理念之间都可以互相分有，他有什么根据？我们认为，理念之间的分有之所以可能，正是在于理念"一又同一"这种特性的改变。一类事物固然只有一个理念，但这个理念绝不可能是孤立的，理念固然是一个统一体，但绝不是铁板一块的整体。理念是一，又是多。柏拉图在《巴门尼德篇》144C 说："不但是的一是多，而且一自身也必然地由于是分为多。"他在《斐利布篇》更清楚地指出："一个一又同一的事物，如何能同时既是一个，又在许许多多事物之中呢。"②那么，怎样从一个理念中分出多？柏拉图把在《斐德罗篇》提出的分解法则，即"顺着自然的关节，

① 黑格尔：《哲学史讲演录》第 2 卷，贺麟、王太庆译，商务印书馆，1960，第 223 页。
② 《斐利布篇》15B–C。

把全体剖析成部分"①运用到理念的特性之中，提出了他的划分："首先，我们应该在各种探讨中一开始提出一个要探讨的主题的理念，我们可以在任何事物中找到这种统一性。找到以后，我们则要进一步寻找二，如果是二的话。如果不是二，就找三或其他的数，对这些统一体进行划分，直到最后我们所由开始的统一不仅是一、多和无穷，而且也是一定的数。"②由于他一般是对半划分，所以习惯上把他这种划分称为二分法。正是通过理念间的划分，柏拉图才认识到了理念的种属关系，从而确定了理念是一又是多这一论点。理念不再是绝对的、孤立的、隔离的。这就为理念之间互相分有奠定了基础。

既然如此，理念之间就应该都能分有，为什么只有一部分能互相分有呢？柏拉图的理由是："如果理念间都能分有，那么静止是运动，运动也是静止。"可他自己说过："分有存在的相异因分有存在而存在，并等于它所分有的。而是异于它所分有的。"③分有并不等于等同，柏拉图凭什么说，如理念之间都能分有，则运动会静止，静止会运动？况且，按柏拉图的运动观，运动与静止并不是决然割裂的，运动由两个极端相反的成分组成，就其地位不变说，是静止，就其旋转说，是运动。动中有静，静中有动。这难道不是运动与静止之间的分有或联系吗？十分明显，这两种说法在逻辑上是不一致的。

总的说来，通种论所揭示的理念之间的分有状况比较单薄，远不够充实，究其原因，柏拉图《智者篇》的目的在于解决谬误问题，逃避智者的诘难。通种论只是达到结论的论证手段。有的学者推断，柏拉图可能计划在一本未问世的著作《哲学家篇》中详细讨论理念之间分有的种种状况。

但柏拉图对理念之间的分有（即使这种分有的范围有限）的承认已经十分难能可贵了。如果说赫拉克利特描绘了在感性世界范围内由种种

---

① 《斐德罗篇》265C。

② 《斐利布篇》16C—E。

③ 《智者篇》259A。

联系和相互作用无穷交织起来的世界画面，那么，柏拉图则是理性世界的赫拉克利特，是用概念间的联系揭示这幅画面的第一个尝试者。理念之间的分有学说，在人类思想史上是一个巨大进步。

第一，柏拉图批判了自己理念论中的形而上学观点，在历史上首次认识到不仅有一般、抽象的存在，而且一般、抽象之间还是互相联系的。《巴门尼德篇》和《智者篇》中的理念尽管对柏拉图本人来说还是单个的存在物，但并不是个别存在物，而是作为种的单个存在物，因而具有范畴的性质。理念之间的分有学说首次探讨了范畴间的联系，虽然这种联系是建立在唯心主义基础上的，而且细节上也没有得到分明，远为朦胧和模糊，然而人类思维至此从知性阶段进入了理性阶段。

第二，柏拉图在《巴门尼德篇》竭力建立理念间的推演系统。如在第二组推论中，他从一和是的结合，推出一亦分有部分和整体；又从一分有部分和整体，推出一也分有有限和无限；从一分有有限和无限，推出一也分有首端、末端、中间等。尽管柏拉图的推演过程常常和表象的东西、神话的东西联系在一起，逻辑上牵强附会，但这种建立范畴系统的努力却对辩证思维具有重大意义，它为黑格尔范畴体系的建立开了先河。可能正是在这个意义上，黑格尔才把《巴门尼德篇》推崇为"古代辩证法的最伟大的作品"①。

第三，柏拉图还进一步确立了理念间的对立统一关系，如存在与不存在、相同与相异，等等。如果说，在《巴门尼德篇》，柏拉图还局限于承认一和一组组相反概念的结合，那么，在《智者篇》，柏拉图则明确肯定了存在与不存在、相同与相异这些对立范畴之间的互相分有，即对立概念的统一性——尽管这种统一不乏外在性。黑格尔对此大为赞赏，认为"这乃是柏拉图哲学中最内在的实质和真正伟大的所在"②。列宁亦指出："黑格尔发展了柏拉图的辩证法（他和柏拉图都承认对立面

---

① 黑格尔：《精神现象学》上卷，贺麟、王玖兴译，商务印书馆，1979，第49页。
② 黑格尔：《哲学史讲演录》第2卷，贺麟、王太庆译，第204页。

的并存是必然的）。"①

第欧根尼·拉尔修曾把芝诺推崇为"辩证法的创始人"②。实际上，芝诺的辩证法是一种否定形式的、消极的辩证法，他通过逻辑论证，从同一前提得出相反的结论，然后断言，既然是相反的，就是不真实的，以此来否认矛盾。可是："真正辩证法的概念在于揭示纯概念的必然运动，并不是那样一来好像把概念消解为虚无，而结果正好相反，它们（概念）就是这种运动，并且（这结果简单地说来即）共相也就是这些相反的概念之统一。"③ 这种真正辩证法的创始工作并不是芝诺完成的，而是柏拉图完成的，并且正是在理念之间的分有学说中完成的。

四

理念之间的分有学说旨在解决个别事物分有理念学说所遇到的重重困难。在《巴门尼德篇》后者遭到猛烈批判后，柏拉图借"巴门尼德"之口说："苏格拉底啊，我觉得这是由于你没有充足的训练而力图定义美、正义、善及所有其他理念的缘故。"现在，柏拉图在有充足训练的基础上，重新规定了美、正义、善等理念的特性，理念不再是绝对的、单一的、完整的，而是一中即包含着多，因而可以互相联系。然而理念特性的改变虽然使理念之间的分有成为可能，但理念之间的分有对个别事物分有理念学说的成立却无甚裨益。理念之间的分有改变了理念那种自身等同、绝对完整、孤立的状况，可即使如此，个别事物又怎样分有它们？理念之间的分有学说最终没有也不可能回答这个问题。

理念特性的改变使理念之间的分有成为可能，是因为这种分有是性质上的分有，是互相联系。而理念特性的改变无助于个别事物对理念的

① 列宁：《哲学笔记》，人民出版社，1993，第363页。
② 第欧根尼·拉尔修：《名哲言行录》第9卷第5章第52节。
③ 黑格尔：《哲学史讲演录》第2卷，贺麟、王太庆译，第210页。

分有，乃是因为这种分有要求理念给个别事物以存在的根据，而这是根本不可能的，划分的作用再大，终究无法从理念世界跨到可感世界。

要解决个别事物对理念的分有的难题，根本问题不在于理念的特性，而在于理念的分离。亚里士多德显然高柏拉图一筹。亚里士多德明确指出，柏拉图的个别事物分有理念学说之所以不能成立，关键在于他把理念当作最普遍的东西，又把它们当作可以分离的、单个的存在物，理念既然是事物的实体，如何能够独立存在呢？^① 由此出发，亚里士多德完全否定了个别事物分有理念这种理论，认为"这不过是使用空洞的语言和诗意的比喻而已"^②。

柏拉图自己把第一种分有不能成立的原因归结为理念的特性，然后提出理念之间的分有来补苴罅漏。这种解决的实质，同马克思所揭示的黑格尔的唯心辩证法的实质并无二致："无人身的理性在自身之外既没有可以安置自己的地盘，又没有可与自己对置的客体，也没有自己可与之结合的主体，所以它只得把自己颠来倒去：安置自己，把自己跟自己对置起来，自相结合——安置、对置、结合。"^③较之黑格尔的概念辩证法，柏拉图的理念之间的分有学说在形式上显得颇为简易，在言语上显得颇为俚俗。但他也是想通过"个别化的一般概念"的联系来解决一般和个别的分离问题，也由于将概念置于空中而徒劳。无论如何，从个别中得出抽象的一般是容易的，但要从抽象的一般中得出具体的个别事物就困难了。

柏拉图自己完全清楚地意识到理念之间的分有未能解决个别事物对理念的分有的困难这一事实。在《斐利布篇》，他不得不承认人们对理念论的争论还是集中在这样两个问题上：（1）我们是否应当相信这样的统一体的存在；（2）它们如何呈现在无穷的变动世界中？^④

---

① 参见亚里士多德：《形而上学》991a21。
② 亚里士多德：《形而上学》991bl。
③ 《马克思恩格斯选集》第1卷，人民出版社，1975，第105页。
④ 参见《斐利布篇》15B–C。

可是，"理念是单个的存在物"这样的信念，柏拉图是坚持不肯动摇的。直到在晚年的著作《蒂迈欧篇》中，他还是认为，"如果理性和真观念是两个明确的类，那么我说确实存在着不被感官所感知，而为理性所把握的自我存在的理念"①。这样，下面的问题就永远不会消失：这两个世界如何统一？现象界如何得以存在？万般无奈之下，柏拉图只得求助于神，提出了一个新的理念世界与可感世界的连接模式：理念—神—可感世界。"创造者根据永恒存在的理念做范型，通过摹仿这类范型创造出宇宙"②，评述这种"摹仿创世学说"，已经超出本文的范围了。

缘起于个别事物分有理念学说的困难的理念之间的分有学说最终却导向神摹仿理念创造世界学说，这是理念之间的分有学说的终结，也是柏拉图整个理念论的终结。

---

① 《蒂迈欧篇》51D。
② 《蒂迈欧篇》28D。

柏拉图"通种论"研究 [*]

　　柏拉图哲学思想有一个发展过程,这对大多数人来说至今仍是一个新的观点。但他的思想毕竟具有十分明显的阶段性。在《拉凯斯篇》《卡尔米德篇》《普罗塔哥拉篇》等早期对话中,柏拉图尚未将理念独立出去,其基本思想与苏格拉底类似,以至有人把这些著作称作苏格拉底-柏拉图对话。在《曼诺篇》《斐多篇》《国家篇》等作品中,柏拉图明显地将理念与个别事物分离开来,在个别事物之上树立了一个理念世界。而在《巴门尼德篇》《智者篇》《政治家篇》等对话中,他的兴趣却集中在对理念间的关系的讨论上,其中的核心思想即是本文所要探讨的通种论。由于人们对柏拉图的中期思想较为熟悉,对他的晚期思想了解不够,本文试图通过对通种论的内容、地位、意义的探讨,以增进人们对柏拉图哲学的了解,并就教于师长。

---

　　[*]　该文为余纪元先生的大学本科毕业论文,原载于周勇胜、徐梦秋、洪峻峰:《八十年代大学生毕业论文选评》,福建人民出版社,1986。——编者注

一、通种论是关于理念间联系的学说

通种论是以"存在"与"非存在"的统一为目的，主张"存在"与"非存在"、"同"与"异"、"动"与"静"这三对最普遍的理念互相联系的学说。柏拉图认为，理念之间的关系只能有三种情况：全部都能互相分有（结合）；全部都不能分有；有的能分有，有的不能。论证表明，全部不分有不可能，全部分有也不可能，唯一可能的情况是有的能分有，有的不能分有。他以字母组合为例加以说明。字母有元音和子音两种，一般地讲，元音和元音是可以相拼相结合的，元音和子音也是可以相拼相结合的，而子音和子音，则有些可以彼此相拼相结合，有些不可以。

要最后确定理念之间的关系，柏拉图认为只需要选几个最普遍的理念进行考察，以免多了反而糊涂。而这几个理念之间联系的确定可推广到全部理念。柏拉图选择的最普遍的"种"或"理念"是存在、非存在、动、静、同、异。

除了以六个理念来说明全部理念之间的关系外，还须以某个理念来说明这六个理念之间的关系。柏拉图选择了"动"。

"动"与"同""异"。动异于同，故而不是同。然而它又的确是同；因为一切都分有同。所以，动既是同，又是非同。"这必须承认，不要惊疑。我们说它又同又非同，我们的意思是不一样的。说它是'同'，因为它分有'同'，同于己；说它是'非同'，因为它分有'异'，分有'异'，才与'同'分开，不成同而成异，所以反过来说它非同是对的。"[①] 同此理，动既是异，又不是异。

"动"与"静"。动与静能否互相分有的问题，是理解通种论的一大难点。本文第二部分将专门讨论该问题，在此我们只简单地说，动与静

---

① 《智者篇》256B。

是绝对不能互相分有的。"动哪能静，静哪能动。"①

"动"与"存在""非存在"。动分有存在②，因而存在，但动又异于存在。因为动既然可以异于同，异于静，也就没有理由否认"动"异于存在，所以"动真的不是存在，而又是存在"③。

"非存在"不仅在动上存在，在存在自身上也存在。存在对于自身来说是存在，而对于他物来说，则是"非存在"。这就引出了存在与非存在的对立。柏拉图写道："因为异的性质作用于它们，使它们每一个都异于存在，所以不存在。据此，我们可以正确地说：一切理念不存在。反过来，由于它们分有存在，所以它们又存在，是真实存在的。"④存在只是一个，但不是存在的"种"的数目却是无穷的，如大、小、善、美，等等。相对于这些种，存在本身就是非存在。存在与非存在相异而存在，又由于分有"非存在而存在"。存在本身就是以非存在的形式存在着，这正是通种论要达到的目的。

我们知道，在巴门尼德那里，存在是一个抽象层次最高的范畴，能想、能讲的东西都是存在的。这个存在是没有对立面的，连"存在"属性都不具有的东西实在无法言说。所以，巴门尼德决然断定："上有存在者在，非存在者不存在。"现在柏拉图怎么能把两者统一起来呢？

全部的问题在于改变"存在"的内涵。在柏拉图看来要解决存在与非存在的统一，首先必须弄清楚存在的性质。柏拉图把历史上关于存在的观点归纳为两种。一种观点把有形物认作实在。柏拉图说，这是不能接受的。因为无形体的东西，如公正、美等理念，比有形体的东西要实在得多。另一种观点分出存在与生灭两界。认为存在是永恒不动的，而生灭则是随时转变的。这是指巴门尼德的存在论和柏拉图的早期理念论。柏拉图说，它比起前一种观点来显得文明，但它否定了存

---

① 《智者篇》255E。
② 参见《智者篇》256A。
③ 《智者篇》256C。
④ 《智者篇》249D。

在的运动，这是很荒谬的。在柏拉图心目中，存在的东西必须和运动结合在一起，存在必须具有自身运动的能力，它不能是孤立的、静止的。

存在不动不行，但说"一切皆动"也是离奇的。光动不静，我们就不会有任何确实的知识。柏拉图对智者派的相对主义观点深恶痛绝，认为它们的理论只能用恍惚二字来表示。正确的途径是必须把存在和动静结合起来，存在既不是纯静也不是纯动，而是既动又静。"极端重视这些东西的爱智者，为着这些东西似乎必须一方面绝不接受凡主张一切或一切是多型的人们把一切视为静止的说法；另一方面，对于存在是遍体皆动的论调也要置若罔闻。他必须像儿童那样双手都要东西，说存在与一切既动又静。"① 作为一个自身又动又静的东西，存在就不再是最普遍的属性，而是众多理念中的一类，是一个具有某种特殊规定性的东西。

既然存在只是某种规定性，那么与这种规定性相异的东西便是"非存在"。"非存在"并不是指存在的反面，而只是指异于存在的东西，这就是所谓"非存在"的种。柏拉图写道："若有人说，否定意味着相反，我们不要苟同。小品词'不''非'只是意味着异于它为之前缀的那个词。或者更精确地说是指异于该词所指的事物的另一事物。"② 例如，非美就是异于美，非正义就是异于正义。非存在跟存在具有同等的实在性，它丝毫不比其他东西缺少存在性。

存在和非存在的性质既明，那么，由于理念间的同异关系，它们就必然达到统一。巴门尼德关于"非存在不可言说"的教条被彻底推翻了。黑格尔在谈到这一点时说："柏拉图的最高形式是'有'与'非有'的同一：真实的东西是存在的，但存在的东西并不是没有否定性的。于是柏拉图指出，'非有'是存在的，而单纯的、自身同一的东西分有着对方，单一分有着复多。"③

---

① 《智者篇》257C。

② 《智者篇》252D。

③ 黑格尔：《哲学史讲演录》第 2 卷，贺麟、王太庆译，商务印书馆，1960，第 223 页。

通种论的最终结果是：存在、同、异皆能互相分有；它们都分有动和静，但动和静不能互相分有。

二、动与静缘何不能结合

通种论中的动与静究竟结合不结合，各家分歧较大。本文断定它们不能互相分有，根据何在？鉴于该问题对于理解通种论的重要性，我们有必要专门讨论。

许多大专家都持动静不能结合的观点。如罗斯（Ross）断定"动与静绝对不能结合"[①]。罗斑（Robin）认为"在运动与静止之间是没有任何联系的可能的"[②]。乔威特（B. Jowett）在其《柏拉图对话全集》的旁注中也持相同观点。但这些专家并没有提出充足的理由来证明自己的结论，并且他们对柏拉图《智者篇》256B 中写得明明白白的"假如动本身在某种情况下分有静，那么说动是静，也没什么离奇的"这句话视而不见，因此未能服人。许多人都认为，通种论的动静是能结合的。[③] 可这又无法与《智者篇》225E 中柏拉图说的"动怎能静，静怎能动""动完全异于静"这些话相圆通。

问题的存在引导我们去精研原著，而著名柏拉图注释家 F. M. 康福特（F. M. Cornford）的考证又给了我们解决问题的钥匙。康福特认为，原文在 256B 处还应有几句话，把它们完全写出来如下。客人：假如动本身在某种情况下分有静，那么说"动即是静"也没什么离奇了。（但事实上它根本不分有静。泰阿泰德：是的，它根本不分有。客人：反之它既分有同又分有异，所以说它既是同又不是同，绝没有错。）泰阿泰德：完全正确，如果我们同意，某些种可以互相结合，某些种不可以的

---

① 罗斯：《柏拉图的理念论》，牛津大学出版社，1953，第 114 页。
② 罗斑：《希腊思想和科学精神的起源》，陈修斋译，商务印书馆，1965，第 256 页。
③ 参见汪子嵩：《古希腊哲学中的一般和个别》，《外国学史研究集刊》第 4 期。

话。^①这样，柏拉图通种论中动静之不能结合便十分明白了。康福特的考证结果理顺了柏拉图的原文。

然而，柏拉图在《智者篇》所阐述的关于动、静关系的观点明显与他在《泰阿泰德篇》中的论述矛盾。在那里，运动与静止绝不是截然割裂的。他把变动分为变异和运动两类，变异是指性质方面的变动。运动又可分为两种类型，即旋转和地点变换。他认为，所有的变动形式都包含着两个矛盾的成分，变异既不同于它自身，又不异于它自身。地点变换既在某地之内，又在某地之外。旋转亦是如此，它由两个极端相反的成分组成，静止和运动，就其地位不变说，是静止，就其旋转说，是运动。动中有静，静中有动。^②这难道不是动与静之间的"分有"或"联系"吗？

那么，柏拉图究竟为什么在《智者篇》否认动、静的结合？我们认为，他可能是想合乎他关于理念间关系的论断。柏拉图曾谈到，理念与理念之间的关系有三种情况：彼此都能结合；彼此都不能结合；有的能结合，有的不能结合。只有第三种情况才是真实的。如果在最普遍的六个理念中，动与静不能结合，而其他能结合，就会显得顺理成章，前后一贯。可是，柏拉图的观点本来就有问题，理念之间为什么不能全部分有呢？柏拉图回答说："如果理念间都能分有，那么动会静，静也会动。"^③但柏拉图自己说："分有存在的'异'，因分有'存在'而存在，并不等于它所分有的，而是异于它所分有的。"^④"分有"并不等于"等同"。柏拉图凭什么说，如果理念间都能分有，则动会静，静也会动？

---

① 参见康福特：《柏拉图的知识论》，劳特利奇出版社，1957，第 286 页。

② 参见《泰阿泰德篇》181C–D。

③ 《智者篇》252D。

④ 《智者篇》259A。

三、通种论与理念论

从直接的动因看，柏拉图提出通种论是为了反对智者派。他在与智者派的论战中，由于秉承巴门尼德的"只有存在者存在"的教条，遇到了不可解决的困难。第一，如果只有存在存在，非存在不存在，那么就没有虚假的东西了。凡是我们能感觉到的都是真的。这样智者派"人是万物的尺度"的命题就有了确实的真理性。第二，柏拉图把智者说成魔术家、摹仿家，只会玩弄肖像术和幻象术。幻象显然是不真实的东西，但我们既然还在讨论，那它也必然存在。可见"非存在"也存在着。柏拉图感到陷入了矛盾的境地。由此，他说："替自己辩护，我们不得不把巴门尼德父亲的话拿来估量一下，并且要断言，'非存在'是一种'存在'，反过来，'存在'是一种非存在。"柏拉图最后以"非存在"是异于"存在"的东西的结论说明了虚假概念的可能性，从而击败了智者派。

罗斑对通种论的评价是很令人失望的。他说，通种论"只是解决关于错误的问题的方法"①。罗斯则更是随便地写道："柏拉图对种间联系的考察是十分贫乏的——不过是发现了五个种之间非常明显的关系。这整个考察不过是对虚假陈述和虚假观念的可能性所做的考察的一个附带。"②我们认为，这些看法是肤浅的。柏拉图以同智者派论战的形式阐发的通种论思想，其意义远不止如此。回顾一下柏拉图思想发展的线索，将有助于我们找到他的真实意图。

理念论是客观唯心主义在古代的典型代表。柏拉图为了给现存世界做出理论上的说明，一方面反对巴门尼德的"非存在论"，认为那是自相矛盾的。现象世界并不是虚妄，而是实际存在的。另一方面又竭力反

---

① 罗斑：《希腊思想和科学精神的起源》，陈修斋译，第257页。
② 罗斯：《柏拉图的理念论》，第116页。

对以德谟克里特为代表的从事物本身来解释事物实在性的唯物主义路线。经过吸收毕达哥拉斯的万物摹仿数说、巴门尼德的"真理"与"意见"二重世界论，阿那克萨哥拉的努斯说，并且把苏格拉底所追求的普遍原则客观化，柏拉图提出，现象世界的实在性绝不是由于它自身，而是由于分有理念才具有；理念是世界存在的原因。为此，他展开了两方面的努力，既要说明现象界的实在性，又要把实在性归于理念。作为一个为当时的社会制度辩护的唯心论哲学家，两者都是必要的。我们知道，埃利亚学派否认现象界（非存在）的理由是，如果多存在，那么它必然既类似又不类似，既大又小，既无限又有限，即矛盾的性质会在它身上集合，所以非存在是虚妄的。柏拉图认为，这种原则在理念世界是绝对正确的，如果相反的理念可以结合，那确实很令人诧异。①但在现象界，相反的性质却实实在在地结合着，绝不能由此而认其为虚妄。一多、动静等完全可以在个别事物上结合。例如，苏格拉底是一，但他又有前后上下，有头、手、足等，所以又是多。这是由于个别事物可以摹仿性质相反的理念的结果。理念的性质是单一的，严格的一，不能有其他的部分。但个别事物却可以同许多相反性质的理念发生关系，因而出现了多的状况。

然而柏拉图马上借巴门尼德之口批判了自己的这种早期理念论。首先，公正、美、善等理念是确实的，那么，头皮、污泥、秽物等最微不足道、最无价值的东西，是否有理念？按照理念是事物追求的目的看，后者不应承认，但按照一类事物总有一个理念的界说，后者又不得不承认。其次，事物分有理念，那么分有整体，还是分有部分？分有整体，那么理念的单一性和完整性的统一就会遭到破坏；分有部分，那么分有小的东西反而会变大，也自然是矛盾的。再次，如果有理念和事物对立，那么从一类事物中可得出一个理念，而把理念和个别事物放在一起看，又会得出一个理念，由此会产生"无穷后退"的窘境。

---

① 参见柏拉图：《巴曼尼得斯篇》，陈康译注，商务印书馆，1982，第38页。

这样，理念世界自身不清楚；事物分有理念不成立：理念和事物的分离要无穷后退。柏拉图的早期理念论遭到了逐条驳斥。本来他要通过说明事物是对理念的分有来肯定现象界的实在性，现在"分有"不成立，现象界也就无从说明，柏拉图两方面的努力都失败了。

既然如此，那就理应抛弃理念论另找解释世界的途径。可是柏拉图对此却讳莫如深。他虽然通过巴门尼德之口批判了代表自己早期思想的少年苏格拉底的理念论的种种荒谬，却仍然写道："苏格拉底啊！然而如若顾到现在所讲的一切困难，以及其他类似的困难，便否定有事物的理念，他将不能将他的思想向着任何他处转移，因为他否认每一类事物的相（理念）是恒久的、同一的，并且这样他就完全毁灭了研究哲学的能力。"①柏拉图这种顽固的唯心主义立场，从认识原因上说，是他既想从一般性上来把握世界又不懂得一般和个别的辩证法所致。另外，雅典在伯罗奔尼撒战争失败以后，城邦奴隶制出现了危机，随着经济基础的动摇，上层建筑也日渐不能维持秩序。作为贵族奴隶主的思想家，柏拉图竭力想从理论上来为代表贵族奴隶主利益的永恒的绝对的伦理道德准则、政治制度和宗教信仰做论证，以此来挽救正在没落的城邦奴隶制。

不允许从根本上抛弃理念论，但又要修正理念论的缺陷以维持其存在，怎么办？我们知道，柏拉图原来认为埃利亚学派"矛盾即荒唐"的原则在理念世界中是绝对的真理，现在，在走投无路的情况下，他开始对此持怀疑态度，表示希望能像在视觉里表明相反性质在个别事物上结合那样，用思想去指明理念之间的相互交错，即应当研究相反理念之间的关系。②

这一转折的结果便是产生了我们已经知道的通种论。早期的理念论主张理念是绝对的、彼此互不相关的，而通种论则认为除动和静之外，存在、同、异之间及它们与动和静之间都是互相联系的。显然，通种论是对早期理念论的改革。

---

① 柏拉图：《巴曼尼得斯篇》，陈康译注，第101页。
② 参见上书，第105-106页。

那么，这个改革对于柏拉图的本体论有什么意义呢？我们认为，通种论是柏拉图继早期理念论之后所做的又一次力图以理念说明世界的尝试。以前"非存在"在理念世界中是没有地位的，现在非存在和存在却达到了辩证的统一。巴门尼德的"非存在"论破产了，非存在不过是异于存在的规定性而已，非存在与存在具有同等的实在性。这样就从理论上为自然界（非存在）找到了逻辑依据。柏拉图之所以要反复强调"非存在的性质"，之所以在提出存在与非存在的统一时踌躇徘徊，之所以要用"存在与非存在"的统一作为通种论的目的，都可以从这里得到解释。这才是他违背巴门尼德教条的真正含义。

然而，柏拉图至今只是在理念世界范围内转圈子。我们看到，相反的理念可以结合，理念本身也是善中有恶，目的论被抛弃了，究竟是哪类事物有理念的困难不再存在，理念世界变得更加精致。非存在存在，自然界的逻辑根据找到了。但是，如何以此抽象推论的结果去说明现实的世界？纵然"非存在"理念存在，那它与"非存在"的自然界又如何相联？

柏拉图对此避而不谈。全部结果只是在于提出了抽象的逻辑根据而未见实际的解答。

关键还是在于一般和个别的辩证法，一般只能在个别中并且通过个别而存在，对于世界应做一般的概括性的说明，但又不能将这种一般当作独立存在的东西。柏拉图死死抱住理念论不放，妄想在理念论范围内补苴罅漏而了事。尽管他找到了辩证法来与形而上学对立，但没有基础的空中楼阁再精致也是无济于事的。既然把一般独立出去，那么，它和个别事物的关系就再也无从说明。柏拉图的"分有"说证明了这一点。无独有偶，黑格尔那玄不可解的"外在化"也显示出同样的意境。

四、认识史上的第一个理性系统

如果说理念间互相联系的结果在本体论上意义甚微，那么，理念间互相联系的思想本身却在辩证法史上给柏拉图留下了一座丰碑。

柏拉图对理念间关系的探索始于《巴门尼德篇》。他在那篇对话中提出了八组推论。这八组推论实际上可分为两列：第一、四、六、八组前提相同，都是"一"不分有其他理念或"一"与其他理念相分离，由此推论出一与多、整体、部分、界限、异、同等范畴并不结合。第二、三、五、七组的前提也相同，都是"一"分有其他理念，由此推论出一与多、整体、部分、界限等亦结合。

但在《巴门尼德篇》中柏拉图对范畴间关系的探索是初步的。这一方面表现在他对八组虚拟推论没有明确的答案，另一方面也表现在他只是涉及"一"与一组组理念的关系，而没有论述一组组理念自身的关系。

《智者篇》中的通种论则不同，柏拉图在那里明确肯定了理念之间的联系。他指出，如果否定事物分有他物的性质，而用他物的名称称呼它，那么人们只要一张嘴，用不着别人来反驳自己就已经矛盾百出了："他们不得不千百次地使用'存在''分离''从其他的里'等等，这是他们不能避免而必须用来联系论证的。"[1]正如希腊神话中的怪人欧昌克利亚，他只要一张嘴，腹中马上会有另一个声音来反对他。柏拉图以不可否决的笔调写道："如果不存在事物间的互相结合，那么一切都是胡说。"[2]这样，他就否定了《巴门尼德篇》第一、四、六、八组的结论，而肯定了第二、三、五、七组的结论，从而批判了自己早期理念论中的形而上学观点，在人类历史上首次认识到不仅个别中有一般，而且一般之间还存在着联系。通种论首次探讨了范畴之间的联系，虽然这种联系是建立在唯心主义基础上的，而且"没有在细节方面得到证明"[3]，较为朦胧和模糊，但它却使希腊哲学和人类思维从感性阶段跃进到理性阶段。在这之前，毕达哥拉斯曾列举过十个范畴，但他只是进行了简单的

---

① 《智者篇》252C。

② 《智者篇》252B。

③ 《马克思恩格斯全集》第20卷，人民出版社，1971，第385页。

列举和混杂的排列，没有秩序，没有深度。

进一步的研究使我们发现，柏拉图的通种论所研究的六个理念具有特殊的重要性。

首先看"存在"与"非存在"。爱奥尼亚哲学家把存在与非存在统一起来；米利都学派认为，从一物可以产生出万物。这就是说，存在可以变成非存在。赫拉克利特断定火可以产生万物，并且第一个把存在与非存在作为一个对立面加以考察，提出"我们存在又不存在"的名言，后来智者派把这种思想片面化，大搞相对主义，视一切为"非存在"，高尔吉亚提出了有名的"三大命题"，从逻辑上否定了存在。与此相对，巴门尼德认为，存在是唯一的，存在的东西绝不能变成非存在的东西，正像存在的非东西绝不能变成存在的东西一样。非存在不可言说。这样就形成了存在与非存在关系的两大极端。后来恩培多克勒综合四根来说明万物，依然未能摆脱存在如何变成非存在的困境。阿那克萨哥拉以无限生无限，占主要比例的种子产生个性的学说避开了非存在。德谟克里特认原子为"存在"，虚空为"非存在"。但是非存在并不比存在缺少实在性，这正是把"非存在"当作存在。

与此密切相联的是动与静的矛盾。赫拉克利特认为万物皆动，无物常住。世界上没有静止不动的物，存在可变成非存在，不存在的可变为存在。智者派又把它片面化，过分强调运动。而埃利亚学派则竭力反对。巴门尼德提出动的事物是虚妄的，唯一的存在者"存在"是永远不动的，芝诺还提出四个悖论来证明运动是荒谬的，以维护巴门尼德的唯静主义。动静问题同样形成了两大极端。以后，恩培多克勒和阿那克萨哥拉都把始基（根、种子）认作不动的，运动的原因来自外部（爱、恨与"努斯"）。这种解答是很牵强的。德谟克里特认为原子无重量，所以也不能运动，只能有莫名其妙的"颤动"。

"同"和"异"的问题实际上就是存在与非存在的问题。古代哲学家用某一种具体事物来说明万物的多样性。然而始基是一，性质相同，它如何说明不同性质的东西？赫拉克利特用火的聚散，德谟克里特用原子的位置、次序、形状等。这些说法都带有极大的局限性。柏拉图的早期理念论也有同样的困难。理念是绝对的，是同，而万物却有不同的性质，绝对的理念如何说明万物的差别？

以上三对矛盾基本上勾勒了早期希腊哲学的轮廓。柏拉图不多不少、不偏不倚恰恰选取这六个种作为考察对象，其意正在于总结希腊哲学史。对这三对矛盾，各派哲学众说纷纭，有的各执一端，有的一筹莫展。现在柏拉图从逻辑上证明了这些范畴之间存在着联系，必须把它们统一起来才能解决问题。这样他就不仅在一般意义上确立了理念间的联系，而且进一步确立了它们间的对立统一关系，如同与异的统一、存在与非存在的统一，这正是柏拉图通种论的精髓所在。黑格尔评论道："对方一般是否定性的东西，而否定性的东西也是和它自身同一的东西；对方是非同一者，而非同一者在同样情形下正与对方同一。它们不是殊异的方面，它们不是处在矛盾中，相反地，在同一观点下，它们乃是一个统一体。这就是柏拉图特有的辩证法的主要特点。"[①]这是对柏拉图成就的公正估价。

不可否认，柏拉图通种论的局限也是十分明显的。他推论范畴间的关系，往往是从外在的而不是从它们的矛盾本性出发的。难怪黑格尔在赞扬柏拉图的同时又下了如此论断："这种辩证法诚然是正确的，不过不是十分纯粹的，因为它开始于两个规定的这样结合。"[②]另外，他用"有的能结合，有的不能"来概括整个理念世界，而没有找出诸多范畴间的内在联系，建立起系统的概念辩证法。

然而，历史研究的任务不是要求历史上的哲学家给我们提供现代所要求的东西，而是要揭示出他比他的先辈们多提供了什么。人类的认识史，一方面是不断地获得新范畴的历史，另一方面也是不断地探索范畴间辩证关系的历史。单个的概念只是认识世界之网上的一个纽结，是不完全的，只有概念的规律的总和才可能认识完全的具体事物。获得这种

① 黑格尔：《哲学史讲演录》第2卷，贺麟、王太庆译，第234页。
② 同上。

总和的进程即是辩证法史。通种论作为第一个概念系统，在这方面有着重大贡献。

【短评】[1] 柏拉图的通种论，无论在国内还是在国外，都是一个研究得很不够的问题。之所以出现这种情况，原因有二：第一，它是柏拉图哲学中，甚至是整个古希腊哲学中的一个难点；第二，长期以来研究家们对它在柏拉图哲学和整个古希腊哲学中所起的重要作用认识不充分。

《柏拉图"通种论"研究》就这一问题做了较深入的探讨，不仅在西方哲学史的研究上有一定的意义，而且对辩证地理解存在与非存在、运动与静止、同与异等范畴及其相互关系，也不无益处。

作者总结了国内外在柏拉图通种论的研究上已经取得的成果，包括国外研究柏拉图哲学的著名学者罗斯、康福特等人的研究成果。在此基础上，作者提出了一些新的见解。

首先，作者就通种论中最大的难点，即运动与静止的关系问题，提出了有根据的见解。作者认为，柏拉图肯定了运动与静止不能互相分有。过去也有人持这种观点，但缺乏有根据的说明。而作者一方面利用了康福德对柏拉图原文的考证成果，另一方面又对柏拉图在不同著作中，甚至在同一著作中的不同提法做出了有说服力的分析，从而使他的观点建立在比较可靠的基础上。

其次，探讨了通种论提出的目的。在这方面，作者批评了包括罗斯在内的一些研究家所持有的通种论只是解决正确与错误的观点。作者认为，通种论的提出，其直接目的固然是反对智者派，但是还有更进一步的目的，这就是为修正早期理念论的缺陷，以继续维持其存在。这一修正，使得原来互不相关的理念发生了联系，而且为自然界（非存在）的存在找到了逻辑根据，使之具有了合法性。这些，对于理解柏拉图的哲学，具有重要的意义。

---

[1] 短评作者孙有，见周勇胜、徐梦秋、洪峻峰：《八十年代大学生毕业论文选评》。——编者注

再次，指明了通种论在古希腊哲学史上的重要地位。在作者看来，存在与非存在、运动与静止、同与异的关系是柏拉图之前希腊哲学家们探讨的主要问题，也是争论的主要问题。柏拉图用他的辩证的观点，肯定了这些范畴之间的对立统一关系，从而对上述争论问题做出了在当时的历史条件下确实是难能可贵的回答。作者认为，通种论是西方哲学史上第一个范畴系统，这并不过分。

当然，作者也并不认为通种论是完美无缺的，相反地，作者指出了其局限性。局限性主要表现在柏拉图往往从外在的方面而不是以它们的矛盾本性出发探讨范畴间的相互关系，他的概念辩证法不是建立在客观辩证法的基础上的，等等。

总之，《柏拉图"通种论"研究》一文具有较高的学术价值，它出于一个学生之手，更增加了它的光彩。

《理想国》中的正义：
一个逐步发展的悖论 *

关于柏拉图的哲学王悖论的文章已有很多。被认为是社会正义典范的哲学家，在其教育之旅的终点处获得了对至善的观照之后，他们不愿回来履行其社会责任（去治理）。当他们因强迫而返回时，他们"认为（治理的）任务不是一件好事，而是一种必要"（540b5）。这似乎把哲学家与普通人置于同一水平，而普通人被认为是不情愿地践行正义，"把它当作某种必要的东西，而不是一种好的东西"（358c4-5）。但《理想国》意在表明正义本身就是好的。

然而，当前文献中的一般进路是：第一，这个悖论是柏拉图那里的一个混乱或矛盾；或者第二，这个悖论是不真实的，并且可以在柏拉图那里或替柏拉图找到某种解决方案。在此我试图提出另一个观点，即《理想国》的中心主题正是阐明哲学王悖论的必然性。我的论点是基于对《理想国》第1卷中柏拉图的功能论证的一个恰当理解。这一论证是揭示《理想国》中隐藏的结构的关键。《理想国》论证了正义的两个观念：除了众所周知的心理正义之外，还有一种沉思的正义观念。这两个

* 原文题目为 "Justice in the *Republic*：An Evolving Paradox"，载于 *History of Philosophy Quarterly* 17，2（2000）：121-141。钱圆媛译。——编者注

观念是矛盾的，却又动态相关，正是它们的内在关联导致了哲学王悖论。若这样理解，柏拉图的哲学王悖论就是伯纳德·威廉姆斯（Bernard Williams）的大写的"高更问题"。

一、功能论证

功能论证（352d–354b）如下：每一事物都有一种功能（ἔργον），只有它能完成或最好地完成。一事物的德性或卓越性（ἀρετή）在于很好地施行其功能。灵魂有其自身的功能，因此具有其特殊的德性。正义是灵魂的德性。因此，正义的人活得好，而"活得好的人是有福和幸福的（εὐδαίμων）"（354a1–4）。

这个论证本是对色拉叙马库斯提出的问题的一个回答：既然正义是"他人之善"（ἀλλότριον ἀγαθόν，343c），为什么我应该正义（或道德）？然而，在这种表述下，对话者和评论者似乎都不满意这一论证。色拉叙马库斯本人并不相信他的问题已得到解答。（354a10–11）格劳孔和其他人也不满意，因此他们想重述这个问题。（358b1–4）甚至苏格拉底自己也在第 1 卷的结尾处说，他既不知道什么是正义，也不知道正义的生活是否更好。对于许多评论者而言，功能论证是无效的，因为它是在正义是一种德性这一未经证实的假设下进行的。①

这个论证的一个明显问题是它太粗略了。它引入了四个关键概念——功能、德性、正义和幸福（eudaimonia），但没有一个得到具体说明。它们之间的关系只是建立在它们的传统含义基础上，没有太多的本质支撑。这一论证谈及了灵魂的功能，但没有提供一个灵魂概念。正因如此，"德性"一词也是抽象的，因为德性的字面意思是"功能发挥

---

① 参见 Julia Annas, *An Introduction to Plato's Republic*（Oxford：Oxford University Press，1981），p.55；C. D. C. Reeve, *Philosopher-kings*（Princeton，NJ：Princeton University Press，1983），p.21；Terence Irwin, *Plato's Ethics*（New York：Oxford University Press，1995），p.179。

得好"。虽然正义被认同为一种德性，但只是在传统含义上才把抢劫、偷盗、入室盗窃等事情（344b）理解为不公正的。最后，正义被认为是幸福，因为幸福的传统含义是"活得好"（εὖ ζῶν，354a1）[1]，并且正义是一种意味着"一个人的功能发挥得好"的德性。但我们并未被告知什么算是"活得好或做得好"。

尽管这一论证形式粗略，但仍有理由相信这一论证对于《理想国》任务的重要性和严肃性。首先，它是于苏格拉底在352d-e宣称"我们正在讨论的不是普通的问题，而是正确的生活方式"之后被引入的。其次，两种伦理理论有着众所周知的区别，即行为-中心和行为主体-中心，柏拉图则被认为是一个以行为主体为中心的伦理理论家。[2]功能论证，作为对色拉叙马库斯的为什么正义行为是合理的这一问题的回答，将正义问题与一个人的功能、德性及幸福联系起来。因此，正是这一论证具体地展示了从正义行为到正义之人的着重点的转变。

我认为这个功能论证应该被视为一个要详细阐述的论点，而不是一个已经完成的论证。正如我将要表明的那样，正是在这些关键概念——功能、德性、正义和幸福——以及它们的相互关系的具体说明中，色拉叙马库斯的问题得到了详细的论述，而哲学王悖论也得以展开。让我们从功能概念开始。

二、人的功能

灵魂最普遍的功能是"活着"（353d9），这实际上正是希腊语中"灵魂"（ψυχή）一词的含义。不像亚里士多德，他对不同种类的灵魂进行区分，将其与不同种类的生物相联系，柏拉图局限于人类灵魂。灵

---

① 参见《尼各马可伦理学》1.8. 1098b21-23。

② 参见 Annas, *An Introduction to Plato's Republic*, p.158; Annas, *The Morality of Happiness*（New York: Oxford University Press, 1993）, pp.124-126。

魂功能发挥得好就是活得好，这就是灵魂的德性。

作为灵魂功能的"活着"意味着什么？柏拉图提供了一些例子，例如"管理、统治、慎思等"（353d3）。这里提到的所有例子（尽管一系列的例子都是开放性的）都属于实践理性。这并不意味着灵魂的实践应用是它唯一的功能。这一论证应该延展到只有人类灵魂才能做或做得好的一切。

因此，我们被引向追问柏拉图那里的灵魂是什么。众所周知的灵魂三分是在《理想国》第4卷被确立的：理性（λογιστικόν）、激情（θυμοειδές）和欲望（ἐπιθυμητικόν）。乍一看，似乎人类灵魂应该相应地有三种功能。然而，柏拉图清楚地表明，如果人的灵魂是有德性的，后两部分就必须由理性部分掌控。一个有德性的灵魂是一个其中的理性部分统治或管理其他两部分的灵魂。这意味着激情和欲望的活动不是人类灵魂的特征。灵魂三分的功能在于理性部分的"管理、统治和慎思"。

《理想国》在发展灵魂三分理论的同时，似乎还持有另一种灵魂概念。柏拉图说："这确实不是一项微不足道的任务，而是很难认识到，在每个灵魂中都有一个器官，当这个器官已被我们的日常追求摧毁和蒙蔽时，这些研究会将它净化和重新点燃。对这一功能的保有价值巨大，因为只有通过它才能把握实在。"（527d7-e4）这个器官的功能不是像实践理性一样去管理与支配激情和欲望，而是沉思真实和形式世界。由于诸形式属于线喻的顶层，这个沉思的灵魂应该被定义为努斯（νοῦσ）。

这个沉思的灵魂与《斐多篇》中的灵魂概念是一致的：在那篇对话中，灵魂不是一个三部分的复合体，而是不同于身体的单纯而单一的东西。灵魂类似于它所沉思的形式：纯洁、单一、不变、不朽。《斐多篇》认为这个沉思的灵魂属于一个真正的哲学家。真正的哲学家的职业是一生都练习死亡（67e），这里的"死亡"不是指生物学上的终结，而是把灵魂从它与身体的结合中分离开来（64c4-8）。因为所有这些与身体有关的贪欲、激情和欲望都是追求真理的障碍，真正的哲学家将自己与所有这些割裂开来，并"通过将纯洁无瑕的思想运用于纯洁无瑕的对象来追求真理"（66a）。

如《斐多篇》一样，《理想国》还声称，努斯的活动是真正的哲学家的特征，他被期待成为国王。哲学家的灵魂只专注于智慧和真理。它习惯于伟大的思想和对所有时间与所有存在的沉思，以及"对真实的充分和完美的理解"（486e1-3）。因此，就像在《斐多篇》（485d-486b）中一样，《理想国》中的哲学家对激情和欲望的各种要求是漠不关心的。

这两种灵魂概念在《理想国》中并不矛盾。《斐多篇》承认激情和欲望的存在，但将它们归于身体中发生的事情。在《理想国》的三分理论中，柏拉图把它们放在灵魂自身中，而不涉及身体。真正的哲学家的灵魂中有激情和欲望，不同之处在于哲学家不会为它们所困扰。《斐多篇》中单一的沉思灵魂在《理想国》中变成了整个灵魂中的一部分，而不是一个独立于三分灵魂的灵魂。用柏拉图自己的话说，它是"每个灵魂中的一个器官"（527d9），"灵魂中的内在力量和我们每个人由以理解的器官"（518c4-5）。此外，在第9卷（582e7）柏拉图认为真正幸福的人的理性部分包括"经验、智慧和讨论"。基于这些考虑，我推断《理想国》中柏拉图的灵魂概念的总体图景是，灵魂有三个不同的部分，而理性部分包括实践理性和思辨理性。当他谈到这三个部分之间的关系时，即在他对心理正义的讨论中，他关注的是灵魂统治激情和欲望的实践能力；当他谈到谁是真正的哲学家时，他关注的是灵魂思辨的部分。①

如果情况是这样，功能论证就应该涵盖实践理性和思辨理性，尽管这两种理性的区别在柏拉图那里不像在亚里士多德那里表达得那么清楚。实践理性的功能是管理灵魂的另外两个部分，思辨理性的功能是沉思最终的实在。因此，有两种类型的德性：实践的德性和思辨的德性。

---

① 《斐多篇》中的理论是为证明灵魂不朽而建立的。只有当灵魂与身体相联时才会出现激情和欲望，当灵魂与身体分离时，它们就会消失。同样在《理想国》中，当不朽的问题出现在第10卷时，柏拉图说，灵魂若是永生，它就不可能真正是复合的，而必须仅仅表面上是复合的，因为它与身体有关联。（611b-612a）这表明只有沉思的部分才能不朽。

对于柏拉图和亚里士多德来说，德性不是正义或幸福的手段，而是后者的内在组成部分。因此，对应于这两种德性，分别有两种正义（实践的正义和思辨的正义）和两种幸福（实践的幸福和思辨的幸福）。功能论证认为，如果一个人有德性，那么这个人就是正义的并因而是幸福的。现在因为事实证明有两种德性，这个论证就必须包含两个论点：第一，如果一个人具有实践的德性（P-virtue），他就是实践上正义的和实践上幸福的；第二，如果一个人具有思辨的德性（I-virtue），他就是思辨上正义的和思辨上幸福的。我们需要解释这些正义和幸福的概念是否不同以及如何不同。

柏拉图自己提到有两种探究路径：一种是短的，另一种是"更长且更难的"。他在435d首次提到这一区别时，直接指涉的似乎是灵魂的划分，但它应该被理解为指的是建立心理正义的整个讨论。这种解读首先在481-482得到支持，在那里它说更长的路是要表明真正的哲学家是谁，然后在504b，它更明确地表达了短的路指的是关于德性以及灵魂的讨论，而更长的路是引入形式理论。这两种路的确切含义一直是一个有争议的话题，我提议短的路对应功能论证的第一个论点，而更长的路对应其第二个论点。这一点会在我们讨论这两种路的过程中变得明白。

三、短的路：心理正义与王

柏拉图早在第4卷就定义了正义。如果它的所有三个阶层都获得了各自的德性，那么城邦就处于有序的或者和谐的结构中，其中统治者关心其他公民的利益，士兵是统治者的盟友，劳工阶层满足于其较低的地位。（462a-463c7）这样的城邦就是正义的。根据城邦－个体的类比，正义的灵魂被描述为每个部分都实现其德性的状态。这是一个和谐的灵魂，理性在其中处于统治地位，它的功能是关注整体的幸福以及什么是每个部分的真正的好坏。（442c6-8）这里的理性概念是实践性的。

柏拉图声称，这种社会或心理正义的概念导出了日常的正义概念（441c-443b），这意味着他是在回答色拉叙马库斯的问题。但他的主张没有得到任何解释，而这两种正义概念在直觉上并不相关。心理正义只涉及行为主体灵魂的不同部分的关系，而传统正义则更多涉及行为主体与他人的关系。D.萨克斯（D. Sachs）很好地指出了这一差距①，并引发了一场长期争议，即是否有可能替柏拉图将这两种正义概念联系起来，以及柏拉图是否改换了主题。

这里的问题是理性如何能够照顾整个灵魂的福祉，而不是它的自身利益，因为这种张力是色拉叙马库斯的问题的本质。评论者普遍认为，理性能够统治，因为它能够获得真正的知识，而知识在本质上应该是统治的基础，甚至沉思也使理性变得无私。这种方法一直是拒绝萨克斯的指责的主流路线。但我认为它是站不住脚的。②首先，在心理正义概念中，还没有引入哲学知识，统治者尚未获得对至善的观照（这将在下一部分讨论）。其次，即使我们求助于哲学知识，更具争议性的哲学王悖论仍在等待着我们。哲学家不愿意回来服务。这确实成为一个反例，表明心理和谐并不导出传统的正义。

柏拉图在处理统治阶层如何无私地照顾整个城邦的善的问题上，其实际策略是否认统治者的自身利益与城邦利益的冲突。这是首先通过拒绝给守卫者私有财产（415d-416e），然后通过废除统治者的家庭（457c-466d）来实现的。此外，守卫者不允许选择自己的性伴侣。财产、性、家庭和子女都被认为是自身利益的基础。通过把它们从统治者那里去除，柏拉图排除了统治者腐败的任何可能性。因此，统治阶层除

---

① 参见 D. Sachs, "A Fallacy in Plato's *Republic*," in *Plato: A Collection of Essays*, Vol. II, ed. Gregory Vlastos（Notre Dame, Ind.: University of Notre Dame Press, 1971）, pp.35-51. 他指责柏拉图在《理想国》中犯了"不相干的错误"。

② 例如，J.Neu, "Plato's Analogy of State and Individual," *Philosophy* 46（1971）: 254; Nicholas White, "The Rulers' Choice," *Archiv Fur Geschichte der Philosophie* 68（1986）: 22-46。

了整体利益之外别无其他利益，城邦的统一与和谐也就此实现。①

因此，根据城邦与个人的类比，我们可以推断，在个体灵魂中，心理的和谐之所以实现，是因为理性部分除了照顾整个灵魂之外没有任何自身利益。因为柏拉图式的正义灵魂是由一个中立且毫无自身利益的理性部分掌控的，这样的灵魂当然会避免以牺牲其他为代价来追求自己的善。我认为这里就有萨克斯问题的答案。基于中立的和谐使正义的灵魂通过日常道德的考验。正是废除私有财产和家庭为传统正义与心理正义之间的联系铺平了道路。

那么，为什么柏拉图需要通过个人与国家的类比来推导出灵魂的正义？② 换句话说，城邦－个人类比的真正意图是什么？柏拉图宣称研究城邦（polis）中"大写"的正义是为了解读灵魂中"小写"的正义。（368d-e，434d7-10，441d）这当然不是因为我们不能直接分析灵魂的正义。此外，这一类比的形而上学基础是，正义的形式是普遍分有的（434d2），因此灵魂的正义和整个城邦的正义必须是相同的（368e1-2）。但如果是这样的话，既然我们通过理解社会正义就应该已经理解心理正义了，那为什么我们在理解了社会正义之后还需要继续理解它？

当柏拉图构建理想城邦时，他有一个专业化的基本原则，即每个人

---

① 参见 422e-423d，427e-428a，461-462e。柏拉图在这一点上并非没有问题。在废除核心家庭的同时，他希望整个社会成为一个扩大的家庭。他充分认识到友爱的重要性，并强调亲情将继续存在，尽管它不再与个人联系在一起，而是遍及整个社会。（463d-e；参照414e，415a）然而，问题在于：如果核心家庭被废除，亲情会从哪里出现？这种情感能够发展的基础又是什么？在这方面，柏拉图与孔子有着极大的不同，因为后者声称社会可以成为一个扩大的家庭，这正是家庭情感延伸的结果。

② 关于国家－个人类比是否以及在多大程度上成立，一直存在争议。对于各种批评，参见 Neu，"Plato's Analogy of State and Individual," in *Plato: A Collection of Essays*，Vol.II，ed. Gregory Vlastos；Bernard Williams，"The Analogy of City and Soul in Plato's *Republic*," in *Exegesis and Argument*，eds. Lee，Mourelatos and Rorty（Assen：Van Gorcum，1973），pp.196-206；Annas，*An Introduction to Plato's Republic*。对于各种辩护，参见 Jonathan Lear，"Inside and Outside *The Republic*," *Phronesis* 27（1992）：94ff。由于本文旨在探察柏拉图的真正目的，我就想跟从这个柏拉图自己所认可的论证手法。但是，本文的中心论点将对这种类比的目的有不同理解。

生来就有一种关于独特技艺的自然天赋。（370a7–b2，454d1–5，455e6–7）统治者的自然技艺是关照城邦整体的善。一旦他实现这一目标，城邦就是正义与和谐的。

在第 1 卷，统治被述说为一门技艺，"考虑什么是由它治理和照料得最好"（345d8），因此，"统治者不追求他自己的利益，而是追求他的臣民的利益"（341a11，343a2）。这个统治概念被用来回应色拉叙马库斯的问题，但是第 1 卷没有给出强有力的理由来解释为什么一门技艺从不追求技艺者自身的利益。因此，这种技艺概念在评论家中引起了很多批评。现在，当柏拉图在他的城邦中把统治阶层的自然技艺指派为统治城邦时，这种统治就意味着正义。因此，对这种技艺为何只为臣民利益的解释就是恰当的。去除统治者自身利益的来源，包括财产、性、家庭的整个计划，正是为了完成这项任务。

柏拉图然后推断，如果一个正义的国王通过去除他粗俗的自身利益而是可能的，那么一旦我们消除了他或她的自身利益，一个正义的灵魂就是可能的。由于后者的结论是他的真正目的，所以城邦－个人类比的真实意图是通过将个人放大为"国王"来证明一个正义的人的可能性。"国王"是个人作为道德的、社会的和政治的动物的最佳代表。他确实是一个"大写"的道德人。

如果统治阶层或统治性的理性部分就是这样，那么接下来的问题就是：他们幸福吗？这确实是由阿德曼图斯提出的，他想知道统治阶层，能够享受最好的叙拉古美食、阿提卡糕点和科林斯女友（404d1–9）的有权势的人，如何能通过放弃财产、家庭和其他自身利益的诱惑而幸福（419）。苏格拉底回答指出，统治阶层的生活方式是"最幸福的"（εὐδαιμονέστατον，420b5）。他为自己的主张辩护说，通过按照他的规定生活，统治阶层可以避免诉讼、争吵、暴力、对富人奉承、让穷人窘迫等，并且可以比奥林匹亚的优胜者拥有更幸福的生活。（464d–465d）他还谴责阿德曼图斯的问题所隐含的幸福观，即由感官愉悦构成的幸福是"无意义和幼稚的"（ἀνόητός τε καὶ μειρακιώδης，

466b8)。① 通过废除各种自身利益，正义仍然有利于行为主体。自己的善与他人的善之间没有真正的紧张关系。统治者的自身利益完全符合城邦的利益。

通过这种方式，功能论证的第一个论点似乎已得到了解释：一旦一个人的灵魂实现了其实践德性，即理性部分掌控了欲望和激情，这个人就是实践正义的。在这个意义上，他灵魂处于一种和谐的状态，他也因为享有心灵的平静与荣誉而具有实践幸福。

四、走向更长的路

虽然短的路满足了格劳孔和其他在场者，但苏格拉底宣称它是 "不完善"（ἀτελέσ，504c2），因此他想 "绕行更长的路"，其终点是 "最伟大的研究（504d1），即对善的形式的把握。显然，短的路是不完善的，因为它不以善的形式为目标。那么，缺失最伟大的研究给短的路带来的不完善是哪种？

在检查了短的路的结果后，我们发现辅助者与统治阶层之间的区别，或激情与理性之间的区别仍是不清楚的。因此，到目前为止所达到的和谐概念更多是这两个阶层的一方与劳工阶层另一方之间的关系。柏拉图只是简单地认定这两个阶层之间的和谐，以及灵魂的这两个部分之间的和谐。实际上，这两个阶层最初是作为一个阶层被引入的。他们经历了相同的基础教育（442a2），并被规定具有相同的生活方式，包括拒斥财产和家庭。只有在基础教育完成后，才会出现守卫者（φύλακασ）自身与士兵或辅助者（ἐπικούρουσ）之间的区别（414b）。相应地，在

---

① 在他说统治阶层的生活方式是最幸福的同时，苏格拉底还声称我们需要考虑整个城邦的幸福而不是单一阶层的幸福。（420b-c）这一点在回答阿德曼图斯的问题时毫无意义，因为这意味着统治者可能需要牺牲自己的利益。事实上，通过描述他们的幸福，苏格拉底表明统治者根本没有做出真正的牺牲。

他的灵魂三分中，激情处于教化过的状态，能够享受美好的事物，憎恶可耻的事物，与理性享有一种"亲缘关系"（402a3-4）[1]。

更严重的是，以这种较短的路所达到的作为和谐的正义概念与节制（σωφροσύνη，也译为"适度"或"自制"）没有太大不同。正义与节制之间的区别尚不清楚。[2]《卡米德斯篇》（161b 及以下）将节制明确定义为"做自己的事"。但在《理想国》中，节制意味着（a）（灵魂中）更好的部分控制欲望和（b）控制不包含强迫和不情愿。（430e 及以下）将节制描述为和谐与谐调（430e432a，442d），听起来非常类似于第 4卷中被定义的正义概念，即每部分都做自己的事（433da-b，434c）。此外，节制和正义都被认为不属于任何特定的阶层（或部分），而是涉及所有阶层（部分）的关系，并作为城邦（灵魂）整体的德性。

这种含糊不清是不能令人满意的。当在 433b-c 引入正义时，它像是"匹敌"于其他三种德性：节制、智慧和勇敢。正义被认为是"一种品质，其使得这三种德性有可能在政体中成长，并且只要它存在就会在它们产生之后保有它们"（433b9-11）。正义与节制不可能是冗余的。需要进一步的解释来区分正义与节制。

因此，当在 427d 说城邦已经建立时，该城邦不是理想的。前面还有"一个更好的（καλλίω）城邦和更好类型的人"（543d2）。

由于短的路不会通向形式理论，而且由于缺乏哲学知识，我们就必须追问统治者所拥有的智慧这个德性的本质。在 412c，当士兵和真正的守卫者被区分时，该统治者还不是哲学王，因为他只受过基础教育，

---

① 柏拉图充分意识到，精神如果没有受过训练，或者"被邪恶的滋养所腐蚀"（441a3），就会变得"冷酷而无情"（410d）。

② 对丁 C.W. 拉森（C.W.Larson），它们是同义词，参见 C.W.Larson, "The Platonic Synonyms, *Dikaiosune* and *Sophrosune*," *Archiv für Geschichte der Philosophie* 72（1951）: 395-414；诺伊（Neu）声称这两种德性"实际上是无法区分的"，参见 Neu, "Plato's Analogy of State and Individual," *Philosophy* 46（1971）: 240. 大多数评论家认为两者之间存在某种区别，但它并不是那么基本或尖锐，参见 Annas, *An Introduction to Plato's Republic*, p.119.

并且没有获得对形式的观照。① 在这个阶段，理性是慎思整体并做出决定的能力（441b-c，442c7），而智慧仅仅是良好的判断以及计划、慎思和劝谏的能力（428c-d，429a）。

至善的形式"使那些正义和其他一切事物通过参照它而变得有用和有益"（505a2-3），并且是"一切正当的和美的事物的原因"（517c1；参见534b8-c5）。由于前哲学家的统治者没有这种知识，他们的生活并不是最好的生活。他们的正义是成问题的，因为"正义和高尚，如果它们与善之间的关联和参照不为人所知，将不能确保这个无知者成为一个有价值的守卫者"（506a7-8）。没有形式的知识，无论统治者多么节制，都无法制定出最好的法则并引导城邦或灵魂走向真正的善。

因此，短的路处理的理性部分仅仅是实践理性。这似乎是它的根本缺陷。我认为，这必然就是柏拉图转向"第三波浪潮"的原因，根据这一浪潮，哲学家必须成为国王或国王必须成为哲学家。（473d-e）柏拉图绕行了更长的路，正是为了解释"哲学"和"哲学家"是什么意思。因此，形式理论，特别是至善的形式才在第5卷至第7卷被引入。要成为完全的正义，一个人必须有至善的知识。因为只有哲学家才能理解至善自身，所以他们是唯一能够正义的人。

五、哲学家的正义与幸福

前哲学家的统治者因缺乏哲学知识而是不完美的。因此，哲学王的候选人就是为此目的而被训练的。但在漫长的训练结束，即更长的路结束之时，他们获得了对至善的观照，并表明他们不愿意再回去统治。当

---

① 在这个阶段，成为统治者的要求是年龄和对城邦的奉献。这些品质可以由年轻的士兵在长大后自然获得，而哲学王需要在早年因其特殊的自然品质而被挑选出来，并接受数学、辩证法和实践治理的长期训练。（536c7-d3）相关的一个有帮助的讨论，参见Reeve，*Philosopher-kings*，pp.182-183。

他们最终由于"强迫"（或"迫不得已"或"有必要"）①而返回时，他们"认为（统治的）任务不是一件好事，而是出于必要"（540b5）。于是，哲学王悖论就出现了。

根据柏拉图的说法，真正的哲学家专注于知识和真理。一旦一个人获得了对至善的观照，他就会获得纯粹理智的卓越性或德性，并成为真正的哲学家。回想一下功能论证的第二个论点，即理智德性体现了理论－正义和理论－幸福。现在是时候具体说明它们是什么了，看看它们是否以及如何不同于实践－正义和实践－幸福了。这里必定就有为什么哲学家不想回来统治的原因。

让我们从理论幸福开始。它与思辨的关系似乎很直接。在《斐多篇》中，思辨使哲学家处于一种"死亡"状态，即他的灵魂会从身体的染污中解脱出来。一旦灵魂处于这种状态，"它就向那个地方出发，那里就像它本身一样，是无形的、神圣的、不朽的、智慧的，在它到达那个地方时，幸福在等待着它，它从不确定和愚昧中解脱出来，从恐惧和不受控制的欲望中，以及从所有其他人类的邪恶中解脱出来，在那里，正如他们所说的秘仪的新入会者一样，它真正用余下的时间和神在一起"（81a3-8；参见63b-c，69e）。在《会饮篇》中，看见形式使人处于一种狂喜的状态："如果……人的生活还值得过的话，那就是当他实现了对美的形式的这种观照之时。一旦你见过它，你将再也不会被黄金、衣着、漂亮的男孩或刚成熟的男子的魅力所诱惑；你就会对那些曾让你屏住呼吸并燃起你的渴望的美人和许多别的东西无动于衷。"（211d）《会饮篇》中继续提到："如果……它使人面对面地看到天堂般

---

① ἀναγκάσαι 519c9；προσαναγκάζοντες 520a8；参见519e5，520e2，521b7。一些学者认为，ἀνάγκη（强迫）这个词并不是指其通常的物理约束含义，而是应该被理解为"言语"、"指引"、"说服"或"道德要求"，参见 T. Brickhouse, "The Paradox of the Philosophers' Rule," *Apeiron* 15（1981）: 7-8；T. A. Mahoney, "Do Plato's Philosopher-rulers Sacrifice Self-interest to Justice?" *Phronesis* 37（1992）: 271。即便如此，人们仍然可能想要知道为什么哲学家首先需要说服，而事实上他们是拥有最高知识的人并且应该知道他们的真正利益是什么。无论如何，值得提出的是，当哲学家重新出于强迫（ἀνάγκη）而统治时——无论我们如何解释这个词，他们都认为统治是某种"必要"而非"善"。

的美，你会称此人的……生活是不值得羡慕的吗，他的眼已朝向这一光景睁开，并且他在真正的沉思中凝视它，直到它永远成为他自己的。"（211e）

正如在《斐多篇》中一样，《会饮篇》也声称这种观照使哲学家成为不朽和"神的朋友"（212a）。同样，在《斐德罗篇》中，对真理的思辨滋养了不幸肉身化的灵魂的破碎翅膀，并使它能够重回神的居所。（246d 及以下）

在《理想国》中，哲学家之所以一旦观照过至善就不愿意统治，是"因为他们相信在活着的同时就已经被送到至福之岛了，所以不会自愿地采取行动"（519c6—9）。这一隐秘的观点与在《斐多篇》、《会饮篇》和《斐德罗篇》中得到充分发挥的观点完全一致。哲学家不愿意回归，确实具有极强的柏拉图哲学的形而上学和心理学基础。如果最好的生活是切断灵魂与身体之间的关系，那为什么还要费事让自己回到社会中，因为这相当于把灵魂又带回了身体。

由于呈现在沉思中的理智－幸福使凡人超越自身，并接近不朽，这种积极的喜悦和狂喜无疑远远超过了实践－幸福，即心灵平静和荣誉。①

那么，什么是理智－正义？当哲学家被要求放弃沉思去统治时，格劳孔尖锐地问道："当他们有可能过得更好时，我们却让他们活得更糟，我们是在不公正地对待他们吗？"（519d）对此，柏拉图回答说，为了偿还他们的教育，他们应该为了城邦而牺牲自己的利益。（519e）这意味着，如果哲学家拒绝回来，他（在社会或实践方面）就是不公正的。因为这样一来，他就没有给予城邦"应得之分"。

哲学家缺乏心理正义并不奇怪。心理正义是不同部分的和谐统一，在理性部分的控制下，三个部分得到妥善安排，非理性部分的善得到认

---

① 亚里士多德同样热衷于将沉思与幸福联系在一起。他声称，沉思是一个人可以拥有的最理想和最幸福的生活，虽然我们作为凡人只能不时地享有它，而神则总是享有它。（《形而上学》，XII1072b18–27）

可。但哲学家的灵魂被认为只关注智慧和真理。正因为如此，它对激情和欲望漠不关心，并且它们被削弱或减少了。（485d6-e2）如果非理性部分的善在哲学家的灵魂中被清除了，他就没有心理正义，而且由于心理正义与社会正义相对应，因此引申来讲，他就不符合社会正义的要求。

但问题不仅仅在于，从社会正义的立场来看哲学家是不是正义的。而是相反，如果哲学家拒绝回来，并坚持处于沉思状态，他是否缺乏正义的美德？

答案显然是否定的。柏拉图声称哲学家拥有一切德性。他是节制的，因为他没有欲望；他是勇敢的，因为他不关心他肉身的生命。然后我们读到："那么然后呢？一个情感上有序的人不爱财、开明，既不吹牛也不怯懦，怎么能够是不公正的，或者讨价还价的人？"——"不可能"（ούκ ἔστιν）①。

那么，这种正义由什么构成呢？柏拉图没有详细说明。由于哲学家的灵魂的特征被描述为"对实在有充分和完美的理解"，而其他德性都基于此，正义也必须源于这种状态。

我们需要再次回到第1卷以获取线索。在那里，柏拉图引入了西蒙尼德的观点，即正义就是给予每个人的"应得之分"（331e3）。尽管玻勒马库斯对这种观点的解释被拒绝了，但该观点本身并没有被拒绝。柏拉图说："我必须承认……不相信西蒙尼德是不容易的……但他的意思到底是什么，玻勒马库斯，你无疑知道，但我不知道。"（331e5-7）事实证明，柏拉图自己的心理正义的定义恰恰是"做自己该做的"（433a-b）。如果一个人的灵魂的每一部分"做它应做之事"，那么他就是实践－正

---

① 486b6-8. 在《斐多篇》中也有同样的观点。据说真正的哲学家具有勇敢和节制的德性（68c-d），原因与《理想国》中提出的相同。柏拉图进一步说，正义、勇敢和节制作为"真正的德性"（69b4）必须基于拥有智慧，实际上所有这些，包括智慧本身，都是一种"净化"（69c3）。因为《斐多篇》的核心思想是在净化的状态下，人可以获得智慧，所以当他说只有在真正的智慧中，一个人才能真正是正义的、节制的和勇敢的，他的意思是，在那种状态下，人们永远不该做任何努力去控制身体的欲望，也没有偏离德性的风险。既然真正的哲学家处于净化状态并拥有最大的智慧，那么他肯定拥有真正的正义。

义的；如果每一阶层都"做它应做之事"，那么城邦就是正义的。这与西蒙尼德的观点密切相关。事实上，柏拉图完全意识到这一点，并评论他的心理或社会正义是"我们从很多人那里听过，我们自己也经常重复的一个说法"（433a8-b1）。

如果给予每个人应得之分就是正义，那么，当哲学家的灵魂沉思最终的实在、专注于真正的知识时，这正是思辨理性的"应得之分"。因此，哲学家必须是正义的，即使他不给予城邦"应得之分"。相反，如果一个哲学家做了别的事，而不是沉思，他的灵魂就没有做它自己的工作，那么他就是不正义的。因此，理智－正义符合西蒙尼德的观点。以这种方式，《理想国》试图通过谈论什么是"应得之分"来澄清西蒙尼德的意思。玻勒马库斯对什么是"应得之分"的解释，作为日常理解的表现，是肤浅的，经不起严格的反思。柏拉图自己提供了两种不同的理解，即实践－正义中的"应得之分"与理智－正义中的"应得之分"。

更进一步，由于实践－正义是和谐，理智－正义也是一种和谐。这种和谐不是灵魂的不同部分的协调，而是通过摹仿和内化他所沉思的理智世界的和谐来实现的。（500c）这是人与至善的形式之间的和谐。

由于更长的路带来了一个不同的正义观念，当柏拉图说更长的路将到达"比我们（在对心理正义的讨论中）描述的正义和其他德性更重大的东西"（504d4-6）时，他明确表示了这一点。

六、回到色拉叙马库斯的问题

当柏拉图建立实践－正义时，他声称它导出了日常的正义（441c-443b），因此他的理论回答了色拉叙马库斯的问题。因为还有另一个理智－正义概念，我们似乎不得不引申萨克斯的问题并追问：理智－正义是否与日常的正义一致？这种正义观念与色拉叙马库斯的问题之间是什么关系？

日常的正义应该有两个方面：（a）消极方面，要求行为主体不做某些事，如谋杀、抢劫、欺骗；（b）积极或利他方面，要求行为主体为了他人的善而行动。① 就消极方面而言，理智－正义与传统正义是一致的和相容的。哲学家不会做违背日常正义的事情，这不是因为他有心理正义，而是因为他的其他心理部分被削弱了，没有动机去满足它们。

但理智－正义难以满足日常正义的积极或利他方面的要求。柏拉图的一个基本假设是，德性必须促进一个人自己的幸福或福祉。②《理想国》要证明一个正义的人"在所有方面"（παντί τρόπω，357b1）都比不正义的人更好。柏拉图的基本策略是，通过坚持正义就在行为主体的自身利益之中来试图消除自身利益与正义之间的紧张。在他短的路中，他运用这一策略来证明统治者如何通过消除各种自私的根源而是正义的，同时又在他们的生活方式中是最快乐的。国王的自身利益和城邦的福祉变成了一回事。

哲学家的情况则不同。正如我们所看到的，他的幸福在于沉思。如果沉思是压倒一切的追求，那么他向性的德性，例如为城邦稳定而统治，就确实是不受欢迎的打扰。③ 当短的路完成时，阿德曼图斯提出了统治阶层是否幸福的问题。当更长的路完成后，格劳孔又问，哲学家是否会幸福。在这两种情况下，柏拉图都首先声称重要的不是任何一个群体的特殊的幸福，而是整个城邦的幸福。（420b6–8，519e1 及以下）但对于前一种情况，这两种幸福之间的对比立即变得不真实④，而对于后一种情况，该对比则成了一种尖锐的冲突。柏拉图不能像他在短的路中所做的那样，证明哲学家的自身利益和城邦的福祉是相同的。他不再认为，哲学家回来会是其最大的幸福。更长的路的答案重建了自身利益与

① 参见 Irwin，*Plato's Ethics*，p.261。

② 参见《理想国》357b1–2，358a3，360c5，361d3，362c，367d3–4。

③ 正如茱莉亚·安娜斯（Julia Annas）正确地指出的那样，对丁这位哲学家来说，"他或她的特征是完全逃离实际事物世界的欲求"（Annas，*An Introduction to Plato's Republic*，p.262），并且"除了带领一个人走出洞穴的研究之外，其他的一切都只是垃圾"（同前，第264 页）。

④ 参见注释 9。（本书第 58 页注释 1。——编者注）

他人之善之间的紧张关系。因此，当哲学家被要求回来治理时，他认为这"只是必要的而不是善的"。哲学家的态度体现了色拉叙马库斯的问题的本质。它将我们置于再次提出《理想国》要回答的最初问题的立场上。对于日常观点而言，正如格劳孔所言表明的那样，人们不情愿地实践正义，"将它视为必要的东西，而不是一种善"（358c4-5）。柏拉图为自己设定的任务就是反驳这种观点，并证明正义本身就是一种善。

尽管如此，这不是同一个问题的简单重复。对什么是自身利益的理解在最初的问题和重新提出的问题中是不同的。亚里士多德后来明确地区别了两种利己主义。卑鄙的利己主义寻求欲望和灵魂非理性部分的满足，而理性的利己主义则追求对灵魂理性部分的满足。① 这种区别隐含在柏拉图的讨论中。在柏拉图的理解中，色拉叙马库斯的问题有两层：在色拉叙马库斯自己的表述中，自身利益意味着感官的和庸俗的意义；然而，当这个问题再次出现在哲学家的例子中时，自身利益并不意味着卑劣的，而是指理智的卓越性。柏拉图用色拉叙马库斯自己的表述回答了这个问题。但是当这个问题以理性利己主义的形式表达出来时，特别是当理性自我是沉思生活时，答案就变得复杂，并以哲学王悖论而告终。结果，《理想国》在回答色拉叙马库斯的问题时就显得是矛盾的。第8卷至第9卷中不同灵魂之间的比较主要是基于短的路的结果。而柏拉图在第10卷加入重现的"形式"理论和灵魂不朽似乎并非偶然。

七、哲学王悖论和"高更问题"

同一个色拉叙马库斯问题的这两个层次是内在相关的。《理想国》的整个论证涉及这样一个过程：

1. 完整的正义概念需要两个必要条件：（a）消除统治者的自身

---

① 参见《尼各马可伦理学》1168b22-3，1186b17。

利益（短的路的目标）；（b）统治者拥有正确的知识：形式的知识（更长的路的目标）。

2. 但是，一旦统治者达到了对至善的理解，他们就会获得另一种无法通过废除财产和家庭来消除的自身利益，即沉思的狂喜。柏拉图试图在转向哲学知识之前消除所有可能的自私的来源。但事实证明，哲学知识本身就成了自私的来源，尽管不是日常意义上的。

3. 结果，哲学王们不愿意回去治理。自身利益与他人之善之间的紧张关系重新建立了。

因此，1（b）导致了 2，并且 2 产生了与 1（a）相反的结果。

哲学王悖论似乎是更长的路的结果。但正如第四部分所讨论的那样，更长的路是必要的，因为短的答案是不完美的。（504b-d）长的答案旨在完成对心理或社会正义的讨论。（504b2）从这个角度来看，整个论证的目的就是建立这个悖论。这就是我为什么声称《理想国》的中心主题正是为了提出和阐明这种悖论的必然性。

柏拉图实际上已经给出了足够的提示。哲学王悖论并非在《理想国》论证的某个阶段偶然地发生。这一点在第 1 卷 347b-d 苏格拉底与色拉叙马库斯的对话中已经显露了。[①] 真正的统治者不喜欢为了统治而统治，"因此如果要他们同意担任职务，就必须施加一些强制和惩罚来强迫他们统治"。当他们由于害怕会有更糟糕的人来治理而最终同意统治时，他们并不把职务"作为一件好事，而是作为一种必要"。同样，在第 7 卷，苏格拉底声称"那些就任的人不应该是统治的爱好者"（521b3）。在哲学王的回归中，善与必要之间的张力再次出现。这一讨论为第 1 卷中关于悖论的论述增加了两点：（1）要求哲学家回来统治的理由（即实现理想城邦）；（2）他们不愿意回来的理由（即获得

---

① 在第 1 卷的开头，在他从比雷埃夫斯港回家的路上，苏格拉底被玻勒马库斯阻止，他不是温和地邀请苏格拉底，而是命令苏格拉底回到玻勒马库斯的家。苏格拉底希望说服他让自己回去，玻勒马库斯回答道："但如果我们拒绝倾听，你能否说服我们？"（327c）我把这个戏剧性的特征看作一种哲学王后来会面对的强迫其回来统治的暗示。

对至善形式的观照）。完全解决这两个理由恰恰是《理想国》大部分内容的任务。那么整个《理想国》似乎就是在展开第1卷最初所提出的悖论。①

为什么柏拉图给我们呈现了一个悖论？我们需要诉诸柏拉图的城邦－个人类比。根据这个类比，城邦层面的"大写"的哲学王故事应该是为了阐明个体灵魂，而不以自身为目的。《理想国》不是一本关于政治的书，而是一本关于我们生活方式的书。因此，如果它呈现出一种悖论的结构，那一定是因为主题本身，即个体灵魂，发现自己处于两难境地。

对于柏拉图而言，哲学王训练的漫长过程不是为了传授知识，而是使灵魂从与整个灵魂一起的生灭世界"转向"（μεταστραφήσεται，518d4）局限于自身的纯粹理智的活动。因此，我们被引向注意到短的路和更长的路的基础是不同的人格认同。在短的路中，我们应对的灵魂涉及理性、情感和欲望的相互作用。在更长的路中，我们应对的灵魂只是理论的努斯。不同部分之间不再有任何相互作用，甚至理性灵魂的实践方面也未提到。

普通人需要金钱、名誉、友谊等，因此他们的灵魂涉及不同部分的相互作用。日常道德的目的是约束激情和欲望。大多数人接受这些道德约束，但相信这一接受是基于它们的后果。在短的路中，柏拉图通过举例说明前哲学家的统治者的生活，试图表明我们仍然可以在三分灵魂中实现正义本身。这种生活尽管比激情或欲望占主导地位的各种秩序好得

---

① 在347b-d，哲学家被认为是因为害怕被更糟糕的人统治而承担统治。这被某些人作为一种消除悖论的方式，参见 Cross and Woozley, *Plato's Republic*（London: Macmillan, 1964），p.101。但是这个理由自身并不令人信服，有一整个阶层的哲学王而非只有一个，所以一个哲学王未能回来并不必然导致他被无能的统治者统治。[S. H. Aronson, "The Happy Philosopher: A Counter-example to Plato's Proof," *Journal of the History of Philosophy* 10（1972）: 397; Richard Kraut, "Egoism, Love, and Political Office in Plato," *Philosophical Review* 82（1973）: 322-323] 更进一步，即使他们因为这个理由而回来，善与必要之间的张力这一哲学王悖论的本质，仍然存在。在第7卷展开的说法中，正是理想城邦的创建人有这样的恐惧（519c及以下），而非哲学家自身。他们回来并非因为这种恐惧，而是因为强迫。

多，但仍然不是最好的生活，因为它不是以至善的形式为指导的。由于他们的灵魂没有掌握道德的真实本质，他们对其他两个部分的掌控可能会变成错误的。对于柏拉图来说，沉思的生活是真正有价值的生活，我们不能让我们的理论努斯被"被我们的日常追求摧毁和蒙蔽"（527d7）①。通过绕行更长的路，柏拉图建议我们超越日常关注，去追求理智上的卓越。② 人性有多种发展的可能。道德生活不是生活的全部，甚至不是最好的生活。如果"国王"是一个"大写"的道德人，那么"哲学家"就代表了"大写"的个体的理智卓越性。

哲学王悖论真正表明的是，人性的不同发展将导致两难。一方面，我们要扮演各种社会角色，并且必须出色地扮演。另一方面，我们还要追求理智上的卓越。后一种追求在我们的日常生活中不可避免地受到阻碍，并且必然会与社会责任的约束相冲突。在当代伦理学中，这种事实上的人性张力最好地体现在伯纳德·威廉姆斯的"高更问题"中。画家保罗·高更（Paul Gauguin）面临着一个艰难的困境：要么牺牲他的艺术成就来履行他的道德责任（支持他的家庭），要么背离他的责任来追求他的艺术卓越。高更选择了后者。因此，这个画家不能满足社会正义的要求，不能被证明是道德的。对于威廉姆斯来说，这个例子恰恰反映

---

① 正如《会饮篇》所言，"如果……人生值得过的话，那就是当他观照了美的灵魂之时"（211d）。对于玛莎·努斯鲍姆（Martha Nussbaum）而言，沉思的生活是柏拉图认为的最好的人生，因为它是"一种没有脆弱性的善的……人生"［Martha Nussbaum, *The Fragility of Goodness*（Cambridge：Cambridge University Press，1986），p.138］。

② 一些评论家认为，纯粹的沉思生活在实践上是不可能的，参见 Reeve，*Philosopher-kings*，p.203。他因此提出哲学家的归来不是一个问题。但这不是柏拉图的观点。当柏拉图建构理想城邦时，他建议不要"坚持认为……我必须确切地把我们用语言阐述的东西展现为行动"（473a4-5）。同样，他的沉思生活理论的真实性不应该用实践性来衡量。柏拉图意识到这样的哲学家可能存在于今天任何一个政体中，"但是，一旦它发现最好的政体，因为它本身是最好的，那么它显然就真的是神圣的，是其他所有人都在他们的本性中的并要去实践的"（497c1-3）。他是在唤起我们超越我们的世俗关注，并专注于我们本性中最有价值的要素。亚里士多德以同样的热情拥护这种理想。亚里士多德明白沉思的生活"对于人来说太高了"，"因为这不是他作为一个人将会如此生活的，而是作为他之中神圣的东西而言的"（1177b26-7）。但是，亚里士多德继续说："我们不能追随那些这样建议我们的人，即作为人，就要想人的事情，作为凡人，就要想凡人的事，而是我们必须尽可能地使我们自己不朽，并竭尽全力地按照我们中最好的东西去生活。"（1177b31-4）

了道德的局限性。[1] 我们应该说，柏拉图的《理想国》也展示了同样的东西。[2]

———————————

[1] 参见 Bernard Williams，*Moral Luck*（Cambridge：Cambridge University Press，1981），p.38。

[2] 感谢肯尼思·多特（Kenneth Dorter）、约翰·卡恩斯（John Kearns）、詹姆斯·劳勒（James Lawler）、牛顿·加弗（Newton Garver）和编辑凯瑟琳·威尔斯登（Catherine Wilson），以及《哲学史季刊》（*History of Philosophy Quarterly*）的推荐人对本文早期版本的有益评论。我特别感谢荷西·格雷西亚（Jorge Gracia）一再的批评和鼓励。

第二编

亚里士多德研究

拯救现象：亚里士多德主义的比较哲学方法 *

　　"拯救现象"是亚里士多德在科学、形而上学及伦理学中最常运用的方法。在《尼各马可伦理学》（V11.1）中，在其讨论意志薄弱（akrasia）问题之初，亚里士多德对这一方法做了总括性的论述：

> 就如同在其他研究中一样，我们必须把现象（phainomena）确立在我们面前。在讨论了种种困难（aporiai）后，进一步去证明有关情感的这些可敬观念（endoxa）的真理性。如果可能的话，证明所有这些观念的真理性；如果这不可能，则证明它们中大多数或最具权威性的观念的真理性。如果我们既解决了困难又坚持了可敬观念（reputable opinions），那就充分地证明了这一课题。（《尼各马可伦理学》1145b1-7）

---

　　* 原文题目为 "Saving the Phenomena：An Aristotelian Method in Comparative Philosophy"，载于 Bo Mou ed., *Two Roads to Wisdom? Chinese and Analytical Philosophical Traditions*（Chicago, USA：Open Court，2001），pp.293-312。译自专题文集《两条通往智慧之路？——中国哲学与分析哲学传统》。本文为余纪元与尼古拉斯·布宁（Nicholas Bunnin）合作撰写，后由余纪元译为中文。——编者注

据此，拯救现象法应包含以下步骤：（1）建立现象；（2）分析现象中的冲突，以及由此引起的困难；（3）拯救包含在所有可敬观念中的真理。

拯救现象法也叫作"亚里士多德的辩证法"。它可追溯至苏格拉底的辩证实践。苏格拉底经常交替考察一个或多个对话者的信念，暴露他们观念中的困惑。不同之处在于，苏格拉底的讨论经常终止于 aporia（无答案，字面意义为"无出路"），而对亚里士多德而言，暴露 aporiai 只是第一步。他寻求解决这些 aporiai，并且力图揭示这些相互冲突的现象或可敬观念所包含的真理成分，以建立一种确定的结论性立场。因而，对亚里士多德来说，aporiai 仍是有待于解决的困难或疑难，而不是无答案的难题。

我们相信，如果我们把在不同文化及传统中的所言所信看作"现象"，则拯救现象法可以非常有用地延伸到比较哲学领域。在柏拉图对话中，苏格拉底不仅与雅典传统中的人讨论，而且也乐于同"陌生人"讨论信念。鉴于此，再考虑到柏拉图哲学对波斯文化影响的开放性，这一延伸不应当是令人感到突然的。本文旨在说明这一延伸是如何可能的，及为了使这一延展富有效用，我们需做什么样的修正。文章的第一部分讨论不同文化中的理论与信念怎么能集合在一起作为现象。然后研究这一方法在用作比较哲学方法时的三个步骤：（1）建立可比较的现象；（2）阐明现象间的差异；（3）拯救可比较现象中的真理。

一、现象与不同的传统

"phainomena"（现象）的字根意义是"所呈现或所显现的事物"，出自动词 phainesthai（to appear，显现）。英文中，appearance 来自该词，可英文中的 appearance 主要用于指可观察到的事实或经验证据。从这一意义的"现象"出发的方法似乎不可避免地会引出培根式的图像，即关于现实的结论是从经验所给予的东西中推论出来的。但"拯救现象"方法与此不同。在这一方法中，"现象"不是指那些在经验中所给予的东西，而是人们一般所谈论的东西（ta legomena）。因而，"共同信念"乃是较合适的翻译。由于"现象"的这一特殊含义，拯救现象方法已经超越经验科学的范围，而进入了逻辑、形而上学和伦理学。①

由于"现象"的意义是共同信念，我们便能理解为何亚里士多德把现象与可敬观念（endoxa）联系起来。亚里士多德如此定义 endoxa："可敬观念是指那为每个人或为大多数人或为最有智慧的人所接受的观念——即是说，为所有的人，为大多数人，或为他们之中最著名、最可敬的人所接受的观念。"（《正位篇》100b20-22）不仅共同信念是可敬观念，那些不为一般人所接受，而只为极少数有智慧的人，乃至为单个有智慧的人所持有的观念亦是。例如，苏格拉底坚持说意志薄弱（akrasia）是不可能的，因为没有人会去做自己不认为是最好的事。那些似乎是意志薄弱的人只是由于他们的无知。按亚里士多德的看法，这一观点"与一般的现象冲突"（《尼各马可伦理学》1145b27）。大多数人相信 akrasia 是存在的。尽管如此，亚里士多德依然把苏格拉底的观点当作有关 akrasia 的一种现象，并把它当作值得讨论的主要现象。亚里士多德关于 akrasia 的讨论的主要目的，是调和苏格拉底观点之真理性与一般现象之真理性。严格说来，现象与可敬观念并不尽然相同，可亚里士多德对它们不加区分，总是交替使用。因而，拯救现象的方法也可叫作"拯救可敬观念的方法"。

---

① phainomena 这个术语中的含混为 G. E. L. 欧文（G. E. L. Owen）在他的经典论文《建立现象》（"Tithenai ta Phainomena"）中探讨，参见 Owen，1986：239-252。欧文认为，尽管在某些科学论著中（尤其是在生物学与气象学的论著中），phainomena 是指经验观察，可是在亚里士多德的大多数著作中，这个术语意为共同概念或有关某一主题的一般意见，而不是指观察到的事实。欧文在此基础上主张，在亚里士多德哲学中，不存在科学与哲学之间明确的方法论界限。玛莎·努斯鲍姆（Martha Nussbaum）进一步论证说，phainomena 在亚里士多德哲学中只有一种含义："跟培根式的知觉与共同信念的区分不同，我们以为在亚里士多德思想中，如同在他先驱者的哲学一样，有一个宽泛的、涵包性的'经验'观念，或人类观察者以其认知官能看或'把握'世界的方式。……我觉得，这便是亚里士多德谈论的'现象'的意义。"（Nussbaum，1986：244-245）

在亚里士多德通常的实践中，拯救现象法的第一点要求我们的研究从大家共同相信的有关某一问题的观点或从为有智慧的人所接受的观点开始，他在讨论一个问题之初，总是先列举前人在这一问题上的各种观点。读者不需阅读很多页他的著作，便会意识到这是亚里士多德标准性的程序。我们能注意到亚里士多德不仅搜集各种观点，而且其方法的一个主要美德在于，他尊重一切他所考察的观点。

跟随亚里士多德，拯救现象法在用于比较哲学时的第一步是把不同哲学传统中所说的或所信的集合在一起，如果这些信念显得是有关相同的理论或实践问题的话。在这里，所搜集的现象不仅出于自己所处的传统中的前人或同代人，而且也来自不同的传统。在比较哲学中，拯救现象法始于对这些不同现象的尊重。

在一定意义上，拯救现象法的第一步并不新，而只是哲学研究的通常实践。讨论一个哲学问题，我们必须留意其他人对此问题已经说过什么。可是在拯救现象法与"搜集他人的观点"这一惯常实践之间有一根本差异。在亚里士多德方法中，列举不同现象的目的旨在保存[①]、调和包含在它们每个之中或大多数之中的真理。与此相对照，大多数现行哲学讨论提及相对立的观点是为了驳斥它们，建立自身观点的高明性。在拯救现象法中，对话的争执与合作这两方面处于较佳的平衡状态。

在比较哲学中，"把不同传统中的现象集合在一起"这一建议会遇到强烈的反对。比较哲学之所以是"比较"，乃是因为它涉及不同的哲学传统。这些传统的发展是相对独立的。典型的比较哲学是指西方哲学传统与印度、中国或非洲这些非西方的不同传统间的比较。比较西方传统中的不同体系（或更确切地说，比较复杂的种种西方传统中的不同体系）是很经常的哲学实践，但它从未被叫作比较哲学。这里的约定似乎是这样的：西方哲学学说间的直接和间接的联系与交互作用，不管在目的或内容上多么不同，都使西方传统间的现象集合合法化。可比较哲学

---

① 值得一提的是，康德在其批判哲学中也大致遵循拯救现象法的这一调和性方面。维特根斯坦在其《逻辑哲学论》中讨论唯我论时，也是这样做的。

是把在其发展过程中没有相互影响或者没有经过紧密交集的传统纠集到一起，故它不是在探讨现存的或潜在的自然对话，而是把对话形式加诸现实中不具备对话之必要条件的不同传统之间。

具体而言，对于"我们把确立现象的范围扩展到整个人类的可敬观念，并把传统及文化间的差异看作现象间的差异"这一观点，人们有可能提出两个反对意见。第一，我们如何决定不同传统间的现象是可以公度的？第二，我们怎么知道来自不同传统间的现象是具有同一问题的？我们将在下一部分讨论第二个问题，现在先集中讨论第一个反对意见。

有一种颇有影响的观点认为，不同传统间的差异是不可归约的（irreducible）。例如，麦金泰尔声称亚里士多德的德性伦理学与儒学德性理论是不可公度的（incommensurable）：

> 每一重要的德性理论都在极重要的程度上有其内在的、为它所独有的哲学心理学、哲学政治学及社会学。对于每个这种理论的追随者而言，它们决定了人类生活的相关经验及现在应当如何被构建、分类及说明。没有中性的及独立的方法来说明这些材料并使得人们足以为相冲突的德性理论提供一种裁决方式。（MacIntyre，1991：105）

尽管麦金泰尔并未谈及拯救现象法，但他的观点对于把这一方法扩展至不同传统中的观点和理论的可能性提出了深刻的挑战。如果理性必定是为不同传统所塑铸并植根于其中，如果不同传统中的观点是基于不同的理性形式，对它们的效用性的比较便是不可能的，因为没有客观的标准可以评估它们。如果这些观点是不可公度的，我们就不能判定它们之间的真假。对麦金泰尔来说，比较哲学将是不可能的，因为使得比较的条件本身，否决了通过比较来裁决各种现象的可能性。

为了回复麦金泰尔，我们依然借用亚里士多德的观点来说明，把现象的范围扩展至不同的文化或传统是有理由的。我们相信这一扩展可以建立在共同的人类经验及共同的人类理性上。再者，在比较哲学中运用拯救现象法的目的不是要决定一种现象是真的或另一种现象是假的，而是要找到在所有或大多数现象中的真理。

应该注意到，对于亚里士多德来说，endoxa 只是"可敬观念"，而 ta phenomena 只是"所说的东西"（what is said）。他并没有谈论这一传统中的可敬观念，或那一文化中所说的东西，尽管他的理论毫无疑问深受希腊语言、文化以及传统的影响。亚里士多德关注的是人性本身，而不只是古希腊文化传统。故而，尽管亚里士多德并没有谈及跨越文化的解释这一问题，但我们没有理由相信他会反对把拯救现象法扩展至不同文化中"所说的东西"上面。

亚里士多德充分意识到文化及社会风俗的多样性及它们间的差异（《政治学》第 2 卷），但他也坚持，在文化差异之上人类具有共同的情感。"我们甚至能在旅游中看到每一个人对别的人是多么近和亲。"（《尼各马可伦理学》1155a20-27）更为重要的是，他认为理性是人类的普遍功能或具有特色的活动，可以把人与其他动物区分开来。（《尼各马可伦理学》1098a3-17）理性跨越文化界限构成了人之为人的本质。我们对理性可以而且有必要做出进一步的论述，这一普遍理性乃是根本性的自然能力，是人之为人的特性。《形而上学》开篇第一句为："人由于本性而寻求知识。"我们有知的能力，乃是因为我们是理性的。

共同的人类经验、共同的理性本质为我们把现象范围扩展至来自不同文化及传统的观点提供了基础。[①] 作为人，我们有众多的共同欲求、情感以及需要。不同的文化构成了这些共性的不同表达形式。不论它们

---

① 一些学者已经把共同的人类经验看作跨文化比较的基础。例如史华慈（Benjamin Schwartz）说："给予这一事业生命的是这样一种信念，即在比较思想中，跨越语言、历史、文化及福柯的'话语'的障碍是可能的。这一信念预设了一个共同的经验世界。"（Schwartz, 1985：13）这一论点在努斯鲍姆《非相对性的德性：一种亚里士多德主义的探索》一文中得到了充分的辩护，她主张："我们没有完全不可解释的'给定'材料这种事实，却有一组核心经验。不同社会的构建是围绕这些经验而进行的。……是人在生活，可在经历的生活中，我们确实发现了一个经验家族，诸经验依某个中心点群集。这为跨文化反思提供了合理的出发点。"（Nussbaum, 1988：49）

多么不同，文化使得个体能够与其他个体共同生活，因为它塑铸并界定了这些欲求、情感及需要的表达。文化差异是重要的，但它们不是交流的绝对障碍。它们乃是我们共同人性的不同表征。

哲学乃是人类经验的反思。最深沉的哲学不限于对人类经验的特殊表达的思考，而是从这些特殊表达中上升至对人类一般经验的把握。亚里士多德区分了实践理性与理论理性。实践理性是受文化制约的，理论理性或理智（intellect，nous）则不然。"理智不仅是我们之中最好的东西，而且理智的对象也是知识对象中最好的。"（《尼各马可伦理学》1177a20—21）理论理性使我们认识到人类的普遍真理。据此，不同传统中的哲学乃是共同理论理性对共同人类经验的反思。它们力图理解共同人性，解决人类共同的问题。这便是我们能把不同文化传统中的哲学观点集合在一起的根据，也正是比较哲学之所以可能的根据。

从这一角度看，文化差异并非不可避免地是屏障。相反，正是因为文化差异存在，我们才需要比较不同文化中的观点，以达至对共同人性的明确理解。

在一定意义上，否认比较哲学的可能性等于否认形而上学主张的普遍性。形而上学一向被认为是普遍的理性事业。如果我们绝对否认不同文化传统中所说的东西的公度性，我们同样必须接受"形而上学受文化制约"这样一种观点。

亚里士多德有关拯救现象法之目的的叙述，也可以回应麦金泰尔的立场。该方法的终极目的不是要确立在众多现象中有一种是真理，相反，拯救现象法试图保存这些现象中的真理。它力图表明，每一现象既不是完全对的，亦不是完全错的。按亚里士多德的叙述，从该方法中得出的观点，"最与各种现象相和谐：相冲突的论述到最后皆可成立，因为它们每一个在一种意义上是对的，但在另一种意义上是错的"（《优台谟伦理学》1235b15—77）。同样，我们也相信在比较哲学中，裁决不同文化间的学说不是目的。

亚里士多德关于现象的态度与他的以下信念相关：在他看来，凡是有争议的地方，真理都不可能只为一种现象所拥有。亚里士多德认识到，发现真理绝对不只是一个人或一群人的事，而需要集体行为。他说：

> 研究真理在一方面是困难的，在另一方面又较容易。其表征之一，是没有人能适当地获得真理，可也没有人会完全失败。每个人对事物的本性都能说一些真实的东西。作为个体，研究者对真理贡献甚少，甚至没有。可大家集合起来，则会汇集相当数量的成就。真理就如同那著名的门，没有人能完全错过。在这一意义上说，它是容易的。可实际上我们只能有个大概，却不能获得那个我们正在寻求的部分，这又表明它是困难的。（《形而上学》993a28-993b7）

现象值得汇集，乃是因为有真理在其中，该方法的目的不是要确立一种现象在真理性上先于别的现象，而是要揭示众多甚或相冲突的现象中所包含的真理成分。这里有意义的一点是，每个人都是寻求与贡献真理之共同体（truth-seeking and truth-contributing community）中的一员。在其伦理学中，亚里士多德搜集了关于幸福或人类之善的现象。之后他写道：

> 在这些观点中，有些为大多数人或古人所持有，另一些只为少数人所持有：说它们中的某种观点完全是错的，似乎是不可能的。可能的情况是，它们应当至少在某一方面是对的，甚至在许多方面都是对的。（《形而上学》1098b27-29）

在相冲突的种种现象中，每一种都不可能完全是对的，但每一种都可能部分是对的。如果一种观点与所有其他现象相矛盾，或与普遍持有的观点不一致，亚里士多德也会拒斥它。（《论题篇》160b17-22；《物理学》196a13-17，254a7-70；《论生成与毁灭》315a4-5；《论灵魂》418b20-26；《尼各马可伦理学》1096a1-2，1173a1-4）

　　拯救现象法与巴门尼德及柏拉图所实践的方法相对立。巴门尼德认为，诸如知觉与信念这样的现象不能引导人至真理。柏拉图区分了两重世界并声称，理念世界是恒定的，是真理和知识的真实对象；而可感世界是易变的，是观念的对象。巴门尼德与柏拉图二人都把 doxa（观念、信念）与知识对立起来，并认为 doxa 掩盖了真理［希腊文 aletheia：a（不）+letheia（盖子）= 字面意义为"被揭开盖子的东西"］。寻求真理即把那掩盖住的东西揭示出来。①

亚里士多德不认为 doxa 盖住了真理。在采用拯救现象法时，他先认定真理必定包含在为大家、为大多数人或为有智慧的人所持有的 doxa 之中。据此，要找到真理，我们必须从 doxa 或现象开始，即从那些对我们而言是清楚明白的东西开始。在追求知识的过程中，亚里士多德认为，我们必须从为我们所知的东西进展到自然所知的状态。他说：

> 最合适的途径是从我们知道得更多、对我们最清楚的东西开始，然后进展到那自然地是更清楚、更可知的东西：因为同样的事情并不是既对于我们而可知，又绝对地是可知的。所以，我们必须遵循这一方法，并从自然地是较模糊的可却对我们较清晰的事物，迈向那更自然、更清晰、更可知的事物。（《物理学》184a17-21；参见《形而上学》1029b3-12；《论灵魂》413a11-16；《尼各马可伦理学》11216b33-39）

现象正是那对我们而言最清楚的东西，故它们乃是研究的出发点。我们比较不同文化传统中"所说的东西"，正是因为这些现象必定也包含真理因素。这一真理应是普遍于人类的，而不是相对于这一文化或那一文化的真理。尽管这一真理可能是片面的，也可能很难与它在其中植根并得到表述的文化相剥离。

---

① 正如努斯鲍姆所精辟地指出的："柏拉图主义者要求我们忽略这一工作，他告诉我们说，哲学只有在离开洞穴上升到阳光世界时才是有价值的事业。……亚里士多德在回应柏拉图主义者时，坚持在洞穴内工作，并捍卫一种完全承诺于人类经验材料并以其界限为界限的方法。"（Nussbaum, 1986：245）

亚里士多德怎么能够如此充满信心地断定在现象中有真理的成分呢？在《优台谟伦理学》中，他先是总结了拯救现象法："关于这些问题，我们必须力图通过论证使人信服，使用现象作为证据和例解。如果所有的人都同意我们的观点，那当然是最好的。但如果这不可能，那么大家应当至少同意我们观点的某些方面。"（《优台谟伦理学》1216b26-30）随后，他继续写道："他们应该会这样的，如果被说服的话，因为每个人都可以对真理做一点贡献。"这句话显然是用来解释此前的拯救现象法的，也间接说明了现象中为什么有真理。在另一地方，亚里士多德也说："我们应该知道，人对什么为真具有充分的、自然的本能，并通常可以达到真理。因此，那善于猜测真理的人，也很可能善于猜测什么是可敬的东西。"（《修辞学》1355a15-77）

基于这些论述，我们认为亚里士多德之所以认定现象中有真理，是因为他相信人类有把握真理的自然本能和能力。人类生活和行为的方式，保证现象中有真实的东西，因为它们贡献于人类的生存与发展。这一实用主义的、自然主义的思考，乃是拯救现象法的终极根据。

如果这有道理的话，把不同文化传统中的现象汇集起来，就能使我们拓宽寻求真理的共同体（truth-seeking communities）的范围，为我们探求真理提供更宽泛的基础。把世界不同哲学角落的现象汇集起来、相比较，可使我们理解人类经验的丰富性。比较哲学的目的不是比较不同方面的真理性的竞争，而是集合人类的努力，去发现并调和表达于现象中的多样的以及片面性的真理。哲学的目的不是要从一种超越人类能力的角度去建立绝对正确的知识，而是从一种由给予的现象所提供的源泉之中构建出来的视角，去获得更深刻的理解。①

拯救现象法也使得我们可以辩驳那种经常能听到的偏见，即在西方

---

① "认定一种理想角度不可能"这一立场并不要求我们支持"一切可能的反映都有片面性"这一尼采主义的论点。我们可以把不具片面视角的反映（nonperspectical representations）当作一种我们不能实现的指导性理想，或作为一种通过拯救现象法我们可以达到的皮尔士式同意（Peircean consensus）的理想。

之外的哲学传统并非严肃的哲学。如果我们把非西方传统中所说的东西考虑为现象的话，这一偏见等于是说，只有西方现象包含真理，而非西方现象则不然。这是与拯救现象法的精神对立的。我们把这一方法扩展到其他传统的现象，便是把这些现象放在与西方现象相平等的地位上。如果我们对待不同传统的现象就像亚里士多德对待其先驱者的现象一样，我们就在平等地处理它们。

最后在这一方面要指出的是，迄今为止，基于论证的原因，我们假定了一幅简单的图画，即西方各传统之间是可相互理解的、可公度的，而西方与非西方传统之间则彼此抵触。其实，关于比较哲学所提出的问题也存在于复杂的西方哲学传统之间。西方哲学家们在有关哲学的目的、前提、问题、方法、理论、术语、学说及作为哲学家的自我理解等方面的观点，时常南辕北辙。如何理解与评估来自非西方传统的现象所引起的种种重大问题，也适用于理解西方传统之间的现象。复杂的理智地貌（complexities of intellectual topography）或许使得从单一观点来审视以及评判各种现象变得极其困难。可这既是比较哲学的问题，也是西方哲学本身的问题。

二、建立可比较的现象

接下来，让我们讨论反对把拯救现象法扩展到比较哲学中的第二种意见。我们怎么知道从不同传统中汇集起来的现象是关于同一问题的呢？又如何能够认同并界定这样的问题呢？

当亚里士多德使用这一方法时，他所搜集的现象无疑是关于同一问题的。意义与指称的不确定性能够被"语言植根于分享的实践"这一事实克服。可是对于那些从彼此无关联的传统中汇集起来的现象，我们将面临"它们是否在讨论同一主题"这样的一个问题。如果它们其实不是在谈同一主题，却被当作关于同一主题的对象，那么把拯救现象法用于比较哲学，就犯了致命性的错误。

这一问题涉及 G.E.R. 劳埃德（G.E.R. Lloyd）称之为比较哲学中的"零碎研究法"的这一困难。劳埃德把这一方法简括为："力图把不同文化间的个别理论和概念做直接比较，仿佛它们是在处理同一主题。"（Lloyd，1996：3）劳埃德强烈批评这一研究法。他说：

> 把中国与希腊思想中的个别理论或概念做比较或对照，仿佛它们在处理的是同一主题，这是不可能的，并且会招致灾难性后果。……因此，比如说，我们不能从希腊这边开始，挑出有名的理论或概念，然后问它在中国思想中等于什么——这如同事先已经认定了相等者是存在的。（Lloyd，1996：5）①

仔细研读这一引文会发现，劳埃德其实攻击的是两种而不是一种态度。第一个靶子是那种把中国与希腊思想中的个别理论或概念当作在处理同一问题的态度。这些特定的理论或概念间很可能有着明显的（虽然可能是颇有误导性的）相似性。第二个靶子是那种先选出一种传统中的某一理论或概念，然后到另一传统中寻求相等者这样的态度。某一理论或概念在一种传统中起主要作用，可在别的传统中似乎并没有出现，至少没有明确出现。我们在这里并不特别关心这第二种态度。它似乎要在另一传统中塑铸出一个对应者，因而是在"创造"那一传统中的现象，而不是根据拯救现象法"拯救"现存的现象。由于这一原因，我们将集中关注第一个靶子，讨论劳埃德的反对是否对把拯救现象法向比较哲学的扩展提出了严重困难。

我们完全同意劳埃德对零碎研究法的批评，但我们认为在比较哲学中运用拯救现象法与零碎研究法根本不是一回事。

---

① 我们可以比较劳埃德在比较哲学领域对零碎研究法的拒斥和康德对哲学中那些"零碎研究法"的拒斥。康德认为，除非他解决了所有的哲学问题，否则他就不能主张他解决了任何问题。他认为传统逻辑提供了在哲学范围内决定哲学问题之间秩序和关系的钥匙。我们当然能够拒绝这把钥匙，但我们还是会主张要在更宽泛的联系中处理这些问题，而不只是局限在这些问题本身的范围内。

比较哲学中拯救现象法的第一步并不认定貌似相同的现象一定在讨论同一问题并由此而搜集、研究它们。恰恰相反，拯救现象法得先问"是否类似的现象是有关同一问题的"。在把拯救现象法运用于比较哲学时，第一步远比亚里士多德的用法复杂。亚里士多德列举的现象是它们的作者有意识地对同一问题所发表的。在比较研究中，因为现象是从不同文化传统中汇集的，而不同文化传统提供了不同的语境，故认定相似的现象是有关同一主题的观点或认定某一现象必定在另一文化中有其对应者，是错误的。为使比较变得可能，我们必须首先确定类似的现象是否关涉同一个理论或实践问题。这里不允许任何预先设定。①

比较哲学的第一步是建立可比较的现象。这需要严肃的努力。如果类似的现象是有关完全不同的问题的，那就没有理由去进一步比较它们。如果一个比较哲学家把不同的观点当作相同的，则他或她的工作便无多大意义。只有当所比较的现象经过考察，被证明是关于同一类哲学问题时，比较哲学才是饶有兴味的。即便现象不是关于同一问题的，它们也可能是关于同一问题的不同方面的。对于那些要求比较哲学必须首先严格证明是完全相同的问题然后才能进行下去的学者，这些联系或许过于含混，但是我们在西方哲学中亦有处理类似不精确性的成功经验。无论如何，可比较的现象提出了问题，并邀请人们去研究，而不是仅仅作为轻率的零碎研究的基础。

"零碎研究法"与我们拯救现象法的差异，也可以用劳埃德自己使用过的希腊哲学以及中国哲学中的"自然"概念这一例子来表明。如果是"零碎研究法"，其出发点会是这样一个前提："希腊哲学和中国哲学都在力图理解同一个自然概念。"劳埃德批评这一前提说："如果我们认为古代研究者在瞄向那一目标，则我们在解释希腊科学和中国科学时就会引入极大的歧解。"（Lloyd，1996：7）

---

① 在这一点上，人们会要求我们使用解释学研究法。在我们看来，拯救现象法提供了解释学问题可在其中提出的方法论语境。我们将在以后的著作中更清楚地阐明拯救现象法与解释学之间的界限。

劳埃德批评的，正是拯救现象法力求与之划清界限的。如果我们使用拯救现象法研究古希腊与古代中国的自然概念，我们首先会意识到，并无一个单一的"自然"（希腊文为"phusis"）概念。今天我们借用"自然"一词，主要指宇宙或我们的自然环境。可在希腊文中，这叫作"kosmos"，相近于中文中的"天"。"phusis"这一词在希腊文中有多重含义。在《形而上学》第5卷第4章，亚里士多德列出了以下五种意义：

> （1）可生长事物的生长；（2）一物中首要的内在因素；（3）每一自然物中的原初运动由于其自身本质而呈现于其中的源泉；（4）每一非自然物由以构成的原质料；（5）自然物之本是（本体）。

在古代中国哲学中，这些意义为不同的术语所分担。例如，（1）与（5）相近于"性"（一般在英文中亦译成"nature"）。中文"自然"相近于（3），在英文中亦译成"nature"。（4）相当于"元素"。由于这些现象，要想做一种简括性的比较是不可能的。应当做的比较是，把古希腊中"phusis"的一种意义与古代中国哲学中拥有对应意义的术语进行比较，然后一步一步地讨论能否在希腊与中国的术语及其意义间建立有意义的联系。①

要确立可比较的现象，我们必须避免把所比较的一方的概念与理论加诸另一方。因为这样的强加会把一方的概念与理论所处理的问题简单

---

① 劳埃德把自己的方法描绘如下："从我的反零碎研究的讨论中或许可以获得一建议，即我们不应该从比较回答或结论开始。我们应该先问问'什么是这些回答被认为是正确回答'的问题。我一直坚持认为我们不能认定不同概念或理论在讨论同一问题。故我们必须先使问题问题化。"（Lloyd，1996：9）我们与劳埃德的差异在于，如果一个人不首先建立可比较的现象，他就不可能把问题问题化。人们不可能先把文本中"所说的东西"撇在一边去确定问题。正如劳埃德自己预料的，对他的方法可以提出一个反对意见，即"那种研究无论如何都将是非常思辨性的"（Lloyd，1996：10）。对这一反对，劳埃德说："唯一的回答是把自己的立场立于所获得的结果上。这是一个工作能做得多好，有多少思辨因素（即离直接文本证据有多远），其结果显得多么有启发性的问题，例如，在把以前互不相联的领域联结起来，或用以前古代研究的不同联结这些方面。"（Lloyd，1996：11）事实上，从每一边的文本中"所说的东西"开始，乃是停止思辨或简单性总括，并建立一个坚实出发点的最好途径。它亦与亚里士多德教导如何进行研究的精神相符，即研究需从对我们清楚的东西进展到在本性上清楚的东西。

地归结为另一方的概念与理论所处理的问题。以这种方式修正和统一现象，所归结的术语的原义会被歪曲，从而失去获取洞见的机会。说得更具体和实际些，这主要是指我们不要力图把西方的概念与理论强加到别的传统上。事实上反方向的强加很少发生，虽然同样是不对的。我们应当先看看每一方自认为它在做什么，并用那一方自身的范畴与逻辑来把问题陈述清楚。这要求我们把每一方的观点放入一个适当的语境中，亦即原来的讨论据以进行的语境中。这也要求我们考虑哲学概念或问题在其自身传统中的历史发展。陈汉生（Chad Hansen）在《中国思想的道学解释》一书中的立场可以作为这一论点的例证。陈汉生批评了对中国哲学经典的"标准性解释"。这种解释把"西方心智与语言哲学概念结构归诸儒学哲学家。这种做法源于以英语来确定中文的可能的含义结构这一翻译范式"（Hansen，1992：7）。与此对立，陈汉生论证说，西方哲学中的语言主要是表征性的，而在中国哲学中语言是一种社会实践，其基本功能是指导行为：西方的心智理论是由观念和信念表达的，而中国的心智理论是由趋向性表达的。

我们在拯救现象法的第一阶段，曾强调过文化或传统的自我理解的重要性。但这并不意味着那种文化或传统具有高度的透明性或一致性。模糊性、矛盾、断裂、歪曲、误解、不一致、无意义以及文本的损坏等现象，都是有可能存在的。再者，文化传统也会有错误转向，从内在的批评与解释中，既有得也有失。我们并不主张在比较哲学中取消外在的批评，但这应该留待以后的阶段。

三、阐明现象间的差异

对于亚里士多德来说，一旦现象建立起来，下一步便是指出疑难，即由现象展现我们的困难与矛盾。这些疑难反映了论争各方的歧见、矛盾及含混。亚里士多德把这些疑难看作需要解开的结。他说："对那些希望清除疑难的人来说，先把疑难说清楚是有益处的，因为随后的自由的思想探索意味着要找到以前这些疑难的答案。"（《形而上学》995a27-29）在哲学中，这些疑难是概念性的，而不是经验性的。

在比较哲学中，一旦不同文化传统中的现象被认定是关于相同的理论与实践问题的，我们便要进一步说明为什么每一现象从它自身或其传统的角度来看待问题并解决问题。即是说，我们需要表明它们的相似性与差异性。这一步骤要求通过仔细的文本分析来展示这些观点的逻辑结构，并表明每一观点的贡献及缺陷。这一步构成了比较研究的主要部分的工作。

在分析每一现象的逻辑与理性时，一开始应呈现每一观点之逻辑及角度的描绘性的建构。每一步阐述都应直接为文本证据所支持。一个术语、论点或理论的翻译，应力图与原义贴切。在了解每一现象发展的过程中，这种分析应当把文本放在其自身的哲学环境中。应当小心，切忌运用我们自己的逻辑模式去推导从不同传统来的现象应当或不应当说什么。①

在今日学术界，每一个被考察的现象都极可能为大量的解释性的与批评性的学术讨论所围绕。不能假定一种现象自身是无争议的。一种观点或理论有着众多的乃至相互冲突的理解与解释。对一文本的成熟理解必须经过种种争议性解释的检验。一种严肃的比较研究不能只是简单地把西方的及非西方的现象放在一起，仿佛对任何现象的理解都是一致的、无异议的。在我们开始比较现象之前，我们必须对每一现象都做出极其学术性的解释，让双方的学术界都觉得自己这方的文本不是只得到了肤浅的讨论。

在比较中，我们看到相似与差异、交合与偏离。相似性与交互性是

---

① 当然，因为每个比较哲学家都有其自身的背景与立场，在分析与比较跨文化的现象时，纯中立是不现实的。即使是亚里士多德也不能完全免于片面性。H. 切尔尼斯（H. Cherniss）关于亚里士多德对前苏格拉底哲学家及柏拉图的解释的研究已充分显示了这一点。（参见 Cherniss，1935，1944）我们必须意识到我们的界限并尽我们所能去克服它们。

值得表明的，并且经常是富有启发性的。可是许多比较哲学家会同意，差异比相似更有意义。即便从不同文化传统中来的现象涉及同样的问题并提供了几乎一样的答案，每一方也有其特殊视角，呈现其文化环境的特色。拯救现象法在阐明现象差异中开始表明比较哲学的意义。正因为如此，我们不难看到大多数比较哲学家都集中于展现差异。许多比较哲学家甚至认为，他们研究的意义就是陈列并说明差异。

这种工作的价值应当得到充分尊重。第一，阐明差异可以避免文化间的误解，消除对其他传统的粗浅的、简单化的和歪曲性的解读。一旦某些差异变得很明显，我们就会从另一文化自身的视角、从其自身的逻辑去理解它，而不是从我们的概念框架出发去理解它。找到差异的真实基础会帮助我们欣赏其他传统中的意义之点。例如，西方哲学一般倾向于从西方科学理性的角度来理解中国哲学。这样一来，中国哲学特有的视角就消失了，或被归结为只是装饰性的摆设。近年来，郝大维（David Hall）与安乐哲（Roger Ames）两位先生在一部合著中做了很大努力来阐明中国哲学与西方哲学之间的根本差异，对于从中国哲学的逻辑去理解它有诸多贡献。用他们自己的话说，"我们的比较哲学的工作，旨在使西方思想家意识到那些妨碍他们去从中国哲学自身的逻辑去理解它的习惯性态度与设定，并尝试性地提供一些或许可促进理解的修正性范畴"（Hall and Ames，1998：xi）。

第二，阐明可比较的现象之间的差异，为透视同一理论与实践问题提供了诸多视角，为来自不同文化的现象（因为它们是从不同文化来的）提供了不同的视角、不同的思维模式，以及不同的论证。在这样的环境中，我们可以有可供选择的不同的探索方法及思维方法，从而使得比较哲学成为极有兴味的哲学活动的境地。郝大维与安乐哲说："我们认为，正是这种对有意义的差异的认识，有机会对那些在同一文化中难以找到满意答案的问题提供不同的方案。这可以使彼此都更为丰富。"（Hall and Ames，1987：5）在本文第一部分，我们论证说，文化差异并不是跨越文化间哲学交流的障碍。在这里，我们要进一步说明，正是文化差异的存在，才使得比较哲学的存在富有意义。

第三，阐明差异能够让人明白，一个概念、理论或整个传统所从出的隐蔽的预设前提。哲学是一个自我反思性的学科，是一个不断地寻求澄清其自身的承载性前提（underlying assumptions）的学科。比较哲学对哲学的自我反思方面可以有许多贡献。大家都知道公理不能在它们之为公理的演绎系统中得到证明。与此类似，哲学体系自身为其承载性文化设定所影响的程度，是很难只通过那些来自文化内部的讨论来决定的。与此对照，不同文化间现象的比较，通过追溯不同视角的发展，能够暴露每一方的缺陷、局限及偏见。这一定可以加深对自身哲学传统的理解，改变视野，并有助于探索哲学的根基。劳埃德说：

> 使我们不滥用这些设定，最好的途径是使用一切可能的资源来研究其他处理事情的办法。……而我们要验证任何诸如此类的解释构架的强处与弱处，明白哪方面与哪方面相联的唯一办法，就是坚定地越过界线去看过另一边的同事们在做什么。这即是说，越过我们的大学所设置的、作为专业间障碍的体制式的墙壁。（Lloyd, 1996：19）

这话也点清了比较哲学的价值。比较哲学或许不能提供一种绝对超然的立场去追问我们哲学活动的根基，或去探索我们文化中尚未考察过的设定，可它通过比较传统，能够提供一种相对独立的立场。比较研究可以丰富哲学讨论，有助于哲学超越文化界限去获得有关自然与真理的普遍性见解。

在亚里士多德的友谊理论中，一个真正的朋友被看作"第二个自我"，是一面反映自我并使自我完美的镜子。他说：

> 当我们想看自己的脸时，我们借用镜子来看；同样，当我们想认知自己时，我们通过看我们的朋友来知晓。因为正像我们所说的，朋友是第二个自我。因此，如果认识自己（to know oneself）

是快乐的，而没有另一个人作为朋友又不可能认知自己，那么，自足者就应该需要友爱，以便认识他自己。(《大伦理学》1213a20-26）

不同文化传统中的现象如同朋友，每一方都应把对方看作镜子，以便真正知道自己。

四、拯救可比较现象中的真理

在阐明差异中，比较哲学已能证明自身是极有意义的事业，许多哲学家认为这是比较哲学能贡献于我们的理智生活的最重要的方面。有些学者甚至声称，从这一中立的角度说明差异乃是比较哲学之本。如 R. 帕尼卡（R. Panikkar）说："当代比较哲学概念试图成为一门独立的学科。其主题是要比较两种或更多或全部的哲学观点，并且尽可能地给它们公平的处理，而不是认可它们中的一种。"（Panikkar，1988：118）仅以此角度看，比较哲学是一门二阶学科，是处理不同文化传统的哲学的后哲学（meta-philosophy）。它不是关于现实或真理的，而是关注于不同哲学思想的传统。拯救现象法能让我们期望从比较哲学中得到更多的东西吗？

对于亚里士多德自身的拯救现象法而言，摆明差异乃是一个中间步骤，其目的是要达到这样的结果：通过表明每一现象如何在某一意义上是真的可却在另一意义上是错的，并保存现象中所包含的真理，使得疑难与矛盾得以解决。(《优台谟伦理学》1235b12-17）阐明差异可以找到需要解开的结。可是方法的目的是要提供解开这些结的办法。在研究的终点，一个人应该可以说："这乃是一切所提出的困难的答案，是我们研究所要达到的结论。"（《物理学》253a31-33）亚里士多德既不是多元论者，也不是相对主义者。他有着现实主义者的基本设定，即存在最终真理，该真理是可以获知的。但他也认为这一最终真理是由每一现象部分地揭示的，而不是为它们的某一个所完全包含的。

亚里士多德还相信，哲学讨论应当调整及修正论争各方"所说的东西"。通过摆明现象间的张力和含混，我们得以区分与重新界定所考察的论题。忠实地展现诸现象之后，我们便能确定一个新的立场，这个立场与每个最初的现象都不同，却保存了每个现象之中的部分真理。由此推动了哲学的进步，获得了客观真理，即本性上可以被认识的东西。亚里士多德主张说："辩证法是一个其中包含了通达所有考察原则的批判过程。"（《论题篇》101b3-4）辩证地考察不同的理论才能通达真理。

亚里士多德对意志薄弱（akrasia）的讨论阐明了他的观点。流行的观点（或大多数人认为的观点）就是，人可能不自制（incontinence），一个人的行事可能违背他自己的最佳判断。（《尼各马可伦理学》1145b12-21）的确，绝大多数人都曾有过不自制的体验，问题在于如何解释这种不自制。苏格拉底的观点截然相反，他不认为一个人会在知道什么是最好的情况下还不去做他所知的最好的事情："因为……如果说知识在一个人之内，但另一东西却能掌控它，将它像奴隶一样从那个人之中揪出来，这是很奇怪的。"（《尼各马可伦理学》1145b23-24）如果一个人的行事明显违背了他所知道的应该如何行事的知识，那情况必然是因为他实际上缺乏这种知识，并且他无视了什么是最好的。亚里士多德摆出了其中的张力或者说难题，但他并没有反对苏格拉底的观点，因为这是不可能的。亚里士多德区分了人能够具有知识或理解的各种含义。例如，即便一个人当下没有运用某种知识，他仍可能知道这种知识（《尼各马可伦理学》1146b31-35）；一个人可能知道，可却因为太过愤恨，或者利欲熏心而未能适当地运用他的知识（《尼各马可伦理学》1147b9-17）；或者一个人如同演员似的，虽能背诵台词可却不知他说的究竟是什么意思（《尼各马可伦理学》1147a19-24）。结果是，流行的观点（一个人知道什么是好却去做坏事）并不完全是对的，而苏格拉底的观点也并不完全是错的。（《尼各马可伦理学》1147b13-77）如果每一方都根据知识拥有的程度以及潜能和现实的种类来界定知识的意义的话，那么这两方的观点就不是不可以相容的。

根据这一例子，我们认为：按照拯救现象法，阐明差异是比较哲学的有意义的一部分，但不是其最终目标。在其中间阶段，比较哲学是一种后哲学。这已经是很有意义的成就了。可比较哲学的重要性尚未尽于此。在其最后阶段，拯救现象法不再是历史研究，而是直接关于真理与现实的一阶研究，即是说，哲学自身。在寻求真理时，能接触不同传统中的多种视角是有用的。因为从多种传统的视角看总比只从一种传统的视角看使问题清楚得多。可是按照拯救现象法来说明我们如何可以通过修正各种不同的视角，获得一种能够保存不同现象中的真理成分的新理论，这将是更有意义、更有收获的事。尽管有种种困难，但这些不同的视角或许可以互相补充，从而构成一个综合性的整体，或可以揭示同一思想的不同方面。在这最后阶段，比较哲学不再是历史研究，而是成为当代创造性哲学讨论中积极的一部分。

在结束这篇文章之前，我们必须提及一个反对亚里士多德的拯救现象法的传统意见，即该方法不能取得客观真理。如果我们从现象开始寻求拯救包含于其中的真理，结果最多只能使这些原来的观点融贯为一。可是一致性并不能保证客观性与真理，因为很可能所有这些现象都是错的。针对这一反对意见，我们有两个回答。首先，亚里士多德坚信人类可以击中真理目标，我们必须从对我们来说是明白的东西，进展到那自然地是明白的或可知的东西。这就是为什么不同理论的辩证交往可以达到真理。我们可以重新引用他的下列论述："应当知道，人对于什么为真具有充分的、自然的本能，并通常可以达到真理。因此，那些善于猜测真理的人，也很可能善于猜测什么是可敬的东西。"（《修辞学》1355a15—77）

其次，当我们谈及"拯救"现象时，拯救并不只是指把已经在那里的东西带上来。实际上，拯救是一个重新思考及创造的过程。亚里士多德通过拯救现象法所建立的大多数结论都既不是对现象的重新陈述，也不只是对现象略作修改。他的结论常常与一般的观点相距甚远，完完全全是新的理论。由此可见，在拯救现象法的出发点与其潜在的原创性结果之间，需要哲学家的创造性劳动。哲学家需要把对一个问题的含混的、充满冲突的理解，转换成清楚的把握，从而超越原有的理解。亚里士多德认识到收集并厘清其前人及同时代人的观点的重要性，可他从不讳言自己的创造性所在——如果他觉得他的观点是自己独立发展出来的话。[①] 因此，当亚里士多德依赖拯救现象法时，我们有理由相信，他真诚地相信两件事情：首先，他自己的理论获益于对现象的考察与融合；其次，当现象存在时，该方法是达到研究目的的最有效的方法。如果我们相信亚里士多德不只是一个综合者、一个史学家的话，我们就不应认为历史与综合乃是拯救现象法所能取得的最好成果。拯救现象法的结果是原初现象的融贯，还是一种创造性的客观真理，这取决于拯救现象法的使用者，而不是方法本身。但该方法即使不是达到我们哲学目标的充分条件，它也是必要条件。

对于比较哲学来说，其意义在于：拯救现象法可引导比较哲学超越对来自不同文化传统的哲学思想的后哲学考察，获得不仅仅是描述性的结果。比较哲学能够是创造性的哲学工作。如果我们现在声称"比较哲学是创造性的"时机还未成熟的话，拯救现象法则表明，它可以合法地声称其未来是创造性的，而且我们也应理直气壮地从这一方面去培育它。实现这样的未来，需要呼唤比较哲学家的创造性。[②]

参考文献：

Cherniss，H.，1935. *Aristotle's Criticism of Presocratic Philosophy*. Baltimore：

---

① 例如，在讲到他的逻辑学的发现过程时，亚里士多德说："至于现在这种研究，……并不是说其中的部分工作在以前就已经被充分地研究了，只有剩下的部分还没有做。根本没有以前的工作可以参考。……所以，当你们了解到这种研究一开始就是这样的状况，而且经过考察你们会发现，与其他已经在传统中发展过了的研究相比，我们的考察就处于一种令人满意的状态了，所以你们这些学生就应当原谅研究中的缺点，并且衷心感谢我们的发现。"（《辩谬篇》183b34-784b8）

② 感谢牟博（Bo Mou）与杜塞尔（Reinhard Dussell）对本文初稿的有益评论。

John Hopkins University Press.

——. 1944. *Aristotle's Criticism of Plato and Academy*. Baltimore: John Hopkins University Press.

Hall, D. L., and Ames, R. T., 1987. *Thinking through Confucius*. Albany: State University of New York Press.

——. 1998. *Thinking from the Han*. Albany: State University of New York Press.

Hansen, Chad, 1992. *A Daoist Theory of Chinese Thought: A Philosophical Interpretation*. New York: Oxford University Press.

Lloyd, Geoffrey, 1996. "Review of *Anticipating China*," *China Review International* 3: 425–427.

MacIntyre, A., 1991. "Incommensurablity, Truth, and the Conversation between Confucians and Aristotelians about the Virtues," in *Culture and Modernity*, ed. Eliot Deutsch. Hawaii: University of Hawaii Press.

Nussbaum, Martha, 1986. *The Fragility of Goodness*. Cambridge: Cambridge University Press.

——. 1988. "Nonrelative Virtues: An Aristotelian Approach," *Midwest Studies in Philosophy* 13: 32–53.

Owen, G. E. I., 1986. "Tithenai ta Phainomena," in *Logic, Science, and Dialectic*, ed. Martha Nussbaum. London: Duckworth.

Panikkar, R., 1988. "What is Comparative Philosophy Comparing?" in *Interpreting Across Boundaries*, eds. James Larson and Eliot Deutsch. Princeton: Princeton University Press.

Schwartz, B., 1985. *The World of Thought in Ancient China*. Cambridge: Harvard University Press.

亚里士多德论 ON[*]

从巴门尼德提出 on（being）这个概念，到亚里士多德明确地将哲学的对象界定为 to on hei on（Being as Being），ontology 便诞生了。它一直被视作"形而上学"的同义词，是西方哲学的主干。在某种意义上说，一部西方哲学的历史即是一部对 on 的意义的探索史。本文试图提纲挈领地展现亚里士多德对 on 这一概念的系统分析，着重分析 on 及其关联概念 ti esti、ousia、to ti en einai 之间的词义及它们在理论上的联系。

on 是希腊文 einai（是）这一动词的分词现在时中性单数第一格与第四格。在希腊文中，分词、形容词、不定式带上冠词即可成名词形式，故系词的不定式 einai 与分词 on 带上冠词 to，就从系词或等同关系的作用上转变成形而上学意义了。但中文没有分词，on 在中文里便有了"有""存在""是"三种主要译法，同样的混乱也出现在与 on 同义的 einai 上。ti esti 和 to ti en einai 以前未曾受到专门注意，一般都译为"本质"。最近苗力田老师欲做区分，将前者译为"何所是"，将后者译为"是其所是"。ousia 出自希腊文"是"的分词现在时阴性单数第一格。它与 on 的字根相同，可是在中文翻译中不管人们将 on 译成"存在""有"，还是"是"，ousia 却总被译为"实体"或"本体"，毫不顾

---

    *   原载于《哲学研究》1995 年第 4 期。——编者注

及它与 on 的字根联系。对此，我只能暂且保留原名进行讨论，并根据讨论在最后谈一点我对翻译这些词的看法，敬请指正。

一、ON

亚里士多德一再说"on 有许多含义"或"on 为许多方式所述说"（to on legetai pollachous）[①]，完整地列举这些含义的数目是十个，它们是：ousia、量、质、联系、地点、时间、姿势、状态、主动、被动。（《范畴篇》第 4 章及《正位篇》第 1 卷第 9 章）

除了范畴的 on 以外，其他类的 on 有：偶性的 on、真假的 on 以及潜能现实的 on。[②] 后三类 on 都是以范畴的 on 为基础的。所以，要说明 on 的含义，我们应集中考察范畴的 on。

在《范畴篇》第 4 章亚里士多德引入了十个范畴的 on，可是他引入的方式是突然的。根据亚里士多德的理解，句子是由单个词合成的，而单个词是非合成的。这种非合成的单项表述有十个，即 ousia、量、质、联系等。而这十个非合成的单项表述同时又是"被述说的事物"（ton legomenon）。（《范畴篇》1a16）

要真正搞清范畴的含义，需要到《正位篇》中找。范畴的原文是 kategorein（动词）或 kategoria（名词），原义是"指控"。亚里士多德将它用到逻辑文本中，常说"kategorein ti kata tinos"即 assert something of something（述说某物于某物）。这里仍有少许"指控"的痕迹，但已成为一个逻辑或语法的术语了，亚里士多德把这词和 legein（说，say）通用。英文中译作 category，但更多是译作 predicable 或 predication

---

[①] 参见《形而上学》1003a33，1004a4，1028a10，1051a34-b2，1089a6；《正位篇》121a10；《物理学》185a21；《论灵魂》410a13；《尼各马可伦理学》1096a24；等等。

[②] 参见《形而上学》第 5 卷第 7 章，第 6 卷第 2 章。不过在后一处，偶性的 on 被看成既不必然发生又不经常发生的事物。

（谓项）。B kategorein A，B 即是 A 的谓项，而 A 是被述说的东西，是主体（kategoroumenon）。

《正位篇》第 1 卷第 9 章开头即说要区分范畴的种类。亚里士多德说："它们在数目上是十个：ti esti、量、质、联系、地点、时间、姿势、状态、主动、被动。……由此可以明显地看出，当一个人在表明 ti esti 时，他有时是在表明 ousia，有时是一种质，有时是另一类范畴。当一个人被置在他面前，他说那呈现的是人或动物，他便说明了该物的 ti esti，表明了它的 ousia；当一种白色呈现于他面前，他说这所呈现的东西是白或者是一种颜色，他便说了该物的 ti esti，表明了它的质。同样，当一腕尺的长度呈现于他面前，他说呈现于他的乃是一腕尺的长度，他就是在描绘该物的 ti esti，表明它的量。其他情形也同样。"（103b22-36）

这表明，kategoria 与主语－谓语结构相关。主语－谓语结构正是亚里士多德的 ontology 的基础。十个范畴说明了我们描绘事物的十种方式。上述这段话的意思即是一个人在说这样的一些句子：

（a）这是人（ousia）；

（b）这是白色（质）；

（c）这是三尺长（量）；

（d）……

十个范畴即十个谓项。每一类谓项按种属关系都会有一个系列，如张三是人，人是动物，动物是 ousia。如这个系列不能再延伸，那么这终点就是范畴，范畴乃是谓词的种。（《分析后篇》83b15）

亚里士多德没有说明为什么是这样十个谓项。从字面看，有的来自问句，即多少？——量，怎样？——质，以及何时、何地等，将疑问代词独立即成范畴；有的来自语法结构，如主动、被动。但总的说，并没有一个系统的演绎方式。亚里士多德也没有解释为什么范畴是十个。故对于范畴的数目不必过于认真。

亚里士多德推论说："依据自身的 on 正是那些由范畴类型所表明的

东西；on 的意义与这些范畴类型是一样多的。有些范畴表明 ti esti，有些表明质，有些表明量，有些表明联系，有些表明主动和被动，还有些表明地点、时间。相应于它们每一个，都有一种意义的 on。"（《形而上学》1017a23-27）相应于每一谓词即范畴，都有一个 on。范畴的种类同时也是 on 的种类。范畴是对谓词的划分，是谓词的种，现在又成为 on 的种类。（《论灵魂》412a6）事物的终极谓项同时又成为事物的终极种类。在终极谓项与现实世界的终极划分之间有一种对应，所以：

> （a）"这是人" → "人是"
>
> （b）"这是白" → "白是"
>
> （c）"这是三尺长" → "三尺长是"
>
> （d）……

亚里士多德从语言结构得出范畴（谓项）分类，又从后者推出 on 的分类。《形而上学》1017a24、《物理学》227b4 说 on 是范畴类型所表明的东西；《形而上学》1024b13 便成为 on 的范畴类型（schema kategorias tou cntos）；到 1045b27 干脆变成了 on 的范畴。

维特根斯坦在《逻辑哲学论》3.323 指出，ist（to be）有三重功能：作为联系词，作为等同，作为存在意义上的 existential。这一论点现已成为一个基本原理，成为分析哲学拒斥形而上学的一种主要武器。当代语言哲学家动辄说古人混淆了系词功能（copulative）与存在意义的功能，可是我们从上述分析中看出，亚里士多德不是在混淆，而是认定它们在根本上就是无从分开的。他认为系词不仅是系词，而且是谓词的一部分。"主词＋是＋分词"的句子等于"主词＋动词"的句子，故他说："the man is recovering" 与 "the man recovers" 之间无差别；"the man is walking" 与 "the man walks" 也无差别。（《形而上学》1017a28-30）进一步，按现代标准，如 to be 无表语，则它是 existential 意义上的；如有表语，则为系词。可是在希腊文中却常常不好区别，如 "ho mousikos anthropos estin" 一句既可译为"这个有教养的人是"，也可译为"这个有教养的是人"。同样一个 esti（to be）既可读成系词，也可读成 existential 意义。所以抨击古人混淆"to be"一词的不同意义，对于我们理解他们并没有多少帮助。大卫·罗斯（David Ross）早就指出：虽然系词的"是"和作为存在意义上的"是"在逻辑上是可以区分的，可是在形而上学上则不然。"to be 要么是一种本体，要么是一种质，或者是某种范畴，因为没有什么能够不是某一种类。"①

基于这样的考虑，亚里士多德不认为 on 是一个"种"，而每一范畴都是它的"属"。他的理由是：定义是种＋属差构成的。种与属性是不同的东西。如果 on 自身是单一的"种"，属差岂不也是吗？这样一来，属差与种无从区分，定义也就不能够把其他东西从被定义者中分离出去。（《分析后篇》92b14；《正位篇》140a27-13，144a36-b3；《形而上学》998b20，1053b22；等等）十类范畴即是 on 的十类种，任何一种范畴都不能是任何其他范畴的属或一个成分。它们不能互相归结，也不能归结为一个共同的东西。范畴彼此间是异质的。（《形而上学》1024b15-16，1070a31-b9）

二、ON 的第一意义与其他意义

虽然十范畴即是十类存在，而范畴即是谓项，但亚里士多德又规定说：只有与 ousia 相异的范畴才是谓项，而在 ousia 范畴中又要划分第一 ousia 与第二 ousia，只有第二 ousia 才做谓项，第一 ousia 则不然。

这表明各范畴虽然都是 on 的类，可它们的地位并不是平等的。在《范畴篇》中亚里士多德使用"述说于"（said of）和"内居于"（being in）两条标准将实在世界分为四类：（1）第一 ousia，既不述说于一个主体又不内居于一个主体，如个别的人和马；（2）第二 ousia，述说于

---

① William D. Ross, *Aristotle's Metaphysics*, Vol.1（Oxford：Clarendon Press，1924），p.308.

却不内居于一个主体，如"人""动物"；（3）其他范畴的一般，既述说于又内居于一个主体；（4）其他范畴的特殊，内居于但不述说于一个主体。[①]

亚氏的这两条标准和四类划分，包含着对形而上学发展具有根本性影响的三种区分：

第一，一般与个别或普遍与特殊。任何一个范畴内都有普遍与特殊之分。所谓普遍，亚里士多德的经典定义是"述说许多主体的事物"，而特殊则是"不述说许多主体的事物"（《解释篇》17a39–40），"普遍"的希腊文是 katholou，kath 为"归属"，olou 是"全部"。古人区分普遍与特殊是从谓项着手的，普遍既能做主项又能做谓项，而特殊则只能做主项。虽然其他范畴亦有普遍与特殊之分，但亚里士多德着重讨论了ousia 范畴中的普遍与特殊。前者是第二 ousia，后者是第一 ousia。后者如"苏格拉底"，只能是一个主体，后者则包含特殊于自身的"属"，以及包含"属"于自身的"种"。（《范畴篇》1a14–18）第二 ousia 之所以是第二 ousia，一个根本性的原因是：在所有谓项中，只有通过它们（"属"和"种"）才能揭示第一 ousia 的根本规定性。

第二，本质谓项与偶然谓项。第二 ousia 做谓项时，其名字和定义皆可述说主体，如"人"是第一 ousia 之为苏格拉底的谓项。"人"的定义是"理性的动物"。我们不但可以用"人"述说苏格拉底（"苏格拉底是人"），也可以用"人"的定义述说苏格拉底（"苏格拉底是理性的动物"）。与此对立，其他范畴做第一 ousia 的谓项则只能用其名词的形容词，根本不能用其定义。如"白"的定义是"这样一种颜色"，我们可以说"苏格拉底是白的"，而不能用白的定义说"苏格拉底是这样一

---

① 究竟有没有特殊的二流范畴项，如只内居于苏格拉底与苏格拉底共存亡的"白色"，一直是个有争议的问题。如阿克利尔（Ackrill）说有，参见 Ackrill tr. and ed., *Categories and De Interpretatione*（Oxford：Oxford University Press，1963）；而 G. E. L. 欧文（G. E. L. Owen）则说没有，参见 G. E. L. Owen，"The Platonism of Aristotle," *Proceedings of the British Academy* 51（1966）：125–150。这个问题涉及如何理解实在世界划分的第四类，与本文主旨关系不大，故不深究。

种颜色"。于是，第二 ousia 即"种、属"做谓项时，构成本质谓项，而其他范畴述说 ousia 则只是偶然谓项。本质谓项说明主体"是什么"，而偶然谓项所表明的只是"主体有什么特性"，换言之：

> 本质谓项：X 是，
> 偶然谓项：X 有。

让我们记住希腊哲学中这一"是"和"有"的区别。

第三，主体与属性。其他范畴必须"内居"于一个主体。所谓"内居"，按亚里士多德自己的解释是指不能离开或独立于所属的主体。（《范畴篇》1a22-23）而第一 ousia 之所以是第一的，乃是因为它既不述说一个主体又不内居于一个主体；相反，其他事物或者内居于它（其他范畴）或者述说它（第二 ousia）。故 ousia 即是主体或载体（hupokeimenon，"躺在下面"的意思）。第一 ousia 是终极主体，第二 ousia 在一定意义下亦是主体，我们说苏格拉底是白的，也可以说人是白的。进一步，越是主体便越是 ousia，故"属"比"种"更是 ousia，因为"属"可以做"种"的主体。（《范畴篇》2b7）

于是，各种 on 便不再平等了，其他范畴不能做 ousia 的主体，ousia 则可以做它们的主体。on 于是有了两重划分。ousia 是现实世界的形而上学基础，而其他范畴则成为 ousia 的属性，需要有某种 ousia 作为属性的基础。亚里士多德明确地说，如果第一 ousia 不"是"，则其他事物皆不可能"是"。（《范畴篇》2b5-6）第一 ousia 于是成为其他一切 on 成为 on 的必要条件。

在《形而上学》第 7 卷第 1 章，亚里士多德进一步说明 ousia 作为 on 与其他范畴作为 on 之间的关系。on 具有不同的含义，可是 on 的第一含义乃是事物的 ousia："一切其他事物被说成 on，乃是因为它们有些是这第一义的 on 的量，有些是它的质，有些是它的状态，另一些是它的其他规定。"（1028a18-20）

总之，ousia 自身不是其他范畴的属性，而二流范畴的 on 却必须是另一 on 的属性。这便决定了 ousia 范畴的特殊地位。ousia 凭自身（per se）即是 on，是绝对的、无条件的（aplos）on；而其他范畴却是相对的、有限制的或部分意义的（epi merous）on。（《分析后篇》89b33）ousia 作为其他范畴的基础，不仅表现在形而上学方面，而且也表现在知识论方面。相对于其他范畴，ousia 有三种在先性：第一种在先是指除了 ousia 以外，其他范畴都不能单独地"是"；第二种在先是定义在先；第三种在先是知识在先。亚里士多德是实在论者，认为只有 ousia 在形而上学上在先，它才在定义和知识上在先。于是，亚里士多德说："很清楚，只是由于这一范畴，其他每一个范畴亦'是'。所以，那第一意义上的，即不是有限制的，而是绝对意义上的'是'必定是 ousia。"（《形而上学》1028a28–30）

《范畴篇》虽然也确定了 ousia 是其他范畴的主体，却不限于分析 ousia；在那里对量、联系、质都分章加以讨论。到《形而上学》第 7卷（该书的核心），亚里士多德以三种在先性为基础，确立了对 on 的研究应当集中于对 ousia 的研究，断定"什么是 on"这一永恒问题其实乃是"什么是 ousia"这个问题。（1028b2–4）这就是问：什么是 ousia 的 on 的问题？要明白 on 的含义，"则主要的、第一的，并且几乎是只要知道 ousia 这种第一意义的 on"（1028b6–7）。由于《形而上学》第 7卷完全是对 ousia 做分析，有人便将之名为 ousiology。如果 ousia 译为"本体"，则 ousiology 才是"本体论"。ousiology 乃是 ontology 的一部分，是主要的一部分，但并不是全部。

三、TI ESTI

ti esti 即"是什么"或"什么是"。既然有 on，有"是"，便有"是什么"的问题。范畴作为谓项，乃是对"是什么"这一问题的回答。它们解答了"这是什么""那是什么"，以满足苏格拉底式的对定义的追求。

我们马上便遇到困难。按照上述说法，每一范畴都应具有"ti esti"，这是《正位篇》第1卷第1章确定的。让我们重读这一段话："由此可以明显地看出，当一个人在表明 ti esti 时，他有时是在表明 ousia，有时是一种质，有时是另一类范畴。"（103b28-30）这说明 tiesti 呈现于一切范畴之中，质有质的"是什么"，量有量的"是什么"，十个范畴便有十种"是什么"。

可是，ti esti 又常常局限于 ousia 范畴，作为它的同义词，在上述引文的前几行亚里士多德就说："它们（指范畴的种类。——引者注）在数目上是十个，即 ti esti、量、质、联系……"（《正位篇》103b22-24）《形而上学》第7卷中亦说："on 在一种意义上是指 ti esti 和这一个（tode ti），在另一种意义上指质、量或其他类似的范畴。"（1028a12-13）①据此，只有对 ousia 范畴的问题才是"是什么"的问题。亚里士多德还说："当我们说'是什么'时，我们不说'白'、'热'或'三腕尺长'，而是说'一个人'或'一个神'。"（1028a17）即只有回答了 ousia，才回答了"是什么"的问题。

ti esti 究竟属于全部范畴，还是只属于 ousia 范畴？在《形而上学》第7卷第4章，亚里士多德对这一问题做了说明。如同区分 on 的第一意义与其他意义一样，他也区分了 ti esti 的第一意义与其他意义："ti esti 在一种意义上是指 ousia 和这一个，在另一种意义上是指另一个范畴如量、质等等。如同 on 属于一切事物，但不是在同一意义上，而是在第一意义上属于一类事物，在随后的意义上属于其他事物；同样的道理，ti esti 在无条件的意义上属于 ousia，而在有限的意义上属于其他范畴。"（1030a19-24）

照此说来，虽然每种范畴都有一种"是什么"，可是它们的"是什么"的意义是不一样的，地位是不平等的。二流范畴是以与自身相应的

---

① 参见《正位篇》178a7；《分析后篇》83a21，85b20；《形而上学》1017a25，等等。

on 的类型做主语，如"白是这样的一种颜色"。这类陈述即是在说明"白"的 ti esti，说明那类归属于颜色白的"是"。在这种意义上，白具有自身的"ti esti"。可是，二流范畴的 on 并不是无条件的，它们都内居于 ousia 之中，故同时是 ousia 的属性，光凭借它们自身并不能说明它们的 on。"白"有其自身的"是"，而它的"是"归根到底只是另一种"是"的属性。这便是它的局限。二流范畴必须联系到一个主体，"白"总是某物的"白"。只有联系到那作为其主体的某物，才能真正说明"白"是什么。与此对照，ousia 的"是什么"即无须凭借其他范畴来说明。它的"是"并不同时是另一种"是"的属性。

　　ti esti 的二重划分与 on 的二重划分是相应的。所以，当亚里士多德将 on 的研究着重于对 ousia 的研究时，他也就把对 on 的 ti esti 的研究着重于对 ousia 的 ti esti 的研究上，即研究那第一义的 on，第一义的 ti esti。

四、OUSIA

　　研究 on 首先要研究 ousia，这可能是因为 on 与 ousia 在希腊文中皆出自"to be"的缘故。on 是 to be 的现在式中性单数分词，而系词的阴性单数分词则是 ousia，ousia 是从这一分词变来的，以表示之：

	不定式	现在分词阴性	现在分词中性
希腊文	einai	ousa	on
英　文	to be		being

ousia 出自 ousa，可是英文没有阴性分词一说，于是翻译该词便成为问题。现有译法 substance 或 essence 皆来自拉丁文。拉丁文译者在译 ousia 这个词时，力图反映它与 to be 的衍生关系，便根据拉丁文阴性分词发明了 essentia 一词，昆体良（Quintilianus）、塞涅卡（Seneca）等人

都是这样译的。波埃修（Boëthius）在评注亚里士多德的逻辑著作时，根据 ousia 的意思（ousia 在逻辑中意思为主项或主体、载体），以"substantia"（站在下面）一词译之，不过他在神学著作中仍用 essentia翻译。但由于波埃修的逻辑注释在中世纪十分有影响，逐渐地，substantia 便成为 ousia 一词的主要译法。现代英译主要是牛津标准本译本，一般采用 substance，但当 substance 实在别扭时（如 ousia 作为定义的对象等）也采用 essence。

J. 欧文斯（J. Owens）对这两种译法都做了批评。他认为 substance的缺陷在于：（1）这个词未能表达 being 与 ousia 之间的直接联系；（2）在洛克以后，substance 本身词根意义一直未被忘却；（3）substance写回希腊文应是 to upokeimenon，这是 substance 的一种，但不是唯一的，也不是主要的。essence 的缺陷在于：（1）现代人已经习惯于将essence 与 existence 对立，可是亚里士多德的 ousia 根本没有这层意思；（2）essence 又被广为用来译另一个主要概念 to ti en einai，后者是第一ousia，但不是全部。欧文斯自己主张译为 entity。①

entity 也成问题。亚里士多德的 ousia 有两个用法：一是抽象意义上的，谈论某物的 ousia；另一是具体意义上的，指具体事物。entity 适合后一意义。可是说"某物的 entity"，这在英文中是很不自然的。在英文中如要严格照分词＋后缀的方法造词，ousia 应当是 Beingnessak 或Beity，但不知为何很少人这样造词。相当一部分学者认定，虽然与"to be"缺乏字根方面的联系，reality 倒是最合适的词。它既反映了亚里士多德的两个用法，又反映了亚里士多德的中心意思，即 ousia 是最真实、最根本的"being"。②

---

　　① 参见 Joseph Owens, *The Doctrine of Being in the Aristotelian Metaphysics*（Toronto：Pontifical Institute of Medieval Studies，1963）。

　　② 参见 William Charlton ed., *Aristotle: Physics I and II*（New York：Oxford University Press，1970）；Jonathan Barnes ed., *Aristotle: Posterior Analytics*（New York：Oxford University Press，1975）；Julia Annas ed., *Aristotle: Metaphysics M and N*（New York：Oxford University Press，1976）。

我对以 substance 一词译 ousia，于《范畴篇》无异议，于《形而上学》便不敢苟同。我不从字根上论，而是认为 substance 一词的"主体"或"载体"的含义虽然是亚里士多德在《范畴篇》中坚持的，但他在《形而上学》中便不想再用。以 substance 的字根意义理解《形而上学》，会造成许多困惑和误解。

在《范畴篇》，ousia 的主要规定是主体。亚里士多德说："ousia，就该词的最真实的、第一的和确定的意义说，即是那既不述说一个主体，又不呈现于一个主体之中的事物。"（2a11-12）他还说："第一ousia 之所以最恰当地被这样称谓，乃是因为它们是其他一切的载体。"（2b37-38）在该著作中，亚里士多德的第一 ousia 范畴只是指具体的可感事物，到了《形而上学》，ousia 范畴划分为质料、形式与复合体，ousia 概念也就需要改变了。在《形而上学》第 7 卷第 3 章开头，亚里士多德又重提《范畴篇》中的 ousia 即主体的定义，即"不再述说一个主体，而其他事物皆以它为主体"（1029b28）。可是这个 ousia 的定义现在被列为第一 ousia 的候选者之一，即"to upokeimenon（载体、基质）"（1028b36-37），所以亚里士多德接着说："我们不能仅仅指出这一点，这是不够的。这一说法本身是含混的；再者，根据这一观点，质料就成为 ousia。"（1029a8-10）我认为，这里包含着对 ousia 即主体这一观点的三层批评：

第一，"这是不够的"。换言之，主体这种规定性已经不足以说明什么是 ousia。为什么不够？原因在于《范畴篇》中只是区分 ousia 与属性，而现在 ousia 自身分成为质料、形式与复合体三者。它们相对于属性，在直接或间接的意义上都是主体，但主体只是 ousia 的充分条件，已经不再是必要条件。

第二，"含混的"。和将 ousia 范畴分成质料、形式与复合体三者平行，亚里士多德提出了一个二层主体论，即属性以具体事物为主体，而形式以质料为主体。（《形而上学》1029a23-24，1038b4-6，1043a5-6，1049a34-36 等处）由于主体具有不同的层次，有不同的指称对象，这个概念当然得小心区分。

第三，"导向将质料作（第一）ousia"①。具体事物是属性的主体，具体事物自身又由质料和形式构成，在这两者中质料又是形式的主体，依《范畴篇》的原则，事物越是主体便越是 ousia，故"属"比"种"更是 ousia；据此推理，质料作为终极主体，便应当是第一 ousia。然而，这不是亚里士多德想要达到的观点。在质料、形式与复合体这三者中，他的基本看法是："如果形式先于质料，并且更加真实，则基于同样道理，它也先于由形式和质料构成的复合体。"（1029a5-6）

为了排斥质料，抬举形式，亚里士多德便改变了 ousia 即是主体的观念。尽管在《范畴篇》主体乃是 ousia 的"最主要的、第一的、最真实的"含义（2a11-12），在《形而上学》中他却说，"分离"与"这一个"应被认为是 ousia 的主要标准或规定性（1029a28-29）。于是主体由这两个新标准来规定，根据它们，亚里士多德宣布：质料作为（第一）ousia"是不可能的"（1029a28）。他的推理可列式如下：

> 如果 ousia 是主体，则质料是第一 ousia（如果 A，则 B）；
> 质料不可能是第一 ousia（非 B）；
> 故 ousia 不再主要是主体（非 A）。

依照新的标准，亚里士多德证实了在 1029a5-6 提出的假设性的形式先于质料、先于复合体的关系，他说："形式与形式和质料的复合体被认为是 ousia，而不是质料"（1029a29-30）；而在形式与复合体两者中，复合体"是在后的，其性质是明白的"（1029a32）。于是第 7 卷第 3 章结尾时提出要研究形式，因为它的性质是困扰人的。

我们知道亚里士多德在第 7 卷第 1 章将"什么是 on"的问题归结

---

① 《形而上学》第 7 卷第 3 章排斥质料是 ousia，这应理解为排斥它成为第一 ousia；第 7 卷的任务应当是确定哪个候选者是第一 ousia，而不是谁为唯一的 ousia。质料是 ousia 范畴的一员，这是无从否定的。在第 7 卷第 3 章以后，亚里士多德仍然将质料称作 ousia，但从来不是第一 ousia，如 1035a1-2、1042a33、1042b9-10、1043b27、1044a15 等处。

为"什么是 ousia"这一问题，到了第 7 卷第 3 章，"什么是 ousia"的问题又进一步被归结为"什么是形式"的问题。

五、形式与 TO TI EN EINAI

形式（Form）的原文是 eidos，出自动词"看"（eidein）。从"看"到"看到的对象（外形）"，再到灵魂之眼所看到的内在形状，这是柏拉图类推出他的"形相"或"相"（旧译"理念"）的基本思路。他所使用的另一词 idea 也是从动词"看"的一种变位形式中得出的。所以，柏拉图称作最终实在的"形相"与亚里士多德称作第一 ousia 的"形式"乃是同一个词。换言之，他们师徒二人都认准了那最真实的"on"必是由 eidos 指称的东西。至少在《形而上学》中是这样，虽然《范畴篇》以具体事物作为第一 ousia，带有强烈的反柏拉图的味道。不过，即使在《形而上学》中，亚里士多德的 eidos 的含义与柏拉图的 eidos 的含义仍然大有出入。对于柏拉图，eidos 是共性，是抽象的普遍，是独立于具体事物的东西；亚里士多德则在第 7 卷第 13 章态度强硬地主张"普遍不能作为 ousia"。这样一来，亚里士多德自己的 eidos 的形而上学地位便引起了争议：它到底是不是普遍的？如果是普遍的，亚里士多德为什么要批判柏拉图？如果不是普遍的，是特殊的，它又如何能成为知识的对象？因为知识的对象总是普遍的。本文主要着眼探讨几个主要概念间的关系，故不深究这些问题。

在《形而上学》第 7 卷第 3 章末尾，对 ousia 的探索被归结为对形式的探索。我们便期待亚里士多德在接着的章节中展开对形式的讨论。可是第 7 卷第 4 章的开端却说："我们开始时区分了 ousia 的四种候选者，其中之一是 to ti en einai，现在我们必须研究它。"（1029b13–15）他没有做任何解释，就将对形式的讨论转移到对 to ti en einai 的讨论。到第 7 卷第 7 章，他又宣布说："所谓形式，我是指每一事物的 to ti en einai 及其第一 ousia。"（1032b1-2）于是，形式即是 to ti en einai，对后者的讨论即是对前者的讨论。在大多数场合，亚里士多德交替使用这两个词，仿佛它们没有任何区别。他从来不觉得有必要去证明这两者等同的合理性。

to ti en einai 一词是亚里士多德发明的。这个术语令人惊奇的首先是那个 "en"，这是一个 "to be" 的过去式（imperfect），等于英文的 "was"，故英文直译是 "What the 'to be'（of something）was" 或 "What it was（for something）to be"，中文直译为 "一个事物的过去之'是'是什么"。学者们一直对亚里士多德为何要用过去式表示费解，名之曰 "哲学过去式"（philosophic imperfect）。很少有人认为这一过去式对该术语的哲学含义有多少增加，所以在英译中，喜爱直译的学者往往忽略过去式，将它译成 "What it is（for something）to be"，中文直译为 "某物的'是'是什么"。将这一直译写回希腊文，就变成 "to ti estin einai"，于是我们不禁要问：它与 ti esti 是什么关系？从字面上看，只是多出一个主语 to einai，如上所述，ti esti 归属于十个范畴，而现在 to ti en einai 被等同为第一 ousia，两者似乎有很多学理上的差别。可是事情又没有这么简单。我们在前文引用过 1030a18-24，亚里士多德在那里说明 on 有第一义和其他意义之分，第一义属于 ousia，其他随后的意义属于其他范畴。他还说，ti esti 也有第一义与第二义之分，第一义属于 ousia，第二义属于其他范畴。现在他对 to ti en einai 也做了同样的区分："很显然，在我们所使用的语言中，to ti en einai 正如 ti esti 一样，在主要的和无条件的意义上属于 ousia，在第二流的意义上也属于其他范畴——不是作为无条件意义上的 to ti en einai，而是一种质的 to ti en einai 或一种量的 to ti en einai。"（1030a28-31）

大卫·罗斯对这两个术语做了这样的区分：同是对 what is so and so（为何如此）这一问题的回答，ti esti 可以是部分的或完整的回答，即可以单讲 "种"（这是部分的），也可以讲种加属差（这是完整的），而 to ti en einai 则总是完整的回答；故 to ti en einai 总是 ti esti，反之则不然。^①可是由于 to ti en einai 亦有两义之分，罗斯所做的区分并无多大用处。第一义的 on、第一义的 ti esti、第一义的 to ti en einai，三者是等同的，乃是亚里士多德从各种角度说明第一 ousia。他很少讲到第二流的 to ti en einai 是什么，但并不否认它们。

那么，第一义的 to ti en einai 又是什么呢？亚里士多德认为这就是一个事物的根本特征："每物的 to ti en einai 即是那被说成该物自身的东西。"（1029b13-14）你的 to ti en einai 不是"白"，也不是"有教养的"，因为它们都不是你之所以是你的根本性质，"你，就你本性所属的'是'，即是你的 to ti en einai"（1029b15）。

这便使 to ti en einai 与定义结下了不解之缘。但必须注意，正如 to ti en einai 有不同的含义，定义亦有不同的含义："在一种意义上，除了 ousia 以外，没有什么事物具有定义和 to ti en einai；在另一种意义上，其他事物亦有。"（1031a10-11）我们现在要谈的，当然也是亚里士多德所谈的，只是第一义的定义。

在亚里士多德的著作中，to ti en einai 有时通过定义来解释，如"只有那些其公式即是定义的事物才有 to ti en einai"（1030a6-7）。据此，to ti en einai 乃是在定义中被给予的东西。有时定义又根据前者来解释，如"定义即是陈述 to ti en einai 的公式"（1031a12）；或者"定义即是表示 to ti en einai 的术语"（《正位篇》101b39）。亚里士多德并不为这种循环说明所困，他交替使用它们，对 to ti en einai 的研究即是对定义的研究，反之亦然。我们或许可以由此明白《形而上学》，尤其是其中心各卷（第 7、8、9 卷）中有如此多的篇幅讨论定义，也可以明白为什么在许多英译中，学者们抛弃 to ti en einai 的字根含义，将它译成 essence（本质）。

除了设定寻求第一 ousia 即第一 to ti en einai 的基本原则外，亚里

---

① 参见 Ross，*Aristotle's Metaphysics*，Vol.1，p.171。

士多德还给了一个具体例子即动物的第一 ousia。什么是一个动物的 to ti en einai 或形式？ 他回答说：是灵魂。(《形而上学》1035b14，1037a5，1037a28-29，1043b1-4 等)

总而言之，第一 ousia 正是可以说明一个事物的真正的"是"的东西。要知道事物的根本的"是"，就必须知道它的本质。正是本质决定了一个事物的特征和它的"是"的方式。它是事物中最持久的东西，是知识的对象。由此出发，我觉得亚里士多德在 "to ti en einai" 这一术语中使用过去式，或许是有深义的：他强调的是事物中恒久不变的东西。

这样一种 to ti en einai，从静的方面看，即是事物的基本规定性；而从动的方面看，即构成事物的形式因。形式因常常与运动因和目的因相一致，揭示范畴之 on 的动的方面，从潜能到现实的过程，虽然主要之点仍是 ousia 范畴的潜能和现实。

六、翻译问题

亚里士多德对 on 的讨论是从范畴即 on 的不同类别的划分起始的，范畴划分是亚氏形而上学的主要贡献之一。它帮助人们廓清了由巴门尼德造成的混乱，巴门尼德认为 on 只是"一"，亚里士多德则认为 on 是多；所以当巴门尼德认定 "not-being" 不可说、变化不可能理解，亚里士多德则说明 "not-being" 只是不同类的范畴而已，有多少类范畴便有多少类 not-being，变化问题亦可循同理解决。范畴划分也澄清了柏拉图形而上学的许多困惑。柏拉图提出形相世界，却认定各种"形相"，无论是人、动物，还是白、长、正义等，都享有同等的形而上学地位。这使得一方面是具体事物共有形相而获得实在性和名称，另一方面是同一物又分有许多形相。但为什么我们只有"人"的名，却无"正义""白""两足的"之名？亚里士多德将范畴划分为两层，ousia 是中心，其他皆为属性，就使柏拉图哲学免去不少尴尬。可是，亚里士多德把 on 分为多种的结果是只注意第一义的 on，只注意 ousia，只讨论第一义的 ti esti，第一义的 to ti en einai。他对其他 on 的方式很少论述。他后来提出一个"being as being"的普遍哲学纲领，但也只有素描，没有具体图画。笔者在其他地方对此有所论述，此处不赘。

最后谈谈翻译问题。本文考察的四个概念在中文里的翻译主要有：

希腊文	on	ousia	ti esti	to ti en einai
中　文	存在、是或有	本体或实体	是什么	本质

学者们不断争论 on（being）该译为"存在""有"，还是"是"。在这样做时，一个普遍的问题是只限于讨论 on，仿佛它可以与其他概念孤立。如果本文还有些道理，那么我们明白 on 只是一串概念的起点，在考虑 on 如何翻译时必须考虑到它的衍生概念。不然，任何翻译不论它本身如何有理，都不能认为是满意的。本文已经表明，on 出自语言中的系词，ousia 是第一的、原初的 on，ti esti 问事物的 on，to ti en einai 表示事物的恒定性，即根本的 on。一种理想的译法应当反映出这些概念间的血缘关系，它可以帮助读者减少理解西方哲学的障碍。

我总以为，以"有"译 on 是个错误。亚里士多德的确区分过"is"（是）和"have"（有）的关系，前者表示二物的种属关系，后者表示 ousia 与其他二流范畴间的关系，故有含义的差别。将 on 译为"存在"，在意义上是正确的，但毕竟离系词这种语法形式相去太远，况且如何将后三个概念译成与"在"相关，也有困难。这样，将 on 译为"是"就相对令人满意，因为它反映了西方语言中该词的系词特征。同时，ousia 是原初的、第一的"是"，可以译成"本是"。在现在的翻译中，"本体"比"实体"好，"实体"与《形而上学》中 ousia 作为定义的对象是完全不合的，所以不再是翻译是否恰当的问题，而是理解的问题了。"本体"产生的问题是它与系词形式的血缘被割断。ti esti 译作"是什么"，无可非议。"to ti en einai"可译为"恒是"，因其过去式反映的乃是事物中恒定的东西。将这些译名列表如下：

希腊文	on	ousia	ti esti	to ti en einai
中　文	是	本是	是什么	恒是

这既符合反映真理论的原则，又符合连贯真理论的原则。当然，中文"是"无动名词形式，不足以完全表现西方语言中该词的不同功能和表达方式。这一缺点可由"存在"来弥补，"存在"用来翻译 on 不甚合适，可是由于它所表达的含义，可以作为"是"的同义词，在阐述、讨论时使用。

亚里士多德的存在的核心意义是什么？ *

  在大卫·博斯托克（David Bostock）最近广受称赞的著作《亚里士多德〈形而上学〉第 7 卷和第 8 卷》(*Aristotle: Metaphysics, Books Z and H*) 的开头，他对亚里士多德那里的动词"存在"(to be) 的各种特征做了细致的分析，且明确表示在亚里士多德关于存在以多种方式言说的观点中存在一个张力。张力存在于博斯托克所说的"说明 A"和"说明 B"之间。按照说明 A，存在应用到所有种类的事物，但是以第一的方式应用到第一实体，而以衍生的方式应用到所有其他事物。按照说明 B，存在应用到所有种类的事物，但每一个应用都有它自身独特的意义。说明 B，而非说明 A，解释了为何存在许多（终极）种类的存在作为范畴。与之对比，说明 A，而非说明 B，建立了实体的优先性。那么，这些说明如何可能是相互协调的？博斯托克得出结论说，一个协调是可能的，且诉诸一个发展的模式来解释它们的关系。他声称，说明 B 属于早期阶段；且基于那个说明，从不同范畴而来的两个事物在它们的定义之中将没有共同因素，且因此就不可能有对所有事物的统一研究。但现在（在说明 A 中）他（亚里士多德）达到了这个观点，即在所有

---

  * 原文题目为 "What is the Focal Meaning of Being in Aristotle? "载于 *Apeiron* 34，3 (2001)：205-232。李涛译。——编者注

定义中终究存在一个共同因素，即实体，而这显著地改变了立场。因为它意味着我们现在有权利去将实体的存在当作中心意义或首要意义的存在，而把所有其他情形当作从这个实体衍生的东西。①

这个结论把我们带回到 G.E.L. 欧文（G.E.L. Owen）对亚里士多德的存在的经典的"核心意义"的解释。亚里士多德声称存在以多种方式言说，但所有都"相关于一个东西"（pros hen，《形而上学》第 4 卷，1003a33-34），那就是实体。在解释这个学说时，欧文将"相关于一个东西"的关系命名为"核心意义"（focal meaning），且声称它意味着所有"意义（的存在）有一个核心，一个共同的因素"，或"一个中心的意义"，以便"所有它的意义都依照实体和应用到实体上的存在的意义来解释"。依照欧文，"核心意义"是《形而上学》第 4 卷的新东西和革命，且引入了一个"对存在（to on）和其他同源的表达的新的处理"②。这个新的处理被认为主要包含以下两个命题：

1. 对存在的"核心意义"的处理，与在《工具论》、《优台谟伦理学》和其他著作中亚里士多德的早期观点，即存在在不同的范畴中各不相同且存在有各种独特的意义，是相矛盾的且取代了它。

2. 对存在的"核心意义"的处理，使亚里士多德在《形而上学》第 4 卷建立一门存在之为存在的普遍科学成为可能，这与他的早期观点（《优台谟伦理学》1217b25-36）相矛盾且取代了它，即因为存在各不相同，所以一门普遍科学是不可能的。

欧文和博斯托克都声称亚里士多德有两个不相容的存在的学说，且

---

① 参见 D. Bostock, *Aristotle Metaphysics Books Z and H*（Oxford：Oxford University Press，1994），p.67。

② G.E.L. Owen, "Logic and Metaphysics in Some Earlier Works of Aristotle," in *Aristotle and Plato in the Mid-Fourth Century*, eds. I. Düring and G.E.L. Owen（Göteborg：ElandersBoktrycheriAktiebolag, 1960），pp.163-190. 引用来自第 168-169 页和第 189 页。这个立场的进一步解释，参见 G.E.L. Owen, "Aristotle on the Snares of Ontology," in *New Essays on Plato and Aristotle*, ed. R. Bambrough（London：Routledge and Kegan Paul, 1965），pp.69-75；G.E.L. Owen, "The Platonism of Aristotle," *Proceedings of the British Academy* 51（1966）：125-150. 所有这些论文都收入 G.E.L. Owen, *Logic, Science and Dialectic*, ed. Martha Nussbaum（London：Duckworth, 1986）。

应用一个发展的模式去解决这个张力。他们两人都暗示，对于亚里士多德来说，一门单独的存在的科学的可能性是这个发展的后果。因为"核心意义"这个术语得到了广泛使用①，因此我将博斯托克的说明 A 与说明 B 分别叫作"核心意义的说明"与"多重意义的说明"。

　　欧文的核心意义的解释在过去几十年对亚里士多德研究者的影响很难说是被夸大了。多年以来，他的立场被不同的评论者以许多不同的方式详细检查了。本文的目的不是增加一个对欧文的新的批判，毋宁是发展一个对博斯托克阐明的多重意义的说明与核心意义的说明之间的张力的不同的解决方案。因为这个张力确实存在于欧文的核心意义的解释的中心，且因为博斯托克的解决方案是跟随欧文的方法，促使我去重现（重新）、检查欧文的核心意义的解释。作为结果，我的研究将会是对欧文的解释的一个替代品。我的第一个论点是，在这两种对存在的说明中，并不存在根本的发展。因为它们针对不同的点，所以它们并非不相容。多重意义的说明指向的点是，存在以与范畴同样多的方式而被言说，且存在的每一种方式，在任何一个范畴自身包含的属加种差模式上的定义中的成分都不需指涉实体的意义上是自主的。核心意义的说明指向的点是一种存在论上的东西，即实体是其他存在的主体，且这一点已经在公认的早期著作例如《范畴篇》中表达了。与我的第一个论点相关联，我的第二个论点是，亚里士多德绕开他早期对一门存在的科学的反对，不是因为他在存在的观点上的变化，而是因为他在什么是科学的观点上的变化。

---

　　① 然而，"核心意义"几乎很难是对"相关于一个东西"的令人满意的措辞。它给人这样一个印象，即亚里士多德在谈论意义或意思，而事实上亚里士多德更关注不同存在的存在论关系。"核心联系"或"核心关系"可能是对"相关于一个东西"的更好的翻译，尤其是因为"相关于一个东西"普遍地被翻译成"关系"。因为它的流行，我将仍然使用"核心意义"，但我将不时地使用"相关于一个东西"（pros hen）的表达以减少可能的混乱。

一、欧文论核心意义

从欧文对他的论点的主要论证的简短总结开始可能是有帮助的，那个论点是，在亚里士多德那里存在的核心意义取代了存在的多重意义。从字面上讲，pros hen 是"存在相关于一个东西"或"朝向一个东西"，且表达是隐喻性的。存在的 pros hen 相关于一个（核心意义）在《形而上学》第 4 卷是这样解释的："有的事物被说成存在是因为它们是实体，其他事物是因为它们是实体的遭受，另一些事物是因为它们是朝向实体的运动，或实体的毁灭、缺失或性质。"（1003b6-10）尽管《形而上学》4.2 一般被认为是论述存在的核心意义的关系的地方，但这一文本并没有真正说明多重意义的"存在"术语为何以及如何相关于实体。正如 M. 费雷约翰（M. T. Ferejohn）正确地指出的，存在的核心意义分析"在《形而上学》4.2是被预设而非被陈述了的"[1]。欧文断言但没有证明这个关系蕴含着"一个核心，一个共同的因素"。为了澄清欧文的立场，费雷约翰基于对《优台谟伦理学》1236a18-23 的一个卓越的讨论，解释说核心意义是依照逻辑优先（定义上的优先）的观念。[2]博斯托克没有使用"核心意义"的表达，但他也将首要意义的存在理解为"在所有定义中的一个共同的因素"。他的这个观点来源于《形而上学》（7.1，1028a34-36），

---

① M. T. Ferejohn, "Aristotle on Focal Meaning and the Unity of Science," *Phronesis* 25（1980）：11.

② 参见 M. Ferejohn, "Aristotle on Focal Meaning and the Unity of Science," *Phronesis* 25（1980）：n4。这也是 T. H. 厄尔文（T. H. Irwin）理解"相关于一个东西"（pros hen）的方式："F1 是首要的与核心的，是因为其他 F 在它们的定义中包含 F 的定义。"［T. H. Irwin, "Homonymy in Aristotle," *Review of Metaphysics* 34（1981）：531n12］费雷约翰和厄尔文都没有处理存在的核心意义的说明与多重意义的说明之间的张力。费雷约翰相信欧文立场的真实性在于"用《形而上学》4.2 相关的简单结构，说明了严肃的争论"［M. Ferejohn, "Aristotle on Focal Meaning and the Unity of Science," *Phronesis* 25（1980）：117］。厄尔文在他的《亚里士多德的第一原理》［*Aristotle's First Principles*（Oxford：Clarendon Press，1988）］中发展出一个普遍的存在为何可能的不同解释。我将在注释 43（本书第 140 页注释 3。——编者注）下面简短地评论他的立场。

那里明确地陈述了实体的定义内在于其他范畴的定义之中。①

核心意义与逻辑优先性的关联是有争议的，然而我们将看到这个关联并没有穷尽存在的核心意义的内容。②暂时，我们的问题是：依照逻辑优先性来解释的存在的核心意义，如何引向对每一个存在拥有的独特意义的排除？欧文的主张是很强的：

> 具有核心意义的存在的表达，是声称关于非实体的陈述能够被还原为——翻译为——关于实体的陈述；且这个理论的一个必然结论似乎是，非实体不能拥有它们自身的质料或形式，因为它们只不过是实体的逻辑影子。③

但是我们没有被欧文告知，存在的"相关于一个东西"如何导致其他存在失去了它们自身的"质料与形式"，以及如何被还原成实体的"逻辑影子"。事实上，在《形而上学》④中与在《工具论》中一样，存在依然不是一个属。

对于亚里士多德，如果事物拥有相同的名称却有不同的定义，它们就是同名异义的；而如果它们拥有相同的名称且有相同的定义，它们就是同名同义的。（《范畴篇》1a1-7）很清楚，他将核心意义与同名异义和同名同义两者做了对比。尽管欧文一度暗示在《形而上学》第4卷与第6卷亚里士多德"急切地将同名同义与核心意义的对比最小化"⑤，他

---

① 参见 Bostock, *Aristotle Metaphysics Books Z and H*, pp.67-68。

② 欧文自己认识到核心意义的观念与逻辑优先性的观念是关联的，但他声称对实体的逻辑优先性的分析直接依赖于对存在的核心意义的认识，参见 Owen, "Logic and Metaphysics in Some Earlier Works of Aristotle," in *Aristotle and Plato in the Mid-Fourth Century*, eds. I. Düring and G. E. L. Owen, p.171。

③ Owen, "Logic and Metaphysics in Some Earlier Works of Aristotle," in *Aristotle and Plato in the Mid-Fourth Century*, eds. I. Düring and G. E. L. Owen, p.180.

④ 《形而上学》3.3，998b22-27，1053b22-23。

⑤ Owen, "Logic and Metaphysics in Some Earlier Works of Aristotle," in *Aristotle and Plato in the Mid-Fourth Century*, eds. I. Düring and G. E. L. Owen, p.185，亚里士多德在一个地方（《形而上学》4.2，1003b14-15）确实说"相关于一个东西"是"在某种意义上（tropona tina）的同名同义"。有人或许会认为，正如同名异义的情形，也存在严格的同名同义和宽泛的同名同义的区别。但是这一点并没有为亚里士多德所发展。在《形而上学》（4.2，1003b14-15），他似乎只是在类比意义上说的。

却足够小心没有将核心意义瓦解为同名同义，认为它毋宁是"第三者"。[1] 然而，他没有解释核心意义与同名同义的精确差异。而这样一个解释确实是需要的，基于他声称核心意义排除了其他存在的独特意义。

欧文坚持同名异义与核心意义是尖锐对立的。事实上，他主要基于这个信念，即他断言存在一个亚里士多德相信存在是同名异义的早期阶段。相应地，在《形而上学》第4卷的讨论被认为是新的讨论。他指出，亚里士多德直接提到存在作为同名异义的例子是在《辩谬篇》182b13-27；而在《论题篇》，当一个名词以多种意义言说时，它就是同名异义的例子。[2] 然而，"相关于一个东西"与同名异义的对比并不像欧文认为的那样尖锐。亚里士多德似乎承认存在不同种类的同名异义。他将一个名词拥有许多意义且在它们之间没有共同之处的完全的同名异义[3]，与一个名词拥有许多意义但它们是相关的非完全的同名异义区别开来。后一种意义上的同名异义与"相关于一个东西"的关系并非不相容。[4] 再者，说多重意义与同名异义是等同的也同样是没有说服力的。[5]

---

[1] 参见 Owen, "Logic and Metaphysics in Some Earlier Works of Aristotle," in *Aristotle and Plato in the Mid-Fourth Century*, eds. I. Düring and G. E. L. Owen, p.179；Owen, "The Platonism of Aristotle," *Proceedings of the British Academy* 51（1966）：146。

[2] 参见 Owen, "Logic and Metaphysics in Some Earlier Works of Aristotle," in *Aristotle and Plato in the Mid-Fourth Century*, eds. I. Düring and G. E. L. Owen, p.167 n5。

[3] 参见《优台谟伦理学》1236a18, b25-26；《形而上学》1060b33-34。这种同名异义可以用词语 bank 来举例（它意味着完全没有关系的东西，正如"河畔"和"金融机构"）。

[4] 欧文完全意识到了同名异义的不同用法的存在，但是他因为说"通常他（亚里士多德）没有注意到同名异义的这种变形，而将同名异义作为关乎单一的表达的同名同义的独特的补充部分"（Owen, "Aristotle on the Snares of Ontology," in *New Essays on Plato and Aristotle*, ed. R. Bambrough, p.73 n5）而轻易地不予考虑。对亚里士多德那里存在两种同名异义的立场的充分捍卫和在这个立场上对欧文的立场的详细批评，参见 Walter Leszl, *Logic and Metaphysics in Aristotle*（Padua, Italy: Editrice Antenore, 1970），尤其是第4—5章。厄尔文也认为"核心意义"是与同名异义相关的一个例子，参见 Irwin, "Homonymy in Aristotle," *Review of Metaphysics* 34（1981）：523-544。但令人奇怪的是，他并没有质疑欧文认为亚里士多德在早期阶段只承认存在是不相关联的论点。

[5] 厄尔文记录了这一点，参见 Irwin, "Homonymy in Aristotle," *Review of Metaphysics* 34（1981）：529-530。

如果核心意义与同名同义以及核心意义与同名异义的精确边界还没有被描画，核心意义的准确外延也就没有被确定。核心意义的观念原来并不像它显示的那样清楚。欧文自己清楚地意识到他还没有完全阐明核心意义，但声称亚里士多德自己对这种模糊性负责：

> 亚里士多德没有解决完整地界定核心意义的问题，且正好为了赋予那个观念所有哲学的力量，他达到了这样的主张：对于这个观念的使用，他仅仅给出了必要的而非充分的条件。但是，没有理由认为这个问题可以有一个普遍的回答。亚里士多德对它的回避，可能来自这个确信，即任何回答都是人为的，对于变化的目标，确立的边界必然无止境地太宽或太窄。①

二、《论题篇》1.9 与《范畴篇》第 4 章

要理解存在的核心意义是否取代了存在的多重意义，人们必须首先尽力去理解，亚里士多德凭借什么理由声称存在就像范畴一样有许多意义。当亚里士多德列出"实体""性质""数量""关系"等，他是在像范畴一样谈论它们还是作为外在于语言的存在谈论它们，通常是不清楚的。②确实，存在的多重意义与范畴的多重性的联系是如此紧密，以至亚里士多德简单地将实体、性质和数量等叫作"存在的范畴"③。

① Owen, "Logic and Metaphysics in Some Earlier Works of Aristotle," in *Aristotle and Plato in the Mid-Fourth Century*, eds. I. Düring and G. E. L. Owen, p.189.

② 正如阿克利尔（Ackrill）评论的，"在说它好像是实体（且不是实体的名称）所意指的东西时他是粗心的"［Ackrill tr. and ed., *Categories and De Interpretatione*（Oxford：Oxford University Press, 1963), p.88］。博斯扎克也说："一个只是读了亚里士多德的这一卷的几行或任何其他行的人，会看到他对我们在以通常的方式使用一个词语时所做的区分是完全粗心的，这是指说词语象征的东西与提到这个词语自身的区分。"（Bostock, *Aristotle Metaphysics Books Z and H*, p.451）

③ Ai katēgoriai tou ontos,《形而上学》9.1, 1045b28。

相应地，如果我们能够确定范畴是怎样的不同，我们就会知道存在怎样的不同。

我们因此被引向全集中提供了亚里士多德全部 10 个数目的范畴的两处文本，《范畴篇》第 4 章和《论题篇》1.9。[①] 通常这两处文本被认为是呈现不同的程序以达到相同的清单。在这两个地方，范畴都被认为是产生自对"它是什么"的问题的不同回答，且它们之间的主要不同在于，《范畴篇》第 4 章是针对一个事物问了不同的问题，而《论题篇》1.9 是针对不同的事物问了同一个问题。[②] 但是关于这两处文本的关系，我有一个不同的故事。

让我们从《论题篇》1.9 开始。在《论题篇》的计划中，要达到范畴的清单的程序如下：

> 当一个人置于他面前且他说置于那儿的什么是一个人或一个动物时，他陈述了是什么且意指一个实体；但当白的颜色置于他面前且他说置于那儿的什么是白色或一种颜色时，他陈述了是什么且意指性质……同样地，在其他情形中也一样。（103b29-35）

亚里士多德接着继续说："这种谓述中的每一个，如果它要么断言的是它自身，要么断言的是它的属，那么意指的就是什么。"（ti esti，103b36-38）他说的似乎是接下来的东西。在回答对他显现的东西是什么时，人们会获得诸如"这是苏格拉底"或"这是白色"的陈述。那么，一个谓述的种－属等级将会跟随，因为这些谓述的每一个，"要么断言的是它自身，要么断言的是它的（种和）属"。例如，从"这是苏格拉底"，到"苏格拉底是一个人"，然后到"人是一个动物"，如此等等。在这个过程中，低等级谓述中的谓语成了高等级谓述中的主语，且谓语在范围上变得越来越宽。等级的终点如果达到了一个终极谓语，它

---

① 在其他地方，数目通常减少了，或者列举以"等等"或"其余"的形式是开放的，参见例如《形而上学》5.7，1017a24-27；7.1，1028a11-13。

② 参见 Ackrill tr. and ed., *Categories and De Interpretatione*，pp.79-80。

就不再处于任何主语之下。如果这个系列从"苏格拉底"开始，终极谓语就是"实体"；如果这个系列从"白色"开始，终极谓语就是"性质"；如此等等。在这个等级之中的每一个谓语都意指一个存在，且终极谓语是一个范畴，意指存在的种类的一个终极。

为了形成这样一个谓述等级，主语和谓语必须在同一个范畴之中。否则，就不可能形成一个谓语的种－属等级，且不可能达到终极的属。因此，我把这种谓述，即主语的表达与谓语的表达都属于同一个范畴，叫作"相同－范畴的谓述"。因为每一个范畴都是一个独特种类的相同－范畴的谓述的终极谓语，因为每一个范畴处于一个相同－范畴的谓述的不同等级体系之下，范畴才彼此不同。①

根据亚里士多德，一个东西的"是什么"（本质）由一个定义来揭示②，一个定义的标准形式是属加种差的模型。③因此，一个事物的不同意义来自它自身的定义。"白色"不同于"苏格拉底"是因为每一个都有它自身的属加种差模式的定义。这样的定义是在相同－范畴的谓述之下表达的。在一个定义的两个因素中，"属的意思是指示是什么，且属于定义中的项目的第一个"（《论题篇》142b29）。相同属之中的所有事物因为有不同的种差而不同，但因为它们的属是相同的，它们共有相同的属的本性。作为终极的属的一个范畴，授予它附属的每一个成员一个意义，所有它们都共有且没有任何其他范畴的成员共有的意义。从这里我们可以理解范畴是如何划分事物的以及存在是如何不同的。"是什么"

---

① 词语 category 来源于希腊词 katēgoria，后者来自动词 katēgorein（去谓述），且可以翻译成"谓述"或"谓语"。与认为亚里士多德的范畴应当被理解成一个谓语的传统观点相比，弗雷德（Frede）论证到，基于《论题篇》1.9，在专门的意义上，katēgoria 的字面意思是"谓述"或"谓述的种类"，在衍生的意义上，它也可以指谓语。[Frede, "Categories in Aristotle," in *Essays in Ancient Philosophy*（Oxford: Oxford University Press, 1987），pp.32-35] 我对《论题篇》1.9 的解读暗示了亚里士多德如何将这个术语从"谓述的种类"扩展到"谓语"。

② 参见《后分析篇》2.3, 91a1；2.10, 93b29；94a11；2.3, 90b3-4, 30-31。亦参见《论题篇》1.5, 101b38, 107a36。

③ 参见《论题篇》139a28-31, 141b25-26。

在存在上的不同是在范畴上的不同。①

现在让我们行进到《范畴篇》第 4 章的范畴的清单。它通常被认为在这里有一个单一程序去产生范畴的清单，即关于相同的事物问许多问题。然而，这个文本自身并没有真正地呈现这样一个程序。相反，亚里士多德简单地说：

> 给出一个粗略的观念，实体的例子是人或马；数量的例子：四足的或五足的；性质的例子：白色的或文法的；关系的例子：两倍、一半或更大；地点的例子：在吕克昂或在市场……（2a3-6）

从这些例子我们能够推断，他是在关于相同的主体问许多问题，且相同的主体必然是实体的范畴中的一个成员，例如人或人之类的存在。因为只有这种主体可以在同一时间拥有诸如"文法的""在吕克昂""坐着"如此等等的特征。按照《范畴篇》第 4 章中的观念，在"S 是 P"这种形式的谓述表达中，S 必然是实体的一个项目，而 P 可以是任何范畴的一个成员。我愿意把这种形式的谓述叫作"实体－主体的谓述"。

实体－主体的谓述与在《论题篇》1.9 运行的相同－范畴的谓述的不同是很清楚的。在相同－范畴的谓述（S 是 P）中，S 可以是任何范畴的成员，而不限于实体，但 P 必须是 S 在相同范畴中的自己的种或

---

① 当亚里士多德说"存在以多种方式被言说"，它通常应用到不同范畴上。(《形而上学》IV 2，VII 1；《物理学》185a21；《论灵魂》410a13；《尼各马可伦理学》1096a24）。然而，同样的句子也可以应用到相同范畴中的不同成员，例如临界点和冰（两者都是相同范畴的成员：《形而上学》8.2，1042b26-3a11）。作为"存在以多种方式被言说"的句子的一个后果，正如众所周知的，包含加雷斯·马修（Gareth Matthews）称作的"意义种类的混淆"，参见 Gareth Matthews，"Senses and Kinds," *Journal of Philosophy* 69（1972）：149-157。这个句子可以翻译成（1）"存在以多种意义被言说"或（2）"存在以多个种类被言说"。它们是不同的，因为存在的许多种类可以共有存在的一个意思或意义。尽管详细的讨论超出了这个地方的范围，但我愿意建议去澄清这个混淆，我们必须区分这个短语被使用的不同情形。当它应用到不同的范畴时，它意指"存在"以多种"意义"被言说，因为来自不同范畴的项目有不同的定义。相同的词"存在"在不同的范畴中有不同的意思。基于这一点，亚里士多德可以肯定地声称，这种站在所有范畴之上的作为存在的属是不存在的。相反，"存在以多种（pollachōs）被言说"的句子应用到相同范畴之下的不同成员时，应当被翻译成"存在以多个种类被言说"，因为在相同范畴之中的项目共有相同的属。

属。更重要的是，关于范畴的生成，相同－范畴的谓述和实体－主体的谓述并不是平行的。相同－范畴的谓述提供给我们的是为何范畴有不同的理解，而实体－主体的谓述指示的是所有谓语都相关于一个主语，但没有解释这些谓语如何以及为什么与范畴一样不同。《范畴篇》第 4 章没有提供范畴为什么可以划分为不同的存在的原因。① 实体－主体的谓述自身指示的是，不同的事物都相关于实体。它没有指示这些事物如何像范畴一样不同。

跟随这一点，我愿意提出《范畴篇》第 4 章没有打算去解释范畴的不同。它简单地"给出了一个粗略的观念"，即列举了这些范畴中每一个的一些例子，而没有解释每一个范畴是什么。它指示了其他范畴是如何与实体关联的，而不是为什么每一个范畴被算作一个范畴。通过这样做，它为《范畴篇》第 5 章铺平了道路，即提供了不同的范畴如何与首要主体相关联的详细图景。似乎亚里士多德在《论题篇》1.9 首先确定了范畴的种类和数量，然后在《范畴篇》第 4 章提出了这些范畴都谓述一个相同的主体。详细说明范畴的不同是《论题篇》1.9 的工作。

采取这种方式，《论题篇》1.9 与《范畴篇》第 4 章就拥有不同的功能。但是，在这两处文本之间没有任何不一贯的地方。《范畴篇》第 4 章必然预设了《论题篇》1.9 建立的范畴的不同，而《范畴篇》第 4 章指示的东西必然已经暗含在《论题篇》1.9 中了。

首先，在《论题篇》1.9，亚里士多德说生成一个范畴的最初步骤

---

① 亚里士多德在《前分析篇》（1.37，49a6-8）说，短语"这个属于那个""必须以和不同范畴的数量一样多的意义来理解"。相应地，有些评论者论证到，因为实体－主体谓述的不同形式，诸如"苏格拉底是白的"和"苏格拉底有 5 尺高"，可以解释为"X 属于某个实体"，我们必须假定它们引入了不同的范畴关系，且每一个不同范畴中的项目与它们的实体有不同的关系。[Owen, "Aristotle on the Snares of Ontology," in *New Essays on Plato and Aristotle*, ed. R. Bambrough, p.82n14]；C. Kirwan, *Aristotle Metaphysics IV, V, VI*, 2nd ed（Oxford: Oxford University Press, 1993), p.142] 对这个解释的一个拒斥，参见 Bostock, *Aristotle Metaphysics Books Z and H*, pp.46-47。基于这个理由，即说"……属于……"有与范畴一样多的意义，不等于说"……属于……"导致了范畴的不同，我同意博斯托克的观点。相反，似乎是在我们理解在这些谓述中的"……属于……"为什么有不同的意义之前，我们必须首先理解范畴是如何不同的。

是，不同的事物例如一种颜色或一种关系被置于一个人的面前且他被要求回答它们之中每一个"是什么"。然而这是清楚的，颜色不能显得是独立于拥有颜色的实体，而关系不能显得是独立于在这种关系中的实体。当亚里士多德在《论题篇》1.9 呈现他的例子时，他不知道非实体的范畴与实体的关系，情形不可能是这样。他必须要做的是，在抽象分析中孤立地显示每一个范畴是什么，且他把解释这些范畴如何与实体相关联的工作留给了《范畴篇》。

其次，亚里士多德在《论题篇》1.9 声称：一方面，每一个范畴都意味着一个"是什么"（ti esti, 103b27–29）①；而另一方面，第一范畴即实体也被叫作"是什么"（103b23，27）。因此，"是什么"显得有一个宽泛的和狭窄的使用。宽泛的使用是应用到所有范畴上，而狭窄的或约束的使用是仅仅应用到实体上，甚至起实体的标签的作用。这肯定意味着实体在诸存在中拥有一个优先的地位。

在以上讨论中已经 出现的《论题篇》1.9 与《范畴篇》第 4 章的关系图景，如果精确地说，显著地毁坏了欧文关于存在的核心意义的说明取代了存在的多重意义的说明的论点。我们对《论题篇》1.9 的解读显示，它解释了范畴如何不同，且提供了一个存在的多重意义的说明。在另一方面，《范畴篇》第 4 章的实体－主体谓述显示，所有其他事物都与实体相关联。将这个说法与《形而上学》第 4 卷的"相关于一个东西"的解释对比："有的事物被说成存在是因为它们是实体，其他事物是因为它们是实体的遭受，另一些事物是因为它们是朝向实体的运动。"（1003b6–10）不难看到，实体－主体谓述指示的恰恰是，其他存在与实体的"相关于一个东西"的关系。②如果这是正确的，我们应当能够说在《范畴篇》就暗含着一个存在的核心意义的说明。因此，在《形而

---

① 尽管我不确定，弗雷德说的在第一范畴那个地方出现的"是什么"存在不同的解释是否应当被提及，参见 Frede, *Essays in Ancient Philosophy*, p.36ff。

② 然而，《形而上学》第 4 卷"相关于一个东西"的存在的结构，包含了比范畴的存在更多的东西。我将在本文第五部分讨论这一点。

上学》4.2 引入的存在的核心意义的说明并不是新的东西。说存在一个亚里士多德认为多种意义的存在是不相关联的早期阶段，就变得成问题了。①

再者，因为《论题篇》1.9 与《范畴篇》第 4 章是相互补充的而非不协调的，我们有很好的理由去怀疑在存在的核心意义的说明与多重意义的说明之间有任何真正的张力或不协调。这意味着《形而上学》4.2 引入的"相关于一个东西"不可能是欧文声称的革命性的东西。正如《论题篇》1.9 所显示的，如果不同范畴的成员在属加种差的模式中拥有它们自己的本质－陈述的定义，我们就能够看到为什么逻辑优先性不会消除每一个非实体范畴的独特意义。例如，当我们定义"白色"时，我们说"白色是一种颜色"。逻辑优先性的观念暗示着，其他范畴的每一个定义都包含着实体，但这不蕴含在不同范畴中的不同存在失去了它们自己的属加种差的定义。

三、核心意义与实体的优先性

早先提到，存在的核心意义在《形而上学》4.2 并没有得到完全的

---

① 当欧文声称"相关于一个东西"是《形而上学》4.1–2 的新设置，他意识到了他必将面临很多基于各种文本证据的反驳。他让步说"相关于一个东西"显得是或暗含在《优台谟伦理学》和《论题篇》之中（这两本著作都被欧文认为属于早期阶段）。然而，关于在《论题篇》出现的"相关于一个东西"，他坚持认为亚里士多德没有"给予它任何重要性"（Owen, "Logic and Metaphysics in Some Earlier Works of Aristotle," in *Aristotle and Plato in the Mid-Fourth Century*, eds. I. Düring and G. E. L. Owen, p.174）。关于它在《优台谟伦理学》中的出现，他坚持说它只是应用到"爱"上，且看不出它应用到例如"存在"或"善"这种完全普遍的表达上。（同前，第 169 页）然而，在《范畴篇》，尽管"相关于一个东西"没有直接应用到"存在"的术语上，它却应用到某些范畴上，例如 5a38–b10 中的"数量"。面对这一点，欧文仍然坚持这个"核心意义""不是不同的范畴与不同意义的'存在'的逻辑秩序，而这处于《形而上学》第 4 卷论证的根基"（同前，第 173 页）。然而，《范畴篇》第 5 章论证的恰恰是实体相对于其他范畴的优先性。再次，欧文坚持"这个优先性属于老学园时期，并不包含核心意义"（同前，第 178 页）。这很难让人信服。正如我们立即就将看到的，在《范畴篇》第 5 章建立的这个优先性的基础，与《形而上学》7.1 和 4.2 是一贯的。

讨论，且显得是预设了在别的地方讨论会被完成。因为它指示的是所有其他事物都关联于实体，我们应当通过讨论其他范畴与实体的关系被解决的文本来寻求完整的理解。追随这种思想路线，很清楚，《范畴篇》第 5 章和《形而上学》7.1 是帮助我们理解"相关于一个东西"的意思的最关键的文本，尽管这个表达没有直接出现在它们之中。因为这两处文本已经被集中地讨论过了，我倾向于只是指出与我的论点相关的两个关键点。

第一点是，如果这两处文本是建立对存在的核心意义的理解的基础上的，依照逻辑优先性的观念对存在的核心意义的流行理解似乎太狭窄。就关乎的实体与其他范畴的关系而言，亚里士多德在《范畴篇》第 5 章论证了所有其他事物——包含第二实体和非实体的范畴——都从属于第一实体，且"如果第一实体不存在，任何其他事物都不可能存在"（2b5-6；参见 2b15-17，2b37-38）。

其他范畴与实体的关系在《形而上学》7.1 被进一步详细阐述。①按照 7.1，其他范畴与实体分离就不能存在，因为实体为它们"奠基"（1028a13-20）。任何非实体的范畴的表达将总是暗含对实体的某种指涉（即实体－主体的谓述）。说某个东西是性质就暗含着它是某个实体的性质，而言说一个实体却不暗含与其他范畴相关的任何东西。相应地，"凭借这个范畴，每一其他范畴才存在。因此，第一的与无条件的（不是在某个条件下的）东西必然是实体"（1028a30-31）。

《范畴篇》第 5 章和《形而上学》7.1 都断定了第一实体。然而，《形而上学》7.1 进一步详细说明了这个第一性可以从三种方式来理解。第一种是"其他范畴都不能分离存在，而只有实体能分离存在"（1028a34-35）。这通常被叫作自然的优先性，尽管在 7.1 亚里士多德奇

---

① 《形而上学》7.1 专门处理实体与其他范畴的关系。在《范畴篇》第 5 章，第一实体与第二实体的差别没有显现，且"在……之中存在"的纽带也没有显现。在《范畴篇》第 5 章中用来连接第一实体与第二实体的"谓述"的纽带，到了《形而上学》中被应用到其他范畴与实体的关系上，正如实体的标准定义变成了"不再谓述一个主体而是所有其他东西都谓述它的东西"（例如参见《形而上学》1029a8-9）。

怪地将它归为"时间上的"优先性。第二种是定义（逻辑）的优先性。第三种是认识上的优先性，即"当我们认识了是什么，例如一个人或火是什么，而非当我们认识了它的性质、数量或在哪里，我们才最充分地认识了每一个东西"（1028b1-3）。

因为逻辑优先性是实体的第一性的一种，我们对为何存在"相关于一个东西"可以限制到这种优先性感到惊奇。在《形而上学》7.1并没有迹象表明逻辑优先性独立于其他两种优先性。7.1的结构显示的是，这三种优先性一起解释了实体相对于其他范畴的第一性。因此，看起来更合理的是，依照这三种优先性一起来理解存在"相关于一个东西"。回想一下存在"相关于一个东西"主要不是语言上的术语的关系，而是外在于语言的事物的关系——尽管它被译作"核心意义"，可能是有帮助的。在描述其他项目例如"爱""相关于一个东西"时，亚里士多德强调了逻辑优先性的观点，这是真的。但是，在存在"相关于一个东西"与其他项目"相关于一个东西"之间存在一个关键的不同。对于其他项目，在相关项与它们的核心焦点之间并没有存在上的关系。所有医学的事物都相关于"医学"，但是它们在存在上并不依赖于它。然而，在其他事物与它们的核心焦点即实体之间，关键的问题是存在上的问题，例如，没有实体其他事物就不能存在。

第二点是，《范畴篇》第5章和《形而上学》7.1，对我关于存在的核心意义的说明并没有废除每一种其他范畴的独特的存在意义的观点，提供了坚实的文本证据。在《范畴篇》第5章，亚里士多德区分了本质的谓述与偶性的谓述。其他范畴只可能是实体的偶性的谓述，因为只有它们的名字（更恰当地说，它们的形容词的形式），而不是它们的定义，是对实体的谓述。我们说"苏格拉底是白色的"，但不会说"苏格拉底是一种颜色"。这个区分暗示非实体的范畴拥有它自己的定义。在《形而上学》7.1，亚里士多德意识到，他对实体的第一性的强劲论证，可能引导人们质疑每一个其他存在的独特意义："以致有人可能提出这个问题，即'走'、'是健康的'和'坐'在每个情形中是否意味着某个东西，以及在其他情形中类似的这种事物"（1028a20-22）。尽管亚里士多德没有直接回答这个问题，但他在这一段话之后简短地陈述道："只有当我们知道数量或性质的是什么，我们才也知道这些谓述中的每一个。"（1028b1-2）相应地，每一个非实体的范畴仍然被认为拥有它自身的"是什么"。

四、存在：因其自身的与偶性的

实体是主体，而其他存在是它的属性。在这个关系中，其他存在是偶性的存在或 per accidens being（kata sumbebēkos）。然而，亚里士多德声称所有范畴的存在都是因其自身的存在或 per se being（kata hauto；《形而上学》5.7，1017a23）。一个非实体的存在，例如实体的一个偶性，如何能仍然是因其自身的存在？一个存在如何能既是因其自身的存在又是偶性的存在？

要回答这个问题，我们需要理解在何种意义上存在被说成是因其自身的，且在何种意义上不是。原来，亚里士多德的术语"因其自身的"它自身就"以多种方式被言说"。在《后分析篇》1.4，亚里士多德列出了一个事物可以被说成因其自身的四种意义。[①] 在这些意义之中，第二种意义（73a38-b4）是关于独特的（idion）属性，而第四种意义（73b10-16）是关于一个事物的自然结果。我们感兴趣的是第一种和第三种意义。

根据第一种意义，一个事物因其自身属于另一个事物，"当它在是什么上属于它——例如，线段属于三角形和点属于线段（因为它们的实体依赖于这些事物且它们应当归入言说它们的是什么的说明）"（73a35-38）。这就是说，X 因其自身属于 Y，当它出现在 Y 的本质或

---

① 它们也都被包含在《形而上学》5.18 中，这是关于术语"因其自身"的条目。

定义之中的时候。一个种或属因其自身属于它之下的那些成员，因为种或属出现在它们的定义之中。亚里士多德进一步认为如果 X 因其自身是 Y，那么 Y 也因其自身是 X。（参见《形而上学》5.18，1022a27-28）

第三种意义是，"不谓述一个奠基的主体的事物我称作因其自身的存在，而谓述一个奠基的主体的事物我称作偶性的存在"（73b4-10）。如果 X 不谓述某个其他主体，X 就是因其自身的。相应地，实体是唯一的因其自身的存在，且所有非实体的存在都是实体的"偶性"，基于实体不再进一步谓述任何事物，"不意味着实体的事物，必然谓述某个奠基的主体"①。

基于对因其自身的意义的这个分类，很清楚，当亚里士多德说有与因其自身的存在一样多的范畴，且不同的谓述意指不同的因其自身的存在，他采用的是第一种意义。很清楚，因其自身的这个意义关联于《论题篇》1.9 的讨论，根据所有相同－范畴的谓述都是定义性的陈述，且说明了存在的是什么。一个范畴是应用到每一个属之下的成员的定义中的终极的属，且对于所有并且只对于它的种类的成员才是真的和必然的。它是这样一种因其自身的存在。因其自身的这种意义是在存在的多重意义的说明的路线上。

相反，因其自身的第三种意义，根据实体是唯一的因其自身的存在，而其他范畴都是偶性的存在，与《范畴篇》第 4—5 章显示的实体－主体的谓述的图景是一贯的。所有非实体的范畴都是实体的谓述，而实体不再进一步谓述任何东西。在这个意义上，实体与非实体的范畴的对比，变成了因其自身的存在与偶性的存在的对比，或无条件的（haplōs）存在与某种条件下的（ti）存在的对比。② 因其自身的这种意义是在存在的核心意义的说明的路线上。

因此，如果我们把《论题篇》1.9 和《范畴篇》第 4 章放到一起，把第 1 种意义和第 3 种意义放到一起，结果就是，实体总是因其自身的

---

① 《后分析篇》83a32；也参见 83b25 以下。

② 参见《后分析篇》83b18-25，90a10 以下；《辩谬篇》167a1 以下；《形而上学》1028a29-31。

存在，其他范畴既是因其自身的存在（在第 1 种意义上），又是偶性的存在（在第 3 种意义上）。非实体的双重角色，并非不协调，而是与因其自身的不同意义相关联的。这进一步证明了存在的多重意义的说明与存在的核心意义的说明不是冲突的，而是揭示了存在的不同特征。它们连起来使得非实体的存在的双重角色变得清楚了，且提供了一个关于亚里士多德的存在理论的完整图景。在这两种说明的联结中，我们理解了为什么存在的"相关于一个东西"的关系，既不是同名异义也不是同名同义。存在不是同名同义，是因为每一个存在都有它自身的属加种差模式的定义；而存在不是同名异义，是因为在它们之中实体相对于其他范畴有三种类型的优先性。

五、核心意义与潜能－现实的存在

到目前为止，在我们关于存在的"相关于一个东西"的结构的讨论中，所有与实体相关联的项目都是其他范畴。对《形而上学》4.2 的段落的仔细阅读，暗示了某些不同的东西，在那里那个结构被阐明了。让我们再次来看一下：

> 一个事物被说成"存在"有多种意义，但它们都相关于一个核心的焦点，一种确定种类的事物……有的事物被说成存在是因为它们是实体，其他事物是因为它们是实体的遭受，另一些事物是因为它们是朝向实体的运动，或实体的毁灭、缺失或性质，或实体的制作或生成，或关联于实体的事物，或这些事物中的一些或实体自身的否定。（1003a32–b10）

这里，事物被说成相关于一个东西，在其他范畴之外，还包含着运动、生成、毁灭等。它们不在 10 个范畴的清单之上。因此，4.2"相关于一个东西"的结构超出了非实体的范畴与实体的关系。

在范畴之外,列举变化和运动,肯定不是《形而上学》4.2独有的。例如,在《优台谟伦理学》(1217b28-29),在列举了范畴的存在之后,亚里士多德提到"有一些包含在被推动和推动之中"。在《形而上学》(12.5,1070a1-3),我们读到,"所有事物都有相同的原因,因为没有实体,遭受和运动就不会存在"。然而,在《形而上学》第4卷这些其他项目被说成"相关于一个东西"即实体。我们应当如何理解这个扩大了的存在的"相关于一个东西"的结构?

早先,我们讨论了"存在以多种方式被言说"的短语指涉(1)范畴的存在,和(2)在相同范畴内的存在。但是还有这个短语被应用的第三种情形。亚里士多德有一个对存在的四个维度的划分:偶性的、范畴的、真-假的与潜能-现实的存在。①

在这个划分里,"偶性的存在"(也被译作"偶合的存在")并不指涉非实体的范畴(它在这个清单中属于范畴的存在,或因其自身的存在)。放在亚里士多德的这个标题之下的东西是混淆的。在《形而上学》5.7,"正义是技艺的""人是文雅的""技艺的是人",以及类似的东西都包含在内。偶性的存在似乎指涉偶性的谓述和偶性的复合体。② 在《形而上学》4.2-3,偶性的存在等同于偶然发生的事件,与总是发生的和大多数时候发生的事件相对比。偶性存在的后一种意义被说成不是知识的对象,且被排除掉了。真-假的存在在4.4简短地被讨论了(且在9.10又被讨论了),而基于它是"思想的某个遭受"亚里士多德也排除了它,且它不是存在的对象的种类(1028a2-3)。

什么是潜能-现实的存在呢?潜能与现实的概念在《形而上学》第8卷和第9卷被讨论过。详细的讨论在这里可能是不合适的。对于我们的当下目的,提到潜能与现实的基本意思是和运动相关联的可能就足够了。所有潜能"被叫作潜能都指涉一种第一的种类,它是在他者之中

---

① 参见《形而上学》5.7,1026a34-b3;9.10,1051a33-b2。

② 对《形而上学》5.7"偶性的存在"的混淆的评论的一个有帮助的讨论,参见 Bostock, *Aristotle Metaphysics Books Z and H*, p.48ff。

或在自身之中作为他者的运动的本原"（1046a10-11）。类似地，"严格意义的现实被认为与运动等同"（1047a31-32）。基于这一点，我们倾向于认为运动、生成、毁灭等被包含在"相关于一个东西"的结构之中的，恰恰就是潜能－现实的存在。

那么，为什么潜能－现实的存在也"相关于一个东西"即实体。在《物理学》3.1，我们读到：

> 除了在事物之上就没有运动这种东西。总是关乎实体、数量、性质或地点，运动才得以发生。正如我们断定的，去寻找与既不是"这一个"也不是数量或性质或任何其他范畴的共同的东西是不可能的。因此，除了提及的这些东西之外，运动或变化不会再指涉任何东西；因为在它们之外就不存在任何事物了。（200b32-201a3）

相应地，潜能－现实的存在是这些范畴的存在中的每一个的潜能与现实。潜能与现实必然是某个范畴的存在的潜能与现实。潜在的存在与现实的存在，不是在作为实在的基本结构性成分的范畴的存在之外分离的存在，而是每一个范畴的存在的动态性方面。如果情况就是这样，没有范畴的存在，潜能－现实的存在就没有基础。

我们已经展示了范畴存在的"相关于一个东西"指的是为其他范畴奠基的实体，尽管它们中的每一个都保持了它的独特的意义。没有实体，其他范畴存在就不能存在。相关地，没有实体，其他范畴的潜能与现实也不能存在。没有实体，肯定不存在实体性的潜能与现实。运动、生成等，类似于非实体的范畴，从属于实体。这解释了为什么潜能－现实的存在也相关于一个东西即实体。在《形而上学》核心卷的这个证明中，亚里士多德对存在的研究集中在实体而非其他范畴，集中在实体性的潜能与现实而非其他范畴的潜能与现实。① 潜能－现实的存在相关于

———————

① 关于范畴的存在与潜能－现实的存在的不同以及这个不同在《形而上学》第7卷至第9卷所起作用的进一步讨论，参见拙文 "Two Conceptions of Hylomorphism in *Metaphysics* ZHΘ," *Oxford Studies in Ancient Philosophy* 15（1997）: 119-145。（此文收入本文集第二编。——编者注）

一个东西即实体，进一步证明了本文的论点，即说存在的核心意义的说明是一个存在上的东西，指的是实体是其他存在的主体。

六、存在的科学

在这最后一部分，我们将讨论欧文的其他主要主张，即在《形而上学》4.2引入存在的核心意义的分析，使得亚里士多德改变了他关于存在的一门普遍科学是不可能的早期观点。亚里士多德给我们提供了关于存在的一门单一科学的可能性的两个似乎矛盾的观点是真的。在《优台谟伦理学》1217b25-36我们读到：

> "存在"，正如我们在其他著作中对它所做的划分，意指现在的是什么，现在的性质，现在的数量，现在的时间，且再次指包含在被推动和推动之中的某个东西……那么，正如"存在"在我们刚刚提到的所有东西之中不是一回事，"善"也不是；也不存在一门关于"存在"或"善"的科学。

这个段落与《形而上学》4.1关于"有一门研究存在之为存在以及在它之中就其自身而言的所属的科学"（1003a23-24）的宣告，形成了尖锐的对立。

在欧文的解释里，这两种观点是矛盾的。否定态度属于亚里士多德是一个反柏拉图主义者时期的早期思想，而肯定态度来自"看起来更像是对柏拉图的目的的同情的复活"的亚里士多德的晚期阶段。[①] 欧文这样声称的理由是，在他的早期著作中亚里士多德仅仅认为"存在"是（完全）同名异义的，在不同意义之间没有任何系统性的关联，而在《形而上学》4.1-4.2的"核心意义"使它们统一为一个系统性的主题，

---

① 参见 Owen, "Logic and Metaphysics in Some Earlier Works of Aristotle," in *Aristotle and Plato in the Mid-Fourth Century*, eds. I. Düring and G. E. L. Owen, p.164。

且因此使得一门普遍的科学是可能的了。① 现在我们已经证明不存在这样一个早期阶段，亚里士多德认为存在是（完全）同名异义的，且"相关于一个东西"的结构在《工具论》和其他早期著作中已经描述过了。在存在的多重意义的说明与核心意义的说明之间根本就不存在张力。因此，不像是欧文声称的那个情形，即核心意义是亚里士多德关于存在的科学的观点变化的原因。我们指出，在《形而上学》4.2 的最后一节，存在"相关于一个东西"包含范畴的存在，也包含潜能－现实的存在。但我们已经显示，这个表述只是意味着存在之为存在的科学包含比范畴的存在更多的东西，且没有改变"相关于一个东西"的本性。

在欧文做解释的地方，我愿意建议，亚里士多德对存在的科学的不同态度，来自他对什么算作科学（epistēmē）的观点的变化。然而，这个变化是对最初观点的扩展而不是替代。

在《工具论》、《优台谟伦理学》或某些其他著作中，亚里士多德声称"一门单一的科学关乎领域是一个单一的属的东西"（《后分析篇》87a38；参见 74b24-26，76a11-12）。让我们把它称作"单一－属"的科学观念。根据这个观念，一门学科必须满足两个条件以便成为一门"科学"。在关乎一个属之外，它必须是证明性的东西。根据在数学尤其是在几何学中塑造的模型，亚里士多德声称一门科学应当从关于自明的公理性的第一原理的一个小的集合开始（例如，《论题篇》100a30-b21，《后分析篇》6b23-24），且原理是由理智（nous）把握的（intellect，例如，《形而上学》1005b5-17；《尼各马可伦理学》1140b31-41a8；1143a35-b3），随后通过演绎进行到定理的更大的集合。这两个条件在"单一－属"的科学观点中是相连的。因为证明只能在一个属之内进行且不能跨越到另一个属。"任何一门科学的定理都不能通过其他科学的方法来证明，除非这些定理是从属的与上级的关联"（《后分析篇》75b8-16；也参见 76a22；《辩谬篇》172a36-38）。

---

① 参见 Owen, "Logic and Metaphysics in Some Earlier Works of Aristotle," in *Aristotle and Plato in the Mid-Fourth Century*, eds. I. Düring and G. E. L. Owen, p.178.

在《形而上学》4.2，对存在的研究也被叫作"科学"，尽管存在不是一个属，而仅仅是有一个核心意义的结构。很清楚，这违背了"单一－属"的科学观念。亚里士多德按照下面的说法来辩护他的立场："不仅（ou gar monon）是在事物有一个共同的观念的情形中的探究属于一门科学，在事物被说成一个本性（pros mian...phusin）的情形中的探究而且也（alla kai）属于一门科学。"（1003b12-14）这个句子中的"不仅……而且也……"的结构暗示一门科学可能存在的两种情形。这个句子的第一部分，很清楚地指涉《后分析篇》中的"单一－属"的科学观念。如果所有事物必须在一个属之中，那么应用到所有它们之上的名称必然是同名同义的。但是，现在亚里士多德说"科学"这个词"不仅仅"应用到关乎一个单一的属的研究，"而且也"应用到主题由核心意义的结构统一的研究。很清楚地说出的这段话，像是把对存在的研究叫作一门"科学"的观点的捍卫，亚里士多德是在扩展他的科学的观念。我把这个扩展的部分叫作"核心意义"的科学观念。

一旦亚里士多德宣告存在的科学的建立，他立即添加了一个免责申明：

> 现在这与任何一门被叫作特殊科学的东西都是不相同的；因为这些其他科学中的任何一种都不普遍地处理存在之为存在。它们从存在之中切出一部分并探究这个部分的属性。（1003a23-25）

对这段话的标准解释是，亚里士多德在这里为普遍形而上学与个别的（自然）科学划了界线。在我的解读里，这里的真正问题是在两种不同的科学观念之间做了一个对比。根据"单一－属"的科学观念，所有科学都是特殊的和部门的，因为每一个都关乎一个属（但是每一门科学的第一原理都是在那个属之内的普遍）。探究普遍的存在从来不是它们的工作。在《形而上学》第4卷宣称一门存在的科学的建立，并没有改变"单一－属"的科学的地位。在将这门存在的科学与其他科学对比时，亚里士多德实际上强调了所有其他探究都关乎一个单一的属的事实，而这个研究不是这样。他提醒他的听众，一个单一的属的条件不再是必然的了。不久后在 1003b12-14 提到的两种观念，回应了这个对比且对它进行了解释。事实上，在《形而上学》第 3 卷，亚里士多德把他在进行的探究指作"我们正在寻求的科学"（995a24）。且在"我们正在寻求的科学"的各种困惑之中，许多困惑是关于这门科学的领域和主题。（995b4-27）

当亚里士多德声称对存在的研究也可以根据"核心意义"的观念被叫作"科学"时，他不仅不再坚持一门科学必须关乎一个属的要求，而且也不再要求一门科学必须是证明性的东西。对存在的研究被叫作"科学"，但不是证明性的东西。因为"不存在对实体或本质的证明，而是通过某些其他的方式来揭示它"（6.1，1025b14-15；参见 3.2，997a26-32；1006a5-11）。证明发生在相同属的成员之间，因为存在不是在一个单一的属之内，对它们的研究不可能是证明性的东西。[①]

《形而上学》第 4 卷对存在的研究现在能被叫作"科学"，但不是因为这门学科满足了"单一－属"的科学观念的两个条件。相应地，我倾向于认为，亚里士多德在他的早期著作中否认一门存在的科学的可能性，是因为他坚持《后分析篇》中的"单一－属"的科学观念，根据这个观念，一门科学必须与一个单一的属相关联且是一门证明性的学科。[②] 现在，在《形而上学》第 4 卷，对存在的研究现在被叫作"科学"，不是因为这个研究满足了"单一－属"的科学观念，而是因为亚里士多德离开了这个科学观念。在《形而上学》中，一个研究不需要关乎一个属和是证明性的东西以便被叫作"科学"。是科学的观念，而不是科学的主题，导致在亚里士多德那里关于存在的科学的两种矛盾的态

---

① 厄尔文指出了存在的科学为什么不能是证明性的东西的另一个原因："因此，存在的科学必然要论证公理是真的（1005a29-b2），而不是简单地将它们当作被承认了的；且因为它们是第一原理，它不可能证明它们。那么，如果第一哲学是要完成这个任务，它就不可能是证明性的东西。"（Irwin, *Aristotle's First Principles*，p.173）

② 类似地，基于善不是一个属，亚里士多德否认存在一门单一的善的科学。（参见《尼各马可伦理学》1.6，1096a19 以下；《优台谟伦理学》1.8，1217b25 以下）

度出现了争论。

在我们关于《论题篇》1.9 和《范畴篇》第 4 章的讨论中，我们已经展示存在的核心意义的结构已经有效力地出现在《工具论》之中。跟随这个观点，我们推断存在的科学的主题应当在那里也已经出现了，尽管因为存在的"单一－属"的观念，在这个领域的研究不能被叫作"科学"。

当亚里士多德在《工具论》中仅仅持有"单一－属观念"的科学时，他并没有否认存在包含多于一个属或处理跨范畴的问题的研究或学科。他只是声称这样一个研究不能被叫作"科学"，且为了替代他将它叫作"辩证法"。根据他的观点，辩证法不是关乎一个属，且也不是证明性的。为了所有的部门科学和所有的论证领域，它在处理共同的或相关联的材料。[①] 辩证法"不是以这种方式关乎任何确定的事物的集合，也不关乎任何一个属"（《后分析篇》77a32-33）。

对辩证法的这个描述听起来跟《形而上学》4.2 的存在的科学很类似。事实上，4.2 明确地声称，辩证法家，与哲学家一样，处理对所有事物是普遍的东西（1004b19-20），且属于与哲学家相同的属（b22）。如果在《工具论》中关于不属于任何一个属的讨论被认为是辩证法，对辩证法的关注和对存在的科学的关注就显著地重合了。在《形而上学》中的存在的科学，探究以多种方式言说但都关联于实体的存在，而《论题篇》和《范畴篇》已经提供了关于这样一个存在的结构的各种讨论，尽管在《形而上学》中相应的理论更复杂。此外，正如存在的科学处理演绎的第一原理（1005b7），辩证法也被说成关乎"反驳与演绎的共同角色"（《辩谬篇》170a35，《修辞学》1358a2-32）。进一步，正如存在的科学讨论相反的项目，例如相同与相异、相似与不相似、在先与在后等（《形而上学》1004b30-34，1005a15-16），这些已经是辩证法的主题了（995b18-25）。在《形而上学》1004a31-b4，亚里士多德甚至问：

---

① 参见《后分析篇》77a26-31，《辩谬篇》172a11-15，《论题篇》101a35-b4，《修辞学》1355b8。

如果对所有这些事物的探究不是哲学家的职能，那它是谁的职能？因为他已经说过这些问题属于辩证法家，我们有理由认为辩证法被哲学家接管了。他改变了他的"哲学"观念。①

《形而上学》4.2确实区分了辩证法与哲学，但这个区分是关于它们分别的目标而不是关于主题。"辩证法仅仅是批评性的，而哲学声称知道。"（1004b25-26）然而，这个对比必须被限制。辩证法在《工具论》中有不同的意义和功能。②它被描述为批评、检查和试验（《辩谬篇》170a20-b11，172a17-b4），甚至是"破坏性的"（《优台谟伦理学》1217b16），但也被描述为是"在探究的精神中"（《论题篇》159a25-37），且导向对真理的发现。"因为辩证法是一个批评的过程，在其中有通向所有探究的原理的道路。"（101b3-4）相应地，在《形而上学》中与存在的科学对比的辩证法，只是辩证法的消极功能。那么，《工具论》中辩证法的积极的或建构性的功能与《形而上学》中存在的科学的关系是什么呢？亚里士多德自己没有回答，且辩证法的建构性作用，作为结果，成了被争辩的主题。③然而，基于辩证法和存在的科学拥有相似的主题，且基于我们看到的从《范畴篇》到《形而上学》关于存在的讨论的连续性，暗示从《工具论》的辩证法的积极性到《形而上

---

① 参见 Irwin, *Aristotle's First Principles*, p.154："在《工具论》中他（亚里士多德）通常把'哲学'和'哲学家'的术语用到证明性的科学上，以便与辩证法家对比。"

② 参见 Kirwan, *Aristotle Metaphysics IV，V，VI*, 2nd ed., pp.84-85。

③ 在回答为什么亚里士多德的早期著作似乎拒斥了一门普遍科学的可能性，而在《形而上学》中建立了这样一门科学的问题时，厄尔文的解决方案是，亚里士多德改变了"辩证法"的观念，从对共同信念的不加辨别地进行的"纯粹的辩证法"，改变为从"对共同信念的适宜地选择的子集"开始论证的"强的辩证法"，且因此能达到第一原理的客观的真的知识。（参见 Irwin, *Aristotle's First Principles*, ch.1.6, and ch.8）厄尔文暗示亚里士多德对矛盾律的捍卫是强的辩证法的例子，且是亚里士多德的第一哲学的论证的一个模型。这个捍卫显示了，尽管非积极性的证明是可能的，矛盾律的真理性可以基于没有人能合理地拒绝它而得到显示。但是我不确定对矛盾律的捍卫，是否例示了亚里士多德的第一哲学所拥有的普遍的方法论。因为我们在《形而上学》中发现的大多数讨论似乎并不具有这样一个性质。此外，R. 博尔顿（R. Bolton）令人信服地证明了即便是在矛盾律的证据中，亚里士多德的论证也有实验性的辩驳的特征，正如在《辩谬篇》中描述的。［R. Bolton, "Aristotle's Conception of Metaphysics as a Science," in *Unity, Identity and Explanation in Aristotle's Metaphysics*, eds. T. Scaltsas, D. Charles, and M. L. Gill（Oxford: Clarendon Press, 1994）, pp.321-354］

学》的存在的科学有连续性不可能完全是错误的。存在的科学，尽管在
《形而上学》第4卷才正式地建立且在《形而上学》以更体系化的和优
雅的方式在追寻，但也可以在早期著作中追寻到它的基本框架、板块和
原料。与《工具论》对比，《形而上学》通过对形式和质料与潜能和现
实的讨论，提出了更加丰富和深刻的存在的理论。①

　　最后，我愿意对亚里士多德为什么扩展他的科学观念做一个简短的
提示。我们已经提到在《范畴篇》和《论题篇》发现的对存在的研究，
应当属于一个研究领域（辩证法），它处理所有部门科学的共同的材料。
在《工具论》中，这个研究领域相比"单一－属"的和证明性的科学，
处于更低的科学地位。它不是科学，且也不是哲学。对范畴的研究，正
如它所有的重要性，没有与证明性科学的基础问题相关联。与之对比，
《形而上学》第4卷告知我们，这些其他（特殊的科学）都不普遍地处
理存在之为存在。它们切出存在的一个部分且探究这个部分的属性——
例如这是数学所做的事情。现在因为我们寻求第一本原和最高的原因，
很清楚，必然存在这些原理因其自身的本性就属于它的某个东西……因
此，关于存在之为存在，我们也必须把握第一因。（1003a23-31）

　　对存在的研究现在被说成享受一个比部门的证明性的科学要更高的
科学的立场。所有这些部门科学都切出存在的一个部分且研究这个部分
的属性，而对存在之为存在的研究，是寻求去理解证明性的科学假设但
不研究的东西。在这样做时，它揭示了"第一本原和最高的原因"。因
此，对存在的研究变成基础性的东西。证明性的科学在《工具论》中被

---

①　注意欧文在这一点上的微妙变化是有趣的。欧文坚决地否定了这与亚里士多德早期
著作中的存在的科学有任何相似之处："在《形而上学》第4卷描述的探究在《工具论》中没
有提及，也没有隐藏在亚里士多德的套袖里。"（Owen, "Logic and Metaphysics in Some Earlier
Works of Aristotle," in *Aristotle and Plato in the Mid-Fourth Century*, eds. I. Düring and
G. E. L. Owen, p.178）然而，他在《存在论的诱惑》（*The Snares of Ontology*）中修正了他的立
场："新的科学不是一个公理体系；且唯恐它似乎好奇地喜欢这些非部门的探究，它先前被亚里
士多德叫作'辩证法'或'逻辑的'，且被标注为非科学的，辩证法被平静地降级为它的老
的行省的一个部门，以便给新的巨人留出空间（参见1004b17-26以及《辩谬篇》169b25
等）。"（同前，第146页）

描述为自主的。但在《形而上学》中亚里士多德似乎承认，证明性的科学有一个存在的基础问题要去澄清，而这恰恰是对存在的研究的工作。结果，他关于对存在的研究的科学立场改变了，因为认为对科学的基础的研究必然也享受"科学"的地位是合理的。在《形而上学》第 4 卷，存在的科学被说成关于终极原因的科学。在《形而上学》第 1 卷，亚里士多德已经声称"所有人都设定被叫作智慧（sophia）的东西去处理第一因和事物的本原"（981b29-30），而"智慧就是关乎某些原因和本原的科学（epistēmē）"（982a1）。对存在的研究不关乎一个单一的属且不是证明性的东西是真的，且因此它仍然不是一阶的证明性的科学。但是，对存在的研究关乎证明性的科学的存在的基础，且因此是"科学的科学"，或二阶的科学。①

---

① 1998 年 5 月，本文的一个早期版本在新奥尔良举办的美国哲学学会中的部分会古希腊哲学协会的会议上宣读过。我衷心感谢古希腊哲学协会组委会的议程提供的有帮助的评论。我也感谢约翰·卡恩斯（John Kearns）、加雷斯·马修、查尔斯·兰布罗斯（Charles Lambros）、乔纳森·桑福德（Jonathan Sanford）、大卫·卡斯帕（David Kaspar）和罗杰·夏纳（Roger Shiner），以及《疑难》（*Apeiron*）杂志两名匿名评审人给出的有价值的批评。我要给荷西·格雷西亚（Jorge Gracia）一个专门的感谢，他提供了对本文的几个早期版本的详细的和挑战性的评论。当然，论文仍然存在的不足要归责于我一个人。

《形而上学》7、8、9卷中
形质论的两种观念 *

因为《形而上学》7、8、9卷将实体看作质料（ὕλη）、形式
（μορφή）和它们的复合体，关于它们的学说可以标识为"形质论"
（hylomorphism），这与《范畴篇》形成对比，在后者那里实体的范畴没
有被划分开。然而，关于质料与形式以及它们的关系的规定是如此不同
甚至对立，以至学者们对形质论究竟是什么产生了持续的困惑。[①] 众所
周知，在《形而上学》7、8、9卷中存在各种各样的矛盾，既有文本的
矛盾也有哲学的矛盾，事实上，在这些卷中关于任何一个问题都没有普

---

* 原文题目为 "Two Conceptions of Hylomorphism in *Metaphysics* ZHΘ"，载于 *Oxford Studies in Ancient Philosophy* 15（1997）：119-145。李涛译。——编者注

① W. 威兰（W. Wieland）声称："让质料达到清晰观念的工作是一项无希望的工作。"
[W. Wieland, "Aristotle's *Physics* and the Problem of Inquiry into Principles," in *Articles on Aristotle*, 4 vols., eds. J. Barnes, M. Schofield, and R. Sorabji（London, 1975-1979）, i, p.137] M. 斯科菲尔德（M. Schofield）列举了亚里士多德关于质料的各种评论后，也说："亚里士多德关于质料思考的这些相关的主题如何被精确地理解，是一个有争议的问题。"
[M. Schofield, "*Metaphysics* vii3: Some Suggestions," *Phronesis* 17（1972）：100] F. 路易斯（F. Lewis）抱怨说："尽管亚里士多德总是声称形式与质料复合成了一个个别的实体，但它们复合的准确方式却保持着神秘。"[F. Lewis, "Form and Predication in Aristotle's *Metaphysics*," in *How Things Are*, eds. J. Bogon and J. E. McGuire（Dordrecht, 1985）, p.60]
D. W. 格拉汉姆（D. W. Graham）也声称，任何一种形式 – 质料的模式都是自身不确定的，参见 D. W. Graham, *Aristotle's Two Systems*（Oxford, 1987）, p.60。

遍的共识。然而，有一个流行的假设认为，这些卷在原则上构成了一个统一体，它包含一个连贯的实体理论。在这个统一体中，第8卷和第9卷通常被认为是第7卷的补充，它们作为第7卷某些主要论点的组成部分或进一步的解释。而且解释者的任务被认为是清理形质论中的各种各样的矛盾，以便产生一个连贯的理论。

在这篇文章中，我试图通过论证在这些卷中实质上存在形质论的两种不同观念，来挑战这个假设。围绕这些卷产生的许多争论，恰恰是因为我们把它们混在一起作为连贯的和相互解释的。在第一部分，我将展示形质论的两种观念的差异。在形质论的一种观念中，质料与形式在生成和定义上都是分离的，复合体与形式的差异是显然的。在形质论的另一种观念中，质料与形式在生成或定义上都不再是分离的，复合体是一个基本的统一体且与现实的形式甚至是没有区别的。关键点在于，在前一种观念中质料－形式分析没有与潜能－现实分析结合起来，而在后一种观念中这两种分析是不可分的。为方便起见，今后我将在形式、质料与复合体是相互区别的意义上把前一种观念叫作"分离的"（isolated），且这种质料－形式分析是结构性的和静态的（structural and static）。我将在潜在的质料与现实的形式是统一的意义上把后一种观念叫作"结合的"（conjoined），且在其中形式－质料分析是功能性的和动态的（functional and dynamic）。在第二部分，我将论证形质论的这两种观念相应于亚里士多德关于范畴的存在和潜能－现实的存在的区分。这个区分将第7卷和第8、9卷显著地划分开来，我也因此断言第7卷和第8卷的紧密关系是无根基的。在第三、四、五部分，我试图对7.17给出一个新的解释，以便达到这一章声称对实体的探究有一个新开端的说法是严肃的而非口头说说的。它开启了我称之为"结合的"形质论。这个新方法在第8卷的大部分章和第9卷都得到了遵循，而这与7.4和第7卷大部分章的方法所包含的"分离的"形质论是对立的。最后，我将论证形质论的这两种观念，分别发展成亚里士多德第一哲学的两种观念，即存在论和神学。为调和亚里士多德第一哲学的两种观念的问题，应当追溯到 7、8、9 卷中形质论的两种观念的关系。

一、分离的形质论与结合的形质论

质料－形式的模式与潜能－现实的模式并不总是相连的，在第 8 卷和第 9 卷这两种类型的分析是紧密相连的甚至是相等同的，而这几乎不是第 7 卷中的情形。这个对比是众所周知的[①]，然而它的意义却很少被澄清。在我看来，形式－质料的模式，相应于是否与潜能－现实的模式相联系，构成了形式与质料的关系的两种不同图景，即形质论的两种观念。分离的形质论试图区分形式、质料与复合体，而结合的形质论则打算建立它们之间的联系。我将通过检查形式、质料与复合体的关系的几个主要方面，来构建这个主张。

（一）生成中的形式与质料

个体是由形式和质料复合而成的，因此是"形质的"复合体。然而，个体复合的模型是不同的。在第 7 卷的大部分章节中，质料－形式分析与潜能－现实分析是没有联系的，我们有一个嵌入的（embedding）模型；在第 8 卷和第 9 卷，这两种分析是相联系的，我们有一个发展的（developmental）模型。在 7.7-7.8，一个事物的生成是形式与质料的外在结合，因为在生成的过程中质料与形式是两个在先存在的成分。当一个事物解体了，它也解体为这两个部分。（1033b12-13；也参见 1033b20）相应地，在生成之前与之后，形式与质料都保持不同。质料

---

① W. D. 罗斯（W. D. Ross）说："潜能与现实的表达在第 7 卷几乎是完全缺失的，而这在第 8 卷扮演了相当重要的角色。"［W. D. Ross, *Aristotle: Metaphysics*, 2 vols（Oxford: Clarendon Press, 1924）, i, p. cxxiv］M. 伯涅特（M. Burnyeat）说："对作为现实的实体的关注是第 8 卷的标志，而这明显不是第 7 卷的标志。"［M. Burnyeat et al., *Notes on Eta and Theta*（Oxford, 1984）, p.3］

不是潜能的载体。形式不是原初地嵌入在质料之中，而是引入到质料中去生成一个事物。在人工物的生成中的例子是："形式引入到这一个质料，且结果是铜的球。"（1033b11-12）出于相同的原因，在自然物的生成中，"完善的整体，这类的形式引入到这一个肉体与这些骨头，结果是卡里阿斯或苏格拉底"（1034a6-7）。另外，一旦潜能与现实被引入，一个事物的生成就是质料从潜在到现实的内在的发展。质料是潜在的载体，而形式是现实即质料想要达到的目的。在第8卷和第9卷，质料被认为是一个让形式更换得以存在的承载的连续物。发展与嵌入显然是两个不同的生成模型。

（二）定义中的形式与质料

形式与质料在定义上是分离的吗？ 7.4主张只有当一个东西不再被另一个东西谓述，也即一个单纯的存在，才是定义的适宜的对象。本质满足这个条件，而偶性的复合体则不满足。正如我们随后将看到的，这对形式与质料的复合体同样是真的；形式可以被定义，而质料的复合体则不能被定义。在7.7-7.8，形式被证明是无生成的。否则，它就将拥有它自己的形式与质料，因为所有东西的生成都是形式与质料的复合，但这是荒谬的。（1033b3-8，b11-17）因为形式是无生成的且不包含质料，在它的定义中就无须提到质料。因此，质料只出现在复合体的定义中。（1033a6）这是因为复合体"总是可分的，且部分是这个东西部分是那个东西；我指的是部分是质料而部分是形式"（1033b13-14）。基于这种想法，形式与质料在定义上是分离的。另一方面，在8.6形式与质料实际上是不可分离的："最近的质料与形式是同一的和相同的，一个是潜在的而另一个是现实的。"（1045b18-19）相应于此，我们拥有灵魂的著名定义，"自然构成的身体的第一阶现实"（《论灵魂》412b5）。而且亚里士多德基于这个基础推论得出"灵魂与这个身体是不可分离的"（《论灵魂》413a4-5）。如果是这样，它们怎么可能是分离的？

这个例子因为这两种相反的立场一起出现在 7.10–7.11 而变得更加复杂。这些章的主要关注是，部分的定义是否能出现在整体的定义中，以及什么部分仅仅属于形式。在它的普遍意义上，亚里士多德的回答基于质料与形式的清楚的划分。质料可以出现在复合体的定义中，但不可以内在于形式的定义中（1037a24–25），因为质料只是复合体的部分，而不是形式的部分。他强调，形式不是"一个东西在另一个东西之中"，因此它是严格地被定义的，不需要指涉质料。在 1037b2–4 亚里士多德声称："第一实体，我指的是，不是通过一个东西在另一个东西之中（τῷ ἄλλο ἐν ἄλλῳ）来表达的，即在某个作为质料承载的东西之中。"如果一个定义包含某些质料性的成分，它就是一个复合体的定义，而不是形式的定义。然而，亚里士多德在同一个地方也说过，"把所有事物这样分解为形式且排除质料是无用的工作；因为某些事物肯定是这个形式在这个质料之中，或这个事物在这种状态之中……定义它（动物）不可能不指涉运动——因此，也不可能不指涉在某个状态之中的部分的存在"（1036b22–29）。一个动物的定义必须包含它的部分的潜能。亚里士多德也诉诸同名异义的和非同名异义的部分的区分，以便达到手指是一个有生命物的部分且不同于一个坏死的手指。这些评论似乎与 8.6 关于等同的论点在精神上是连贯的，并且暗示质料必然出现在定义中。7.10–7.11 是困难的，并且我认为这主要是因为它们混合了思想的两条路线。①

---

① 关于在定义上形式是否与质料相分离，存在长期持续的争论。有些人主张不指涉质料，形式就不能被定义，参见 William Charlton ed., *Aristotle: Physics I and II*（New York: Oxford University Press, 1970），pp.71–73; R. Rorty, "Genus as Matter," in *Exegesis and Argument*, eds. Lee, Mourelatos and Rorty（Assen: Van Gorcum, 1973），p.405; R. E. Hartman, "On the Identity of Substance and Essence," *Philosophical Review* 85（1976）: 553, 559; T. H. Irwin, *Aristotle's First Principles*（Oxford: Clarendon Press, 1988），p.243ff. 其他人主张形式是非质料的且在它的定义中无须包含质料，参见 R. Heinaman, "Aristotle's Tenth Aporia," *Archiv für Geschichte der Philosophie* 61（1979）: 257。任何一方都不能说服另一方，因为任何一方都能举出一些文本证据。这个争论从形质论的两种观念的冲突中产生。

（三）形式与复合体

在第 7 卷的大部分章，可感的实体是形式加质料，且它们是两个不同的成分。除了质料与形式之间的明显的边界，形式与复合体的不同也是显然的：第一，复合体的定义，例如扁鼻的定义，包含形式的部分与质料的部分，是"这个东西在这个东西之中"，形式的定义则只包含形式的部分；第二，复合体与一个事物的本质不同（7.6、7.11 的 1037b5），而形式与一个事物的本质相同。这些差别使得复合体只是一个派生的实体。

一旦潜能和现实的区分与形式和质料的区分结合起来，就几乎不能区分现实的形式与复合体了。现实究竟是指涉复合体还是形式是不清楚的。在 9.6，当现实与潜能的实体性关系被具体化为例如"实体对应某种质料"（1048b6）的存在时，亚里士多德举出的例子是"从质料中分离出来的对应质料，已加工完成的对应未加工的"（1048b2-4）。这里现实指示一种生成的事物。然而，在 1050b2 他明确地声称："实体或形式是现实。"这种混淆不是偶然的，因为在与潜能和现实的关系中区分形式与复合体，确实有实际的困难。当质料实现之时，它达到了形式，且同时一个新的可感实体生成了。现实和产品都是制作的最终阶段。亚里士多德意识到了这一点，正如他在 8.3 所说：

> 我们必须不能不觉察到，有时一个名称究竟是指复合实体，还是现实与形式……但是，这个问题，尽管对另一个探究的目的是重要的，对可感实体的探究则是不重要的。（1043a29-38）

亚里士多德没有详细说明他究竟指的是什么。然而，这个态度——不清楚一个名称究竟意味的是复合体还是形式，对于当前探究的目的是"不重要的"，且只是"对另一个探究的目的是重要的"——在 7.11 揭示了一个尖锐的对立，亚里士多德提到这个名称"苏格拉底"，要么指涉灵魂，要么指涉灵魂与身体的复合体，并坚持这个区分是重要的，因为"作为灵魂的苏格

拉底"是首要的实体，而"作为复合体的苏格拉底"则不是。（1037a5–9）

（四）实体的统一

一旦质料–形式分析被引入实体的范畴之中，立马就出现了这两个成分如何能是一个统一的而不是聚合的问题。然而，这个问题并没有出现在第7卷的大部分章，亚里士多德的兴趣毋宁是相反的：如何区分形式与质料性的复合体。唯一的统一问题是形式的定义的统一，即7.12的主题。然而7.12只是处理了实体的定义的统一，实体自身的统一的问题只是简单地给出了："实体意味着一和这一个。"（1037b27）这与形式是无生成的和不是由它自己所有的形式与质料构成的断言是一贯的。恰恰基于这个基础，7.12要求定义是一个统一体：

> 定义中的所有属性必须是一个，这是肯定的；因为定义是一个单一的言说（formula）和实体的一个言说，以至必然存在某个单一的事物的一个言说。（1037b24–26）

另一方面，从7.17开始，当亚里士多德开始问"为何这些质料是一个统一体"，统一的问题就变得突出。形式不再是一个与质料并肩的成分，而是组建所有质料性成分成为一个统一体的本原。在8.6，定义的统一的问题，同时也是实体的统一的问题："就像普遍地追问统一体和一个事物的存在是一个的原因。"（1045b19–20）7.12中被讨论的实体是形式或本质且定义意味着形式的定义的观点危险了，在8.6需要统一的是可感实体及其言说的统一。8.6也允许"所有无质料的事物是无条件的本质的统一"①，但它声称它自己的探究对象是"在言说中总是存在质料与现实的成分的东西"（1045a35）。结果，尽管7.12和8.6都使用了质料–形式分析，但它们的指涉是非常不同的。在7.12质料指涉的

---

① 1045b23–24，参见1045a36–b1。

是属，且这显然是在类比的意义上；而质料–形式模型没有与潜能–现实模型结合起来。相反，在 8.6 这两个模型结合起来了，且质料指涉的是质料性的成分，不是在类比的意义上。进而，潜能–现实模式被用来解决统一性问题："但是，正如我们所说，如果一个是质料而另一个是形式，且一个是潜在的而另一个是现实的，统一的问题就将不再被认为是困难的。"（1045a23-25）①

二、范畴的存在与潜能–现实的存在

因为形质论的两种观念的区分本质上依赖于形式–质料分析与潜能–现实关系是否相联系，我们被引导去讨论潜能–现实的存在的特性。《形而上学》5.2 区分了潜能–现实的存在与范畴的存在，以及其他的存在。在 9.1 的 1045b28-36，亚里士多德声称范畴意义上的存在已经被处理了，接下来，因为存在也被划分为潜能与现实："现在让我们加上潜能与现实的讨论。"范畴的存在与潜能–现实的存在的区分又出现在 9.10 的 1051a34-b2。这个再次认可的区分，很不幸被流行的解读当作口头说说。这两种方式的存在一般被认为没有实质的不同。② 因此，第 8 卷和第 9 卷，处理潜能与现实的学说，被认为仅仅是支持第 7 卷主

---

① 关于 7.12 和 8.6 是不是一个处理定义的统一问题的对子，也还存在争论。一些没注意到以上讨论的差异的学者，认为这些章是成对的，参见 Ross, *Aristotle: Metaphysics*, i, p.cxi; Joseph Owens, *The Doctrine of Being in the Aristotelian Metaphysics*（Toronto: Pontifical Institute of Medieval Studies, 1963）, p.362; G. Reale, *La Metafisica: Traduzione, introduzione e comment*, 2 vols（Naples, 1968）, ii, p.35; Rorty, "Genus as Matter," in *Exegesis and Argument*, eds. Lee, Mourelatos and Rorty. 但另一些学者基于他们各种不同理由的例子，论证这不是真的，参见 E. Halper, "*Metaphysics* Z 12 and H 6," *Ancient Philosophy* 4（1985）: 146-159; M. L. Gill, *Aristotle on Substance*（Princeton, 1989）; M. Loux, *Primary Ousia*（Cornell, 1991）; David Bostock, *Aristotle: Metaphysics, Books Z and H*（New York: Oxford University Press, 1994）。

② F. 布伦塔诺（F. Brentano）表达得最清楚："它们（范畴的存在和潜能–现实的存在）有一个共同之处，存在的科学即形而上学以相同的方式关涉一个与另一个。"［F. Brentano, *On the Several Senses of Being in Aristotle*（Berkeley and Los Angeles, 1975）, p.27］

张形式是（第一）实体的论证的一个部分。潜能－现实的存在从来没有被独立地对待，且总是被吞没在对范畴的存在的讨论之中。

可能我们需要对亚里士多德更公平，因为他明确地表示了这两种存在的方式有不同的意思且需要不同的讨论。范畴的存在与潜能－现实的存在的区别不仅仅是口头说说的。当亚里士多德开始区分它们，我相信他指的是，它们是实在的不同视角或探究。因为潜能和现实与对过程和功能的分析相联系，而范畴的存在根本上是一个与实在的结构相关的语言和思想的结构的分类，我们可能会说前者是动态的方法而后者是静态的方法，且这个区分大致对应于形质论的结合的观念与分离的观念的区分。分离的形质论认为实体是范畴的意义上的一种存在方式，而结合的形质论认为实体是潜能－现实的意义上的一种存在方式。如果我们把它们合并了，我们就将思想的不同路线合并了。

正如我们先前注意到的，潜能－现实的存在的讨论在第7卷是缺失的，而在第8卷和第9卷是显著的。一旦范畴的存在与潜能－现实的存在的区分被严肃对待，7、8、9卷的文本统一性就成了问题。亚里士多德在9.1开头说：

> 我们已经讨论了首要的存在，且存在的所有其他范畴都相关于它，也就是实体……因为存在一方面被划分为是什么、性质与数量，另一方面被划分为关乎潜能、现实和功能，现在就让我们加上潜能与现实的讨论。（1045b28-36）

这一段话暗示在第9卷之前的探究关乎范畴的存在，而现在将要处理潜能－现实的存在。流行的解读认为它是承认第8卷追随第7卷，且因此认为这段话指涉第7卷和第8卷。相应地，这种解读声称第7卷和第8卷讨论范畴的存在——尤其是第一范畴实体，而9.1-9.9处理潜能－现实的存在[①]，且这是对另一个流行的观点即7、8、9卷的统一性的支持，

---

① 参见 Ross, *Aristotle: Metaphysics*, i, p.358；Brentano, *On the Several Senses of Being in Aristotle*, p.160。

第 9 卷则是一个松散的和附加的部分，第 7 卷与第 8 卷联系得更加紧密且几乎是不可分离的。① 然而，尽管 1045b28-35 无疑指涉第 7 卷，它也不明显地指涉第 8 卷。

流行的解释把第 8 卷的地位当作一个谜。第一，如果第 7 卷和第 8 卷是关乎范畴的存在的统一体，那么第 8 卷也应当讨论范畴的存在，而事实上它处理了潜能－现实的存在。第二，流行的观点也认为第 8 卷，作为第 7 卷的附录，依照潜能－现实的存在来帮助解决第 7 卷关于实体的讨论。如果是这样，我们如何能说第 7 卷和第 8 卷讨论范畴的存在，而只有第 9 卷关乎潜能－现实的存在？

支持第 7 卷和第 8 卷是不可分离的文本的假定的主要论证似乎如下：（1）第 8 卷从一个对第 7 卷的总结开始（1042a3-23）；（2）第 9 卷（1045b28-32，1049b27）和第 10 卷（1053b17-18）对它们的统一性提供了一些指涉。然而，（1）没有强到足以论证第 8 卷追随了第 7 卷。那个总结是无意做出的，且那里与第 7 卷的实际内容相比，存在许多矛盾和对许多重要讨论的显著忽略。② 再者，第 8 卷开篇说道："我们必须依赖于刚刚所说的结论，且估算对它们的总结，并把最终的东西（τέλος）放到我们的研究之中。"（1042a3-5）它听起来好像是先前的探究将在这个总结里结束。仔细解读将会显示（2）也不会起作用。第 9

---

① 欧文斯（Owens）声称："第 7 卷和第 8 卷这两卷可以被看作一个连续的处理。它们一开始似乎形成了一篇论文，而只是在随后的编辑中被分成了两卷。"（Owens, *The Doctrine of Being in the Aristotelian Metaphysics*，p.316）M. 弗雷德（M.Frede）和 G. 帕奇格（G.Patzig）强调，这两卷是如此紧密，以至没有第 7 卷，第 8 卷就不能构成一个完整的文本，参见 M.Frede and G.Patzig, *Aristotles: Metaphysik Z*, 2vols（Munich, 1987），i, pp.21-22. M. 卢克斯（M.Loux）认为，"第 7 卷和第 8 卷构成了一篇单独的论文的观点一般没有被挑战过"（M.Loux, *Primary Ousia*, p.1n1）。

② 对这个总结的详细且有说服力的分析，出现在伯涅特等编辑的《第 8 卷和第 9 卷的注释》（*Notes on Eta and Theta*）和博斯托克的《亚里士多德〈形而上学〉第 7 卷和第 8 卷》（*Aristotle: Metaphysics, Books Z and H*）。两者最后都断定这个总结不是对现存第 7 卷的总结，参见 Burnyeat et al., *Notes on Eta and Theta*, p.2; Bostock, *Aristotle: Metaphysics, Books Z and H*，pp.249-250. 伯涅特等编辑的《第 8 卷和第 9 卷的注释》也评论说："认为 8.1 与第 7 卷的关系是一个整体的观点是成问题的，除了对 7.17 的错误提及，它似乎又回到了这个问题的开端且再次从第 7 卷拒绝的建议开始。"〔Burnyeat et al., *Notes on Eta and Theta*, p.156〕

卷的第一段话，即 1045b28-32（前文引用过），基于第 8 卷是对潜能与现实的讨论的事实，就不应当被认为是包含了对第 8 卷的一个向后指涉。正如我们已经显示的，把它当作支持第 7 卷和第 8 卷是一个统一体的证据，包含了对第 7 卷和第 8 卷是一个统一的文本的未经证明的假设。第二段话，即 1049b27，向后指涉 7.7-7.9，且第 8 卷似乎在这里是不相干的。第三段话，即 1053b17-18（来自 10.2），向后指涉 7.13 且也不包括第 8 卷。

基于这个背景，我们可以得出结论说，确认第 7 卷和第 8 卷的统一性的声称没有直接的证据。相反，第 8 卷的一个地方（1043b17-18）说："在别的地方已经证明和解释了，没有人制作或生成形式。"第 8 卷自身，正如第 9 卷，向后指涉 7.8，且把它作为别的地方来指涉。① 在8.2 开头亚里士多德说：

> 因为实体作为基底和质料的存在是普遍被认识到的，而这是潜在的存在，留待我们言说的是在现实意义上的可感实体。
> （1042b9-11）

这一段话暗示在第 8 卷之前的部分是在讨论作为潜在实体的奠基的质料。但第 7 卷并不满足这个条件。事实上，学者们一般认为 8.2 的指涉朝向《物理学》，正如《形而上学》1076a8-10（13.1）。②

一旦第 7 卷和第 8 卷的统一性被解体了，理解第 9 卷的引入语（1045b28-35）就很容易了，在那里亚里士多德声称已经研究了范畴的存在且打算开始对潜能与现实的讨论，这并不预设第 8 卷，且似乎完全

---

① 1049b27-29（在第 9 卷）有一个类似的指涉："在关于实体的说明中我们说过，所有生成的东西都是从某个东西生成且由某个东西生成。"这一段话和 1043b17-18（在第 8 卷）都指的是 7.7-7.9。相应地，如果第 8 卷与第 7 卷的关系不受它把第 7 卷作为"别的地方"的指涉的影响，第 9 卷也将有相同的地位。但是，在大多数评论者那里，第 9 卷的指涉被当作它与第 7 卷的松散关系的证据，而第 8 卷的指涉被认为无损于第 7 卷和第 8 卷的统一性。

② 8.1（1042b7-8）明确地指涉《物理学》；此外，在 8.1 中当质料被指定为潜在的这一个（τόδε τι）之时，它确定的是"奠基在运动之下的某个东西"（1042a33），这完全是在《物理学》第 1—2 卷讨论的。

无视也处理潜能与现实的另一个文本的存在。否则很难想象为何亚里士多德会说，在第 9 卷他将开始对潜能与现实的讨论。[①] 相应地，似乎更应当将第 8 卷和第 9 卷组合在一起，且暗示第 7 卷的主要论证是关乎范畴的存在而第 8 卷和第 9 卷是关乎潜能–现实的存在。

三、7.17 与 7.4

范畴的存在与潜能–现实的存在的区分的基础在于形质论的两种观念。一旦我们把 7.17 声称的新开端当作严肃的，我们甚至可能对这些区分切入得更深。我将论证，7.17 提供了形质论的两种观念的区分的基本原理。

让我们从 7.17 与 7.4 的比较开始。7.4 出现了一个单纯的存在与复合的存在的区分，尽管复合体指的是偶性的复合体（实体加某个其他范畴）。它处理的问题是：本质属于它们之中的哪一个，偶性的复合体还是实体？偶性的复合体被认为不拥有本质，至少不是在首要的意义上。本质被规定为因其自身（per se）的言说，而偶性的复合体的定义则不是因其自身的表达。原因是它们的定义必然包含一个东西对另一个东西的谓述，是这个东西在这个东西之中。"因为本质恰恰是这一个（τόδε

---

① 那么，第 8 卷和第 9 卷的关系是什么？这个问题并不容易回答；没有发现交叉指涉。尽管都在讨论潜能与现实，它们似乎是平行的和独立的。8.2 中的 1042b9–11 声称要开始对现实的讨论，但是相同的声称也出现在 9.6 中的 1048a25–27；9.7 和 8.4 都集中讨论原初质料与最近（潜在的）质料。从年代来看，第 8 卷往回指涉《物理学》作为它的起点来讨论现实的实体。但《物理学》第 1 卷（191b29–30），在提到潜能与现实的学说能提供对运动的困难的另一种解决方式之后，说："这在别的地方有更精确的处理。"评论者普遍认为"别的地方"是指《形而上学》第 9 卷，参见 Ross, *Aristotle: Metaphysics*；Charlton ed., *Aristotle: Physics I and II*, p.80. 基于这一点，《形而上学》第 9 卷要先于《物理学》第 1、2 卷，且因此也先于《形而上学》第 8 卷。这一点解释了为何第 9 卷无视第 8 卷且很轻松地说它将开始对潜能与现实的讨论。就此而论，第 8 卷被放到第 9 卷之前的事实，并不蕴含它比第 9 卷更早写就。无论如何，这些卷在内容上显然是不连贯的。第 9 卷区分了两种潜能与现实，一种关乎运动的而另一种不关乎运动。它声称，关乎实体的潜能与现实是它的首要对象。在这个意义上的潜能与现实的结合完全是第 8 卷的特征，参见 Burnyeat et al., *Notes on Eta and Theta*, p.48.

τι）；而当一个东西谓述另一个东西（ὅταν δ᾿ἄλλο κατ᾿ἄλλου λέγηται），复合体就恰恰不是这一个，例如，一个白色的人恰恰不是这一个"（1030a2-5）。另一方面，本质属于"首要的和单纯的（ἁπλῶς）实体"（1030a30，b5），它的定义是"一个单一的言说"（1030a17，λόγου ἁπλοῦ）。依照亚里士多德来说，只有那些言说是一个定义的东西，也即首要的存在，才有本质；"且首要的存在是那些不用一个东西被另一个东西谓述的方式言说的存在（μὴ τῷ ἄλλο κατ᾿ἄλλου λέγηται）"（1030a6-11）。7.4 把首要的存在等同于不是通过一个东西被另一个东西谓述的方式表达的存在。①

7.4 关于"一个东西谓述另一个东西"和"不是一个东西谓述另一个东西"的区分在 7.17 出现了回响，但采取了完全不同的态度。7.17 的第一句话声称："让我们来规定什么实体也即什么种类的存在应当被再一次说成另一个起点。"（1041a7-8）在过了几段之后亚里士多德断言"实体是一种本原和原因"（1041a10）。再者，当他在 7.17 把形式指定为原因时，他也引入了动力因和目的因。（1041a29-30）因此，这个新开端是把形式（或本质）（现在不直接等同于第一实体）当作形式因，而且也把目的因与动力因等同起来。与英国经验论传统中原因的观念相比，亚里士多德的四因起源于日常语言中普通的提问方式。原因是对"为什么"的问题的回答和对解释的集合。"为什么"的问题的形式结构潜藏于所有四因之下。通常我们用"因为"的说法来回答"为什么"的问题，且因此事实上四因就是四种"因为"。基于形式因与"为什么"

---

① 第一眼看上去，亚里士多德关于本质是一个单纯的存在的主张，和他关于只有属下的种才有本质（1030a13）的断言是冲突的。然而，我们知道包含种差加属，且它的定义，例如"人"，包含一个东西（理性的）谓述另一个东西（动物）；我们如何能说它是一个单纯的存在？我同意罗斯的解释，在"理性的动物"的表达中，"理性的"不仅仅是一个遭受或伴随物，而是动物的一个特有的种差。相反，在"白色的人"的表达中，"白色"仅仅是一个遭受，参见 Ross, *Aristotle: Metaphysics*, II. p.170。在另一种意义上，在定义"白色的人"时，我们要包含至少两个范畴，一个是实体（人），而另一个是性质（白色）；因此是一个东西谓述另一个东西。另一方面，在定义"人"时，"理性的"和"人"属于相同的实体范畴。那么，通过种差加属来定义本质就没有打破它的单纯性。参见 Bostock, *Aristotle: Metaphysics, Books Z and H*, p.91。

的问题的这个内在关系，亚里士多德声称所有合理的问题都必须包含两个不同的项目，即主语与谓语，换句话说，是复合的项目。"为什么总是以这种形式被寻求——为什么一个东西属于某个其他的东西？"（1042a10-11）在一个真正的"为什么"问题之中，"探究是关于一个东西对另一个东西的谓述"（1041a25-26）。它的结构是"为什么质料是某个确定的东西"（1041b5-6），例如，为什么这些砖头和石头是一个房子？它可以写成这样的公式：

（问题1）为什么（διὰ τί）S 是 P？

主语（S）表示不同种类的质料而谓语（P）是复合体。问题1的目的是寻找质料是某个确定的东西和"这是某个存在的实体"（1041b9）所凭借的原因。

亚里士多德特别强调，在进行"为什么"的发问时，一个人不能发问"为什么一个东西是它自身"，这是无意义的，这个回答只是同义反复。探究为什么文雅的人是文雅的人，可能以两种方式出现。一种方式是问为什么这个人是文雅的，另一种方式是问为什么一个人是人。问为什么一个人是文雅的关乎复合的项目，即为何某个东西被另一个东西谓述。因此，它类似于"为什么人是如此这般自然的一个动物"的问题，且是一个真正的问题。另一方面，问为什么一个人是人，则是无意义的问题，因为"在任何探究之前，存在和事实已经是清楚的了"（1041a15，a23-24，b4-5），且一个东西是它自身显然是同义反复。①

亚里士多德继续说：

---

① 这使我们想起《后分析篇》2.1，亚里士多德区分了四种问题：（1）事实（τὸ ὅτι），一个偶性是否谓述一个主体；对这个问题肯定的回答引向问题（2），关于原因（τὸ διότι）的探究——为什么偶性谓述这个主体？；（3）存在（εἰ ἔστιν），这个东西是否存在；对这个问题的肯定回答引向问题（4），关于本质（τί ἐστιν）的探究——S 是什么？现在当 7.17 把"为什么"的问题当作真正的问题，《后分析篇》中的问题（2）被认可了，但它评论说，在我们探究一个东西的事实和存在时必然已经是明显的了，《后分析篇》中的问题（1）和问题（3）被抛弃了。

在一个东西被另一个东西谓述的情形中，例如，当我们探究"人是什么"时，探究的对象最容易被忽略，因为它是单纯的言说，且没有像存在那样区分这些东西。（1041a33-b2）

这个问题可以写成这样的公式：

（问题2）A 是什么（τί ἐστι）？

它是对一个单纯的存在的探究，以一个东西不是被另一个东西谓述的方式，且它不能被分析成主语和谓语。①

在我的解读里，亚里士多德在这里建立了一个"是什么"的问题与"为什么"的问题的对比。问题1处理实体的功能，即它如何导致质料进入一个复合体，问题2关乎单纯的存在自身的本性。问题2提供了一个形式的或本质的解释，而非原因的解释，且它将通过种差加属的定义来回答。

"是什么"的问题关乎单纯的存在，而"为什么"的问题关乎复合的存在的对比，在随后的段落中被进一步精确地建立。

那么，很清楚，在单纯的存在（τῶν ἁπλῶν）的情形中，（上面提倡的"为什么"的问题的方式）探究和教导是不可能的；在这些情形中存在另一种探究（1041b10-11，ἕτερος τρόπος τῆς ζητήσεως）。②

---

① 这个问题与《后分析篇》中的问题（4）即关于本质的问题类似。

② ἕτερος τρόπος τῆς ζητήσεως 可以翻译成"另一种探究"（Burnyeat et al., *Notes on Zeta*, p.155；Frede and Patzig, *Aristotles: Metaphysik Z*, ii；Reale, *La Metafisica: Traduzione, introduzione e commento*, ii），或"另一种不是探究的方法"（Ross, *Aristotle: Metaphysics*；Bostock, *Aristotle: Metaphysics, Books Z and H*）。后一种翻译似乎暗示根本没有任何探究能够处理单纯的存在。但罗斯的意思不是这个，而博斯托克的意图是不清楚的。这种翻译适宜于对这个句子的前一半的字面翻译，但就其自身是不自然的。然而，这个句子的前一半并不意味着就其自身的探究对于单纯的存在是不可能的，只是在 7.17 被提倡的探究是不可能的。因此，我们给"上面提倡的'为什么'的问题的方式"上加了一个括号，以便意思完整。这也被欧文等编辑的《亚里士多德〈形而上学〉第 7 卷注释》（Burnyeat et al., *Notes on Zeta*, 1979）所支持，它把这个句子理解成"且关乎这些问题不存在以前那种'为什么如此'的相同方式的发问。但那不意味着你不能对它们做任何探究"（p.155），还参见 Frede and Patzig, *Aristotles: Metaphysik Z*, ii, p.318。

1041a33–b2 的评论暗示"是什么"的问题关乎单纯的存在，即一个在其中不能被区分成两个项目且因此不能用一个东西谓述另一个东西的那个东西。现在在几段话之后亚里士多德说"在这种（单纯的存在）的情形中存在另一种探究"（1041b10–11），这意味着，正如罗斯对这一点的正确评论："与上面描述不同的另一种探究方法。"[①] 把这两个评论合起来，我们将得出这个结论，即"是什么"的问题和"为什么"的问题应当属于不同的方法。

7.4 与 7.17 的对比现在清楚了。7.17 中的问题 1，亚里士多德的新方法在此之上建立了基础，问为什么一个谓语属于一个主语。它探究用一个东西谓述另一个东西的方式表达的东西。（1041a12，ἄλλο ἄλλῳ τινι ὑπάνχει）这个问题的特征显得是与 7.4 中偶性的复合体相同的。关于 7.17 中的问题 2，亚里士多德说道："探究的对象最容易为不是一个项目被另一个项目谓述的地方所忽略（μὴ κατ᾽ ἀλλήλων λεγομένοις）。"（1041a33–b1）7.17 中单纯的存在的这个特征，恰恰与 7.4 中本质的特征相同。然而，7.4 的突出之处在于把单纯的存在作为对象而认为复合体（偶性的复合体）不拥有本质，而 7.17 把复合体（质料的复合体）作为它的对象，但抛弃了单纯的存在而将之作为"另一种探究"。

四、7.17 中的两种方法：进一步的辩护

我对 7.17 的解读，存在问题 1 和问题 2，即"为什么"的问题和"是什么"的问题的对比，可能需要进一步的说明，因为这个张力没有被评论者们认出。

第一，让我们思考 1041b10–11（前文引用过），它对于我是如此关键，但它被流行的评论者们轻易地忽视了。对"单纯的存在"的指涉有

---

① Ross, *Aristotle: Metaphysics*, ii. p.225.

多个解释，但几乎一致同意"另一种探究"在这里是指"直接的直观"，作为把《形而上学》9.10 和《论灵魂》3.6 带入对 7.17 的解读的结果。①

"单纯的存在"［ἁπλοῦν，以及它的同义词"非复合的"（ἀσύνθετον）和"不可分割的"（ἀδιαίρετον）］，基本的意思是与"复合体"对立，在亚里士多德那里经常出现。不同的文本有不同的指涉，且对它们的描述是含混的。② 就 7.17 涉及的单纯的存在而言，也存在多种观点：与质料和形式构成的复合体相对的纯粹形式③、神④、神和/或本质⑤，以及范畴⑥。我认为把 7.17 的单纯的存在指涉为神是错误的。在 7.17 声称有一个新开端之后，马上跟随的是："从这个东西我们可能也会获得一个与可感实体分离的实体的清晰的观念。"（1041a8-9）也就是说，新方法可能引导我们去理解分离的实体或神，且对分离的实体的研究与 7.17 的方法是一贯的，而不是属于另一种类的探究。范畴自身肯定是单纯的存在。然而，7.17 的单纯的存在不能被理解为任何一种范畴，而只是作为实体的范畴。因为亚里士多德是在探究实体，他引进一个方法去探究其

---

① 参见 Ross，*Aristotle: Metaphysics*，ii；Frede and Patzig，*Aristoteles: Metaphysik Z*，ii，p.318；Bostock，*Aristotle: Metaphysics，Books Z and H*，p.244。

② 在《论灵魂》中亚里士多德的单纯的存在的例子包含未分割的长度，有时出现在未分割的时间、点以及类似的东西之中，即不被推动的推动者、本质和"无质料的对象"（430b8-30）。在《形而上学》9.10，存在一个非复合体与无复合的实体的区分。（1051b27）在这两处文本中，亚里士多德说我们获得单纯的存在的知识是通过直观，例如"触觉"和"视觉"，这是不可能出错的。对这些段落的意思的解读出现了很多争论。许多学者采取了字面的解读，贝尔蒂（Berti）论证在这些文本中的直观不是无过程的和无推理的，而是仍然内在于经验之中的且用的是归纳的方法。它的不可出错性不是真理的在先的保证，而是研究的目的，参见 E. Berti，"The Intellection of Indivisibles according to Aristotle *De Anima* III 6," in *Aristotle on Mind and the Senses*，eds. G. E. R. Lloyd and G. E. L. Owen（Cambridge，1978），pp.141-164。

③ 参见 Ross，*Aristotle: Metaphysics*，ii. p.225。

④ 参见 Owens，*The Doctrine of Being in the Aristotelian Metaphysics*，pp.413-414；Reale，*La Metafisica: Traduzione, introduzione e comment*，i，p.636。

⑤ 参见 A. C. Lloyd，*Form and University in Aristotle*（Liverpool，1981），p.11。

⑥ 这似乎是伯涅特等编辑的《亚里士多德〈形而上学〉第 7 卷注释》的立场，这里说单纯的存在指的是"在无可说明的某个种类或其他种类中必然最终结束的解释的抽象的观念"（Burnyeat et al.，*Notes on Zeta*，p.155）。

他范畴是没有理由的。再者，第二性的范畴有时被说成单纯的有时则不是，因为它们的存在最终依赖于实体的存在。因此，形式（或本质）是单纯的存在貌似最合理的选项。当本质不与其他偶性复合时，它是单纯的，同样当形式不与质料复合时它也是单纯的。

　　基于7.4与7.17的对比，我认为7.17的单纯的存在应当被理解为实体或形式。相应地，"另一种方法"不应当是神秘的和有争议的"触觉"（确实，在直观中既无"为什么"的问题，也无"是什么"的问题），而是7.4进行的那种探究。如果情况是这样，7.17就出现了关乎问题1和问题2的两种方法，相应于单纯项与复合项的对比，且变成了看待实体或本质的两种方式。

　　第二，关于1041a33-b2（前文引用过），正统的解读暗示它将"是什么"的问题还原或转化为"为什么"的问题，例如，"人是什么"的问题被转化为"这个质料为什么是人"的问题。那就是说，对于亚里士多德来说，"A是什么的问题"自身不是可理解的和没有意义的。①

　　这种解释路线对我似乎是成问题的。因为"A是什么？"无论如何都是关于实体的标准的亚里士多德式的问题。他声称，"存在是什么？"是一个古老而持久的困惑，且他自己通过集中于"实体是什么？"而处理它。在7.1的结尾处，他为自己设定的任务是，探究"在这种意义上主要的、首要的与几乎唯一的存在是什么（τί ἐστιν）"（1028b6-7；也参见7.2的1028b32）。"是什么"（τί ἐστιν）是实体的主要特征（1028a12），甚至是本质（τὸ τίήν εἶναι）的表达。现在如果"是什么"的问题被转化为"为什么"的问题以便变得有意义，正如正统的解读暗示的，7.17将不再仅仅引入一个新方法，正如我对它的解释，而是要放弃亚里士多德的存在论的某些基本特征。这样一个革命性的转变在亚里士多德的思想

---

　　① 罗斯说，如果我们分析"人是什么"的问题，"我们发现它指的是，'出于什么原因这个由骨头和筋以及其他等等组成的复合体是一个人'（διὰ τί τάδε τόδε）。而回答是，'因为它由人的形式即人的灵魂组成'。直到我们完成这样的分析……仍然不清楚的是我们是否在问一个属的问题"（Ross, *Aristotle: Metaphysics*, ii, p.224）。最近，这种解释被博斯托克更详细地发展了，参见 Bostock, *Aristotle: Metaphysics, Books Z and H*, p.244ff。

中似乎并没有发生。

对于亚里士多德，"是什么"的问题的困惑在于"探究的对象最容易被忽略"（1041a33）。① 那么，"被忽略掉的"（λανθάνει）指什么？当正统的解读暗示"人是什么？"被转化为"为什么这个质料是人？"，似乎假设"人"不是单纯项，而是指涉复合体。然而，"人"这个词既可以指涉复合项也可以指涉单纯项。在7.17对"人是什么？"的言说中，亚里士多德确定是把它当作单纯项的一个例子："因为它说的是单纯的且不把这些东西区分为那种存在。"（1041b2）在7.17之前的许多章，亚里士多德寻求将单纯项从偶性的复合体与质料-形式的复合体那里区分出来。在那里"人是什么？"的问题在它自身中拥有完整的意思，且亚里士多德似乎将它定义为属加种差。他小心地坚持认为，既非偶性也非质料可以被当作形式或本质的定义的一部分。他在7.11说，"苏格拉底"的名称既可以指涉灵魂，也可以指涉身体与灵魂的复合体。前者是第一实体，且据说是与质料没有混合的。（1037a7-8，a36）现在，如果我们认为"人"是质料与形式的复合体，而不是一个单纯项，并且寻求不是属加种差的定义，而是使得这些骨头和这些肉是一个人的形式因，"人是什么？"的问题就是不充分的且确实应当重组为"为什么如此这般的质料是人？"然而，这并不否认"是什么"的问题自身是有意义的。它指的仅仅是这种问题不再被应用到对形式因的探究之中。

因此，在1041a33-b2亚里士多德不是说"人是什么？"的问题被转化为"为什么如此这般的质料是一个人？"以便有意义，且他不是说

---

① 在1041a33-b2的评论之后的文本是："但是在我们开始探究之前，我们必须清晰地表达我们的意思；如果不是这样，探究就会在追寻某些东西和不追寻的边界上。因为我们必须让事物的存在作为给定的某个东西，很清楚问题就是为什么质料是某个确定的东西。"（b2-5）流行的解读似乎相应地将"是什么"的问题自身当作无意义的探究，参见 Ross, *Aristotle: Metaphysics*, ⅱ, p.224。然而，因为"是什么"的问题，正如我们所说，是亚里士多德的存在论的核心，说它是无意义的探究是毫无意义的。这些句子不应当被指涉为"是什么"的问题，而是重复先前关于"为什么一个东西是自身"和真正的"为什么"的问题的对比。亚里士多德头脑中似乎有三种问题：（1）"一个东西为什么是自身？"——无意义的；（2）"为什么S是P？"——新的探究；（3）"A是什么？"——在其中新探究被忽略了。

关于单纯的存在的"是什么"的问题被转化为关于复合的存在的"为什么"的问题以便有意义。他指的是，问"A 是什么？"是与问"为什么"的问题非常不同的探究实体的方式。在问一个问题时我们不是在问另一个问题，且我们可能会忽略从另一个问题能达到的东西。否则，放弃的"是什么"的问题是关于实体的标准问题，说这里"探究的对象最容易被忽略"对于他如何能有意义？ ①

五、7.17 中的两种方法与形质论的两种观念

在 7.17 与 7.4 之间的对比可以扩展变为 7.17 与 7.17 之前的所有章的主要线索的对比。7.4 与 7.17 的区分有一个明显的意义。7.17 将实体当作原因并寻求发现它是如何将质料组合到复合体之中的，而 7.4（正如 7.5–6）甚至没有质料的概念，且关乎的是通过将它从偶性的复合体

---

① 在 7.17 忽视"是什么"的问题和"为什么"的问题的对比可能存在另一个原因，也就是，如果按照《后分析篇》2.1–2 的方式解读，那里似乎存在"是什么"的问题与"为什么"的问题的调和。首先亚里士多德坚持问题（1）和（2）处理偶性的复合体，包含主体与谓述的关系，问题（3）和（4）处理主体自身，不是主体与偶性的复合体，即一个单纯的存在。因此，问题（2）和（4）需要"以不同的方式"（ἄλλο τρόπον，89b32）发问是自然的，因为它们是不同的问题。然而，在《后分析篇》第 2 卷第 2 章，亚里士多德通过声称所有问题都是在探究"中间项"而合并了所有这些问题，且"在所有这些情形中'是什么'和'为什么'的问题明显是相同的"（90a14–15）。

但是将《后分析篇》带入 7.17 来解读，自身是不合法的。正如博斯托克正确地评论说（尽管他自身认为"是什么"的问题应当被还原成"为什么"的问题）："《后分析篇》在这个主题上是如此难以把握，以至依靠它来解释 7.17 是轻率的。"（Bostock, *Aristotle: Metaphysics*, *Books Z and H*, p.243）《后分析篇》中的矛盾确实是自身有争论的。有些学者接受它［Jonathan Barnes ed., *Aristotle: Posterior Analytics*（New York：Oxford University Press, 1975），pp.195–196］，另一些学者不认为它是有效的。正如罗斯的结论［Ross, *Aristotle: Prior and Posterior Analytics*（Oxford, 1949），p.612］，因为问题（3）和（4）产生了混淆，《后分析篇》第 2 卷第 1 章处理的实体，在第 2 章变成了关注偶性，以至存在主题的转变。我认为罗斯是正确的。很难理解问题（3）和（4）（"是什么"的问题）如何是关乎"中间项"，因为亚里士多德承认主体是单纯的存在且不能被分解成主体和偶性，而中间项假设了至少两个其他项目。我们在"为什么"的问题即问题（2）中的是复合体的原因，是真的。但是问"S 是什么？"是问它的本质，且这是按照属加种差的定义的揭示方式来进行的，而这不是"中间项"的定义。

区分开来的途径来显示本质（作为实体）的本性。反而，在 7.17 之前的大部分章关注的是质料 – 形式的关系而非本质与偶性复合体的关系，且因此显示了与 7.4 的不同。然而，对 7.4–7.6 中本质与偶性复合体的关系的讨论，类似于 7.17 之前其他章讨论的形式与质料复合体的关系。尽管质料 – 形式关系在这些章中的许多地方被引入，但问题不在于让形式统一质料，就像 7.17 一样，而是论证质料不能被包含到定义之中。从 7.4 到 7.16 的主要方法是统一的，不仅在于本质与形式的等同的意义上，而更重要的是通过在偶性复合体与质料复合体之间人为的等同的意义上。

在 7.3 的结尾处，亚里士多德声称要讨论形式，但他在 7.4 武断地转换去讨论本质。另一方面，从 7.6 到 7.7–7.9 与 7.10–7.11 对本质和偶性复合体的讨论被武断地转换为对形式和质料的讨论。尽管 7.7–7.9 是后来插入的，且将 7.4–7.6 对本质和偶性复合体的讨论的主题改变为形式和质料的本性的主题，它们同 7.6 的关联是建立在形式与本质的等同之下的，正如 7.7 中 1032b1–2 指示的。这个事实可能显示了这些章意外地与 7.3–7.16 中的其他章是无关联的。跟随 7.11 结尾的总结，标准的评论认为 7.4–7.6 和 7.10–7.11 是一个统一体。然而它们的持续性是绝不自然的，因为 7.4–7.6 没有指涉质料、形式与复合体，而这是 7.10–7.11 的中心。从偶性的复合体转变到质料的复合体必然存在一个微妙的转移。在我的解读中，这发生在 7.6 的结尾处，这里致力于个体（ἕκαστον）与它的本质是相同还是不同的问题。"个体"的表达有两个指涉：偶性的复合体（例如，白色的人）与因其自身的东西。对于前者，个体和它的本质是不同的；但对于后者，它们是相同的。这个论证处理了偶性的复合体与实体（本质）的区分。然而，在 7.6 的结尾处，亚里士多德暗示相同的解决可以运用到苏格拉底和苏格拉底的存在是否相同的问题上。"苏格拉底"可以指涉一个偶性的复合体（苏格拉底与文雅的复合体）和苏格拉底的实体。但是"苏格拉底"也可以指涉质料的复合体（他的身体和他的灵魂）和他的形式（即他的灵魂）。① 从后一个例子 7.10–7.11 可以转变到对质料、形式与质料复合体的讨论。7.11 的这段话被认为是对 7.6 的总结："我们已经陈述了本质和存在自身在有的情形中是相同的……质料本性的存在，或包含质料的整体的存在，与它们的本质是不同的，偶性的统一体（例如苏格拉底和文雅的统一体）与它们的本质也是不同的"（1037b1–7）；因为这只在偶性上是相同的。这指示了，7.6 与 7.10–7.11 的桥梁是独特的苏格拉底中的个体的表达的双义性。

偶性复合体和质料复合体在存在论上有非常不同的地方。质料复合体是这一个（τόδε τι，1029a29），而偶性复合体绝对不是这一个（1030a4）。相应地，偶性复合体从来不被认为是实体的候选项，质料复合体则是一种基底且因此也是实体的候选项。质料复合体在第 7 卷中多次被叫作实体，尽管它不是首要的实体。然而，正如我们所说，亚里士多德从来没有把它们的差别当作第 7 卷的论证的发展。相反，他认为这些讨论是平行的和类比的。这可能仅仅是因为在对本质和偶性复合体的讨论中，他致力于区分本质（这与实体等同）和偶性复合体；而在对形式和质料复合体的讨论中，他打算描述的区别是这两者之间的，且他尽力去辨别不包含质料的形式。它们分享相同的方法，以便将形式或本质从一个或另一个复合体中分离出来。

7.17 的新方法是寻求形式因。作为原因的实体是使得所有成分的整体不是聚合的而是一个统一体的统一的本原。这些成分是质料性的元素（στοιχεῖα，1041b33），且它们是整体分解而成的东西。这些元素的统一的原因既不是一个元素，也不是元素的复合。如果它是一个元素，就将是一个无穷的倒退，因为能让所有元素统一的东西将是某个不同于这些元素的东西，且因此我们将再次需要另一个东西去让它与其他元素结合。如果它是元素的复合，它将由多个东西构成，于是相同的问题就会

---

① 正如 1037a7–8 所说："尽管苏格拉底的灵魂可以被叫作苏格拉底，但苏格拉底或克里斯库斯有两个意思（因为有的指这种意义上的灵魂，而另一个指这个具体的东西）。"

出现，即统一这些不同的元素我们将需要另一个东西。这种形质论的图景确实与先前章中的图景不同。第一，尽管在7.7–7.8形式和质料是两个构成性的要素（1033b12–13，1033b20），7.17则尽力证明形式不是一个与质料并肩的因素（1041b25）。第二，在7.4–7.16复合体是形式加质料，且形式与质料如何统一成一个复合体不是问题，7.17则开始去问"为何这些质料性元素是一个统一体"，且复合体的统一性成了核心的主题。第三，也是最重要的，当7.17声称真正的探究是"关于一个东西被另一个东西谓述"（1041a25），就不可能认为形式会与质料分离，7.11则声称"第一实体，我指的是某个不是由一个东西在另一个东西之中而表达的，也即不是在由质料奠基的某个东西之中"①。形式的定义不包含一个东西谓述另一个东西，且不是"这个东西在这个东西之中"。这个立场恰恰适合7.4的精神。

我们已经提到7.17的方法是与先前章相对比的，但这个方法是要导向哪里？在8.1对第7卷假定的总结中，7.17并没有被提到。然而，尽管没有直接的文本关系被看到，7.17和第8卷（在它的主要思路里，因为第8卷自身是一个非常松散连接的整体）处理的问题与方法是惊人地类似的。首先，第8卷，就像7.17一样，将它的关注与对单纯的存在的本性的探究相对照，且说只有形式在质料中的复合体才能被定义：

> 因此，存在对一种实体的定义和言说，即复合体，不管它是可感的还是理智的实体；但不是它的首要的成分，因为定义的言说表示为某个东西对某个东西的谓述（τὶ κατὰ τιός），且必然地部分是质料的本性部分是形式的本性。（1043b29–33）

此外，第8卷采取了7.17的路线：（1）人也不是动物加两足的；（2）但是，如果它们是质料，那么必然存在某个在这些之外的东西；（3）且是实体，某个既不是整体中的元素也不是复合体的东西；（4）而人们排除

---

① 当然，这就是7.10–7.11的大部分段落坚持的立场，尽管7.10–7.11的文本是复杂的，但在这里结合的形质论也能追寻到。参见第一部分。

了这个（元素），且它只是陈述了质料；（5）那么，如果这是一个东西存在的原因，且如果它的存在的原因是它的实体，那么他们就没有规定实体自身。（1043b10-14，数字是笔者加上的）

分句（1）表示"动物"加"两足的"在这儿不是定义。原因是分句（4）提供的，它告诉我们的两个成分都是质料。因为它们是质料，那么分句（2）规定为了达到定义的统一性就需要另一个东西；正如分句（3）显示的，而这不是上面提及的元素，也不是来自它们之中的东西；而分句（5）显示它是形式或实体。我们如果将这个段落与7.17的1041b11以下的段落对比，就很清楚，8.3与7.17是完全一贯的。因此，7.17制定了第8卷的方法的基础；第8卷，尽管它自身很难是一个统一体，但在它的主要路线中致力于展开从7.17开始的方法。潜能与现实的学说是亚里士多德回应7.17的问题（如此这般的质料如何是一个事物的问题）的成熟的解释。

7.17与第8卷的密切关系被广泛注意到了。但因为7.17通常被认为是第7卷的有机组成部分，这个密切关系被认为是第7卷和第8卷的统一性的证据。① 现在相反的观点似乎是真的。一旦7.17声称有一个新开端是严肃的，第8卷与7.17的一贯性就树立了强大的例子，去反对第7卷和第8卷的统一性的说法。新开端被第8卷追随，但与它之前大部分章的主要方法是对立的。事实上，7.17是将第7、8、9卷分成两个部分的分水岭。

7.17与先前各章没有一个有机的关系被很好地认识到了。② 然而，亚里士多德声称在实体的讨论中有一个新开端，被普遍认为只是口头说

---

① 参见 M. Loux, "Form, Species and Predication," *Mind* 88（1979）：17；Graham, *Aristotle's Two Systems*, p.258。《第8卷和第9卷的注释》的作者们，在提到8.3与7.17的一贯性之后说："我们不再详细地追问这一点，也不再问它是否与第7卷和第8卷的关系是相关的。"我并不认同他们说这一点是不值得追问的。

② 一个有帮助的讨论声称，7.17的"论证与第7卷的任何其他部分都是独立的"，参见 Bostock, *Aristotle: Metaphysics, Books Z and H*, p.236ff。

说的陈述，且因此从来没有得到它应得的严肃考虑。① 相应地，许多学者应用这个所谓的结论，即形式是原因，去理解整个第 7 卷，尽管这个应用反过来产生了各种各样不相容的解释。②

在许多场合，亚里士多德声称要有一个新开端但仅仅提供了一个附加的论证是真的。③ 然而，如果我对 7.4 与 7.17 的对比的说明是站得住脚的，7.17 就确实开创了一个研究实体的不同的方法。7.4–7.16 的主要论证强调本质的定义不能是"这个在这个之中"，而 7.17 的新开端坚持用一个东西谓述另一个东西。这些方法之间的对比，精确地对应形质论的分离的观念与结合的观念的区分。

———————————

① 流行的解读坚持 7.17 仍然应当被看作整个第 7 卷的结束的一章，功能是对 7.3–7.16 寻求解决的问题即"什么是实体"的问题提供一个有限的回应。正如罗斯评论的，"显示了事物的实体既不是它们的基底也不是它们的普遍……接着，在第 17 章，亚里士多德尝试去显示它是形式或本质"（Ross, *Aristotle: Metaphysics*, i, p. cxi）。这是很可疑的。形式或本质是第一实体，这在 7.17 之前（例如 7.7 的 1032b1–2）就已经被确认过了。再者，7.17 断言实体是形式或本质很难说是来源于先前的讨论。其他学者认为 7.17 不是一个结论，而仅仅是亚里士多德思想的展开的一个步骤。欧文斯说，亚里士多德在第 7 卷将存在还原为本质（或实体），而现在 7.17 进一步将它还原为形式因，参见 Owens, *The Doctrine of Being in the Aristotelian Metaphysics*，p.376。以相同的精神，弗雷德和帕奇格声称，7.17 是从对可感实体的研究过渡到对可分离的实体的研究的中期成果，参见 Frede and Patzig, *Aristotles: Metaphysik Z*, ii, pp.307–308。仍然有其他人持有怀疑态度。例如，E. E. 瑞安（E. E. Ryan）认为，7.17 既不是一个新开端也不是结论，而他自己的观点是"在任何解读中 7.17 一点也不确定"[E. E. Ryan, "Pure Forn in Aristotle," *Phronesis* 18（1973）：219]。

② 我将只提及一些把他们的整体策略置于这个解释基础上或把它用作他们论点的主要支撑的学者。J. 德里斯科尔（J. Driscoll）论证到，第 7 卷的形式不是《范畴篇》中的第二实体，而是形式因，这不同于种，参见 J. Driscoll, "εἴδη in Aristotle's Earlier and Later Theories of Substance," in *Studies in Aristotle*, ed. D. J. O'Meara（Washington, 1981），pp.129–159。M. 福斯（M. Furth）基于这一点而去解决作为这一个的形式和这一类的形式的张力，认为形式不是这一个自身而是这一个的原因，参见 M. Furth, *Substance, Form and Psyche*（Cambridge, 1988），p.241。卢克斯和路易斯都诉诸这一点去证明他们的两个谓述的理论，尽管卢克斯的两个谓述是种－谓述和形式－谓述，路易斯的则是偶性的谓述和形式－谓述，参见 Loux, *Primary Ousia*; Lewis, *Substance and Predication in Aristotle*（Cambridge, 1991）。福斯和路易斯都基于这一点创造了一个"……的实体"与"实体"的区分，参见 Furth, *Substance, Form and Psyche*, p.232; Lewis, *Substance and Predication in Aristotle*, pp.173–174。C. 维特（C. Witt）论证到，因为 7.17 把形式或本质等同于原因，形式或本质不是个体的性质，且因此传统的亚里士多德的本质主义解读是错误的，参见 C. Witt, *Substance and Essence in Aristotle*（Ithaca, 1989），ch. 4。

③ 参见《物理学》260a20–21；《尼各马可伦理学》1139b14，1145a15；《优台谟伦理学》1218b31，1222b15。我的这些指涉应当归功于弗雷德和帕奇格，参见 Frede and Patzig, *Aristotles: Metaphysik Z*, ii. p.308。

六、7、8、9 卷中的形质论与第一哲学的两种观念

到目前为止我们已经证明 7、8、9 卷远非一个统一体，但流行的解释将它们视作一个统一体。7.17 构成了两种方法的分界线，形质论的两个版本的分界线，且在本质上也是范畴的存在与潜能 - 现实的存在的分界线，尽管 7.17 自身没有使用潜能与现实的术语。

最后，一个进一步的问题可以被简短地提及。在声称有一个新开端之后，7.17 立即说："从这个我们可能会对与可感实体分离的实体也获得一个清楚的观点。"（1041a7-8）因为在这个新方法中，形式一开始就被等同为组建质料成为一个统一体的原因，被提及的分离的实体可能不是形式，而必然是不被推动的推动者或神。因此，7.17 的新方法或新的形质论开创的东西可能最终导向神学。亚里士多德指的是如果我们知道形式如何是质料统一体的原因，这也可能说明第一推动者是如何工作的。连接形式因和第一推动者的东西都是神学的事实。而作为形式因的形式是组建质料元素成为一个统一体的最终原因，神作为第一推动者也是最终原因。再者，神的超越性和完善性主要基于现实优先于潜能的论点。

如果结合的形质论导向神学，基于这个观念与分离的形质论的对比，我们可能会问的是：后一种方法走向何方？亚里士多德区分了 10 种范畴的存在。第 7 卷讨论的是它的主要的或核心的意义：作为实体的存在。7.1 证明存在的问题可以还原为实体的问题。然而，实体的研究，尽管是核心的和首要的，并不能穷尽存在的意义的整体，因为存在也应用到实体之外的其他范畴。存在不是属，且核心意义不是同名同义的那种相同。正如亚里士多德在 7.4 再次陈述的，其他范畴的存在有它们自身的"这一个"，且甚至有它们自身的本质，尽管只是在与实体的范畴相比的第二等意义上的本质。因此，在理论上，第 7 卷应当导向对范畴的存在的整体探究。这恰恰导向我们在第 4 卷发现的存在论（存在之为

存在的科学）的观念，而第 4 卷将第 7 卷用分离的方法对实体的讨论作为它的主要内容，尽管它包含的内容比第 7 卷更广泛。存在之为存在的理论的主题不仅有实体，也有它的属性和逻辑公理与原理，因此比实体理论的形式的方法提供了更广泛的主题。一些学者已经证明第 7 卷的大部分内容都比第 4 卷先写就 ①，这一点我倾向于同意。第 4 卷的核心意图是建构一门存在的普遍科学的本质逻辑设置，而第 7 卷的核心意图是仅仅提供一个将存在的意义在实体和其他范畴之间关联起来的替代方法。（1030a32-b6）当亚里士多德声称要将存在的问题还原为实体的问题之时，他并没有将存在之为存在的科学还原为实体理论，而是声称对古老的存在观念的探究必须集中于它的首要意义，即实体。认为他的思想从一个专门的实体讨论转移到一个包容性的存在之为存在的科学，似乎是合理的。如果情况就是这样，我就会提出，结合的形质论导向神学，而分离的形质论，基于它的结构和静态的分析的特征，与存在之为存在的科学相连。

如何调和神学与存在论或特殊形而上学与普遍形而上学成为一个统一体是一个古老的争论。② 因为 7、8、9 卷是亚里士多德主要的形而上学学说常被引用的卷，这些文本本质上应当包含在这个张力之中。关于 7、8、9 卷与存在论和神学的基本张力之间的结合，确实有许多不相容的立场。欧文斯声称存在论可以还原为神学，这些卷是还原过程的中间步骤。那就是说，在其中实体的讨论是存在论中的还原的结果，且反过来是超感觉实体的讨论的初级阶段。他再次断言这些卷为"将超感觉的存在建立为永恒的、单纯的、绝对的和现实的"打下了基础，且"这些论文显然是为了那个目的而写就的"③。莱茨（Leszl）论证说，在这些卷

---

① 参见 Owens, *The Doctrine of Being in the Aristotelian Metaphysics*；Walter Leszl, *Aristotle's Conception of Ontology*（Padua，1975）。

② 由弗雷德总结的情形如下："许多现代学者致力于这两种观念如何能够关联的问题。然而，似乎到目前为止还达不到共识，基于技艺的这个现状，做另一个尝试去达到普遍接受的解释似乎可能是无望的。"（Frede, *Essays in Ancient Philosophy*, p.83）

③ Owens, *The Doctrine of Being in the Aristotelian Metaphysics*, p.415；也参见第 348、396、403 页。

中不存在将存在论还原为神学的暗示。相反，这些卷属于亚里士多德还没有达到他在《形而上学》第 4 卷拥有的存在论的清晰的观念之时的一个阶段。① 帕奇格，尽管相信存在论可以还原成神学，但却不认为 7、8、9 卷被包含在这个还原之中。他说："在对自然实体的分析中不存在对第一推动者的学说的本质的指涉的迹象。神学和存在论的人为的统一性显得已经破裂；无论如何我们都看不到更多。"② 他假定这些卷是稍后写就的，且是在亚里士多德不再对将存在论还原为神学感兴趣的时候。W. 耶格尔（W. Jaeger）坚持这些卷中可感实体的研究是为了它自身的目的，且没有考虑超感觉的实体，"它们没有保持稳定地考虑到它们假定的目的是导向超感觉的实在的存在的证据"③。因此，我们似乎拥有总共 4 种可能性：（1）7、8、9 卷是将存在论还原为神学的中间步骤（欧文斯）；（2）它们是在存在论与神学之间的张力发生之前的复合体（莱茨）；（3）它们是在亚里士多德不再对这个张力感兴趣之后写就的（帕奇格）；（4）它们是与这个张力相独立的（耶格尔）。

尽管这些立场相互冲突，它们仍然共享了 7、8、9 卷是一个统一体的假设。现在如果本文的论点是可靠的，即这些卷不是一个统一体且包含两种形质论，本文就提供了理解神学与存在论的这个张力的一个可供选择的视角：它根源于 7、8、9 卷中两种形质论的张力。关于这些事情的充分的讨论超出了本文的范围，但我们应当能够说，调和神学与存在论的可能性取决于调和这两种形质论的可能性。④

---

① 参见 Leszl，*Aristotle's Conception of Ontology*，p.453ff。

② G. Patzig，"Theology and Ontology in Aristotle's *Metaphysics*，" in *Articles on Aristotle*，iii，eds. Barnes，Schofield and Sorabji，p.46.

③ W. Jaeger，*Aristotle: Fundamentals of the History of his Development*，trans. R. Robinson（Oxford，1948），p.200.

④ 大卫·博斯托克（David Bostock）、莱斯利·布朗（Lesley Brown）、尼古拉斯·布宁（Nicholas Bunnin）、肯尼思·多特（Kenneth Dorter）和克里斯托弗·泰勒（Christopher Taylor）对本文的早期版本提出了建设性的评论。我对我从他们那里得到的所有良好建议和慷慨帮助表示感谢。

亚里士多德论幸福：
在柏拉图的《国家篇》之后 *

　　亚里士多德在他的《尼各马可伦理学》（以下简称《伦理学》）中提出了两种不同的幸福观：涵盖论（inclusive notion）认为幸福是各种德性与外部善的复合体，理智论（intellectualist notion）将幸福完全等同于思辨。已有大量的笔墨用于辩论亚里士多德究竟同意哪种观念以及这两种观念是否和怎样能够调和起来。相关的一个争论是《伦理学》是否以及如何是一个统一的、延续的作品。因为许多注释家支持这种观点：亚里士多德在《伦理学》第 1 卷赞成涵盖论观念，而在《伦理学》第 10 卷第 6–8 节赞成理智论观念。理智论与涵盖观念的争论大大改进了我们对文本的理解，但是其中心问题仍然没有得到解决。①

---

　　* 原文题目为 "Aristotle On Eudemonia：After Plato's *Republic*"，载于 *History of Philosophy Quarterly* 18，2（2001）：115–138。朱清华译，译文发表在《世界哲学》2003 年第 3 期。——编者注

　　① 一个看法得到越来越多的人的同意，即亚里士多德自己没有一个前后一贯的观点。比如，安东尼·肯尼（Anthony Kenny）就怀疑任何寻求统一的阅读是否真诚和有用。他认为："没有任何解释在三个目标上成功，而这三个目标是多数注释者为自己设立的：（1）给出对第 1 卷与第 10 卷的忠实于各文本的解释；（2）使这两卷相互连贯；（3）使解释的结果能令当代哲学在道德上可以接受。"［Anthony Kenny，*Aristotle on the Perfect Life*（Oxford：Clarendon Press，1992），p.93］约翰·库柏（John Cooper）在他的《亚里士多德思想中的理性与人类的善》［*Reason and Human Good in Aristotle*（Cambridge，MA：Harvard University Press，1975）］

在本文中，我打算将亚里士多德在《伦理学》中的幸福论和柏拉图在《国家篇》（又译《理想国》）中备受争议的哲学王悖论加以对比。与传统上对柏拉图和亚里士多德对立的描述相反，我力图表明在《国家篇》和《伦理学》之间有着令人惊异的亲密的哲学亲缘关系。就像《伦理学》一样，《国家篇》的注释者极力争论国王的利益与哲学家的利益是否相容，哲学家是否和应当回去执政，以及柏拉图在这里是否自相矛盾。在《〈理想国〉中的正义：一个逐步发展的悖论》①一文中，我论证了建立哲学家和国王之间的对立恰是《国家篇》的目标。这种对立确实是一种悖论，因为国王必须成为一个哲学家才能成为一个好的国王，但是一个真正的哲学家不会愿意回去统治城邦。原因在于哲学家的正义和幸福与国王的正义和幸福是不同的。在这篇接续性的文章中我要证明《伦理学》的目标正是要揭示有两种不同的幸福观：亚里士多德展现在他的两种幸福观中的对立就是柏拉图哲学王悖论的另一激进程度较缓和的表现形式。思辨的幸福与哲学家的生活对应，而实践智慧和伦理德性的幸福与国王对应。亚里士多德在幸福论上有突出的贡献，但是他做出贡献的根源通过他对柏拉图的继承可得到更富有成果的理解。《伦理学》和《国家篇》处理的共同项目是追求理智优秀和满足道德要求之间的矛盾。

在本文第一部分，我将指出这两本书的许多相似之处。在第二部分，我论证《伦理学》中有关于幸福的双重讨论：一个是关于可以实实在在地过的生活（livable life），另一个是关于心灵的活动。这一双重讨论可以追溯到柏拉图的城邦 - 心灵的类比上。正如柏拉图真正关心的是作为心灵的属性的正义，亚里士多德真正关心的是作为心灵活动的属性

中，阐明了一个富有影响的理智论观点；但他 1987 年的论文《思辨与幸福：重新思考》［"Contemplation and Happiness: A Reconsideration," in *Reason and Emotion*（Princeton: Princeton University Press, 1999）］中的观点转向了涵盖论。但是他承认，"要确定亚里士多德是否对好的生活有统一的理论，以及如果他有这样的理论，他给予了它什么样的理论研究地位，是非常困难的。……因为欲再取得进步需要坦白承认，亚里士多德部分地由于他所陈述的理由，很大程度上要对围绕他的这一论题引起的混乱负责"（同前，第 215 页）。

① "Justice in the *Republic*: An Evolving Paradox," *History of Philosophy Quarterly* 17（2000）: 121—141.（此文收入本文集第一编。——编者注）

的幸福。在第三部分，我表明《伦理学》就像《国家篇》一样在功能论的基础上建立自己的理论。在第四部分，我解释为什么在处理同一个矛盾的时候柏拉图归结于哲学王悖论，而亚里士多德得出了一个等级制的结论：思辨是首要的幸福，而实践智慧和伦理德性的活动是第二位的。在最后一部分，我把柏拉图与亚里士多德的共同项目同伯纳德·威廉姆斯（Bernard Williams）的"高更问题"联系起来。限于篇幅，我的论述只能是概要性的，但它应该勾勒出了《伦理学》和《国家篇》的延续性，并因此为理解《伦理学》的中心问题提供了一个新的视角。[①]

一、结构上的相似

乍看上去，《国家篇》和《伦理学》并不相同，《国家篇》考虑的是正义，而《伦理学》关心的是幸福。但是对柏拉图来说正义和幸福是不相分离的。正如《国家篇》第1章结尾所指出的，正义是什么与正义的拥有者是否幸福是不能分离的问题。柏拉图对正义的讨论正是探讨人应该怎样生活。（《国家篇》352d-e）与此类似，《伦理学》在开头就展示，幸福这个概念自身就是去回答人的最终善与目标问题。

在《国家篇》和《伦理学》中，有大量显著的结构上的相似之处值得注意。第一，正像《国家篇》在第1章中引入了哲学王的矛盾作为要讨论的主题，《伦理学》也在第1卷中确立了两种幸福观的对立作为要展开的研究课题。第二，两者都以对功能的讨论开始研究。第三，两者都在实践与思辨之间的区别上展开了研究的内容，虽然在柏拉图那里这一区别不如亚里士多德表述得那么明显。第四，正像《国家篇》从讨论政治与道德问题进展到思辨，《伦理学》也是从伦理德性的讨论进展到

---

① 关于柏拉图，我的观点已在注释2（即本书第172页注释1。——编者注）所提到的文章中有详细介绍，在这里只是简要总结一下。我在本文中对亚里士多德的讨论仅限于《伦理学》，《优台谟伦理学》（Eudemian Ethics）只有在有助于阐明《伦理学》时才被使用。

思辨，虽然柏拉图结束于一个悖论，而亚里士多德则结束于一个等级。

在《国家篇》，国王生活与哲学家生活的对立并不是在对话的靠后阶段的一个意外发展。它在第 1 章 347b-d 已经被简要地提出了。通过阐明谁是真正的国王，谁是真正的哲学家，《国家篇》的主体展开了这一对立。《伦理学》的情况也是这样，注释者们普遍认为，第 10 卷第6—8 节是非常难懂的文本，没有这最后一卷，关于涵盖论–理智论的整个争论都会消失。① 但这种看法并不正确。在《伦理学》第 1 卷第 5 节，亚里士多德列出了三种生活：享乐的生活、政治的生活和思辨的生活。他将第一种作为动物的生活予以排除。（1095b19-21）"政治的生活"在一般意义上被指责，因为它的目标是荣誉。（1095b26-30）但亚里士多德提出一种修正了的政治生活观念，它的目标是德性的实施。（1095b31-34）《伦理学》的主体就是献给这一修正的。第三种生活是思辨的生活，亚里士多德说："我们将在后面考察它。"（1096a4-5）② 这一承诺在第 10 卷第 6—8 节被履行。因此，两种幸福观的对比在第 1 卷已经暗示。没有第 10 卷第 6—8 节，整个理论不可能是完整的。

《国家篇》第 1 章，在说明此书是关于我们应该怎样生活（《国家篇》352d-e）后，紧接着开始了功能（ergon）的讨论。每一事物，包括灵魂，都有功能，即其自身的特别的活动。如果很好地执行这一功能，事物就能达到它的德性或善。一个有德性的灵魂是幸福的。（《国家篇》

---

① 正如 J. L. 阿克利尔（J. L. Ackrill）所说："《伦理学》大部分都意味着，好的行为是人最好的生活，或最好的生活的主要成分，但最终在第 10 卷却说纯粹思辨活动是完美的幸福；亚里士多德没有告诉我们这两个观念如何结合或联系起来。"［J. L. Ackrill, "Aristotle on Eudaimonia," in *Essays on Aristotle's Ethics*, ed. A. O. Rorty（Berkeley: University of California Press, 1980）, p.15］詹尼弗·惠廷（Jennifer Whiting）的以下观点是正确的："我相信许多注释者都宁愿亚里士多德没有写《伦理学》第 10 卷。"［Jennifer Whiting, "Human Nature and Intellectualism in Aristotle," *Archiv fur Geschiche der Philosophie* 68（1986）: 70］玛莎·努斯鲍姆（Martha Nussbaum）展示了柏拉图伦理学与亚里士多德伦理学之间的尖锐对比。她怀疑第 10 章第 6—8 节不是原来就有的部分，而是后来被插入现在的位置的，参见 Martha Nussbaum, *The Fragility of Goodness*（Cambridge: Cambridge University Press, 1986）, pp.376-377。

② 比较《国家篇》，享乐的生活对应色拉叙马库斯的生活，修正的政治生活对应国王的生活，思辨的生活对应哲学家的生活。

354a1–4）同样，在《伦理学》第 1 卷，亚里士多德提出为了确定什么是幸福，我们需要求助于人的功能（1097a22–25），也就是灵魂的理性活动。

《国家篇》与《伦理学》都以功能讨论开始绝不是一个偶然的巧合。不如说，柏拉图与亚里士多德分享了同一种研究角度，即通过决定人的本质是什么来讨论德性与幸福。更重要的是，无论在《国家篇》中还是在《伦理学》中，关于功能的讨论都贯穿整个理论。我在《〈理想国〉中的正义》一文中已经解释了功能论在《国家篇》中的作用，在本文第三部分将说明这一讨论在《伦理学》第 3 卷中所起的作用。

亚里士多德将人的功能等同于灵魂的理性能力，并进一步将它划分为实践理性和理论理性。（1138b35–1139a17）虽然亚里士多德首先提出了这一划分，但有理由相信他是在《国家篇》的基础上发展了这一思想。在柏拉图灵魂三分概念中，灵魂的理性部分的特征是计算与管理能力。如果它控制并统辖了激情与欲望，则灵魂是正义的或有德性的。这一理性部分似乎同亚里士多德的实践理性相对应，它的特征也是思虑和算计。（1139a6–8）柏拉图在阐明灵魂的计算理性之外，宣称我们具有一种能力，它的功能不是管理与辖制而是思辨，而说明这种能力"确实不是一件细小的工作，而是极其困难的事业"（《国家篇》527d7）。思辨的能力不是在它与激情和欲望的关系中定义，而是在同理智世界，尤其是在同善之相互关系中定义。这一能力显然同亚里士多德的思辨能力相对应，甚至它被描述的方式也是相似的。他们都认为，这一思辨能力是我们之中的神圣因素。（《国家篇》589d7；《伦理学》1177a16，a20–21）柏拉图宣称"维护它更重要一万倍，因为只有它才能观照现实"（《国家篇》527e3–e4），而亚里士多德则称"即便它在量上是小的，它在能力与价值上大大超过其他事物"（1178a1）。

进一步，《国家篇》与《伦理学》的整个论述大致遵循同样的过程展开。《国家篇》从讨论政治／道德生活（II–V）进到哲学（V–VII）。同样，在《伦理学》的主体中幸福是在实践智慧所指引的伦理德性活动中定义的（II–IX，除了在第 6 卷讨论的是德性），关于思辨的全面讨论直到第 10 卷才出现。

在《国家篇》，三分的灵魂中的控制与计算理性对应于国王在城邦中的作用和社会正义。这一实践理性同灵魂的其他部分一起讨论，社会正义是根据实践理性部分与非理性部分的和谐所定义。相似地，在《伦理学》中实践理性同灵魂中服从于理性的非理性（1102b31）部分相联系。这一非理性部分有遵从（实践）理性的倾向，并且在此意义上分享理性原则。（1102b13-4，1102b31，1103a2）伦理德性恰是灵魂这一非理性部分的值得赞扬的状态。（1103b30）在 1139a30-31，实践理性被说成了"符合正确欲望"的真理，甚至被称为"思考性的欲望"（1139a23）。完整的伦理德性有两个相互交织的方面：伦理品格与实践智慧。（1144b31-32；参见 1178a25-30）完善的伦理德性是中道，由实践智慧确定。在某种意义上，这是实践智慧与灵魂的欲望部分的和谐。

在《国家篇》中，哲学家思辨的生活代表纯粹的理智，因他的灵魂只专注于对实在的把握（《国家篇》486e1-3），而同控制灵魂的其他部分无关。同样，在《伦理学》中，思辨是纯粹的理性活动，同人的复合本质无关。

这些结构上的类似应该表明了《国家篇》与《伦理学》之间的传承关系。当然，《国家篇》与《伦理学》达到了不同的结果，《国家篇》归结于一个国王生活与哲学家生活之间的悖论，而《伦理学》则归结于两种幸福观的等级制。但我们将看到，悖论与等级是伦理生活与纯粹理智善的同一对比的不同表现形式。

二、真实的生活和灵魂的活动

细致阅读会发现，涵盖论者与理智论者在讨论作为首要幸福的思辨生活时，它们并不是在处理同一个概念。对涵盖论者而言，思辨生活是一种实实在在可以过的生活，其中思辨是首要成分。因此，思辨并不是与实践智慧和伦理德性生活不相同的另一种生活。相反，对理智论者而言，思辨不是最好的生活的一个组成部分，而是其内容，因此最好的生活并不包括伦理德性。① 两种读解都有一些重要的文本支持。比如，下面这段话似乎证明了涵盖论读解的正确性：

> 思辨真理的人……就他是一个人并必须与他人生活在一起，他就选择去做善的行为；他也就需要生活必需品来辅助去过人的生活。（1178b2—7，强调为我所加）

相反，下面的一段话为理智的阅读提供了确实的证据：

> 但这样的生活对人而言是太高了；他不是作为一个人而可以这样生活，而是因为某种神圣的东西在他身上；这一神圣的东西超出于我们的复合本质有多高，它的活动超出其他优秀的活动就有多高。（1177b27—30，强调为我所加）

以上所引段落中被着重标出的文字表明，亚里士多德区别了其生活乃"就他是一个人"的思辨者和"因为某种神圣的东西在他身上"的思辨者。一些学者已经注意到了这一区别②，但我认为这一区别对《伦理学》整个主题的意义远远未被了解。

这一区别引导我们认识到在《伦理学》中有两种思辨生活的观念：一种是那种需要伦理德性和生活必需品的人确实可过的生活，另一种是

---

① 这两种不同的理解由库柏在其理智论的立场到涵盖论的立场改变中表现出来。他自己总结说，在他 1975 年的书中（第 232 页），思辨生活被理解为"一种一心一意奉献给理智价值的生活，这些价值在思辨中被实现"。在他 1987 年的文章中，他的理解是："亚里士多德所倡导的理智生活是奉献给全部人类德性的，而在其特别的水平上奉献给优秀的思辨研究。"

② 参见 Whiting, "Human Nature and Intellectualism in Aristotle," *Archiv fur Geschiche der Philosophie* 68（1986）；F. D. Miller, Jr., *Nature, Justice and Rights in Aristotle's Politics*（Oxford: Clarendon Press, 1995）, p.353。R. 海纳曼（R. Heinaman）在《〈尼各马可伦理学〉中的幸福与自足》[*Eudaimonia and Self-sufficiency in the Nicomachean Ethics*（Phronesis, 1988）] 中没有提到这一区别，但他富有洞见地认识到，我们需要区分四个不同的问题：（1）什么样的生活是最高的幸福？（2）什么样的生活可算作幸福？（3）什么成分组成幸福的人的总体生活？（4）人为了幸福需要拥有什么？（第 33 页）

指一种神圣的生活，它不是人可以真实地生活的，而且它与伦理德性相反。如果这样，我们就被激发去问以下问题：为什么亚里士多德在他的幸福论中做出这一区别？亚里士多德的《伦理学》真正关心哪一方面，可以过的真实的人的生活还是神圣的理智生活？这两个方面如何联系？这些问题的回答对决定《伦理学》的主题至关重要。

相应于两种思辨生活的观念，《伦理学》表现了两条讨论线路。一方面，在《伦理学》第 1 卷第 5 节介绍的三种生活——快感的、政治的和思辨的，显然是不同的人实际所过的生活。历史上古希腊公民确实通常可以选择去过政治生活还是哲学生活（如同亚里士多德在《政治学》1255b35-37 和 1324a29-32 告诉我们的）。正像前面指出的，亚里士多德声称要将日常概念中的"政治生活"从荣誉指向转变为德性指向，并在《伦理学》的主干部分中实现这一修正。他在《伦理学》第 1 卷没有提到日常观念中的思辨生活。但根据 1178b2-7，这种生活需要生活必需品，虽然比起政治生活来说要求的要少。而且这种思辨生活需要履行一定的社会责任，虽然它主要是献身于哲学。这同涵盖论对什么是最好的生活的理解相符合。亚里士多德还强调，幸福要求人的整个一生都幸福。他甚至说如果一个人如同普利亚莫斯那样幸福地生活了大部分时光，但在生命最终却承受厄运，没有人会认为他是幸福的。（1100a4-9）根据这些考察，《伦理学》的目标似乎是要在几种实际的有价值的生活方式中决定出哪种是最好的。幸福被认为是人的生活作为整体的状态。

另一方面，亚里士多德声称要理解什么是幸福，我们需要诉诸人的功能。而人的功能是"灵魂根据理性或不离于理性的活动"（1098a7-8）。功能讨论的结果是将幸福定义为灵魂合乎德性或优秀的活动。（1098a16-18）在此基础上他将讨论转向了德性。亚里士多德还强调幸福是一种活动而非状态或能力。（1098b31-1099a7）对我们现代人来说，用"幸福"来描述一种活动可能有点奇怪[①]，但对于亚里士多德

---

① 参见 Cooper，"Contemplation and Happiness：A Reconsideration，" in *Reason and Emotion*，p.219。

来说，这种用法是很自然的。他明确地说："幸福，我们也称之为灵魂的活动。"（1102a17）思辨活动被清楚地声明不是一种实际地可以过的生活。然而它却被说成一种首要的幸福，而不是首要幸福的某种成分。根据这些观点，《伦理学》整体上所关心的似乎是决定灵魂的哪种活动是首要幸福，而不是对比两种实际地可以过的生活方式。

我认为在讨论亚里士多德的幸福论时，我们需要区别以下情况：

　　A. 真实的生活

　　　A1. 政治生活（修正过的，以德性为中心的观念）

　　　A2. 思辨生活

　　B. 灵魂活动

　　　B1. 实践智慧和伦理德性的活动

　　　B2. 纯理智的活动

前面提到的思辨者的区别，那种"就他是一个人"而生活的思辨者和那种"因为有某种神圣的东西在他身上"而生活的思辨者，在我看来是 A2（真实可过的思辨生活）和 B2（灵魂的思辨活动）① 之间的区别。

---

① 下面的情况使问题更为复杂。亚里士多德也将灵魂的活动称为"生活"，虽然希腊语此处是 zōē，而不是 bios。比如，在功能讨论中，感知灵魂的活动作为人的功能，被称为 aisthētikē zōē。通常注释者同意，zōē（生活）意即活动或"生命活动"，而不是生物学的生命，但亚里士多德在用 bios 时，心里所想的是不是真实可过的生活，则是有争议的。库柏认为，bios"只能意味着由两种不同的人过的两种不同的生活"（Cooper, *Reason and Human Good in Aristotle*, pp.160-161；Cooper, "Contemplation and Happiness: A Reconsideration," in *Reason and Emotion*, p.229n14）。他受到 C.D.C. 里夫（C.D.C.Reeve）的支持，参见 C.D.C.Reeve, *Practices of Reason: Aristotle's Nicomachean Ethics*（Oxford: Clarendon Press, 1992），pp.150-151。里夫认为 bios 是"生物学上的生命"或"一种生物学上的生活模式"。但 D. 凯特（D.Keyt）认为 bios"可以用来指单个人的总体生命，而且也指生命中的一个特殊阶段或方面"[D.Keyt, "Intellectualism in Aristotle," *Paideia* 2（1978）: 145]；还参见 Richard Kraut, *Aristotle on the Human Good*（Princeton, NJ: Princeton University Press, 1989），p.24n11；R.Crisp, "Aristotle's Inclusivism," *Oxford Studies in Ancient Philosophy* 12（1994）: 133。我倾向于后一种观点。在 1177b26，纯粹理智活动的生活被称为对人而言过高的生活（bios）；这里的 bios 必然是生物学上的意义。但他继而又用"基于理智的生活（bios）"这一表达方式（1177b31, 117811a7）。因此，说 bios 一定指实际的真实可过的生活是太笼统了。我们必须根据它出现的上下文决定它是指真实可过的生活还是指灵魂的活动。

《伦理学》之所以难读，乃是因为亚里士多德在 A 与 B 之间游移而不给出清楚的提醒。[1] 我相信理智论者与涵盖论者之间的著名论争发生的主要原因是论争双方都混淆了 A2 和 B2。

思辨活动和真实可过的思辨生活当然是有联系的。真实可过的生活包括了思辨与实践活动。真实可过的政治生活（A1）与真实可过的思辨或哲学生活（A2）之间的区别是，政治生活主要献身于政治与社会活动，真实可过的思辨生活主要献身于思辨活动。亚里士多德在 1178b29-31 说："只要思辨继续，幸福就在延伸，那些更充分地拥有思辨的人拥有更完全的幸福，这不是偶然的，而是基于思辨。"真实可过的思辨生活是更值得选择的，因为它包含更多的思辨活动。而这种活动乃是真实可过的思辨生活的特征。

但是，A2 与 B2 是不同的。真实可过的思辨生活无可避免地需要生活必需品，甚至需要伦理德性，因为人具有复合的本质，必然是一种社会动物。但思辨活动作为首要的幸福自身，不需要外部善，并不受坏运气的威胁。这同第二等的幸福，即实践智慧和伦理德性的幸福相对照。思辨在这里并不意味着最好的生活的一个组成部分。毋宁说，"只要思辨继续，幸福就在延伸"（1178b29）。B2，即首要幸福的完满体现是神，神在本质上不是复合的。恰在这里亚里士多德将神描述为思辨之幸福的典型。神与伦理活动无关，不具有德性或邪恶，是超出于德性之上的。（1145a25-27）将任何实践德性归于神是荒谬的。我们在考察了所有这些之后，发现任何与道德行为相关的事物都是琐屑无谓的，同神不相称的。[2]（1178b16-17）

---

① 认识到论述的双重结构可以有助于解决惠廷所说的以下困惑（我相信大多数注释者也有同感）："很难确定亚里士多德在《尼各马可伦理学》第 10 卷中要对比哪两种生活，他可能对比（a）一种纯粹的思辨生活（不依赖于伦理德性的价值）和一种不包括思辨的纯粹的道德或政治生活；（b）两种混合的生活，每一种都包括了思辨和伦理德性；（c）一种包括了伦理德性也拥有思辨的混合的生活，和一种狭义的德性生活，没有获得思辨从而是低级的；或者（d）一种纯粹的不受伦理德性限制的思辨生活，和一种包含思辨但不是纯粹思辨的混合的生活。亚里士多德没有充分地说明以使我们决定这些问题。"[Whiting, "Human Nature and Intellectualism in Aristotle," *Archiv fur Geschiche der Philosophie* 68（1986）: n3]

② 亚里士多德在 1168b29-1169a3 提及了城邦 - 灵魂的类比。实际上，将神作为思辨生活的范型这一描述可以作为思辨活动的"大写"。

神表现了纯粹的理性活动，这种活动不受灵魂中非理性部分的影响。一种真实可过的思辨生活（A2）完全不是亚里士多德讲述的首要的幸福。（B2）

那么，为什么亚里士多德提出了一个双重结构的讨论？我认为，这一古怪的特点在某种意义上同柏拉图的城邦－灵魂的类比对应。柏拉图在两个层次上讨论正义：城邦的正义与灵魂的正义。在柏拉图的双重论述中，真正的主题是灵魂中的正义。对他而言，关于理想城邦中的国王与哲学家的讨论是研究"大写的"正义，目的是帮助理解灵魂中"小写的"正义。（《国家篇》368d-e，434d7-10，441d）我认为，亚里士多德的真实目的也是研究灵魂的活动，而非实际的可以过的生活方式。关于功能的论述是整个幸福论的理论基础，而它是关于人的灵魂的。德性对幸福是必不可少的；但"就人的德性"，亚里士多德说："我们指的不是身体而是灵魂。"（1102a25-18）更为重要的是，首要的幸福直接被认为是纯粹理智的活动。在柏拉图那里，因为真正关注的是灵魂，他声称理想城邦能否实现并不重要。（《国家篇》473a4-5）在亚里士多德那里，只有认识到他要论证的是灵魂的幸福，我们才能理解为什么他一方面认为一种完全思辨的生活对人而言太高了，另一方面仍严肃地对待它，甚至规劝人们，我们"必须尽我们所能使自己不朽，竭尽全力按我们身上最好的东西生活"（177b32-33）。

在柏拉图那儿，关于城邦的讨论是他寻求在"大写的"正义上理解灵魂的正义。那么，为什么亚里士多德要讨论真实可过的生活？我的第一个解释是，虽然两种真实可过的生活方式不可能是灵魂两种活动的"大写"，但它们的说明功能却不容忽视。在第10卷第7节最为明显，在此卷开头，亚里士多德首先回顾了第1卷中幸福的定义：符合德性的活动。（1177a13）他继而将思辨作为纯粹的理智活动（energeia；a17，a21，a24）和它的各种属性。但当他解释为什么思辨生活更为自足时，他转而对比智慧的人和正义的（以及具有其他伦理德性的）人。这一对比表明，作为人，有智慧者需要生活的必需品，正义也如此，虽然有智慧的人需要的少些。（1177a28-61）进一步在说明人们寻求思辨活动只是因为它自身（而不是因为其他目的）时，亚里士多德解释说，从事战争与政治活动的政治家的生活是没有闲暇的，而幸福被认为是包含闲暇的。（1177b1-15）有人也许认为亚里士多德谈的是真实可过的生活，但他的结论是，他所探讨的思辨是一种"对人而言太高"的生活。（1177b27-28）

我的第二个解释是，这种双重讨论归因于亚里士多德"拯救现象"的方法论。亚里士多德对日常信念极为眷顾。对亚里士多德而言，我们必须从对我们明显的事物进展到对本质的认识。[①]他声称，理论应该适用于对原初现象的解释。[②]《伦理学》第 1 卷第 5 节介绍的三种生活方式是人们普遍认为的或大多数人实际所过生活的一个总结。前面提到，希腊公民通常要选择去过政治生活还是哲学生活。这样，亚里士多德从现象和对我们明显的事物开始，为的是从这些生活方式出发。在提出了幸福的等级之后，亚里士多德随即说："我们必须检查我们所说过的，使之受到生活事实的检验，如果它同事实一致，我们必须接受它，如果它同事实矛盾，我们必须认为它只是一种想法。"（1179a20-33）他在这里又将他的理论带回了现象，虽然这并不意味着他赞同这些现象。他通过指出这些现象中的问题以及其中的部分真理，修正了日常的观念，帮助人们更好地理解什么是真实可过的生活。

三、功能论证的作用

一旦我们认识到亚里士多德的研究对象是灵魂的幸福，《伦理学》的主要结构就比较容易理解了。亚里士多德认为，对幸福适当的讨论必须建立在人的功能的基础上。功能论述引出幸福的定义，即作为人的

---

① 参见《物理学》184a17-21，《论灵魂》413a11-16，《形而上学》1029b3-12，《尼各马可伦理学》1216b33-39。

② 参见《论题篇》160b17-22；《物理学》196a13-17，254a7-10；《论生成与毁灭》315a4-5；《论灵魂》418b20-26。

善，幸福是"体现德性的灵魂活动"。亚里士多德将理性灵魂分为理论的和实践的两个部分（1139a5-15）；但他声称，我们必须也将灵魂中自身没有理性原则而遵从或分有理性的部分包括进来。这一部分同实践理性相关联。这样，关于实践理性的德性即实践智慧（Phronesis）和灵魂的非理性部分的德性即伦理德性（1103b30）的讨论相互交织，不相分离。与此对照的是理论理性，它最高的德性是思辨的智慧。

依据这一对灵魂各部分的划分，功能论述的结果应该被理解为包含着以下两个论题：

1. 幸福是实践智慧与伦理德性的活动。
2. 幸福是理论智慧的活动（即思辨）。①

确实，《伦理学》从宣称幸福是理性灵魂的德性活动开始，结束于第 10

---

① 一些注释者提出，功能论证只包含实践理性而不包含思辨，参见 T. Irwin, "The Metaphysical and Psychological Basis of Aristotle's Ethics," in *Essays on Aristotle's Ethics*, ed. A. O. Rorty（Berkeley：University of California Press，1980），p.49；D. S. Hutchinson, *The Virtues of Aristotle*（London：Routledge and Kegan Paul，1986），p.61；Stephen Everson, "Aristotle on Nature and Value," in *Companion to Ancient Thought 4： Ethics*, ed. Everso（Cambridge：Cambridge University Press，1998），pp.77-106。但这一观点面临困难。在《伦理学》第 1 卷第 7 节，亚里士多德摒除了感觉和生长的生活，因为这些是同动物和植物共同分有的，他说："这样就剩下了具有理性的 Praktikē。"（1098a3）有争议的是，这儿的 praktikē 是否指的是实践生活且排除了理论生活。但正是 C.D.C. 里夫指出的，"亚里士多德允许研究自身是一种行为或实践（《政治学》1325b16-21）"（Reeve, *Practices of Reason: Aristotle's Nicomachean Ethics*, p.127）。praktikē 在这儿应该指行为或活动。功能讨论应该包括人类理性在全部应用范围内的活动，即既是理论的又有实践的活动。

另一个将思辨与功能论证分开的理由是，当亚里士多德寻求为人类功能定位时，他说："我们寻找对人而言特别（idion）的东西。"（1098a1）有人认为因为思辨是神圣的且同神共享，它就不是特别属于人的，也就不是人的功能。这种观点被惠廷质疑，她指出根据《论题篇》I.4（1016b19-20），特别用于功能讨论表本质，参见 Jennifer Whiting, "Aristotle's Function Argument: A Defense," *Ancient Philosophy* 8（1988）：37。我认为她是正确的，就一个事物的功能和本质的概念关系来看，"此物的存在取决于它的功能"（《气象学》390a10）。亚里士多德毫不含糊地表明，理智，即思辨活动，是人类本质的一部分："它（nous，灵魂）也是每个人自身，因为它是人较有权威的、较好的部分"（1178b1-2），"nous 比任何其他部分更是人"（1178b8）。

更重要的是，第 10 卷第 7 节的第一句话是："如果幸福是合乎德性行动，有理由相信，它所合乎的是最高的德性。"这说明亚里士多德是在功能论的基础上得出思辨是首要的幸福。

卷关于幸福的两种观念。亚里士多德在其中划出了等级：思辨活动是首要的幸福，伦理德性与实践智慧活动是次一级的幸福。

如果我们将灵魂的幸福作为《伦理学》的真正主题，两种幸福观的结果应该不令人惊异，因为理性灵魂具有两个部分。如果确实如此，那么无论涵盖论与理智论都没有如实地描述亚里士多德的真正立场。为这两种观念划出一个等级表明，它们是不同的。因为亚里士多德自己划分并排列了它们，显然他知道他提出了两种不同的观念；从而在他这方面也没有任何不一致之处。再者，如果这两种观念能够联合，对亚里士多德而言一个合理的结论是，联合了思辨与伦理德性的生活是首要的幸福。但这并不是亚里士多德的观点。他的明确陈述的观点是，思辨（而不是实践智慧与伦理德性）是首要的幸福。

亚里士多德这种运用功能论述的方式在一定程度上以《国家篇》为模型。就如我在《〈理想国〉中的正义》一文中所说的，柏拉图的功能论述表明，如果人有德性，则他是正义的和幸福的。柏拉图区分了统治理性（其功能是控制灵魂的其他两个部分）和思辨理性（其功能是思辨最终的真实），从而也有两种德性，即实践的德性和思辨的德性。这导致了《国家篇》中两种"大写的"正义观和相应的两种幸福：国王的正义和幸福与哲学家的正义和幸福。国王与哲学家的对立建立在功能讨论上。

但亚里士多德对这两种幸福观的区分提出了自己的版本。在他功能论的版本中，他强调的是行动而不是状态。这一点在我们试图理解他的幸福的等级制时特别值得注意。如果幸福是人的理性功能的一种活动，那么最大的幸福必然是一种活动，即人的理性功能被最完满、最充实地运用的活动。如果一个活动是第二好的幸福，则意味着在这一活动中理性功能不那么完满地被实现。

我们相信这正是《伦理学》力图证明的。当亚里士多德将实践智慧和伦理德性的活动放在幸福秩序的第二位时，他的理由如下：

> 符合它（实践智慧和伦理德性的生活）的活动是适合人类本性

的。正义与勇敢的行为以及其他优秀的行为，是我们在互相联系中做的行为，根据契约和服务以及不同的行为方式和情感，遵循什么是合适的；这些似乎都是合乎人性的。其中有一些的产生是由于肉体和性格的优秀（或伦理德性）在许多方面同情感联系在一起。实践智慧也同性格的优秀相关联，性格的优秀也同实践智慧相关联。（1178a9—17）

伦理德性和实践智慧的活动是第二位的幸福，因为它同人的复合本质以及社会本质有关。这就是说，实践智慧同肉体情感的关联以及其与社会关系的关联需要对它在幸福序列上第二级的地位负责。现在让我们进一步问：为什么这些使之成为第二位的？

实践智慧（phronesis）同伦理道德交织在一起。虽然理性灵魂的德性应当是人类理性的优秀发挥，实践智慧并不内在地由实践理性自身的优秀运用来判断。它还需要一个好的目的或目标。这样一个好的目的并不是实践理性自身产生出来，而是来自伦理德性："德性使目标正确。"（1144a8；参见1144a30—31）伦理德性通过习惯或重复好的行为获得。习惯是社会习俗的灌输过程，或人在其中成长的社会的信念与价值的内在化过程。有德之人通过重复去做他被告知是正义的行为而变得正义，重复去做他被告知是节制的行为而成为节制的，如此等等。

当然，性格的形成不是一个毫无思想的过程，实践智慧也起重要作用。完善的伦理德性涉及发展中的实践智慧的提高与尚未完善的伦理德性相互作用的辩证过程。没有任何一方是可以缺失的："没有实践智慧我们不会全善，没有优秀品格也不可能具有实践智慧。"（1144b31—32，参见1178a15—20）实践智慧与伦理德性的交织表明，实践智慧确实不是自主的，它不能决定自己的目标。实践智慧必须同性格联系在一起，通过习惯的过程来提高。实践理性参与了人的性格的形成，但其作用有限。人在成长过程中实践理性也一起提高，他越来越少地依赖他人而开始自己明白在不同环境中应怎样行为（1144b8—3）；但他关于什么是好的生活的观念不可避免地受他在其中成长的社会习俗（ethos）所影响与决定。亚里士多德从未宣称实践智慧能够形成一个不依赖于伦理主体的社会价值的善概念；相反，他一再重复，实践智慧自身不能决定它的目标的善。（1140b11–20，1144a8–9，1144a30–31，1145a5–6，1151a15–9）习惯在性格形成中起决定作用："我们是否从年轻时代就形成这种或那种习惯；其区别不容小视；它造成巨大差别，甚或是全部差别。"（1103b23–25）此外他清楚地认识到，不但不同的社会习俗形成不同的性格，而且社会习俗是相对的。（《政治学》1333b4–31）因为一个人在某种特定的社团中出生和成长并习惯了某种特定的价值系统，大部分是靠运气或偶然，实践智慧的运用受文化的影响，必须在特定的社会历史中来理解。因此，实践智慧总是有条件的和相对的，不可能是真正自决的理性的运用。因此，人类理性不可能在这一活动中完全实现自身。[1]在我看来，这就是实践智慧活动不能成为最大的幸福或人类理性的最好活动的最终原因。

与此对照，思辨被看作最好的幸福。"理智活动，即一种思辨活动，在价值上是最高的，并且追求的目标不在自身之外。"（1177b1–20）这里列出了两个条件："在价值上是最高的"和"目标不在自己之外"。它在"价值上是最高的"，是因为理智是"我们最好的事物"或"我们神圣的或最神圣的成分"，它关注的是可知事物中最善的。（1177a14，1177a16，1177b28，1179a26）这些原因包含在亚里士多德的形而上学与心理学中，我们在这里不可能讨论。[2]同与实践智慧活动对照的更直

---

① 在这一点上，麦金泰尔很正确，实践理性必定是植根于历史与社会的正义中的，我们必须问"谁之正义"，参见 Alasdair MacIntyre, *Who's Justice, Which Rationality*（London：Duckworth, 1988），p.7.

② 这方面我的部分观点见于《亚里士多德的幸福标准》，"理性与幸福：从古代到中世纪早期"会议论文，纽约州立大学布法罗分校，2000 年 9 月。对这两种幸福观的心理学基础的讨论，可见于 Cooper, *Reason and Human Good in Aristotle*, ch.3. 库柏说，亚里士多德的区分来自他在《论灵魂》中对两类灵魂的区分。对应于道德生活的是灵魂的二元论概念，对应于思辨生活的是理智论，理智与肉体分开，是真正的自己。惠廷反驳了他的观点，认为亚里士多德从未将人事实上等同于理智，参见 Jennifer Whiting, "Human Nature and Intellectualism in Aristotle," *Archiv fur Geschiche der Philosophie* 68（1986）。正如这篇文章提出的，如果《伦理学》的真正目标是心灵的幸福，则库柏的观点可以保留。当亚里士多德将智力的思辨同幸福联系在一起时，他从未谈及实际的真实可过的生活，而只讨论灵魂的活动。

接相关的第二个条件是，思辨的目标不超出自身。我们已经看到，对实践智慧的所有限制来自它的目标，它依赖于伦理道德，为社会习俗所制约。相反，理智德性不需要习俗促成。当然理智德性需要教育才能发展，但它需要的教育应是正规的理智训练，而不是将一些与特定社会历史相关的信念和价值内在化。理智德性的获得不需要伦理德性要求的善概念。思辨不是习惯的结果，也不是中庸状态。它不受社会与社团价值观的影响，而是人理性的纯粹的优秀运用，它的标准是内在的。正因为思辨避免了社会相对性，所以它是真正自由的理性活动，是人的理性功能的完全实现。它被作为最好的幸福，因为它超出了社会条件的制约并内在地表明了人作为理性存在的本质："适合每一事物本性的东西是对它而言最善的和最令人快乐的。"（1178a5-6）

据此，在两种幸福观等级制的背后是一个矛盾：一方面是社会生活与道德，另一方面是人类理性的最高表现。当亚里士多德说社会生活是第二等的善，因为它同社会价值与肉体之情欲相关，他的意思是说，这些关系局限了人类理性的运用。由于这种牵连，实践智慧不能自主地决定自己的目标，从而实践智慧的活动是一种不如纯理智的思辨活动完美的理性活动。

在此我们又一次可以发现柏拉图的影响。柏拉图将正义作为灵魂的特性，两种理性灵魂导致两种正义。柏拉图的哲学家不愿意回去统治，把这一社会责任与道德认作一种必要但不是自身为善的事物。这是因为哲学家所代表的思辨的灵魂具有自己的"应分"，即掌握善的相。而正义正是"给每人其应分"。柏拉图对哲学家生活的描述不是去展示一种可以过的生活。他的目标是阐明我们的理论灵魂的本质并确保它不会"被我们的日常追逐破坏和蒙蔽"（《国家篇》527d）。因此，在哲学家生活与国王生活之间的矛盾背后，是社会道德与人类首要善的寻求之间的矛盾。

如果我们把亚里士多德两种幸福观的区别与另外两种主要区别联系起来的话，他的思想能得到进一步的理解。这就是一个好人同一个好公民之间的区别和一个社会动物与一个理性动物之间的区别。对亚里士多德而言，"或许成为一个好人和成为一个好公民情况并不相同"（1130b28-29）。其区别是这样的，一个公民"是社团的成员"（《政治学》1276b20）。"这个社团是一个政制；公民的善必定同他是一个成员的政制有关。如果有许多形式的政府，那么很明显，没有一种单一的好公民的德性是完美的德性。但我们可以说，一个好人是这样一个人，他具有单一的德性，并且这单一的德性正是完美的德性。"（1276b30-34）成为一个好公民同社会标准、结构、政府形式这些偶然因素相关。这些因素变化，则对好公民的解释也随之变化。没有一个关于好公民的普遍观念。相反，决定一个好人是什么是有普遍德性的。这种普遍德性可从功能论述中获知。每个人都是有理性的，人作为理性存在的德性是这一功能的良好发挥。因此，一个好公民的观念同社团相关，而一个好人的概念则同理性功能相关。

这引导我们到了第二个相关的区别，即社会动物与理性动物之间的区别。一个公民被定义为社团的成员，这同亚里士多德颇为著名的观点，即人在本质上是社会或政治动物①相对应。一般而言，一个社会动物意即一个人不是过隔绝孤立的生活，而是"在本质上倾向于同他人生活在一起"（1169b18）。"他人"包括"父母、孩子、妻子、朋友和其他公民"（1097b9-11）。而功能论证表明，人本质上是理性动物。因为亚里士多德区别了好公民与好人，并将好人同理性的人联系在一起，我们有理由相信，他对社会动物与理性动物也进行了区分。②

在做出这些区别时，亚里士多德明显不是谈论两种个别的人。一个人不可能是一个纯粹的理性动物，他必须是某个社团的成员，也必须是社会动物。同一个人在本质上同时是理性动物和社会动物。好公民在某

---

① 参见 1097b8-11，1162a17-19，1169b18-19；《政治学》1253a1ff，1278b17-21；《优台谟伦理学》1242a22-27。

② 麦金泰尔也注意到"在亚里士多德将人视为本质上是政治的和他将人视为本质上是形而上学的这两种观念之间有一种对立"[Alasdair MacIntyre, *After Virtue*（London：Duckworth, 1985），p.158]。

种意义上也是好人，因为他必定有实践智慧并运用理性功能。但当亚里士多德区别它们时，他的意思必定是，一个好人不只是一个好公民，在某种情况下根本不是好公民。同样，人作为社会动物也是有理性的，表现出人的功能。然而，因为存在理性动物与社会动物的区别，理性动物不只是社会动物。

这些区别表明，人性有两个向度，而且这两个向度并不总是统一的或相容的。跟随柏拉图的脚步，亚里士多德花费巨大精力揭示了人的灵魂中有一个向度，它的功能是要超越我们的群居的本质或存在，达到人类理性的全面发展。就我的理解，这一部分就是思辨活动（首要的幸福）所代表的。而成为一个好公民与一个社会动物的向度乃是实践智慧与伦理德性的活动。

四、悖论与等级

如果亚里士多德像柏拉图在《国家篇》中所做的那样，表现了灵魂的两个相互对照的向度，那么下一个问题是：是什么使亚里士多德在柏拉图提出一个悖论的地方建立了一个等级（或一个序列）？

我们应简短地回顾一下柏拉图悖论的起源。《国家篇》的目的是回答色拉叙马库斯的问题：人理应寻求自己的善，那么为什么要道德，如果道德是"他人的善"（343c）？为消除个人利益与他人幸福之间的冲突，柏拉图拒绝了统治者的任何个人利益，包括私有财产、私人家庭、选择性伴侣的自由。结果是统治者除了城邦总体的利益外没有任何其他利益。但统治者怎样能自愿放弃这些个人利益？因为正义的前提是，它不但自身为善且对其所有者有好处，所以很有必要解释统治者自愿的来源。否则，色拉叙马库斯的问题就无法回答。预期的解决方式是，对善之相的思辨使统治者公正而快乐地统治。这就是为什么在427d城邦的构造已经完成，而柏拉图仍然称它是"不完善的"（504c2），还需要

"更长的路"要走（484-485，504b），结果是"第三个浪头"（473d-e），据此，国王应当是一个哲学家，或哲学家应当是国王。从此以后，《国家篇》的讨论从政治学、道德转向形而上学。这也导致了悖论的出现。在哲学家受到训练后，他不再愿意回来，"不将（统治）任务视为美好的事情，而是作为必要。"（540b5）个人利益（哲学家的思辨）和美德（他在社会正义中的义务）之间的冲突又出现了，这一问题也是色拉叙马库斯问题的核心，现在只是以不同形式出现。可见《国家篇》中悖论的出现是因为柏拉图认为社会道德必须建立在善之相的基础上，而掌握善之相（思辨）又导致了对社会道德的超越。

《伦理学》正像《国家篇》一样，也是从讨论道德与社会生活进展到思辨生活。但对亚里士多德而言，伦理德性的讨论并不需要由关于思辨的进一步讨论所完善。实践智慧不依赖于思辨，也不从思辨那里获得自己的价值。实践智慧指向行为，而思辨并不关心人的行为，而是关心永恒的真理。（1141b6-7）实践智慧的目标是行为自身的善（1140b7，1139b3-4；参见1143b22，1144a12），这一目标是从道德修养和伦理德性中产生出来的："德性使目标正确。"（1144a8）这就是为何亚里士多德声称道德行为因其自身而值得选择。

这里存在着亚里士多德与柏拉图之间的重大区别。对柏拉图而言，《国家篇》Ⅱ-Ⅲ描述的初级教育不能造成真正的心灵和谐。《国家篇》第4章描述的四主德并不是完满的德性，因为国王在那个阶段还没有看到至善，他的智慧因而也不是哲学智慧。完满的德性只有通过思辨才能获得。（《国家篇》506a7-8）相反，对亚里士多德而言，要成为有道德的人并不必要去思辨。完全的德性是在实践智慧与道德性格相互作用的基础上发育起来的。道德生活虽不是最好的生活，但可以无须思辨而存在。道德不是建立在思辨的基础上的。重要的是培育并拥有具有美德的性格。

显然，正是在实践智慧的价值和道德培养的作用上观点的不同将亚里士多德与柏拉图区别开了，从而也区别开了《伦理学》和《国家篇》。

因为亚里士多德相信每一个社会习俗都有其善的观念，我们可以理解为什么亚里士多德在《伦理学》第1卷第6节以下列观点批评柏拉图的善之相："因此，善不是符合一个相的某种共同的东西。"（1096b25-26）因为道德性格确实是在人所生长于其中的特殊的社会和文化环境中培育起来的，我们因而可以明白为什么亚里士多德在《政治学》Ⅱ中批评柏拉图的理想城邦结构。

关于这一区别是如何造成的，我们需要在另一篇文章中才能做详细讨论。此处提到的一个原因是，《国家篇》与《伦理学》面对的是不同的读者。柏拉图关心的是"为什么要有道德"，他力求转化不道德的人如色拉叙马库斯与道德怀疑论者如格劳孔和阿德曼图斯。他极大地依赖于善之相的神秘力量来完成自己的任务。相反，亚里士多德并不费神对不道德的人和道德怀疑论者进行说教，因为他相信，那些缺乏好的教养的人，很少能通过哲学伦理学获得提高。强力比说教更能真正地改变他们。他的听众局限于那些人，他们"必须首先已经通过习惯培养起了高尚的快乐和高尚的仇恨，就像获得了土壤滋育的种子"（1179b25-6）。他要达到的是帮助已经有了良好教养的学生获得对人生之善的更好的理解。

具有讽刺意味的是，亚里士多德的教导与他的等级制恰恰会直接在其学生心灵中形成一个矛盾。在上亚里士多德的课之前，学生们对政治生活与思辨生活都已有了一般的观念。在上了亚里士多德的课之后，他们被告知，首要的幸福并不能在实际的真实可过的思辨生活中充分实现，而这种生活正是许多学生可能选择要去过的。作为首要幸福的思辨活动与伦理德性有别，然而，亚里士多德老师要求他们尽其所能来发展思辨活动，因为这种活动使他们不朽。（1177b27-35）这种呼吁在学生的心灵中根植下一个声音，它总促使他们认识到他们当下生活中社会的和道德的界限，使他们渴望超出这些界限达到最高的人类之善。结果是，学生们，至少是那些专心的学生的灵魂将永远处于不平静的状态。

我们提到，《国家篇》力图平息色拉叙马库斯的问题，但最终又返回了它，虽然是以一种与它不同的方式。如果我们考虑《伦理学》怎样回答色拉叙马库斯的问题，情况也同样复杂。一方面，亚里士多德可以答复说，一个人是道德的因为他是如此被养育的。他对社会习俗的作用的经验论态度使他不必像柏拉图那样必须根除私欲。另一方面，亚里士多德区别了两种自爱：一种是力图满足低下的肉欲，另一种是企图满足灵魂的理性部分的愿望。理性的自爱被认为是善的，因为理性首先是"每个人所是的，正直的人尤其喜爱它"（1169a2）。但如果我们将理性的自爱同亚里士多德对最大限度地思辨的要求联系起来，那么，理性的自爱与道德之间的对立，即色拉叙马库斯问题的实质又重现了。

五、柏拉图、亚里士多德和"高更问题"

很多注释者忽略了亚里士多德的思辨的观点，因为他们没有看到这一理论自身对当代伦理学有重大意义。[①] 那么，依照本文所引入关于亚里士多德伦理学项目的独特解释，亚里士多德伦理学同当代的伦理学有什么关系？

我们立刻就可以想到在许多关于德性伦理学近期文献中的一种普遍的区分，即道德和非道德的人类善的区分。这一区分被德性伦理学认为是对近代道德哲学的一种主要批评。近代道德哲学认为道德考虑是我们生活中占压倒地位的，而德性伦理学则认为我们应当对道德加以限制而给人生其他领域如个人目标和关注留出空间。[②] 不用说，德性伦理学的立场同本文中所理解的亚里士多德的目标是近似的。

不过，它们之间有一差别。现代文献中道德与非道德的人类善的区

① 参见肯尼在注释 1（即本书第 171 页注释 1。——编者注）引述的评论。甚至库柏，虽然他明白思辨是独特的亚里士多德式的东西，亦认为"这一学说今天的哲学家不太可能发现有太大用处了"（Kenny, *Aristotle on the Perfect Life*, p.212）。

② 支持这一区别的重要著作的名单可见于 R. Louden, *Morality and Moral Theory*（New York：Oxford University Press, 1992），p.163n1。

别是为了论证，完整的人生除了道德考虑之外，也应该包括各种非道德因素。道德仍被赋予一个位置，甚至是显赫的位置。反道德的目的是，道德不应被作为人生首要的或唯一的考虑。一个完整的人生应该是道德加上其他非道德的人类善。确实，在此范围内亚里士多德作为最重要的德性理论家被赞同。亚里士多德的伦理学被广泛地认为优于近代道德系统，因为它既包括了伦理德性也包括了非道德的自我关注的德性。但我们已经看到，对亚里士多德而言首要的幸福不是一种德性加上其他的善。首要的幸福仅存在于思辨活动中，在自身中不能包含关涉他者或个人的伦理德性，它实际上是与道德行为不相容的。

亚里士多德的这些思想被威廉姆斯在"高更问题"中抓住了。威廉姆斯不像多数德性理论家那样，将最好的生活看作艺术发展与道德承诺的结合。他在"高更问题"中表明，在高更对艺术才能的追求与他必须面对的社会和道德要求之间有着深刻的冲突。[①] 艺术家认识到，如果他坚持履行自己的道德责任，那么他就没有机会去实现自己的艺术天才。他决定追求艺术才能的实现，而付出的是失去道德的代价。当然，亚里士多德讨论的是理性灵魂的一个向度而不是实际的真实可过的思辨生活；高更的生活因为包括了复合的人类本质和道德邪恶，不完全等同于亚里士多德的思辨生活。但是，考虑到亚里士多德对思辨与道德生活的对比，并且他明显地呼吁人们寻求最大的思辨，我们有理由相信，亚里士多德非常可能会同情高更的选择。同样，如同我在《〈理想国〉中的正义》一文所指出的，《国家篇》中国王生活与哲学家生活之间的对立也是"高更问题"的大写。就本文展示的柏拉图与亚里士多德之间的承继关系来看，这一点不应令人奇怪。

但在柏拉图-亚里士多德的论题与"高更问题"间有一个重要区别。对威廉姆斯而言，高更放弃道德职责的选择只是由于高更（在艺术

---

① 问题是关于"有创造力的艺术家，为了能过那种他认为能使他追求艺术的生活，他摆脱了人们对他明确而迫切的要求，参见 Bernard Williams, *Moral Luck* (Cambridge: Cambridge University Press, 1981), p.22。

上）取得了成功才能获得某种辩护。他的成功可能使他反道德的生活获得意义，虽然不是道德上的意义。因为高更的成功很大程度上取决于运气，威廉姆斯因而将"高更问题"当作一个道德运气问题来对待。与之对照，对柏拉图和亚里士多德来说，思辨活动并不寻求任何形式的实践上的成功，只是自身具有价值。人的功能上的优秀，即理性功能的全面实现才是完满的人生需要专注的。因此，非道德的思辨活动不需要任何外部的确证，它的意义根植于人的功能之中。柏拉图－亚里士多德的整个论题都同道德运气无关，它乃是人类理性本质的问题。

"活得好"与"做得好"：
亚里士多德幸福概念的两重含义 *

我们应该如何理解《尼各马可伦理学》一书中的幸福概念？对此问题，在亚里士多德注释者中一直存在着"涵盖论"与"理智论"之间无休止的争辩。[①] 在我看来，这场争论遮蔽了另一个中心问题，即就亚里士多德而言，幸福（eudaimonia）是指一种人类所过的善生活（"活得好"），还是指好的理性活动（"做得好"）？后面这一中心问题只是偶尔被涉及，从第二手文献里我大致能找到三种不同的立场：

> （1）幸福只是"活得好"；（2）幸福只是"做得好"；（3）模糊论。

例如，约翰·库柏（John Cooper）持有第一种观点。库柏把幸福的意思理解为"一种人类的兴旺福宁的生活"，或简言之"一种好生

---

　* 原文题目为"Living Well and Acting Well: An Ambiguity of Happiness in Aristotle"，载于 *Skepsis* 19（2008）。林航译，译文发表于《世界哲学》2011年第2期。——编者注

　① 安东尼·肯尼（Anthony Kenny）对于连贯解读亚里士多德《尼各马可伦理学》一书的可能性表示悲观："大多数解释者为他们自己设定了下述三个目标，然而还没有人能成功地做到它们：其一，给出对第1卷和第10卷这两个文本的合理理解；其二，使上述两卷能彼此融洽；其三，做出的结论性解释能在当代哲学中道德上可为人所接受。"［Anthony Kenny, *Aristotle on the Perfect Life*（Oxford: Clarendon Press, 1992），p.93］

活"①。《尼各马可伦理学》第 10 卷第 7 章的首句话是："如果幸福在于体现德性的活动（energeia），我们就有理由可以说它应当体现最高德性。"（1177a12–13）② 在解释这句话时，库柏坚称，"这句话不应被看作仅是在把幸福定义为只与某种单一德性行为有关"；相反，他认为其意思是"幸福尤为需要最高德性的活动"③。但很难说这是一种自然的解读方式。④ 实际上，把幸福定义为活动，不单只是《尼各马可伦理学》第 10 卷第 6 章至第 8 章的主题，而且，亚里士多德在《尼各马可伦理学》全书也都一直持有这样的看法；相同观点亦表达于 1099a29–31、1102a17、1153b9–12、1169b29 等处。

C. D. C. 里夫（C. D. C. Reeve）是第二种观点的最显著代表。他认为"eudaimonia 既不是一种传记性的生活，也不是这种生活的一种模式"⑤；相反，它只能是在一种传记性生活或它的一种模式的界限之内的一种活动。这一观点的问题在于，幸福在亚氏原书的很多地方明确指涉的是一种整体性的生活。亚里士多德在 1097b1–5 说，我们选择荣誉、快乐、理性和德性是因为它们自身，同时"也是为了幸福，因为我们认为通过它们我们会幸福"。他也清楚地谈论"幸福及其构成成分"⑥。

---

① John Cooper, "Aristotle on the Goods of Fortune," in *Reason and Emotion*（Princeton: Princeton University Press, 1999）, p.292.

② 除非专门说明，我一般采用牛津修订版《亚里士多德著作翻译全集》（Revised Oxford Translation of *the Complete Works of Aristotle*, Princeton: Princeton University Press, 1984）的英译。然而，当讨论的话题是技术性术语而又面临多种译法时，我将对之不加翻译并放置于引文中。

③ John Cooper, "Contemplation and Happiness: A Reconsideration," in *Reason and Emotion*, p.227.

④ 大卫·博斯托克（David Bostock）这样反驳此见解："在我看来，第 7 卷第 7 章只能做此理解，即它提供了对声称幸福与德性最高级活动（思辨）这一说法的论证。"［David Bostock, *Aristotle's Ethics*（Oxford: Oxford University Press, 2000）, p.192］但他最终得出结论，认为这一等同是"一种不合理的表达问题的方式"（同前，第 201 页）。

⑤ C. D. C. Reeve, *Practices of Reason: Aristotle's Nicomachean Ethics*（Oxford: Oxford University Press, 1995）, p.151. 他因此主张，幸福的各种各样的活动应当与"何种可过的生活才是幸福的"这一问题分开看待。（同前，第 149 页）参见 R. Heinaman, "Eudaimonia and Self-Sufficiency in the *Nicomachean Ethics*," *Phronesis*, 1988: 33。

⑥ 《尼各马可伦理学》1129b18–19. 同样的表达也被用在《修辞学》1360b8, b9, b11, b18 等处。在《大伦理学》里，"幸福由许多种善组成"（ek pollōnagathōn; 1184a18–19, a26, a32）。

第三种观点是，亚里士多德来回游移于"做得好"和"活得好"之间。萨拉·布拉迪（Sarah Broadie）似乎持有这种观点。她说："为了清晰性之故，有必要指出这样一个事实，即亚里士多德的讨论在下面两种观念间摇摆不定，最高善作为某类生活，或最高善作为生活中某种因素（这种因素将由此自然而然地主宰该生活）。"①

我想指出的是，"幸福是'活得好'还是'做得好'"这一问题是一个更为基本的问题。在很大程度上，涵盖论－理智论的论争之所以会发生，正是由于争论双方都没能在作为"活得好"的幸福与作为"做得好"的幸福之间进行区分。他们共同地设定幸福的意思在于"活得好"，然后开始争论它到底是各种善的复合还是专注于思辨。

在前面的三种立场中，我认为第三种与真相最为接近，但它需要进行实质性的修改和发展。布拉迪虽然提出了这样一种洞见，但是她没有把它作为中心问题进行讨论，而且也未详细解释这一观点对《尼各马可伦理学》中众多的争论有什么影响。在本文中，我将对这一观点进行充分的阐述与发展。我将证明，亚里士多德伦理学里的 eudaimonia 概念是"在两种意义上说的"，而非只具有一种意思。它既是"活得好"也是"做得好"。这一区分构成了亚氏伦理学主要论证的基础。

我将首先表明对于活动的讨论在亚里士多德幸福论之中有着何种位置；然后，我将论述"做得好"和"活得好"之间的区别为何是一条贯穿许多主要论争的单一线索。对于这两种用法的区分将能够提供对这些争辩的一种统一性的解决。尤为重要的是，它将使我们得以用一种不十分费劲的方式去阅读那荆棘丛生的《尼各马可伦理学》第 10 卷第 6 章至第 8 章。我将讨论下面一些争论主题：（a）幸福的两种标准；（b）思辨生活的非实用性；（c）首要幸福与第二等级幸福这一层级的性质；（d）道德与思辨的关系。

说亚里士多德有两种幸福观念，并不意味着他陷于自相矛盾，也不

---

① Sarah Broadie, *Ethics with Aristotle* (New York: Oxford University Press, 1991), p.26.

意味着他在论证过程中用一种观念代替了另一种观念。亚里士多德确实在两种用法的立场之间游移，但这并不是由于他自身立场的混乱。他把幸福处理为一个两种意思均适用的模糊术语，是基于以下原因，亚里士多德的初始目标是去研究作为最好生活的幸福。他通过诉诸人的功能[灵魂理性部分的活动（1098a16-17）]来研究这一问题。随后，他也把"幸福"这一术语用来指称理性灵魂的活动。结果是，一方面，优秀的理性活动是幸福人类生活的生成成分；另一方面，这种活动自身就是幸福。作为前一方面的例子，我们读到："决定幸福的是体现德性的活动，相反的活动则造成相反的结果。"（1100b9-10）作为后一方面的例子，我们读到："我们把幸福等同于活动或者那最好的一种活动。"（1099a30-31）这两种幸福的概念当然是密切联系着的，因为作为"活得好"的幸福是以作为"做得好"的幸福为特征的。尽管如此，它们还是牵涉到不同的理论问题与概念分析，因而两者需要得以区分。两者之间的不同构成了《尼各马可伦理学》论证的基础。

一、《尼各马可伦理学》的结构：从德性到活动

亚里士多德试图通过诉诸人类的功能来确定幸福的性质。《尼各马可伦理学》第 1 卷第 7 章的功能论证得出结论认为，人的善或幸福"应该是灵魂体现德性的活动"[①]（1098b17-18）。可是混乱由此而起：这里的幸福指的是整体的生活还是活动？上述结论似乎把幸福定义为活动。但在贝克尔标准页码几行以后，幸福被说成不是一朝一夕的事，而是要被看作一生的事。在第 1 卷第 8 章，他进一步告诉我们，幸福也需要外在的善。（1099a32，b6-7）在这样的文本语境中，功能论证的结论就应该被看作意为：人类的善"主要在于"理性灵魂的德性活动。

---

① 参见《优台谟伦理学》1219a35："幸福是好的灵魂的一种活动。"

亚里士多德在功能论证之后的讨论也令人困惑，由于幸福在于灵魂体现德性的活动，我们期望他会进而讨论理性灵魂的活动，由于亚里士多德的理性灵魂包含理论理性、实践理性以及那自身没有理性可却听从理性的情欲部分，他应该考察每一个灵魂部分的活动。然而他并没有继续对活动进行讨论，而是转去讨论灵魂不同部分的德性。（1102a5-6）结果，我们有了用于讨论听从理性部分的德性的第 2 卷到第 5 卷，以及讨论实践理性与理论理性部分德性的第 6 卷。

对美德的探究与对行为的探究是不一样的。德性是一种倾向性的状态。在《尼各马可伦理学》中反复出现的一个话题是区分德性状态与活动："我们是把主要的善视为对于善的拥有还是对善的使用，把善看作一种状态还是一种活动，这其间有着不少差别。"（1098b32-33）一个不运用、实施其德性的德性主体是不能被说成幸福的。"因为德性的拥有可与睡眠状态，或与终生的不活动并存。"（1095b33）显然，是德性灵魂的活动（而非作为灵魂的一种状态的德性）才是最终的目的或者善。如果是这样，我们又应该如何去解释亚里士多德在功能论证后集中讨论德性而非活动呢？在第 10 卷第 6 章开头，亚里士多德说："在谈论过各种德性、友爱的各种形式和快乐的种类之后，所剩下的是要纲要性地谈谈幸福的性质。"（1176a30-32）这是个奇怪的说法，因为在第 10 卷第 6 章之前，亚里士多德已经讨论过灵魂不同部分的德性，以及与之相关的许多问题，也就是说，他已经为幸福提供了实质性讨论。他为什么还说"所剩下的是要纲要性地谈谈幸福的性质"呢？我们注意到，就在该声明之后，亚里士多德重新引入了"倾向性状态"和"活动"之间的不同：

> 我们说过，幸福不是状态。因为如果幸福是状态的话，一个一生都在睡觉、过着植物般生活的人或那些遭遇不幸的人就也可以算是幸福的了。我们如果不能同意这种说法，则就需像之前说过的那样把幸福看成一种活动。（《尼各马可伦理学》1176a33-36）

这段话致使我认为，当亚里士多德说他还未探究幸福的本性时，他指的必定是作为"做得好"的幸福,而非作为"活得好"的幸福。他的意思是,虽然他已在《尼各马可伦理学》的众多篇章里考察了灵魂不同部分的德性,但他还尚未考察活动,而此处其实正是转向该问题的时机。因此,亚里士多德的幸福论似乎有着下面的结构:

A. 对幸福的本性做总体介绍,得出结论说,幸福是理性灵魂体现德性的活动。(《尼各马可伦理学》第 1 卷第 1 章至第 7 章)

B. 对灵魂各不同部分的德性的讨论。(《尼各马可伦理学》第 2 卷至第 6 卷)

C. 对灵魂体现德性各不同部分的活动的讨论。(《尼各马可伦理学》第 10 卷第 6 章至第 8 章是它的一个部分)

基于这样的结构,亚里士多德就有理由从功能论证进展到对德性的讨论,而不是对活动的讨论。虽然活动是最终目的或最终价值的承载者,但它必须出于一种德性品质。(1105a33)所以,德性应当先于活动得以讨论。上述结构中的 B 和 C 是相继层次的讨论。

这一结构也会使下述情况能言之成理。第 10 卷第 7 章开篇即声称它将讨论作为体现最高德性活动的幸福,并继而断言,"这个(努斯)体现它自身德性的实现活动(energeia)构成了完善的 teleia(幸福),而这一活动是思辨(theorētikē)"(1177a17-18)。第 10 卷第 6 章至第 8 章的任务属于上述结构的 C 的一部分。这一在德性和活动之间的区分在第 1 卷就已被指出过,所以对活动的讨论早在那时就已被亚里士多德考虑到了。这样一来,第 10 卷第 6 章至第 8 章也就不是亚里士多德理论对幸福的一次新的指向;相反,它是作为对最初设想计划的完成。

这一解读方式也为"第 10 卷第 6 章至第 8 章是《尼各马可伦理学》的内在部分"的观点提供了一种理由。一些评论者认为,第 10 卷第 6 章至第 8 章肯定是一组独立的文章,而且是随后可有可无地插入的。因为该文本引入了一个与《尼各马可伦理学》其他部分的解释不一致的幸福概念。① 对此观点的标准反驳是去引用《尼各马可伦理学》第1卷第5章（1095b17-19）的内容，在那里，亚里士多德把思辨列为幸福生活的三种候选之一，并承诺要在此后部分对之加以讨论。这种辩护是正确的，但它依赖于一个单一的文献证据，看起来不够强有力。本文提供的上述结构则能清楚表明，如果没有第10卷第6章至第8章，亚里士多德的幸福理论就是不完整的。②

但我们还是应指出，第10卷第6章至第8章并没有囊括所有的对"活动"的讨论。由于与对幸福探究有关的灵魂具有三个部分，而亚里士多德已经讨论了它们各自的德性，我们有理由期待他也去讨论这些部分各自的活动。鉴于他把品格的德性与实践智慧联系在一起，他应讨论的是（1）道德德性和实践智慧的活动③，以及（2）理论的或思辨的活动。然而，当我们阅读第10卷第6章至第8章时，我们看到他并没有着墨于所有话题，而只是集中关注思辨活动。实践活动只在思辨活动需要加以比较性解释时才得以提及。

二、幸福的标准

在考察他在第10卷第6章至第8章对思辨活动的讨论之前，我们

---

① 参见 Martha Nussbaum, *The Fragility of Goodness*（Cambridge：Cambridge University Press，1986），p.377（中译本可参见译林出版社及凤凰出版集团2009年版）；Julia Annas，*The Morality of Happiness*（Oxford：Oxford University Press，1993），n216。然而，博斯托克把这样的看法驳斥为"不值得认真考虑的"意见，参见 Bostock，*Aristotle's Ethics*，p.191n6。

② 不仅如此，这一结构性的解读能够让我们得以更好地理解如下问题。第6卷已经讨论过了理论部分的最高德性，例如理论智慧（sophia，同时包括了 nous 与推论性的 episteme）。但为什么第10卷第7章又返回到思辨？第6卷的理论性质的灵魂（理论智慧）与第10卷第6章至第8章的思辨的理论，这两种被讨论的德性之间的关系到底是什么？研究文献中对这个问题的讨论较为缺乏。而如果采用我们的结构解读，它们就可以被看成乃是属于亚里士多德整体想法的不同部分。第6卷属于B部分（对于理论理智的德性的讨论），而第10卷第6章至第8章属于C部分（对理论活动的讨论）。在《尼各马可伦理学》第6卷，理论理性的德性是理论智慧（sophia），而在第10卷第7章，思辨活动被定义为"智慧的活动"（he kata tēnsophian）。

③ 亚里士多德在第10卷第7章 1177b3 使用了术语 tōnpraktikōn。

需要先探讨亚里士多德在《尼各马可伦理学》第 1 卷第 7 章所设置的幸福的两个标准：teleion 与自足。我们期待这两个标准能有助于我们确定什么是幸福的性质，可是这两个标准自身却成了备受争议的话题。有关这两个标准应做何种理解已引发了激烈争论，甚至连 teleion 应被如何英译也没有一致的意见。

简单说来，拥护涵盖论的注释者们声称，幸福是 teleion，其意义是"完全的"（也就是说，涵盖了各种各样的内在善）；幸福是自足的，意为无所不包，拥有所有善的事物作为其组成成分。然而，对这一解读的批评认为，teleion 的意思应该是"最终的"，并且"自足"的意思是"所有善里面最值得选取的"[①]。有趣的是，这些截然相反的结论都源自同样的文本。例如，关于亚里士多德在 1097b14-20 对自足标准的解释，涵盖论者洛切（Roche）声称："所有人几乎一致同意……亚里士多德关于幸福的自足性（autarkeia）的评论，表明了他在提倡的是一种善的涵盖目的性的观念。"[②] 相反，理智论者海纳曼（Heinaman）认为，如果涵盖论对于 1097b14-20 的解释是正确的话，那么该段落就"与亚里士多德在第 1 卷里对幸福所说的几乎所有的话都相矛盾"[③]。另一个例子是，在第 1 卷第 7 章关于功能论证的结论（幸福是灵魂的体现德性的活动）之后，亚里士多德继续说道："如果存在着不止一种德性的话，它就应表现最佳的和 teleiontatēn 的德性。"（1098a17-18）对于涵盖论的解读而言，这一句中的术语 teleiontatēn 应该是指"最完全的"，指的是道德与理智德性的总和。相反，对于理智论的解读来说，该术语的意思

---

① R. Heinaman, "Eudaimonia and Self-Sufficiency in the Nicomachean Ethics," *Phronesis* 1988：42, 47; Richard Kraut, *Aristotle on the Human Good* (Princeton, NJ: Princeton University Press, 1989), p.271; C. D. C. Reeve, *Practices of Reason* (Oxford: Clarendon Press, 1992), p.122.

② T. M. Roche, "'Ergon' and 'Eudamonia' in Nicomachean Ethics: Reconsidering the Intellectualist Interpretation," *Archiv fur Geschiche der Philosophie* 26 (1988): 191n29.

③ R. Heinaman, "Eudaimonia and Self-Sufficiency in the Nicomachean Ethics," *Phronesis*, 1988：47; 亦参见理查德·克劳特（Richard Kraut）所说，"我没有发现亚里士多德所说的这一充分条件能仅仅通过把幸福定义为包含了所有内在善来得以满足"[Richard Kraut, *Aristotle on the Human Good* (Princeton, NJ: Princeton University Press, 1989), p.271]。

应该是"最终的"。更进一步的一种观点认为，第1卷与第10卷第6章至第8章使用的标准是不同的，第1卷支持涵盖主义者的解读，而第10卷支持理智论。[①] 这些争论使许多解释者不得不承认，teleion 的含义是模糊的。[②]

如果我们在作为"活得好"的幸福与作为"做得好"的幸福之间有所区分，我们就有办法能避开这种混乱。我们应该发问：这两种标准指的是前者还是后者？或者两者都是？一方面，有文本证据表明它们指的是作为"活得好"的幸福。在 1097b1-5，幸福由于包括荣誉、愉快、理性和德性为其构成，而被看作 teleion。此处，teleion 的意思显然是"完全的"。相似地，在 1097b9-11，自足被说成不意为一个人足以单独生活。相反，一个人是一个社会动物，并且必须涉入一种关系网络之中。只有作为"活得好"的幸福才能使这处文本言之成理。另一方面，这两种标准也用于作为"做得好"的幸福。"合于适当德性的努斯的活动将会是 teleia 的幸福。"（1177a17）"teleia 的幸福是一种思辨的活动。"（1178b8）并且，"我们所说的自足，大体上必须属于思辨的活动"（1177a27-28）。

可见，这两种标准既被用于作为"活得好"的幸福，也被用于作为"做得好"的幸福。由于这两种类型的幸福并不一样，对于幸福的标准也就应该按照它们被用于哪种类型的幸福而被加以不同的理解。让我们先来比较下面两种说法：

---

① 参见霍华德·J.克鲁兹（Howard J. Curzer）：《〈尼各马可伦理学〉第1卷第7章及第10卷第6章至第8章中的幸福之标准》，《古典学季刊》1999年第2期：第421-432页。博斯托克也认为，当亚里士多德在其著作的第10卷把幸福定义为思辨之时，还仍旧没有放弃他在第1卷里提出的幸福的标准，但是"亚里士多德用一种远不那么严格的方式去理解它们"（Bostock, *Aristotle's Ethics*, p.190）。

② 阿克利尔（Ackrill）承认，"毕竟，'最完全的德性'或者'最终的德性'的意思不是那么明显"〔J. L. Ackrill, "Aristotle on Eudaimonia," in *Essays on Aristotle's Ethics*, ed. A. O. Rorty（Berkeley：University of California Press，1980），p.28〕。对于肯尼而言，他"倾向于认为，亚里士多德在那个地方与其说是在进行论证，毋宁说是为把完美的幸福定义为思辨留下了余地"〔Anthony Kenny, *Aristotle on the Perfect Life*, p.17；亦参见 D. Keyt, "Intellectualism in Aristotle," *Paideia* 2（1978）：140，148〕。

（a）外在善的缺乏"损害"（rupainein）一个人的幸福（1099a32-b5）；

（b）各种善对于思辨是"妨碍"（podia）（1178a34-b4），且此背景中的思辨是 teleia 的幸福。

外在善在（a）那里被说成对幸福而言必不可少，但在（b）那里却被说成其阻碍。如果两者所言的幸福是同一种类型的话，则它们显然是矛盾的。但是，如果我们注意到（a）指的是作为"活得好"的幸福，必须是具有各种善的幸福，而（b）把幸福指为"做得好"，那么矛盾就将消失。如果对思辨活动而言各种各样的善是阻碍的话，说作为思辨活动的幸福是 teleion 就不意味着它是"完全的"。相应地，思辨活动的自足也不是在"无所不包"这种意义上而言的。

令人吃惊的是，虽然这些标准有着不同的运用，亚里士多德在第1卷第7章关于它们的观点，似乎同时可与任何一种幸福概念相适应。

对 teleion 的标准解释是，"总是在其自身（di'autēn）是可欲的，且从不为了其他事物（di'allo）而欲求"（1097a33-34）。作为"活得好"的幸福满足这一描述，因为它涵盖了各种德性的善，而且也不会欲求一个更进一步的目的。所有其他的善物因它们自身而被追求，但也为了作为"活得好"的幸福，因为它们是那种幸福的组成物。（1097b1-5）作为"做得好"的幸福也满足这个传统的解释。当亚里士多德在第10卷第6章解释为什么思辨活动是 teleios 时，他的理由是："幸福必须存在于那些可欲求的活动自身，而不是那些为了其他事物的可欲求活动。"（1176b1-5）不为其他任何事物只为自身之故被欲求，这正是在第1卷第7章1097a33-34所表述的 teleion 的标准。相似地，在第10卷第7章，幸福被定义为思辨活动的一个主要理由是，这种活动自身不是为了任何进一步的活动而被追求的，且它是所有类型的活动里面的最终者。（1177b1-3）那么，思辨活动满足了 teleion 的传统解释，虽然对之的解释是以一种与完整生活有所不同的方式进行的。

在自足的标准方面情况也是如此。"我们现在所定义的自足，它因其自身就使得生活是可欲求的，而且不缺他物。"（1097b15-16）作为"活得好"的幸福在其"不缺乏可欲求的善"的意义上满足这一描述。作为"做得好"的幸福也满足这一传统解释，因为它"不缺任何事物，而且是自足的"（1176b1-5）。

然而，我们在何种意义上能够说思辨活动不缺任何东西呢？在第10卷第7章，亚里士多德通过转向"一种活动在什么条件下能得以实现"来解释它。一个道德意义上有德性的行为的表现要求外在善和机会（例如，一个人需要金钱去表现慷慨的德性，1178a33）。一个有德之举越是崇高或高尚，它所要求的去达到该行为的外在善也就越多。相反，"一个处于思辨真理状态中的人不需要那样的事物，至少从思辨活动的运用方面来说也是如此"（1178b2-3）。这意味着，思辨活动不需要任何外在事物去使这种活动得以实现或运用。正是在这一意义上，思辨活动满足了"不缺任何事物"的条件。

上述讨论使我们得以更好地获知 teleion 应该被怎样翻译。亚里士多德自己说该术语"可以用很多方式来说"（《形而上学》第5卷第16章）。他列出了三种方式："完全的"，意思是"具有它的所有各部分"；"最好的"，意思是"在它所属的种类里面是最好的"；"最终的"，意思是"获得了它的目的"。由于 teleion 既被用于作为"活得好"的幸福，也被用于作为"做得好"的幸福，所以把它译为"完全的"或"最终的"都是一种错误。肯尼使用了"完美的"（perfect），他的理由是，该译法能在某些场合下被认为是"完全的"（complete），且在另外一些场合下意为"最终的"（final）或"最高的"（supreme）。既然我们已经有了对幸福两种类型的区分，肯尼的意见就值得仿效。它使得我们可以在当该词被用于作为"活得好"的幸福时，把它作为"完全的"之义，而且，也可以在当该词被用于作为"做得好"的幸福时，把它作为"最终的"之义。

三、思辨：活动还是生活

《尼各马可伦理学》第 10 卷第 7 章，在论证了思辨是 teleia 的幸福之后[①]，亚里士多德声称：

> 由此可得出结论，这（hautē）就是人的 teleia 幸福，如果它遵从一种 teleion 生活（bios）的话……但这样一种生活（ho toioutos bios）对人而言要求太高；因为一个人过这种生活不是由于他是一个人，而是由于他自身中的某种神性的东西。（《尼各马可伦理学》1177b24-28）

这一段落导致很多评论者反对亚里士多德，指责其伦理学始于理解人类之善的目标，却终于一种人类不能去过的生活。按照他们的解读，思辨的生活是不实际的，它不是一个真正的人类目标，而它对人生的兴旺发达而言也不具有重要性。[②] 我们注意到亚里士多德的"活得好"与"做得好"之间的区分的话，这一指控就会开始失去力量。在第 10 卷第 6 章至第 8 章对思辨的讨论中，亚里士多德在区分作为思辨活动的幸福与作为思辨生活的幸福上做了巨大努力。思辨的生活以思辨的活动为特点。但它们不是同一件事，而亚里士多德在那部分文献中所考虑的，是去论证思辨活动才是 teleia 幸福。没能区分思辨活动与思辨生活之间的

---

① 参见 Kenny，*Aristotle on the Perfect Life*，p.16。

② 例如，凯瑟琳·怀克斯（Kathlen Wilkes）评论道："思辨活动不足以被看作人类决定性的表现活动：它不仅不是神的唯一工作，而且理性的人们也都无法达到如此高程度的深奥、抽象的推论。"［Kathleen Wikes，"The Good man and the Good for Man in Aristotle's Ethics," in *Essays on Aristotle's Ethics*，ed. A. O. Rorty（Berkeley：University of California Press，1980），p.347］托马斯·内格尔（Thomas Nagel）也批评道："简言之，亚里士多德相信人类生活对人们所付之的生命来说不够重要。一个人不仅应寻求超越个人的实际考虑，而且也应寻求对整个社会或人性的超越。"（Thomas Nagel，"Aristotle on Eudaimonia," in *Essays Aristotle's Ethics*，ed. A. O. Rerty，p.12）

微妙区别，很可能是对该文本的各种解释如此对立的主要原因。以下是亚里士多德自己对这一区分的阐述：

> 一个在思辨真理的人，至少就他进行这种思辨活动而言，不需要这样的东西（外在的或社会的善）。它们实际上甚至无可避免地会妨碍他的思辨。然而作为一个人并且与许多人一起生活，他必须选择德性的行为，也因此需要那些外在的东西来过人的生活。（《尼各马可伦理学》1178b2-7）

"就他进行这种活动的实行而言"的思辨者与"作为一个人"的思辨者之间的区分，正是我所称的"思辨活动"与"思辨生活"之间的分别。在另一个地方，这也被表示为"作为一个人"生活，以及"以他自身中的神性的东西"生活之间的分别（1177b27-28），或简单地说，一种在思辨活动（theoria）与思辨者（theorountos，1177a21）之间的分别。思辨活动只是努斯 ["我们身上最高等的部分"（1177a21）] 的运用。一个活着的人除了努斯之外，必定还有一副身体和其他一些灵魂的部分。虽然思辨活动是思辨生活的主要方面，但它不能成为思辨生活的唯一内容。按照1178b2-7（上有引用），它们之间的不同在于，各种善对于思辨活动而言是阻碍，但对于思辨生活而言却是必需。亚里士多德在描述神的时候进一步强化了这一点，神的生活不是别的，就是思辨活动，它不拥有任何道德德性或邪恶。（1178b16-17）而在1178b32-34，亚里士多德引入了另一个区别：思辨活动就其自身而言不需要外在物品，但思辨生活还需要食物和其他必需品。①

---

① 亚里士多德有时用生活的特征来解释一种活动的本质。当他论证"所说的自足必定最属于思考活动"的观点时（《尼各马可伦理学》1177a27-28），他通过比较"智慧者"（ho sophos）、"公正者"（ho dikaios）及"节制者"（ho sōphrōn）等类型的人来对之加以解释，智慧者需要最少的外在条件，但仍是最为自足的。同样的看法也在《尼各马可伦理学》1177b1出现，在那个地方，亚里士多德用了政治家的例子，说明实践活动被认为以一个更进一步的目的为目标，思辨活动则所为自身。这些例子给人以这样的印象，即他是在比较人们实际所过的不同类型的生活。但是，它们显然是被用于解释思辨活动与实践活动的本质的。亚里士多德也说"公正者""节制者""勇敢者"，就好像他们是不同的一样。由于一个公正的人当然也能是节制的或勇敢的，这里的"公正者"也就肯定是对正义德性活动的一种描述。

如果我们记住这一区分，并再一次阅读《尼各马可伦理学》1177b24-28（本部分开头之处有过引用），就会清楚地看到思辨不实际的指责是无的放矢，因为它错误地把亚里士多德对思辨活动的观点当作他关于思辨生活方面的立场。在该段落里，"由此可得出结论"应被解释为："由思辨活动是最完善的幸福得出结论……"。这一观点是他在第10卷第7章之第一部分的主题，1177b24的"这"（hautē）应该是思辨活动，在那个地方，亚里士多德刚把它论证为 teleia 幸福。他用了虚拟语气，说如果思辨活动可以被当作一个人生活的完整（teleia 在这一背景中应该被认为是"完整"之义）内容去追求，它或可对人而言构成 teleia 幸福。然而，根据"作为一个人"生活以及"以他自身中的神性的东西"的生活（1177b27-28）这一区分，这一虚拟情况不可能成为现实。短语"这样一种生活"指的是思辨活动。一种能正常过下去的人的生活不能仅由思辨活动构成。

亚里士多德试图说的是，存在一种最好的活动（例如 theoria），尽管它不能是人类生活的全部内容。当然存在着思辨者的人：阿那克萨哥拉和泰勒斯被作为引证的例子。（1141b3-7）但是，这些人虽然以思辨活动为特点，但他们并不是因思辨活动而定义的，因为他们需要吃、喝，需要处理人际关系。

四、幸福的层级：生活还是活动

在《尼各马可伦理学》1178a8-10，亚里士多德提出了幸福的层级或等级：

> 这（houtos）因此也是最幸福的。另一方面，体现其他种类德性（ho kate ten allen bios）的生活是第二层级幸福的。

如何去理解这一层级一直是争议性话题。术语 bios 是对立观点的一个主要源泉。① 一种观点把它仅仅看作意为一个人的传记式的生活或其模式。② 一个人在各时间段内只能拥有一种 bios。据此观点，亚里士多德在其说法里比较的实际上应该是两种值得过的生活。虽然此处所对立的生活到底是何类型存在诸多争论，更多的评论者似乎正是以此方式来解读的。③ 然而，还有观点认为，bios 既可以指一个人的全部生活，也可以指全部生活的一方面或状态。④ 据此观点，层级应被看作"一个全体生活的两个不同方面"⑤ 的比较。

如果作为"活得好"的幸福与作为"做得好"的幸福之间的区分是站得住脚的，那么，这里被划出的等级不能是两种（过得好的）生活，而应该是两种（发挥得好的）活动：思辨活动与实践活动。在此层级里，bios 指的应为一个全体生活的一种状态或一方面。代词"这"（houtos）在 1178a8 是"最幸福的"的主语，它指的应该是 1178a7 提到的"体现努斯的生活"（ho kata ton noun bios）。这应该是那种一个人所

---

① 在《尼各马可伦理学》里还有另一个希腊文术语也可以被译为"生活"：zōē。然而，zōē 关涉的是各种不同的灵魂力量或构成灵魂的那些能力。

② 参见 John Cooper, *Reason and Human Good in Aristotle* (Cambridge, MA：Harvard University Press, 1975), pp.159-161；John Cooper, "Contemplation and Happiness：A Reconsideration," in *Reason and Emotion*, p.229n14.

③ 惠廷列出了许多种可能："很难确定亚里士多德在《尼各马可伦理学》第 10 卷里倾向于比较的是哪两种生活。他可能是在比较（a）一种纯粹的思辨生活（如不在道德德性上附加独立价值观的生活）与一种不包括思辨的纯粹道德、政治的生活；（b）两种混合的生活，它们中的每一种都既含思辨又含道德德性；（c）一种包括了道德德性但也与思辨有关的混合生活，与一种由于不具思辨而是狭义的德性生活；或者是（d）不受道德德性限制的纯粹思辨生活，与一种包括思辨但所含思辨不及纯粹思辨生活的混合生活。"［Whiting, "Human Nature and Intellectualism in Aristotle," *Archiv fur Geschiche der Philosophie* 68 (1986)］她自己的看法是："在我们可确定这一问题方面亚里士多德说的并不够多。"（同前，第 70-71 页注释 3）。如之前提到过的，布拉迪声称幸福既是整个生活，也在于一种活动，而里夫认为幸福等同于活动。但他们都相信 bios 只能为整体生活。结果是，布拉迪相信层级在于两种具有数量性差异的生活之中，且表现 nous 的生活"指的是既具有本质性方面实践化的又具有特殊性方面理论化的具体存在"（Broadie, *Ethics with Aristotle*, p.429）。而里夫主张，"表现 nous 的生活不是只表现此性质的生活"，虽然他更为谨慎地说被比较的是"一个人生活中仅表现在他之内作为一个人的部分，以及在他之内表现神圣事物的部分"［C. D. C. Reeve, *Practice of Reason：Aristotle's Nicomachean Ethics* (Oxford：Clarendon Press, 1992, p.159)］。

④ 参见 D. Keyt, "Intellectualism in Aristotle," *Paideia* 2 (1978)：145-146.

⑤ 同上书，第 145 页。

过的"不是由于他是一个人,而是以他自身中的某种神圣的东西"的生活。(1177b27)亚里士多德此处不是在谈论有关一个思辨者所过的生活,而是在谈那个人努斯的运用。进一步地,与首要幸福做比较的是"体现其他种类德性的生活"。通过说"其他种类德性",亚里士多德所意指的是实践智慧和伦理德性。由于努斯是属于所有人的,"体现其他种类德性的生活"就必定是思辨活动,亦即体现道德德性的活动,而非一个人的全体生活。① 所以,在被比较的两种bios里,一种拒绝道德德性和实践智慧,另一种则没有把思辨包括在内。如果bios只意味着一种实际上可以过的生活,亚里士多德就把各种可以过的生活必须具有的许多活动排除在外,而比较也就将不再能言之成理。②

当然,思辨活动和实践活动分别是思辨生活和实践生活各自的主要内容。在这样一种派生意义上,活动的层级也可以被说成两种生活的层级。但亚里士多德此处的分析乃是有关思辨活动的,而第10卷第6章至第8章的中心论点却在于表明思辨活动是最好的人类活动。

---

① 实际上,亚里士多德提及了正义、勇气、节制作为其例子,参见《尼各马可伦理学》1177a30-32,1178a9-14,a28-34。

② 博斯托克也相信亚里士多德所比较的是两种活动,但他坚持认为亚里士多德此处有所混淆,因为亚氏"以幸福作为目的而做比较考察的是何种生活是最幸福的,但其比较却完全关注于它们各自的主要活动上面"(Bostock, *Aristotle's Ethics*, p.201)。这里,混淆的一个根源在于,亚里士多德也用理智与人的构成部分的对立来描述这一层级,参见《尼各马可伦理学》1177b29,1178a20-21,1178a10。由于一个"人的构成部分"通常被认为就是整个生活(理智也在其中),"一个具有灵魂的身体包括了理性、感情、感知,以及行为的相互作用",所以我们更容易得出下述结论,认为一个人的生活之组成也就是一个人的总体生活。结果,如许多解释者做出的那样,幸福的层级成了介于超越人的幸福与属人的幸福之间的等级。例如,斯蒂芬·埃弗森(Stephen Everson)评论道:"亚里士多德宣称道德价值是第二位的,是由于他们是人类。从人的角度来说这是最佳的。据此,就算teleion是最好的,它也不是对于人而言最好的。"[Stephen Everson, "Aristotle on Nature and Value," in *Companion to Ancient Thought 4: Ethics*, ed. Everso(Cambridge: Cambridge University Press, 1998), p.98]如果这一读解是正确的,则亚里士多德的问题就不只在于他给我们的是一种不具有实践重要性的最高善,而在于,该最高善并不是人之特性的实现。然而,仔细研读将表明,此处与"人的组合"相关的是"其他种类德性的生活"。理智(Nous)没有被包括在内。换句话说,亚里士多德说"人的构成部分"的意思只包括了非理性部分与实践智慧之联合的狭义含义,理智被排除在外。

五、思辨与道德

或许思辨理论面临的最严重挑战在于它会引起不道德的后果。[①] 鉴于亚里士多德把思辨列为首要幸福，实践活动只是第二位的，也由于他声称人们应该尽量按照理论智慧去生活（1177b31-34），人们可以得出结论说，思辨活动能够以道德为代价而去加以追求。

再一次地，如果我们承认作为"活得好"的幸福与作为"做得好"的幸福之间的区分，这一挑战就可以得到回答。对亚里士多德来说，在思辨活动被虑及的范围内，政治和社会因素都不必然被牵涉其中，它们甚至反而会成为阻碍。尽管如此，在思辨生活中政治活动仍是不可或缺的成分。"既然他是一个人，并且与许多其他人生活在一起，他选择去做优秀的行为；他因此将需要那些帮助，去过一种属于人的生活。"（1178b6-7）道德德性行为会成为思辨活动"妨碍"的原因如下：对任何思辨生活而言，时间和精力都是有限度的，但实践活动与思辨活动不同，结果是，思辨者花越多的时间和精力参与到实践活动中，他可用于追求思辨活动的时间和精力也就越少。尽管如此，一个有生命的思辨者是一个人。他的生物性条件和作为一个社会动物的本性使得只关注思辨活动成为对他来说不现实的事。相反，他需要参与到各种各样的道德活动中去。实践智慧和品格德性对于思辨者作为一个人类的幸福乃是必需的构成。以其他事物为代价去追求作为思辨活动的幸福，会严重损害思辨者的整体生活之幸福。

显然，亚里士多德的思辨者不是一个道德圣人。实际上，由于一个

[①] 如安东尼·肯尼指出的，"解释者之所以拒斥这一理智论立场的主要原因是他们没能寻找到令人信服的哲学立场，而作为亚里士多德的仰慕者，他们也不愿意承认亚氏的成熟伦理学作品会有这样一个奇怪的学说。尤其是他们发现，《尼各马可伦理学》第10卷的思辨主人公是个怪异和令人生厌的人"（Kenny, *Aristotle on the Perfect Life*, p.89）。

思辨者以思辨活动为特点，道德并非其生活的中心部分。然而，由于实践活动对他"过一种人的生活"是必需的，他也就并不是一个会做任何可怕之事去推进其思辨活动的人。那样做，从实际层面来看是不明智的，也会最终累及他的思辨活动。很明显，亚里士多德笔下的思辨者对道德的态度是这样的：道德自身对他的思辨活动不是好的，但它在人的存在论背景下是必需的。它是生活幸福的组成部分。作为一个有生命的思辨者，不能没有道德。这让我们想起柏拉图哲学王的态度。当哲学家被要求回到统治者位置上时，他"不是为了高善（kalon），而是出于必要性（anagkaion）"（《理想国》540b5）。

关于一个思辨者应如何在他的生活里处理思辨活动与实践活动之间的关系，亚里士多德实际上给出过一些意见。在已经得到众多讨论的《尼各马可伦理学》第6卷第13章1145a6-10那里，他说，实践智慧并不是思辨的一个部分，但是实践智慧能够"为思辨做准备"。这暗示了思辨者应最大限度地运用实践智慧去服务于其思辨活动。他应该把各种活动组织到一个有层级的系统内，而在该层级里，思辨活动是其顶点。①

《尼各马可伦理学》第6卷第13章1145a6-10常被认为是在表明，实践活动仅具有一种工具性的价值。在第10卷第7章，作为亚里士多德把幸福定义为思辨活动的主要论证，它被阐述得更为清楚，思辨活动是唯一自身值得欲求的活动，而实践活动为了一个更进一步的目的，且不是因自身之故被选择的。（1177b1-3，b12-18）但亚里士多德的这一立场很难与他在其他地方所说的相一致，即道德德性行为（如实践活动）因它们是德性的或高贵（kalon）的而是为自身之故被追求的（1144a1-2），不为了任何更进一步的原因。甚至在第10卷第6章，他也继续主张，包括道德在内的所有德性活动都因自身之故而值得欲求，"除自身之外别无他求的实现活动"（1176b6-7）。亚里士多德在这里似

---

① 参见《优台谟伦理学》1249b9-21，《大伦理学》1198b18-20。

乎陷入一个长期使评论者们感到困惑的自身矛盾之处。然而，博斯托克说得更为直接："无疑，存在多种消减或解释这一矛盾的尝试，但我们不能假装认为矛盾就没有了。"①

然而，这两种不同的立场并没有构成之前提及的"活得好"与"做得好"区分之间的那样一种对立。对于亚里士多德而言，实践活动和思辨活动有其各自的良好存在状态，都具有被欲求和因自身被欲求的独立理由。实践活动的良好存在状态是为了高尚。它并不依赖于思辨活动，因为思辨考虑的是必然的和不变的事物，而不是那些偶然的人类事物。② 实践活动是实践生活的典型特点，它因自身之故被追求，并被作为核心目标。当亚里士多德说实践活动应当被用作思辨活动的一种手段的时候，他只是在说实践活动的角色及其与一种思辨生活之中的思辨活动的关系。尽管如此，亚里士多德从未说实践活动只因它推进了思辨活动而有价值，他也没说过使思辨成为可能是道德活动唯一所做之事。

实践活动的功用在思辨生活中却有其限度。它只有在实践活动和思辨活动之间不存在严重冲突时才能有效用于后者。③ 如果两者间发生冲突的话，思辨者该如何处理这样一种冲突？亚里士多德并没有在这一点上含混。在《尼各马可伦理学》第 10 卷第 7 章 1178a1-8，他认为思辨者应当选择去过理智生活。这是因为努斯是思辨者的自我。"如果一个人不去过他自身的生活而是去过别的某种生活，就是很荒唐的事。"无疑，思辨活动的价值无可比拟。在 1177b31-34，他说："有些人劝导我们，作为人，要多想人的事，作为有死者，要多想有死者的事。我们一定不能听从他们，而是必须尽我们最大努力让自己不朽，竭尽全力去体现我们身上最好的东西。"如果亚里士多德建议一个思辨者尽量

---

① Bostock, *Aristotle's Ethics*, p.203.
② 参见《尼各马可伦理学》1130b26-29，《政治学》1276b20。
③ 不幸的是，此一冲突的可能性确实存在。亚里士多德告诉我们，在一个好人和一个好的公民之间存在着某种紧张，参见《尼各马可伦理学》1130b26-29；《政治学》第 3 卷第 4 章，1276b20。

追求能使他不朽的思辨活动，隐含的意思也就是，当一个实践活动与思辨活动相冲突时，思辨者应把思辨活动放在首位。不过，这一建议只适用于思辨者。没有证据表明亚里士多德规定实践生活也应该遵循这一论点。

第三编

中国的希腊哲学研究

陈康先生的遗产 *

《读书》2000 年 12 期刊载了刘小枫的文章《这女孩子的眼睛为我看路》，以纪念罗念生先生去世十周年。罗念生先生一生辛勤从事古希腊文学的研究和翻译，享誉国内外，值得我们永远缅怀。

在缅怀罗先生的同时，刘文提到：

> 上朝学界中有一位著名学人，在德国从名师专研柏拉图十年，获得博士学位回国后，马上在一流大学（西南联大）当了教授，1949 年后还移居美国。他留下了什么呢？不过一篇柏拉图对话的汉译及注释和几篇不足以开启柏拉图研究气象的论文。国朝学界的柏拉图研究，并没有在他的薪传下起步。本来，他有足够的学资和时间完成柏拉图对话的汉译，却没有付出这份心血（据说这位大师认为，柏拉图不可译）。……那位柏拉图专家认为柏拉图不可译，何以教柏拉图时仍然用现代的英译？分明是缺乏热情。在大学执教，自然有学生辈，蒙恩的学生自然敬师，于是，这样的学人就成了传说中的大师。为什么国朝学界总喜欢供奉传说的大师？（第53 页）

---

　　*　原载于《读书》2001 年第 9 期。——编者注

虽然没有直呼姓名，对中国希腊学研究略有所知的人一眼便知，这是指陈康先生（又名陈忠寰 C-H Chen）。陈先生是第一个在西方取得希腊哲学博士学位的中国人，回国时已以德文出版了一部大著，另外，陈先生留德 10 年，不是光研究柏拉图，他的博士论文是关于亚里士多德的。他回国的时候，中央大学及西南联大竞相聘请，双方争夺不下，最后达成协议让陈先生一年在中央大学，一年在西南联大。

陈先生 1948 年秋便开始执教于台湾大学哲学系，直到 1958 年，是年陈先生赴意大利参加第十二届国际哲学大会，而后为他当时的亚里士多德研究项目搜集材料而接受埃默里大学（Emony University）的聘请赴美讲授希腊哲学。陈先生不仅是柏拉图专家，更是亚里士多德专家，他的大部分研究精力都是献给亚里士多德的。1940 年陈先生还在柏林时，便以德文出版了 *Das Chorimos-problem bei Aristoteles*（《亚里士多德论分离问题》）一书。1976 年，他又以英文出版了集半生研究心血的巨著 *Sophia: The Science Aristotle Sought*（《智慧：亚里士多德寻求的科学》）。他在 1944 年出版于重庆商务印书馆的柏拉图《巴曼尼得斯篇》，也不是一般意义上的译注。该篇对话原文不足 5 000 字，陈先生的著作则长达 20 万字。他是以注释的形式阐发对柏拉图哲学的中心问题及柏拉图前后期思想发展的研究心得。除此三部以不同文字写成的大著外，陈先生在中国大陆、台湾及西方主要哲学杂志，尤其是希腊哲学的专业刊物发表了相当数量的论文。1985 年江日新、关子尹在台湾编辑出版了《陈康哲学论文》。1990 年汪子嵩、王太庆先生在商务印书馆编译出版了《陈康：论古希腊哲学》。

以我自己对中国及世界希腊哲学史研究状况的了解，陈先生所做的贡献，不仅在中国前无古人，在世界上亦留下了永恒的足迹。在陈先生之前没有任何中国人，像注释孔孟经典般注释过柏拉图、亚里士多德的著作。陈先生用中文发表的希腊哲学研究论文至今鲜有国人超越。20世纪 80 年代中期我在北大听陈先生的学生王太庆先生开设"西方哲学史史料学"。王先生以至少三分之一的课时介绍陈先生的工作，并不时告诫说："中国的希腊哲学虽然建国后受冲击过多，还很薄弱，可陈先生奠定的基石是异常坚固的，其建立的标准是世界性的。多加揣摩，我们是有希望的。"现在王先生亦已仙逝，可言犹在耳。

从世界希腊学术界看，陈先生的德文大著《亚里士多德论分离问题》是迄今为止有关此题目的最详尽的研究。他以"自足"解释"分离"而不同于传统的"隔离"说，创建了一条极有影响的解释路子。"分离"问题是理解柏拉图和亚里士多德形而上学的一个核心点，1984年及1985年两辑的《牛津古代哲学研究》中对"分离"问题又展开了一场大讨论，结果仍是不出传统的"隔离"说及陈先生首先提出的"自足"说。陈先生的英文巨著《智慧：亚里士多德寻求的科学》从哲学角度论证了耶格尔（Jaeger）基于文体评判之上的革命性解释，即亚里士多德哲学不是一个融贯的系统，而是由柏拉图主义发展到经验主义的。这部著作是以发生学解释亚里士多德这一阵营的代表性工作。陈先生自50年代末移居美国至70年代退休，在西方专业杂志上发表了十数篇长篇研究论文，每篇皆掷地有声，至今仍为西方希腊学者阅读参考。近几年出版的希腊哲学专著仍时常引用陈先生的文章便是明证。

至于说"柏拉图不可译"的问题，陈先生1944年应贺麟先生主持的"西洋哲学名著编译会"之邀译柏拉图《巴曼尼得斯篇》，不仅没有拒绝，而且以罕有的严肃对待这项译注工作。其实，陈先生不是说希腊古典不可译，而是指在翻译某些概念、某些语句时，在中文里要做到"信"与"雅"或"义理"与"文辞"并重是不可能的。他认为"信"是翻译的天经地义，"达"是相对于读者的知识水平的，而"雅"只是哲学著作翻译中的脂粉，只有在不妨害"信"的情形下才能讲究。"凡遇着文辞和义理不能兼顾的时候，我们自订的原则是：宁以义害辞，毋以辞害义。'言之无文，行而不远'，诚然是历史上已经验证了的名言，然而我们还要补充以下两句话，即文胜其质，行远愈耻。"[①]陈先生对他

---

① 柏拉图：《巴曼尼得斯篇》，陈康译注，商务印书馆，1982，序第10页。

的翻译哲学进一步解释说：

> 极求满足"信"这个条件的翻译不但时常"不雅"和"不
> 辞"，而且有时还不能避免不习惯的词名；翻译一事的本性造成这
> 样的情形。翻译哲学著作的目的是传达一个本土所未有的思想。但
> 一种文字中习惯的词名，只表示那在这种文字里已产生了的思想，
> 而且也只能表示它。因此如若一个在极求满足"信"的条件下做翻
> 译工作的人希望用习惯的词名传达在本土从未产生过的思想，那是
> 一件根本不可能的事。在这样的情形下，若不牺牲文辞，必牺牲义
> 理；不牺牲义理，必牺牲文辞。[①]

于是我们看到，陈先生说的不是翻译柏拉图"不可能"，而只是在翻译
这样的经典时在某些情形下"不可能"义理与文辞兼顾。对他自己来
说，即使在这样的情形下，也不是"不可译"，而只是要求翻译"宁以
义害辞，毋以辞害义"。陈先生知道他的翻译会被人指斥为"不雅"。可
他坚定地说："这样的指责不是可怕的。最可怕的乃是处事不忠实；为
了粉饰'文雅'不将原文中的真相，却更之以并不符合原义的代替品转
授给一般胸中充满了爱智情绪而只能从翻译里求知识的人们，那是一件
我们不敢为——且不忍为——的事！"[②]

希腊文的文句结构远较现代欧洲文灵活。不同的译者基于对所译经
典的不同理解，会对词句的联合产生不同的看法。而不同字的联合会使
得整个句子产生全然不同的意义。因此，翻译希腊典籍，不只是一个懂
希腊文的问题，而且也要求译者随时表现其对思想的理解。这样的翻译
是真正意义上的再创造。在陈先生看来这样有学术价值的理想翻译，不
仅对不懂原文的读者有用，对懂原文的专家也能有扩充眼界之效。真正
好的中译本要体现出中国学者的独到理解。基于这样的目标，陈先生昂
然说：

---

① 柏拉图：《巴曼尼得斯篇》，陈康译注，序第12页。
② 同上。

现在或将来如若这个编译会里的产品也能使欧美的专门学者以不通中文为恨（这决非原则上不可能的事，成否只在于人为！），甚至因此欲学习中文，那么中国人在学术方面的能力始真正的略著于全世界；否则不外乎是往雅典去表现武艺，往斯巴达去表现悲剧，无人可与之竞争，因此也表现不出自己超过他人的特长来。①

陈先生教书严谨，学问出众，理所当然地深受他的学生们的爱戴。汪子嵩、王太庆先生在他们编译的《陈康：论希腊哲学》一书的"编者的话"中如是写道：

> 陈康先生是我们的老师，……1944 年陈先生在重庆中央大学授课，他译注的柏拉图《巴曼尼得斯篇》于是年正式出版，这本著作使我们耳目一新，为我们打开了哲学史的一个新天地，启发了我们研究希腊哲学的兴趣，……我们面聆先生教益不多，但从课堂里听到的，以及从他的著作中学到的，却深深感到陈先生教给我们的是实事求是、不尚玄虚、不取道听途说、不作穿凿附会的方法，是研究哲学史，特别是研究古典希腊哲学史的一种重要方法。②

在 20 世纪三四十年代回国的学者中，陈先生是比较独特的。那时不少人喜欢谈学贯中西，喜欢创体系，而陈先生恪守他长年在德国训练成的类似于"我注六经"的严谨的治古典学风。在为 1985 年台北联经出版的《陈康哲学论文集》所作的"作者自序"中，陈先生把前一种方法概括为"喜欢姜糖酒油盐倾注于一锅，用烹调'大杂烩'的办法来表达自己集古今中外思想大成的玄想体系"，而对自己遵循的学术方法则做了以下描述：

> 每一结论，无论肯定与否定，皆从论证推来。论证皆循步骤，不作跳跃式的进行。分推论或下结论，皆以其对象为依照，各有它

---

① 柏拉图：《巴曼尼得斯篇》，陈康译注，序第 10 页。
② 汪子嵩、王太庆编《陈康：论希腊哲学》，商务印书馆，1990，编者的话第 1 页。

的客观基础，不作广泛空洞的断语。更避免玄虚到使人不能捉摸其意义的冥想来"饰智惊愚"……摆脱束缚，乘兴发言，是在写抒情诗，不是做实事求是的探讨。作诗和研究，两者悬殊，它们的方法必然不同。

这便是令汪子嵩、王太庆先生这样的前辈心仪并力求推广的哲学史研究方法。陈先生对于真诚治学的中国作者永远是有血有肉的楷模，倒是"国朝学界"以写诗代做学问之风依然很盛，才使得可在雅典演悲剧，可在斯巴达显武艺的陈先生变成"传说"，才使得真正的严肃认真的学风变成"传说"。

我们每个人都有自己的自由去选择与陈康先生完全不同的学风，但是我认为，问题不在于"国朝学界总喜欢供奉传说的大师"，而在于我们如何秉承前辈学人的严谨和谦和。

陈康与亚里士多德

——读《陈康：论希腊哲学》札记之一 *

　　负笈域外，收到汪子嵩先生厚意寄赠的由他和王太庆先生合编的《陈康：论希腊哲学》（以下简称《陈论》）一书，自是别有一番欣喜。汪、王二位做了一件极其有益的事。他们不仅以非常高雅的形式表达了对老师的敬意，而且，尤其重要的是，给中国真正希望懂得哲学的人奉献了一册实实在在的读物。这是一本真正谈论希腊哲学的书，因而也是一本真正谈论哲学的书。

　　陈康先生对希腊哲学的研究主要集中于柏拉图和亚里士多德。欲在一篇评论文字里包含两个如此庞大的学术领域，究非易事。恰从汪先生来信中得知，陈康先生将有一部论柏拉图的著作不久在德国出版。于是我顺水推舟，将目前这本论集中的柏拉图部分留待那部书出来后一并讨论，作札记之二：《陈康与柏拉图》。而这篇文字则主要涉及该集子中关于亚里士多德的论文，并将它们与陈先生 1976 年出版的英文大著 *Sophia: The Science Aristotle Sought*（《智慧：亚里士多德寻求的科学》，以下简称《智慧》）结合起来，以求尽可能完整地展现陈先生在亚里士

---

　　* 　原载于《北京大学学报》（哲学社会科学版）1992 年第 1 期。——编者注

多德学术领域中的工作。

一、研究的历程

20 世纪 30 年代，陈先生在德国师从 J. 施藤策尔（Stenzel）和 N. 哈特曼（Hartmann），学习希腊哲学。哈特曼并非研究亚里士多德的学者。但据陈先生的陈述，哈特曼在 20 世纪复兴了"万有论"（ontology，即"存在论"。我以"存在论"译"ontology"，以"本体论"译"ousiology"。我国通常以"本体论"译"ontology"，这起码在亚里士多德哲学意义上是有问题的），而他对存在论所下的定义乃是亚里士多德方式的德文翻译。这无疑是导致陈先生去研究亚里士多德存在论的契机。

陈先生说："在 1940 年完成《亚里士多德论分离问题》之后，我想对亚里士多德的形而上学做更广泛的研究。那时我是在哈特曼的影响之下的。所设想的计划是将亚里士多德的存在论与他的神学分开，单独进行研究。"① 尔后，陈先生回国执教。关于其研究计划，他接着说："在再次阅读耶格尔（Jaeger）的《亚里士多德》时，我对应用他的发生方法来研究亚里士多德变得深信不疑。结果，我离开哈特曼，转向耶格尔。我对亚里士多德形而上学研究在方法上从系统法转向发生法，在研究主题上也做了扩大，既包括存在论，也包括神学。"②

由此可见，陈先生首先受哈特曼影响，并以系统法研究亚里士多德。这可以确定为他研究过程的第一阶段，以《亚里士多德论分离问题》（以下简称《分离问题》）为代表。所谓系统法，可追溯至古代第一批注释亚里士多德著作的新柏拉图主义者。他们力图说明亚里士多德与柏拉图是相容的，并在此基础上把他的哲学解释成一个各部分都相容的有机系统。

接下来的阶段有些复杂。按前面的引语，陈先生似乎是（1）受哈

---

① 陈康：《智慧：亚里士多德寻求的科学》，前言第 VII 页。
② 同上。

特曼影响，似以系统法单独研究存在论；（2）离开哈特曼，皈依耶格尔，研究存在论与神学。可是，在《陈论》第356页，他写到，由于耶格尔派的人不认识万有论问题，哈特曼派的人又没有经过历史研究训练，以至迄今没有人从发生观点去研究亚里士多德的"万有论"，而他自己则准备着手这一事业。这里未曾提到"万有论"，因而我们说他曾有一个将哈特曼与耶格尔相结合单独研究存在论的时期。代表作乃是《亚里士多德哲学中"哀乃耳假也阿"（Energeia）和"恩泰莱夏也阿"（Entelecheia）两个术语的意义》一文。此外，我们看到，在《从发展观点研究亚里士多德本质论中的基本本质问题》中，他已不再提哈特曼，却专注于发生法。神学已被纳入研究范围，可又不像后一阶段那样作为一个独立部分，而只是作为存在论发展的一个阶段。鉴于此，我想把他40年代回国到50年代初读到J.欧文斯（J.Owens）的著作为止这一段时间概括为他研究历程的第二阶段。这是一个过渡阶段，其特征是，逐渐离开哈特曼和系统法，直至完全信服耶格尔的发生法；研究对象则先是单一存在论，后又扩展到将神学纳入作为存在论的一个阶段。其时陈先生尚年轻，故在上述两篇论文中雄心勃勃，锐气逼人。

值得专门提及的是，这一阶段是陈先生仅有的在中国本土从事希腊哲学研究和教学的时期。正是在那时，培养了《陈论》一书编者汪子嵩、王太庆先生以及笔者在国内的指导教师苗力田先生等学者，从而为中国的古希腊哲学研究事业奠定了基础。

陈先生继续说：

> 几年以后，在台湾我用学术补助费买到一批西方书籍，其中有欧文斯的《亚里士多德形而上学中的存在学说》。这位作者的解释引起我的兴趣，但却不能令我信服。这样，我的研究范围更加明确了：要从发生观点研究亚里士多德的存在学说与关于神的学说的关系。这构成了本书（指《智慧》。——引者注）的对象。①

---

① 陈康：《智慧：亚里士多德寻求的科学》，前言第VI-VII页。

加拿大学者欧文斯于 1951 年首版的经典巨著《亚里士多德形而上学中的存在学说》(*The Doctrine of Being in the Aristotelian Metaphysics*) 反对耶格尔，在新的基础上提出了一种在本质上仍是系统论的归结论解释 (reductionism)。在他看来，形而上学首先是关于"作为存在之存在"的科学。而本体乃是第一存在，所以存在论可归结为本体论；而神又是最高的本体，所以本体论又可以归结为神学。这当然不能为陈先生所接受。可欧文斯那有力的论证使得陈先生所谓的神学是存在论从《范畴篇》到《形而上学》Z 卷发展的一个中间阶段这一观点发生困难，其结果是迫使陈先生将存在论与神学当作两个平等的部分进行考察。这时，存在论不像在第二阶段那样仅限于本体论，神学也不只是《形而上学》Z 卷的内容。这是陈先生的第三，也是最后的阶段。《智慧》一书的出版是他研究亚里士多德的学术生涯的顶峰。

二、分离问题

分离问题是陈先生的出发点。不过，本部分所述并不限于他那同名的博士论文，也包括他以后有关作品中的内容。

分离是亚里士多德哲学中一个极重要的概念。第一，这是亚里士多德批评理念论的中心之点。在《形而上学》1078b30、1986b30 等处，他认为柏拉图继苏格拉底之后寻求普遍，却将它们分离；在 1086b6-7 他更说分离是造成柏拉图理念论困难的主要原因。第二，分离又为亚里士多德自己的本体的重要标准。(参见 Z3，1029a28，1040b28；以下所引之卷数页码，皆指《形而上学》，除非有专门说明) 尤其在《形而上学》第 10 卷 1086b16-19，他说，如果人们不认为本体是分离的，并且是以特殊事物被说成分离的方式，那就会毁坏我们所理解的本体。所有这两点都引起了激烈争论。对于前一方面，最重要的问题是，柏拉图确实如亚里士多德所说的那样将理念分离开了吗？对于后一个方面，最重要的问题是：本体以什么方式与什么相分离？这就是一般所谓的"分离问题"。

在所有这些问题背后最根本性的一点则是究竟什么是"分离"概念的确切含义？对含义的理解不同，对上述两个方面的回答也会不同，甚至截然相反。

陈先生在作博士论文时一下就抓住了这一关键性概念，足见其洞察力。他在历史上第一次详尽发掘了亚里士多德哲学中"分离"一词的各种含义。他列出这位哲学家对该词的十六种用法，并将之归为三大类：存在方面的、定义方面的和认识方面的。然后他进一步证明，在这三类中，分离一词的含义是共同的，而且与柏拉图对该词的理解完全一样，即"自足"（希腊文为 autarcheia，英文为 self-sufficiency 或 independence，德文为 sichselbstgenügendsein）。

在陈先生之前，玛鲍特（Mabbott）在其发表于《古典季刊》（*Classical Quarterly*）1926 年第 2 期（总第 20 卷）上的《亚里士多德与柏拉图的分离》（"Aristotle and the ΧΩΡΙΣΜΟΣ of Plato"）一文中，将分离释成"一种完整的、绝对的隔离（severance）"。也有人，如罗斯（Ross）隐含着分离即自足的意思。[①] 不过，最早以详尽系统的形式将分离释成自足的学者则无疑是陈先生。以后，西方对分离之阐释最有影响的即是"隔离派"和"自足派"。从史料角度看，陈先生堪称"自足派"的鼻祖。

在《分离问题》中，陈先生主要回答了分离问题的第一方面。他的答案是：柏拉图并未将理念与事物分离；亚里士多德所批评的分离的理念论不是柏拉图的，而是学院派的；由此得出《分离问题》一书的结论："在 problem of separation（分离问题。——引者注）上，亚里士多德仍然是一个 Platonist（柏拉图主义者。——引者注），并非如传统见

----

① 参见 William D. Ross, *Aristotle's Metaphysics*, Vol.1（Oxford: Clarendon Press, 1924），p. xci。

解所主张，以为他在这一方面乃是反对柏拉图的。"①

　　这一结论没有产生反响，可陈先生的柏拉图没有将理念分离这一论点却广有同道。相当多的学者认为，柏拉图从感觉对象的流动性出发，断定必然有另一类存在作为知识对象，即理念或相。他一再强调理念（形式）是不变的、永恒的。可这只是说明理念与可感事物在存在方式上的不同。除《巴门尼德篇》前半部分《智者篇》中对"理念之友"的批判这两处外，柏拉图并没有将"分离"与"理念"联系起来。而在上述两处理念论已成批判对象，不能用作肯定论证。因此，亚里士多德事实上是将柏拉图所说的理念与可感事物存在方式的不同误断为理念与之分离。这是不公正的，虽然作为"自足"的分离隐含着"不同"，反之则不然。

　　写《分离问题》时，陈先生还是一个系统论者。多年后，当他已成为发生法信奉者而再次考察这一问题，我们发现他的观点颇有变化。这体现在《亚里士多德的变化分析和柏拉图的超越"相论"》（"Aristotle's Analysis of Change and Plato's Theory of Transcendent Ideas"）一文中。"超越"即是"分离"。他在这里首先认可了柏拉图的"相"即理念是超越的，超越于同名的实例，超越于人心，超越于神心。通过对亚里士多德变化学说的分析，他指出，当柏拉图的"相"作为本体论的形式时，亚里士多德舍弃了他，只接受了后者的作为价值的"相"。② 这在很大程度上修正了《分离问题》的论点。值得注意的是，他在该文从正文到注释都没有再提及《分离问题》。此文发表于1975年，是迄今为止所发现的他关于亚里士多德的最晚作品。

　　他对分离问题第二方面的解答散见于各处。总的说来，他认为前人都没有搞清本体与什么东西相分离。鲍尼兹（Bonitz）等在解释Z3分离作为本体标准时认为它乃是指"在定义上分离"，即与质料分离。而陈先生则指出，这里必须是指形式与次级范畴分离。他命之曰"范畴间

---

① 汪子嵩、王太庆编《陈康：论希腊哲学》，商务印书馆，1990，第246页。
② 参见上书，第402-403页，第416页。

的离在"。

如前所述，陈先生在分离问题上的主要贡献是系统地论证了"自足"说，而与"隔离说"对抗。这两派各有所据，又各有不足。"隔离"派的困难是无法说明定义上的分离。"自足"派的困难则首先在于，分离（chorismos）一词源自"chora"（地点）与"oros"（规定），具有很强的空间意味，将它释成"自足"缺乏训诂根据；其次在于，自足说也很难解释亚氏一再坚持的形式在可感事物之内的观点。而与两派都相关的问题是：分离问题的两方面自身就是矛盾的，能否以一种含义去涵盖？陈先生如何解答这些困难，不甚清楚。

分离问题既重要却又很困难。人们一直为此争论不休，几年前，D. 莫里松（D. Morrison，隔离说的持有者）在与盖尔·法恩（Gail Fine，自足派传人）大战几个回合难分高下后，感叹说分离对亚里士多德是个关键性的形而上学概念。"他为什么从不告诉我们他用这个词的含义？……或许有某种更深层的哲学根据，这种根据无论是法恩还是我都没有透入，而它或许能解释为什么亚里士多德如此经常地使用分离观念却又不阐明它。"[1]分离问题之难，由此可见一斑。

三、耶格尔的发生法

陈先生是耶格尔发生法的坚定的拥护者和实行者。从某种意义上说，不了解耶格尔便不了解陈康。鉴于国内对耶格尔太过陌生，我想在此简略地对他的《亚里士多德：发展史基础》（*Aristotle: Fundamental of the History of his development*）做一介绍会大大帮助我们理解后面所述的陈先生的思想。

耶格尔将亚氏思想的演进分为三个阶段。第一阶段是从他进入学院到柏拉图去世（公元前367—前347年），第二阶段包括他在小亚细亚

---

① 茱莉亚·安娜斯编《牛津古代哲学研究》，第 III 卷，牛津大学出版社，1985，第 173 页。

和马其顿的游历时期（公元前 355—前 347 年），第三阶段主要包括他在雅典吕克昂学院中的教学活动。

学院时期的哲学可以根据《优台谟篇》和《劝勉篇》这两个残篇重构。对残篇的研究是耶格尔的一大贡献。公元前 1 世纪安德罗尼柯（Andronicus）在编《亚里士多德全集》时由于某种原因删去了亚里士多德在当时已公开发表的作品，遂使它们失传。18 世纪，V. 罗塞（V. Rose）第一个将它们留在别人作品中的只言片语收集起来编成集子。可他是系统论者，根据残篇内容与现存作品有异，便断定它们皆系伪作。而耶格尔则确定它们是真作，只是属于亚里士多德青年时代的作品，具有强烈的柏拉图主义倾向。他的观点导致了瓦尔泽（Walzer，德）和罗斯（英）两个新辑本的诞生。

根据耶格尔，《优台谟篇》作于公元前 354 年左右，其中证明灵魂不朽、回忆说等，都是标准的柏拉图学说。《劝勉篇》对"实践智慧"的讨论，也以柏拉图理念论为条件。

《论哲学》可作为第二阶段的最初作品，是亚氏第一次系统表述自己哲学观的宣言性作品。它作于柏拉图死后不久，亚里士多德在里面已开始批判柏拉图。《形而上学》A、B 卷属于该时期。耶格尔发现，《形而上学》里有两处对柏拉图的批判。一处是在 A 卷。亚氏在那里使用第一人称复数（"我们认为"）来表达理念论，说明他认为自己是柏拉图主义者；第二处在 M 卷，却用了第三人称复数（"他们认为"），语气变得具有极强的攻击性。因此，A 卷作于柏拉图死后不久，而 M 卷则作于相当靠后的一个阶段。

在《形而上学》中属于第二阶段的作品还包括 N 卷（批判学院的理念数论）、Λ 卷（不动之动者的学说）及 K 卷的第一部分（1-8）。这些卷构成"前形而上学"（Urmetaphysik），主要研究超感觉之现实。

《形而上学》ZHΘ 三卷以可感本体为对象，显得与上述几卷不合。它们与 M 构成一组，乃是被耶格尔称作"后形而上学"（Spämetaphysik）的核心。

最后，Γ及E等卷是后来插入的，它们力图通过将形而上学定义为关于"作为存在之存在"的科学来调和前面两组中互相冲突的形而上学概念。而这种调和，正如E.1最后一句话所表明的那样，显然没有成功。所以，亚里士多德形而上学中存在着一般形而上学（存在论）和特殊形而上学（神学）的冲突。

伦理学亦可分成"前伦理学"（由《优台谟伦理学》构成）和"后伦理学"（由《尼各马可伦理学》构成）。前者接近《劝勉篇》的立场，将"实践智慧"规定为对最高善之直观；而后者则降到了行动领域。由此耶格尔通过发展方式证明了历来被认为伪作的《优台谟伦理学》的真实性。

《政治学》内容同样有个进程。其中8、9两卷将政治学当作一门规范性科学，与柏拉图相近，与2、3卷构成"前政治学"；而4、5、6等卷则对政治学表现出一种经验观点，与作为导论的1卷构成"后政治学"。

在物理学方面，《物理学》1、2卷为《形而上学》先行，写于柏拉图去世之前。8卷则是最晚的，属于第三阶段。其余各卷以及《论生成与毁灭》、《论灵魂》（第3卷）及《论天》则属于第二阶段。在吕克昂时期，亚氏的主要兴趣是创建实证科学，关于动物学的著作及各种材料收集皆属于这最后时期。

耶格尔断定，从总的倾向看，亚里士多德的发展是从柏拉图主义到实证科学。

耶格尔的著作引起了巨大反响。在德国，施藤策尔和E.霍夫曼（E. Hoffmann）表态支持；在法国，维尔纳（Werner）和罗斑（Robin）等大哲学史家倾心赞同；在意大利，A.卡尔利尼（A. Carlini）和M.金蒂勒（M. Gentile）大加欢迎。在英国，A. E.泰勒（A. E. Taylor）迅即表示赞赏。接着，罗斯虽然认为耶格尔的许多具体论点需要纠正和完善，但肯定总的方法是革命性的，他在以后主持的亚氏全集英译及各种注释本中贯彻了耶格尔的方法。罗斯的支持使耶格尔的地位大为稳固。

此后出现一群又一群向耶格尔挑战的学者，但大家都是在细节上挑毛病，直至 20 世纪 50 年代末，亚里士多德哲学有一个发展已成为共识。发生法在亚里士多德法研究中占统治地位达 30 多年，极大地推进了人类对亚里士多德哲学的认识，使得亚里士多德与现代哲学发展的脉搏更加紧密地相关。

四、本体论的演进

陈先生对耶格尔的发生法赞叹不已，称之为"空前的改革"[①]。然后他认为，耶格尔的研究"只是普遍的，他并未能依着问题研究各部门"[②]。而亚里士多德思想是一部百科全书，很有依这一方法去研究各方面的必要。陈先生选择的研究方面乃是作为亚里士多德思想中心的存在论。

从《陈论》一书收录的他第二阶段的文章看，当时陈先生关心的乃是《范畴篇》与《形而上学》Z 卷中关于本体（ousia，陈当时叫"基本本质"）问题的矛盾以及潜能与现实学说。这些都是存在论中的本体论部分。于是我们可以说，他在那时乃是要用发生法来探索亚里士多德本体论的演变过程。这些文章后来稍加修改几乎都纳入了《智慧》。现在我把它们联系起来做一整体观。

在亚里士多德本体论中存在着一个尖锐的矛盾：他在《范畴篇》中认为，具体事物是第一本体，形式和种是第二本体；可在《形而上学》Z 卷中，形式成了第一本体，具体事物则变成派生的了。19 世纪末，E. 策勒（E. Zeller）在他的《亚里士多德及早期漫步学派》（*Aristotle and the Earlier Peripatetics*）一书中最先详细讨论了这一事实，将此归为一个不可调和的矛盾。原因在于亚里士多德哲学中同时并存着柏拉图主义与反柏拉图主义两种倾向。[③] 尔后，罗斯在《亚里士多德的形而上学》

---

① 汪子嵩、王太庆编《陈康：论希腊哲学》，第 356 页。
② 同上。
③ 参见该书英译本，1897 年伦敦版，第 2 卷第 377 页以下。

（*Aristotle's Metaphysics*）那个长长的绪论中也提到在 ZHΘ 中，"第一本体"的称号已从"可感本体"转移到"纯形式"上。[①]可他只是注意文本注解，未从理论上对发展过程进行探讨。这一工作由陈康先生接过来了。

但在这一问题上，陈先生并未全部接受耶格尔的意见。耶格尔主张亚氏从柏拉图主义发展到实证主义。可是《范畴篇》不可能是晚期著作；它的个体主义学说又与柏拉图主义对立，耶格尔左右为难，干脆否认《范畴篇》是亚氏自己的著作。而陈先生则确定了该篇的真实性并将它放到早期。在他看来，该篇中的本体学说［他后来命名为"个体主义本体论"（individualistic ousiology）］乃是亚里士多德本体学说发展的第一阶段。

在《范畴篇》中，亚里士多德首先提出两条原则：（1）可以表述一个主体或基质（即谓项原则）；（2）内在于一个主体或基质（即内居原则）。按照这两条原则肯定和否定方面的双双结合，事物被分成四类：本体范畴中的特殊（第一本体），本体范畴中的普遍（第二本体），次级范畴（本体以外的其他九个范畴）中的普遍，以及次级范畴中的特殊。在这四类中，作为第一本体的可感事物是最根本的，只有它们是"此在"（这一个）。陈先生解释《范畴篇》的独到之处在于，他确定两条原则皆有逻辑和形而上学两个方面，因而该篇中的个体主义本体论也有逻辑个体主义和形而上学个体主义之分。可在《范畴篇》中两者都是不完善的，逻辑个体主义在解释"某某人"做终极主体就比"某某白"要根本时动用了形而上学的内居原则。形而上学个体主义在解释为什么第一本体比第二本体要根本时则借助于逻辑的谓项标准。两者都将同一命题建筑在异质标准上。究其原因，乃是：在《范畴篇》中，（1）谓项原则太过狭窄，只有第二本体才是第一本体的本质谓项，而次级范畴只是偶然谓项；（2）内居原则也太过狭窄，第二本体不居于第一本体之内。后来，《后分析篇》拓宽了谓项原则，完善了逻辑个体主义；《物理学》和

---

① 参见 Ross，*Aristotle's Metaphysics*，Vol.1，p.ci。

《形而上学》拓宽了内居原则，完善了形而上学个体主义。[①]

陈先生的另一高明点乃是，他虽然认为《范畴篇》中的个体主义是真实的，可同时又为耶格尔主义做了辩护。在他看来，这里的个体主义并不意味着亚里士多德与柏拉图的截然对立。一方面，亚里士多德将柏拉图的一部分理念变成次级范畴中的普遍，让它们内居于具体事物，剥夺了它们的分离特征。这确实与柏拉图对立。但另一方面，他又把柏拉图的另一部分理念变成了本体范畴中的普遍。它们并不内居于个别事物，仍是"自足"的。于是陈先生说，《范畴篇》中的学说与柏拉图的理念论只有"小小的偏离"[②]。这就是说，耶格尔为维护自己的发展图式并不需要否定《范畴篇》。

按照《从发生观点研究亚里士多德本质论中的基本本质问题》一文，本体论演进的第二阶段是《形而上学》Δ卷第8章。在这里本体已由个别物体向形式移动；形式成了"此在"，而且形式与种已经分离。

第三阶段乃是Λ卷的神学。陈先生接受耶格尔的Λ卷先于ZH卷的编年，认为这是"现存的，而且可靠的解答"[③]。在神学里，亚里士多德找到质料，提出了三重本体说，神虽然是不含质料的方式，但却是另一种意义的形式，是个别的。

《智慧》对此重新做了研究。一方面，从个体主义发展看，《物理学》在完善了《范畴篇》的形而上学个体主义后，导向于Λ卷的神学。这是第三种个体主义，陈先生叫"原因论个体主义"（aetiological individualism）。这三种个体主义会合在Γ卷，为重建存在论奠定了基础。可Λ卷将个体主义发展到顶点，却导致它垮台。因为它在提出形式、质料和组合体这三重本质的同时，又让构成元素先于构成物。这两者如结合起来加以发展，便会以形式去取代组合体成为第一本体。[④] 另

---

① 参见汪子嵩、王太庆编《陈康：论希腊哲学》，第302页，第307页；陈康：《智慧：亚里士多德寻求的科学》，第167页以下。

② 陈康：《智慧：亚里士多德寻求的科学》，第172页。

③ 汪子嵩、王太庆编《陈康：论希腊哲学》，第264页。

④ 参见陈康：《智慧：亚里士多德寻求的科学》，第204页。

一方面，从本体标准的角度看，《范畴篇》将"此在"给了具体事物，Δ_8 给了形式。Z_3 则将两者糅合，只是形式是固有的"此在"，具体事物是派生的。而 Δ_8 之所以偏颇是因为那时尚未发现质料。这里陈先生的解释出现了一个困难：从发现质料这一角度看，Δ_8 仍在 Λ 卷之先，可从个体主义发展到本质主义这一总趋势说，既然 Δ_8 已经达到了本质主义，亚里士多德为何又要在《物理学》和 Λ 卷重蹈个体主义？陈先生没有提供解释。不过对于这里的"发现质料"问题，他却专门撰写了《从柏拉图的"接受者"到亚里士多德的"质料"》（"From Plato's Receptacle to Aristotle's Matter"），精辟地勾勒出质料概念的生成过程。此文颇有影响。

最后一阶段是 ZH 卷，在这里《范畴篇》中的顺序倒过来了。形式成了第一本体，具体事物则后于形式。[1] 在《智慧》中，他将之命名为"本质主义本体论"（essentialisti cousiology）。[2]

按照陈先生的解释，Z 是从不同方面去发展本质主义本体论，而 HΘ 两卷则提出了潜能与现实学说，潜能等于质料，现实等于形式。他先分析了"Dynamis"概念，在传统的"能力""潜能"两义上增加了"可能"。可能是无目的的，可以实现，也可以不实现；而潜能则相反。在《陈论》一书关于 Energeia 与 Entelecheia 的三篇文章中，他对这两个概念做了剖析。Energeia 有三种含义：现实（actuality）、活动（activity）和实现（actualization）；并指出 Energeia 与 Entelecheia 在意义上毫无差别。它们的差别乃是在发生方面：Energeia 从动的意义发展到它静的意义，而 Entelecheia 则相反。关于这些概念的辨析充分反映了他对亚里士多德著作的娴熟和过人的分析能力，亦是他所倡导的"论证皆循步骤""分析务必求其精详"这一学术方法的出色体现（这种方法由《陈论》编者在前言中做了精炼的阐述）。此外，他的《麦加拉学派所谓的可能和亚里士多德所谓的可能》一文跟随亚里士多德的论证，

----

① 参见汪子嵩、王太庆编《陈康：论希腊哲学》，第 271 页，第 302 页。

② 参见陈康：《智慧：亚里士多德寻求的科学》，第 252 页。

却得出与之相反的结论。该文为我们提供了一个如何跳出亚里士多德思维模式去阅读其文本的榜样。

最后，在对"现实高于潜能"这一命题的讨论中，陈先生展示了他基于对概念的细微剖析而得出的哲学意义。现实在时间、公式和本体上高于潜能，可只有"在本体上高于"这一意义上，才真正证明了现实（actuality）高于潜能，形式先于质料，也先于个体。这样，本质主义本体论才臻于完美。

通常在确立 Z 卷与《范畴篇》在本体学说上相对立时，总是认定 Z 卷中的形式即是《范畴篇》中当作第二本体的形式，所以是普遍的。可这一点一直有争议。1957 年 R. 阿耳勃里通（R. Albritton）在《哲学杂志》（*Journal of Philosophy*）第 54 期发表了他的经典文章：《亚里士多德形而上学中的特殊本体的形式》（"Forms of Particular Substances in Aristotle's Metaphysics"），列出了大量支持特殊形式的段落和论证，从而掀起了一场关于"形式是特殊的还是普遍的"大争论，迄今仍未结束。尔后人们的注意力普遍从 Z 卷与《范畴篇》的对立转移到了 Z 卷自身的形式概念上。因为如果形式是特殊的，那么它与《范畴篇》便构不成对立，只是同一思想的深化而已。这场争论极大地促进了人们对 Z 卷这一最晦涩之文本的认识。20 世纪 70 年代末，G. E. L. 欧文（G. E. L. Owen）集中了一批著名学者对 Z 卷集中研究，于 1979 年出版了《〈形而上学〉Z 卷注》（*Notes on Book Zeta of Aristotle's Metaphysics*）。该注虽然明确了种种困难，但最终还是想把形式确立为普遍的。可 M. 弗雷德（M. Frede）与 G. 帕奇格（G. Patzig）针锋相对，于 1988 年以德文出了两卷本的《亚里士多德〈形而上学〉Z 卷》（*Aristotles: Metaphysik Z*），将形式确立为特殊的。接着欧文麾下的那批学者又集中研究了 H 卷，在 1986 年问世的该卷注中却又将形式说成特殊的。

由此可见，陈先生的本体论演进说只有在形式是普遍的这个前提下才成立。40 年代初陈先生开始讨论本体论时，特殊形式问题尚未引起重视。不过，在《智慧》中陈先生仍然只将特殊形式限制在 Λ 卷，完全不理会 Z 卷中形式是否普遍的争论。这在客观上有损于他对 Z 卷之解释以及 Z 卷与《范畴篇》关系的阐述的可接受性。这里当然不是列举让普遍形式论者感到头疼的全部证据的地方，仅指出下面这段出自Z10，1035b27–29 的译文就够了："人、马以及以这种方式普遍地应用于个体的词项，并不是本体，而是由被认为是普遍的某个公式与某个质料所组成的复合体。"这里清楚地说明在《范畴篇》中作为第二本体的普遍的人、马在 Z 卷中依然不是本体。

有意思的是，陈先生虽然没有感到对他的普遍形式有加以辩护的必要，却敏锐地感到了上面这段话的奇特性。收在《陈论》中的内容基本相同的两篇文章：《亚里士多德哲学中一个为人忽视了的重要概念》和《普遍复合体——一种典型亚里士多德的实在二重化》即是处理这段话的，他认为这乃是亚里士多德改造柏拉图不彻底的结果。亚氏引入普遍复合体证明了物理学对象的合理性，可却将可感本体二重化了，因而对他的形而上学造成困难。[①] 此论当以一说存之。

五、智慧：存在论还是神学

陈先生对本体论演进的探讨，在《智慧》一书中扩展成对亚里士多德全部形而上学之发展的研究。

在《形而上学》Λ 卷，亚里士多德将他所寻求的科学命名为"智慧"（Sophia，陈先生代表作的书名由此而得）。在 982b9，"智慧"被定义为"对某些原则与原因的知识"。据陈先生分析，这个定义表明：（1）智慧是关于原则即关于普遍者的。从这一方面导向存在论；（2）智慧是关于原因的，从这一方面导向神学。可是，智慧如若成为一门科学，它的对象必须是共同的，或者指向一个共同原则。那么，存在论与

---

① 参见汪子嵩、王太庆编《陈康：论希腊哲学》，第 341 页。

神学之间具有这样的关系吗？如若没有，它们之中谁有资格被称为智慧？由此，对智慧的研究便成为对存在论与神学关系的研究。

耶格尔首次提出，亚里士多德哲学中存在着不能调和的特殊形而上学与一般形而上学的矛盾。然而在陈先生之前的学者中，无论是接受发生法的还是反对发生法的，几乎都不赞同这一结论。如曼雄（Mansion）、伊凡卡（Ivanka）认为超验形而上学是贯穿始终的；阿尔尼蒙（Arnim）、戈尔克（Gohlke）断定超验形而上学只是在最后阶段；欧文斯把"作为存在之存在"的科学规定为一开始即是以超可感本体为对象的；梅尔兰（Merlan）则直接将"作为存在之存在"与神等同；如此等等。现在让我们看看陈先生的见解。

陈先生基本上是以耶格尔确定的著作编年为文本基础。他接受后者对残篇的研究成果，认为在那时"亚里士多德在形而上学上完全依赖于柏拉图"[①]。按照他的见解，残篇《优台谟篇》系亚里士多德思想的开端，其中尚未提到"智慧"这门学科；稍后于它的《劝勉篇》提到了，但未成为专门术语；而到《论哲学》则明确了。这时亚氏的思想开始离开柏拉图的中期理念论，进展到以柏拉图《蒂迈欧篇》为代表的神学。在《形而上学》Λ卷，他虽然提出了"智慧"的两个方面，却又偏离了对普遍的关注，只重原因，而最终原因又是神。Λ卷的原因论与《论哲学》中的神学相关。

陈先生把 K 卷第一部分（1—8 章，1065a26）直接放到 Λ 之后。这一部分包含着类似于 B、Γ、E1 摘要的内容。那托普（Natorp）否决了其真实性，耶格尔则断定其为真实，只是在编年上早于 B、Γ、E1，而非后者之缩写。因此，在 K 卷上构成了那托普–耶格尔对立，双方各有一哨人马。陈先生站在耶格尔一边，认为后者的考证是"令人信服的"[②]。

尽管如此，陈先生对该卷的观点并不同于耶格尔。后者只在其中看到神学，而陈先生则将其第一部分当作"智慧"概念的转折点。该卷

① 陈康：《智慧：亚里士多德寻求的科学》，第 4 页。

② 同上书，第 30 页。

1—2 章讨论难题。其中问题五、七、八、九将智慧等同于神学，问题十则加以否认。因为科学的对象必须是普遍的，而且普遍不是本体；可神却既不是普遍，又是本体。紧接着十一、十二两个问题则将智慧等同于存在论，关于"作为存在之存在"的科学。可亚里士多德一再否认"存在"和"一"是种，如何能有一门这样的科学呢？ K4-6 对此做了论证。"作为存在的存在"不是抽象，而是一切事物在抽去数、物理等方面的属性尽净而留下来的方面。它乃是一切事物的共同指称点（Common referent），因此一门关于存在的普遍科学是存在的。

这样，神学与存在论的差别是明显的。可在 K7 却说科学的对象是"作为存在的存在，是分离的"。分离乃是神学对象的属性。这一术语将两门不同学科的对象糅在一起，成为 K 卷非真作的重要证据之一。持真作说者必须对此做出解释。陈先生为此写了《论亚里士多德〈形而上学〉K 卷第 7 章，1064a29 中的"fou ontos heī on kai chōriston"》。他考证出上述短语中"heī on"中的 on 真实是 menon（常存的）一词的讹写。这一术语只是指神学的，并非将两者混淆。此文被广为引用，被看作对耶格尔主义的一大贡献。

可是在 K 卷中，智慧忽而是存在论，忽而是神学。这如何调和？K7 最后说神学也是普遍的，因为它是在先的。可这种普遍与存在论的普遍不是一码事，两者依然无法统一。由于 K 卷的真作性不定，人们一般不在此上作大文章。迄今笔者未发现有比陈先生更详尽地讨论 K 的学者。无疑，陈先生的解说对于持 K 非真作的人未必会接受，可对于持真作说者，则是极有价值的。

按照陈先生的意思，《形而上学》其他卷乃是展开了各种各样的修正来完善 K 卷的方案，解决它未能解决的矛盾。

《形而上学》M 卷第 10 章修订了知识概念。对个体可以有现实知识，这使神学作为科学成为可能。在此基础上，Λ 卷完成了 K7，1064a33-36 的承诺，确立了一门关于"不动之动者"的科学。

B 卷乃是对 K 卷中难题部分的修订，其目的是排除将智慧等同于神学与存在论中某一门的倾向。Γ卷是对 K 卷中存在论方案的修订，即以"本体"概念去取代"作为存在的存在"作为共同指称点，提出了本体中心论。Γ2 力图让存在论主要地（而不是唯一地，不然就是归结论了）研究本体；而神作为可感本体的终极因也是本体，这样存在论主要地研究神学。Γ3 否决了这一方案，又让存在论与神学平起平坐。最后，在 E1，1026a27-31 又做第三次尝试，将存在论归并为神学，当作神学的一个附加任务。这并未确立两者的内在联系，所以仍未成功。

在 Γ2，本体只是存在的一个神；而在 Z1 中，本体则等同于存在。于是存在论等同于本体论。这是一次调和矛盾的新尝试。按陈先生的意见，亚氏的构思是，如果本体论与存在论等同，而本体论开始于可感本体，终结于不动的本体，则本体论与神学即可归为一体。因而，我们在上一节所述的关于本体的讨论被陈先生纳入这里，作为《智慧》主题讨论的一个阶段。

可这一尝试仍未成功。因为这一理论的中心问题是生成问题。亚氏本来期望通过它将本体论与神学联系起来，因为神是最后的生成因。可本体论并未导向神学，却终止于"现实先于潜能"的命题里，形式是第一本体。生成是潜在地具有形式的，具有目的特征的质料通过内在形式发展成现实。这里不需要终极因。神在这里没有地位。

陈先生于是进一步接受耶格尔关于 E2-4，I 卷，Θ10 后于 ZHΘ 的编年，指出为解决问题，亚里士多德又回到了存在论。本体论讨论了范畴之存在和潜能与现实之存在；E2-3 增加了偶性之存在与真假之存在。Θ10 指出，真假之存在不能用于作为非组合体的神。对于神，需要另外一种真理论。这样，存在论就成为神学的一个导论。"不是作为一门单一学科中一个导论部分以对主要部分，而是作为总的科学导向一门特殊科学。"[1]这当然不能被视为是成功的。陈先生的最后结论是，亚里士多德终究未能建立一门统一的"智慧"科学："神学与存在论都不是智慧。"[2]这

---

[1] 陈康：《智慧：亚里士多德寻求的科学》，第 383 页。

[2] 同上书，第 384 页。

就是亚里士多德形而上学一方面被解释成普遍形而上学，另一方面又被说成特殊形而上学之原因。

六、发生法的命运与陈康的历史地位

显而易见，《智慧》一书处处渗透着耶格尔的影子。它从耶格尔出发，又落脚于耶格尔的结论上，即在亚里士多德哲学中存在着特殊形而上学与普遍形而上学的矛盾。但是，这绝对不能抹杀《智慧》一书的独特价值。第一，耶格尔认为亚里士多德的总趋势是从超验形而上学（神学）发展到普遍形而上学（存在论）；而陈先生则认为，这两种形而上学自始至终都存在。第二，耶格尔的结论得之于文体评判法及由此产生的编年顺序，陈先生则是从哲学本身对亚里士多德形而上学的演进做了探讨。第三，陈先生在此过程中，回答了各种各样的对耶格尔主义的挑战，又在许多环节上提出了一系列独特、新颖的见解，弥补了耶格尔进化图的大量漏洞。陈康先生对亚里士多德的研究乃是该学术领域中发生方法所结出的一个硕果，又是对该方法本身的捍卫和发展。陈康先生是发生法阵营中的重要代表人物。

发生法在领尽风骚后，在 20 世纪 50 年代后期开始衰落。它虽然有着显然的优点，但仍有不可克服的内症。首先，它的一切结论都是靠文体评判来确立年代顺序而提出的。可是，作为其基础的年代顺序极少能让人普遍接受。文本可能后加，也可能被删改。由此导致的结果是，即使是在接受发生法的人中，也是各有各的顺序。如果说发生法在柏拉图哲学中还有大致让人们同意的早期、中期和晚期的基本线索，在亚里士多德身上则缺乏最基本的共识。其次，系统法否认矛盾。发生法比它进步，承认矛盾。可它通过发展来解决矛盾，将本来在同一水平上的矛盾的不同方面放入不同的阶段，结果只是将水平矛盾改为垂直矛盾。这使它在哲学上颇遭非议。

20世纪50年代末，第一个动摇发生法基础的是 I. 杜林（I. Düring）。他通过对残篇、古代传记及生物学作品这三方面的卓有成效的研究，令人信服地指出亚里士多德未曾有过一个柏拉图主义阶段。残篇在内容上与现存作品无多大差别。接着是 G.E.L. 欧文所发动的致命攻击。他指出耶格尔将亚里士多德在学院中的逻辑方面与形而上学方面完全割裂，一方面在亚氏那时提出自己的范畴论和谓项论，另一方面又让他在形而上学上信奉柏拉图，可是从亚里士多德的逻辑中必然会得出反柏拉图的结论。1957年，这两位教授联合召开了国际第一届亚里士多德学术大会，欧文在此会上发表了经典性论文《亚里士多德某些早期作品中的逻辑与形而上学》（"Logic and Metaphysics in Some Earlier Works of Aristotle"），系统地建立了亚里士多德学术研究领域中与发生法对立的逻辑分析方法。耶格尔出席了这次会议，但一言未发，铩羽而返。这次会议及会后出版的由欧文和杜林主编的会议文集《公元前四世纪中期的柏拉图与亚里士多德》（*Aristotle and Plato in the Mid-Fourth Century*）在事实上宣告了耶格尔时代的过去，欧文时代的开始。目下，欧美各国的研究者多为欧文信奉者。

不过，逻辑分析法的弊病也正在暴露。它只是分析比较某一句子、某一段落，不顾及哲学家的整体框架，只见树木，不见森林；它大量运用了现代逻辑和分析哲学术语，把亚里士多德搞成了一个最现代的分析哲学家。我觉得，分析法、发生法、系统法各有千秋。发生法不会因分析法的兴起而退出舞台。要紧的是我们在使用它时应明白它的局限。

陈先生并不是没有注意到分析方法。在他对 K.Γ 卷的讨论中，我们甚至看到他基本上采用了欧文那著名的"中心含义"（focal meaning）的模式。但在总体上，他却不怎么理会分析法学派对耶格尔主义的进攻。如《智慧》一书前言所述，该书虽出版于1976年，但在1967年就交稿了。当时正值发生法已四面楚歌，可陈先生坚持自己的信念，仍一心一意地从哲学上去发展耶格尔的思想。这绝不是门户之见，而是出于坚定的科学精神。

冯友兰与希腊哲学 *

虽然冯友兰（1895—1990）先生并不是研究希腊哲学的专家，可在他的巨著《中国哲学史》①以及《中国哲学简史》②中，他时常把希腊哲学作为比较框架来揭示中国哲学的特征与精神。由于这两部著作对中国思想史的研究转变成一门现代学科有着极其关键的作用，所以冯先生有关中国哲学与希腊哲学间的异同的观点不仅有助于我们理解近代中国哲学家是如何对待希腊哲学的，而且也有益于我们明白希腊哲学在对中国哲学研究的发展过程中起到了什么样的作用。冯先生的观点对于我们这些对中国与希腊比较哲学感兴趣的人更有着特别的价值。本文就是要考察冯先生在这方面的贡献。

通过与希腊哲学的比较，冯先生揭示了中国哲学的两大特征：（a）中国哲学在形而上学／知识论方面相当薄弱，不发达；（b）中国哲学着重于对人生哲学的阐发。这两个特征在今天已经是常识了，可它们到底意味着什么并不如人们所想象的那样清楚。本文的第一部分探讨冯先生是如何论证这两个特征的，然后进一步考察它们是否或在什么程度

---

　　* 　原载于董平主编《浙东学术》第 3 辑，浙江大学出版社，2013。——编者注

　　① 　第 1 卷由商务印书馆 1931 年出版，第 2 卷由商务印书馆 1935 年出版。本文所用版本系《冯友兰选集》上卷，北京大学出版社，2000。

　　② 　麦克米兰（Macmillan）出版公司 1948 年出版。

上真的与希腊哲学对立。本文的第二部分集中讨论特征（a），第三部分讨论特征（b）。在第四也是最后一部分，我将重新审视这两个特征之间的关系。

一

冯先生把他的哲学活动划分成四个阶段：（1）1919—1926年，代表作是《关于人类理想的比较研究》①；（2）1926—1936年，代表作是《中国哲学史》；（3）1936—1949年，以包含其哲学系统的"贞元六书"②为特征；（4）1949年以后，致力于《中国哲学史新编》③的写作。他自己认为，这四个阶段有一贯穿始终的主题，即中国与西方文化的关系，而其哲学活动的中心主旨是要"对这一问题提供总的答案，尤其是对中国传统文化提出全面的解释与估价"④。

哲学，据冯先生的定义，乃是"对人生的系统地反思的思考"⑤。这一定义有三个关键词："系统地"、"反思地思考"及"对人生的思考"。本文第三部分会讨论第三个关键词，而在此处我要评述前面两个。表面看来，对系统化的要求或许会将中国哲学排除在哲学之外，因为对中国哲学的传统指控之一便是"中国哲学缺乏系统"，冯先生对这一传统指控有充分的意识。他以希腊哲学作为范本予以回答。系统可以区分为"形式上的系统"与"实质上的系统"。中国哲学缺乏前者，但是有后者。"形式上的系统，希腊较古哲学亦无有。苏格拉底本来即未著书。

① 这是冯先生的博士论文，英文版由商务印书馆1924年出版；中文版1926年出版，题为《人生哲学》。

② 《新理学》（1939）、《新事论》（1940）、《新世训》（1940）、《新原人》（1943）、《新原道》（1944）、《新知言》（1946）。

③ 人民出版社1964—1989年出版，本文没有讨论《中国哲学史新编》。实际上，除了其《冯友兰学术自传》外，本文没有考虑冯先生1949年之后的工作。

④ 《冯友兰学术自传》，人民出版社，1981，第175页。

⑤ 《中国哲学简史》，第2页。

柏拉图之著作，用对话体……按形式上的系统说，亚里士多德的哲学较有系统。但在实质上，柏拉图的哲学，亦同样有系统。"①中国哲学亦是同样的情况。在冯先生看来，哲学史家要做的工作，是要"在形式上无系统之哲学中，找出其实质的系统"②。

在解释"反思"的意义时，冯先生借用了亚里士多德"思想的思想"这一表述。③这一借鉴并不十分合适。即使我们把亚里士多德表述的特有意义放在一边，"思想的思想"的字面价值也应是二阶反映，而对人生的"反思地思考"仍是一阶的。尽管如此，冯先生以希腊哲学阐明中国哲学的意图是很明显的。

冯先生认定哲学有三个分支：人生哲学、宇宙哲学及知识论。④每个分支又可进一步划分为二：宇宙哲学包括本体论与宇宙论；人生哲学包括（狭义的）知识论与逻辑。这三重划分是希腊化时代哲学的标准结构。冯先生也承认他的划分与希腊哲学结构间的关系。⑤在希腊化时代哲学的划分中，物理学（包括形而上学）研究自然与宇宙；伦理学涵盖意义广泛的实践哲学，包括政治学。逻辑学的范围，不同的学派有不同的说法。对斯多葛学派而言，逻辑不仅包括今天意义上的逻辑学，而且也包括知识论、对语言的研究及修辞学。而伊壁鸠鲁学派则把逻辑局限于知识论。

据冯先生的判断，在这三重划分中，中国哲学不把知识论当作中心关注。逻辑学亦未曾得到发展，除了名家外，少有人有意识地对思想辩论之程序及方法之自身提出研究。⑥他认为希腊哲学和中国哲学都区分了无限与有限。可是希腊哲学重有限轻无限，中国哲学则与此相反。理由在于，中国哲学强调直接的、主观性的把握；中国哲学家"惯于用名

---

① 《冯友兰选集》上卷，第13页。
② 同上。
③ 参见《中国哲学简史》，第2页。
④ 参见《冯友兰选集》上卷，第5页。
⑤ 同上。
⑥ 参见上书，第11页。

言隽语、比喻例证的形式表达自己的思想"。尽管他们的表达方式不够清晰，可他们在清晰程度上的不足在暗示方面得到了补偿。"一种表达，越是明晰，就越少暗示……正因为中国哲学家的言论、文章不是很明晰，所以它们所暗示的几乎是无穷的。"①

再者，冯先生说："中国哲学家，又以特别注重人事之故，对于宇宙论之研究，亦甚简略。"②这一陈述虽然不算错，但有些含混。按冯先生的说法，对宇宙的研究有广义与狭义之分。广义的包含本体论（对存在的本体及现实元素的研究），狭义的研究宇宙的生成与历史（即宇宙论）。③他的意思是指中国哲学在本体论上简略还是在本体论及宇宙论上都简略？

由于中国哲学在宇宙论上的丰富是显而易见的，冯先生的意思必定是中国哲学在本体论（形而上学）上薄弱。④其实，在波苔（Bodde）对冯先生《中国哲学史》的英译本中，上述所引句子中的"对于宇宙之研究"直接就译成了"形而上学"。我以为波苔在这里是对的。正是在知识论/逻辑学的领域，西方哲学建立了诸多精致的理论而中国哲学则未能赶上。不过，冯先生又声称："因中国哲学家注重'内圣'之道，故所讲修养之方法，即所谓'为学之方'，极为详尽。此虽或未可以哲学名之，然在此方面中国实甚有贡献也。"⑤

由以上讨论，冯先生的观点可以归结为以下两个命题：

（1）中国哲学在形而上学/知识论/逻辑学方面薄弱；
（2）中国哲学在伦理学方面颇有贡献。

---

① 《中国哲学简史》，第 12 页。
② 《冯友兰选集》上卷，第 10–11 页。
③ 参见上书，第 6 页。
④ 参见《中国哲学史》第 1 卷，波苔译，普林斯顿大学出版社，1952，第 3 页。
⑤ 在冯先生之前，新儒家梁漱溟在其奠基性著作《东西文化及其哲学》（1921）中已经在比较中、印、西三种哲学传统后下结论说中国文化的专门特征是其关注于道德完善。

这两个特征后来为多人响应，已成常识。① 冯先生把特征（1）看成中西哲学间的对立，不过他没有在特征（2）上也持这种看法（这在下文会变得更加清楚）。在他之后的不少学者则向前跨一步，把两个特征皆看作中国与西方的对立。中国哲学主要关注实践事务，这是老生常谈。而中国哲学之缺乏形而上学追求的兴趣这一点已成为许多人认定中国哲学不是真正的哲学的一个主要理由。② 亦有一些负有盛名的比较哲学家认为，欠缺形而上学追求的理论兴趣正是中国思想与西方哲学的中心差异之一。③

尽管这两个特征众所周知、影响甚广，可每个都包含着不少问题。让我们来考察冯先生是怎样阐述它们并为之求证的。我们尤其感兴趣希腊哲学在他论证这两个特征时起了什么样的作用。

二

如果中国哲学在形而上学思辨及知识论上比较薄弱，其原因是什么？我从冯先生的零星论述中归结出以下三条：（a）中国哲学不是为知识自身而寻求知识④；（b）中国哲学不清晰地区分个体与宇宙⑤；（c）中国哲学侧重人类事物⑥。

---

① 这是 E. 策勒（E. Zeller）的印象："熟知中国哲学文献的学者告诉我们说其哲学极不适于哲学；而其最深奥的系统，老子的道家，与其说是哲学，毋宁说是一种神秘主义；而孔子据其自述是'述而不作'并笃信宗教，他更是一道德教师而不是哲学家，对形而上学问题没有什么理解。"［E. Zeller, *Outlines of the History of Greek Philosophy*（London：the Thormmes Press，1997），p.2］

② 例如，G. E. R. Lloyd, *Demystifying Mentalities*（Cambridge：Cambridge University Press，1990），p.124。

③ 冯先生亦提到了中国与希腊哲学背景的一些根本差异，如地理上的（《中国哲学简史》，第16页）、经济上的（《中国哲学简史》，第18–19页）。不过，它们都太过笼统，缺乏说服力。

④ 参见《冯友兰选集》，第9、10页。

⑤ 参见上书，第10、11页。

⑥ 参见上书，第11页。

最后一个原因可以撇在一边，因为它设定了哲学关注在量上是确定的。一旦一定数量的注意给予了人类事物，就没有太多留给形而上学了。可这不可能是真的。我们只需要指出，在希腊哲学中形而上学与伦理学都得到了长足的发展，并且在发展过程中互相促进。

第一个理由，即中国哲学不感兴趣于纯理论知识，是广为认可的。[①] 这一点也为《论语》中的下列段落所证实："子不语：怪、力、乱、神"（7：21），"未知生，焉知死？"（11：12），"未能事人，焉能事鬼？"（11：12）。这些文本根据说明对超越人类生活的领域不感兴趣，将讨论局限于人类实践关注的界限之内。

不过，这一理由本身是令人困惑的，需要进一步的理由来解释。为什么中国哲学对纯理论兴趣或缺？在其《形而上学》开头，亚里士多德说："人出于本性而求知。"在这一句子中，"知"（eidenai）是完成时态的不定式，指的是一种自我意识的知的状态，亚里士多德把知识分成三类：为生活所必需的，为了娱乐的，既不是为生活所必需的也不是为娱乐的。第三类知识是为了知而寻求知，是出于人类对自然的困惑、惊异。我们对那些既不为生活所必需也不为娱乐的事物感到惊异，并期望对它们做出解释以便去除困惑，避免无知。正是这种根深蒂固的对澄明知识状态的渴望，人类才发展了形而上学。在柏拉图的《理想国》中，哲学家正是由于思辨善的形式的欣喜，才非常不乐意成为王。在亚里士多德伦理学中，思辨生活被列作第一幸福，与被列作第二幸福的社会伦理生活相比较。很显然，无论在柏拉图那里还是在亚里士多德那里，追求纯理论知识都被看作人类所能取得的最好的生活。那么，亚里士多德的"人出于本性而求知"的观点怎么会不适用于中国人？是因为中国人没有"求知的自然欲望"，还是亚里士多德的人性观不具普遍意义？

冯先生提供的第二个理由，是中国哲学在个人与宇宙之间无明晰分界线。由此出发，他对中国哲学的性质提出了一个重要观点。他坚持认

---

① 例如，Joseph Needham, *Science and Civilization in China*, Vol.2（Cambridge：Cambridge University Press），p.12。

为，尽管中国哲学在形而上学方面薄弱，不是超验的，可它并不只是关于这个世界的。如果我们只是说中国哲学是"入世"的哲学或认为儒学只是关于道德事务而不涉及宇宙，那是很肤浅的。其实，中国哲学的主旨是，既不是完全入世，也不是完全出世，"它既入世又出世"[①]。换言之，形而上学方面较弱的中国哲学亦关注高于道德价值的价值。

可中国哲学是从哪里获取这一出世的维度的？人们自然会认为宗教是源泉，可冯先生明确地拒斥了这一观点。在他看来，中国文化没有宗教，儒学也不是宗教。尽管中国人有超越当下这一现实世界的渴求，但他们是通过哲学而非宗教来表达及满足这种渴求的。"哲学在中国文明中所占的地位，可与宗教在其他文明中所占的地位相比拟。"[②]

但这样一来，有一个问题就立即出现了。我们正在力图理解中国哲学为什么欠缺形而上学追求，可现在中国哲学却被说成满足了中国人对更高价值的追求。我们很自然地要奇怪，究竟是什么样的哲学提供了这一"出世"的维度？冯先生提供了以下解释。一个人能够取得的最高成就是变成圣人，并且"圣人的最高成就是个人与宇宙的同一"[③]。对儒学而言，日常处理人际关系事务不仅是做"社会的公民"，而且也是做"宇宙的公民"。因此，"出世"这一维度是在"天人合一"中取得的。这是最高的精神层次，也叫作"天地境界"[④]。

以上表明，冯先生诉诸天人合一来解释中国哲学中形而上学与知识论的薄弱状态。这一解释有若干问题。第一，说中国哲学没有个体与宇宙的分界，这一观点本身需要解释。确实，许多中国哲学家认为，人心与宇宙享有同样的现实。"德"这一术语的原义即是"得"，而"得"的源泉是天道。德是天道在人身上的体现。《中庸》第一句明确地说："天命之谓性，率性之谓道，修道之谓教。"只是原本天赋的性仅仅是一种

---

① 《中国哲学简史》，第 8 页。

② 同上书，第 1 页。

③ 同上书，第 6 页。

④ 《冯友兰学术自传》，第 233 页。

潜能，必须得到发展与实现。这是一个修炼的过程，包括对人心的知识及对天的知识的发展。冯先生自己也认识到，"中国哲学认为，'天人之际'是哲学的主要对象"①。如果这是对的，那么我们必须思考"天"是什么，我们如何与它联系起来，以及我们究竟怎样与之"合一"。

第二，"天人合一"不仅被用来解释为什么中国缺乏形而上学，而且还被用来解释为什么中国人尽管欠缺形而上学，但仍然渴求超越这一世界的更高价值。可以追求超越这一世界的更高价值正是"形而上学"的本义所在。虽然"形而上学"这个词是由安德罗尼柯（Andronicus）发明以用作一集文稿的题目的（这一文集在亚里士多德著作序列中被置于有关物理世界的著作之后），可这一位置的安放亦有其哲学理由，亚里士多德非常清楚地说，第一哲学的研究对象高于物理学的对象。②

有一种可能的回答是，中国宇宙论的超越是内在的。这似乎也正是冯先生所意指的。他说，即使是已经取得最高精神境界的人，"他的生活就是一般人的生活，他所做的事也就是一般人所做的事。不过这些日常的生活，这些一般的事，对于他有不同的意义。这些不同的意义，构成他的精神境界，天地境界。这个道理，借用《中庸》里边一句现成的话说，是'极高明而道中庸'"③。中国哲学有丰富的内在宇宙论，这一论点是为许多学者所持有的④，尽管它亦引起诸多争议⑤。不过即使我们仍认可这一点，我们依然不清楚为什么内在超越会导致形而上学追求的欠缺。人与宇宙的连续性并不意味着我们不应思考宇宙自身是如何运作的。亚里士多德的第一推动者理论（神学）也是一类内在宇宙论，这是因为第一推动者是作为欲望与思想的对象而推动事物的，而且它既是秩

---

① 《冯友兰学术自传》，第 213 页。

② 参见《形而上学》1026a1–22。

③ 《冯友兰学术自传》，第 233 页。

④ 参见尼·韦伯：《中国的宗教》，纽约自由出版社，1951，第 235–236 页；Marcel Granet, *La pensechinoise*（Paris：La Renaissance du Livre，1934）；Needham, *Science and Civilization in China*，Vol.2。

⑤ 参见 Michael Putte, *To Become a God: Cosmology, Sacrifice and Self-divinization in Early China*（Cambridge，MA：Harvard University Press，2002），p.118。

序的作者也是秩序自身。①神学则仍是"第一科学"②或"第一哲学"③。

最后，由于天人合一的命题被用来解释形而上学兴趣的欠缺，冯先生必定相信中国宇宙论与中国伦理学间的紧密联系。在这方面有众多学者持相同立场，我们在前面提到过，不少学者认定中国哲学缺乏形而上学，可不否认中国哲学有丰富的宇宙论。当我们把这两种立场放在一起时，结果便是："中国的宇宙论不是形而上学"。那么，它们之间的差别到底在哪里？中国伦理学怎么会有一宇宙论的基础可却不对形而上学感兴趣？

冯先生把"本体论"定义为"研究'存在'之本体及'真实'之要素者"，把狭义的"宇宙论"定义为"研究世界之发生及其历史，其归宿者"④。可他没有解释这两种研究（同属于广义的对宇宙的研究）为什么有这样的根本差异，以至于中国哲学有很强的宇宙论却只有微弱的形而上学。

在当代哲学中，"形而上学"这一术语极其含混，边界不清。可希腊哲学既具有丰富的宇宙论传统也具有丰富的形而上学传统，可以用作清晰的参照系。亚里士多德是第一个力图清晰地区分这两个领域的哲人。在《形而上学》第 6 卷中，理论科学分成数学、物理学及神学。物理学是研究运动的可分的对象，神学则关注不可动的可分的对象。神学被说成第一哲学，其对象高于物理学的对象。可是，从这里开始，亚里士多德的图像就不再清楚了。神学既是亚里士多德的自然哲学（《物理学》第 8 卷），也是其形而上学的部分（《形而上学》第 7 卷）。物理学与形而上学的区分并不相应于《形而上学》与《物理学》这两部书之间的区分。他的以《物理学》为题的论著涉及众多形而上学问题，其内容与《形而上学》有诸多重叠交错之处。在《形而上学》第 1 卷第 1—2

---

① 参见《形而上学》第 12 卷第 7 章及第 10 章。
② 《形而上学》1026a29。
③ 《形而上学》1026a24, 31。
④ 《冯友兰选集》上卷，第 6 页。

章，亚里士多德说他正寻求的智慧是关于最初原因及原则的，可《形而上学》1.3 则清楚地表明最初原因是四因，而四因说正是《物理学》的关键部分。更为重要的是，他的"形而上学"概念也是含混的。除了"神学"之外，形而上学也叫作"作为存在的存在的科学"。由于存在是科学的，科学是关于一般的存在的，而神学的对象是关于不可动的可分的事物的，我们便有了历史久远的有关存在的科学与神学能否统一成一门科学的大争论。我的意见是，存在的科学研究作为范畴的存在与作为潜能－现实的存在，代表了亚里士多德形而上学研究的两种中心关注，即现实的基本要素问题和世界的运动问题。潜能与现实是《形而上学》第 8、9 卷的主题，而《物理学》第 3 卷第 1 章则把运动定义为"某种特定潜能之实现"。可见，亚里士多德力图定义形而上学与物理学各自的领域，却未能清楚地区分它们，斯多葛学派哲学家们则干脆把传统形而上学置于其"物理学"分类之下。

从亚里士多德形而上学的结构来评判，中国哲学没有一种把"存在"当作范畴的研究。把存在当作范畴，与主谓项关系的结构相联系。可是，中国宇宙学与亚里士多德对潜能／现实的研究相近。如果这一点可以成立的话，我们就不能随便地说中国哲学缺乏形而上学。我们必须认定欠缺的是什么类型的形而上学，而且在什么意义上它是薄弱的。[①]

三

人生哲学是中国哲学关注的中心。按冯先生的说法，这是中国哲学的第二个重大特征。他把哲学定义为"对人生的系统地反思的思考"，也说明他是赞同这一趋势的。那么，人生哲学到底是什么意思？

---

① 冯先生在《新理学》中提供了一个答案，我们在第四部分会提到这一点。

通常的理解是把它看作伦理学。不过，说中国哲学注重伦理学未免太过平常。冯先生的意思，更为具体地说，人生哲学是旨在改造人的品性的伦理学。它追求道，而圣人之道是"内圣外王"。"哲学的任务是使人能发展这种品性。"① "哲学研究不只是要获得此类知识，而且也是力图要培育形成这种品性。哲学不只是一种要知道的东西，而且也是一种要被经验的东西。"② 这一论点使冯先生相信，一个哲学家的哲学是很个性化的，紧密地相联于他自身的人格与品性。它在很大程度上依赖于一个哲人的主观思辨与"视野"，尽管研究者本人并不一定意识到其哲学受其人格影响的程度。

"人生哲学"，按这种方式来理解，抓住了中国哲学的一个重大特征。孔子在回答不同学生所问的同一问题时，不是提供一般性的定义或答案，而是对不同学生给出不同的答案。这是因为，对孔子而言，一种伦理学的答案应当把提问者的动机、品性即环境等因素都考虑进去，以帮助他去培育、改变品性。《老子》的作者已经指出不同的人对道家学说会有不同的反应。"上士闻道，勤而行之。中士闻道，若存若亡。下士闻道，大笑之。不笑不足以为道。"③ 这里，哲学是改进人性的途径，哲学思考同时也是一项训练德性的事业。孟子同样也相信哲人与其哲学间的紧密联系，"颂其诗，读其书，不知其人，可乎？"④

冯先生也意识到这种意义上的人生哲学并不只属于中国哲学。他赞同性地引用了金岳霖先生的以下观点："中国哲学家都是不同程度的苏格拉底。……他的哲学要求他必须在生活中体现它。他自己即是其器。按照其哲学信念生活乃是他的哲学的一部分。"⑤ 冯先生经常说中国哲学力图解决的问题是要实现"内圣外王"，而这一理想"相似于柏拉图的

---

① 《中国哲学简史》，第 8 页。
② 同上书，第 10 页。
③ 《老子》第 41 章。
④ 《孟子·万章下》。
⑤ 《中国哲学简史》，第 10 页。

哲学王"①。我们在后面会回到这一与柏拉图哲学王的对比。在这里要明确的一点是，冯先生明白他对"人生哲学"的理解在希腊哲学中是能找到相似者的。

这一观点无疑是正确的，众所周知，苏格拉底改变了哲学的历程，因为他把哲学看作实践的事务而非理论的研究。② 在这样做的时候，苏格拉底不只是指哲学要寻求实践知识，更进一步，哲学要关注人的灵魂。他宣称他具有来自德尔斐神谕的使命，而他做哲学的目的是要做牛虻去刺激唤醒雅典人。在"未经考察的生活是不值得活的"这一名言中，要考察的是"生活"，而不是"知识"或"命题"。③ 对于亚里士多德来说，伦理研究的目的不是仅仅获得理论知识，而是要把一个学生变成一个更好的人。"我们现在的讨论不与其他部门一样，是为了思辨；我们考察的目的不是要知道什么是美德，而是要变成善，不然，我们的研究便要变得无用了。"④哲学作为生活方式的思想在希腊化罗马时代更为显著，自身的宁静、不受纷扰（ataraxin）是斯多葛学派、伊壁鸠鲁学派及怀疑派共同的目标，虽然每一学派对如何达到这一目标各有其不同的处方。

哲学是生活艺术的观点为古代希腊哲学及中国哲学所分享，可在现代西方却衰落了，鲜有闻之。1947年冯先生在欧洲参加一个学术会议时注意到这一差别。他报道说，西方哲学家们研究枝节的钻牛角尖的问题，可对安身立命的重大道理却不置一词。"哲学家们忘记了哲学的责任，把本来是哲学应该解决的问题，都推给宗教了。"⑤冯先生在半个多世纪前注意到的也正是当代西方哲学的主流。哲学在今日已变成大学中的一门理论学科，已经远离生活的方式。

---

① 《中国哲学简史》，第9页；《冯友兰选集》上卷，第10页。

② 参见西塞罗：《论证》第4卷，第10—11页；亚里士多德：《形而上学》978b1—3，《动物的部分》642a25—31。

③ 在其《中国哲学史》有关孔子的一章中，冯先生提到了苏格拉底与孔子之间的一系列相同点，可却没有提到两者都倡导哲学是生活方式的思想。

④ 《尼各马可伦理学》1103b27—29。

⑤ 《冯友兰学术自传》，第225页。

在西方学界，P. 哈多德（P. Hadot）在其《什么是古代哲学？》一书中阐明了古代世界的哲学与现代大学哲学之间的本性上的不同。在哈多德看来，哲学思考在古代希腊意味着要采用一种特定的生活方式并将之付诸实践。"哲学学派主要对应于对一种生活方式及存在方式的选择：这种选择要求个体改变生活的方式，转变自身的存在，并最后欲求于融合并生活于这种方式。"① 哲学是"一种生活着的哲学，是一种改变一个人之生活方式的练习"②。相比较之下，现代的哲学致力于理论思辨，追求知识的逻辑完美性。"在现代，哲学学派的观念只是令人想到学说倾向或理论位置。"③ 它纯粹是理智的，并不涉及人的生活方式。

对中国人生哲学的这种理解确实是极有意义的。④ 在我看来，"哲学是生活方式"这一观念是古代（包括希腊与中国）与近代西方之间的区别，而不是东西方之间的差别。冯先生抓住了中国哲学的一个根本特征，并将之与希腊哲学联系起来，比较遗憾的是，冯先生并没有以这一特征为中心来展开其对中国哲学史的叙述，也未能对中国与希腊的人生哲学进行系统的比较。

在指出中国哲学专注于人生哲学时，冯先生强调，"在这方面中国可以贡献良多"⑤。这是很有洞见的预测。近来，哲学作为生活方式的观念似乎在经历一场复兴。除哈多德外，A. 内哈马斯（A. Nehamas）、M. 努斯鲍姆（M. Nussbaum）、J. 库柏（J. Cooper）等哲学家一直在努力使这一概念复活并在我们这一时代的哲学中占据一席之地。这是哲学未来的一个令人兴奋的发展方向，由于这一观念在中国传统中有丰富的资源，探索这一资源无疑会极大地丰富"哲学作为生活方式"这一观念本身。进一步，正如冯先生所言的那样，这是一个中国哲学能贡献于当代

---

① Pierre Hadot, *What is Ancient Philosophy?* （Cambridge, MA: The Belknap Press, 2002）, p.3.

② 同上书，第 249 页。

③ 同上书，第 98 页。

④ 其思想在其博士论文《关于人类理想的比较研究》中。

⑤ 《冯友兰选集》上卷，第 11 页。

争论与复兴的领域。这也是一个中国哲学与希腊哲学的研究能做出杰出贡献的领域。

四

中国与希腊关于人生哲学的比较把我们带回到本文第一部分冯先生所揭示的中国哲学的两个特征。中国哲学致力于人生哲学，可在形而上学及知识论上薄弱。与此对照，希腊哲学倡导作为生活艺术的哲学，可却建立与发展了形而上学、知识论与逻辑学。换言之，希腊哲学主张作为生活方式的哲学，可却不与其形而上学及知识论方面的兴趣相冲突。事实上，希腊人生哲学在其形而上学中有着坚实的基础。于是我们便被引导到人生哲学与形而上学的关系问题上，也被引导到这两个特征的关系问题上。中国哲学有人生哲学，却欠缺形而上学。这意味着其人生哲学缺乏坚实的形而上学基础，那么，这一欠缺是否对其构成问题？

让我们先看看在希腊哲学中人生哲学是如何与形而上学相联的。当苏格拉底把哲学从对自然的研究转向对人生的研究时，他跟孔子一样，对形而上学缺乏兴趣。在《申辩篇》中，他重复声称他不知道死亡是一件好事还是一件坏事。他对灵魂是否有死后生命不置可否，而且也不关心。尽管如此，尽管苏格拉底影响巨大，但在他之后的希腊哲学并不只局限于伦理学。柏拉图相信苏格拉底"关注你的灵魂"这一声称必须有一个关于灵魂的理论来解释，他也相信苏格拉底"美德即知识"这一命题也必须有一个关于知识对象性质的理论才能得到理解。因此，我们关于如何生活的实践知识应当由关于形式（理念）世界的理论理解所支持。正是为了这一目标，柏拉图引入并论证了种种形而上学对立面，如本质与现象、普遍与特殊、灵魂与肉体、理性与情感、存在与变化、知识与意见、事实与价值、本体与属性等。对亚里士多德来说，要知道幸福是什么，一个人必须知道人的功能（ergon），即理性。幸福是体现了德性（优秀）的理性灵魂的活动。功能与事物的"是什么"相联（因而也相联于本质与定义）①，与自然及目的因相联②，亦与现实（energeia）相联③。因此，亚里士多德的幸福理论与德性理论为他的形式/本质理论、潜能现实理论及灵魂理论所支撑，它们亦与神学紧密相联。因为第一幸福是思辨，而思辨是神一直享有而我们人类能偶尔享有的活动。对斯多葛学派来说，尽管他们有多种关于其哲学三部分如何相联的说法，但其一个中心论点是，伦理学需要物理学（包括形而上学）来提供关于自然的知识，克里斯普（Cehrysippus）说："物理思辨之被采用，不为别的，只是为了区分好的与坏的事。"④

以上的简略回顾让我们看到，我们需要一种形而上学理论来阐明并论证一种生活方式，确立选择它的理由，及表明实现它的途径。而我们一直在讨论的中国哲学的两大特征，如果确实是真实的话，恰恰暴露了中国哲学中形而上学理论与哲学生活是分离的。由于冯先生相信宇宙理论为人类生活提供了舞台，他显然是伦理学自然主义者。他有两条进路可以选择来处理这一问题：

（a）修改并强化传统上薄弱的中国形而上学；
（b）引入一种新的形而上学。

冯先生选择了第一条进路。与他的诸多同时代人一样，他有一种强烈的使命感，要在面临西方的挑战时复兴中国传统文化。他相信，中国传统哲学在逻辑上是可以得到论证的，只是传统哲学家们未能说明它。他想做的是借助西方哲学重构中国传统哲学，使其理性化，更富论证。尽管直观性、启发性是中国传统哲学的特征，但冯先生说："我认可直观的

---

① 参见《气象学》390a10-12；《政治学》1253a23-24；《形而上学》1032b2，1035b34-35；等等。
② 参见《论天》286a8，《优台谟伦理学》1219a7。
③ 参见《形而上学》1050a21。
④ 普鲁塔克：《论斯多葛的自我矛盾》1035c-d。

价值，但并不将之作为一种哲学方法。"①他坚持哲学应当像科学一样理性，并且理性分析与推理是真正的哲学方法。

冯先生自己的哲学系统包含在"贞元六书"，尤其是《新理学》中。该系统采用逻辑分析的方法重新考察中国哲学的术语与命题，其目的在于为中国人生哲学提供坚实的形而上学基础。②他的哲学尤其是与宋明儒学中的理学相联，因为他认定朱熹是最理性的哲学家。他声称他的哲学是在"接着"而不是"照着"程朱理学讲。更清楚地说，他是通过把逻辑分析引入传统的宇宙论，力求厘清中国传统思想中的混淆与矛盾之处，重新定义传统术语与概念，重构它们之间的逻辑联系。

根据冯先生自己的总结，他的形而上学有四个中心命题，涉及四个中心术语：理、气、道体、大全。"新理学认为真正形而上学的任务是提出这些概念并解释它们。"③对"理"概念以及它与"气"的关系的分析是中心。冯先生认为，理与气都不是如宋明儒学所断定的那样是现实的物，它们乃是为心灵所认识的客观逻辑存在。"理"不是为时空所限的物，它是使一个事物成为那一事物之理。它是现实事物存在的形而上学根据，在本体论上先于"事物"。一切理的综合是"太极"。气不是现实事物，而是使每一事物质料化。最后，一切事物过程的综合是"道体"，而涵包一切"有"的全体乃是"大全"。

与"大全"的理智及精神上的结合，是新理学的最高哲学收获。这不是一种神秘的宗教经验，而是一种对现实的哲学洞见。取得这一境界的人是圣人，是中国传统哲学中"内圣外王"境界的现代版本。

冯先生的新理学是一个极其精致与深邃的系统，是中国哲学与西方哲学相碰撞而结出的硕果。它一直是学界感兴趣的话题，亦引起了诸多争议。本文无意进入这一理论的内部详情。不过，我想指出两点，它们

---

① 《冯友兰选集》上卷，第7页。

② 冯先生在这方面并不是孤单的，另一著名的新儒家熊十力先生亦力图建构德性的形而上学基础来复兴儒学。

③ 《三松堂全集》第5卷，第154页。

都与本文的主旨密切相关。第一，他的新形而上学深受希腊哲学影响；第二，他的形而上学并不能支持他所倡导的生活方式。具体解释如下。

新理学显然受到了许多西方哲学理论的影响，其中亚里士多德与柏拉图的理论的影响极为突出。冯先生在自传中说他在哥伦比亚大学最初学习柏拉图形式（理念）论时，感到颇为困难，不太懂柏拉图的观点，即形式是可知的却是不可见的，而个别事物是可感的却是不可知的。后来，冯先生不仅相信自己明白了柏拉图，而且通过柏拉图对朱熹的哲学取得了更好的理解。[①] 新理学很大程度上是在借鉴柏拉图与朱熹的基础上建立的关于普遍的一种现实主义理论。进一步，他对气的分析也与亚里士多德的质料概念相似，并且亚里士多德的潜能现实理论也在冯先生的理论中起了重要作用。

冯先生所构建的形而上学原本是为了证明其人生哲学。他的人生哲学在本质上是儒学的道德生活。可其形而上学则是各种不同的哲学承诺的综合。然而，不同的生活方式需要不同的形而上学基础。于是我们要问：他的形而上学怎么能够成为作为生活方式的中国哲学，尤其是儒学道德生活的基础？据冯先生的观点，圣人既是出世的，又是入世的，这样的人物既表达了超验的价值，又生活在这个世界上，在儒学社会道德范围之内。冯先生认为，他的圣人可比作柏拉图的哲学王。[②] 可在柏拉图哲学中，哲人与王之间是有张力的，且张力恰恰就在出世与入世之间。在柏拉图的哲学中，理想城邦的可能性取决于哲人是否成为王，或国王是否为哲人。《理想国》设计了一个严格的教育方案来训练哲人，以使他们能变成统治者而实现社会公正。在其教育旅程的终端，在观照了善的形式后，哲学家们为形而上学理想所吸引，不乐意回来履行他们的社会职责。"毫不奇怪，到达这一地点的人不会乐意去让人类事物缠身，他们的灵魂总是向上仰望，渴求在上面度过时光。"[③] 上方即是形式

---

① 参见《冯友兰学术自传》，第 237、349 页。

② 参见《中国哲学简史》，第 9 页。

③ 《理想国》517c–d。

（理念）世界（《理想国》519c），最后，他们不得不在压力下回到社会。尽管如此，这样一位哲学家回来统治时，他把这一职责"不是看成在做一件崇高的事，而只是在做一件不得不做的事"[1]。可《理想国》本来是要说明正义自身即是好的。我的理解是，柏拉图力图表明在道德要求与理智优秀的追求之间有根深蒂固的矛盾。[2]最好的生活是思辨善的形式而不是社会道德生活。在柏拉图（以及亚里士多德）哲学中，为知识而追求知识的精神导致了道德生活与纯理智生活的分离，并且他们把更高的价值给予了纯理智生活。

　　这使人对冯先生的形而上学产生困惑。他的形而上学带有极重的柏拉图主义色彩，旨在证明儒学的生活方式。而在儒学的生活方式中并无道德承诺与理智优秀间的张力。冯友兰先生自己似乎在这一点上亦颇为困惑。他相信内圣外王的理想（这即是儒学的道德理想）类同于柏拉图的哲学王。可他又认为柏拉图的理想相当于中国哲学中"出世"的道家理想。冯先生对柏拉图的阅读极其深刻、细致。他认识到柏拉图的哲人是不愿意变成国王的，因为这涉及哲人自身的重大牺牲。然后冯先生说："这也是古代道家所持的理想。"[3]他甚至引用了《吕氏春秋》中的一个故事。该故事说，一个道家圣人不愿做王，跑到一个山洞躲了起来。人们不得不用烟将其熏出来，逼他就位。"这是柏拉图与古代道家间的相似处，它亦表明了道家哲学的出世特征。"[4]如果是这样，那么冯先生构建的形而上学，虽然本来是为了证明儒家生活方式，可结果却成为道家生活方式的基础。

---

[1]　《理想国》517c-d。

[2]　关于这一释读，参见拙文 "Justice in the *Republic*：An Evolving Paradox," *History of Philosophy Quarterly* 17，2（2000）：121-141。（此文收入本文集第一编。——编者注）

[3]　《中国哲学简史》，第9页。

[4]　同上。

第四编

孔子与亚里士多德

"述而不作"何以成就孔子？ *

子曰："述而不作，信而好古。"① (《论语·述而》)

这句话让我们联想到苏格拉底说过的一句话"我自知我无知"。另外，我提出——但并不想深究其细节——的是要认真对待孔子宣称的传承经典，而不是天真地以为他真的是"述而不作"，就像我们不能天真地以为苏格拉底是一个无知的人那样。②在对苏格拉底的研究中，关于"我自知我无知"中的"无知的知"是什么，知道的"知"又是什么，

---

* 原文题目为"Transmitting and Innovating in Confucius: *Analects* 7：1"，载于*Asian Philosophy* 22，4：375-386。据余纪元先生介绍，本文的早期版本系分别在中国哲学第17届国际会议（巴黎，2011年7月）、纪念陈荣捷（Wing-Tist Chan）逝世12周年大会（美国马里兰州陶森大学，2011年11月）、山东大学天人讲堂（2012年6月）所做的报告。本文的翻译参考了余纪元先生在山东大学天人讲堂所做的报告，并略有调整。金小燕译，韩燕丽校，译文发表在《孔子研究》2018年第2期。——编者注

① 子曰："述而不作，信而好古。"除非特别注明，本文有关《论语》的翻译主要以爱德华·森柯澜（Edward Slingerland）的版本（Slingerland, 2003）为基础。（英文版）括号里的注释（ways）是我（余纪元先生。——译者注）加上的，因为没有与中国"道"的原始含义对应的词语。源于此，对应"作"的翻译，可以用英文单词 innovate 或者 create、invent等；将"述"翻译成英文 transmit 比较常见。正是因为这样，我沿用了 transmission 的英文翻译，尽管这并不能让人满意。

② 参见 Yu，2007：42。

"知"的含义有多种讨论。① 相比而言，尽管《论语·述而》中的这句话非常有名，在相关的孔子研究中也经常被引用，但很少有文章集中讨论"述"是什么意思，又是在何种意义上与"作"做了对比。

对《论语·述而》第 1 章的研究文献可以找到两种流行解读。第一种观点认为，孔子确实没有做什么，只是把古代的智慧传承下来。例如：葛瑞汉（A. C. Graham）的解释是，孔子将自己看作"对正在衰落文化的保护者和修建者，而不是一个创造者"②。如果这种解释是对的，那么我们就要怀疑这样的孔子如何可能成为中国哲学的奠基人。第二种观点则认为，孔子并不是真的说自己不是一个创造者，只是孔子谦虚罢了。例如：史华慈（B. Schwartz）指出，"孔子不仅是一个述道者，他可能也是一个创造者"③。如果是这样，那么我们就要惊讶孔子为什么要以这样的方式描述自己的活动。

即便是《论语》文本本身，对于我们理解"述 / 作"也提出了挑战。第一，在《论语·述而》中，子曰："盖有不知而作之者，我无是也。"我们如果把这句话与《论语·述而》第 1 章联系起来，可以做这样的理解：孔子还是"作"了什么的，不过他是"知而作"。如此，"述"与"作"的区分界限就变得不那么明显了。第二，同样重要的是，尽管《论语》不是孔子著的，但其思想是孔子的。这本书具有丰富的原创性思想。那么，《论语》中的观点是放在孔子的"述"中，还是放在他的"作"中呢？

---

① 参见 Vlastos, 1985：1–33；Austin, 1987：23–34；Brickhouse and Smith, 1984：125–131；Lesher, 1987：275–288；Reeve, 1989：37–62；McPherran, 1991：345–373。这个名单应该更长。

② Graham, 1989：10. 在他杰出的研究中，葛瑞汉试图反驳这样的一个主流观点：中国思想缺乏对自然、文化、创造概念之间的区分，迈克尔·普特（Michael Putte）认为孔子在《论语·述而》第 1 章的说法是他的一种谦虚表达（Putte, 2001：40），但是他之所以对这一章特别感兴趣是因为这句话被看作早期中国"作"和"述"的争论（The Debate Concerning Innovation and Artifice）。争论源自墨家对儒家认为"作"不好这一观点持有保留态度。普特摒弃墨家对儒家思想有失公允的观点，与此同时，普特的研究明确了这一内容，即《论语·述而》中的这句话在战国时期被看作表达了儒家对传统的过分依赖。

③ Schwartz, 1985：67.

聚焦于《论语·述而》第 1 章，本文将要论证以下三点：（1）对"述/作"关系的理解要与儒家的"孝"概念联系起来。《论语·述而》中的这句话其实是孔子对自身活动的自我描述，也就是描述他做哲学的方式。（2）一般来说，孔子的"述"被看作与他做的古典工作相关。这并没有错，但这也不是"述"的全部。从根本上说，"述"是对"道"的恢复。孔子"述"的内容是"道"，这也就是他传承古典工作的目标。（3）此外，我们主要是通过《论语》而不是他编纂的经典来学习孔子哲学，对"述/作"的准确理解一定要结合《论语》中的思想。

一、"述"与"孝"的关系

"述"的内涵远远要比英文单词"transmit"传达得丰富。中国古籍《说文解字》将"述"解释为"循"。在很多情形下，古籍文本中的"述"看起来都可以做这样的阐释。[①]在现代汉语中，"述"可以理解为"叙述"、"陈述"、"讲述"、"论述"或"阐述"等，最后两个词语可以产生比较高级的创作或原创工作。

在《中庸》中，儒家德性"孝"的定义和"述"是相关的。什么才是"孝"呢？《中庸》第 19 章："夫孝者，善继人之志，善述人之事者也。"如果我们将"孝"的这种解释和孔子在《论语·述而》第 1 章的自我描述联系起来，"述"的深层含义便跃然纸上。也就是，"述"表达了"孝"的德性。

孔子践履"孝"这种德性的对象是谁呢？孔子的答案是天。《论语·八佾》讲："天下之无道也久矣，天将以夫子为木铎。"此处，孔子道德追寻的是天的使命。此话出自一位掌管卫国边界邑的官吏，是他在

---

① 关于"述"在古代文本中是如何使用的，参见 Zhou, 2006：103–105。得以参照这一参考文献我要感谢黄启祥，2012 年 6 月我在山东大学介绍本文的早期版本时黄启祥给予了这个建议。

拜访孔子之后对跟随孔子的弟子所讲。孔子也是这样严肃对待自己的神圣使命的："莫我知也夫！""知我者其天乎！"（《论语·宪问》）对于孔子而言，他的工作就是传天道、兴天道。

在《论语·阳货》第19章，孔子说他不想再说话，但是他的弟子子贡说："子如不言，则小子何述焉？"① 孔子回答："天何言哉？四时行焉，百物生焉。天何言哉？"从这段话中可以得出两点：第一，孔子述的是天道，天是最终的创造者；第二，孔子认为自己是天道的述者，子贡则将自己看作孔子思想的述者。孔子践履德性的活动表达了对天的"孝"，而子贡践履德性的活动则表达了对孔子的"孝"。

因此，孔子将他对经典的传承比作一个孝子做的事情。儿子对父亲最大的孝是对父亲志向、事业、梦想的继承、实现和发扬光大。同样孔子述的天道也是对天的孝。对于孔子而言，他的智力活动是恢复天道，这就是对天尽孝。很快我们就可以看到这一点，在孔子那里，"孝"的含义涉及了延续文化传统和历史传承的义务。

孔子不是唯一把哲学活动与"孝"联结起来的人。孔子与柏拉图的早期对话《游叙弗伦篇》对"孝"（虔敬）的定义殊途同归。在一连串诘问过后，苏格拉底的诘问对象游叙弗伦终于得出"孝"是公正的一部分，"孝"是人类对上帝的侍奉。（《游叙弗伦篇》13d7）什么服务是人类可以提供给上帝的呢？游叙弗伦没有给出明确的说明。如果我们把这一定义与《申辩篇》放在一起，答案就浮现出来了。对苏格拉底控诉的主要罪证是"不孝"。但苏格拉底坚持认为自己的哲学活动就是对神灵的侍奉，自己的问答法就是对神灵的侍奉——提升了对话者灵魂的道德

---

① 对这句话的翻译有所不同。子曰："予欲无言。"子贡曰："子如不言，则小子何述焉？"安乐哲（Roger Ames）和罗思文（Henry Rosemont）的翻译是"如果你不说话，作为您的追随者，我如何寻找合适的方法呢？"（Ames and Rosemont, 1998：208）森柯澜则提出，"如果夫子不说，作为您的学生，我们如何接受指引呢？"（Slingerland, 2003：208）黄治中（Chichung Huang）翻译为，"如果您不说话，作为您的学生，我们应该遵循什么呢？"（Huang, 1997：170）值得注意的是，在这些翻译里，"述"分别被翻译为"寻找合适的方法""接受指引""遵守"。这里有一个令人遗憾的结果，即在这些翻译和《论语·述而》第1章之间的联结模糊。

水平。基于苏格拉底对上帝侍奉的论证，苏格拉底提供的答案就是，进行哲学活动是对上帝真正的"孝"。

对哲学活动与孝的密切联系，亚里士多德也有所表述。在批判柏拉图哲学"善"这一思想时，亚里士多德在《尼各马可伦理学》（i.6，1096a11-16）中说，"孝"要求更加尊重真理而不是尊重你的朋友。他认为"孝"的对象是真理，而不是上帝。践行"孝"这一德性活动是追求哲学的严肃义务，因为追求哲学是为了探寻真理。

孔子、苏格拉底、亚里士多德都把哲学活动和"孝"联结起来，尽管每一个人对"孝"的理解不同，这也反映了他们做哲学的方法不同。苏格拉底通过诘问的方式审查人的信念。亚里士多德更多是通过对前人理论的考察、批判发现真理。孔子则认为从事"孝"的活动就是对天道的传承。

为了更深刻地理解孔子的"述"，让我们关注一下《中庸》第18章对"述／作"做了二分的内容。子曰："无忧者，其惟文王乎。以王季为父，以武王为子。父作之，子述之。"文王为周朝的建立奠定了基础。文王的父亲季凭借其德性品质巩固了家族的地位，文王的儿子武王推翻了商朝建立了周朝。文本中并没有对文王地位的描述，但可以推测他既是一个"述"者，又是一个"作"者。这段话对于之前对"孝"的定义又添加了一个重要的论证。那就是，子"述"是因为父亲已经"作"了，儿子"述"的工作就是对祖先事业、荣耀的继承和发扬。

如果我们把周朝建立的奠基关系应用到对孔子"述／作"的理解，结果是"天"作，孔子"述"。对应于古典文本中文王的地位，孔子的"述"应该包含天道。既然道的创立和保存是通过古典文本展现出来，那么孔子的工作就是追寻其中的智慧，重新诠释、展现并发扬这种智慧。正是由于这一点，孔子对传统进行了透彻的研究和思考。这种"述"确实应该被严肃地看作一种创新，这种创新不是无中生有的创新，不是与历史、外在条件无关的创新，而是必须植根于传统的创新。这种创新是再诠释，再发现，从而加深了对传统道的理解。

我们可以做以下类比：

[a] 父亲作 / 儿子述

[a*] 天和圣贤作 / 孔子述

儿子的"述"将被他自己的子孙进一步"述"。同样，孔子的"述"也将被其弟子进一步传承，传承孔子的训导、孔子的精神。让我们重新回顾一下《论语·阳货》第18章，孔子说他不想再说话，子贡问道："子如不言，则小子何述焉？"[①] 通过这样的问答方式，可以看出，子贡对"述 / 作"的关联有充分的理解。

在此，我想要引入"述 / 作"的关系和"哲学"的古希腊词源意义的比较（爱智慧，philo-sophia）。为什么哲学被称为"爱智慧"而不是"智慧"呢？柏拉图做了以下解释："叫他智慧……对我来说有些过了，这个词对上帝来说正合适。叫他爱智慧的人——一个哲学家——或者类似什么的看起来对他更合适。"[②] 这意味着拥有智慧的是上帝，更为准确地说，我们人类只能追求和热爱智慧。这种诠释可以在"哲学"的词源意义和孔子"述"之间产生一个相似的结构：

[b] 上帝拥有智慧 / 人类爱智慧

[b*] 天作 / 孔子述

我必须强调这个类比只是在形式上而不是在内容上具有相似性，因为苏格拉底对上帝的看法不同于孔子对天和传统的看法。引入这个类比是为了呈现孔子对道的追寻就像苏格拉底对智慧的追求一样，都涉及超越个人之上的一些东西。在柏拉图看来，上帝拥有智慧，我们人类只是在追求智慧的路上；孔子则认为最高的智慧已经运用到传统中，并且个人是

---

① 普特对这句话的评论是，它正确地提出天是创作者。（Putte，2001：50）然而，他继续指出天是真正的创作者，这意味着他通过传统创作地位对圣贤的否定。我同意天是最终的创作者，但在普特的观点里，天与传统经典之间没有真正的张力。

② 《斐德罗篇》278d。

可以弘道的（意思是承继、恢复、发扬）。爱智慧应当被看作一种智慧，尽管这种智慧不是上帝拥有的智慧水平。①同样地，"述"可以被看作一种"作"，尽管这种"作"的水平不是在古典中已显现的天道和圣贤的水平。

由于孔子"述而不作"的宣称，他经常被指责是守旧者或保守派。然而，鉴于孔子对人和较高级实体（the higher entity）关系的分析，事实上他为人类对道贡献的能力留有充足的空间。"人能弘道，非道弘人。"（《论语·卫灵公》）这也就是说，天是"作"者，但是这种"作"需要人类拓展深化，换言之，需要人类"述"这一活动加以呈现。

因此，孔子的"述"无疑也是"作"，只是这种"作"不是从无到有的创造，而是深深植根于传统的"作"。也就是说，他是通过"述"而"作"的。尽管孔子没有创立一整套理论，但是他在恢复、重释、展现古代智慧上做了全新而又重要的推进。对于孔子而言，"作"只有建立在对先贤智慧深刻理解的基础上才能进行，同时，创新意味着对传统基本原则的内涵建构和扩展深化。这是他对传统"孝"的描述，也是对他做哲学方式的描述。孔子思想的哲学本质一直存有争议，一个主要的理由是，即便在西方，哲学仍是一个模棱两可的术语。我们很难通过一种没有异议的、可靠的程序决定何种学问可以算作真正的哲学。然而，如果我们注重或跟随孔子的自我描述，我们应该会有一个不错的起点。

接下来，我将以《论语》具体文本为基础阐述孔子是如何"述"的（或者说是如何进行哲学探讨／理性思考的）。②

---

① 的确，亚里士多德在《形而上学》a1-2中将他追寻的称为"智慧"。

② 本文设想孔子思想的主要研究来源是《论语》。早期儒家其他主要的文本（比如《孟子》《荀子》《中庸》）引用孔子的一些言语是目前《论语》中缺失的内容。对于那些可以帮助我们阐明《论语》中的思想的言语，我们也将引用。

二、"述"与经典的关系

传统观点认为，孔子的"述"与古代经典密切相关，这些经典便是鲁国保存的周文化的基本文本，后来被称为六经。[①]这种观点当然没有错。然而，在上一部分我们已论述过，孔子述的对象是天道，因为他相信经典文本承载着天道，所以他关注经典文本。我们将进一步论证这个观点。

正如第一部分所述，"天"是最终的创新者，也是孔子"孝"的最终对象。但是，尽管"天"命令孔子恢复天道，但它并没有说明道是什么，道在何处。如何理解、践履天道便成为孔子自己的任务。孔子运用的方法是理性（rational）。在孔子看来，传统文化（礼）蕴含天道，礼是周朝礼仪和社会实践最恰当的表达。孔子把天道的衰落和周礼的衰落联系起来（《论语·八佾》第 24 章，《论语·公冶长》第 6 章，《论语·季氏》第 2 章），并且根据性善和人人都可以达到周礼这一预设前提论证了天道和周礼之间的关系。周礼体现的是圣贤之道，这让人们安居乐业、社会和谐繁荣。周文化克服了殷商礼仪的不足，并且具有永恒的价值。（《论语·为政》）"周监于二代，郁郁乎文哉！吾从周。"（《论语·八佾》）

举例来讲，当孔子周游列国讲学经过匡地时，被匡地的人们围困。孔子并没有恐慌，而是平静地说：

> 文王既没，文不在兹乎？天之将丧斯文也，后死者不得与于斯文也；天之未丧斯文也，匡人其如予何？（《论语·子罕》）

---

① 举例，冯友兰评论："孔子所述的内容是周文明。"（Fung，1952：56）六经是：《书经》《诗经》《春秋》《周易》《礼经》《乐经》。这些文本最早作为六经的内容被提及是在《庄子》第 14 章（《天运》）。

显然，孔子将自己看作传统文化的卫道士。重新获得传统文化精神成为恢复天道的一个任务。孔子"述"的目的就是践履传统经典中的天道。也就是说，对经典的"述"即是对天道的"述"。

对经典文本"述"的本质、方法分别是什么呢？孔子自己没有解释他的"述"和这些经典的关联。在《论语》中，他表达过这样一个愿望："加我数年，五十以学《易》，可以无大过矣。"（《论语·述而》）《论语·为政》第21章、《论语·述而》第18章、《论语·泰伯》第20章都谈到过或引用过《书经》（《尚书》）。《诗经》亦是孔子经常讨论的经典。① 尽管礼和乐历来也是孔子论述的主题，但是好像他并没有提及《礼》《乐》。

六经通常被今文经学派看作孔子的作品。然而在现代学者看来六经早在孔子之前就已经存在。② 在《史记·孔子世家》中，司马迁记载孔子编辑了《书经》《礼记》，修订了《乐》，去除重复的内容，选择适于礼仪的内容编纂了《诗经》，并且对《易经》中的十翼做了周密编排。孟子对于孔子的这些贡献说过：

> 世衰道微，邪说暴行有作，臣弑其君者有之，子弑其父者有之。孔子惧，作《春秋》。《春秋》，天子之事也；是故孔子曰："知我者，其惟《春秋》乎！罪我者其惟《春秋》乎！"……孔子成《春秋》而乱臣贼子惧。（《孟子·滕文公下》）

如果孟子所言是可靠的，那我们应该认真对待这段话，至少孔子写作或汇编了六经中的一部：《春秋》。在写作中，孔子使《春秋》体现了他自己的思想，通过重述历史事件为后人建立了道德标准。正是这个特别的理由让孟子突出地使用了"作"这个字。孟子有想到《论语·述而》第

---

① 参见《论语·学而》第15章，《论语·八佾》第2章、第8章，《论语·述而》第18章，《论语·泰伯》第3章、第8章、第15章，《论语·子罕》第15章、第27章，《论语·颜渊》第10章。

② 对孔子和经典之间的联系存在不同的历史观点，具体参见Henderson，1991，特别是其第一章"经典的起源和演变"。

1章的内容吗？这是对其中"述/作"叙述的隐式挑战吗？

孔子对经典究竟具体做了什么工作是有争论的，我们可能永远无法解决这一争论。然而，我们知晓他将自己视作传统文化的拥有者，了解他"述"的工作是为了呈现蕴含在经典中的天道，即便孔子没有创作六经中的任何一部，他对经典做了重要工作这一事实也已然是可靠的。如果说孔子对古时经典的"述"只不过是传承经典，那么在《论语·子罕》第9章中孔子对自我重要性的言论就变得有点怪异了。

三、"述"与《论语》思想的关系

进而，孔子对天道的"述"不是仅仅阐述经典，而是根植于经典、传统做创新式的诠释。尽管这些历史经典对于我们理解孔子的思想不可或缺，但我们并不是通过这些经典来知晓他的观点，而是主要通过《论语》来理解孔子的哲学。《论语》一书由孔子众多弟子编纂而成，但其中主要阐释的是孔子的思想。正是这些思想让孔子成为孔子，使他宣称自己拥有一以贯之的道。（《论语·里仁》）所以，对于"述/作"对比的准确理解必须结合《论语》自身思想进行阐释：孔子宣称他持有一种道，道蕴含在对传统经典"述"的过程中，而这一过程也发展出了他自己的哲学思想。

我认为《论语》思想的展开就是哲学意义上"述"的呈现。《论语》中的这些思想是孔子对经典文本中智慧的理解、反思和运用。哲学意义上的"述"是以孔子对经典的编辑（"述"）为基础的。孔子自己也说过："温故而知新，可以为师矣。"（《论语·为政》）孔子是一个老师，他也将自己看作以这样的方式成就自我，因此我们有理由相信这句话就是在描述孔子。"温故"相当于文本意义上的"述"，借用古老思想的"知新"过程相当于孔子哲学思想的生成过程。

《论语》的内容表明孔子提炼了历史经典的主要思想和观点。通过赋予历史经典新的含义，孔子"述"了这些思想和观点，通过重新诠释，孔子丰富发展了这些思想和观点。传统经典文本构成了孔子哲学思考的土壤。接下来，通过集中讨论《论语》最为重要的核心概念——天道、德、仁、君子，我将详细阐述孔子是如何对古代智慧温故而知新的。

孔子的使命是恢复天道。(《论语・八佾》) 道和天道概念的存在先于孔子。在周朝早期，天是宗教崇敬的对象。公元前 12 世纪，天命被用来证明周朝推翻商朝的合法性。这意味着天有自己的意愿，可以发出命令。到了春秋时期，天命和天道可以互用。[①] 天有天道，人有人道。孔子的使命是恢复天道，故而孔子引入天和道的概念作为其伦理学的核心思想。

在《论语》中，德是一个非常重要的概念。孔子强调他关注的主要内容是修德(《论语・述而》第 3 章)，尽管获得德性并非易事(《论语・子罕》第 18 章，《论语・卫灵公》第 13 章)。德的词源有一个漫长而又复杂的历史进程。"德"曾出现在甲骨文中，指来自精神力量(psychic power)，拥有德的行为者可以影响、吸引其他人，尤其是拥有仁德的统治者以此可以赢得百姓，而不是使用武力。德的词根和"获取"或"获得"相关。统治者的仁德力量来源于天，与天命密切相联。因此，天是统治者德性的源泉。然而，德并不是永恒的，它可以增长也可以消失。有德之人必须保持德性、滋养德性。在周的甲骨文中就频繁警示统治者必须敬德，这就需要统治者品行端庄，履行宗教义务。如果统治者没有很好地敬德，天命就不会再支持他在人间的统治。除了精神力量之外，德还和精神力量所需的属性诸如善、义务等相联。逐渐地，德演化为不再只是统治者的特性或品质，同时也可以适用于官员、祖先和普通人。在春秋时期，德的含义被延伸到和道德行为有关。[②]

---

① "天道"和"人道"这两个词语在孔子之前的《左传》里就已出现，参见 Zhang,1989：12-13。

② 参见 Zhang，1989：337-340。

在《论语》中，孔子保留了德是统治者拥有好品质的最初含义。以德为政的统治者譬如北辰，"居其所而众星共之"（《论语·为政》）。但是，孔子认为德的这一含义适用于每一个人。根据古代敬德的思想，孔子提出了修德。如同为了成为一个好的统治者必须要滋养自己的德一样，一个人要想成为一个好人或者成为他希望的样子就必须修德。

仁是孔子伦理学的核心概念，也是一个古老的词语。对经典文本中仁的含义，学者们有不同的解释。一些学者认为，在《诗经》里，仁的最初含义是"男子气概"[1]。另一种截然不同的观点认为，仁是周朝贵族的专用词语，"像英文中的高贵（noble）一词一样，涉及使人类得以延续的一些独特的高贵品质"[2]。陈荣捷提出，在古典文本中仁是"善的一个特别用法，特指王对臣民尽的仁慈"[3]。

《论语》保留了仁和仁慈或情感之间的联结。确实，仁的一个主要方面是"关心他人"（《论语·颜渊》）。正是因为这个特性，仁可以解释为"爱"或"仁爱"。然而，《论语》将此进一步推进，提出仁爱始于孝爱，这归因于孝对家庭来讲具有特别的伦理意义。"孝弟也者，其为人之本与。"（《论语·学而》，此句出自有子）家庭之爱是培育仁的基础，也是促使人成为君子的根基。孝爱可以逐渐地扩展到其他人。（《论语·学而》第6章）另外，孔子对仁和贵族家庭的传统关联做了调整。在孔子那里，仁已经演变为一个好人具有的综合品质，换言之，每一个人都可以通过修德成仁。

孔子进一步将仁和礼联结起来："克己复礼为仁"（《论语·颜渊》）。这种联结和孔子的观念相一致，即仁通过礼仪呈现其内容。周朝拥有德性的典范，礼是指周朝的社会礼仪以及由礼而生的一整套社会实践方式。（《论语·泰伯》第20章）此外，周礼之所以有德性，是因为天命赋予。因此，"复礼"则为仁，等于恢复德或者道。

---

[1] Lin, 1974—1975：178—179.

[2] Graham, 1989：19.

[3] Chan, 1955：295.

通过修德成为一个好人或有德性的人，也叫君子。君子的字面意思是"天的儿子"。与标识贵族品质的仁转化为普通人的品质一致，君子也由专指王公贵族转化成拥有道德之人的称谓。

道、德、仁、君子这些概念具有内在的联系。天有天道，世间万物也有自己的道。每个事物的德性体现了天道，而事物的德性则是使其成为其自身的东西。个人的生活之道也遵从天道。天道在人道上的呈现是人类的德性。修德可以让一个人的生活遵从人道，从而也就服从了天道。因此，孔子对道的信仰和追寻等同于对德的培养和发扬。(《论语·子张》第2章）道德是古代哲学家常用的建构词语，但孔子认为人修德的目标是成为仁人。孔子发展了不同于古代的德性理论，其中"德"和"仁"可以互换。换句话说，"仁"的理论是孔子德性理论的变体。有德之人便是仁者，也叫君子。孔子宣称"吾道一以贯之"（《论语·里仁》）。学者对"一以贯之"的诠释和理解有所不同。然而，能够肯定的是孔子认为自己提供的是一套伦理思想，而不仅仅是孤立的道德箴言。

这些由传统经典演化而来的概念以及概念之间的内在联系，构成了孔子伦理学的框架。毋庸置疑，这只是一个框架，或者一个提纲。值得一提的是，亚里士多德也认为自己的伦理学仅仅提供了一个梗概。① 他的理由是伦理学研究的问题不会像数学那样精确，对伦理思想的理解更多地依赖当事人经历的具体事实以及他所处的场景。② 孔子也有类似的理由认为自己仅仅提供了一种伦理学框架。"举一隅不以三隅反，则不复也。"（《论语·述而》）孔子试图让弟子能够做到举一反三，让他们自己进一步把细节研究详尽。

以上论述表明了孔子是如何用旧瓶装新酒的：如何借用古代上层社会的概念重新赋予它们新的内涵。通过"述"，孔子从编辑文本中建构了他的伦理框架。这一框架的纲要原来是一种德性伦理学。根据其框

① 参见《尼各马可伦理学》1094a25，1098a21，1176a31，1179a34。
② 参见《尼各马可伦理学》1094b11-27，1098a26-1098b8，1103b26-1104a11。

架，孔子伦理学关注的是追寻人道，即如何成为一个好人。并且，遵从天道的生活方法应该通过修德来实现（成仁）。关注应该如何过好的生活、如何修德、如何拥有德性的生活，恰好是当代德性伦理学的特征。

随着德性伦理学在当代的复兴，学者们已经意识到孔子伦理思想的德性伦理本质。在这里我想要强调的是，孔子德性伦理学是对古代智慧"述"的结果。事实上，当代德性伦理学可以说既是旧的又是新的理论（旧是因为它曾经是古希腊和古代中国运用的主要方法，新是由于直到20世纪下半叶才得以复兴）。借用孔子所讲的，德性伦理学的复兴其实是对古代传统的一种"述"。

参考文献：

Ames，R. T. & Rosemont Jr，H.，1998. *The Analects of Confucius*. New York：Ballantine Books.

Austin，S.，1987. "The Paradox of Socratic Ignorance（How to know that you don't know），" *Philosophical Topic* 15：23–24.

Brickhouse，T. C.& Smith，N.，1984. "The Paradox of Socratic Ignorance in Plato's *Apology*，" *History of Philosophy Quarterly* 1：125–131.

Chan，W.-T.，1955. "The Evolution of the Confucian Concept Ren，" *Philosophy East and West* 4：295–320.

Fung，Youlan，1952. *A History of Chinese Philosophy*，Vol. 1. Princeton，NJ：Princeton University Press.

Graham，A.，1989. *Disputers of the Tao*. La Salle，IL：Open Court.

Henderson，J. B.，1991. *Scripture，Canon，and Commentary*. Princeton，NJ：Princeton University Press.

Huang，C. trans.，1997. *The Analects of Confucius*. New York：Oxford University Press，1997.

Lesher，J. H.，1987. "Socratic Disavowal of Knowledge，" *Journal of History of Philosophy* 25：275–288.

Lin，Y.-S.，1974–1975. "The Evolution of the Pre-Confucian Meaning of *Ren* and the Confucian Concept of Moral Autonomy，" *Monumenta Serica* 31：172–204.

McPherran，M.，1991. "Socratic Reason and Socratic Revelation，" *Journal of History of Philosophy* 29：345–373.

Putte, M., 2001. *The Ambivalence of Creation*. Stanford, CA: Stanford University Press.

Reece, C.D.C., 1989. *Socrates in the Apology*. Indianapolis, IN: Hackett.

Schwartz, B., 1985. *The World of Though in Ancient China*. Cambridge: The Belknap Press.

Slingerland, E. trans., 2003. *Confucius Analects: With Selections from Traditional Commentaries*. Indianapolis, IN: Hackett.

Vlastos, G., 1985. "Socrates' Disavowal of Knowledge," *Philosophical Quarterly* 35: 1-33.

Yu, Jiyuan, 2007. *The Ethics of Confucius and Aristotle: Mirrors of Virtue*. New York and London: Routledge.

Zhang, D., 1989. *Key Concepts in Chinese Philosophy*, trans. Edmund Ryden. New Haven, CT: Yale University Press.

Zhou, Y., 2006. "An Examination of the Original Meaning of 'Transmitting rather than Innovating'," *Theory of Journal* (*Chinese*) 1: 103-105.

德性：孔子与亚里士多德 *

　　本文的目的是要比较亚里士多德的德性（aretē）概念与孔子的中心概念"仁"（这一概念在英文中也译作"德性"）①，以揭示它们在什么程度上是对应的。由于在当代亚里士多德主义德性伦理学的复兴中，人们区分"伦理学"与"道德学"②，故这一主题具有其当代意义。孔子一直

　　* 　原文题目为"Virtue：Confucius and Aristotle"，载于 *Philosophy East and West*，48，2（1998）：323—347。译文由余纪元翻译，刊于牟博主编《留美哲学博士文选：中西哲学比较研究卷》，商务印书馆，2002。——编者注

　　① 　"仁"在英文中有许多译法，包括"humanity""benevolence""love""virtue""manhood""authoritative person"等。理雅各（James Legge）称之为"完整德性"。但他也承认："我们无法为此词找到种统一的译法"（Legge，1966）。有鉴于此，在本文的英文中我对"仁"这个概念采取译音的方法。"德性"希腊文为"aretē"，英文一般译作"virtue"或"excellence"，但"virtue"似乎更为通译。因此，本文英文中一律译为"virtue"（德性）。

　　② 　参见 Williams，1985：6。这两个术语原来的含义是一样的。"伦理学"（ethics）是希腊词 ethikos 的直译。而"道德"（morality）出自拉丁词 moralis。moralis 是希腊词 ethikos 的拉丁译法。在目下流行用法中，"道德"乃是指这样的理论，它研究主体的行为及其后果，并力图构建可普遍适用于一切道德行为的合理道德原则或规则：这种理论强调"义务"和"道德权利"，并对道德主体采取"无主体观点"。这种意义上的道德指近代道德系统，主要是功利主义和康德义务论。这些近代道德系统一直是现在反理论及反道德运动的攻击目标。威廉姆斯（Williams）甚至声称，这样的道德，"没有它我们可能活得更好些"（同前，第 174 页）。而"伦理学"则是指这样的学说，它关注行为者的品格，或行为者是一类什么样的人，并把主体看作植根于文化传统之中，它的中心概念是"德性"或"优秀品格"，并把个人承诺、联系及深层信念当作主题严肃对待。根据这样的理解，伦理学概念要比道德广得多。伦理学与道德的区分本质上是德性与道德的区分。反道德的运动力图以德性伦理学取代道德。这一趋势被描绘成"从道德到德性"（Slote，1992）。

被看作一个主要关心伦理学或道德学的哲学家。现在人们将伦理学与道德学区分开，于是我们不禁要问孔子属于哪一边。一直当作德性来理解的仁应当被看作与道德学对立的那种德性吗？我希望下面对德性与仁这两个概念的全境式比较不仅可以获取交互理解，而且有助于把孔子的思想引入当代德性伦理学的框架中。

一、结构相似性

"德性"（virtue）一词出自拉丁文 virtus（vir 原义为"须男之气"）。中世纪拉丁译者以此词翻译希腊文的"aretē"。希腊文"aretē"的原义亦是指优秀的大丈夫品格。而"仁"一词在早于孔子的典籍《诗经》中也用来描绘高贵的狩猎者。有些学者由此推断，"仁"在一定意义上也是指"男性气概"，或"须男之气"。① 果然如此，则仁与德性即使在字根上亦具对应性。

但差别很快就出来了。"仁"这个字由两个组成部分："人"与"二"。它所指向的是人与人之间的联系。正是这一意义体现在孔子的下列基本学说中，即一个人通过学习成善而成仁人。在雅典哲学中，德性（aretē）与"最好、优秀"（aristos）相联系，意为一种事物之好（故亦译作"优秀"）。亚里士多德认为，一件事情的德性（或优秀）与该物所特有的功能（ergon）相联系。② 一物之功能乃是指为该物所特有的活动或其特定标志。③ 一个有德性的 X 乃是一个出色地实施了其功能的 X。对人来说，德性乃是与人的功能相关的优秀或好。正如亚里士多德所

---

① 参见 Schwartz, 1985: 75。

② 参见《尼各马可伦理学》1139a17。本文在此后之后，凡引亚里士多德原文只注页码，无前缀的都来自该书。

③ 对亚里士多德来说，一种功能是一物之目的（《论天》286a8-9，《动物的部分》694b13-15，《优台谟伦理学》1219a8），或者构成一物之本质的东西（《气象学》390a10-12，《动物的部分》640b33-641a6，《动物的生成》731a25-26，《形而上学》1045b32-34，《尼各马可伦理学》1176a3-9，《政治学》1253a23-25）。

言:"人的德性同样是那使一个人好并使其出色地履行其功能的状态。"
(1106a23—24)这样,从哲学上讲,德性与人的功能相联,而仁则相关
于人际关系。孔子从来没有为仁下一个统一的定义。在《论语》所载
的众多关于仁的议论中,以下两种对仁的描绘应被认作根本性的:
(1)仁者"爱人"[①];(2)"克己复礼为仁"(12:1)。那么,在"爱人"
的仁与"复礼"的仁之间存在着什么联系呢? 这两个规定中哪一个是更
根本的呢? 在通行的解释中,作为爱的仁被认作其根本含义。"仁"这
一观念的以上两个方面常常被描绘成"仁"与"礼"的关系。下列引文
似乎可证实这一点:"人而不仁,如礼何?"(3:3)遵从礼而无内在情
感只能是一种形式,不是人之善。尽管如此,由于仁是一种自然属性,
它如何能够确定什么是道德之善? 一个人可以爱他的双亲、兄弟及朋友
等等,但他可能仍然去抢银行、贩毒,甚至做杀人犯。孔子并不是没有
意识到爱与人之善之间的距离。他明确表示:"好仁不好学,其蔽也
愚。"(17:8;参见8:2)学意味着学礼,认识它并将之体现在自己的
行为中。因而仁作为爱并不等同于人之善,而需要受礼的制约。结果,
"复礼"对于成为一个好人、一个仁人同样是基本的。如果仁作为爱与
仁作为复礼都只是人之善部分而非全部,那什么是作为人之善的全部的
仁呢?

孔子有时把仁看作一种特殊的品格,与敏、信、勇、直等品格并
列。可在《论语》中又有许多段落将仁描绘成涵包性的德性,包括以上
这些及其他道德品格并决定它们之善。孔子思想中的仁概念既是特殊
的,又是涵包的。这一区分并不陌生。[②]可是,这一区分与仁既作为爱
人又作为复礼这一区分如何联系呢? 有没有一个统一的概念来包括所有
这些方面?

---

① 《论语》12:22。此后本文孔子引文,无书目说明的皆出自《论语》。"爱"作为仁的
一个规定是指源自家庭成员间并扩展至大社会的亲昵与情感联系,既非浪漫之爱,亦非神爱。
"爱"在孔子的论说中与"关心"或"关切"相近,相应于希腊文"philia"。

② 关于这一区分的各种文本证据,参见 Chan, 1955:297—298。

孔子的"仁"概念包含着仁既作为爱人又作为复礼这样一种张力，与此相应，在亚里士多德的"德性"概念中同样包含着一种张力。根据他的功能论证，人之德性是人之功能的出色履行，而人之功能则是"灵魂表现理性（Kata Logon）的活动"，或"灵魂不是没有理性的活动"（me aneu Logou）（1098a5–6）。①Kata Logon 与 me aneu Logon 乃是人之灵魂区别于其他动物的两个部分。前者是灵魂具有理性自身的部分，后者是非理性的可却服从理性的部分。（1102b14–1103a1，1198a4）亚里士多德相应地把德性分为两类：相应于灵魂具有理性自身部分的是理智德性（或理智优秀），相应于非理性的可却服从理性的部分的是伦理德性（或品格优秀）。由此可见，理智德性是运用理性的优秀，而伦理德性可理解为是服从理性的优秀。②"人之善或好"，即幸福（或福祉），亚里士多德下结论说："乃是灵魂表达德性的活动"（1098a16）。

亚里士多德的功能论证立即面临着挑战，理性作为一种自然属性可将人与其他动物区分开来，可却不是区分好人与坏人的属性。有理性地行动与在伦理上好的行动似乎是不等同的。如果一个人履行其功能出色，我们会说这个人很聪明，可却不会说他（或她）在伦理上是善的。因为理智可被用来做恶的事。一个高明的银行抢劫犯或一个偷术高超的小偷是一个"出色的"或"好的"抢劫犯或小偷，可却绝对不是在伦理上是出色的或好的。可见，在理性优秀与社会尊敬之间也存在着距离。

对亚里士多德来说，人性还有另一向度："人本性上是政治（社会）的动物。"③一个人不能孤立于某一社区而生活，而必须参与并分享社会生活。据功能论证，伦理德性是灵魂服从理性的活动。它在更直接的意义上关涉于品格（ēthos）（1103a17），而品格是由社会与文化风俗及习惯（ethos）塑铸的。伦理德性是以社会所敬重的方式感受及行动的性

---

① 遵照乌尔蒙森（Urmson），我把"Kata"译为"表现"，而不是"依照"。

② 这一论点使得伦理德性与理性在定义上相联。现代文献对此点讲得很不清楚。一般只是说人的功能是理性。这造成了一种错误印象，似乎伦理德性与功能论证无关。

③ 《政治学》1253a1；参见《尼各马可伦理学》1097b9–11，1169b18–19。

情或性格。这类稳定、固定及持久的性情构成了状态（hexis，在希腊文中与"具有"相联）。① 根据人是社会的动物这一声称，亚里士多德避免了苏格拉底极端的理智主义，把伦理学的领域从对道德知识的研究扩展到对有关情感与行为的好的习性及其发展的研究。

因此，亚里士多德关于理智德性与伦理德性的区分不仅是基于灵魂的两个部分之上的，而且还相应于人性既作为理性动物又作为社会动物这两个向度。如何调和这两个部分，众说纷纭。在亚里士多德的伦理学中，它们导致两个看起来不相容的幸福概念。幸福（eudaimonia）是表示德性的活动。（1098a16）根据功能论证，最好的生活应是那种最充分地展现理性活动的生活。亚里士多德认为那便是思辨的生活。（NEX，7ff）另外，幸福作为最值得欲求的生活，需要包括一切内在地有价值的活动以及外在的种种长处。（1099a31-b6）② 与我们目前的讨论最有关系的是这样一个问题：究竟是什么决定伦理德性？是由一个人在其中生长的特殊文化与历史氛围的固有习性和风俗，还是属于任何自决主体的人类理性？理智德性包括理论智慧与实践智慧（phronesis）。③ 理论智慧并不涉及行动，而实践智慧则"关涉对人来说有善恶意义的行为"（1140b4-6）。

问题于是变成实践智慧与伦理德性的关系。一方面，伦理德性必定是服从理性的优秀；亚里士多德认定一种完满的德性"不能没有实践智慧而获得"（1145a16）。另一方面，他说："实践智慧是灵魂之眼，没有德性便达不到其完全发展的状态。"（1144a30-31）他一再地说："德性

---

① 参见《范畴篇》8b27-28（参见 9a8-13）；《尼各马可伦理学》1100b11-17，1105a32-33，1152a30-33。

② 我在本文中无意进入关于亚里士多德的幸福概念是理智的还是包容的这一旷日持久的争论。简单说来，我认为两者的对立或许没有人们想象的那么尖锐。思辨生活是人类的理想。亚里士多德告诫我们要努力去实现这一理想，如同他自己终生追求的那样。但他也承认这是超越人类能力的。由于这一原因，尽管他认为道德德性的生活与思辨生活相比"只是二等的幸福"，他也确定"表达这一德性的活动是人的活动"（1178a8-10）。

③ "phronesis"的其他英译包括"intelligence"［厄尔文（Irwin）］和"prudence"［拉克姆（Rackham）］。

使目标正确，而实践智慧则促进那一目标。"①于是，这里我们似乎陷入了一个伦理德性与实践智慧的循环。（1144b31-32）

我在本文中想确立的论点是：一个完整的亚里士多德的德性概念在于理智德性与实践德性的交互；相应地，一个完整的孔子的"仁"概念是仁作为爱与仁作为复礼这两个规定的综合。在这一基础上，我希望对前面提到的各种问题提供自己的答案。仁与德性都关涉于一个人如何在一个社会中生活。亚里士多德的德性以实践智慧为主轴，而仁则依靠孝爱。这是因为亚里士多德强调一个自主的人如何生活，而孔子的礼是一种理想的社会制度，因而他着重关心一个人如何遵从礼，而不是我们应遵从什么。最后，我将说明不同的德性概念也导致不同的培养德性的图画。

二、礼、习俗与实践智慧

我们从孔子的复礼为仁开始。礼原来是指与宗教事务相关的祭祀和仪式的规则。在《论语》中，其范围则远为宽泛，既包括抽象原则也包括社会规则的具体形式。它规定君臣关系（3：18，3：19），子女对父母的赡养、葬礼、上祭（2：5），也规定人应戴什么麻冕，是拜下还是拜上（9：3），这后面的规矩就如同在牛津学院的学期院士宴上要求系黑领带一样。这些是文化规范而不是道德要求。在12：1，孔子说复礼意味着一个人应在视、听、说、动时遵从礼的引导，"不知礼，无以立

---

① 1112b13. 参见 1112b34-35，1144a8-9，1145a5-6，1140b11-20，44a34-b1，1151a15-19；《优台谟伦理学》1227b12-19。这一论述导致了这样一种解释：实践智慧与伦理德性构成一种手段与目的的关系；理性与目的无关。这一解释始于瓦尔德（J. Walter）。在20世纪有多位学者响应。与此对立的立场是，希腊文里的"ta pros to telos"要比英文中的"通向目的的途径"宽泛得多。"手段"或"途径"在这里既是构成性的（即"与目的相关的"）又是工具性的（即"通向目的的"）。（参见《形而上学》1032b27；《政治学》1325b16，1338b2-4；《伦理学》1144a3）而亚里士多德的意思是前者而不是后者。这一观点本身并不错。可如果我们注意到理性与伦理德性之间的循环，这一解释就变得片面了。

也"（20：3）。因而，礼乃是社会上所接受的行为模式及生活方式的总和，既包括道德的规范，也包括非道德范围内的规范。它相应于亚里士多德的 ethos（社会习俗）①，即传统的社会风俗及文化构成。

当孔子宣称仁是复礼时，他是在要求每个道德主体按照社会价值行动，并因此而为他或她所在的社会和传统所接受与敬重。作为一个仁人，首先是一个社会的人，拥有亚里士多德所说的"优秀品格"或"伦理德性"。

可是孔子的礼实际上并不是一般习俗（或风俗）。他不是一个常识道德学家。礼是孔子要求我们"复"的对象，而不只是要遵从的一般习俗。"复"意味着回到所偏离的原点。因此，礼有一专门指称，指周礼。孔子对周礼顶礼膜拜："周监于二代，郁郁乎文哉！吾从周。"（3：14）他甚至声称周礼是百世不变的："其或继周者，虽百世可知也。"（2：23）

在孔子的时代，周朝分成诸多小国，彼此杀伐。当时，中国社会经历着一个动荡的过渡阶段，谈不上什么秩序与安定。当周室推翻前朝（商朝）时，它声称商由于其暴政已经丧失天命或天道，而它自己的社会制度则遵从天意。现在这套制度自身亦崩溃了。那么，哪里可以发现天道以使国家有秩序，使人民生活有引导呢？这正是先秦哲学的基本问题。孔子的答案是，当时的社会动荡是由于周文化的传统价值丧失了。因此，他要求人们"回复"到那个理想朝代的社会框架。作为复礼之仁意味着一个人应为周礼所接受。

《论语》本身并没有为我们描绘一幅周礼的蓝图。②但我们可以看到它所着重的周礼的核心是以家庭关系为模型的社会等级制："君君，臣臣，父父，子子。"（12：11）一个社会是由一个名分网络辖制的。每一名分都代表一个赋予一组固定职责的地位。一个有秩序的社会意味着其名分都是"正"的。如果每一个人都在适合于他的地位上起作用，社会就是和谐安宁的。

---

① 这也相当于维特根斯坦所谓的"生活形式"，参见 Hansen，1994：第 75 页以下。

② 《论语·乡党》第 10 章对日常生活中的礼有颇多描述。但不少人认为该篇不是真作。

孔子对周礼的敬重一直被认为是他的极度保守主义或传统主义的标征。由此造成的结果是，推崇孔子的学者一般不愿过于强调他的礼与周礼的联系。但孔子的保守主义并不一定是负面的。他的信念是基于对他那个时代残酷的社会现实的反思之上的。这或者可与爱德蒙·伯克的保守主义相比较。伯克的保守主义乃是他对法国革命的暴力所做的反思的结果。有时孔子显得未能清楚地区分周礼的根本原则与琐碎规矩。他对礼仪细节的时时着重给人以僵硬的感觉。尽管如此，孔子真正欣赏的是周礼的精神与实质。当他说周礼会百世不变时（2：23，3：14），他并不是指周礼的任何细枝末节都不能变。事实上，他赞同做些这样的改变。例如，他不主张把礼仪活动搞得很奢华（3：4）；再如，"麻冕，礼也；今也纯，俭，吾从众"（9：3）。

孔子完全意识到，宏大的周礼是从前两代发展而来，继承了它们的诸多优点。（15：11）所以，他对社会发展的观点并不陌生。应当留存不变的，是周礼的深层意义，即那种如果遭到剧烈变更只能引向灾难的东西。正如其学生所曰："大德不逾闲，小德出入可也。"（19：11）孔子崇拜周礼，是因为他相信这必定是社会规范的典型，是人之仁可以获得其完满表达的环境。在这一意义上，礼乃是道，是逻各斯。[①] "复礼"之"复"不是简单的回归，而是把握其根本并予以坚持。一个仁人应当体现一种文化的真正精神。中华文明是历史传统中最为悠久的。一般认为孔子的儒学是这一文明背后的凝聚力所在。而儒学的力量乃在于它坚持传统价值。

孔子并没有详细论证为什么周礼是理想的伦理与政治秩序的基础。他似乎相信它具有得自天和道的神意。他把周礼在他那个时代的衰落归因为大道不行于天下。（16：2，5：6）。要说明天与礼的关系，我们必须在这里引入另一个重要概念："德"。在英文中，"仁"被译作 virtue，"德"也被译作 virtue。两个术语译作同一词不无道理。因为在古代汉

---

① 在这一意义上赫伯特·芬格莱特（Herbert Fingarette）把礼称作"圣礼"或"圣祭"是有道理的。

语中"德"是与"获得"相联系的，在孔子的表述中可以理解为复礼的结果。因而它与亚里士多德的伦理德性观念是一致的。如果一种文化（礼）获得了天道的精神，它就被赋予"德"。在这一意义上孔子说："周之德，其可谓至德也已矣。"（8：20）如果一个人依礼生活，他便有德。有时孔子直接说，天是德的作者（7：23，9：5），有时他以天的运行来解释德。例如，在中国文化中，巧言善辩常不被认为是德。（15：27，7：17）为何如此？孔子解释道："天何言哉？四时行焉，百物生焉，天何言哉？"（17：19）孔子把周礼看作道或逻各斯的完整体现。

他还进一步区分"君子之德"与"小人之德"，可从未说明这一区分的根据。这为如何理解这一概念造成了相当大的混乱。在我看来，这样一种区分正说明了周礼与一般习俗的差别。德如果是从周礼中修养而成，便是君子之德。如果是由时行风尚中养成的习气，便是小人之德。子曰："乡愿，德之贼也！"（17：13）可乡愿之存在无疑也是一种传统。一个好的人应当既不为全村人所喜，也不为全村人所不喜，而应为好人所喜欢，为坏人所不喜欢。（13：24）

同孔子的伦理学与周礼的紧密联系相比，亚里士多德的习俗（ethos）只是流行的社会惯例和约定。亚里士多德相信人是社会的动物，故必须遵从社会规范。尽管如此，与孔子一样，他并不认为培育德性只是被动地迎合现存的风俗规则，而不管它们是什么。很可能现存的价值目的是互相冲突的，甚至不是好的。在同一社会环境中，有各种不同甚至互相冲突的德性表。即便是相同名称的德性，亦具有不同的定义。公元前5世纪的雅典城也是如此。柏拉图的早期对话已为我们做了极好的佐证。亚里士多德自己亦区分"好人"与"好公民"。（1130b28，《政治学》1276b34）社会规范、宪制与政府形式是变化的，故"好公民"的含义也是变化的。"没有一个单一的好公民的德性是完美的德性"（《政治学》1276b32-33），与此对照，人作为人的一个单一德性是存在的，那就是理性。亚里士多德意义上真正的人既在于保持自己是自主的人，也在于他是作为一个为社会规范所决定的人。由于他的伦理学更多是谈论什么样是一个好人，而不是什么样是一个好公民，理性便成了最后的决定因素。"是我们做好事还是做坏事的决定，而不是我们的信念，造就了我们所具有的性格。"（1112a4）

故此，虽然一个人不能孤立于社会而生活，他（或她）要成为一个好人则必须对社会风俗保持一种反思的态度。这种反思功能便是人的实践智慧（phronesis）。第一，实践智慧帮助一个人理解为什么习得的行为方式确实是高贵真实的。于是他便从知"什么"进而知"为什么"。一个有经验的人有时比一个有知识而无经验的人做得好。可是知识仍然高于经验，因为它把握原因，而经验则不然。① 一个有实践智慧的人从事某一德性活动乃是因为它确实是德性的，而不只是显得是德性的。

第二，实践智慧使人明白为什么习得的行为不仅是善的，而且也是人所需要的，以便比较各种不同的关于什么是善的观点，然后把握真正的善，并在各种冲突的环境中追求这种真正的善。②（1143b21-22）这种对现存的各种目的加以澄清本身就是获得新的目的的过程。对亚里士多德而言，实践智慧关注的是一般的好生活的概念，而实践智慧者对"什么可以促进福祉"（1140a27-28）有正确的见解。

第三，实践智慧还有其具体性和境遇性。亚里士多德认为伦理学的主题是不确定的。普遍原则不具备处理各种具体情况的灵活性。（1098a26以下，1103b34）实践智慧关注行为，行为总是与特殊相关的。因此，实践智慧有一种知觉、一种实践直观，来决定在某种特殊情况下什么应当做或能够做。"一切可知觉到的东西是不容易定义的，而且由于这些善行或恶行的情况是特殊的，对它们的判断亦依赖于知觉。"③ 实践

---

① 参见《形而上学》981a29。

② 这其实是亚里士多德归诸他的伦理学的任务。他的辩证伦理学表明我们需要考察为人们所普遍接受的观点（1098b23-26），至少是它们之中最有影响力的观点（1095a28-30），发现这些观点的不同及由此引起的问题，以便决定哪个应遵从，哪个可予以保留（1146b5-6，《优台谟伦理学》1235b15-18）。亚里士多德力图获得那些只是把握了部分的真理的其他观点。

③ 1109b22-23. 参见1110b6；1126b4；1141b27-28；1142a24-27；1143a28-35，b6；1147a3，25-26，b5。

知觉能体验到特殊物的特征，意识到普遍原则在应用中的界限。因而实践智慧使一个人可以获得普遍与特殊的平衡，意识到在某一具体情况下应做与善的目的相符之事。

由此亚里士多德提出了许多与实践智慧相关的论题，如选择、慎思、责任、意志薄弱，等等。与此对照，孔子对这些论题几乎没有论述①，其主要是因为他的礼并不需要我们对其持批评的态度。我们只能在遵从礼与陷入无序之间进行选择。对孔子而言，一个"好人"和一个"好公民"之间不应有不同。事实上，只有作为一个好公民才能做一个好人。亚里士多德也同意，在最好的政府形式中，好人与好公民是一样的；可最好的政府形式要通过政治科学去发现。亚里士多德与孔子都关注什么样才是一个好人，并将此与社会文化及传统联系起来。然而，亚里士多德倡导一种不对传统盲从的态度；孔子则坚持传统的真实性与连续性。正是出于这种信念，孔子才花费毕生精力去整理编纂古代经典。这些经典记载了周礼与周文化。

欠缺亚里士多德式的实践智慧概念成了孔子思想中的弱点。这里我们需要讨论他的另一个重要概念：义。他在一个地方说："君子之于天下也，无适也，无莫也，义之与比。"（4：10）什么是"义"呢？它又如何与"礼"相联系？"义"在《论语》中出现了24次，却没有一个统一的定义或解释。在大多数情况下，这一术语代表与利（个人利益）对立的东西："君子喻于义，小人喻于利。"（4：16；参见19：1，7：15，14：13）义在这种意义上是指正确行为的原则，与利己主义对立。这一意义上的义与礼相去不远。②

---

① 在这一意义上，我同意芬格莱特的观点，即孔子没有道德心理学。（Fingarette，1972：ch.2）

② 参见1：13，2：24，5：16，7：3，12：10及20，13：4，15：16，16：11。在4：10这一段落中的"义"的概念，许多译者将之看作外在的、客观的，并将之译作"道德"［刘殿爵（D.C.Lau）］和"作为标准的对"［陈荣捷（Wing-Tsit Chan）］。在其他意义上，"义"有时与勇敢品格的规定相联（2：24，17：23；这一意义也与"礼"相近）；有时则与小聪明对立（15：17）。孔子说："君子义以为质，礼以行之。"（15：18）在4：16中，这一自然资质与"文"对立。在这些地方，"义"是指受文化塑铸前的自然品格。

礼与义的联系可做如下理解。我们在前文提过，礼有其具体形式和精神这两个层次。其详尽的形式不能够涵盖现实生活中一切可能并且复杂的情形。当这样一种情况出现时，我们应根据礼的精神去做。那是为社区所同意或信奉的正确行为，因而义接近于道德约定。① 据此，孔子在 4：10（前文已引）中的意思是，当一个特殊行为欠缺具体的礼的形式所指导时，我们必须遵从义。义之源泉乃是礼的精神、真正的传统。

如果我们要在一个礼没有规定如何做的具体环境中遵从义，我们就需要一种方式来判断与说明什么是义，即什么构成礼的深层精神或持久的道，什么是传统中的枝节部分。我们需要反思礼的什么具体形式体现了传统的真实精神，反思什么需要修改或抛弃。我们还必须确认大道何时盛行，何时隐匿。孔子的义概念似乎为引入一个亚里士多德式的实践智慧概念打开了方便之门，可他尚未发展这一概念。他阐述了一个主要的德性："智"。可智必须建立在对礼的遵从之上。他并没有进一步说明建立在仁之上的智如何能决定什么是义。②

① 史华慈也把礼与义分开，但他说义是礼的规定所不能及的正确行为。这样，义就成了独立于礼的另一对错源泉了。陈汉生（Chad Hansen）把礼与义的区分看作社会约定与真实道德间的区分。尽管如此，他也指出："从孔子对义的论述看，我们不能确定他是否明确区分了真实道德与社区的社会约定。"他还进一步说："《论语》中的话语在道德的道与约定规范之间未做区分。"（Hansen，1994：82）

② 我对"义"及其与礼的关系的讨论与郝大维（David Hall）和安乐哲（Roger Ames）的观点对立。他们认为，礼与义之间的区分被忽略已久。礼不是"神圣地确立的东西"。而义的观念则反映了一种把主体的意义赋予世界的能力，是一种"个人与新形势相交往并相融合的可变性"；义是特殊的、创造性的、应对性的，而"强调义的创造与新奇方面"则是孔子的"中心主题"（Hall and Ames，1987：95）。结果，孔子的仁人是通过运用他自己的判断（义）去评判传统（礼）而形成的。尽管郝大维和安乐哲没有提到亚里士多德，但有意思的是，他们的解释本质上是亚里士多德式的。礼相应于非教条性的风俗，而义则相对于实践智慧。我认为，孔子强调遵礼的连续性，并且义是建立在礼的基础上的约定，而不是个人性的。故我对他们的观点难以苟同。不过，他们的解释让我们注意到义的问题，而这可能正是孔子思想可以得到发展的地方。

三、孝爱与自爱

亚里士多德伦理学的主要议题是人应当如何活。当孔子复礼为仁时，他似乎已经提供了一种答案。他需要进一步讨论的是一个人如何才能复礼。与他的后继者孟子不同，孔子对于人性不存在一种乌托邦式的幻想。他不相信人性内在地已经设计好可以遵从礼。事实上，他对人性可自然地引向仁持相当怀疑的态度："我未见好仁者、恶不仁者。好仁者，无以尚之。"（4：6）当他说复礼为仁时，其完整的表述是："克己复礼为仁。"要回复礼，一个人必须先律己。

当然，也可以通过惩罚去迫使一个人接受礼的要求。可在那种情况下，"民免而无耻"（2：3）。孔子之礼当然是规范性的。可是与康德伦理学和功利主义不同，它不是一个人不计内心感受必得服从的外在规则。对孔子来说，伦理学不是一件有关我们应当如何被束缚的事，而应当是我们如何能自愿地、自然地去遵从社会规则。正是基于这样的背景，孔子引入了他对仁的另一主要规定：仁者爱人也（12：22）。

仁作为爱是建立一个人对自己的父母兄弟的情感之上的。"君子务本，本立而道生。孝弟也者，其为仁之本与！"（1：2）在孔子看来，这种爱具有最重要的伦理价值。如果家庭之爱是道盛行天下的基础，再根据道与礼的关系，仁作为爱就成为仁作为复礼的根本。孝爱作为自然情感是内生的，不是由文化塑铸的，所要求的只是珍惜它，培育它。

孝爱是关键，因为孔子相信对父母的感恩与亲昵使得一个人心甘情愿地接受家长权威及父母与子女间的等级关系。这种亲昵关系成为父或母死后去守孝三年的理论根据："子生三年，然后免于父母之怀。夫三年之丧，天下之通役也。"（17：21）三年报三年，似乎显得有些形式化。不过这里的中心意思是孝爱可以激发一种内在情感，使得一个人自觉自愿地去承担对父母的责任。血缘关系涉及一种自然等级。通过它，自然权威关系便建立了。而这种关系的外化或扩张到其他社会关系，也在一个更宽泛的社会中自然化了等级制与权威的思想。同理，对兄弟的情感使得人易于发展利他倾向。家庭或许不是民主论坛，不是平等的环境，可却是个人所乐意待的地方。

仁作为爱的思想乃是孝爱这一根本的扩展。这一扩展是要把家庭的等级与亲昵情感扩展到大的社会中。一个好的父亲易成为一个好的统治者，一个好的儿子易成为一个好的臣民。一个仁人始于爱父母，然后逐渐扩展爱的范围，"弟子入则孝，出则悌"（1：6），最后"四海之内，皆兄弟也"（12：5）。"其为人也孝弟，而好犯上者，鲜矣！不好犯上，而好作乱者，未之有也。"（1：2）

因此，仁者爱人这一规定是要说明复礼的内在基础。前文我提到但可未能充分讨论的一个观点，即孔子思想中那虽熟悉却从未得到过说明的仁作为一般德性与作为一个专门德性之间的区别。如果我迄今为止的讨论还有道理的话，这一区分可以做以下理解。仁作为爱似乎是一个特殊德性。完整的仁概念应是仁作为爱与仁作为复礼的综合。两方面缺一不可。一方面，复礼必须基于仁作为爱，"人而不仁如礼何？"（3：3）；另一方面，仁作为爱自身必须受礼约束，"好仁不好学（礼），其蔽也愚"（17：8）。人只有出于爱而复礼才是完全好的。孔子没有专门说明，但我们可以推断出他的思想中隐含着下列论点，即仁作为复礼与仁作为爱的综合或交互乃是一切特殊德性之基础。例如，如果勇敢不包含这一结合的话，就不能被看作一个德性，"勇而无礼则乱"（8：2）。同时，"好勇疾贫，乱也。人而不仁，疾之已甚，乱也"（8：10）。故勇既需礼也需仁作为爱。即使孝，作为德性也是基于这一统一的基础之上的。一方面，孝需要遵从礼，"生，事之以礼；死，葬之以礼，祭之以礼"（2：5）；另一方面，孝也要求在赡养父母时有敬爱之心，不然的话，"至于犬马，皆能有养；不敬，何以别乎"（2：7）。

仁作为爱不仅使得复礼不是一件被动地接受外在束缚的事，而且也为利他主义提供了一个内在的根据。德性或者是自向的，或者是他向的，或者是两者。德性伦理学的一个中心考虑是为利他主义提供根据。利他主义在这里表现为他向德性何以可能。孔子的洞见乃是，如果我们要培育利他主义，孝爱可以作为根本或内在源泉。[①]

与孔子一样，亚里士多德亦完全意识到爱的内在的善。在希腊文中表示爱的词项是"philia"。该词常译作"友谊"。它是亚里士多德数篇论著的中心主题[②]，人是政治的或社会的动物，"本性地倾向于与他人生活在一起"（1169b17），而"愿意与他人一起生活的意愿即是友谊（或爱）（《政治学》1280b38）。"philia"所指涵盖每一类涉及互爱、互相欣赏的社会联系，因而译作"爱"更为合适。[③]它不仅存在于家庭成员之间和公民之间，也存在于各种分享共同利益、共同快乐及共同德性的人际交往中，前一方面的爱是自然的，后一方面的爱是自愿的。

对亚里士多德来说，友谊或爱创造了"家庭联系、兄弟情谊、共同祭祀"（《政治学》1280b37），拥有和保存它乃是"城邦的最大的善"（《政治学》1262b8）。在个人层次上，友谊乃是幸福的必要因素。它不仅仅是"最大的""最必要的"外在善（1169b10，1154a4-5），也是内于幸福生活的。因为一个人在各种环境、各个生活阶段都需要它。没有朋友的人是不可能幸福的。（1155a5-6，1169b8-10，1169b16-17）它创造一个人可在其中实现并表达德性的氛围。亚里士多德亦高度重视家庭中的自然的爱。双亲爱自己的孩子是因为他们认为孩子是"他们的一部分"，孩子爱父母是因为父母是"产生之源"（1161b18-19），兄弟互爱是因为他们来自同一双亲。

对友谊或爱的讨论使亚里士多德把友谊与家庭关系作为重要内容引入伦理学。这是他的伦理学被认为高于近代伦理学的一个重要原因。与此对应，近代伦理学着重不偏不倚的公正性，强调超越主体的论点。亚

---

① 罗素在这里似乎完全不得要领。他说："孝爱，或总的来说家庭的力量，可能是孔子伦理学中最弱之点。"（Russell，1922：40）

② 参见《尼各马可伦理学》VII，《优台谟伦理学》7，《修辞学》1380b33。

③ 玛莎·努斯鲍姆（Martha Nussbaum）做如此译。（Nusssbaum，1986）其他译注包括"社会联系"（乌尔蒙森）和"社会同情"［巴克（Barker）］。

里士多德对友谊的讨论，尤其是对家庭之爱的讨论，纠正了柏拉图《国家篇》中激进的反家庭立场。

孔子与亚里士多德都强调爱的伦理学地位。可他们的讨论则很不相同。孔子所着重的家庭之爱是孝爱，是孩子对父母亲的爱，孝爱先于德性并且是后者之根。我们培养这一根本以达到把整个社会看作一个大家庭的境界。一切社会的同情或爱都得自孝爱，并可还原于它。亚里士多德强调的是父母之爱。他相信父母对子女的爱远比子女对父母的爱要强烈和持久。这是因为父母对子女了解更深，有一种更强的拥有感，也是因为他们对子女的爱从孕育时就开始了，"而子女只有当他们长大成人懂事后才会理解和喜爱父母"（1161b27）。由于父母已经是成人，已经有稳定的性格，父母之爱不能成为德性构成的出发点，不会与城邦是个大家庭这样的观念相联系。因此，当亚里士多德区分自然的家庭之爱与自愿的社会之爱时，他从不说后者是得自前者的。他在家事与政治生活之间进行了清楚的划界，并明确地指出，把家庭与城邦只看作规模上不同而不是类别上不同是错误的。（《政治学》1.1）他对家庭及社会同情在伦理学上的重要性有深刻认识，但与孔子不同，他未能把家庭之爱看作其他社会规范之基础的伦理价值。① 在对待家庭与情感这些方面，孔子比亚里士多德走得远得多，因为他把这些伦理现象看作他的伦理学的阿基米德支点。

相形之下，亚里士多德把社会之爱与友谊看作人对自身之爱的延伸，而不是孝爱的延伸："在对邻居的友谊中所体现的友谊的主要特征是从对自己的友谊的特征中派生的。"（1166al-2）各种形式的爱都必须在自爱的背景中来理解。这种对友谊本质的分析是与亚里士多德的人本质上是理性动物这一观点相联系的。他宣称："善的人必须是自爱

---

① 对亚里士多德来说，父子、夫妻、兄弟间的联系是多种多样的，既可以似君主制、贵族制和慕荣制，也可以如专制、寡头制和民主制。故而，家庭联系自身不可能是社会正义之源泉。

者。"①亚里士多德区分了两类自爱者：一类是低下的利己主义者，这类人竭尽全力来满足灵魂非理性部分的欲望（1186b17，1168b22-23）；另一类自爱者追求的是灵魂理性部分的满足，因为理性是人之为人的主要根据，故"正直的人对此最为喜爱"②。好人是后一类自爱者。他服从自身中理性的声音，并以理性来指导他的生活。

我们又一次碰上了亚里士多德关于人性两种向度的观点。人作为社会动物要求爱，但作为理性动物却解释爱的性质。对他人之爱是建立在对自身之爱的基础上的。由此可见，人作为理性动物这一方面是更为根本的，虽然作为社会动物这一方面也是不可或缺的。

对亚里士多德伦理学的一个众所周知的批评是缺少利他主义的空间，他未能解释一个理性的人为什么需要培育他向的德性。一个好人当然可以做有利于他人的行为，可这是为了完善自身的品格。如果这样的话，当一个人与其他人在发展他们各自的品格方面发生冲突时，他的理性做法是发展他自己的，而不是去压制它。而且，一个人应当只从事与自己伦理品格的发展相关的行为。亚里士多德的德性之人也可能由于习俗熏陶而利他。可是其理性自爱的叙述使得那种倾向无法得到合理说明。友谊的典范是基于德性的友谊，或库柏（Cooper）所称的"品格友谊"③。在讨论这一友谊时，亚里士多德一再说，这些朋友"是从朋友本身的角度希望他们好"（1156b10-12。参见1156a17-18，1156b10；《优台谟伦理学》1244b15-22；《修辞学》1385b18-19）。许多注释者据此认为友谊的德性是亚里士多德对其以自我为中心的伦理学的一种修正。这一论点其实经不起推敲。亚里士多德依然以理性自爱来解释这种形式的利他主义："在爱他们的朋友时，他们也爱他们自身的善。"（1157b33）一个德性的朋友是"另一个我"或"另一个自我"。我们关

---

① 《尼各马可伦理学》1169a11，参见1169b1。

② 1169a2；参见1162a15，1168b35，1178a2-3。

③ John Cooper, "Aristotle on Friendship," in *Essays on Aristotle's Ethics*, ed. A. O. Rorty（Berkeley：University of California Press，1980），p. 308.

心朋友是因为朋友是一面镜子，通过这面镜子我们能更好地把握自己。[①] 我们在这种爱中所寻求的是朋友的理性和持续的品格，而不是朋友的偶性。通过经验那种品格，我们可以充实自己，发展我们自己的伦理品格。归根到底，对德性朋友的爱仍然是基于自我的。[②]

孔子的仁作为爱为利他主义提供了根据。但是，他的利他主义是有等级的。爱肯定是普遍的，因为最终四海之内皆兄弟，可这并不意味着一个仁人应当平等地爱每个人。爱的扩展是有等级、有区别的。这一思想后来在孟子批判墨子的爱无差等思想时得到了辩护。这种有差等的爱被认为是偏颇的、不公平的。

尽管如此，这一思想是孔子体系中的有机一环。爱必须植根于家庭之爱，因为后者包含着亲昵情感与伦理训练之间的内在联系。否认这种内在联系会摧毁孔子所要求的复礼的根据，尤其是培育他向德性的内在根据。这种有等级的爱在当代社会生物学与进化伦理学中得到了响应。这些当代学科认为，我们具有由基因决定的利他主义倾向。这是进化中的一种适应。但如果其他一切事情平等，我们在生物学中已被决定先与我们的血亲及那些其回报可以预料的人进行合作。这在当代环境伦理学中也得到了响应。因为环境伦理学是要把道德社区的范围从人类扩展到动物，再进一步扩展到自然本身。

一种平等和公平的普爱当然是最可欲求的事。但作为最高的伦理德性，它需要另外的理论根据说明它何以可能。现代道德系统似乎正是在寻找这样的理论根据。但无论是功利主义还是义务论，都不被认为对这一问题有出色答案。两者皆被指控为是从无主体的观点出发的。事实上，一个人对他人的或不知姓名的儿童的爱总是比不上对自己孩子的爱来得强烈。威廉姆斯的著名问题，即一个打捞员是否应允许先救自己的

---

① 参见《大伦理学》1213a10—16，《优台谟伦理学》1245a29—37，《尼各马可伦理学》1170b7。

② 此外，德性友谊只存在于拥有相似德性的好人之间。故此，德性先于友谊，并为友谊所必需。

妻子 ①，对于无差等的爱的倡导者来说会成为一个困难，可对于孔子则
不会。

由于孝爱的根本地位，孔子极其小心地保护它。这可以从一个父亲
偷羊的例子中看出。叶公认为，出面指证父亲偷羊的人是正直的。孔子
则不同意："父为子隐，子为父隐，直在其中矣。"（13：18）孔子并不
是在否认父亲的错误行为应受到惩罚。他的意思应是，让父亲受到惩
罚，不应当是儿子的责任。② 家庭之爱本身要受到习俗或义的规范。但
如果一种习俗鼓励人们无视孝爱，这对孔子而言乃是最大的恶。

四、培育德性

对于孔子来说，"德"，即所求得的仁，需要去"得"。对于亚里士
多德来说，伦理德性与"具有"（hexis）相关。"得"与"具有"皆需
要一个伦理训练及文化冶炼的过程。对于孔子，这是一个将孝爱扩展到
社会以至于一个人可自愿地接受礼的束缚这样一个过程；对于亚里士多
德，这是一个融入习俗和发展实践智慧的过程。两个人都相信这一培育
过程是终生的，并且德性最终可内化为第二自然。按孔子的说法，他自
己 15 岁志于学，但直到 70 岁才能"从心所欲，不逾矩"（2：4）。这等
于是说，直到 70 岁，德性才深深扎根，成了亚里士多德意义上的第二
自然。（1103a31-b2）

孔子把培育过程主要看作教育过程。公共教育是家庭教育的一种延
伸。中文的"教育"由两个字组成："教"和"育"。教育不只是为了传
达知识，还是为了确立正确的行为规范，并把它们内在化为一个人性格
的一部分。用陈汉生的话说，它乃是"性格建设" ③。这种教育是通过一

① 参见 Williams，1981：18。
② 这在后来的中国法中得到认可，参见 McMullen，1995：640。
③ Hansen，1994：78.

种双层辩证法进行的。一方面，一个人接受他的双亲、教师和周围贤人的教导，他们教他做什么和如何做。社会要求他像尊重父亲一样尊重所有这些教他的人。在中国文化中，教师可称作"师父"，并有"一日为师，终身为父"的说法。政府官员作为礼的执行者，是"父母官"。国家元首也叫作"国父"，而第一夫人则被称为"国母"。另一方面，一个父亲支撑全家人的生活，但更重要的是，他应被看作一个教育者，如同谚语所说："养不教，父之过也"。教师的职责也不光是教，而且要做行为的模范，有谚云："为人师表"。此外，一个统治者的功能也不只是下令，更重要的是作为德性的楷模。施行的基本原则是"道之以德，齐之以礼"，而非"刑民"（2：3）。这是因为，在某种意义上，统治者也是师表，也要爱民如子。

因而，等级关系是一种行为的原本与摹本的关系，而每一形式皆可归结为师生关系。它还可进一步归结为父子关系。处高位和年长的人应确立自身为做人的典范，让处低位和年轻的人去效仿。于是，社会既是一个放大的家庭，又是一所放大的学校。

孔子曾说："吾道一以贯之。"（4：15）他的弟子将此释为"忠"与"恕"。两字皆含有"心"字。忠涉及人与人的关系，恕的含义则为"己所不欲，勿施于人"（15：24）。据若干学者考证，"恕"与"仁"有字义上的联系。① 孔子确实也以"仁"释"恕"的原则："夫仁者，己欲立而立人，己欲达而达人。"（6：30）

如何解释这"一以贯之"，一直是个颇有争议的话题。从恕与仁的关系来看，再加上一个仁人的自我在孔子那里是体现在他与家庭成员间的关系之中的，我的理解是，所谓一以贯之，就是要尽力把别人当作自己的父兄对待。从这一角度来看，孔子的"一以贯之"就是说明人应当如何把孝爱扩展到社会。这实际上是培育德性的一种方法。孔子的下述

---

① 对于它们之间的关系，郝大维和安乐哲有很好的论述，参见 Hall and Ames, 1987: 286–287。

语录可作为证据:"能近取譬,可谓仁之方也已。"①(6:30)父母兄弟是最相近的人,以他们做类推来决定应当如何处理与他人的关系乃是获得德性的艺术。在中国的伦理训练中,我们总是被告知要"待人如兄弟姐妹"。即使在培育自向德性(如勤奋)时,一个人也被教导"光宗耀祖"。孔子的教导奠定了中国家庭文化的基础。

与孔子一样,亚里士多德也不认为人的本性是善的:"人们,尤其是年轻人,经常觉得以节制和约束的方式生活是不快乐的。"(1179b34-35)德性不是自发产生的。道德德性的培育从习惯开始。一个德性是通过不断地做好的事情而获得的。因为这样一个人会养成做好事的习惯。习惯化的过程本质上是一种实践和重复。"品格"(ethos),正如这个词自身所表明的那样,"是从习惯(ethos)发展而来的"(《优台谟伦理学》1220a39-b3)。它是一个对欲望与情感加以节制并把它们导向适当对象的过程。这要求我们在从小成长的过程中对"适当的东西感到快乐与痛苦"(1104b11-13)。由于一个好的成长环境是一种机遇,亚里士多德的德性的培育依赖于机遇。

一个好的成长环境意味着一个好的伦理训练的环境,意味着有正确的引导。父亲当然可以提供好的劝导。"父亲之言及习惯有影响,主要是因为血亲关系及他提供的帮助;因他的孩子已经敬重他,故乐于服从。"(1180b5-7)但父亲及其他个人的作用都是有限的,因为父亲的教导"缺乏强制力";只有法才具有"强制力"(1180a19-22)。许多人害怕的是惩罚而不是羞耻。据此,习惯性更应由社会而不是家庭负责。"法必须规定他们的成长与实践。"(1179a35)一个好的成长环境主要是指一个人可以生长在正当的法之下。亚里士多德据此更重视立法而不是家庭在道德教育中的作用。区分政治制度好坏的一个标志,是看它是否有效地促进习惯化。

在习惯化的过程中,许多人对过去感到痛苦的事习以为常,并进而

① 译文据 Chan, 1963:31。陈汉生的段落排列是 6:28;而刘殿爵的则是 6:30。

对做这些事感到有乐趣。这类教养良好的人因而拥有"一种适于德性的性格，喜欢正当的事，反对可耻的事"（1177b30-31）。对亚里士多德来说，具有这种本性的人就如同"适合撒种的土地"。只有他们才可能以伦理学说教之，成为其伦理学的施教对象，而其他不具备这种性格的人则要施以强制。（1179b24-29）这与孔子关于习惯化的看法相反。孔子着重于通过对周遭榜样的效仿来扩充孝爱，而不是诉诸法与惩罚。孔子对诉讼总是采取一种否定性的态度。（12：13）

除了要求按照父亲的教导和法去做之外，亚里士多德培育德性的习惯化也是一个发展实践智慧的过程。[①] 在不断从事那被告知是正当的行为的过程中，一个人会逐渐认识到它们为什么是正当的。他对他人教导的依赖会逐渐减少，并逐渐明白什么是善本身。他也会发展实践直观，决定在特殊环境中应当做什么。理性判断的运用内在于教育之中。孔子的培育图画则缺乏实践智慧的发展。

前文提到过在亚里士多德的德性概念中，有一种实践智慧与伦理德性的循环。一方面，实践智慧不只是一个理性计算的问题，它与诸如慎思、聪明这样的能力相区分。它不是伦理中立的，而是与伦理德性具有内在的联系。（1143b11-14，1144a30-31）亚里士多德明确宣称："不善，不能成为一个实践智慧者。"（1144a36）他也排斥意志薄弱的人有实践智慧这种观点。实践智慧与德性不可分，它是植根于传统的。另一方面，正如前面所表明的那样，实践智慧也反思和批判传统。从德性培育的动态过程看，这一循环不是恶性的。它内在于过程中，促进品格的塑铸，并且也重构传统自身。为实践智慧提供目标的伦理德性不是完整德性，因为它所教导的目标是得自经验的，而不是来自清楚的知识和批评性的态度。人作为理性动物不只是习惯性动物。不实施理性活动，一

---

① 传统的解释是，伦理德性从习惯中培育的过程纯粹是非认知性的习惯过程。可这已经遭到以下的有力反驳：M. F. Burnyeat, "Aristotle on Learning to Be Good," in *Essays on Aristotle's Ethics*, ed. A. O. Rorty; Richard Sorabji, "Aristotle on the Role of Intellect in Virtue," in *Essays on Aristotle's Ethics*, ed. A. O. Rorty; N. Sherman, *The Fabric of Character: Aristotle's Theory of Virtue* (Oxford: Oxford University Press, 1989)。

个人不会是完整意义上的人。一个人只有发展了实践智慧，才能完全欣赏做好事。一个人只有在发挥自己的理性时，才能获得作为一个人的第二本性的伦理德性。

一种品格状态是好的，乃是因为它趋于情感与行为的中间状态。（1106b28，1109a20-30）这一中庸概念不是指一种量，而是指一种正确性。① 中庸是指这样一种状态，它"使人在正确的时间以正确的方式对正确的人做正确的事，并趋于正确的目的"（1109a20-23）。这一正确性是由正确理性，即实践智慧决定的。（1144b28）理性在不同的情形中以不同的方式决定正确性。在这一基础上，亚里士多德得出了他关于伦理德性的定义："德性是一种决定状态，一种中庸状态；这种中庸相对于我们，由理性规定；这种理性乃是有实践智慧的人会以此去规定中庸的理性。"（1107a1-3）

现在我们明白，对孔子来说，一个完整的仁概念乃是仁作为爱与仁作为复礼的综合；对亚里士多德来说，一个完整的德性概念既包含德性作为品格状态也包含德性作为实践理性的实施，是这两方面的有机综合。正是这两者的结合决定了中庸状态。德性作为中庸转而决定了其他一切伦理德性。

有意思的是，对于德性概念来说，无论是孔子的综合还是亚里士多德的综合，都未能在历史上得到重视。在西方，从启蒙运动开始，亚里士多德的实践智慧及伦理德性这两方面便分离了。哲学家们把理性的权威与传统对立起来，并力图建立普遍的超文化的道德原则。在这样的原则中，德性不占据有意义的位置。现代德性伦理学的复兴在一定意义上是对亚里士多德理性与德性之交互的"回归"，尽管细节上有诸多不

---

① 对亚里士多德中庸学说的传统讨论集中在其量的规定上，因此对该学说的评价一直不高。对这一传统的最有力的驳斥是乌尔蒙森的驳斥。他令人信服地解释说，中庸是指导向行为的中庸习性，而不是中庸行为的习性。参见乌尔蒙森：《亚里士多德的中庸学说》（"Aristotle's Doctrine of the Mean"），载《美国哲学季刊》，1973：第223-230页，重印于罗蒂（Rorty）编《亚里士多德伦理学论文集》（*Essays on Aristotle's Ethics*）。

同。① 与此对应，在东方，孔子的仁作为爱与仁作为复礼的综合在儒家后来的发展中也被割断了。仁作为对礼的遵守变得越来越严格和僵硬，与仁作为爱偏离得越来越远。在五四运动中，礼最终被指控为是"吃人"②。五四运动的基本动因是要在中国文化传统与西方科学民主之间建立一种尖锐对立，推崇后者并贬抑前者。但近来儒学在东亚的复兴强调中国传统的价值，并批评西方的个体主义道德。这似乎是"回复"到孔子的仁概念。如果本文的比较研究尚有道理的话，我们乐意说，亚里士多德主义的复兴可以从孔子对孝爱的洞见中获得不少教益；而孔子儒学的复兴，如果不同时发展一种亚里士多德式的理性概念来评估更新传统，则很难是建设性的。

参考文献：

Chan，Wing-Tsit，1995. "The Evolution of the Confucian Concept of *Ren*," *East and West* 4.

——. 1963. *A Source Book in Chinese Philosophy*. Princeton，NJ：Princeton University Press.

Fingarette，Herbert，1972. *Confucius: The Secular as Sacred*. New York：Harper & Row.

David Hall and Roger Ames，1987. *Thinking Through Confucius*. Albany：State University of New York Press.

Hansen，Chad，1992. *A Daoist Theory of Chinese Thought: A Philosophical Interpretation*. New York：Oxford University Press.

Legge，J.，1966. *Four Books*. New York：Paragon Book Reprint Corp.

MacIntyre，A.，1998. *Whose Justice? Which Rationality?* Notre Dame：University of Notre Dame Press.

McMullen，I.，1995. "Filial Piety，Loyalty and Universalism in Japanese Thought of the Tokugawa Period," in *Filial Piety and Future Society*. Songnam：Academy of Korean Studies.

---

① 这正是麦金泰尔的《谁之正义？哪种理性？》（*Whose Justice? Which Rationality?*）这一标题所追问的。伯纳特·威廉姆斯力图以"反思"来取代理论和偏见两者，参见 Williams，1985：112。

② 这一表述来自鲁迅的《狂人日记》。

Nussbaum, M., 1986. *Fragility of Goodness*. Cambridge: Cambridge University Press.

Rorty, A. O. ed., 1980. *Essays on Aristotle's Ethics*. Berkeley: University of California Press.

Russell, B., 1922. *The Problem of China*. London: George Allen and Urwin.

Sherman, N., 1989. *The Fabric of Character: Aristotle's Theory of Virtue*. Oxford: Oxford University Press.

Schwartz, B., 1985. *The World of Thought in Ancient China*. Cambridge, MA: The Belknap Press.

Slote, M., 1992. *From Morality to Virtue*. New York: Oxford University Press.

Walter, J., 1874. *Die Lehre der praktischen Vernunft in der griechischen Philosophie*, Jena.

Williams, Bernard, 1981. *Moral Luck*. Cambridge: Cambridge University Press.

—— .1985. *Ethics and the Limits of Philosophy*. Cambridge, MA: Harvard University Press.

Being 的语言：在亚里士多德与中国哲学之间 *

> 事实上，过去是，现在仍是，始终被探索又始终令人困惑的问题，即什么是"是"（being），而这事实上也就是什么是"本是"（substance）的问题。（亚里士多德，《形而上学》1028b2-4）

亚里士多德使用"始终"来表明 being 的问题是激发哲学家兴趣的一个永恒的困惑。西方形而上学史的中心部分就是存在论（ontology），即关于 onto（being）的理论（logos），似已证实了他的这一预言。自中世纪以来，being 的问题也表现为对恒是（essence）与存在（existence）关系的探究。在现代哲学中，笛卡尔提出"我思故我在"，贝克莱主张"存在即被感知"。当代分析哲学对 being（或何物存在，what there is）的关注与谓词演算的发展有关，正如奎因的那句格言——"存在就是成为约束变项的值"（to be is to be the value of a variable）——所表示的那样。从霍布斯、休谟以及康德的哲学传统承继下来的另一个持久的问题是：being 或存在（existence）如何能够被表述？所以，罗素说："我认

---

* 原文题目为 "The Language of Being: Between Aristotle and Chinese Philosophy"，载于 *International Philosophical Quarterly* 39，4（1999）：439-454。晏玉荣译，李涛校。——编者注

为，由于没有意识到存在（existence）意味着什么，产生了大量令人难以置信的虚假哲学。"① 当代大陆哲学对人类存在（human existence）意义的探寻是通过对 being 的关注而得以表达的。海德格尔在《存在与时间》的开篇引用了柏拉图《智者篇》的一段话："当你们用'being'这个词的时候，显然你们早就非常熟悉这究竟是什么意思了。不过，我们虽然也曾相信领会了它，现在却茫然失措了。"接着他自我设问："我们今天对 being 这一词究竟是什么意思的这一问题有答案了吗？"他回答说："没有。"② 在西方，关于形而上学主题的构思无论看上去有多么不同，being 的问题一直都是这一事业的核心，并在很大程度上为它看似多样化的规划提供了一种统一。

然而，我们转向中国古典哲学时，就会发现一个显著的对比。在这里，being 的问题从来不是哲学反思的课题。因而，与之相关的两个问题就出来了：其一，亚里士多德是基于何种理由提出这样的哲学预言呢？其二，为什么 being 的问题在中国古典哲学里缺失，以至于对于西方哲学如此真实的亚里士多德的预言，似乎根本不适合中国哲学？

本文试图用比较的方法对这两个问题予以解答。第一部分我将论证，在亚里士多德那里，being 的问题是如何与主谓项关系（predication）③ 的语法结构相关的。古希腊与印欧语系的语法结构为亚里士多德预言的形成与确证提供了基础。第二部分我将阐明，中文缺少主谓项关系的语法结构要对中国哲学缺少 being 的问题承担责任。尽管人们以前就注意到，中国哲学缺少 being 的问题④，并且不能将英文的主

① Bertrand Russell, *Logic and Knowledge*, ed. R. C. Marsh（London：Allen & Unwin，1956），p.234.

② Martin Heidegger, *Being and Time*, trans. John Macquarrie and Edward Robinson（New York：Harper&Row，1962），p.1.

③ 亦可译作谓述。本文参照余纪元先生的习惯，译作"主谓项关系"。——译者注

④ 葛瑞汉（A. C. Graham）认为："动词'to be'是印欧语系的特征，这使得印欧语系非常特别。"［A. C. Graham, "'Being' in Classical Chinese," in *The Verb"Be"and It's Synonyms: Philosophical and Grammatical Studies*, Part1, ed. John W. M. Verhaar（Dordrecht：D. Reidel，1967），p.14］像所有用中文来研究 being 的学者那样，我从他关于这个主题的许多著作中获益良多。

项表达式（subject-expressions）与谓项表达式（predicate-expressions）运用于中文①，而我则想将这一问题与亚里士多德的哲学框架对照起来，从而为中国哲学缺少 being 的问题是与中文缺少主谓项关系密切相关的提供一个论证。第三部分我将考察亚里士多德 being 的理论的中文翻译问题。这一点很重要，因为可译性被看作与语言的边界对应。尽管查尔斯·卡恩（Charles Kahn）对我们理解希腊动词"to be"做了诸多贡献，他宣称"希腊哲学被成功地翻译成其他语言——尤其是被成功地翻译成截然不同的阿拉伯语——这一事实表明，它没有受到任何语言上的限制"②。但我将表明：在中西之间已经有了一百多年文化交流的今天，如何忠实、清晰明白地将 being 及其同源词（比如 substance 与 essence）译成中文，依然是个挑战。而考察 being 的中文翻译不只是为了反驳卡恩的观点，更为重要的是想说明，一幅详细的语言图景影响了而不只是反映了形而上学的历程。

一、主谓项关系与亚里士多德的 being

　　亚里士多德认为有四种类型的 being：范畴之 being、潜能 / 现实之 being、偶性之 being③ 和真 / 假之 being。④ 由于偶性之 being 不能作为科学的对象，所以他不予理会（《形而上学》6.2）；对于真 / 假之 being，也只是非常简单地处理了一下（《形而上学》9.10），而剩下的范畴之 being 与潜能 / 现实之 being 就是形而上学关注的对象了。那么，他是如何看待这两种类型的 being 呢？

---

　　① 对这个问题详细而深刻的分析，参见杜维明的经典文章"Subject and Predicate：A Grammatical Preliminary," *The Philosophical Review* 70（1961）。

　　② Charles Kahn, "The Greek Verb 'To Be' and the Concept of Being," *Foundation of Language* 2（1966）：245.

　　③ 这里它意味着"偶然发生的"。然而，"偶然之 being"也被亚里士多德用来指 non-substance 范畴。

　　④ 参见《形而上学》5.7，6.2，9.1，9.10。

在亚里士多德看来，我们用来谈论世界的句子（即命题）涉及主词与谓词的结合。"每个命题性句子都含有一个动词或一种动词的变位，甚至对'人'的定义，如若不增加'现在是'、'过去是'、'将来是'或某些这一类的词，就根本无法形成一个命题。"（《解释篇》17a10-13）标准的命题句型涉及："一物谓述或断言另一物"（kategoreinti kata tinos），即"S 是 P"。句子"主词＋动词"与"主词＋是＋分词"是一样的。（《形而上学》1017a27）最终，亚里士多德的三段论逻辑就是一个基于主谓命题的逻辑性质的体系。

亚里士多德认为，主谓项关系有三个层级，它们构成了形而上学的基础。第一层级是"同范畴的主谓项关系"（same-category predication），即主项与谓项属于同一个种，也就是同一个范畴。第二层级是"以'substance'为主项的主谓项关系"（substance-subject predication），"substance"是其他所有范畴的共同主项。第三层级是"质料／形式的主谓项关系"，即形式用来述说质料。下面，我将简要概述这三个层级的主谓项关系。

第一层级主谓项关系，即"同范畴的主谓项关系"，它解释 being 为什么以许多方式述说。[①] 要理解这一点，就必须从亚里士多德的范畴理论谈起。在《论题篇》1.9，亚里士多德直接从主谓项关系形式，即"S 是 P"中构建他的范畴理论。如果某人指着不同的事物问它们分别是什么，答曰"这是苏格拉底"或者"这是白色"。这人继续问"苏格拉底"或者"白"是什么，答案应是"苏格拉底是人"或"白是质"这样的种。如果他进一步追问种是什么，就要依据属来回答。最终，我们得到一个不能进一步归属于任何其他谓项的终极谓项。如果这个过程是从

---

① 说 being 在多种意义上被述说，通常让我们想起早期分析哲学认为 being 有三种不同含义的观点：存在意义的 is、谓述性的 is 以及等同意义上的 is。将这三种区分运用到理解希腊思想中，是学界通常做的事。对这种做法的详尽批评，参见 Charles Kahn, "The Greek Verb 'To Be' and the Concept of Being", *Foundation of Language* 2（1966）以及他关于这个主题的其他著作。事实上，对于亚里士多德而言，being 有许多意义，显然首先指的是他对 being 的四种分类（范畴之 being、潜能／现实之 being、偶然之 being、真／假之 being），其次更通常指的是 being 的不同范畴。

"这是苏格拉底"开始的，我们就可以由"苏格拉底是人"推进到"人是动物"，最终到达终极谓项，即"substance"。如果这个过程是从"这是白的"开始的，其终极谓项就是"质"。在亚里士多德看来，有 10 个终极谓项，因而就有 10 个范畴，即是什么（ousia）（通常译作 substance）、数量、性质、关系、处所、时间、姿态、状况、主动、受动。这种类型的主谓项关系，即同范畴的主谓项关系，奠定了不同范畴的基础。①

进而，亚里士多德说："'依凭自身之 being'是被主谓项关系形式（figures of predications）表现的东西，因为 being 与这些类型一样多。一些谓项表示主项'是什么'，另一些表示它的数量、性质、关系、主动或受动、处所、时间，being 都有一个意思与它们每一个对应。"（《形而上学》1017a23-28）这段论述与《论题篇》1.9 密切相关。"主谓项关系形式"这个说法可能就是指"同范畴的主谓项关系"。不同类型的主谓项关系，产生不同的范畴，用以指称不同类型的 being（依凭自身之being）。显然，上面引用的这段话，明确假定了范畴列表和 being 列表之间的同构性，范畴的分类也就成了实在（what something is）的分类，亚里士多德有时将它们合称为"范畴之 being"（《形而上学》1045b25）。

动词"to be"的用法超出了系词的范围，延伸至谓项表征的对象或事物。这对说希腊语的人是自然的。在古希腊语中，动词"to be"除了充当系词，在习惯中还表示绝对的或完全的"是真的"这一意思。②从一

————————

① 关于范畴概念最近而系统的讨论，参见 Jorge Gracia, *The Search for the Categorical Foundation of Knowledge: Metaphysics and Its Task*（Albany: State University of New York Press, 1999）。

② 亚里士多德曾将这种意义称作"to be"一词的"最严格的意义"（《形而上学》1051b2），这为卡恩的论点，即希腊文动词"to be"最基本的以及字面意思为"是真的"提供了最坚实的证据，参见 Kahn, "The Greek Verb 'To Be'and the Concept of Being," *Foundation of Language* 2（1966）: 250ff。对这个问题的充分讨论，参见 Charles Kahn, "The Verb 'To Be' in Ancient Greek," in *Verhaar*, Part 6（1973）。日常语言中对"to be"的完全使用对亚里士多德的 being 理论做出了巨大的贡献。因而，根据亚里士多德的定义，是真的指"把存在的说成存在的，把不存在的说成不存在的"（《形而上学》1011b27；参见 1051b7-9）。他进而讨论实体上的"是什么"（to be 的存在意义），并得出一个结论，哲学上最严格意义的 being 是 ousia（substance；例如《形而上学》1028a30-31）。

个转到另一个，古希腊人是没有困难的，如"ho mousikos anthropos estin"一句既可以译作"这个有教养的人是"，也可以译作"这个有教养的是人"。亚里士多德是从日常语言提供的基本资料开始他的哲学思考的。

虽然"同范畴的主谓项关系"表明"being"具有多重含义，第二层级的主谓项关系，即"以 substance 为主项的主谓项关系"则表明 substance 在不同的 being 中有着特殊的地位。正如亚里士多德所言：

> 一物在许多意义上可以被称为 being，但是它们都关联于一个中心、一个特定的事物，而不仅仅是同名异义词。……一些事物被称为 being 是因为它们是 substances，另外的因为它们是 substance 的属性，或是朝向 substance 的过程，或是 substance 的毁灭、缺失、性质，或是 substance 的制造或生成，或是与 substance 相关联的事物，又或是对这些事物的否定，以及对 substance 自身的否定。（《形而上学》1003b6—10）

这是因为，任何 non-substance 的范畴通常都意味着它是关于 substance 的某种指涉，说这是一个质，是指某一 substance 的质；说它是一种关系，是指不同 substance 之间的关系。但说这是一个 substance，就不能再往前推进了。在这个基础上，亚里士多德区分了无条件的 being（haplos）与有条件的 being（《后分析篇》89b32—35；《辩谬篇》167a1—2，180a36—38），前者属于 substance 范畴，后者则是 non-substance 范畴。①

对于"依凭自身之 being"来说（根据《后分析篇》卷 1.4），其谓项在主项的 essence 或定义当中。虽然每一 non-substance 范畴作为谓项在它相同范畴的主项的定义当中，但实际上它述说的是 substance，反

---

① 这里有一个争论，即这一区分是否存在意义上的 is 与谓述意义上的 is 的现代区分的先驱。对这个问题的充分讨论，参见 Lesley Blown, "The Verb 'To Be' in Greek Philosophy: Some Remarks," in *Language*, ed. Stephen Everson（New York: Cambridge University Press, 1994），pp.234—236。如果至此我的讨论合理的话，亚里士多德主要讨论的不是句法上的区分，而是形而上学上的区分，这种区分是基于他对 substance 与 non-substance 范畴关系的分析。

之并不成立。每一 non-substance 范畴都有这样的双重角色。

"以 substance 为主项的主谓项关系"表明，substance 被说成首要的和单纯的。（《形而上学》1028a30—33）由此，亚里士多德认为，作为永恒问题的 being 可以归结为 substance 的问题。而其他范畴在本体论上（ontological）要依赖于 substance。他在《范畴篇》5.2b5—6 这样说，没有首要的 substance 作为最终的主项，"其他的任何事物都不可能存在"（《范畴篇》2b15—17，37—38）。在《形而上学》1028a21 中，他宣称没有东西分离于 substance 而存在。这种对 substance 的依赖性使得各种 being 之间形成一个结构关系，并为 being qua being 的科学提供了一个统一的主题。

当亚里士多德将 being 的问题归结为 substance 的问题时，他就将 substance 范畴划分为形式、质料以及复合体。在 non-substance 范畴与 substance 范畴之间，前者是述说后者的，然而在 substance 范畴内，形式是述说质料的①（例如，这些质料是苏格拉底）。这样，我们就有了第三层级的主谓项关系，即"质料/形式的主谓项关系"。但它与前两个层级的主谓项关系不同："同范畴的主谓项关系"与"以 substance 为主项的主谓项关系"是语言类的主谓项关系，而"质料/形式的主谓项关系"则不是。比如，在日常语言中我们能说"苏格拉底是人"或"白是颜色"，我们也可以说"苏格拉底是白的"，却很少说"这些质料是苏格拉底"。②在"质料/形式的主谓项关系"中，谓项既不是其主项的定义，也不是其主项的属性。在谓项与主项之间不存在普遍与特殊的关系，即主项并非谓项所表示的那一类的成员。因此，在这种主谓项关系中，质料并非一个逻辑的主项，而是一个形而上学的主体。这种主谓项关系表示，质料是由谓项所称谓的那些东西构成或生成的。"质料/形式的主

---

① 参见《形而上学》1029a22—23，1038b5—7，1043a34—36，1049a34—36。同时参见《物理学》190b13—16，191a19—20；《论生成与毁灭》319b13—16，320a3—6。

② 欧文斯（Owens）评论说："没有直接的方法，肯定或否定的，能够把握亚里士多德在这方面的意思。"[Joseph Owens, "Matter and Predication in Aristotle," in *Aristotle*, ed. Julia Moravcsik（Garden City: Doubleday, 1967), p.87]

谓项关系"是一种与本是性变化（substantial change）相关的隐喻性描述。non-substance 范畴之所以述说 substance，是因为 substance 是它们的基质或主体。类似地，形式之所以用来述说质料，是因为在本是性变化中，质料是形式的基质。既然变化意味着某种潜能作为潜能的实现（《物理学》20a10），那么"质料/形式的主谓项关系"就表明了一种关系，在这种关系中，潜能发展为现实："在 substance 中述说质料的是现实自身。"（《形而上学》1043a6-7）从潜能到现实的过程正是质料取得形式的过程。因此，"同范畴的主谓项关系"、"以 substance 为主项的主谓项关系"与范畴之 being 相关联，而"质料/形式的主谓项关系"则与潜能/现实之 being 相关联。

这就产生了不同的视角。在 substance 与其他范畴的关系中，substance 是首要的，因为它是其他范畴的共同主体。这种形而上学图景就体现在我们的日常用语当中。而当涉及形式与质料的关系时，就像"质料/形式的主谓项关系"表明的那样，质料是最终的主体。因此，如果 substance 是一个主体，那么质料就是首要的 substance。但亚里士多德并不接受这一点。他要重新考察 substance 就是主体这一观念。（《形而上学》7.3）在《形而上学》第 7 卷，形式（form）成为首要的 substance 最受欢迎的选项，并不是因为形式比质料更是一个主体（实际上这是不符合事实的）。但我们并不清楚形式是如何能够成为一个逻辑主体的。①在"质料/形式的主谓项关系"中，优先于潜能的现实是一个谓项，并非一个主体。因此，与对范畴之 being 的讨论不同，亚里士多德对潜能/现实的讨论不再是主谓项关系的直接结果。亚里士多德的目的论及神学与他的潜能现实理论紧密关联。

简言之，亚里士多德的形而上学由三个层级的主谓项关系构成。P. F. 斯特劳森（P. F. Strawson）在其经典著作《个体》（*Individuals*）中对形而上学做了一个有影响力的分类：一种是"描述的形而上学"，即

---

① 拙文 "Aristotle's Criticism of the Subject Criterion"［*Philosophical Inquiry* 18（1996）：119-142］对此做了充分的讨论。

满足于描述我们用于思考世界的实际概念结构；一种是"矫正的形而上学"，即想要创造一个更好的概念结构。① 他将亚里士多德与康德放在了前一类型，而将笛卡尔、莱布尼茨、贝克莱等作为后一类型的代表。我虽然赞同西方哲学的这一区分，但是认为他对亚里士多德的定位并不准确。在我看来，亚里士多德不仅是一位描述的形而上学家，同时还是一位矫正的形而上学家。

依据他的"同范畴的主谓项关系"以及"以 substance 为主项的主谓项关系"，亚里士多德确实是一位描述的形而上学家，其范畴理论表明，语言与实在（reality）之间具有同构性，因而可以通过理解语言的结构来把握实在的结构。我们与世界的关系在我们谈论世界的方式中得到了例证。对于亚里士多德而言，语法的深层结构在实在之中有着对应的部分，而基本的语法结构就是主谓项关系。在很大程度上，斯特劳森本人就是使用这一路径做形而上学的。② 然而，亚里士多德的"描述的形而上学"与康德以及斯特劳森的都不同，亚里士多德的兴趣主要在于事或物而非语言或词语。他试图讨论实在的结构，而这一目标可以通过探究语言的结构得到实现。在亚里士多德诸多哲学文本中，语言与实在的关系是如此紧密，以至于我们无法确定他是在讨论语言的表达还是在讨论物。在这种意义上，亚里士多德哲学属于强的"描述的形而上学"，他研究语言概念框架是为了了解实在自身，而康德与斯特劳森只是关心

① 参见 P. F. Strawson, *Individuals*（London：Methuen，1959），p.9。

② 与其他的后康德分析哲学家相似，斯特劳森认为，形而上学是关于我们用以呈现世界观的概念模式。他进而指出，概念模式作为描述的形而上学的主题是普遍而持久的。在所有那些看似多元的甚至不可通约的思维模式中，深藏着一个基本的概念模式。"因为人类思维有一个巨大的核心，它没有历史——或者说没有被记载在思想史上；有一些范畴和概念，在它们最根本的性质上，完全没有改变。显然，这些并不是精致思维的专利，也是粗糙思维的老生常谈，是最为深奥复杂的人类的概念装备中不可或缺的核心。通过这些，它们相互关联从而构成描述的形而上学的基础框架。"（Strawson, *Individuals*, p.10）而且，斯特劳森将所有的概念模式归结于主谓结构："如果当前逻辑具有我们想要赋予它的，尤其是我们当代哲学思考风格所假定的那种意义，那么它就必须反映我们思考这个世界的基本特征。而逻辑的核心在于这里所讨论的结构，即主谓项的（如奎因所言的）基本组合（basic combination）。"［P. F. Strawson, *Subject and Predicate in Logic and Grammar*（London：Methuen，1974），p.4］毫无疑问，这种形而上学概念遵循的是亚里士多德在他的范畴理论中所采用的方法。

语言概念框架，所提倡的形而上学版本较弱。正如康德所言，既然世界自身的结构在我们的知识之外，那么形而上学就应该只关注人们用以思考的概念框架。①

从"质料／形式的主谓项关系"的角度来看，亚里士多德的形而上学不再是描述的而是矫正的。这种主谓项关系几乎不能体现在日常用语当中，因而是纯粹的形而上学，而非语言性的主谓项关系。在使用主谓项关系来描述形式与质料的关系时，亚里士多德改变了日常用语中的主谓项关系。②同他的"质料／形式主谓项关系"相联系的神学与目的论，与斯特劳森所说的"矫正的形而上学"而非"描述的形而上学"相符合。这种通往形而上学的路径为中世纪的实在论以及现代大陆理性主义所继承，它们将形而上学与神圣实体或终极原因而非语言联系起来。在讨论理性宇宙论、理性心理学以及理性神学时，它们依然认为自己是在讨论"being"，但实际上它们所说的 being 不再属于范畴之 being。

以上对亚里士多德形而上学的分析虽然简略，却能帮助我们理解亚里士多德为什么说在哲学中过去、现在而且永远都存在着一个 being 的问题了。将 being 作为一个研究主题是以古希腊语法中的主谓项关系形式为基础的。③being 的深层结构与形成西方哲学的印欧语系是相同的。

---

① 这两个版本之间的区别并不像它显现的或康德式分析哲学家们所声称的那样根本。因为，就像荷西·格雷西亚（Jorge Gracia）所说的那样，如果世界自身是无法理解的，那作为世界一部分的语言结构如何能够被理解呢？［Jorge Gracia, *Individuality: An Essay on the Foundations of Metaphysics*（Albany: State University of New York Press, 1988）, p. xv］

② 正如罗斯（Ross）对亚里士多德 being 的四分法的评论那样，"亚里士多德对 being 的含义的区分存在着困难。前三类意义（偶性之 being、范畴之 being、真／假之 being）似乎要回答三种判断：（1）A（偶然地）是 B；（2）A（本质地）是 B；（3）A 是 B（=A 是 B 是真的）。第四类则不同，它不是对论述类型的回答，而是指前面三类 being 都能够拥有的两种意义"［William D. Ross, *Aristotle's Metaphysics*（Oxford: Clarendon Press, 1924）, p.309］。范畴之 being 与潜能／现实之 being 之间的区分通常被忽视了。我在拙文 "Two Conception of Hylomorphism in *Metaphysics ZH*"［*Oxford Studies in Ancient Philosophy* 15（1977）: 119–145］中讨论了这种区分的意义。

③ 巴门尼德第一次将 being 概念引入哲学。虽然在他的"真之路"（the way of truth）里 esti（"that it is"）的含义引发出不同的解释，但确定无疑的是，该术语是以希腊动词 "to be" 为基础的。柏拉图将他的 Forms 或 Ideas 就描述为 being（比如，《斐多篇》93d，《斐德罗篇》247c，《理想国》515）以及一般的谓词（《斐多篇》102b，《理想国》596a–b）。

我们是通过主谓项关系来讨论世界的，不同的主谓项关系表达了不同种类的 being。"描述的形而上学"主要解决该结构的蕴含，"矫正的形而上学"则试图矫正它。尽管如此，主谓项关系依然是"矫正的形而上学"讨论世界所使用的结构，后者无法脱离前者直接或间接、有意或无意的束缚。毋庸置疑，当卡尔纳普（Carnap）与逻辑实证主义者攻击传统的形而上学时，他们主要攻击传统的形而上学体系偏离了主谓项关系的语法结构。这种认为传统的形而上学将这三种意义上的 being（系词性的、存在性的以及同一性的）混为一谈的常见指控，不过是试图矫正这种"所谓的偏离"的一种治疗性措施罢了。

二、being 与中国哲学

以上确定了亚里士多德对 being 这一问题的论述与主谓项关系相关，接下来我将讨论中国哲学缺乏 being 这一问题为什么与中文中没有主谓结构的语法相关。

中文中与"to be"近似的词是"是"。但"是"最初并不是作为系词使用的。作为系词使用的"是"究竟出现在汉代（公元前 206—公元 220 年）还是五代时期（公元 907—960 年），语言学家们一直争论不休。无论实际情形如何，我们能够确定的是，在诸子百家时期——中国哲学的黄金时期——"是"不可能像在希腊哲学中那样作为系词，成为中国哲学家们做哲学的基础。那个时候的"是"有两种用途：其一，作为指示代词，即"这个"①；其二，表示"真的、正确的"，与"非"（虚假的、错误的）相对，该用法是对其字面意思即"直立于阳光下"的演变。值得注意的是，希腊词"to be"也具有这种功能，并且这种功能在希腊形而上学中也有着重要作用。但在古代汉语中，"是"与主谓项关

---

① "是"主要作为指示代词是经过王力充分证实了的，参见王力：《中国文法中的系词》，《清华大学学报》1937 年第 12 期。

系并不相干，似乎不能有更多的含义。

在将中国经典译成英语时，常常会用到"S is P"这样的结构，但这种翻译并非忠实于原文。比如孔子说："（1）富与贵，是人之所欲也……（2）贫与贱，是人之所恶也……（3）君子无终食之间违仁，造次必于是，颠沛必于是。"（《论语》4：5）在翻译（3）时，译者将"是"作为"仁"的指示代词，然而在翻译（1）与（2）时，"是"毫无例外地被译作系词"are"，因而就成了"wealth and rank are what men desire"以及"poverty and low station are what men dislike"。实际上，这里的"是"不是系词而是代词，对它们的准确翻译应是："wealth and rank, these things men desire"以及"poverty and low station, these things men dislike"。

还有，中文不需要介词来连接主项与谓项，在亚里士多德的范畴理论中处于中心地位的逻辑结构，即"一物述说另一物"在中文中的作用就很小。西文"S is P"的命题形式在古典中文里有着多种表达形式：可以简单地表示为"SP"的形式，例如"this house is beautiful"这个句子可以表达为"zhe jian wu piao liang"（字面意思即这间屋漂亮）；有时可以在"SP"后加句末助词"也"来表达，例如"A white horse is a horse"可以表达为"白马，马也"；还可以用其他的动词来代替"to be"，例如"His name is Smith"或者"He is named Smith"可以表达为"Ta jiao Smith"（他叫Smith）。

甚至当"是"作为语法系词使用时，好比中文中的动词一样，并不受数量、时态、语气、声音、人称或样式的影响，也没有不定式与分词。由于缺乏分词，不能将"subject+verb"的句式转变为"subject+is+participle"。尽管希腊语或英语中的"being"可以作为名词使用，但它与中文"是"的情形并不相同，我们可以用英语问"what is being"，可如果用中文问"shen me shi shi"，则无法让人理解。还有，中文"是"作为系词，一定是及物的（或者不完全的）动词，从来不能作为不及物的（或者完全的）动词，因为作为系词的"是"永远不能在存在的意义上被使用。所以，中国哲学从来没有提出 being 的问题就不足为奇了。因为它所依赖的语言没有为它提供相关的材料。

说中国哲学具有某些普遍特征是很危险的，但是说亚里士多德的"描述的形而上学"在中国哲学中没有对应物，则应该是安全的。中国哲学家们似乎从未从他们所使用的语言结构中得出一个世界的图景。语言不被看作通达实在的一个有效途径。相反，作为中国哲学两大著名的哲学派别，儒家和道家一致否认语言在形而上学中的价值。孔子曾说："予欲无言。"弟子们马上就问，如果老师不说话了，该如何获知老师的思想呢？孔子答曰："天何言哉？四时行焉，百物生焉，天何言哉？"（《论语》17：19）老子说："善者不辩，辩者不善。"（《老子》第 81 章）在老子看来，真正的"道"是不可言说的，能够言说的"道"不是真正的"道"。庄子持同样的观点："大言炎炎，小言詹詹。""故分也者，有不分也；辩也者，有不辩也……辩者也，有不见也。"（《庄子》第 2 章）显然，中国的形而上学家们并不认为语言中存在着实在结构的对应物。①

再者，如果"矫正的形而上学"意味着对日常语言的主谓结构进行矫正的话，中国哲学也不属于这种类型。因为没有需要矫正的语言结构。中国的形而上学表明，"描述的形而上学"与"矫正的形而上学"不能涵盖所有的形而上学。

西方哲学对中国哲学的反应存在着严重的分歧：有的认为中国哲学缺乏论证，甚至不能称为哲学；那些认为西方形而上学混淆了 being 的不同含义的哲学家则相反，他们认为缺乏 being 的问题可以使中国哲学免于那种令人绝望的混淆，而这正是中国哲学的优势。随着后现代主义的兴起（其将中国哲学作为自己主要的盟友），许多学者认为中国哲学

① 陈汉生（Chad Hansen）认为，中国哲学并没有将语言视为描述形而上实在的工具。语言并非名称与实在关系的表征，而是名称与实践行动关系的表征。他说："我确信所有的中国哲学家都将语言视为塑造人类行为的一种社会机制。"［Chad Hansen, *A Daoist Theory of Chinese Thought: A Philosophical Interpretation*（New York：Oxford University Press, 1992），p.269］

有自己的理性，这种理性不仅有助于我们理解其特殊性，还可以为探究西方哲学概念框架的局限提供一个理想的视角。①

本文的主旨并不是要讨论对待中国哲学的指责或赞许②，而是想表明尽管这两种态度截然不同，但都可以追溯到中国哲学没有讨论 being 的问题的这一事实。一方面，传统的亚里士多德式逻辑涉及主谓项关系的特征，而这种主谓项关系在中文中并不多见，因而中国哲学缺乏这种逻辑类型；另一方面，由 being 所产生的"本是"与属性、普遍与特殊、实体与表象等区分，也因为 being 问题的缺失而很少被中国哲学讨论。

三、being 在中文中的翻译③

我们进一步地探究这一问题。亚里士多德与中国哲学在 being 这一问题上的差异，对于那些相信存在着普遍语法的哲学家影响并不大。在他们看来，虽然中文的表层结构缺少主谓项关系，但其深层结构或许可以与主谓结构通约。据我目前所知，这一反对的观点在文献上并没有得到确切的阐述，更谈不上证明了。但该观点是基于乔姆斯基

---

① 最有影响力的倾向是将中国哲学的特殊理性标记为"相关性思维"，这是一种通过相互关联而非二元对立的概念——其中的一个需要另一个才能得到适当的表达——来组织宇宙的思维模式。参见 Joseph Needham, *Science and Civilization in China*, Vol.2（Cambridge：Cambridge University Press, 1956）, pp.279–302；A. C. Graham, "Rationalism and Anti-rationalism in Pre-Buddhist China," in *Unreason within Reason*（Chicago, USA：Open Court, 1992）, pp.109–116；David Hall and Roger T. Ames, *Thinking Through Confucius*（Albany：State University of New York Press, 1987）, pp.17–21。郝大维（David Hall）和安乐哲（Roger Ames）在他们的英文著作 *Anticipating China*（Albany：State University of New York Press, 1995）中，对于关系性思维与居于西方文化主导地位的分析性或因果性思维做了非常有力的对比。

② 在这个方面有一个非常有益的讨论，参见 Bryan Van Norden, "What Should Western Philosophy Learn from Chinese Philosophy？" in *Chinese Language, Thought and Culture*: *Nivison and His Critics*, ed. Philip J. Ivanhoe（Chicago, USA：Open Court, 1996）, pp.224–249。

③ 这部分内容我曾以 "The Chinese Translation of Being" 为题在牛津大学中国研究所以及 1996 年 3 月于伦敦举行的国际哲学与翻译大会上宣读过。

（Chomsky）的语言理论构想出来的，并且是严肃的。他们认为，如果能够证明中文中存有一个有待发掘的语法结构，那么亚里士多德与斯特劳森的"描述的形而上学"就可以作为一项普遍的事业了；此外，中国古典哲学没有提出亚里士多德 being 的问题这一历史事实，还可能意味着它并没有深入中文的深层结构，而这反过来也可以被看作中国古典哲学的失败。

要充分讨论这一问题，对于本文来说显然是一项巨大的工程。但我将探讨这一问题的一个具体方面，即如何将 being 概念及其同源词译成中文。如果能够将这些词语顺利地译成中文，使其成为当代中国哲学的一个有机部分，就表明中文可以容纳它们。换言之，如果主谓项关系为中文深层结构所固有，那么在长达一个世纪的中西文化互动之后，借助西方哲学，中文的这一深层结构应该能够被揭示出来。being 的问题在历史上虽然没有成为中国哲学的一个关注点，但现在应该是时候了。本部分就考察这一问题。在我看来，答案恐怕是否定的。

在所有主要的西方语言里，动词"to be"（希腊词语为 einai，拉丁语为 esse，德语为 sein，法语为 être，意大利语为 essere）既是系词性的又是存在性的。因此，不管 being 的含义有多模糊，将其译作它们之中的任何一种语言，都不会产生大的问题。现在，既然中文也使用"是"作为系词了，为了保持"to be"与主谓项句子结构之间的联系，用"是"来翻译 being 似乎是很自然的。然而，正如前文所言，动词"to be"在中文中没有分词，也不能名词化，以完全或绝对的方式使用系词"是"并赋予其存在方面的意义，是不符合中文语法的。也就是说，用"是"来翻译"being"，必然导致"是"的功能发生变化，使其不能被理解。

陈康先生，作为中国希腊学者的先锋人物，在翻译西方哲学时曾经提出："宁以义害辞，毋以辞害义。"[1] 坚持将"是"系统地运用到《巴

---

[1] 柏拉图：《巴曼尼得斯篇》，陈康译注，商务印书馆，1982，序第 10 页。

门尼德篇》第二部分的翻译。该部分包含 8 个基于前提 "if one is" 以及 "if one is not" 的假设性推论，陈先生分别将其译作 "如果一是" 以及 "如果一不是"。但他的做法却被人们广泛用作字面翻译失败的一个例证。尽管一些学者建议采纳 "是" 的翻译，但真正这样做的译者却很少。[1]

学者们也在寻求能够传达西文动词 "to be" 功能的其他翻译，最常见的是 "有" 与 "存在" 这样两种（其他选项，都是在它们的基础上做一些或多或少的变动而已，比如 "在" "是在" "存有"，以及 "是存" 等）。因此，我们如果能够表明 "有" 与 "存在" 这两种翻译都是不合适的，那么也能证明其他翻译是不令人满意的。

"有" 的意思为 "to have"。之所以用 "有" 这个翻译，在某种程度上是因为它假设了中文中有存在意义上的 "to be"。英语中，所有的 "there is X" 都可以用中文 "有 X" 表示。另外，"有"（to have）与 "无"（not to have）是中国尤其是道家形而上学最基本的范畴。因为一切可指称的事物都 "有" 某些属性，"有" 便在中文里被最广泛地使用。另一个流行的翻译，即 "存在"，由 "存" 与 "在" 这两个字组成："在" 的字面意思为 "to be in"，有一种空间的含义，"存" 的字面意思为 "to persist" 或者 "to survive"，有一种时间的维度，两者结合成为一个时空感很强的词。这个复合词还包含了存在意义上的 "to be"。在英语里人们说 "X is" 或者 "X exists"，在中文里人们则说 "X 存在"。在西方哲学的中文翻译中，"有" 与 "存在" 哪个才是 being 更为合适的翻译，存在着许多争议。不同的译者有着不同的选择。实际上，同一个译者常常在不同的著作或不同的情境中使用不同的词，有时甚至同一个译者在同一作品的不同版本中的译法也不相同。[2]

---

[1] 参见王太庆：《我们如何认识西方人的 "是"》，《学人》1993 年第 4 辑：第 419–437 页。

[2] 贺麟（中国翻译黑格尔的先驱者）说："过去我一直把 'Sein' 译成 '有'，把 'Existenz' 译成 '存在'，显然不够恰当。这次反过来，把 'Sein' 译作 '存在'，把 'Existenz' 译作 '实存'。"（贺麟：《对黑格尔小逻辑的翻译》，商务印书馆，1981，第 xx 页）他没有告诉我们，为什么前者的翻译 "显然不够恰当"。中国读者发现黑格尔在一本书中讨论的是 "有"，而在另一本书讨论的却是 "存在"，不难想象他们是多么困惑。

　　但是，"有"与"存在"这两种译法都不令人满意。就"有"（to have）而言，"being"与"having"在西方哲学中有着不同的含义。亚里士多德在 10 范畴中区分了本质谓项与偶然谓项。如果一个谓项的名字与定义都能述说主体，那它就是本质谓项。比如，"人"的名字及其定义（理性动物）都可以述说"苏格拉底"："苏格拉底是人"或者"苏格拉底是一个理性动物"。与此相对，如果一个谓项，只有其名字能述说首要的主体，而其定义则不行，那么它就是偶然谓项。比如，"白"的名字可以述说苏格拉底——"苏格拉底是白的"，但其定义（这样一种颜色）则不能述说苏格拉底——"苏格拉底是这样一种颜色"。因此，我们说"苏格拉底是人"，是在揭示他的 essence，即"他是什么"；而我们说"苏格拉底是白的"，则是在揭示他内在的一种特性，即表明"他有什么"。本质主谓项关系可以用"X 是"来表达，而偶然主谓项关系则用"X 有"来表达。因此，"to have"无论在广度还是强度上与"being"都不能同日而语。这也是亚里士多德之所以将"有"（eksin）作为 10 个 beings 中的一个而非 being 自身的原因。这种情形似乎也适合中文"有"，"有"只能表达作为存在意义的"to be"的某些方面。我们可以将英文"X is"作为一个完整的句子，但在中文里，"X 有"则不是完整的。

　　众所周知，"有"与"无"是道家基本的形而上学范畴。中国学者通常将 being 译作"有"。如上所言，这种译法是有问题的。西方学者将老子的"有"译作"being"，将"无"对应译作"not being"。《老子》第 40 章曰："天下万物生于有，有生于无。"该句通常被译作"Everything is from being, and being is from not-being"，老子也因此被看作神秘主义的形而上学家。但是，对老子而言，"有"与"无"都不是名词化的概念，相反，"有"与"无"的对照其实是确定性（determination）与缺失确定性（the absence of determination）的对照，而且这种对照并不是固定的。《老子》第 1 章讲："无名天地之始，有名万物之母。……此两者同出而异名。"第 2 章更清楚地表达了"有无相生"的思想。当然，这些都非常具有争议性。但毋庸置疑的是，如果不将老子的"有"译作"being"，我们就能更好地理解《老子》。

"存在"这一译法的问题在于，它是一个具有时空性的名词，要接受这种哲学论断，即一般概念或抽象的存在者（entities）是 beings（"存在"），并且它们比可感事物更加真实，对于中国读者来说是困难的。这在某种程度上解释了当代中国哲学中怀疑各种唯心主义的倾向。在当代中国哲学看来，主张一般概念或抽象的存在者具有时空性是反直觉的。笛卡尔的"我思故我在"以及贝克莱的"存在即被感知"皆被拒斥，柏拉图的形式（Forms）与黑格尔的绝对精神皆被看作荒谬的。

除了这些具体问题，"存在"与"有"的翻译还有一个共同的、根本性的困难，即它们都不具有系词功能，所以无法表明西方哲学的 being 与其相应的语法结构之间的关系。正因为如此，人们无法理解这一观点，即各种 being 都与其系词意思相关。比如，直到今天，中国人在理解巴门尼德的"存在与思维同一"或者亚里士多德的"being"是在许多方式上被述说时，依然有着巨大的困难。

being 这一概念在西方哲学传统中的重要地位并不在于该概念自身。许多形而上学的关键术语不仅在哲学上来源于 being，而且在词源上也与之相关。这种关系通常构成了哲学体系的骨干。因此，being 一直居于形而上学概念框架的核心。这在亚里士多德的形而上学当中特别清楚。下面我将表明亚里士多德形而上学中的 being、ousia（通常被译作 substance）以及 essence 之间的词源与概念的联系，然后讨论如何将 ousia 以及 essence 翻译成中文。

亚里士多德将 being 分为 10 个范畴，但这些范畴的地位并不是相同的。ousia 是原初意义上的或首要的 being，其他范畴则是派生意义上的 being。量指的是 ousia 的量，质也是 ousia 的质。ousia 在存在、知识以及定义上先于其他的 being，是 being 的中心含义。由于 ousia，其他每一个范畴亦"是"（is）。ousia 被称作"第一意义上的，即不是有条件的而是无条件的'是'"（《形而上学》1028a29-30）。在此基础上，亚里士多德宣称，回答"什么是 being"其实就是回答"什么是 ousia"。ousia 源自 ousa，是希腊动词 einai（on 是它的中性单数分词）的阴性单数分词，因而 ousia 在词源上等同于 being。对 ousia（substance）的研究，其实就是对原初意义上的 being 的研究。

之所以将对 being 的研究归于对 substance（ousia）的研究，是因为 ousia 是原初意义上的 being。而对 ousia 的研究则进一步归于对 essence 或形式（form）的研究："所谓形式，我是指每一事物的 to ti en einai 及其第一 ousia。"（《形而上学》1032b1-2）to ti en einai（字面意思为一个事物的过去之"是"是什么）发源于 being，为亚里士多德所发明。亚里士多德使用的"en"，即 esti 的过去式，相当于英文的过去式"was"。我认为，亚里士多德这里想强调的是事物中恒久不变的东西，而非其过去如此。to ti en einai 是一个定义所表示的东西。形式（form）或 essence 是 ousia 的第一义。因此，要理解什么是 ousia，我们就必须理解什么是 essence。essence 作为第一 ousia，是原初意义上的 ousia，也是第一意义上的 being。

在西文翻译中，要保持 being 与 to ti en einai 之间词源上的关系是不成问题的。拉丁文译者基于 to be 在拉丁语中的对应词 esse，将其译为 essentia，英文表达为 essence（法语为 essence，德语为 wesen，意大利语为 essenzia）。这里的问题是：是否保留用 substance 来翻译 ousia？历史上，ousia 在拉丁文中也曾被译为 essentia。但是，波埃修（Boëthius）在评注亚里士多德的《范畴篇》时，由于那里 ousia 的主要意思是"载体"（来自动词 to lie under，即躺在下面），将其译为拉丁文 substantia（来自动词 to stand under，即站在下面）。由于波埃修的评注在中世纪十分有影响力，substantia 便成了 ousia 的标准翻译，随后有了 substance（英文）、substance（法语）、substanz（德语）以及 sostanza（意大利语）等表达。然而，从语言学来讲，substance 并未反映出 on（being）与 ousia 在词源上的联系；并且，ousia 在亚里士多德那里既有具体意义，即个体，也有抽象意义，即 form 或 essence，但是 substance 似乎不适合表达其抽象意义，也无法恰当地表达出 ousia 在《形而上学》中的准确含义，因为在《形而上学》中，form 或 essence 是首要的 ousia。除此之外，还有一些其他提议，比如译作 essence、entity[①]、reality[②]，甚至 beingness 或者 beity[③] 等。

西方学者之所以质疑 substance 是不是对 ousia 的合适翻译，主要是因为他们意识到 ousia 与 being 之间的关系，并试图在翻译中保留这种关系。但又一次，中文的情形却大相径庭。我们已经看到，无论是"存在"还是"有"，在词源或哲学上都不是对 being 的合适翻译。不仅 ousia 和 essence 的中文翻译与西方的 being 没有词源上的联系，甚至 ousia 和 essence 的中文翻译与 being 的中文翻译之间也无法建立联系。因此，整个概念框架支离破碎，不成系统。

ousia 在中文中通常被翻译为"实体"（字面意思为"固体"），源自洛克的"实体"概念。一些学者意识到，亚里士多德的 form 或 essence 并非固体，因而偏向于将其译作"本体"（字面意思为"原初的体"）。"本体"比"实体"好，前者在某种意义上抓住了其作为原初意义上的 ousia 的意思，但"体"依然不合适，因为形式在亚里士多德那里既不是"固体的"（solid），也不是"身体"（body）。在翻译西方哲学的中文译者们之间有一场争论：一方面是将 being 译作"有"、"是"还是"存在"；另一方面是将 ousia 译作"实体"还是"本体"。然而，这两种争

---

① 参见 Joseph Owens，*The Doctrine of Being in the Aristotelian Metaphysics*（Toronto：Pontifical Institute of Medieval Studies，1963）。

② 参见 William Charlton ed.，*Aristotle: Physics I and II*（New York：Oxford University Press，1970）；Jonathan Barnes ed.，*Aristotle: Posterior Analytics*（New York：Oxford University Press，1975）；Julia Annas ed.，*Aristotle: Metaphysics M and N*（New York：Oxford University Press，1976）。

③ 最后两者是由大卫·博斯托克（David Bostock）提出的，但他并没有使用它们，参见 David Bostock，*Aristotle: Metaphysics, Books Z and H*（New York：Oxford University Press，1994），p.43。

论之间并没有关联。①

在中文翻译中，essence 通常被译作"本质"（字面意思为"原初的质"）。这同样是非常不适合的。因为"本质"既与其原初词 being 没有词源上的关系，也与 being 的其他中文翻译没有词源上的关系。这个词在哲学上具有误导性，因为它使得 to ti en einai 有从 ousia 的范畴滑向质的范畴的倾向。

综上所述：

希腊文	on（einai）	ousia（ousa）	to ti en einai
拉丁文	essesubstantia	essential	essentia
英　文	being（to be）	substance，entity	essence，reality
中　文	是，有或存在	实体，本体	本质

令人惊讶的是，在西方哲学和中国哲学经过长达一个多世纪的互动之后，将 being 的问题及其相关理论引入中国依旧像当初那样困难。事实上，当代中国哲学的主要问题之一不是 being 自身的问题，而是如何翻译 being 的问题。这种情形说明了中文里几乎不可能存有一种深层结构，能够与亚里士多德的"描述的形而上学"的基础，即主谓项关系的种类对应。

如果情形属实，那么为了让西方的"描述的形而上学"扎根于中国哲学，我们需要做一些修正，但不是修正普通的以主语为主的语法（subject-subject），而是修正现存的中文语法。换言之，我们需要赋予系

———————————

① 这里出现了进一步的困难。既然 being（on）被译作"是"，或者"有"，或者"存在"，那么相应地，ontology 应该被译作"是论"（关于"是"的理论），或者"有论"（关于"有"的理论），或者"存在论"（关于"存在"的理论）。然而，20 世纪早期，ontology 被译作"万有论"（关于一切"有"的理论），但是现在一直被译作"本体论"（字面意思为关于 substance 的理论），尽管实际上 substance（ousia）通常被译作"实体"而非"本体"。从词源学上看，这是不恰当的。并且，既然中文没有建立起 being 与 substance 之间的关系，翻译也就不能将 ontology 与 being（或者 on）的理论连接起来。因此，ontology 在中文里就是一个让人难以捉摸的术语。当前有许多理论被贴上 ontology 的标签，比如"自然本体论""文化本体论""社会本体论""实践本体论"，等等。虽然这些理论本身有一些有趣的内容，但没有一个是关于西方意义上的 being 或存在的。

词"是"一种存在性的含义。理论上，这种修正不仅是可行的，而且是有益的，这将使得我们能够用"是"来翻译 being。我们已经注意到，"是"的这一译法保留了 being 与句子结构之间的关系，因而可以再现那些基于 being 的含义的论证。此外，将其翻译为"是"，还可以在中文中保持 being、ousia 以及 essence 之间语义上的关联。既然 ousia 是原初的、第一意义上的 being，我就将它译作"本是"；而 essence（to ti en einai）作为原初的 ousia，表示稳定而持久的东西（如同它的哲学过去式所表明的那样），我将它译作"恒是"。相应地，因为 ousia 和 essence 在语义上与 being 关联，ousia 和 essence 的中文翻译"本是"和"恒是"与 being 的中文翻译"是"也有着平行的关联。因此，我的建议如下：

希腊文	on（einai）	ousia	to ti en einai
中　文	是	本是	恒是

当然，该建议需要修正现存的中文语法。如果该建议奏效，其结果便具有讽刺意味，即印欧语系中"描述的形而上学"在中国哲学这里将会成为一种"矫正的形而上学"。形而上学确实是嵌入在语言之中的吗？①

---

① 这里要感谢牛津大学（Oxford University）、密德萨斯大学（Middlesex University）、布法罗大学（the University at Buffalo）、费尔菲尔德大学（Fairfield University）、宾厄姆顿大学（Binghamton University）的读者（或听众）以及乔纳森·雷伊（Jonathan Ree）、巴里·史密斯（Barry Smith）、彼得·斯特劳森（Sir Peter Strawson）、马里亚姆·塔洛斯（Mariam Thalos）对本文早期版本的评论。特别感谢尼古拉斯·布宁（Nicholas Bunnin）、荷西·格雷西亚和汪子嵩先生等人的多次批评与鼓励。

第五编

比较研究与德性伦理学

古代德性伦理学的实践性：希腊与中国 *

  针对德性伦理学的一个指责是，它无法为实际的道德问题提供解决方案，因此很难成为规范论的功利主义和道义论的对手。正如一位批评家所评论的那样："人们总是期望伦理理论告诉他们应该做些什么，而在我看来，德性伦理学在结构上对这个问题没什么可说的。"①其实这一指责并不新鲜。因为早在德性伦理学的当代复兴之前，H. A. 普理查德（H. A. Prichard）就声称，一种恰当的道德哲学应该探讨一个人应该做什么，而亚里士多德的伦理学并不适于这项任务，所以是令人失望的。②为回应这一指责，德性伦理学的辩护者坚持认为存在着规范性的德性伦理学，能够通过告诉我们应该做什么来指导行为。德性伦理学能提出大量规则，"不但每种德性都产生出准则——要诚实、仁善、公正

---

  * 原文题目为 "The Practicality of Ancient Virtue Ethics：Greece and China"，载于 *Dao* 9（2010）：289-302。钱圆媛译，晏玉荣校。——编者注

  ① R. B. Louden, "On Some Vices of Virtue Ethics," in *Virtue Ethics*, eds. Roger Crisp and Michael Slote（Oxford：Oxford University Press, 1997），p.205.

  ② "德性并不是道德的基础如果是事实的话，将解释仔细阅读亚里士多德伦理学所产生的极端不满，否则就很难解释。为何其伦理学如此令人失望？……相反，因为亚里士多德没有做我们作为道德哲学家希望他做的事情，即说服我们真的应该去做我们在非反思意识中应该做的事情；或者如果没有，告诉我们真正应该做的另一件事是什么，并向我们证明他是对的。"［H. A. Prichard, "Does Moral Philosophy Rest on a Mistake？" *Mind* 81（1991）：33］

地行事，而且每种恶习都是禁令——不要不诚实，不仁善，不公正地行事"①。此外还应该注意的是，促使德性伦理学复兴的原因之一正是由于行为指导规则的局限性、它们之间的冲突性以及应用中的问题。

这一争辩本身是意义重大的，却生发于当代规范伦理学的框架内，而争辩的双方都是从道德哲学必须告诉我们应该做什么这一假定出发来解决问题的。本文的目的不是直接进入争辩，相反，我想把这个当代观点放在一边，提出关于德性伦理学的实践性的一个不同问题。德性伦理学是一条古老的进路。事实上，正是在古希腊，伦理学被称作为"实践科学"。那么，古人自己又是如何看待实践性问题呢？他们认为他们的伦理学是实践性的吗？若是，又是怎样的实践性呢？本文致力于从古代伦理学自身的视野而不是从我们的观念出发来理解古代德性伦理学的实践性。由于德性伦理学是古希腊哲学家和中国古典儒家共享的进路，所以我想汲取这两种传统中的相关资源，以便更好地理解它们的实践性概念以及古代德性伦理学与当代德性伦理学之间的区别。第一部分表明有一种在希腊和中国古代德性伦理中都很显著却与当代伦理学不同的实践性概念，根据这一概念，伦理学旨在转变人们的生活。第二部分考察几位具有代表性的古代人物，以领略他们是如何声称他们各自的伦理学能够转变人们的生活的。第三即最后一部分解释了为什么这种实践概念在今天的伦理学中被忽视了，并提出复兴这一概念的前景。

一、古代希腊和中国德性伦理学中的实践性

实践性问题显然位居古代德性伦理学的核心。当苏格拉底将哲学视作一种实践的事业而非理论的探究从而改变了哲学的进程时，他并不简单地认为哲学是在寻求实践知识；相反，在他看来，哲学是为了照料人

---

① R. Hursthouse, "Normative Virtue Ethics," in *How Should One Live? Essays on the Virtues*, ed. Roger Crisp（Oxford: Oxford University Press, 1996）, p.25.

的灵魂。①（《申辩篇》29e，38a）他宣称自己承负一个来自德尔斐神谕的使命，而哲学的目的就是像牛虻一样去刺激雅典人。（《申辩篇》30e；参见 30a，33c，40b-c）"未经反思的生活不值得过"这一格言清楚地表明，要反思的是"生活"而不是"知识"或"命题"。如果说希腊哲学在苏格拉底那里经历了一个转向，那么中国哲学从一开始就是注重伦理的。哲学的对话是为了找到与确证以天为基础的人道（方式），即正确的生活方式和社会组织方式。正如苏格拉底有一种神圣的使命感，孔子据说是被上天当作"木铎"②（《论语》3：24），其使命是恢复已失落的道，并把人们从错误的道上带回来。

亚里士多德将知识分为三类，即理论的、实践的和创制的，他将伦理学归于实践科学的范畴。理论科学（包括数学、物理学和第一哲学）关注的是永恒的真理，并且是为了理解真理；而实践科学（1）关注的则是人类事物，为了活得好和做得好，（2）着眼于实践的影响，而非纯粹满足求知欲的理智的锻炼。对亚里士多德来说，第二个方面更为重要。他声称："我们目前的讨论并不像其他人所做的那样，以研究为目的；我们考察的目的不是为了知道德性是什么，而是为了变得善，否则这研究将对我们没有任何好处。"③（《尼各马可伦理学》1103b27-29。参见 1095a5，1099b29-32；《优台谟伦理学》1216b1-25）伦理研究不是为了获得理论知识，而是为了把学生变成一个更好的人。亚里士多德甚至认为，如果伦理学不旨在使我们成为更好的人，它就不值得追求。

认为伦理学与我们的生活方式有着直接关系的这一信念，是希腊化和罗马时期哲学的一个主要特征。在那一时期，哲学主要被认为是一门生活的艺术，它强调有必要实际去影响人自身。内心的安宁（或免于打

---

① 除非另有说明，本文所有柏拉图的引文均来自 Plato, *Plato: Complete Works*, ed. John Cooper（Indianapolis, IN：Hackett, 1997）。

② 除非另有说明，本文所有《论语》的引文均来自 D. C. Lau, *Confucius: The Analects Lun yü*（香港中文大学出版社，1979）。

③ 除非另有说明，本文所有亚里士多德的引文均来自 Aristotle, *The Complete Works of Aristotle: The Revised Oxford Translation*, 2 vols. ed. Jonathan Barnes（Princeton, NJ：Princeton University Press, 1984）。

扰，ataraxia）是斯多葛学派、伊壁鸠鲁学派和怀疑派的共同目标，尽管每一学派对于如何达到这一实践目标都提供了各自的方法。[1] 同样，在中国哲学中，孔子的追随者们继续强调哲学的实践性。儒学的目标是"内圣而外王"。荀子说："学至于行之而止矣。"[2] 其他学派也有这一特征。对于道家的老子来说，坏学生会嘲笑他的教导，然而"上士闻道，勤而行之"[3]。墨家将其效用主义的任务扩展为哲学自身的本质，认为只有那些可以转化为行为的学说才能够被教导。

显然，使得伦理学具有实践性是每个古代伦理学家的核心观点。然而，他们有着与今天不一样的实践性概念。在当代规范伦理学中，实践意味着告诉我们该做什么。为达到这一目的，伦理学必须为行为主体所要解决的特定问题提供一条或一组规则。然而，希腊和中国的古代德性伦理学者并没有共享这一立场。这不是因为他们没认识到用于指导人们行为的规则的价值，而是因为他们认为行动所依据的品格修养比规则更为根本。正如亚里士多德所言，伦理学不能建立普遍的原则来为所有可能情况下的行动提供明确的指导。（《尼各马可伦理学》1094b14-22）它只能在大多数情况下为真，而不能处理"所有的情况"（《尼各马可伦理学》1094b21-25，1095a4，1098a29-b3，1103b14-1104a10，1112b8）。这不是因为伦理学没有办法找到必然性，而是因为伦理学的主题中就根本没有必然性。人的处境和行为是无限多样的、不确定的："若总的论述是这样的性质，那么对具体行为的论述就更缺乏精确性了；因为它们并不为任何技艺与法则所统摄。行为主体自身必须因时因地制宜。"（《尼各马可伦理学》1104a3-10）因此，他特别强调审慎（phronimos）的作用和实践理性的语境。用于指导行为的规则同样有着重要作用。实

---

① 对于哲学是古希腊的一种生活方式这一观点的一个启发性的研究，参见 Pierre Hadot, *What is Ancient Philosophy?*（Cambridge, MA: The Belknap Press, 2002）。

② Xunzi, *Xunzi: A Translation and Study of the Complete Works*, trans. John Knoblock（Stanford: Stanford University Press, 1988-1994）, pp.8, 33, 114.

③ Wing-Tsit Chan, *A Source Book in Chinese Philosophy*（Princeton, NJ: Princeton University Press）, *Laozi* 41, 1963.

现仁（德性、人道或仁爱）的一个关键要求是复礼。（《论语》12：1）孔子还持有"正名"（《论语》12：11）理论。根据这种理论，正确分配的职权和社会角色为行动给出了明确的指引并确保了良好秩序。而"义"（适宜或恰当）甚至被认为是成为优秀之人的最重要因素。"君子之于天下也，无适也，无莫也，义之与比。"（《论语》4：10；另参见17：23）在谈到具体问题时，孔子同亚里士多德一样，信任德性主体对于情境敏锐的实践智慧，而不是规则和规则应用的程序。

对古代伦理学家来说，实践性是与理论性相对的。伦理学的最终目标不是对真理的无私追求或得到抽象知识。伦理学作为一门实践科学，旨在改善人们的生活，伦理学旨在指导人去生活并转变其自身。它要"转变"人，而非只是"告诉"人。显然，指责古代德性伦理学无法指导实践是时代错置、使人误入歧途的。我们应该在它自己的问题和术语中来理解古代德性伦理学，而不是将我们的兴趣和框架强加于它。如果我们由内而外地看待古代德性伦理学，它就是实践性的，尽管这是不同意义上的实践性。

二、作为转变人的生活的伦理学

那么，古代哲学家们如何认为他们的德性伦理学能够以这种方式而是实践性的呢？这是一个内容丰富的研究领域。这里我只能简要地考察希腊和中国传统中的一些代表性人物。限于篇幅，在希腊方面我将讨论柏拉图的苏格拉底和亚里士多德，在中国方面我将讨论孔子和孟子。毫无疑问，每种立场的观点都很复杂，都可能引起许多争议。因此，我的讨论仅限于与本文主题密切相关的一些一般性的观点，其目的不在于详细讨论每种立场，而是要从中辨识出一个共同的倾向，并突出强调这一古代信仰——伦理学有助于造就更好的人——背后的一些具有启发性的理由。

（一）苏格拉底："说出你所信的"

在《申辩篇》（21c）中，当苏格拉底听到德尔斐神谕认为没有人比他更聪明时，他感到非常困惑，并开始寻找一个反例，以对此神谕进行反驳、盘问或诘难（elegxein）。正是这样，他开始了自己特有的哲学活动。用来描述他的哲学活动的一个恰当名称，即"elenchus"（省察，反驳），来源于 elegxein，尽管它是一个现代的学术创造而非苏格拉底自己的用语。苏格拉底诘难术（elenchus）的主题并不限于道德问题，而是涉及"我们该如何生活"这一道德问题，从而使得这种实践具有哲学意义。（《高尔吉亚篇》487e7-488a2，《理想国》352d）苏格拉底从未考察过诘难术本身的逻辑依据，似乎也并没有将他的考察视为一种系统的方法。这引起了哲学界关于诘难术的性质、指导原则、范围和局限性的大量争论，其灵感主要来自乔治·弗拉斯托斯（Gregory Vlastos）的论述。①

诘难术通常（尽管并非普遍）呈现出这样的结构：苏格拉底提出一个问题 X（什么是 x？例如，什么是虔诚，什么是节制，等等），对话者自信地提出论点 P 来回答问题 X；在苏格拉底的考察下，对话者发现论点 P 有问题并试图为它辩护；在这一过程中，对话者接受了苏格拉底所引入的前提 Q 和 R；然后在苏格拉底进一步地追问下，Q 和 R 似乎又推出了非 P；最终，对话者发现自己处于这样一种境地，即他既相信 P，又相信非 P，并对该相信什么感到"不知所措"（aporein）。但是，诘难术并不只是暴露出对话者信念的不一致，更重要的是，它审视了人们及其生活方式。在《申辩篇》中，苏格拉底非常明确地表示他的使命在于照料人们的灵魂。诘难术带领对话者去审视他的生活以及他所认可的价值是否具有一致性。被考察的对话者经历了一种自我转变，通常是

① 参见 G. Vlastos, "The Socratic Elenchus," *Oxford Studies in Ancient Philosophy* 1（1983）：27-58。

以一种困惑的状态以及一种更谦逊的态度而告终，所以诘难术既不是一种论辩，也不是一种修辞。它不是一种逻辑游戏，也不是一种纯粹的理性论证。相反，它具有双重功能，既是对人的一种检验，也是对信念的一种检验。① 然而，苏格拉底的诘难术是如何把这两个功能结合起来的呢？他有什么理由相信诘难术可以帮助人们照料灵魂呢？

苏格拉底声称他要考察"你们中的任何一个我碰巧遇见的人"和"我碰巧遇见的任何人，年轻人和老年人，公民和异邦人"（《申辩篇》29d，30a2-3）。然而，他对对话者有一个严格的要求，那就是：面对苏格拉底提出的道德问题，对话者必须说出他真正所信的。弗拉斯托斯称之为"说出你所信的"要求。②（《游叙弗伦篇》6b，9d；《普罗塔哥拉篇》331c-d；《拉凯斯篇》193c6-8；《高尔吉亚篇》458a1-b1，500b；《克力同篇》49c-d；《理想国》I.346）这是对真诚的要求。一旦对话者说出他所真正相信的东西，被考察的信念就刻画出了其人生价值观。因此，由诘难术揭示的就是对话者自身的混乱和不一致。对话者看到他的很多最基本的价值主张是不连贯和有问题的。这种揭示不仅使得对话者正确地意识到他的生活可能是由不充分的道德信念所指导的，还意识到有必要做出某些改变。对这些信念的反驳使得对话者自身的生活或其中的某些部分受到质疑。

然而，即使对话者真诚地说出他所相信的东西，当他被引导着发现自己的不一致时，为什么他还愿意反思和修改其信念呢？事实证明，苏格拉底的伦理讨论假定了以下的幸福论心理学："正是为了善，那些做所有这些事情的人才这样做。"（《高尔吉亚篇》468b10；参见499e，《美诺篇》77c-78b，《理想国》vi.550d11）所有人都不自觉或自觉地有

---

① 双重功能在下面的段落中有明确的描述："无论谁与苏格拉底密切接触并在谈话中与他相关联，即使他开始谈论的是一些完全不同的东西，都必然会继续被苏格拉底的论证引导，直到他甘愿回答关于他自己现在和过去的生活方式的问题。"（《拉凯斯篇》187e7-188a1。参见《游叙弗伦篇》7a-8b；《高尔吉亚篇》475a-d，482b；《普罗塔哥拉篇》333c7）

② 参见 G. Vlastos, "The Socratic Elenchus," *Oxford Studies in Ancient Philosophy* 1（1983）：35。

理性地欲求着至善，即 eudaimonia（幸福、兴旺发达或福祉）。人们可能持有不同的甚至错误的幸福观念，但每个人都欲求自己的幸福。因此，如果一个人意识到他自己的信念是有问题的，这种自身无法胜任的感觉会挫伤他对至善的理性欲求，行为主体无法持续地追求幸福。

相应地，如果对话者不愿意遵循"说出你所信的"这一规则，没有说出其准备据以生活的信念，苏格拉底的诘难术将无法起作用。《理想国》第 1 卷提供了一个典型的例子，当色拉叙马库斯认为不公正是好的且正义不是德性的时候，苏格拉底逼问他说："我相信你现在不是在开玩笑，色拉叙马库斯，而是在说你相信的真理。"色拉叙马库斯回答说："我信不信，这对你有什么不同呢？"（《理想国》349a-b）苏格拉底再一次要求说："不要这样相反于你的意见。"而色拉叙马库斯说："我就要这样回答来取悦你。"（《理想国》350e）在对话结束时，色拉叙马库斯对苏格拉底说："就让这些成为你在本迪斯盛宴上的献祭吧，苏格拉底。"（《理想国》354a）这种态度使得他难以成为一位合适的对话者。而从《理想国》第 2 卷开始，他就不再作为对话者，取而代之的是两位正派人物，格劳孔和阿德曼图斯。①

---

① 关于诘难术的最具争议的问题之一是：除了揭露对话者信念中的含糊不清或不连贯之外，是否有可能建立积极的道德真理？换言之，苏格拉底的诘难术具有建设性吗？评论者对此进行了大量的争论。对于一些人（被称为"反建构主义者"），诘难术只能揭示对话者信念的不一致性，参见 M. C. Stokes, *Plato's Socrates' Conversations*（Baltimore：John Hopkins University Press，1986），pp.1-35；H. Benson, "The Problem of the Elenchos Reconsidered," *Ancient Philosophy* 7（1987）：67-85。但其他人则认为诘难术具有建设性的作用。弗拉斯托斯观察到，一旦不一致被指出，苏格拉底经常声称最初的信念 P 是错误的，而对话者通常会在考察中放弃 P，而不是派生出非 P 的前提 Q 和 R。这该如何解释？因为这些前提并未在诘难术的过程中建立起真实性。苏格拉底既没有质疑这些信念，也没有为这些信念辩护。它们已经根据苏格拉底和对话者之间的一致同意而进入了论证中。然而，Q 和 R 的不一致并不必然意味着 P 应该被拒绝。对于弗拉斯托斯而言，正是基于通过之前诘难术考察得出的归纳证据，苏格拉底才接受了他自己的一套道德信念的真实性。对话者总是失败，因为他们所持有的信念与苏格拉底认为正确的信念是不一致的，参见 G. Vlastos, "The Socratic Elenchus," *Oxford Studies in Ancient Philosophy* 1（1983）：44-56。对于这一系列解释的各种版本，参见 C. D. C. Reeve, *Socrates in the Apology*（Indianapolis, IN：Hackett, 1989），pp.52-53；T. Brickhouse and K. Smith, *Plato's Socrates*（Oxford：Oxford University Press, 1994），pp.19-20。

（二）亚里士多德：良好的教养

正如苏格拉底要求其对话者陈述自己的观点一样，亚里士多德对他的伦理学听众也有一个特殊要求，即他们必须已有一个良好的教养和良好的品格。正是这一要求在暗地里支撑着他的主张，即他的伦理学要把听众变成更好的人。亚里士多德明确提出了这一要求："任何人，若要理智地聆听关于高尚和正义，以及一般而言关于政治科学的主题演讲，都必须已经养成良好的习惯。"（《尼各马可伦理学》1095b4–5）那么，什么是"养成良好的习惯？"

在亚里士多德看来，一个良好的教养提供了良好的起点（archai，即第一本原）："因为事实（to hoti）是起点，而如果这些事实对他来说足够明白，他就不需要理由（to dioti）；而且教养好的人已经或能很容易获得这些起点。"（《尼各马可伦理学》1095b2–8）这里的 to hoti 或起点意味着伦理信念和价值，例如"不偷窃""要节制"等。如果一个人有良好的教养，这些伦理价值就应该被灌输过了。这样的人知道应该做什么和不该做什么，也意识到某些事情本身就是善的。她不需要被说服去接受道德主张，她需要的只是更好地理解为什么她已拥有的生活经验是善的。

一个好的教养还包括"对应该的事感到快乐和痛苦"（《尼各马可伦理学》1104b12–13）。一个合格的学生要被培养为具有"高尚的喜好和高尚的憎恶"（《尼各马可伦理学》1179b25）。人有一种自然倾向去做坏事，因为它们带来快乐；人避免做高贵的事，因为它们带来痛苦且没有快乐。快乐和痛苦属于很容易腐蚀灵魂的一类事物："人正是因为快乐和痛苦而变坏。"（《尼各马可伦理学》1104b21–22，另见 1179b33–34）儿童像动物一样，过度地追求身体上的快乐（《尼各马可伦理学》1153a28–31），年轻人也倾向于跟随感官的激情而追求激情所指向的目标（《尼各马可伦理学》1095a4–9）。教养的好坏与否在很大程度上取决于是否教一个人在从事德性活动时，如节制和慷慨，不仅要感到痛苦更少，而且要感到快乐。这种快乐源于他"为了高贵（tokalon）"而行动的信念。（《尼各马可伦理学》1115b10-13，1120a23-27）这种享受构成了一个人的伦理品味。享受做正确的事是有德性的一个关键特征。（《尼各马可伦理学》1099a16-21）

总而言之，要成为亚里士多德伦理学的合适学生，"其品格，必须在某种程度上已经亲近于德性，热爱高尚且憎恶卑劣"（《尼各马可伦理学》1179b29-31）。在亚里士多德看来，这样的品格"就像滋养种子的土壤"（《尼各马可伦理学》1179b26）。习惯化塑造了她的动机和反应模式，为她听从教导奠定了基础。没有这些已被灌输的价值，教导是徒劳的。因为教导必须从这些价值开始，进而解释为什么正确的行为是正确的。亚里士多德的学生已很好地在通往德性的路上了，只是尚未反思德性生活的理由和目的。他的伦理学可以帮助他的听众理解和选择，帮助他们改善并实现完满的德性。正是在这个意义上，它可以把他们变成更好的人。

"好教养"的要求排除了几类人。第一类是太年轻的人。（《尼各马可伦理学》1095a2）年轻人可分为两类，即年龄小的年轻人，以及性格不成熟且仍遵循着激情的"年轻人"。前者没有一定的生活经验，尚未把握"起点"；后者可能有足够的生活经验，但掌控他们生活的是激情而非理性："对于这些人，如同对于不自制者一样，知识不会带来任何好处。"（《尼各马可伦理学》1095a10）被排除在外的第二类是那些已被教养但没有被教养好，因而没有好品格的人。这类人被灌输了错误的"起点"，对于应该做什么和不该做什么没有正确的观念，也意识不到德性和正义之类的事物本身就是善的。这类人属于那些人当中的一员，即"对于什么是高尚的和真正快乐的事物没有任何观念，因为他们从来没有品尝过它"；而且，这类人不服从羞耻感，只能靠对惩罚的恐惧来克制不良行为；最后，这类人也像那些性格不成熟的人一样，依据激情而生活。（《尼各马可伦理学》1179b13-14）由于"激情通常似乎不会带来理性论证而是强迫"（《尼各马可伦理学》1179b28-29），这类人不接受道德推理，甚至不听论证："有什么论证能改变这样的人呢？"（《尼各马可伦理学》1179b16）

他的伦理学虽然排除了那些尚待教育的人和教养不好的人，但对于如何教育好儿童却有着重要的意义。他竭力强调早期成长环境的重要性，正如其名称所示的那样，伦理德性（ethekearete）是基于习俗（ethos，社会风俗或习惯，《尼各马可伦理学》1103b24-26）的。他还相信，城邦通过法律的强制力在习惯化方面发挥着重要作用，并且城邦立法应首要关注习惯化和公民的品格。（《尼各马可伦理学》1180b29）由于这个原因，他没有将伦理学与政治学（politeria）分开，并且把他的政治学研究视为对幸福和品格讨论的一个连续的任务。因此，他尽管似乎没有多少耐心来转变那些缺德的成年人，却依然想引导他的学生提供一个更好的政治和社会环境以培养良好品格。

（三）孔子：人性的可塑性

如前所述，孔子对于在人的世界恢复"道"有一种很深的使命感。（《论语》4：12）人之"道"就是正确的生活方式。他是如何认为他能激励人们依据"道"而生活并实践呢？既然天之"道"在人类生活中的体现是人之"德"，那么获得人之"道"则意味着修"德"。在他关于德性的进路中，孔子引入了另一个术语，"仁"（通常表示仁爱或人道，但我更倾向于卓越）。"仁"就是孔子所认为的人之"德"之所是或"德"之应是。换句话说，他的仁论是其德论的翻版，所以问题就变成了：孔子如何让人去培养"德"或"仁"？

他有一些相对普遍的建议。例如，"克己复礼为仁"（《论语》12：1）；仁就是"爱人"（《论语》12：22）。后者要求延展一个人的孝爱。然而，如何可能让一个人复礼，同时又延展他或她的孝爱呢？孔子很清楚，人有一种喜好身体愉悦而避免德性生活的自然倾向。（《论语》4：

6，9：18，15：13）他反对诉诸强力或惩罚，而是强调以敬和诚的态度实践社会仪礼。(《论语》3：4，3：17）忠于自己的内心对有德的人是至关重要的。真正的德行必须真正发自内心。有德的人乐于做有德的行为，乐于有德。(《论语》4：2，4：6）

孔子没有明确地说出其伦理学如何能够真正实现他的目标。然而，从他的实践和他的自述来看，我认为关键点在于他相信人性不是固定的，而是可以改造的。他说："唯上知与下愚不移。"(《论语》17：3）几乎没有人属于这两类。就大多数人而言，"性相近也，习相远也"(《论语》17：2）。孔子似乎认为，有两种主要的方式可以影响听众本性的转变：第一是他对教育力量的信仰，第二是基于他对榜样作用的信任。

孔子自身的形象是一名教育者和学习者，他希望通过教育来改变人们的生活。他的教育对每个人都是开放的："子曰：'有教无类。'"(《论语》15：39）只要一个人愿意学习且能以某些东西作为礼物，这个人就能够成为他的学生。"子曰：'自行束脩以上，吾未尝无诲焉。'"(《论语》7：7）唯一的要求是理智上的："不愤不启，不悱不发。"①(《论语》7：8）

虽然孔子的教育对每个人都开放，但在教育中他会考虑学生的特殊情况和个性。尽管他认为自己是一个传播者而不是开创者，但他有一套理论话语，并声称他的这些话语是一以贯之的。(《论语》4：15）然而在教育中，他并没有提出这一理论并通过论证来证明它。他甚至没有给出任何普遍的定义。相反，对于同一个问题，他对不同的对话者给出了不同的答案，在很多情况下，这些不同的答案甚至是不一致的。众所周知，他对"什么是仁""什么是孝"等问题有许多不同的回答。下面的例子说明了孔子的教育方式。(《论语》11：22）

子路问曰："闻斯行诸？"孔子回答子路说不能这样做，因为他的

---

① 史华慈（B. Schwartz）评论说："在孔子希望能帮助他的弟子寻道之前，该弟子必须已有适当的内在倾向。"［B. Schwartz, *The World of Thought in Ancient China*（Cambridge, MA: The Belknap Press, 1985），p.79］但我并未发现有文本证据支持他的主张。

父亲和哥哥还活着。然而当再有同样问这一问题时，孔子回答说："闻斯行之！"孔子在解释这种不一致时说："求也退，故进之；由也兼人，故退之。"不同的学生应该以不同的方式教育。有针对性的回答是为了帮助学生就其所在的状态培养出恰当的品格。中文术语"教育"由两个字"教"与"育"组成。孔子没用这个术语，但在很大程度上，正是因为他的教育活动才发展了这一术语。

除了有针对性和个人化的教育之外，孔子还用了多年时间与他的弟子一起周游列国，希望影响统治者。这不仅是为了让统治者采纳他的政治理想，也是因为他相信统治者必须要做出榜样。我们已经提到，亚里士多德认为立法在习惯化中起着关键作用，所以将伦理学与政治学结合起来。孔子也将伦理与政治结合起来，但却出于不同的原因。在他的信念中，从政是为了"正"（《论语》12：17），即将自己作为榜样。有效的统治方式不是诉诸强力，而是"道之以德，齐之以礼，有耻且格"（《论语》2：3）。然而，要以"德"引导人民，统治者自己必须首先有"德"。

中文的"德"最初与人的"道德魅力"有关。行为主体一旦拥有德性，就具有了影响他人的魅力，就像风影响草一样。（《论语》12：19）统治者强大的道德品质具有重大的政治意义。是否具有"德"直接决定了领导者的影响力："其身正，不令而行；其身不正，虽令不从。"（《论语》13：6，另见13：13）如果一个统治者有"德"，人们就会敬仰并追随他。好的统治者必须作为他人效仿的榜样："为政以德，譬如北辰，居其所而众星共之。"（《论语》2：1）道德的榜样化使人改正或提高自己："君子笃于亲，则民兴于仁。"（《论语》8：2）我认为这是因为他对效仿榜样的影响力富有信心，所以孔子周游了多年并竭力去说服和转变统治者。

（四）孟子：人性善

孟子的任务是为孔子的学说提供一种心理学的基础，以捍卫孔子的进路。为了克服墨子的效用主义和杨朱的利己主义所带来的挑战，孟子认为儒家价值观已经存在于我们的原始人性中，每个人都有德性的内在四端或萌芽（《孟子》6a6），萌芽形成了向善的倾向。当"端"成长或成熟时，它就变成了一种盛开的德性。人类拥有同样的潜能或天赋的本性，但他们作为道德的存在却变得各不相同。为什么？"不能尽其才者也。"（《孟子》6a6）

那么，这一理论如何才能真正激励人们接受并按照儒家之道而生活呢？孟子似乎相信，一旦一个人意识到这种善的本性，她就在成为一个更好的人的路上了。也就是说，孟子对启蒙和说服的影响有信心。部分地出于这个原因，孟子哲学的一个重要部分是致力于证明和解释人之善的固有存在。他驳斥了其他的人性论，并为人性中固有的善提供了积极的证明。他从我们感官所共享的偏好中推断出我们的心也具有共同的偏好。（《孟子》6a7）他还试图辨识出人之自发的、有道德意义的自然倾向，然后将这些倾向视为人之善性的真实表现："人之所不学而能者，其良能也。"（《孟子》7a15）在他著名的"孺子入井"的故事中，男子拯救孺子的反应并非出自任何后果或自身利益的计算或考虑。这种反应是瞬间的和自发的，因此，在孟子看来，它必然是人性的一个真实方面。

《孟子》为我们提供了一个他如何运用其伦理学去转变国王的惊人的例子。在《孟子》1a7中，孟子拜访齐宣王并对他说，作为真正的王的德性就是要照料他的子民。王问："若寡人者，可以保民乎哉？"这表明王对自己缺乏信心。他很清楚自己的过度征税以及争地之战给他的人民造成了极大的痛苦。他也意识到自己的弱点［"寡人好货……寡人好色"（《孟子》1b5）］。根据其性善论，孟子向王保证他仍有可能成为一位好王。王又问："何由知吾可也？"为了说服王，孟子举出了一个关于王本人的故事。有一次，王碰巧看到一头牛被人牵去宰杀。他不忍见牛觳觫，所以下令以羊易之。通过孟子治疗式的说服，王清楚地看到了自己的动机："夫我乃行之，反而求之，不得吾心。夫子言之，于我心有戚戚焉。"孟子由此继续指出："是心足以王矣。"孟子的推断如下：如果一个人的力量强到足以举起一百斤，那他必然能举起一根羽毛；如果这人没有举起羽毛，那只是因为他没有努力。既然王关心动物，那么他不关心人不是因为他不能做到（不能），而是因为他没有努力去做（不为）。

该文本引起了人们对于"推扩"的性质的重大辩论。王对人民缺乏同情真的是因为不为（没有努力去做）而不是不能（不能做到）吗？孟子根据什么能让王将他的同情心从牛"推扩"到他的子民那里呢？[①] 我将《孟子》1a7 作为孟子证明其哲学能够产生实际效果的一个案例。他认为他的哲学可以改变人，并用一个例子向我们展示了他是如何努力去转变人的。牛的故事使王能够明白自己直觉性的道德反应，并且提醒他有着与生俱来的道德的种子。王开始意识到，他有成为好人以及做好事的潜能。这一步显然是有效的，因为王在明白了自己真正的动机时非常高兴。

接着，孟子展示了牛的痛苦和王的臣民苦难之间的相似之处，并试图让王对后者产生适当的反应。在孟子看来，人的这种道德的萌芽既是理性的也是情感的，推扩也必然涉及这样两个维度。孟子的方法在这一

---

① 关于"推扩"的性质的问题首先由倪德卫（David Nivison）提出，参见 David Nivison, "Mencius and Motivation," *Journal of the American Academy of Religion* 47（1980）：417-432；David Nivison, "Mengzi: Just not Doing It," *in Essays on the Moral Philosophy of Mengzi*, eds. Liu Xiusheng and P. J. Ivanhoe（Indianapolis, IN: Hackett, 2002），p.138。在那些试图理解孟子"推扩"的人中，有些人认为动机上有效的同情是通过逻辑论证产生的，参见 K. L. Shun, "Moral Reasons in Confucian Ethics," *Journal of Chinese Philosophy* 16（1989）：317-343。有些人认为，这是一个让王注意到他受苦的人民的问题，参见 Bryan Van Norden, "Kwong-loi Shun on Moral Reason in Mencius," *Journal of Chinese Philosophy* 18（1991）：353-370。还有一些人认为，推理是必要的但却不是充分的，它还涉及情感能力的重要推扩。这是对牛与人的相似性进行适当类比而得出来的。这一解释进路有不同版本。艾文贺（P. J. Ivanhoe）称之为"类比共振"或"情感共振"，参见 P. J. Ivanhoe, "Confucian Self-Cultivation and Mengzi's Notion of Extension," in *Essays on the Moral Philosophy of Mengzi*, eds. Liu Xiusheng and P. J. Ivanhoe, pp.221-241。大卫·王（David Wong）将其命名为"类比推理"，他的论文对此辩论提供了精彩的总结，参见 David Wong, "Reason and Analogical Reasoning in Mengzi," in *Essays on the Moral Philosophy of Mengzi*, eds. Liu Xiusheng and P. J. Ivanhoe, pp.187-220。

步奏效了吗？这取决于孟子所设想的目标是什么。如果他期望的是王立刻改变其行为并成为一位好王，这听起来就不太可能发生。这样的预期也与孟子的道德修养理论矛盾。脆弱的道德之端很容易被强烈的欲望和激情压倒。孟子相信，行为主体只有不断地自我努力，才能使"端"得到成长。（《孟子》4a19）行为主体不应该失去自尊（自弃）（《孟子》4a10），并且不应该通过否定自己的潜力来削弱自己（自暴）（《孟子》2a60）。行为主体应该培养生命能量（气）并培养"无动于心的状态"（不动心）。（《孟子》2a2）此外，行为主体还必须实践社会礼仪（《孟子》3a5），并研究历史中的圣贤典范（《孟子》2a2，2a9）。因此，在不能和不为之间，存在着一个修养的问题。王需要经历一个仪式化和情感训练的过程。"端"需要被发展，而发展需要时间。

我认为，孟子这里的目的在于：让王意识到自己的潜能，并向他表明这种推扩在理性和情感上是合理的，使得王走上变善的道路。正如苏格拉底的对话者在他们的困惑被揭示之后感到了不安，孟子的"类比推理"也试图让王感到不安。王可能不会立即施行他的新认识，但他应该会停下来思考他以前的行为。也就是说，这个类比应该能让他开始这一过程。正如我们在另一处所得知的那样，孟子明确表示王需要更多的帮助来发展他的"端"："虽有天下易生之物也，一日暴之，十日寒之，未有能生者也。吾见亦罕矣，吾退而寒之者至矣，吾如有萌焉何哉？"（《孟子》6a9）王有潜力（能）但需要培养才能真正地运用它（为）。孟子如果有足够的机会，就能提供很大的帮助。因此，孟子的伦理学不但表明了人向善的潜能，而且可以帮助行为主体发展这种潜能。

（五）总结

总之，如同他们在伦理理想方面有所不同，这些哲学家在如何践行他们的伦理理想方面也存在着重要的差异。希腊方面对其听众有着特定的要求。对于苏格拉底而言，对话者必须说出他自己的意见；对于亚里士多德而言，他的学生必须有一个良好的教养。中国方面预设了一种人性观，即人性是可塑的（孔子），或者人性中天生就有一种向善的倾向（孟子）。此外，孔子的教育对每个人都是开放的。孔子没有苏格拉底那样的要求，即让对话者说出他真正相信的东西，也没有亚里士多德那样的对好品格的要求。亚里士多德认为，有效的教导始于一个好品格，而孔子认为任何品格都可以通过教育而获得改变。尽管孔子在收学生时不考虑他们的品格，但他的教育方式却是因人而异的。此外，孟子和亚里士多德之间也存在鲜明的对比。在亚里士多德看来，论证并不能改变一个没有良好品格的人。一个关于如何推扩其自然伦理之端的道德讲座，无论在逻辑上如何有效，都不足以使一个未受培养的行为主体真正实施这种推扩。但是在孟子那里，即使一个人的品格不好，论证或说服仍然是有用的，并可以开启改变他的过程。修己永远不会太晚。除了这些差异，他们却有着一个共同的进路，即都有一个如何实现自己德性伦理学的观点。这是他们发展德性伦理学的一个核心关切。这些观点都与伦理学的听众有关，要么是关于他们的品格的，要么是关于他们的人性的。

三、实践性与当代伦理学

我们已经指出，古代希腊和中国的德性伦理学都有一个具体的实践性概念，并展示了古希腊和中国的哲学家使得德性伦理学切实有效的一些主要方法。这种伦理学进路是希腊和中国德性伦理学的特点，也是使得这些传统统一起来的共同特征。认识到古代伦理学存在着这样一种实践性概念，对于我们理解古人如何思考德性伦理学的实践本质以及进一步比较这两种古代伦理传统非常重要。更重要的是，我们已经注意到，在关于德性伦理学是否可以是规范性的争辩中，这种实践性概念被忽略了。这揭示了古代德性伦理学与当代德性伦理学之间的重要差异。前文我引用了亚里士多德《尼各马可伦理学》1103b27–29 中的一段话，即伦理学的研究目的不是去知道什么是德性，而是要成为一个更好的人。很显然，虽然我们正在复兴亚里士多德的伦理学，但我们感兴趣的是其伦理学的理论路径，却或多或少地忽视了他的主张，即德性伦理学"是为了成为一个更好的人"。在这个意义上，德性伦理学的复兴是有偏颇的。

那么，我们应该如何对待这种实践性概念？在今天的德性伦理学讨论中忽视这一概念是否合理？是否有必要且有可能也让它得以复兴？当然，这些是太大的问题，这里无法进行充分的处理。我只能提出这些问题，并为进一步的讨论做一些初步的评论。在当前关于德性伦理学规范性的辩论中，忽略这一古老的实践性概念并不是偶然的。在很大程度上，这是由古人与我们从事伦理学的不同方式决定的。古代哲学家们做伦理学的动力在于他们将其作为一种生活方式。这是非常个人的而且非专业的。他们致力于他们的生活理想，并试图说服别人他们的生活方式是唯一正确的。他们的伦理话语是他们对人类应该如何生活的特定观点的表达和证成。因此，他们关注的焦点在于他们所选择的生活方式是否有效。这并不奇怪。古代哲学家们寻求在生活中体现他们的哲学，其讨论伦理学是一种自我修养和自我成长的过程。苏格拉底明确表示，在审视他人的同时他也在审视自己。(《申辩篇》28e4-6，《卡尔米德篇》166c-d，《普罗塔哥拉篇》348c，《高尔吉亚篇》500b-c) 对于孔子来说，他首要的担忧之一就是德之不修。(《论语》7：3)

相比之下，当今的伦理学是一门学术性学科和一种理论研究。它主要致力于概念分类、思想实验和论证构建；而"应用的"或"实践的"伦理学主要是将伦理思想和原则应用于诸如流产、安乐死、动物、战争等具体而困难的道德案例。伦理学家是受过训练和雇用的专业人士。大多数伦理学工作者是出于智力兴趣和学术训练而工作，很少有人将伦理观点与自己的生活联系起来。有专业规范来确定人们应当进行哪种研究以及如何安排研究。遵循这些规范对于一个人的事业至关重要。因此，当伦理学家是一回事，而过生活又是另一回事。发展伦理话语不是为了证成某种生活方式，实际上这一观点完全被否定了，即正确的生活选择只有一种。一个人的理论工作是否以及如何与现实生活相关，并不是研究中不可或缺的部分。

由于古代哲学家提出了一种应该去实践的生活方式，并且对于他们每个人来说，其伦理理想是唯一真正的生活方式，他的学生被教导着采用和实践这种生活方式。这种教导和学习都不是纯粹智力上的。教导旨在让学生转变自我，获得精神上的进步，学生应该成为教师所倡导与体现的生活方式的追随者。学生被要求不断地练习其所学的东西。亚里士多德曾批评那些不反复练习的人，他们"逃避到理论中并认为他们是哲学家，并且会以这种方式变得善，表现得像是专心听从医生教导的病人，却不做任何他们被教导的事情。正如后者不会因为这样的疗程而改善身体一样，前者也不会因为这样的哲学教程而改善灵魂"（《尼各马可伦理学》1105b12-17）。《论语》开篇就强调学习和实践的不可分离性："学而时习之，不亦说乎？"（《论语》1：1）学习儒学的传统方法之一就是一遍遍地复诵经典文本，并且假定通过反复阅读，一个人可以重新体验老师的生活。

相比之下，如今这种教学方式被称为"灌输"，并且很可能给伦理学教授带来麻烦。伦理学课程是教导学生批判性地检视各种伦理观念、论点和理论。一位教授应该培养学生如何独立和批判地思考，但是照料学生的灵魂，或者将他们变成道德上更好的人并不在他的职责范围内。也就是说，他或她只培养智力上的德性，而不培养道德德性。相应地，除去某些例外，学生修这门课主要是为了理智上的兴趣或学分，很少是为了个人的省察或精神的进步。

由于这些差异，我们很难完全照搬本文第二部分所提出的那些使得德性伦理学具有实践性的古代方法。在今天的大学环境中，教授伦理学意味着教授理论。苏格拉底式的要求（"对话者必须说出自己所信的"）几乎不适用于课堂，除非是一对一的教学。我们也没法按照亚里士多德的要求（"学生必须有良好的教养"）来录取学生。孟子的人性观（"人性天然具有善的趋势"）是有争议的，很难作为教学的前提。虽然孔子认为人性是可变化的立场被广泛地接受，但为了实现这种可变性，他采用了一种特殊的教学方式，即针对学生的特定背景和环境，对每个人给出具体的回答，在课堂教学中遵循这样的实践对我们来说则是一个挑战。当然，古代哲学流派中的实践模式还有许多，至少在某种程度上，我们仍然可以借鉴其中的一些，但在一般意义上，我们应明确古今之间的差异。

然而，重要的是，尽管我们不能完全照搬那些使得德性伦理学具有实践性的古代方法，但是德性伦理学应该对行为主体的生活引发某些转变的古代观点仍然具有重要意义和吸引力。正如本文第二部分所表示的那样，在古希腊人与中国古人之间，甚至在每一种传统内部，都存在着许多差异，但这并不妨碍他们有着转变人的这一相同的目标。当代德性伦理学已经复兴了古代伦理学的理论路径，即伦理学应该关注行为主体的品格及道德生活的全过程。对于古人来说，这种路径具有一个实践性目标，即影响人格的培养，该目标是伦理学的一个必要部分，而当代德性伦理学为什么应当将其忽视或遗失呢？伦理学不仅需要知道什么是德性，而且还应该能够帮助培养它。无论古人与我们之间有多少差异，今天的人类仍然需要培养自己的品格，改善自己的生活方式。因此，在德性伦理学是否可以是规范的辩论中，我们除了认为德性伦理也可以有规则来指导行动之外，还应该保持这种古老的实践观的活力，并努力将德性研究与现代社会的生活方式关联起来。

追寻苏格拉底和孔子：
自我、德性与灵魂 *

在希腊哲学的核心思想中，有两个主要的自我概念。一个是实践自我，指一个人的品质和实践理性；另一个是理论自我，等同于理论理性。在中国哲学中，若干评论家认为儒家有一个关系自我概念，并且这一概念与现代西方自由主义中的自我概念截然对立。尽管对于"关系自我"的确切含义，并没有多少共识。① 在我看来，儒家的关系自我概念和希腊哲学中的实践自我概念是类似的，尤其和亚里士多德的政治动物概念（politikon zōon，我认为这指的是亚里士多德的实践自我）类似。②

* 原文题目为 "After Socrates and After Confucious: Self, Virtue, and Soul"，载于 *Antiqvorvm Philosophia* 2（2008）：59–76。金小燕译，陈昱翰校，译文发表于《世界哲学》2022 年第 2 期。——编者注

① 关于关系自我概念的众多讨论，参见 Henry Rosemont, "Rights-Bearing Individuals and Role-Bearing Persons," in *Rules, Rituals, and Responsibilities*: *Essays Dedicated to Herbert Fingarette*, ed. Mary I. Bockover（La Salle, IL: Open Court, 1991），p.89；Roger T. Ames, *The Focus-Field Self in Classical Confucianism*, *in Self as Person in Asian Theory and Practice*, eds. R. T. Ames with W. Dissanayake and T. P. Kasulis（Albany: State University of New York Press, 1994），p.173；David Wong, "Relational and Autonomous Selves," *Journal of Chinese Philosophy* 31, 4（2004）：420–421。

② 对于这一主题，我已做过比较研究，参见拙文 "Confucius Relational Self and Aristotle's Political Animal," *History of Philosophy Quarterly* 22, 4（2005）：281–300。

像政治动物一样，关系自我意味着人的本性是关系性的，共同体对于关系自我这一本质的实现来说是不可或缺的。然而，儒家哲学中没有与希腊哲学中的理论自我概念对等的概念。因此，关系自我和理论自我之间也就没有张力。

而且，希腊伦理学对两种德性做了区分：一种是实践德性，指人的品质和实践理性的卓越状态；另一种是理论德性，指理论理性的卓越状态。然而，在儒家（包括中国哲学的其他学派）中却没有与希腊理论德性对等的概念。因此，作为希腊伦理学的核心内容，对实践德性和理论德性的区分在儒家和中国哲学的其他学派中也是缺席的。①

在中国，理论德性的缺失、理论德性与实践德性两者间区分的缺失看起来是系统性的。一个更普遍且流行的观点是：古希腊哲学的特征在于它对形而上学追求的理论兴趣，而古代中国哲学缺乏这样的兴趣，只是沉浸在伦理和实践问题之中。G.E.R. 劳埃德（G.E.R. Lloyd）描述道：

> 一方面，希腊哲学全神贯注于基础问题，并愿意支持理论问题的极端或激进的解决方案；另一方面，中国哲学表现出相当实用主义的倾向，聚焦于现实问题中什么是有效的或者可以使用的。然而经常从事复杂的理论研究，为思辨本身而追求抽象思辨的想法对于他们而言却是陌生的。②

---

① 对于这一区别的细致讨论，参见拙著 *The Ethics of Confucius and Aristotle*： *Mirrors of Virtue*（New York and London：Routledge，2007），ch.7。

② G.E.R. Lloyd, *Demystifying Mentalities*（Cambridge：Cambridge University Press，1990），p.124. 对这种比较，不同的学者给出了不同的价值判断。中国哲学中纯粹形而上兴趣的缺失，是该备受苛责还是值得庆幸？虽然许多人认为中国哲学的这一特征与其哲学的本质论辩有着莫大的关系，但葛瑞汉（A.C. Graham）清楚地认识到，在早期中国，"没有实用目标问题的解决是毫无意义的愚行"这一思想趋势占据了统治地位。尽管如此，葛瑞汉仍然主张"难道有人会说，其魄力在于恪守中庸之道的中华文明，一开始就看出了理性所适配的分量吗？这将不能兼容下述论断，即承认我们对理性无限制的，或许是非理性的运用，取得了包括整个现代科学技术在内的成就，而这一成就是除了如此运用理性之外的任何其他方式所无法取得的"［A.C. Graham, *Disputers of the Tao*（La Salle, IL：Open Court, 1989），pp.7–8］。

通常来说，在比较哲学中，对整个文化进行全面概括是有风险的，但是我认为这个比较是合理的，特别是当我将"在形而上学研究中的理论兴趣"作为一项探寻抽象和普遍性的知识研究之后。抽象和普遍性的知识是指挖掘事物发生的原因与理由，对抽象和普遍性的知识的这种探寻源自人类与生俱来的求知与摆脱无知的欲求。^① 当然，对幸福的研究，古希腊哲学有丰富的伦理传统资源，中国哲学也有潜在的宇宙论假设，并经常以自然为纲比附人类的行为。也许我们应该把这一对立表述得更确切些，如下：希腊哲学同等地关注实践和理论，而中国哲学却以实践为主。

无论如何，这一对立最初是如何形成的，尤待解释。在我看来，对这个问题的理解不仅对问题本身具有价值，而且对我们更好地理解为什么希腊传统中对实践自我和理论自我、实践德性和理论德性的区分竟在中国伦理学中缺席，具有重要意义。这种差别的起源令人费解，因为如果我们将苏格拉底和孔子放在一起——他们分别被视为西方哲学传统和中国哲学传统的分水岭，我们会发现这种对比并不成立。苏格拉底和孔子都对形而上学兴味索然，却都对伦理学感兴趣。众所周知，孔子不愿意去思辨超验的问题。^② 同样家喻户晓的是，苏格拉底开始把哲学从自然研究转向道德问题研究。西塞罗对苏格拉底有一段著名的陈述："他是第一个将哲学从天上召唤下来，使它在世俗的人间生根，进入每个家庭，迫使人们审视生命、道德与善恶。"^③ 倘若希腊哲学遵从了苏格拉底的向导，它将会朝着与中国哲学相同的路径发展下去。那么，一定是苏格拉底和孔子之后发生的某些事情，深化了希腊哲学对形而上学的兴趣，与中国哲学对形而上学的摒弃之间形成对比。尽管苏格拉底的影响

---

① 显然，这基于对形而上学特质的界定，参见《形而上学》第 1 章第 1—2 节。

② 这种观点在"夫子之言性与天道，不可得而闻也"（《论语》5：13），"子不语怪、力、乱、神"（《论语》7：12）中表达得很清楚。

③ 西塞罗：《论证》第 4 卷，第 10—11 页。翻译来自洛布版本（Loeb Edition），ed. J. E. King（Cambridge, MA: Harvard University Press, 1971），p.435。同样参见亚里士多德：《形而上学》987b1-3，《动物的部分》642a25-31。

很大，但是在他之后，希腊人并没有仅仅研究道德哲学。柏拉图将哲学转向以形而上学事业为中心的哲学。然而，形而上学（事业）在中国哲学中并没有得到相应的发展。孟子是孔子最重要的追随者，他的性善论被界定为正统的儒家思想。① 然而，尽管孟子把人性本善或本恶设立为中国哲学的中心议题，但是他并没有像柏拉图为苏格拉底的伦理学建立形而上学基础一样，为儒家伦理学提供形而上学基础。孟子并没有超越孔子发展出一个形而上学体系，孔子的其他任何追随者或者其他任何中国哲学的古典学派，也都未能做到这一点。② 孔子一劳永逸地决定了中国哲学的"显著特点，也就是，人本主义"③。

充分理解所讨论的对比的形成，涉及每一个传统的历史、语言、自然科学（特别是数学和医学）、社会和人类学研究。④ 在本文中，我只研究与比较紧随苏格拉底和孔子之后在伦理学和心理学中的内部哲学发展。具体来说，我将比较柏拉图从苏格拉底哲学方向背离的方式，以及孟子发展孔子思想的方法。本文将集中于以下问题：第一，柏拉图是如何将苏格拉底的伦理学扩展到形而上学的？为什么在孟子对孔子的辩护中，类似的扩展没有发生？我认为柏拉图对灵魂不朽的讨论——孟子并未严肃对待的主题——是他从伦理学扩展到形而上学的关键一步。第二，这种不同又是如何影响后来希腊和中国伦理学发展中的自我与德性

---

① "毫不夸张地说，后人所谓的儒家思想包含的孟子思想和孔子思想一样多。" [D. C. Lau, *Mencious: Translation with Introduction* (London：Penguin Books，1970)，p.7] 陈汉生（Chad Hansen）也提及"他（孟子）比孔子本人对儒学的影响还要大，这种观点是有争议的……从宋朝到明朝一直到现代美国第三代儒学学者，他们都是通过孟子的剖析阐释孔子思想"[Chad Hansen, *A Daoist Theory of Chinese Thought* (Oxford：Oxford University Press，1992)，pp.153-154]。

② 葛瑞汉将古代中国哲学的关注总结如下："在中国思想的价值范围内，孔子和老子的至理名言是首要的，墨子和韩非子的实践理性是第二位的，公孙龙和惠施的逻辑谜题游戏充其量位列第三。"(Graham，*Disputers of the Tao*，pp.7-8)

③ Wing-Tsit Chan, *A Source Book in Chinese Philosophy* (Princeton，NJ：Princeton University Press，1963)，p.15.

④ 对于有关存在的形而上学在中国缺席的语言学基础，参见拙文"The Language of Being：Between Aristotle and Chinese Philosophy," *International Philosophical* 39，4（1999）：439-454。关于中国和希腊的自然科学与社会背景的比较研究，参见劳埃德的众多著作。

概念的？我想指出，由于柏拉图形而上学的引入，在希腊哲学中出现了关于自我、知识和德性的不同思想。这些不同表现在实践自我和理论自我、实践知识和理论知识，以及实践德性和理论德性之间。这些不同成为苏格拉底之后的希腊伦理学的重要议题，但是并没有在孔子之后的中国哲学中出现。

一、从《申辩篇》到《斐多篇》

追溯从苏格拉底的伦理学到柏拉图的形而上学的发展是一项具有挑战性的工作，因为历史上的苏格拉底没有留下任何文字。在现有的资料来源中，柏拉图的对话被视为最有价值的资料。然而，因为苏格拉底是大多数柏拉图对话中的主讲者，这里就有一个令人困惑的"苏格拉底问题"，也就是说，如何区分历史上的苏格拉底和作为柏拉图代言人的苏格拉底。幸运的是，这一问题对我们的研究不会造成太大的影响。人们习惯将柏拉图的对话录分成三个阶段（早期、中期和后期）①，被大家广泛接受的是，柏拉图早期和中期对话中的苏格拉底是不同的，最主要的区别在于：前者关注伦理问题，而后者创建的是形而上学事业。因此，围绕主题我们可以集中展示这一过程，即柏拉图笔下的苏格拉底是如何从早期对话中的伦理哲学家演变为中期对话中的形而上学家的。

由于篇幅的局限性，在这里我不能详细说明演化的细节。我将专攻特别贴切主题的柏拉图的两篇作品：被普遍认为是早期作品的《申辩篇》和中期对话《斐多篇》。在这两本著作中苏格拉底都抛弃了自然哲学。然而还是有一点不同，在《申辩篇》，苏格拉底一再对陪审团强调他们从来没有听过他谈论这样的主题（19c–d5；也可参见20c，23d2–9，24a，26d1–e2），他坚称自己对哲学的探寻仅限于伦理学方面。

---

① 当然，不同时期，在本质上有哪些区别是一个有争议的主题。

苏格拉底似乎认为自然哲学不能真正为如何生活得好提供知识。相反，在《斐多篇》96a-99d 这个经常被看成苏格拉底的"智识自传"的文本中，苏格拉底宣称，他年轻的时候曾经满怀热情地学习自然哲学。但他逐渐不满于自然哲学的学习，最终放弃了这种研究。因为它不能真正解释事物发生的原因。然后他用形而上学的形式因解释事物发生的原因。《申辩篇》是一本伦理学著作，而《斐多篇》是柏拉图形而上学著作中的关键文本。同样值得一提的是，尽管《申辩篇》是柏拉图的作品，但因具有高度的历史精确性，它被各路注疏者广泛认可为苏格拉底的历史写照。① 因此，审视《申辩篇》中的苏格拉底和《斐多篇》中的苏格拉底的不同，可能让我们对柏拉图如何背离苏格拉底的哲学倾向有一个好的把握，这转而也为我们比较孟子继承孔子思想的方式提供明鉴。

《申辩篇》的主题是苏格拉底在法庭上为针对自己的控告所做的辩护，这些控告的内容是，苏格拉底腐化青年，不信城邦所信之神。《斐多篇》的主题也是苏格拉底的辩护，并给他的朋友和学生论证苏格拉底对死亡的选择。这两篇对话都是对苏格拉底生活方式的辩护。《斐多篇》中的苏格拉底本人清楚地说明了这一点："让我来做一番更加令人信服的申辩，胜过我在审判时所做的。"（《斐多篇》63b-c；参见 69e）《斐多篇》的辩护目标是阐明死亡并非一种恶，而是应该作为实现我们真实自我的途径受到欢迎。他将哲学视为练习死亡（64a5-6），将死亡理解为灵魂和肉体的分离。这意味着通过他的哲学活动，哲学家可以于肉体欲望和感觉的纷扰之中尽可能地解救灵魂，这样他就可以运用纯粹理性探寻真理。② （66a）然而，只有证明灵魂不朽，死亡才能被认作真实自我的实现。《斐多篇》则致力于这样的证明。

---

① 对弗拉斯托斯（Vlastos）来说，《申辩篇》是"作为对柏拉图其他早期对话中描绘的苏格拉底思想和性格真实性的试金石"［Vlastos ed., *Introduction to The Philosophy of Socrates* (Garden City, NJ: Anchor Books, 1971), p.iv］。卡恩（Kahn）认为《申辩篇》是一个历史事件，"可被合理地视作一份准历史文件"［Kahn, *Plato and the Socratic Dialogue* (Cambridge: University of Cambridge Press, 1996), p.88］。

② 尽管哲学是练习死亡的活动，但自杀却是被禁止的。我们的生命是神的财产。我们有责任侍奉神，而绝不能剥夺神享有的侍奉而去自杀。（《斐多篇》62b-c）

首先，如果说灵魂是不朽的，来世比今世好得多，那么这与《申辩篇》有很大的不同，在《申辩篇》，苏格拉底反复地说他不知道死亡是一件好事还是一件坏事。[①]（29a7-8，37b5-7，32d1-2）其次，《申辩篇》中的苏格拉底是不可知论者，对死后灵魂的命运也不关心。（40c-41，42a3-5）最后，在《申辩篇》，基于"未经考察的人生是不值得过的"（29a1），实践哲学是为了审视人们的信念。这样的审视不仅与不朽无关，而且与《斐多篇》对做哲学实践的理解也大相径庭。

是什么激发了《斐多篇》的创作？在《申辩篇》后，通过《斐多篇》中苏格拉底的再次辩护，柏拉图一定是暗示，还需要对苏格拉底献身于哲学和哲学生活的原因做更多、更好的论证。苏格拉底的一生体现了他的哲学信仰。在写作《斐多篇》时，柏拉图一定已经意识到，苏格拉底在《申辩篇》中的立场有待进一步论证。根据柏拉图对灵魂不朽的讨论方式，我认为，他特别予以注意的是以下三个问题：第一，苏格拉底哲学有一句箴言是"照看好自己的灵魂"，这里将灵魂看作一切德性的基础。然而他从没有对灵魂的形而上学本质进行理论上的讨论。什么是灵魂呢？是一个实体还是某个实体的一种属性？它是否也有生成和消亡？苏格拉底并没有回答诸如此类的问题。

第二，按照"照看好自己的灵魂"这句箴言，苏格拉底的主要活动是反诘法检验（或者是辩驳，源自 elegchein，字面意思是"驳斥"或"追问"），这会暴露对话者信念的前后矛盾。这一检验过程往往以对话者放弃原来的立场，并对于该持有什么信念陷入困惑而告终。作为一个否定性的测试，反诘法可以劝诫并影响对话者的行为。[②]然而，尚不清楚的是，反诘法如何助人获得肯定性的知识和达到确定性的道德

① 直到他被定罪后，在向那些投票赞成他无罪释放的少数人发言时，苏格拉底才声称死亡可能是一种赐福，因为他内心深处似乎并不反对判处他死刑的行为，参见《申辩篇》39e-40e3。

② 辩驳有这样的影响，是因为苏格拉底要求对话者必须说出他真正相信的。这样，如果他所相信的被斥了，对话者自己的生活或生活的一部分将被怀疑。弗拉斯托斯称它为"'说出你所信的'要求"［Gregory Vlastos, *Socratic Studies*, ed. M. Burnyeat（Cambridge：Cambridge University Press, 1994），p.7］。

目的。①

第三，苏格拉底宣称他四处考察了他遇到的任何人，"不论老少，我都会劝告你们首要的、第一位的关注不是你们的身体或财富，而是你们灵魂的最高善"（《申辩篇》30a7-b2）。照看好灵魂和照看好身体是对立的，但是苏格拉底还没有阐述灵肉二分。对灵魂和肉体的清晰划分，可能让我们更好地理解如何才能让灵魂获得最高善。

在很大程度上，《斐多篇》中对灵魂不朽的前三个证明——转化说（69e-72e）、回忆说（72e3-77a5）、类同论证（78b4-84b4）——可被视为分别指向前述的三个问题。根据转化说，每一件事物从它的对立面产生，生者和死者是对立物。因此，生者的灵魂来自死者的灵魂，反之亦然；死者的灵魂必定在冥府存在，等待复生；否则一切事物都将死去而最终绝灭，而这是不可能的。（72a-d）这个论证看起来不合逻辑，但它试图表达灵魂自身就是一个实体，独立于肉体之外而存在，而不是活的身体的属性——以此区别于死的身体。

第一次介绍回忆说（anamnesis）是在《美诺篇》。正如盖尔·法恩（Gail Fine）曾注意到，它的作用在于为"苏格拉底声称的辩驳的力量"辩护。② 然而，《美诺篇》中不朽的观念被视作一个前提条件，据说是从祭司、女祭司和诗人那里听来的。（《美诺篇》81a-b）《斐多篇》提及过《美诺篇》72e-73a 发生的一段对话，并对灵魂不朽做了更加复杂的证明，也就是说，借助引入的形式或理念推进了论证。这个证明可以简单解释如下：相等的事物有时或在某种程度上似乎是不等和相似的；我

---

① 评论家们对于辩驳能否为对话者给出如何生活的建设性意见存在严重分歧。对于那些力图赋予反诘法建设性作用的评论家，他们所能给出的最佳解释方案是，肯定性的结果是从苏格拉底所做的大量（否定性）检验中归纳出来的，因为对苏格拉底自己的信念的反对意见总是通不过反诘法检验。关于这一立场的不同版本，参见 Vlastos, *Socratic Studies*, ch.1; C. D. C. Reeve, *Socrates in the Apology*（Indianapolis, IN: Hackett, 1989），pp.52-53; T. C. Brickhouse and N. D. Smith, *Plato's Socrates*（Oxford: Oxford University Press, 1994），1.3.3。问题是归纳推理不是一个令人信服的论点，也不能给出苏格拉底所要求的普遍定义。

② 参见 Gail Fine, *Inquiry in the Meno, in The Cambridge Companion to Plato*, ed. Richard Kraut（Cambridge: Cambridge University Press, 1992），p.214。

们通过诉诸相等自身或相等的形式判断事物是否相等；我们通过感知特定的平等事物来思考平等的形式；但是（相等的）形式不同于我们所熟悉的特定的平等事物，因为（相等的）形式绝不可能不等。那么，我们从何处得出相等的形式的知识，又从何处得出具体事物中这一相等的形式的缺失的知识？这些知识不可能来自感性认识，因而必定来自我们出生之前。我们出生时失去了这些知识，但是后来通过感知具体事物回忆起来。因此，灵魂一定在人出生之前就存在了。

这个证明假设我们没有其他的方法解释理念的知识，但是这个假设值得怀疑。然而，这个证明试图表达我们在出生之前就已获得关于形式的知识，这个证明为苏格拉底通过审视灵魂可以获得肯定性知识提供了一个解释。[①]

第三个证明是类同论证，根据这一论证，复合和变化的事物倾向于消散。具体事物是复合和变化的，而形式总是单一和不变的。形式是非复合的、不可见的、不可分解的；灵魂具有认识形式的能力；因此"灵魂与神圣的、不朽的、理智的、统一的、不可分解的、永远保持自身一致的事物最类似，而身体与凡人的、可朽的、不统一的、无理智的、可分解的、从来不与自身一致的事物最相似"（《斐多篇》80b1–3）。这一论证似乎是通过类比和相似推理做出的，它的有效性存在争议。[②]然而，显而易见（这个研究说明），通过将灵魂比作永恒的形式，将身体比作可感知和可朽坏的事物，柏拉图尝试在灵魂和身体之间划出清晰的界限，表明灵魂之于肉体的首要地位。

《斐多篇》是一部复杂而难懂的作品。单独看，这三个论证都不严谨，也不令人信服。然而，柏拉图并不认为这些论证是自明的。紧跟这

---

① 形式理论的引入也解决了苏格拉底伦理学中的另一个问题。在他的反复质询里，苏格拉底探究德性的定义。就像苏格拉底在《游叙弗伦篇》中探寻什么是虔敬一样，虔敬的定义应当是对虔敬形式（eidos）的说明，其定义是"使所有虔敬的行为虔敬"（《游叙弗伦篇》6d–e）。对定义的这一要求引发了对形式本质的讨论。

② 这个问题的详细讨论，参见 David Apollonl, "Plato's Affinity Argument for the Immortality of the Soul," *Journal of the Histroy of Philosophy* 34，1（1996）：5–32。

些论证之后，一个对话者西米亚斯开始质疑转化说和回忆说。另一个对话者克贝对类同论证提出了反对意见。柏拉图著作中的苏格拉底驳斥了这些反对意见。正是在反驳克贝时，苏格拉底讲述了他的智识自传，并提出了假设的方法。这样我们就有了最后的证据，证明灵魂把生命的形式赋予了身体。《斐多篇》全文可被视为对灵魂不朽的总证明。

写本文的目的不是阐述这些论证的细节，或者评价这些论证的逻辑有效性。甚至，看起来柏拉图自己都意识到对话中的这些论证的困难①，他也不确定自己是否已经成功论证灵魂不朽。②在《斐多篇》，灵魂是纯粹理性的，所有的激情和欲望都属于身体的属性。不止是《斐多篇》，灵魂的本性和灵魂不朽成为柏拉图中期对话的主要议题。在《理想国》，柏拉图发展了灵魂三分的理论。而且，灵魂的三个组成部分在《斐德罗篇》（242e–257b）中都是不朽的，但是在《蒂迈欧篇》（68c8–d6）中，只有理性部分被认为是不朽的。柏拉图对灵魂和灵魂不朽的形而上学探寻是一个逐渐展开的过程，他的形式理论也是这样的过程。

对本文的主题来说，最重要的是，"不朽的证明"表明《斐多篇》中的苏格拉底如何超越了《申辩篇》中苏格拉底的哲学研究范围。《斐多篇》包含《申辩篇》的观点，即哲学产生于对美好生活和灵魂幸福的关注，但《斐多篇》明确指出，这一关注要求对灵魂实在和实在本身做出说明。我们如何生活的实践知识应该由对世界的理论解释来支撑。这就促使柏拉图审视灵魂的不朽。正是通过对灵魂不朽的考察，形式理论——作为净化的美德、假设的方法、回忆的学习、灵肉二分等内容——才被引入和考察。换句话说，对灵魂不朽的证明产生了柏拉图形而上学事业的大部分要素。经过一系列的考察，最后，苏格拉底的箴言

---

① 在最后一个论证完成之后，西米亚斯说，尽管没有发现论证的错误，"对论证我肯定还有一些疑虑"，苏格拉底对此回应道："你说的很对……即使我们发现最初的那些假设是令人信服的，它们仍需要更加细致的考虑。"（《斐多篇》107a–b）

② 在《理想国》608d，在和格劳孔交谈时，柏拉图的苏格拉底说："你不知道我们的灵魂是不朽不灭的吗？"格劳孔惊讶地看着苏格拉底说："天哪，我真的不知道，你真的要这么认为吗？"

"照看好自己的灵魂"建立在了形式理论的基础之上。在《斐多篇》，柏拉图从形而上学和认识论的层面探讨苏格拉底审视隐含或预设的是什么。在柏拉图看来，这一做法为苏格拉底的生活方式提供了更深刻的理由，但是也超出了苏格拉底的哲学概念。形而上学在这个过程中呈现了自己的生命力。

二、从孔子到孟子

现在让我们转向中国哲学。尽管孔子注重伦理学，但他的思想有着"天"这一宇宙论概念的背景。天的字面意思是"天空"，也经常被翻译成"heaven"（天堂）。① 它指的是天体和宇宙的客观秩序力量。大体来说，孔子以两种方式构想了天：一种是从描述意义上，将天看作不可理解和不可预测的力量。在这种意义上，天是道德中立的，是所有超越人类掌控和理解的事件发生的原因，比如自然灾害、祸福、疾病等。另一种是从规范意义上，将天看作道德价值和世界秩序的最终来源。② 在后者的意义上，孔子坚信天道，并认为人类生活的正确方式是遵从天道。实际上，善的终极表达超越了社会伦理，在于天人合一。在孔子看来，天道表现在礼中，而礼是在早期中华文化的起源与发展过程中建立起来的社会和伦理规范。在孔子之前的经典中就有对礼的描述，其核心思想是以家庭为基础的家长权威价值体系。成仁就是爱人如亲，克己复礼。

---

① 我仍然遵循传统的翻译。然而，需要指出的是，如何翻译"天"这一术语一直是一个有争议的问题。安乐哲（Roger Ames）和罗思文（Henry Rosemont）坚持不用翻译，因为"它的常规英文翻译'heaven'仅仅让人想起源自犹太－基督教传统的形象，而中国却没有这一形象"［David Hall and Roger Ames, *Thinking from the Han*（Albany：State University of New York Press，1998），p.46］。亦可参见 David Hall and Roger Ames, *Thinking through Confucius*（Albany：State University of New York Press，1987），pp.195–216。这个观点言之有理，并且我们应该避免"heaven"这一翻译所带来的超验和人格神意蕴。

② 对这两种意义的有益讨论，参见 Robert Eno, *The Confucian Creation of Heaven*（Albany：State University of New York Press，1990）。

（《论语》12：1，12：22）

然而，尽管天在孔子的伦理思想中起基础作用，但是孔子对天的理论探究却没有多少兴趣。对他来说，天就像鬼神，是敬畏的对象，而不是研究的对象。（《论语》7：21）他甚至没有尝试调和天的规范意义和描述意义。孔子假设了宇宙论基础，但是却没有详述这一假设，也没有论证过。①

虽然如此，孔子主张君子需要知晓天道。（《论语》2：4，20：3）那么，君子如何知晓天道呢？不同于将天视为客观实体的观点，孔子主张以内省的方式知晓天道。天道不是外在的而是内在的，古籍中记载的礼和圣贤的生活承载着这种天道。因此，重要的不是对天自身的研究，而是对经典和修身的研究。人自省而知天，唯知人方能知天道："人能弘道，非道弘人。"（《论语》15：29）

根据孔子的思想框架，研究希腊哲学的学者可能期望作为孔子思想最重要的捍卫者的孟子发展出一种天的形而上学理论，像柏拉图对待形式或理念的方式那样。然而孟子并没有走那条途径。就像孔子一样，孟子承认天的基础性作用，因为性善是由天命决定的："此天之所与我者"（《孟子》6a15）。如同孔子一般，孟子也没有对天的理论问题提出多少质询。

孟子也坚持认为君子应该知晓天道。（《孟子》7a1）然而他又一次认同了类似孔子的思想。既然我们善的本性是天赋予的，那么天道就蕴含在人的本性之中，人法乎天。一个人不需要研究天自身了解天道，但是需要集中把握人自身的善的本性或者心："尽其心者，知其性也。知其性，则知天矣"（《孟子》7a1），知己本性以知天。这一立场将实在的客观知识还原为伦理性的自省和自我认识的探寻。

---

① 为发掘孔子思想隐含的宇宙论维度，郝大维（David Hall）和安乐哲做出了巨大努力，他们提出，这要区别于西方的一般本体论和普遍科学。但是他们承认"即使对现有资料进行最细致的研究，也不容易找到这个层面的内容"（Hall and Ames, *Thinking through Confucius*, p.196）。

中国哲学和希腊哲学的发展历程上有一点不同。苏格拉底开创了希腊伦理学，但并非通常意义的希腊哲学。在前苏格拉底时期，为了理解自然，自然哲学家（phusiologoi）将自然作为一个整体研究。苏格拉底与这些先驱分道扬镳，因为他认为哲学应是道德哲学。然而，柏拉图却审视苏格拉底的生活和哲学的形而上学假设，回归到前苏格拉底哲学传统的某些方面。柏拉图坚信，关于如何生活的实践知识应该由对理念世界的理论认识来支撑。理念必定被理性灵魂掌握，不过它们是独立于我们的信念和思想之外的客观实在。[①] 相反，在中国哲学这边，孔子设定了中国哲学的纲领，并且不存在一个公认的前儒家哲学传统，为了理解自然而研究自然。此外，一个普遍的假设是，人类和宇宙是连续一致的，两者之间不存在张力。[②] 当他在规范意义上使用天这个概念时，孔子明显地运用了这一假设。孟子也是这样，他的性善论就是以人与世界的相应性和一致性为前提的。他们强调人类与宇宙的和谐，但是并未倡导过对自然本身的研究。

那么，孟子是如何发展孔子思想的呢？孟子认为他的使命是回应墨子和杨朱对孔子的挑战："天下之言，不归杨则归墨。……杨墨之道不息，孔子之道不著，是邪说诬民，充塞仁义也。……能言距杨、墨者，圣人之徒也。"（《孟子》3b9）对孔子的挑战具体如下。孔子有一个假设：良善的生活必须遵循天道。天道被认为内涵于社会礼仪之中。然而孔子并没有详尽论证为什么如此。墨子和杨朱都赞成孔子的宇宙论假设。不过，他们对天道的理解却不同。对杨朱来说，上天赋予我们生命

---

① 在亚里士多德那里，伦理知识和自然科学知识之间的断裂体现得尤为明显，理论智慧优于实践智慧，因为实践智慧关注的是变化的人类事物，而理论智慧对应的是类似于宇宙构成部分这样不变的原则。宇宙中不变的事物比人类事物拥有一个更加神圣的本质。（《尼各马可伦理学》1141a20-21，b1-4，1177a21）

② 很多学者认为，这个假设具有普遍性，然而迈克尔·普特（Michael Putte）主张这一宇宙论假设在古代中国是一个相当有争议的话题。参见 Michael Putte, *To Become a God: Cosmology, Sacrifice, and Self-Divinization in Early China*（Cambridge, MA: Harvard University Press, 2002）。

的力量，所以正确的生活方式是活出生命本有的跨度。① 墨子认为，天道应该从人类的自然欲望中发现。既然人类的自然欲望是趋利避害，那么正确的做法就是最大限度地获得物质财富以满足人们的自然欲望。② 因此，墨子否认孔子以礼为本的伦理学，取而代之的是他自己的功利主义立场。尽管杨朱和墨子彼此立场不同，但是他们却都质疑孔子以礼为本的伦理学，认为它并非天道，而且违背了人类本性。

针对他们的挑战，孟子的策略是消解人类本性和孔子价值观念之间的差异。每一个人的天赋秉性皆有四端之心：恻隐之心、羞恶之心、辞让之心、是非之心。如果四端未被妨碍地茁壮成长，像植物的种子发芽成长一般，它们就会发展为孔子所说的四种主要德性：仁、义、礼、智。君子就是能够充分发展四端的人。根据这一理论，孔子的路径不仅没有曲解人类本性，而且植根于人性中最好的部分，是这一部分的自然表达。我们真正的人性可以发展至完备的状态，这种状态就是指孔子的德性。

孟子将孔子德性的基础定位于人类本性，因而他的伦理学目标变成"照看好自己的心"。这一"内省"进路使他接近于苏格拉底的"照看好自己的灵魂"。然而，他并没有进一步审视心的本质和本体论地位，尽管在《孟子》中有很多的讨论——大多数讨论运用类推的方法——证明我们有善的本性。而且，对性善的讨论不是对整个灵魂的讨论。人性的许多方面也为其他动物所有，这些方面无所谓善恶（例如：《孟子》6a27，7b24），就好比狗和牛的本性（《孟子》6a3）。此外，孟子也没有特别解释为什么有且只有这四端。心的理论不是形而上学的探究，相反，它是一种将孔子的价值观念植根于人类自然秉性的道德心理学的

---

① 对于哲学家杨朱我们了解少。在孟子的陈述里，"杨子取为我（为我，字面意思是'为我自己'），拔一毛而利天下，不为也"（《孟子》7a26）。关于杨朱要表达的意思，一直存在争议。这里我赞成葛瑞汉的翻译（Graham, *Disputers of the Tao*, pp.53-64）。因此，我认为杨朱的意思是：因为参与政治事务是一件有可能被杀头的危险事情，所以一个人应该远离朝堂，即便一个人有机会主宰整个世界。

② 参见 Chan, *A Source Book in Chinese Philosophy*, pp.217-221。

理论。

针对孔子思想中对礼的强调，墨子做了批判。他指出：一方面，在孔子伦理思想中，丧礼和祭礼的要求之间有一种张力；另一方面，是孔子对鬼神存在的态度。孔子把"孝"视为他的关键德性之一。当父母去世时，一个孝敬父母的人需要遵循礼仪："死，葬之以礼，祭之以礼"（《论语》2：5），"慎终，追远，民德归厚矣"（《论语》1：9）。并且，还需要子女守三年之丧。（《论语》17：21）

在古代中国，存在对先祖鬼魂的广泛崇拜，这要假定在祖先死后他们的鬼魂还存在。祖先的鬼魂能给后代带来幸福，也能带来不幸。根据这一传统，再结合孔子思想中祭祀礼仪所起的作用，就会很自然地推断出他接受鬼神的存在（因此在死后灵魂是不朽的）。然而，他看起来却对这个话题没什么兴趣，对鬼神采取的是务实的态度，劝导弟子："敬鬼神而远之"（《论语》6：22），"未能事人，焉能事鬼？……未知生，焉知死？"（《论语》11：22）。孔子的祭祀之礼和三年之丧并不是为了祖先的鬼神满意，而是为了培育人的爱亲，这是为人之本。①

不过，对于墨子来说，只是强调祭祀之礼而不承认鬼神的存在很困难。墨子的文本记载了墨子和一个叫公孟子的儒家弟子的辩论。公孟子既主张"无鬼神"，又强调"君子必学祭祀"。墨子反驳道："执无鬼而学祭礼，是犹无客而学客礼也，是犹无鱼而为鱼罟也。"（《墨子》12：48）我们不知道公孟子是如何回答墨子的。尽管公孟子的观点并不完全与孔子的观点相同（因为孔子对鬼神的问题不感兴趣，而不是直接否认它们的存在），但是墨子所揭示的张力在很大程度上适用于孔子。不承认鬼神的存在，祭祀之礼看起来就没有祭拜的对象。由于孔子对孝道的重视，祭祀对象却被否定，对他的伦理学而言，就是一个严重的问题。

---

① 宰我是孔子的一个弟子，有一次向孔子抱怨三年之丧时间太长，会产生很多问题。他建议一年时间就足够了。孔子直接这样回答宰我，如果在守丧期间他享用自己的食物、音乐和其他令人舒服的东西能够心安的话，那就那样去做。当宰我离开后，老师的批评却变得严厉起来："予（也就是宰我）之不仁也！子生三年，然后免于父母之怀。夫三年之丧，天下之通丧也。予也有三年之爱于其父母乎？"（《论语》17：21）

墨子自己则相信，鬼神的存在是实施奖励和报应的保障。墨子是孟子的两名主要对手之一，所以期望孟子处理鬼神存在的问题，并进一步探究灵魂不朽问题是很自然的。孟子确实强调祖先崇拜，他描述："圣而不可知之之谓神。"（《孟子》7b25）然而，他并没有讨论鬼神的本质，也没有触及灵魂不朽的主题。

这里有一点不同。在古希腊，他们相信人死后灵魂还在阴间存在，这样的信仰传统由来已久。这种信仰可以追溯到荷马，虽然在荷马时代，死后的灵魂是死者的影子或影像。在毕达哥拉斯主义中，灵魂不仅是不朽的，而且也会影响我们在现世的生活方式。在中国历史上，对祖先崇拜的传统也很悠久，对祖先的崇拜至少暗示着死后灵魂的存在。苏格拉底和孔子都对灵魂不朽的问题没有多少兴趣。然而在中国哲学里，孟子并没有超出孔子的立场之外，反之在希腊哲学中，柏拉图继续了这一话题，在《斐多篇》中提供了西方哲学史上对灵魂不朽的第一个系统性证明。

因为在柏拉图对苏格拉底伦理学的形而上学发展中，灵魂不朽是两个关键问题之一（另一个是理念），所以，在理解中国哲学为什么采取不同的路径而不是发展相似的形而上学时，孟子对这个问题的沉默让我们特别感兴趣。这尤其耐人寻味，因为在这个方面墨子对孔子提出了挑战。为什么孟子不厌其烦地回答墨子其他的主要理论（例如功利主义和兼爱），却对墨子提出的关于鬼神存在的问题保持沉默？

一个可能的回答是这个问题涉及如何理解灵魂不朽。当墨子接受鬼神存在时，他试图运用人们对鬼神的普遍恐惧来迫使他们向善。我倾向于认为，普遍恐惧的维度最有可能也是孟子理解不朽问题的方式。如果是那样的话，孟子就有理由忽视墨子关于鬼神存在提出的挑战。根据孟子的观点，人应该做一名君子，因为这是其善性的实现，而这不应来自鬼神对人的约束。

然而，问题是，对人死后的奖励和惩罚的预期不是理解灵魂不朽的唯一起点。在《斐多篇》（77d-78a），柏拉图论证的目标是尝试为那些害怕死亡的人提供安慰，他们认为死亡可能意味着灵魂消散。而且，最后一个论证（《斐多篇》107d-114d）之后的故事或神话表明，死后人的灵魂所获得的奖励和惩罚基于此世的行为。不过，死后的道德约束并不是柏拉图论证的主要目的，甚至对他来说未必是一个重要目标。① 相反，通过一系列证明灵魂不朽的尝试，柏拉图带领我们走向的是二元本体论，是实体和属性、灵魂和肉体、信仰和知识间区分的建立。与肉体分离的灵魂是独立实体，等同于纯粹的理智活动。

很明显，孟子没有考虑二元论的形而上学路径。心与身的二分法在柏拉图的形而上学世界具有中心的地位，但是在孟子那里却明显缺席。孟子的哲学并非一种将灵魂和肉体尖锐对立起来的哲学；相反，修身养性意味着人的整体向善，既包括道德上的发展（向善）也包括身体上的发展（向善）。

孟子甚至将道德的发展看作我们内在生命能量的增长（这种能量即气，一种心理物理性的能量/物质，《孟子》2a2）。道德能量的增长直接影响身体的发展，这常常流露于人的面目。（《孟子》7a21，7a38）的确，一些学者曾经概括指出，身心二分法的缺席是先汉时期中国哲学的一个鲜明特征。②

三、自我和德性

本文的目标不仅是阐明开头提到的对立，而且力图揭示这一对立应

---

① 柏拉图警告他的听众不要从表面看待神话（故事）："没有一位理智的人会坚持认为我所描述的情景完全是事实。"（《斐多篇》114d）

② 参见 Graham, *Disputers of the Tao*, p.25; Hall and Ames, *Thinking from the Han*, pp.20, 31。相应于灵魂/肉体二分法的缺乏，我们也没有发现孟子提出可见世界和理智世界的区别。葛瑞汉指出，这一区别的缺失也是中国哲学的一个普遍特征，"没有一个中国思想家关心表象之下的唯一不变的存在和实在"（Graham, *Disputers of the Tao*, p.222）。还有，"对于中国人来说，寻找多中之一的目的，不是去发现某种比感觉更真实的东西，而是在世事王朝的变易冲突中发现一种恒常之道，这就是诸学派所谓的圣王之道"（同前，第223页）。

用于中国和希腊伦理学的自我和德性概念之上时所表达的意涵。《斐多篇》表明苏格拉底式的审视，要求对灵魂的实在和实在自身做出说明。然而，柏拉图对灵魂的形而上学追问不只是在外部添加一些东西，相反，这种追问赋予苏格拉底"照看好自己的灵魂"新的意蕴。由此，出现了关于自我和德性的不同观点，这成为后来希腊伦理学发展的重要主题。

（一）自我

在《申辩篇》，我们应该照看好的是活于此世的灵魂，即涉身自我。在《斐多篇》，净化的则是不朽灵魂或真实自我。对于自己的死亡，苏格拉底宣称：

> 如果有这么一个地方，能让我达成生前努力以求的目标的话，那只能是我将要前往的地方咯。所以，给我安排的这次旅程势必满怀希望，这对于其他任何人来说也是一样，只要他确信自己的心灵已经得到净化，整装待发。（《斐多篇》67b-c）

苏格拉底清楚地声明，他真正的自我将在肉体死亡后继续存在。身体的死亡并不是苏格拉底自身的死亡。身体是灵魂在今世的暂时居所，然而真实的自我是脱离肉体后纯粹的理性状态。因为哲学活动就是练习死亡，所以哲学家研究哲学是为了使自己脱离与身体相关的感知、欲望、激情和快乐，这样他就能专注于沉思真理，领悟不变的形式。这个过程被描述为一种净化。（《斐多篇》67c3）净化与其说是道德问题，不如说是智性问题。通过净化，哲学家之自我从涉身自我转化为离身自我。对于这种洁净自我而言，死亡是让人加入神明行列，变成像神一样的必经阶段。（《斐多篇》63b-c，69d，81a）

不同的自我概念与不同的知识概念有关。在《申辩篇》，知识被理解为道德知识，是关于此世中何者重要的知识。在《斐多篇》，知识被认为是对实在的理论理解。尽管我们通常将对实践理性和理论理性的清

晰区分归功于亚里士多德，但是在我看来，这种区分的源头可追溯到
《申辩篇》和《斐多篇》之间的区别。在这两篇著作中，灵魂都被视为
理性的：在《申辩篇》中它是实践的，而在《斐多篇》中它是理论的。

于是，从《申辩篇》到《斐多篇》出现了具体自我与非具体自我之
间的区别、实践知识与理论知识之间的区别。一方面，《申辩篇》中的
苏格拉底关注具体自我和实践智慧；另一方面，柏拉图在《斐多篇》强
调非具体自我和理论追问。就这样，苏格拉底关心的重点转移了。

当然，《斐多篇》的观点并不是柏拉图在这个问题上的成熟表达，
事实上它是激进的观点。虽然如此，《斐多篇》开创了希腊伦理学中对
理论性灵魂和自我概念的探讨。《理想国》看起来像是把《斐多篇》和
《申辩篇》连接起来所做的努力。在《理想国》第 4 章，柏拉图建立了
灵魂三分的学说，其中理性部分的功能是掌控其他两个部分，因此是实
践的。然而在《理想国》第 7 章出现了理性灵魂的另一个概念，它的功
能不是管理激情和欲望，而是沉思世界的形式。正如柏拉图所说："这
的确不是件容易的事，相反，要认识到这一点非常困难：每个人的灵魂
里有一个知识的器官，它能够在被习惯毁坏了迷茫了之后重新被这些学
习除去尘垢，恢复明亮。维护这个器官比维护一万只眼睛还重要，因为
只有通过灵魂才能看到真理。"（《理想国》527d7-e4）这一沉思的灵魂
概念类似于《斐多篇》的理论灵魂①。根据《理想国》的城邦 - 个人的
类比，实践灵魂是统治者的特征，而沉思灵魂是哲学家的特征。换句话
说，国王的自我以实践灵魂为特征，而哲学家的自我以沉思灵魂为特征。
的确，就像在《斐多篇》（485d-486b）提及的那样，《理想国》中的哲学
家不会注意激情和欲望的各种各样的需求。理性灵魂的实践灵魂和沉思
灵魂之间的张力以著名的哲学王悖论告终（后面我们将重回这个议题）。

实际上，在亚里士多德那里，实践自我和理论自我之间的差异体现
得更为清晰。他一再把理性和真正的自我等同起来。一个自制的人是努

---

① "理论灵魂"根据文意而加。——译者注

斯主宰的，因此那个主宰的部分就是"他自身"(《尼各马可伦理学》1168b35；参见 1166a14-18)。人的最恰当的行为就是合乎逻各斯的行为活动，因为"这个部分就是一个人的自身，这无可置疑"(《尼各马可伦理学》1169a1-2)。然而，亚里士多德明确将理性的部分划分为实践的和理论的。结果，理性自我分为两种：理论理性自我和实践理性自我。在他讨论友善这一德性时，自我更明确地与善的品质结合在一起。友善是一个人像爱自己那样爱另一个人 (kath hautous or di hautous)。亚里士多德把有德性的朋友看作"另一个自身"(《尼各马可伦理学》1166a32)，或者"第二个自我"(《大伦理学》1213a20-26)。朋友是第二个自我，是因为他或她在品质基础上与自己相同。

另外，亚里士多德不仅从一个人的品性和实践智慧上描述人自身，还从理论理智方面阐述人自身。在《尼各马可伦理学》第 5 章第 7 节，他说："努斯似乎就是人自身，因为它是人身上主宰的、最好的部分。如果一个人不去过他自身的生活而去选择别的生活，是很奇怪的事情。……合乎努斯的生活对于人来说是最好的。" (1178a1-7)这段话表明，人的自我源自人的理论理性。

亚里士多德关于自我的两个概念都有争议。就实践自我来说，评论者质疑是否应该运用品质描述人自身，因为一个人不能还原为他或她的品格。[①]亚里士多德把自我等同于理论理性的做法也引起了争议。[②]这与《尼各马可伦理学》第 1 章第 7 节的功能论证不一致，因为，根据这一节的内容，人性包括所有的理性部分。这与第 9 章第 4 节和第 9 章第 8 节也不一致，这两个地方认为，正是一般而言的灵魂的理性部分（包括了实践理论和理论理性）才决定了一个人的本质。我们这篇文章不适

---

① 参见 M. Nussbaum, *The Fragility of Goodness* (Cambridge：Cambridge University Press，1986)，p.498 n33；Julia Annas, *Morality of Happiness* (New York：Oxford University Press，1993)，p.250。

② 乌尔蒙森（Urmson）认为，这种说法是因为亚里士多德 "让他的热情胜过了自己" [J. O. Urmson, *Aristotle's Ethics* (Malden，MA：Blackwell Pub.，1988)，p.125]。大卫·博斯托克（David Bostock）则对此评论道："我看不出有任何基础接受这种同一性。" [David Bostock, *Aristotle's Ethics* (Oxford：Oxford University Press，2000)，p.196]

合讨论这些争论。这里我想表明的是《申辩篇》和《斐多篇》的不同也非常明显地影响了亚里士多德的伦理学。

相反，在儒家思想中，实践理性和理论理性之间的划分显然是缺席的。儒家思想有一个理智方面的德性——义。"义"这种德性可以决定在行为和共同体的生活中什么是合适的，类似于亚里士多德的实践智慧。儒家的关系自我概念与义概念有着密切联系。在《论语》中，一个人的德性基础是孝悌。德性的修养过程就从亲亲之爱扩展至仁爱。"君子务本，本立而道生。"（《论语》1：2）家庭的亲情关系是自我修养的源泉和基础。孔子的关键概念"仁"（人类的卓越，human excellence）也表明了关系对于一个人成仁的重要性。汉字"仁"由两部分组成，即人和二，表征最基本的人类关系模式。这意味着在通往卓越的路上，人际关系是不可或缺的。对于孟子来说，四端之中最重要的内容也是孝悌（《孟子》4a27），他似乎把关系自我和性善联系起来。这与生俱来的"四端"将人类和其他动物区分出来，使人成其为人（《孟子》2a6，4b19，6a8），它们以共同体为前提，涉及人际关系。"四端"的种子需要发芽、成长，才能让一个人变成一个有德性的人。然而，"四端"的种子只有在一个有规范的、能够调节人际关系的社会中才能成长或得到充分的发展。能够调节人际关系的共同体对于一个人的关系自我本质的实现不可或缺。

但是，孔子的理性概念却没有关于普遍和必然知识的理论理性这一因素。如同之前提及的，尽管孔子的伦理学需要修德之人知晓天道，但这样的知识并不是来自任何对天的客观理智的质询，而是需要通过对经典的研究和理解性善来达成。自我修养的过程等同于追寻天道的过程。因此，儒家的自我没有希腊哲学意义层面的理论自我概念。

（二）德性

《申辩篇》和《斐多篇》之间自我和知识的不同思想进一步发展为

德性思想的不同。在《申辩篇》，德性是实践和伦理的德性；在《斐多篇》，真正的德性是关于实在知识的理论德性。柏拉图区分了两种人：受激情奴役的非哲学家和练习死亡的哲学家。不是哲学家的人拥有的德性是一种"德性的虚幻表象"（《斐多篇》69b3-6）；不是哲学家的人害怕死亡，易受身体欲望的影响。当他们被称作勇敢地面对死亡时，这只是因为他们害怕陷入更糟糕的恶，比如说耻辱。当他们控制住一些快乐、保持节制的时候，这只是因为"他们害怕会失去他们想要的其他快乐"（《斐多篇》68e5）。柏拉图还讲："那些被他们称为明智和公正的大众和公民的美德"，是"经由习惯和练习得来的，而无需哲学或理性的帮助。"（《斐多篇》82b1-3）相反，只有哲学家才能拥有真正的德性。（《斐多篇》68c）因为勇敢是不惧怕死亡，哲学家是真正勇敢的人，因为他们一直练习死亡。哲学家是真正自制的人，因为他们净化灵魂中与肉体有关的，阻碍寻求真理的色欲、激情、欲望。总之，柏拉图在《斐多篇》中对形而上学进行了探究，他始于审视构成苏格拉底伦理学前提的实在假定，然而在探究过程中，柏拉图将真正的德性和实在的知识联系起来了。

就像柏拉图在自我和知识上的观点一样，《斐多篇》中的观点当然也不是柏拉图在德性这个主题上的成熟看法，事实上，这一观点确有局限。它对勇敢的定义太狭隘，因为除了面对死亡，勇敢还可以表现在其他很多场景中。根据传统的观点，节制意味着控制欲望而不是清除所有的欲望。而且，非哲学家和哲学家之间德性的区别并非面面俱到，它忽略了苏格拉底关于实践智慧的德性。最后，如果哲学家真正的德性只在于对真理的沉思，那么我们就不清楚哲学家是否以及如何培养可能使他或她从沉思中偏离出来的其他相关的德性。①

---

① 大卫·博斯托克曾对此有过注释："如果我们如此执着地追寻智慧，以至于这种追求支配我们的每一个行动的话，我们将缺乏很多德性。"［David Bostock, "The Soul and Immortality of the Soul in Plato's *Phaedo*," in *Plato 2: Ethics, Politics, Religion, and the Soul*, ed. Gail Fine（Oxford：Oxford Universtiy Press, 1999）, p.415］

不过，《斐多篇》为希腊伦理学引入了理论德性概念，以及伦理德性和理论德性的关系问题。在《理想国》，大家熟悉的哲学家与国王之间的张力体现为实践德性与理论德性的张力。粗略地说，这个张力的发展如下所述。根据《理想国》第 4 卷，正义指灵魂不同部分的和谐状态。而在第 4 卷，灵魂的和谐之所以能实现，是因为理性部分除了照看整个灵魂外，没有别的兴趣。在那个阶段，哲学知识还没有被引入，统治者没有获得善的愿景。智慧仅仅是深谋远虑，仔细考虑并提出建议。（《理想国》428c-d，429a）为了获得真实的智慧，寻找真正的统治者，柏拉图进一步解释了谁是真正的哲学家以及如何培养哲学家。这使得《理想国》的写作进入了第 5 卷到第 7 卷的形而上学，这部分内容表明真正的哲学家沉思的对象是形式，最高的沉思对象则是善的形式。因而，为了成为真正的统治者，一个人必须经过教化掌握这种知识。然而当他们变成真正的哲学家，他们就不再情愿回去履行社会责任（统治）。（《理想国》519c6-9）当他们被迫去统治时，他们"将统治者的任务看作必要的而不是善的事物"（《理想国》540b5）。正义，或者"应得的"，对于哲学家的灵魂而言，就是要沉思最终的实在，关注真正的知识。他的幸福（eudaimonia）在于沉思。这样，要想成为真正的统治者，必须是真正的哲学家；然而真正的哲学家是不愿意当统治者的。[1]

实践德性与理论德性之间的张力也是亚里士多德《尼各马可伦理学》的核心问题。理论理性的德性是理论智慧（sophia），实践理性的德性是实践智慧（phronesis），与伦理德性紧密相连。对于亚里士多德来说，理论智慧和实践智慧的不同在于前者关注不变的真理，而后者关注人类事务。柏拉图构建了哲学家与国王的悖论，而亚里士多德建立了幸福的等级。沉思的生活是最高的幸福，而实践智慧和伦理德性只是

---

[1]　我曾对柏拉图《理想国》的这部分做过解读，参见拙文"Justice in the *Republic*：An Evolving Paradox，"*History of Philosophy Quarterly* 17，2（2000）：121-141。（收入本文集第一编。——编者注）

"第二位"的幸福。（1178a8—10）①

相反，实践德性与理论德性之间的不同在儒家和中国哲学的其他学派中也是缺席的。在儒家和中国哲学的其他学派中，没有对应于柏拉图的哲学家与国王的悖论，或亚里士多德的第一、第二幸福（eudaimonia）的排列。儒家伦理思想最高的理想是"诚"（self-completion），诚是指一个人实现了他或她的人性中善的内容，天人合一。②诚是孔子的总体德性，即仁（human excellence）的延续，两者之间并不存在张力。一方面，"诚者自成也"；另一方面，"成己，仁也"（《中庸》第25章）。诚是培育仁（excellence）的最高阶段，达到诚只不过是仁的更高表达。诚和仁指的是一个相同的德性倾向。简言之，实践德性与理论德性之间的不同不适用于儒家伦理学。关系自我的发展是一个连续的过程，在这个过程中一个人的德性品质得到深化和完善。作为仁的最高表达，诚也是关系自我的最高表达。

鉴于以上分析，希腊哲学对灵魂不朽的考虑导致了对灵魂的理论性认识。我们有理由相信，中国哲学没有柏拉图这种对灵魂进行的形而上学讨论（即缺失了这种形而上学讨论），最终导致了两种自我和德性的区分在中国哲学中的缺失。

总之，尽管希腊和中国伦理学都以德性为核心，两种伦理学传统也都是为了追寻人类的美好生活，但是看起来它们也有一个主要的区别。中国德性伦理学的代表儒家思想，对纯粹的理论追寻没有任何兴趣，也对关于任何永恒真理的沉思漠不关心；而在希腊伦理学中，这种沉思则把永恒真理视为过上美好生活的必要配方。中国伦理学没有这样一种观

---

① 众所周知，如何理解沉思生活和实践的、道德的生活的等级划分，引起了亚里士多德主义者中长期存在的包容主义－理智主义之争。

② 诚在作为一种道德品性的同时，也是天道。（《中庸》第20章，参见《孟子》4a12）因为诚既是人之道，又是天之道，所以它有多种翻译，如"sincerity"、"integrity"、"honesty"、"truthfulness"、"reality"或"truth"、"creativity"等。根据《中庸》第25章的解释，"诚者自成"，我将其翻译为"self-completion"，参见拙著 The Ethics of Confucius and Aristotle: Mirrors of Virtue（New York and London：Routledge，2007），pp.169–185。我对这一点进行了详细论证。

念，即理论灵魂的完善借助于对永恒知识的沉思。与此相反，在希腊伦理学中，为了好的生活我们必须完善实践理性和理论理性，这意味着不仅要获得道德智慧，还要获得对世界的理论理解。更为重要的是，人类理论理性的完满实现不仅与求知有关，而且与践行正确的生活方式有关。正是在对永恒真理的追求中，人的理性自我和真实自我才得到最充分的表达。这一价值判断有助于解释为什么希腊人对追寻永恒和普遍的知识具有根深蒂固的热情。①

---

① 我要感谢朱佩塞·坎比亚诺（Giuseppe Cambiano）、戴佛士（Roger Desforges）、布拉德·英武德（Brad Inwood）和一个匿名读者对这篇文章早期版本的有益评论。

遵循自然生活：斯多葛学派与道家 *

  斯多葛学派和道家都主张，遵循自然生活是理想的生活状态，也是合乎德性的生活。斯多葛学派提出，正是"与自然和谐相处"（homologoumenōs tēi phusei zēn）或"遵循自然法则"（akolouthōs tēi phusei zēn）[①] 成就了幸福（eudaimonia, flourishing, living well），构成了人类最高（telos）的善。相应地，《老子》第 25 章说："人法地，地法天，天法道，道法自然。"[②] 这段话中的自然是人类追求的最高目的。现代汉语里的"自然"翻译成英语是"nature"，字面意思是"天性"，或"自己如此"[③]，也被翻译成"what is spontaneously so"、"that which is

  * 原文题目为"Living With Nature：Stoicism and Daosim"，载于 *History of Philosophy Quarterly* 25, 1（2008）：1–19。金小燕译，韩燕丽校，译文发表于《管子学刊》2019 年第 3 期。——编者注

  ① 参见 Diogenes Laertius, *Lives of Eminent Philosophers*（Cambridge, MA：Harvard University Press, 1989）（以下引用用"DL"表示），pp.vii, 87。对斯多葛学派材料的翻译或来自 Brad Inwood and L. P. Gerson, *Hellenistic Philosophy*, 2nd ed（Indianapolis：Hackett, 2005）（以下引用用"IG"表示），或来自 A. A. Long and D. N. Sedley, *The Hellensitic Philosophers*（Cambridge：Cambridge University Press, 1987）（以下引用用"LS"表示）。

  ② 如果没有特别的说明，本文对《老子》的翻译基于刘殿爵（D. C. Lau）翻译的《道德经》[*Lao Tzu: Tao Te Ching*（London：Penguim Books, 1963）]。

  ③ 自然还可以被用作形容词，例如，《老子》第 17 章、第 51 章，意思是"自发的"或"自然的"。

naturally so"、"naturalness" 或者 "nature"。正是在这个意义上，庄子指出："知天之所为者，天而生也。"[①]

这些明显的相似之处使我们不得不好奇，在遵循自然生活上，斯多葛学派和道家是否真的相同，以及他们为什么持有这样的观点。对这些问题的研究不仅可以提供不同的视角观察斯多葛学派和道家，还可以更好地理解遵循自然生活这一观点。尽管一些学者已经提出，这些观点可以作为避免环境人类中心主义[②]的思想来源，或这些观点具有审美价值[③]，但也很多学者坚信，诉诸自然本性的理论不能为建立特定的道德理论提供可靠基础。举例来说，约翰·斯图尔特·密尔宣称自然这个概念模糊不清。他为自然确定了两个基本含义，要么是整个自然，要么是一件事物要成为的状态。如果自然是第一种含义，遵循自然生活就没有意义了，因为我们就是自然界的一部分。如果自然是第二种含义，这就意味着人类必须遵从事物发展的自然法则。密尔主张，在某种意义上说，人类的行动要遵循自然自发的进程是荒谬的，自然现象允许许多可怕事情的发生[④]，在某种意义上说是悖德的。

将斯多葛学派和道家放在一起研究是一项具有挑战性的工作。尽管这两种伦理的核心都是阐述理想生活，但是两者的陈述和辩护都不系统，也不清晰。每一方的论证都需要重建，如同以往，重建往往会带来

---

① 《庄子》第 6 章；翻译出自 A.C.Graham, *Chuang-Tzu*（Indianapolis：Hackett，2001），p.84。陈荣捷（Wing-Tsit Chan）将这句话翻译为："He who knows the activities of Nature lives according to Nature." ［Wing-Tsit Chan, *A Source Book in Chinese Philosophy*（Princeton，NJ：Princeton University Press，1963），p.191］尽管在中国语境里庄子使用的是天而不是自然，然而，我们如果把这段内容和《老子》第 25 章放在一起，就会发现两者是一致的：人法天，天法自然。

② 尤其是道家版本的思想。参考相关文献包括 J. Baird Callicott and Roger T. Ames eds., *Nature in Asian Traditions of Thought*（Albany：State University of New York Press，1989）。

③ 参见 Ronald de Sousa, "Arguments from Nature," in *Morality, Reason, and Truth*, eds. David Copp and David Zimmerman（Totowa，N.J.：Rowman&Allanheld，1985），pp.169–192。

④ 参见 John Stuart Mill, "Nature," in *Three Essays on Religion*（New York：Henry Holt and Company，1874），p.64。

争议。① 我将集中关注那些基本的且较少有争议的特性，虽然这不可避免地会忽略许多细节上的难关。这一研究要澄清斯多葛学派和道家在什么是自然以及如何遵循自然上的不同，两者虽然对自然生活的描述不同，但是追求的生活却蕴含超脱社会的相似性。

一、什么是自然？

古代中国和古希腊的伦理学一般都对人类本性感兴趣，尽管关于人类本性的定义有多种。遵循自然生活思想的提出，说明斯多葛学派和道家在宇宙或自然的基础上理解人类本性又往前推进了一步，两者都主张人类的本性是大自然中的一部分。斯多葛学派提出，"我们的本性是宇宙本性的组成部分"②；而道家指出，"道无处不在"，没有什么事物可以脱离它，包括人类③。道家尽管并没有过多运用"心"这一术语，但却建构了一个道德的框架：德是天道在人类个体上的表达。事实上，由于人类本性和宇宙的亲密关系，遵循自然生活才成为最好的生活。从这种意义上说，遵循自然并不意味着遵从外在的标准。

人类的本性是自然本性的哪一部分？人类应该遵循的是哪种自然生活呢？斯多葛学派认为，宇宙是一个具有理性灵魂与结构的生命体。宇宙的本性是灵魂或圣火，灵魂或圣火是一种炽热的气流，存在于整个宇

---

① 希腊斯多葛学派的三个创始人著作——基提翁的芝诺（约公元前336—约前264年）、克里安西斯（公元前331—前232年）、克律西波斯（公元前280—前207年）——的碎片化导致获得的信息不完整。而且，希腊斯多葛学派和罗马斯多葛学派——代表人物是塞涅卡（约公元前4—公元65年）、埃皮克提图（约公元55—125年）、马可·奥勒留（公元121—180年）——的思想并不总是一致，即便在同一时代。道家的两个关键文本是《老子》和《庄子》。关于《老子》的写作日期、版本、作者和目的充满争议。《庄子》有33章，但传统上认为只有内篇（前7篇）是庄子本人的作品，众所周知，这些篇章很难解释。再者，尽管这两个经典文本在基本精神上一致，但是它们之间还存在差异。

② DL；IG，II-94，191；参见西塞罗的著作，LS，57-F，348。克律西波斯明确地说，遵循自然生活意味着"遵循宇宙赋予自己的本性"生活。（DL；IG，II-94，191）

③ 参见《庄子》第2章；Graham，*Chuang-Tzu*，p.56；《老子》第34章。

宙和宇宙中的每一个个体之中。斯多葛学派将圣火和神看作一回事。尽管神被看作世界的照料者，但斯多葛学派眼中的神并不是创造人类和世界的神。神是自然世界的理性灵魂而不是超自然的力量。"神和心灵、命运、宙斯指的是同一件事物，不过使用了不同的名字而已。"①通过古希腊的宇宙词源——有秩序的宇宙——不难看出，斯多葛学派的自然理论反映了古希腊的理念，这些理念的很多因素源于赫拉克利特、柏拉图和亚里士多德的论述。

道家的宇宙概念有些复杂。在中国语境中它指的是天，或者天地，或者"万物"，它并不直接指自然世界或宇宙，而是指万物自然的状态（举例来说，《老子》第64章所说的"以辅万物之自然"）。然而，如何理解自然和道的关系却是个难题。准确来说，传统上对"道"的解释是指宇宙发展的最佳状态或过程。安乐哲（Roger Ames）甚至把道和自然看作形同的："在道家文集里，广义上的道是'自发的'（ziran），或者更好的翻译是'自明'。"②《老子》第25章却说"道法自然"，如何让效法者效法和它相同的被效法者呢？

这一难题导致了关于道的本体论的地位争论。道如果是天道，则指的是使天运行的正确规范，而不是实体的天本身。在道家看来，道在天地产生之前就已经存在，它孕育了万物的生长。③它是不可见的，难以描述④；并且"它以自身为基础，来源也是它自身"⑤。这样的道必须是一个独立的实体，而不仅仅是事物的一种状态。这令史华慈（Benjamin Schwartz）感到十分困惑："儒家中一个主要指涉社会和自然秩序的术语如何变成指涉深奥实体的词语？"⑥因此，他得出结论，道家"坚持

①　DL；IG，II-20，133.

②　Roger Ames，"Putting the *De* Back into Daoism，" in *Nature in Asian Traditions of Thought*，p.132. 为了保持一致性，在本文中我把引文中的威氏拼音改成拼音。

③　参见《老子》第1章，第21章，第25章，第42章；《庄》第5章。

④　参见《老子》第4章，第14章，第25章；《庄子》第22章。

⑤　《庄子》第6章；Chan，*A Source Book in Chinese Philosophy*，p.194。

⑥　B. Schwartz，*The World of Thought in Ancient China*（Cambridge，MA：The Belknap Press，1985），p.194。

用'道'这一词语意味着要和主流词汇'天'有显著的区别"①。相反，陈汉生（Chad Hansen）反对这一观点，他反对将道家中的道的意蕴从道德概念转换为形而上学的对象。②

在我看来，争论的双方都没有错误，但是每一方都只是部分正确。在陈汉生看来，文本出现的道更多是指"天道"③，这和其他学者的立场一致。但是在我们前面提到的所有文本里，道被看作一个独立的实体。显然，道家的道既是一个实体（"the dao itself"）又是一种状态（"the dao of..."）。但是，如果没有这一张力，具有两个内涵的道是如何可能的呢？为了厘清这个观点，我们引入亚里士多德《形而上学》第7章中关于形式的论述，形式是个体事物的实体，也是第一实体。形式既是一个实体又是"本质"。一方面，它是世界运转之道，也是事物的内在秩序；另一方面，它是形而上学的实体自身，它决定着世界的运转方式。前者和其他学者的用法一致，而后者是道家的延展内涵。

道和自然的关系又如何解释呢？乍一看，"道法自然"的说法好像是暗示"自然"比"道"更加基础。但是这里有一个难题：根据"它以自身为基础，又来源于它自身"，那为什么道需要效法自然呢？"道效法自然"是什么意思呢？在中国古代哲学思想里，道是一个关键概念。这些思想指出，只有遵从天道才是人类的理想生活，但是他们却对如何理解"道"争论不休。当老子提出"道法自然"时，对于道是什么，他提出了一个实质性的回答。也就是说，他用自然描述了道的特征。自然是宇宙的道，即宇宙运行的方式。"以辅万物之自然"指自由流动和自我转化是宇宙的状态。道效法自然并不意味着自然是一个外在的标准，而是指出它正确的状态或模式是什么。在《老子》

---

① Schwartz, *The World of Thought in Ancient China*，p.195.

② 参见 Chad Hansen, *A Daoist Theory of Chinese Thought*（Oxford：Oxford University Press, 1992），pp.13–14。

③ 《老子》第9章，第47章，第67章，第81章。参见《老子》第16章，第46章；《庄子》第13章"天道"。

第 25 章，道的特征通过自然来描述，而且这也是人类、天、地运行的正确状态。

道家开创了运用自然描述道的特征的先例。如果一个人只是简单地说最好的生活遵循道，这是中国古代哲学一个共同的预设。但是，如果一个人说最好的生活是遵循自然之道，那就属于道家学说。对自然这一概念，道家也有很多种表达方式，包括"自己"、"自求"①、"自化"②。世界上的万事万物都处于不停的流动和转化中，这就是道的运行。

通过以上的讨论，我们可以看出斯多葛学派和道家视野中的自然不是自然界，而是支配大自然运行的最基础的原则。斯多葛学派将自然运行的原则视为理性的秩序，理性秩序具有一致性、和谐性，而道家则主张自然是自我转化和自化的状态。

对自然概念的定义不同，导致两个学派关于人类作为自然界的哪一部分也持有不同的观点。在斯多葛学派看来，宇宙在自然界的每一部分都有所体现，只不过程度不同而已。除了和其他动物共享的本性外，人类还具有特别的本质，即理性的本性。理性是人类真正的本质，理性是人类之所以有尊严的源泉。人类的理性本质和宇宙的理性本质是一致的，因此，人类在大自然的秩序中具有特别的地位。对道家而言，道是一种自然和自发的状态。道蕴含在一切事物之中，并且是每一事物本性的本真来源。道不偏不倚，没有突出任何事物的任何特质。"从道家的基本观点看，没有什么是尊贵的，也没有什么是低贱的，它们是融合的一体。"③ 这也被叫作"道术"，意味着所有的事物具有平等的权力。因此，人类并不具有特别的权力，他们像宇宙中的其他事物一样，其真正的本性是自然。

---

① 《庄子》第 2 章。
② 《老子》第 37 章，第 57 章。
③ 《庄子》第 17 章。翻译出自 Chan, *A Source Book in Chinese Philosophy*，p.206。

二、如何遵循自然生活?

斯多葛学派和道家都相信人类遵循自然生活是最理想的生活，可以实现人类的真正本性。就像前面已经论述过的，这两大学派有关自然的观点不同，导致两派对人类本性如何关联自然界的理解也不同，即对遵循自然生活的描述不同。斯多葛学派认为遵循自然生活可以培育和发展理性，而道家认为遵循自然生活是人类恢复自然本性的倾向。

斯多葛学派认为，人类发展的过程就是动物本性不断遵从理性的过程。[①] 作为自然的一部分，每一种生物都被赋予自然本性特别的一部分，同时它们具有自我保存的本能。[②] 因此，一个人自然追求那些事物，比如健康和财富，这是自然的活动，就像逃避损害身体体质的事物一样，诸如疾病、贫穷。通常，作为理性生物，人类的固有本性逐渐被理性超越。人类逐渐意识到行为活动具有秩序、和谐的重要性，于是使自己的自然冲动遵循秩序的要求。这样，他的任性行为才会变为合适的行为活动。广义上合适或恰当的行为是指"获得理性辩护的行为活动"[③]。换句话说，恰当的行动是且仅是一个人根据他的本性和情境做出的理性行为。再者，相比行动本身，人类更看重行动中的秩序、和谐。

---

① 斯多葛学派对这一问题的研究主要文本有：DL，第 7 章，第 84-87 页；西塞罗：《论目的》，第 3 章，第 16-21 页。

② 在英文中 oikeiōsis 没有对等的翻译。它是指主体通过确认事物为其自身的自然属性，与"异化"相反。布拉德·英武德（Brad Inwood）和 L. P. 格尔森（L. P. Gerson）将其翻译成"同质"（alienation），而 A. A. 朗（A. A. Long）和 D. N. 赛得利（D. N. Sedley）则翻译成"侵占"（appropriation）。对于这一术语的讨论，参见 LS，第 351 页。A. A. 朗和 D. N. 赛得利将 oikeiōsis 放在伦理理论探讨的开始，斯多葛学派反对伊壁鸠鲁学派将动物的原初冲动看成寻找快乐的观点。

③ DL；IG，II-94，196. LS 将这一术语翻译成"恰当的功能"，并解释说"它选出一个特别的行为或活动，这一行为或活动具有一定的伦理基础，以人类为例，称之为'理由'，但不一定是正确行动的正当理由"（LS，第 365 页）。

最后，"通过理性论证"的生活是"人类的最好选择"①。对人类来说，"遵从理性的恰当生活就是自然的"②。之所以要超越内在本性达到和自然本性一致的理性秩序，是因为理性是我们人类独特的构成因子。③

因此，培育人的理性是使人成为好人的最好方式。④要发展人的理性，一个人要思考如何将自然理性运用到渗透和把握世界中，在行为活动中仿效理性的秩序。这就是为什么克律西波斯将"遵循自然生活"理解为"遵循自然发生事件的经验生活"⑤。宇宙的理性是普遍法则，宙斯的意志或正当理性构成了一系列能够引导人类和自然和谐一致的真正原则。我们必须理解这一点，并使我们的生活遵从这一原则。由于人类理性和宇宙的理性结构密切关联，我们基本了解世界的理性秩序结构，尽管我们不能预测未来。我们一旦遵循宇宙的理性秩序，就会获得和谐、自信的生活，与自然事件的流动转化保持一致。⑥

然而，对道家来说，遵循自然生活是回到史前社会和重视自由的心境。道家宣称，正是因为我们惯性地建构了人类独特价值的框架，并且根据这一框架评判和安置事物，从而损害了我们最初的本性。准确地说，道家伦理学启发处于这种生存境地的人们，帮助他们克服、避免这类惯性逻辑。尽管评判和排列是分析理性的典型形式，但是道家与斯多

---

① 西塞罗：《论目的》；IG，II-102，237。

② DL；IG；II-94，191.

③ 塞涅卡；IG；II-107，245；参见 DL；IG，II-94，191："理性可以让理性动物更好地掌控生活。"然而，斯特赖克（Striker）指出，将自爱变成排除其他，只关注理性是非常奇怪的一件事，因为想必一个人仍然是动物，有各种各样的其他需要，为了自我保护必须照顾好自己，参见 Striker, "Following Nature: A Study in Stoic Ethics," in *Essays on Hellenistic Epistemology and Ethics* (Cambridge: University of Cambridge Press, 1996), pp.226-227.

④ 布拉德·英武德指出，"古代各个阶段的斯多葛学派都认为，培育理性是幸福实现的关键" [Brad Inwood, "Reason, Rationalization, and Happiness in Seneca," in *Rationality and Happiness: From the Ancients to the Early Medievals*, eds. Jiyuan Yu and Jorge Gracia (Rochester, N.Y.: University of Rochester Press, 2003), p.91].

⑤ DL；IG，II-94，191.

⑥ 无可争议，然而，关于为什么遵循自然可以一种身心一致的生活的论述，参见 Striker, "Following Nature: A Study in Stoic Ethics," in *Essays on Hellenistic Epistemology and Ethics*, p.223.

葛学派在发展人理性的目标上看起来却相反。

老子指出，道德体系的指导原则并不是一以贯之。所有的道德体系建构了二分法，并根据推理赞成某一方的价值观念，反对另一方。首先，世俗的价值如此混淆，人们任意而行。(《老子》第20章)其次，相反的概念诸如有/无、难/易、长/短、高/低等，是相对的，可以转化为另一面。(《老子》第2章)最后，双方可以相互转化，强、硬、直、福在一定条件下转化为弱、软、弯、祸。(《老子》第22章，第58章)"反者道之动"(《老子》第40章)。循环往复的运动变化使得每一种价值都可以转化，把优势固定在双方中的任何一方，都是不可能的。

庄子继续批评人们区别是非观念的习惯倾向。然而，他关注的是相对性和不可通约的多维视角。第一，根据庄子的天籁之声比喻，每一种生物在自然界中具有平等的基础。没有客观的标准判断和安排它们。第二，评价总是与评价者的观点有关，这些观点不可通约。对于同一件事物，不同生物有不同的反应，比如潮湿、高度和美丽[①]；甚至同一个主体在不同的时间做出的反应也不同。第三，即使是相同物种，对同一件事情的理解也不同，就像"燕雀安知鸿鹄之志哉！"在人类每一次方案选择的争论中，每一方有自己关于对和错的标准。因此，辩论不太可能解决问题。[②]

那么，我们抛弃价值原则的指导，恢复自然的和自发的状态是什么样子呢？对老子来讲，这是无为的状态。无意味着"没有"，为意味着一定传统价值观指导的有目的的行动。无为并不意味着什么都不做，而是意味着行动没有外在价值观的制约。(《老子》第38章)这是一种"为无为"(《老子》第63章)和"为而不争"(《老子》第81章)的状态。事实上，这是事情完成的最好方式。"道常无为而无不为。"[③]这是

---

① 参见《庄子》第2章；Graham, *Chuang-Tzu*, p.58。

② 参见《庄子》第2章；Graham, *Chuang-Tzu*, p.60。

③ 《老子》第37章；参见第47章，第48章。

因为在无为的状态，所有的事物都遵循自己的转化过程和自然本性。①

　　庄子运用多种表达方式描述恢复自发的状态。明的状态是承认所有事物的相对性，并对这种相对性不予评议②；是事物相通而浑一的状态③，这也是一种逍遥游的状态，这种状态是指人的生活和万物混为一体，遵从自然的进程流动。庄子也用镜子的形而上意蕴阐释这种状态，就像照镜子一样照出它本来如此的样子。"不将不迎，应而不藏。"④再者，这是一种摒弃所有情感和知识、放空内心、入定的状态，"造乎道"⑤。

　　如果我们认为道家的自然状态仅仅是原初和本能的状态，那么这肯定是错误的。对老子来说，无为蕴含着对为的局限性的洞见，庄子提出明的前提是假定对所有观点的相对性有了解。道家所讲的自然和自发的状态是指一种精神状态，这种状态只能在抛弃理性分析和理智知识之后才能达到，以"道为起点或轴心"看待事物。它是一种不再受人为区别和评估束缚的生活方式。就像庖丁解牛的故事所隐喻的道理，达到这样一种状态要经历艰难、长期的经验和实践。简而言之，道家的自发状态是"后理性"，而不是非理性。

　　从上面的描述可以看出，斯多葛学派与道家在遵循自然生活思想上的一个显著区别：斯多葛学派的思想是理性推理，而道家的思想被我用"后理性"描述。斯多葛学派认为，理性是人类幸福的独特源泉。遵循自然生活意味着根据理性生活，在沉思大自然秩序的过程中使自己的理性臻于完善。这也就是斯多葛学派第欧根尼为什么说遵循自然生活是

---

　　① 然而人们经常用自然和无为互换，刘笑敢却看到两者之间的区别，然后发现这种区别产生不同的效用："自然而然是老子思想的核心价值，而无为则是实现这种价值的方法或原则。"［"An Inquiry into the Core Value of Laozi's Philosophy," in *Religious and Philosophical Aspects of the Laozi*, eds. Mark Csikszentmihalyi and Philip. J. Ivanhoe（Albany：State University of New York Press，1998），p.211］问题是无为也被称为道的状态。"无为而不为"（《老子》第37章）。但是，我赞成这一观点，即无为是描述自然如何在人类生活中实现的特别影射。

　　② 参见《庄子》第2章；Graham, *Chuang-Tzu*, p.52。

　　③ 参见《庄子》第2章；Graham, *Chuang-Tzu*, p.54。

　　④ 《庄子》第7章；Graham, *Chuang-Tzu*, p.98。

　　⑤ 《庄子》第6章；Graham, *Chuang-Tzu*, p.92。这与"心斋"是类似的（《庄子》第4章；Graham, *Chuang-Tzu*, p.68）。

"在自然事物中理性地筛选"，安提帕特也说过"生活总是在选择自然的方式，拒绝不自然的生活"①。然而对于道家来说，准确地讲"筛选"应该是抛弃。一种自然的生活，在圣人身上体现为"学不学"（《老子》第64章）或者"绝圣弃智"（《老子》第19章）。"为学日益，为道日损。"（《老子》第48章）这些表明要绝学、弃智、绝巧。既然自然的状态建立在对理性知识之局限性的认知上，那么一个人越追求它，离道就越远。我们必须抛弃以知识为基础的社会指导原则，恢复原初的自然状态。

因此，斯多葛学派和道家伦理学虽然都宣称遵循自然生活是德性的生活，普遍认为德性和自然相关②，但是对德性生活之内涵的认知却显著不同。斯多葛学派主张，德性（卓越）是人的理性的完善，理性的完善符合宇宙理性的逻辑，和自然结构的秩序一致，获得德性的过程就是一个不断掌握宇宙知识的过程。而道家主张，德性是体现在每一个生物身上的道，并且"人通过陶冶自然情操恢复德性。当一个人的德性趋于完善的时候，人就返璞归真，回归原初的自然状态"③。最高的德是无为（不作为，《老子》第38章），追求无为的状态必须清除圣智礼法的影响。

我们如何理解两个学派的这一显著区别呢？首先，在很大程度上说，两个学派各自的传统伦理发展形成了各自的自然生活概念。根据其关于幸福是人类生活的最终目的的思想，斯多葛学派应隶属于古希腊幸福学说的传统。古希腊伦理学的历史是一个争论什么构成幸福和如何实现幸福的历史。探究幸福的主流方法已将幸福学说聚焦在人类理性和德性上。苏格拉底指出德性即知识。柏拉图将理性灵魂视为人类的功能（ergon）或人类的特征。（《理想国》353d）亚里士多德把逻各斯看作实践的理性活动（《尼各马可伦理学》1098a2-3），提出最高的幸福是沉思，是纯粹理性的活动。准确地说，"协调自身，遵循自然生活"是斯

---

① 斯托比亚斯；IG, II-95, 211.

② 斯多葛学派认为，"自然指引我们走向德性生活"（DL; IG, II-94, 191）。道家提出，"通过培养一个人的自然本性使人回归德性。当德性圆满，一个人也就返归本真"（《庄子》第12章；Chan, *A Source Book in Chinese Philosophy*, p.202）。

③ 《庄子》第12章；Chan, *A Source Book in Chinese Philosophy*, p.202.

多葛学派对于什么是幸福给出的答案。在这个答案中，斯多葛学派继承了古希腊强调理性的传统，将人类理性建立在宇宙理性的基础之上。^① 这也成为斯多葛学派对理性幸福观的特别贡献。

道家是诸子百家之一，道家争论的问题指引人们思考人类生活和社会秩序的道是什么。就像古希腊伦理学家都同意人类的最终目的是幸福，但是对于幸福是什么却有不同的看法一样，中国哲学家认为共同的目标是寻找并建立天道基础上的人道，但是对于道是什么却持有争论。道家批评包括儒家和墨家在内的许多相互冲突的道的争论，发展了元哲学立场，由此产生的影响便是所有的伦理理论是平等的，没有一个普遍的和客观的标准评判与排列它们。世界的自然转化状态被用来支持这个元哲学的反思，即任何绝对性理论的引导都基础薄弱。

第二个要点是，对于什么才是真正的人性，斯多葛学派和道家持有不同的观点。如同斯多葛学派的先驱苏格拉底、柏拉图、亚里士多德一样，斯多葛学派也坚信人类的显著特征和最本真的内容是人类的理性。道家十分了解作为人类显著特征的理性："我所说的人类的情就是坚守'齐物'。"^②葛瑞汉将"情"作为"人的本性的必要组成内容"^③。我更倾

---

① 尼采正确地指出，斯多葛学派创造的自然是他们自己的理念："你们的骄傲自大想赋予给本性，规定你们的道德、你们的理想，占有本性自身，你们要求它是斯多葛学派规定的本性，并想对一切东西只按照你们的理念去制作——作为一种非常的永恒的赞颂和斯多葛主义的普遍化！"［Nietzsche, *Beyond Good and Evil*, trans. Judith Norman（Cambridge：Cambridge University Press，2002），p.10］

② 《庄子》第5章；Graham, *Chuang-Tzu*, p.82。

③ 在现代汉语中，"情"的意思是"情感"或"激情"。然而，葛瑞汉主张，在汉代之前的文献中"情"为"激情"的意思并不常见，作为名词是"事实"，作为形容词则是"真正的"。"X的'情'是使真正X得以成立的事物，它是每一个X都具有的，如果没有它，X也不再是X；令人惊讶的是，'情'的这种用法接近于亚里士多德的'本质'。"［Graham, "The Background of the Mencian Theory of Human Nature," in *Studies in Chinese Philosophy and Philosophical Literature*（Albany：State University of New York Press，1990），p.60］不过，最近出土的郭店文本却表明，在早期儒家的文本中，被定义为情感的"情"发挥着核心作用。尽管如此，《庄子》中的"情"也不可能有"情感"的意思，而更接近于葛瑞汉对"情"的解释。拙著《德性之镜：孔子与亚里士多德的伦理学》［*Ethics of Confucius and Aristotle: Mirrors of Virtue*（New York and London：Routledge，2007）］第2章注释7中也有讨论。

向于将"情"类比于柏拉图和亚里士多德的人类功能或特征概念。①

相对于斯多葛学派和古希腊其他主流学派坚持把理性作为人类的伦理基础，道家却提出，人们应该抛弃理性，而不是应该完善人类的自然理性。庄子解释说："无以好恶内伤其身。"② 判断推理确立人为的指导原则会损害我们原初的自然状态，阻碍我们返归本真。如前所述，斯多葛学派提出人类在宇宙中处于特别的位置，然而道家并不认为这样有区别的观点有意义。

三、自然和世俗的生活

借助于孔子这一代言人，庄子阐述了道家和儒家的不同。"他们漫游在先验世界，而我则在世俗世界。这两个世界没有任何的共同点。"③世俗世界是有规范的人类世界。现在我们禁不住要问：道家是如何在世俗世界生活的？斯多葛学派是如何处理人际关系和对待物质财富的？这里的问题是，道家和斯多葛学派各自提出的遵循自然生活和世俗生活两个概念的关系。

无论是道家还是斯多葛学派，都没有为我们在社会中应该如何行动给出过多的指导。两大伦理学派对遵循自然生活的意蕴的阐述都很单薄。道家的读者常常对在我们的伦理生活中如何践行无为、自化、自我净化或坐忘感到困惑。斯多葛学派的读者也有相同的困惑。显然，宇宙理性是一个基本原则，遵循自然生活意味着仿效宇宙理性生活。然而仿效宇宙理性生活的内容却不清晰。斯多葛学派还认为遵循自然生活意为"对所有人来说，以通常绝不被法则禁止的方式积极主动，这是正确的

---

① 孟子也用"情"这个概念区别于其他动物，用"情"解释人类善的本性："乃若有情，则可以为善矣。"孟子说："乃所谓善也"（《孟子》6a6）。

② 《庄子》第5章；Graham, *Chuang-Tzu*, p.82。

③ 《庄子》第6章；Chan, *A Source Book in Chinese Philosophy*, p.198。

事情"。然而斯多葛学派从来没有具体阐释普遍法则是什么①，只是强调理性的一致性、连贯性和和谐性。

尽管如此，道家的自然和斯多葛学派的理性一致的思想都表达了一种共同的生活态度，那就是不以物喜不以己悲。斯多葛学派的观点不同于亚里士多德的，但接近苏格拉底的。斯多葛学派认为德性本身就是善的，德性是幸福的充足条件。只要一个人拥有德性，就实现了他的理性力量，那么他就是幸福的。公认的善有生命、健康、快乐、美丽、财富，与此相反，公认的恶有死亡、疾病、痛苦、丑陋，贫穷则无关宏旨（adiaphora）。斯多葛学派将无关宏旨这一术语理解为"对幸福和不幸没有多少影响或贡献的因素或事情"②。斯多葛学派将无关宏旨的内容又区分为值得选取的和不值得选取的，对这个内容我们后面有简短的讨论。无关宏旨的因素既不有利也不有害。对这些与幸福无关的事情，我们应该不在乎。最为紧要的是关注真实的自己，比如理性。

道家的无关宏旨态度则表现为一个人不应该被外部的事件和事情影响。"我们要做的就是让事情顺应自然。"③每一个事物都处于不断转化的过程中，这个自然进程是必然的。一个道家子弟应该对外在的所有事物完全漠然。④

无论是道家还是斯多葛学派，都不主张人们完全从社会生活里退出，斯多葛学派甚至提出我们的原初结构包括社会性。但是，这两大伦

---

① 据悉，芝诺制定的人生目标是"身心一致的生活"，事实上，克里安西斯认为芝诺制定的目标太狭隘，所以在此基础上加上"遵循自然"（斯托比亚斯；IG，II-95，211）。但是这个说法不太正确，假定"遵循自然身心一致地生活"意为"生活和谐"，那么芝诺制定的目标和克里安西斯的就没有什么不同。根据 M. 斯科菲尔德（M. Schofield）所说："稍微动点脑筋就会发现，希腊词语'一贯地'可以被分解成一个简练的版本'根据一个一致的理由。'"［M. Schofield, "Stoic Ethics," in *The Cambridge Companion to the Stoics*, ed. Brad Inwood（Cambridge：Cambridge University, 2003），p.241］

② DL；IG，II-94，104."漠然"还有另外一个含义，指无关紧要，例如一个人的头发是奇数还是偶数。

③ 《庄子》第 17 章；Chan, *A Source Book in Chinese Philosophy*，p.206。

④ "生死相续是自然变化的客观规律；安于自然，敬畏自然，也就不以物喜不以己悲。"（《庄子》第 6 章；Chan, *A Source Book in Chinese Philosophy*，p.88）

理学派所共有的无关宏旨态度，却导致它们的思想超越了社会和传统的生活。因此，尽管道家和斯多葛学派对遵循自然生活的定义不同，但是，在实际社会生活中，一个道家弟子和一个斯多葛学派弟子的行为看起来却相似。让我们具体阐述一下，在生活的一些主要方面是如何体现超脱这种生活态度的。

（一）家庭和朋友

之前我们提及过，斯多葛学派把和幸福无关的因素称为"无关宏旨"。斯多葛学派将无关宏旨的内容又区分为"值得选取的"（proēgmena）和"不值得选取的"（apoproēgmena）。① 值得选取的是指和人类本性一致，并有利于人类自我保存。这包括那些被公认与人类本性相称的（oikeion）善，亚里士多德将之称为"外在的善"。因此，在其他条件相同的情况下，人们更愿意选择健康而不是疾病。根据斯多葛学派的观点，家人和朋友与人类本性一致，因此它们属于值得选取的。它们具有选择的价值（axia eklektikē），但仍是无关宏旨的事情，对我们的幸福没有影响。根据斯多葛学派的原则，如果一个圣人回到家发现他家着火了，并且孩子在里面，他一定会尽力救出孩子。但是如果孩子没有被救，这个圣人也不会感到悲伤或愧疚。② 圣人爱他的朋友，但是不应该"完全被别人的不幸影响"③。悲伤没有意义。

类似地，道家也承认家庭的重要性和友谊的价值。但是这些却不是

---

① DL；IG；II-94，196. 芝诺被认为是第一位做出这种区分的思想家。尽管这可以说是正统斯多葛学派的立场，但并不是所有斯多葛学派的思想家都同意这一点。希俄斯的阿里斯托（Aristo of Chios）主张"正如善恶之间没有什么区别一样，事物之间也没有区别"（LS，58F 和 G）。因为这些有益的讨论，斯特赖克说，"遵循自然生活"，"善"（也就是德性）和"值得选取的"之间的区别也被教理主义哲学家阿斯卡隆的安提奥库斯（Antiochus of Ascalon）批判为无效和断层。事实上，曾经有一场关于斯多葛学派是否能够将外在的善与幸福完全无关的观点一以贯之的学术争论。

② 这个案例被 A.A. 朗重构，参见 A.A. Long, *Hellenistic Philosophy*（Berkeley：University of California Press，1986，second edition），pp.197-198。

③ 马可·奥勒留：《沉思录》，第 5 章第 36 页。

自然生活的一部分。类似于天道，"圣人不仁，以百姓为刍狗"（《老子》第 5 章）。祭祀中的牺牲是安慰逝去的灵魂，当刍狗被用来当作牺牲时，它们也就被毁坏了。像对待刍狗一样对待事物的话，也就意味着这些事物最终成为道的"牺牲"，部分之所以有意义，是在于它们在整体中具有某种功能。庄子甚至对爱和道做了大致的对比："是非之彰也，道之所以亏也。"①这是因为爱有偏倚，而道却无差等。因此，像斯多葛学派一样，道家坚持认为，一个人不应该因为家人和朋友的去世而感到难过。有一个叫孟孙才的人，当他的母亲去世时，他并没有表现出悲伤。这对儒家来说，孟孙才缺乏孝的德性，而庄子却将孟孙才的行为理解为顺应自然的行为。"他对待事物不偏不倚，他任自己发展成任何可能的情形，并等待进一步发展的未知可能性。"②当庄子的妻子去世时，惠子去吊唁。"他发现庄子盘膝而坐，敲瓦翁而歌。"③当惠子指责庄子这一行为时，庄子却这样回答，他的妻子去世是顺应自然，返归自然的演变过程，这是一件值得庆祝的事情。子桑户、孟子反和子琴张是朋友。当子桑户逝世后要埋葬时，孔子派他的弟子子贡前去哀悼，然而子贡却发现子桑户的两个朋友，"一个正在编织苇席，另一个正在弹琴，他们一唱一和，祝贺桑户'回归到一个人最真实的状态'"④。

（二）不幸和死亡

比较以下这两段话：

1. 无关宏旨的事物就像：生与死、好名声与坏名声、快乐与痛苦、富裕与贫穷、健康与疾病，以及类似于这些的事物。

---

① 《庄子》第 2 章；Graham, *Chuang-Tzu*, p.54。

② 《庄子》第 6 章；Chan, *A Source Book in Chinese Philosophy*，p.200。

③ 同上。

④ 《庄子》第 6 章；Graham, *Chuang-Tzu*, p.89。庄子也不热衷于人们之间的互相帮助。"泉涸，鱼相与处于陆，相呴以湿，相濡以沫，不如相忘于江湖。"（《庄子》第 6 章；Graham, *Chuang-Tzu*，p.90）人们应该在互相帮助之后，不必刻意铭记，因为这本就是自然现象。

2. 死与生、毁灭与生存、失败与成功、贫穷与富裕、称职与不
称职、诽谤与赞美、饥饿与口渴，这些都是命运进程中事物的变化
状态……。因此，让这些扰乱我们的平静，没有意义。

这两个观点分别是斯多葛学派 ① 和道家 ② 的观点。这两段话表达的观点
竟如此相似，以至于如果除去资料的来源，我们可能分不清哪个材料出
自哪个学派。斯多葛学派的圣人完全不受外在因素的影响，因为对他们
来说德性是幸福的充分必要条件。埃皮克提图曾经是一个奴隶。尽管对
他来说自由是值得选取的，然而他却认为受奴役和自由无关宏旨。《庄
子》内篇记录了很多遭受严重身体畸形的人，然而他们并没有因为自身
健康状况改变或他人的侮辱而受影响，仍然与自然生活浑然天成。有
一个被砍掉一只脚的人"把失去的脚看作失落的土块一般" ③，这是因为
"我关注德性品质的完备，所以脚在我心里依旧存在" ④。被提及的这类
人体现了"德充符" ⑤。

然而，这两个学派有一点不同。斯多葛学派的先哲将发生的一切理
解为天意的安排，是命运安排的一部分。对一个人来说，发生的事情甚
至是一场灾难，他也要把这看作有利于整体幸福，并相信这是他在世界
上注定的角色。"他甚至将疾病、死亡和残疾看作世界秩序的安排。" ⑥
换句话说，他不仅准备好要接受任何灾难，而且准备欣然接受这些，将
这些灾难视为建构更完美宇宙的贡献力量。 ⑦ 相反，道家却认为命运是

---

① 参见斯托比亚斯；IG，II-95，203。

② 参见《庄子》第 5 章；Graham, *Chuang-Tzu*，p.80。

③ 《庄子》第 5 章；Graham, *Chuang-Tzu*，p.77。

④ 《庄子》第 5 章；Graham, *Chuang-Tzu*，p.78。

⑤ 他甚至宣称："古代的先哲认为，无论是英年早逝还是暮年安康都是好事，生死相
续，命中注定，合乎自然。先贤的这些思想足够人们拿来效法，好好生活。"(《庄子》第 6
章；Graham, *Chuang-Tzu*，p.86)

⑥ 埃皮克提图；IG，II-99，233。

⑦ 芝诺自己列举了一个例子。他曾经是一个生意人，但是却遭遇了海难，失去了全部
的财物。听到这个消息后，他说："命运让我遵循哲学，承担较轻的损失。"(塞涅卡；IG，
II-107，244)

自然进程中的必然内容——它没有预先安排的含义。① 因此，道家学派把幸运与不幸、生与死视为命运转化进程的组成部分，人类应该不带有抱怨地接受幸运与不幸，但道家并没有说明人们应该欣然接受它们。

有时斯多葛学派和道家被指责强人所难、麻木不仁，甚至是不人道，因为它们都将遵循自然生活视为唯一的善，把家人和朋友发生的事情看作无关紧要的，或者将这些视为自然转化过程的组成部分。这些观点显然与我们的常识矛盾。② 然而，人们并不认为这两个派别提倡不道德的内容。斯多葛学派和道家关注我们的整体生活，而不是关注被缩小的道德生活领域。牺牲他人的利益获得自己欲望满足的行为，在自私自利的人看来并不是恶。道家的目标是消除自我，将自我融入宇宙的转化过程。的确，超脱的思想赋予两个学派重大的治疗价值。它们都鼓励人们漠然对待外在财富的获得或失去，给人们带来精神的力量与面对贫困和灾难的勇气，引导人们关注自己的内心世界，追寻精神的自由。

以上讨论会引发下面一些问题：如果斯多葛学派和道家遵循自然的思想有如此多的不同，那为什么它们面对社会生活的态度如此相似？

首先，不管这两个学派各自的自然概念是什么，它们都坚持这样的观点：善不取决于传统的社会价值。道家的自然生活建立在抛弃既有价值体系的基础之上，这样的生活不是"费力地遵守世俗社会的礼仪让百姓钦佩"③。斯多葛学派的自然和理性生活并不必然与社会价值相违背；但这种生活也不以社会价值为前提条件（比如说，亚里士多德的实践智慧是在社会习俗中形成的）。在斯多葛学派的视野中，最终的善和幸福与宙斯的意志一致。举例来说，以习惯批判社会价值的芝诺为例：他提出共产共妻，排斥教育课程，反对建设包括庙宇在内的公共建筑。他还

---

① "我们不知道是谁主宰宇宙。这看起来确实有造物主，但是却没有线索表明他在现场存在。"（《庄子》第2章；Chan, *A Source Book in Chinese Philosophy*, p.181）

② 茱莉亚·安娜斯（Julia Annas）也这样认为："在任何时候，斯多葛学派都没有寻求论据证明培育理性的倾向实际上是一种道德观。"［Julia Annas, *The Morality of Happiness*（New York：Oxford University Press, 1993）, p.169］

③ 《庄子》第6章；Chan, *A Source Book in Chinese Philosophy*, p.198。

建议取消货币①，他的理想社会与现存的社会大相径庭。他认为所有人都是宇宙公民，只遵守一种法律②，这意味着对各城邦宪法和法律的轻视。后期的斯多葛学派就不那么激进，尝试调整适应正常的社会制度；但是对于斯多葛学派来说，最终的标准仍然是自然法则而不是社会标准。显然，这两大学派都与亚里士多德的学说有显著区别，亚里士多德提出德性建立在社会习俗之上，德性通过习惯获得③，这一点也适用于孔子，孔子认为德性以礼为基础，人们通过遵守礼仪的过程获得德性。

其次，斯多葛学派和道家的理想缺乏情感维度。道家，包括无为在内都宣称"不欲"（《老子》第37章，第57章）。这里的欲包括欲望和激情。"不欲"并不意味着没有欲望。"不欲"是指不被欲望扰乱心智，对外在的事件保持漠然的态度。斯多葛学派认为，灵魂是和谐的整体，拒绝承认心理冲突的观点。对于斯多葛学派来说，情感往往产生错误判断，而在更为理性的评判下可能做出正确的判断④，过度冲动是指"不遵从理性"的活动，或"灵魂的不理性和非自然的运动"⑤。总之，情感被定义为有害的或狂躁的事物。斯多葛学派的先哲不受激情（apatheia）影响，正是因为他们不受这些非理性因素的掌控，所以他们很幸福。

芝诺将幸福定义为"像水流般顺畅的生活"⑥。类似地，道家也喜欢把自然自在的生活看作像水一样。两个学派之所以以水寓意好的生活，是因为自然超越于传统道德，消除了作为道德动机的激情。尽管两个学派对效法自然的认识有着根本的区别，但是这些区别看起来却为超脱社会价值、激情提供了辩护的理由。⑦

---

① 参见 DL；LS，67-B，430。

② 参见普鲁塔克；LS，67aA，429。

③ 参见《尼各马可伦理学》II.1。甚至"伦理"这一术语也来自习俗。

④ 参见伽林；IG，II-120，259。

⑤ 斯托比亚斯；IG，II-95，217。

⑥ 斯托比亚斯；IG，II-95，212。

⑦ 2006年4月，我在多伦多大学宣读过本文的早期版本。感谢沈清松提出建议和评论，也非常感谢大卫·格利登（David Glidden）、布拉德·英武德和蒂姆·康诺利（Tim Connolly）提出的有益批评。

论万百安《孟子》一书中"仁"的翻译 *

很难想象，从此以后，任何认真研究孟子哲学的人能够绕过万百安
（Bryan Van Norden）的《孟子：附传统评注的节选》（*Mengzi, with Selections from Traditional Commentaries*）。[①]这本书与另外两本哈克特中国经典译丛中爱德华·森柯澜（Edward Slingerland）的《论语：附传统评注的节选》（*Confucius Analects, with Selections from Traditional Commentaries*）[②]以及任博克（Brook Ziporyn）的《庄子：附传统评注中关键著作节选》（*Zhuangzi: The Essential Writings with Selections from Traditional Commentaries*）[③]，通过包含经典和影响广泛的重要评注节选实质性的评论选择脱颖而出。在万百安的《孟子》中，解释和历史评注主要节选自朱熹的《四书集注》。通过这些工作，这些译注为英语世界中国哲学研究做出了独特而重大的贡献。它们不仅将我们对这些核心中国经典的清

* 原文题目为 "Translation of *Ren* in Van Norden's *Mengzi*"，载于 *Journal of Chinese Philosophy* 37，4（2010）：660-667。韩燕丽译，陈昱翰校。——编者注

[①] Bryan Van Norden，*Mengzi, with Selections from Traditional Commentaries*（Indianapolis：Hackett，2008）．

[②] Edward Slingerland，*Confucius Analects，with Selections from Traditional Commentaries*（Indianapolis：Hackett，2003）．

[③] Brook Ziporyn，*Zhuangzi: The Essential Writings with Selections from Traditional Commentaries*（Indianapolis：Hackett，2009）．

晰和细节把握理解提高到了一个新的高度清晰度和复杂程度，而且自己还将成为宝贵的学术资源。

此外，这些新的译本将极大地促进读者对传统的丰富古代文本的兴趣。在希腊哲学研究中，近年来对柏拉图和亚里士多德的古代评注进行了深入的研究。阅读古代评注著作为我们重新理解柏拉图和亚里士多德提供了很多新的见解。这些古代评注有助于我们摆脱以往解读经典时惯有的假设和方法，也可能为我们提供以往可能错失的观点。我希望，随着这些翻译的出版（with the publications of these translations），类似的研究将在中国哲学研究中蓬勃发展。随着学界对中国哲学的兴趣日益浓厚，这些古代哲学评注家加入我们的讨论令人异常欣喜。

这三本优秀的翻译虽然总体表现出古代评论的价值，但仍然对"仁"的翻译未达成一致意见。"仁"这一古典儒家思想的关键术语，在英语学界中以多种不同的方式被翻译，并产生了很多混乱。万百安的《孟子》将其翻译为"仁慈"（benevolence）；爱德华·森柯澜的《论语》将其称为"善"（goodness），任博克的《庄子》选择使用"人性"（humanity）来翻译"仁"。

这些译名选择并无新意。刘殿爵（D. C. Lau）在《孟子》翻译中用"benevolence"代指"仁"[1]；亚瑟·威利（Arthur Waley）在他的《论语》翻译中更喜欢用"Goodness"来翻译"仁"[2]；陈荣捷（Wing-Tsit Chan）和黄治中（Chichung Huang）选择"humanity"来代指"仁"[3]。此外，安乐哲（Roger Ames）和罗思文（Henry Rosemont）运用了"authoritative person"或"authoritative conduct"[4]。理雅各（James Legge）将仁称为"virtue"和"benevolence"。类似的情况还有很多。

---

[1] 参见 D. C. Lau, *Mencius*（London：Penguin Books，1970）；D. C. Lau, *Mencius*（bilingual edition，Hong Kong：Chinese University Press，1979）。

[2] 参见 Arthur Waley, *The Analects of Confucius*（New York：Vintage Books，1989）。

[3] 参见 Wing-Tsit Chan, *A Source Book in Chinese Philosophy*（Princeton：University of Princeton Press，1963）；Chichung Huang, *The Analects of Confucius*（Oxford：Oxford University Press，1997）。

[4] 参见 Roger T. Ames and Henry Rosemont Jr., *Analects of Confucius*（NewYork：Ballantine Books，1998）。

不同的翻译反映了译者对这一关键概念的不同理解；不同的翻译反过来又对不同文本的阅读有所贡献，尤其是对那些不懂中文的人。在西方哲学的中文翻译中，最令人费解的概念之一是"存在"（to on）。它有三个翻译：是、有和存在。在过去的一个世纪里，评论家对哪一个更可信进行了激烈辩论，并将翻译问题的相关争论转化为一系列复杂的跨文化解释和理解问题。令我感到困惑的是，为什么在中国哲学的西方翻译中，人们可以容忍同一个词的诸多不同的翻译。这些具有不同内涵的翻译容易引起初学者在课堂上的困惑和困难。

本次讨论的重点是万百安的选择，即用"benevolence"来翻译"仁"，并试图呈现我从这种翻译中所看到的问题。此次讨论的目的是借此机会向万百安学习这种选择背后考虑的因素，并就"仁"这一中心术语本身的翻译进行讨论。在讨论结束时，我还将讨论其他译称的困难。当然，希望实现一致的翻译不切实际，但对该术语本身的一些讨论达成共识应该有助于取得进一步的进展。

在翻译中文经典中的术语时，我们通常首先查看《说文解字》。据此，"仁，亲也。从人二"。从这个解释可以得出两点。第一，仁意味着感情或爱。第二，仁这个字由两个组成部分：左边是"人"，右边是"二"。与第一点一致，陈荣捷认为，在先秦文本中仁是"仁慈的特殊美德，尤其是统治者对他的臣民的善意"[1]。这种解释导致他将仁翻译为"仁慈"。然而，第二点使一些译者宣称仁这个词与人类一词有关，因此仁应该被翻译为"humanity"或者"humanness"。[2] 很多学者由此得出结论，在儒家思想中，人与人之间的关系对于成为一个好人至关重要。一个好人是人与人之间关系的产物，而不是个人的成功或奋斗。

然而，在先秦文本中如何使用仁这一术语存有其他解释。林毓生认为，仁原始的意思是"男子气概"（manly or manliness or manhood），指

---

[1] Chan, "The Evolution of the Confucian Concept *Ren*," *Philosophy East and West* 4（1955）: 295.

[2] 参见 Huang, *The Analects of Confucius*, p.16; Raymond Dawson, *Confucius: The Analects*（Oxford: Oxford University Press, 1993）, p.xxi。

男子的独特品质。① 史华慈（Benjamin Schwartz）持有类似观点②，并提醒我们拉丁语中美德（virtus，来自词根 vir，字面意思为"男性气概"，当前术语"美德"源于此）的本义。这种解释主要基于《诗经》中的两段诗文，一位女子称赞出门打猎的男子："洵美且仁""洵美且好""洵美且武"。根据这种用法，仁应该被翻译成"男子气概"。葛瑞汉（A. C. Graham）进一步认为，仁这一术语是"周朝贵族用来将自己区别于普通人，并且涵盖了像英国人那样'高贵'的整个优秀品质，这些品质与人类的特殊性有关"③。这将支持"高贵"这一解读。显然，先秦儒家对仁这一术语的使用支持将"仁"翻译"仁慈"这一观点，但并未确定这是唯一正确的。

万百安对仁（译为"仁慈"）解释如下："仁这一美德包含拥有、践行以及对他人表示同情；对于儒家来说，它应该延伸到每个人，但这一美德对亲密的家庭成员更加强烈。"④ 这接近《说文解字》的解释。在《孟子》中使用"仁慈"来解读"仁"十分普遍，也有充分的文本证据支持对仁的这种解读。它很好地传达了"孺子入井"故事中，看到别人痛苦时人人皆有的恻隐之心。在《孟子》的许多段落（《公孙丑上》《离娄上》《告子上》《告子下》《尽心上》等）中，仁确实与仁慈密不可分，特别是孝这一美德，仁慈在其中得到良好体现。

孟子的想法与《论语》一致，特别是在《颜渊》中："樊迟问仁。子曰：'爱人'。"陈荣捷说："正是基于这个含义，毫无疑问，《说文解字》中将仁解释为'感情'（affection）。也在此基础上，中国古代哲学家，无论是儒家、道家、墨家还是法家，以及几乎所有汉儒都将仁等同于爱。"⑤

---

① 参见 Yu-Sheng Lin，"The Evolution of the Pre-Confucian Meaning of *Ren* and the Confucian Concept of Moral Autonomy，" *Monumenta Serica* 31（1974–1975）：178–179。

② 参见 Benjamin Schwartz，*The World of Thought in Ancient China*（Cambridge：Harvard University Press，1985），p.75。

③ Angus Graham，*Disputers of the Dao*（Chicago：Open Court，1989），p.19.

④ Van Norden，*Mengzi, with Selections from Traditional Commentaries*，p.199.

⑤ Chan，"The Evolution of the Confucian Concept *Ren*，" *Philosophy East and West* 4（1955）：299.

然而，主要问题是仁似乎有特殊含义和一般含义之分。人们早就注意到，作为一般美德的仁与《论语》中作为特殊美德的仁之间的区别。冯友兰明确指出了这一点①；陈荣捷也指出："除了少数情况，孔子一般认为仁是一般美德，而不是一种特殊美德。"②在许多文本中，仁往往与其他特殊美德区分开来，比如勇③、智④以及信、直、毅（resoluteness）⑤。然而，在大多数地方，仁被描述为包含特定美德或品格特征的一般美德品质，因此是完全的或包容性的美德。仁包括智、勇、孝、忠、礼、敬、宽、信、敏和慷慨⑥，等等。仁这种美德比一个人的生命更加重要。⑦

《孟子》中也提到作为一般美德的仁与作为特殊美德的仁之间的区别。一方面，根据孟子的说法，仁是我们原初人性中的四端。⑧它是从构成性善本质的四个根源之一发展而来，是"恻隐之心"的根源。另一方面，仁也是包含四端的一般美德。它是整个人类的心性。在《孟子·告子上》中，孟子说："仁，人心也。"的确，仁的另一个主要翻译——人性——是基于《中庸》第20章和《孟子·尽心下》所言"仁也者，人也；合而言之，道也"（仁慈就是成人。道就是与仁相合，并

---

① 参见 Fung Yu-Lan, *History of Chinese Philosophy*, Vol. 1（Princeton：Princeton University Press，1952），p.72。

② Chan，"The Evolution of the Confucian Concept *Ren*，"*Philosophy East and West* 4（1955）：298.

③ 参见《论语》9：20，14：28。

④ 参见《论语》4：2，6：21，9：20，14：28。

⑤ 参见《论语》17：8。

⑥ 参见《论语》17：6。

⑦ 参见《论语》15：8。

⑧ 《孟子·公孙丑上》："恻隐之心，仁之端也；羞恶之心，义之端也；辞让之心，礼之端也；是非之心，智之端也。"《孟子·告子上》："恻隐之心，人皆有之；羞恶之心，人皆有之；恭敬之心，人皆有之；是非之心，人皆有之。恻隐之心，仁也；羞恶之心，义也；恭敬之心，礼也；是非之心，智也。仁义礼智，非由外铄我也，我固有之也，弗思耳矣。故曰：'求则得之，舍则失之。'或相倍蓰而无算者，不能尽其才者也。"《孟子·公孙丑上》："不仁、不智，无礼、无义，人役也。人役而耻为役，由弓人而耻为弓，矢人而耻为矢也。"《孟子·尽心上》："君子所性，仁义礼智根于心。其生色也睟然，见于面，盎于背，施于四体，四体不言而喻。"

付诸言辞）。［比较：陈荣捷将这句话翻译为："仁就是人（之为人的独特品质）。"］成中英的翻译是："仁是人之为人的特征，但当我们说仁涉及两个或两个以上的人时，它指（人的）道。"①这个一般意义上的仁意味着最充分的人性表现。使用 "benevolence" 来指代这种一般美德似乎并不合适。

有些评论者认为《论语》与《孟子》之间存在差异，即《论语》中的仁可能含糊不清，《孟子》将这个词缩小为同情和仁慈。相应地，《孟子》中的仁肯定应该被翻译为仁慈。例如，葛瑞汉说："到孟子时期，仁可以直接翻译为'仁慈'。"②然而，上述引文已表明，《孟子》中的仁也有一般美德的含义，就像《论语》中的仁有一种特殊美德的含义——仁慈一样。确实，《孟子》7b16 是将仁译为 "人性" 的主要文本来源之一。

万百安自己完全清楚这种区别。在他书中附带的《英汉对照词汇表》中，他还列出了将 "仁" 译为 humanness 的翻译，并指出："对于孔子来说，（仁）是指人类美德的总和……对于孟子来说，'仁' 通常意味着'仁慈'（benevolence），但它有时具有更广泛的暗示含义（例如，7b16）。"③尽管如此，他仍然自始至终使用"仁慈"（benevolence）来翻译 "仁"，即使翻译 7b16（前文引用）也是如此。

我觉得当仁作为一种特殊美德时，它与爱和情感有关，并被恰当地翻译为 "benevolence"。然而，当将仁视为一般美德时，"humanity" 更加忠实于原文。有没有可能存在一个可以反映作为一般美德的仁和作为特殊美德的仁之间的区别，但同时又可以很好地弥合两者之区别的术语？或者我们应该使用两个术语而不是一个术语，来捕捉作为一般美德的仁和作为特殊

---

① 我要感谢成中英教授在本文的早期版本中向我指出这一点。他的翻译似乎更忠实于原作。

② Graham, *Disputers of the Tao*, p.113. 他的观点似乎得到了森柯澜的回应，森柯澜将 "仁" 译为 "goodness"，宣称 "在后《论语》文本（In post-Analects texts）中，仁具有人类之间最具体的同情或善意（特别是统治者对于他的臣民），所以在那种语境中仁被翻译为 "benevolence"。在森柯澜看来，这种后来的用法只在《论语》中显示。（Slingerland, *Confucius Analects, with Selections from Traditional Commentaries*, p.238）

③ Van Norden, *Mengzi, with Selections from Traditional Commentaries*, p.202.

美德的仁之间的区别？据我所知，目前为止唯一试图做出这种区分的译者是理雅各。他承认"我们不能对这个术语进行统一的翻译"①。在他对《论语》的翻译中，他一方面将仁翻译为"benevolent actions"和"benevolence"，另一方面使用"perfect virtue"、"virtue"、"true virtue"以及其他术语来翻译仁［但他也将另一个概念德（de），翻译为"美德"］。而在《孟子》一书的翻译中，理雅各主要使用"benevolence"来翻译仁（即使在7b16，他也将仁译为仁慈，写道："仁慈是人之为人的独特品质"）。然而在2a5，他将"仁人"翻译为"有德之人"。

　　然而，如果我们使用两个术语来更好地显示出作为一般美德的仁与作为特殊美德的仁之间的区别，依旧存在一些困难。第一，使用不同的术语来翻译原始文本中的同一个词语显然容易误导读者。我们如果想忠实于原文，就应该避免这种误导。第二也是更重要的，在许多文本段落中，我们不清楚仁是指一般美德的仁还是指特殊美德的品质。译者在决定选用哪个术语时必须进行选择。后果就是这种翻译变成一种明确的解释。

　　对于作为特殊美德的仁，用"benevolence"翻译甚至存在一些困难。作为一种特殊美德，仁是一种修养性格，而不仅仅是一种感觉（感情）。然而，仁根植于道德行为者同情的感觉，且是这种感觉的成熟。②仁始于一种感情，并且最终变成一种培养的品格或第二种本性。孟子似乎使用相同的术语来指代起点和终点，因此似乎没有区分感情和性格。③

---

　　① James Legge, *Confucian Analects, the Great Learning and the Doctrine of the Mean* (London: Dover Publications, 1971), p.139.

　　② 参见《孟子》6a19.1。

　　③ 参见《孟子·公孙丑上》："恻隐之心，仁之端也；羞恶之心，义之端也；辞让之心，礼之端也；是非之心，智之端也。"《孟子·告子上》："恻隐之心，人皆有之；羞恶之心，人皆有之；恭敬之心，人皆有之；是非之心，人皆有之。恻隐之心，仁也；羞恶之心，义也；恭敬之心，礼也；是非之心，智也。仁义礼智，非由外铄我也，我固有之也，弗思耳矣。故曰：'求则得之，舍则失之。'或相倍蓰而无算者，不能尽其才者也。"《孟子·离娄上》："孟子曰：'仁之实，事亲是也。'"《孟子·告子下》："亲亲，仁也。固矣夫，高叟之为《诗》也！'"《孟子·尽心上》："亲亲，仁也；敬长，义也。无他，达之天下也。"《孟子·公孙丑上》："孔子曰：'里仁为美。择不处仁，焉得智？'夫仁，天之尊爵也，人之安宅也。莫之御而不仁，是不智也。"

这种情况对英文翻译提出了挑战。理想情况下，我们需要一个术语来表明仁是一种美德而不是一种感情，但同时又与感情密切相关。"benevolence"一词在传达仁与感情之间的关系方面做得最好，因此在仁的初始阶段用"benevolence"来翻译比较合适。但是，这种翻译似乎并不能很好地表达一种稳定的品格。在翻译"eudaimonia"一词时也会出现类似的问题。传统翻译一般将"eudaimonia"译为"幸福"（happiness）。然而，由于当代英语中的幸福多是主观的，学者们必须一次又一次地强调 eudaimonia 也具有客观含义。如果我们使用"benevolence"来翻译仁，是否应该尝试区分"benevolence"的不同含义呢？

此外，孟子使用了很多术语，这些术语在英语中，听起来类似于"benevolence"。它们包括爱、亲、惠、恩、泽等。但仁与这些术语不同。这一问题在下列段落中可以显现：4a4.1，4b23，1b7.12，4b30.4，3a4.8，4a1.2，7a45.1。① 鉴于英文中"kindness""affection""love""benevolence"的接近程度，那些不懂中文的人可能会认为这些段落是在谈论"benevolence"，这种翻译会让他们混淆。事实上，爱德华·森柯澜就将惠翻译为"benevolence"。②

使用"benevolence"来翻译"仁"的另一个问题是，在《孟子》中，仁总是与义联系在一起。万百安对义做出如下解释："气节；这种美德包括避免羞耻或不光彩的东西，即使人们通过这样做可以获得财富或社会声望。"③ 义，作为一种特殊美德，来源于对事物的蔑视。然而，

① 4a4.1 对应《孟子·离娄上》："孟子曰：'爱人不亲反其仁，治人不治反其智，礼人不答反其敬。'"4b23 对应《孟子·离娄下》："孟子曰：'可以取，可以无取，取伤廉；可以与，可以无与，与伤惠；可以死，可以无死，死伤勇。'"经查，无 1b7.12，基本可以认定此为 1a7.12 之误。1a7.12 对应《孟子·梁惠王上》："《诗》云：'刑于寡妻，至于兄弟，以御于家邦。'言举斯心加诸彼而已。故推恩足以保四海，不推恩无以保妻子。"4b30.4 对应《孟子·离娄下》："责善，朋友之道也；父子责善，贼恩之大者。"3a4.8 对应《孟子·滕文公上》："圣人有忧之，使契为司徒，教以人伦：父子有亲，君臣有义，夫妇有别，长幼有序，朋友有信。"4a1.2 对应《孟子·离娄上》："今有仁心仁闻而民不被其泽，不可法于后世者，不行先王之道也。"7a45.1 对应《孟子·尽心上》："孟子曰：'君子之于物也，爱之而弗仁；于民也，仁之而弗亲。亲亲而仁民，仁民而爱物。'"——译者注

② 参见 Slingerland, *Confucius Analects, with Selections from Traditional Commentaries*, p.237。

③ Van Norden, *Mengzi, with Selections from Traditional Commentaries*, p.205.

当仁和义在一起时，仁义一词应该指的是一般美德。① 在仁义这一组合术语中，仁被认为是居所，义是路径，这表明一个君子不仅可以具有良好的品格，还可以正确地践行它。我发现使用 "benevolence" 来翻译仁似乎不能顺利地阅读这些段落。

如前所述，我集中讨论了用 "benevolence" 来翻译 "仁" 的种种情况。仁的其他几种主要英文译称也各有问题。用 "humanity" 或 "humanness" 来翻译仁至少与 "benevolence" 一样会有其他问题。这种翻译指向其词源，因为仁与 "人"（ren）同源。然而，尽管翻译在 "仁者也，人也" 这一陈述中有其坚定的文本支持②，但《论语》中没有可靠的文本证据支持这一点。而且，虽然 "人性" 有利于译出仁的一般含义，但并不适用于同情这一特定含义。在这个方面，"仁慈" 的弱点可能是 "人性" 这一翻译的长处，反之亦然。

亚瑟·威利认为将仁翻译为 "good" 是唯一的可能。③ 然而 "good" 有其自身的问题。第一，在儒家文本中，有一个专门术语善应该被翻译为 "good"。亚瑟·威利处理这个问题的方法是将仁翻译为 "Good（Goodness 等），将小写的 good 翻译成善"④。这种翻译会导致混乱。第二，"Good" 与仁没有词源关系。第三，"Good" 是西方哲学中最模糊的术语之一。它没有提供信息，也无助于捕捉仁的不同含义。第四，鉴于仁的一般含义和特定含义之间的区别，"Goodness" 可能指的是一般含义的仁，但它并不反映特定含义的仁。爱德华·森柯澜意识到了这种区别，但他认为同情或善意这种更特定的意义仅在后－《论语》

---

① 《孟子·离娄下》："庶民去之，君子存之。舜明于庶物，察于人伦，由仁义行，非行仁义也。"《孟子·离娄下》："孟子曰：'自暴者，不可与有言也；自弃者，不可与有为也。言非礼义，谓之自暴也；吾身不能居仁由义，谓之自弃也。'"《孟子·离娄上》："仁，人之安宅也；义，人之正路也。旷安宅而弗居，舍正路而不由，哀哉！"《孟子·告子上》："孟子曰：'仁，人心也；义，人路也。'"

② 参见《中庸》第 20 章，《孟子》7b16.1。

③ 参见 Waley, *The Analects of Confucius*，p.29。

④ 同上。

文本中出现，而在《论语》中仅仅有所暗示。[1] 然而，这是一个很有争议的问题。安乐哲和罗思文将仁翻译为"authoritative conduct"（模范行为）或"authoritative person"（模范）。[2] 这也面临着将仁翻译为"Good"产生的类似问题，例如与仁没有词源关系，不能对一般美德的仁与特殊美德的仁做出区分。

就其内容而言，"美德"是作为一般品质的仁的最诱人的选择。然而，有一个专门术语"de"（德）应该像万百安所做的那样被译为"美德"。[3] 为了避免与德重叠的翻译，我们应该有一个替代但密切相关的术语。在其他地方[4]，我自己也提出用"excellence"来翻译仁。在古希腊美德伦理的英译中，"美德"和"卓越"是一种可互换的翻译。在孔子伦理学的翻译中，虽然德一般被译称为"美德"，但"卓越"这个词很少被采用。然而，我也意识到，虽然"excellence"可能对一般美德的仁是个卓越的选择，但它对于仁的特定含义并不完美。此外，"excellence"也不反映仁这一词的词源。

鉴于用某个单一英语术语来翻译"仁"的种种困难，也许我们应该保留"仁"，不对它进行翻译。人们既然已经接受"阴"和"阳"这一中文术语，那么也可以习惯"仁"的这种翻译。事实上，如果我们简单地使用"仁"的音译，那么很可能会鼓励人们从文本本身去理解其复杂的含义。《论语》中，关于回答"什么是仁？"有着不同的答案。然而在翻译《论语》时，我不确定我们是否仍需要对"仁"进行各种不同的翻译。

非常感谢成中英教授和顾林钰博士（Dr. Linyu Gu）对拙作的一系列批评性评论和编辑工作的大力支持。此文是由 2009 年 APA 东部分会会议"作者－遇见－评论家"发展而来的。

---

[1] 参见 *Confucius Analects*，*with Selections from Traditional Commentaries*，p.238。

[2] 参见 Ames and Rosemont，*Analects of Confucius*，p.48。

[3] 万百安指出："当被用于翻译中文术语'德'时，'virtue'被大写。当在更一般意义上用于指代良好品格特征时，'virtue'以小写字母出现。"（Van Norden, *Mengzi, with Selections from Traditional Commentaries*, p. xi）

[4] 参见 Jiyuan Yu, *The Ethics of Confucius and Aristotle: Mirrors of Virtue*（New York and London：Routledge, 2007）。

中国宇宙论是形而上学吗? *

引言：问题与路径

在中国哲学研究文献中有两种普遍的观点：（1）中国哲学关注于实践事务而缺乏追求形而上学的兴趣；（2）中国思想蕴含着丰富的宇宙论。

我把观点（1）称作"缺乏形而上学"，把观点（2）称作"富有宇宙论"。观点（2）即"富有宇宙论"难以被否认。中国宇宙论在《孟子》《荀子》《老子》《庄子》《管子》《易经》《淮南子》等古典文本中得以发展，并贡献了许多有影响力的理论，比如天、道、阴阳、五行、气、循环变化、天人合一，等等。观点（1）即"缺乏形而上学"也有着强有力的论证，同时为捍卫（Fung，1952，第1卷：1-6）或反对（Zeller，1997：2）中国哲学的哲学性质的学者们所拥护。一些著名的比较哲学家也认为，中国思想缺乏追求形而上学的理论兴趣实际上是与

---

* 原文题目为 "Is Chinese Cosmology Metaphysics?"，载于 *International Association for East-West Studies*，12（2011）：137-149。晏玉荣译，李涛校。——编者注

西方哲学的主要差异之一。(Lloyd, 1990: 124)

当我们把这两种观点放在一起，便有了这样的结论：(3)中国宇宙论不是形而上学。

既然中国宇宙论对于实在(reality)有着自己的表达，那么论题(3)就是含混的、令人困惑的。由此产生这些议题：形而上学与宇宙论的确切区别，以及中国宇宙论的哲学性质。遗憾的是，尽管中国宇宙论与西方形而上学的关系是一个相当重要的问题，但我们却没有看到相关方面严肃的讨论，相反，我们常常在文献里读到这样含糊的表达，比如"人类宇宙论的基础"或者"宇宙形而上学的基础"。那么"宇宙论的基础"等同于"形而上学的基础"吗？

之所以很少有人关注这一重要问题，在于近些年来，接近中国宇宙论或中国哲学的主要路径是强调它的特殊情感或理性。在西方英语国家，这种趋势表现为：西方哲学概念是地域性的、文化情境主义的，中国思想应该依据自己的术语来理解。在过去的十几年里，中国学界一直在讨论"中国哲学的合法性"问题。用西方意义上的哲学来理解中国传统思想是否合适？用西方的哲学概念与理论来考察中国古代经典所得到的是"中国的哲学"(即哲学在中国被发现)还是"哲学在中国"(即戴着中国面具的西方哲学)？

毋庸置疑，必须依据中国哲学自己的问题与路径来理解它；确定中国哲学的特殊贡献及其不同的视角也是本文的目的。但是，我们必须深入探究那些显见的或所谓的差异，确定它们是否符合事实以及它们是"种类"还是"程度"方面的差异。如果将这些差异看作思想体系的问题，我们是不会有所收获的。过分地强调中国宇宙论与西方形而上学的差异，既会歪曲我们对中国宇宙论的理解，也会误导西方学者将中国哲学看作与西方完全不同的一种思想类型，严重阻碍两者之间的建设性对话。

本文力图解决"中国宇宙论是形而上学吗？"这一问题。限于篇幅，无法对此进行充分的讨论。我将力图简要地勾勒一些主要问题，并明确我的研究路径，即将中国宇宙论与希腊宇宙论/形而上学进行比较。因为：首先，想要有效地回答这一问题，我们必须对什么是形而上学有概念上的认识。虽然"形而上学"这一术语在当代哲学中边界模糊，但希腊形而上学却为我们提供了一个相对没有争议的框架。形而上学诞生于古希腊，而亚里士多德将其确定为哲学的中心课题。其次，希腊哲学同样具有丰富的宇宙论传统，它是"物理学"或"自然哲学"的主要部分。考察形而上学与自然哲学在希腊哲学中如何关联能够为我们理解中国宇宙论的性质提供一个有利的视角。

在比较中，我使用了"镜子"研究法。该方法来自亚里士多德，他在解释什么是真正的朋友时，使用了镜子的比喻：

> 当我们想看自己的脸时，我们借用镜子来看；同样，当我们想认识自己时，我们通过看我们的朋友来知晓。因为正像我们所说的，朋友是第二个自我。因此，如果认识自己是快乐的，而没有另一个人作为朋友又不可能认识自己，那么，自足者就应该需要友爱，以便认识他自己。（《大伦理学》1213a20-26）

既然朋友就是第二个自己，可以作为更好地了解自己、获得关于自我知识的一面必要的、不可或缺的镜子，那么将希腊形而上学/宇宙论传统与中国宇宙论作为彼此的一面镜子，则能够让两者反思各自传统的根基，考察它们未经审查的预设，并提出双方何以用各自的方式来研究哲学的不同视角。哲学的一个主要任务是解释隐而不显的假定，跨文化的哲学比较在这方面能有许多作为。不仅如此，通过相互理解的增进，还能帮助哲学跨越文化的界限，进而达成跨越文化阻隔的真正洞见。

具体来讲，我将提出以下三个问题：

第一，中国哲学传统是否存有一个共享的、截然不同于希腊的独特的宇宙论？在中国宇宙论的研究文献中，这个"普遍的观点"聚焦于它与西方宇宙论的不同，宣称中国宇宙论是永恒的、有机的，没有西方形而上学中的本质/表象、普遍/特殊、心灵/身体、理性/情感、存在/

变化、知识/意见、事实/价值、实体/属性等各种类型的二元论。我们需要考察这个"普遍的观点",以明确中国宇宙论与西方形而上学的这些所谓的不同是否成立。

第二,中国宇宙论与中国伦理学的形而上学基础的问题。据说,孔子对形而上学问题没有兴趣,孔子之后的儒家也没有发展出与宇宙论不同的形而上学。而在希腊哲学,苏格拉底是希腊伦理学的创始人,他对形而上学同样没有兴趣,但是柏拉图以及亚里士多德很快发展出了一个以形而上学和认识论为核心的哲学体系。什么叫作中国哲学没有经历类似的发展呢?更确切地说,就是中国伦理学与中国宇宙论的本质关系是什么?考察希腊伦理学与其形而上学基础如何关联,或许我们就能明白。

第三,中国宇宙论与"是"(being)的问题。认为中国哲学没有形而上学的一个主要原因就在于它没有"是"(being)的理论。在亚里士多德那里,形而上学被定义为"作为是的是的学问"("the science of being qua being")。为什么中国思想缺乏一个"是"的理论,它是如何影响中国宇宙论的,这些都需要我们研究。审视希腊哲学中宇宙论与形而上学的关系,有助于我们解决这些问题。

接下来,我将分别概述以上三个主题的当前现状、提出的问题以及提供的视角。希望这些概要式的讨论能够明确一些严肃的问题,并引发更深入的研究。

一、关于中国宇宙论的特殊性

对于中国宇宙论,当前学界有个普遍的观点,即中国有着与西方非常不同的宇宙论。该观点的核心可以概括为:(1)与犹太–基督教的创造神不同,中国宇宙论并不认为秩序自身与创造秩序的东西之间有着显然的不同。它是永恒的、自然主义的,对解释宇宙自身的起源与诞生并不感兴趣。世间万物不是天的创造物，而是天的构成（are constitutive of it）。宇宙是一个自发、自动的体系。（2）与西方传统中造物主与人类的二元论相反，中国经典强调人与神或人与宇宙之间的连续性，提倡天人合一，从而避免了西方人神之间的那种紧张。（3）此外，许多学者认为，西方主要是分析式思维，而中国宇宙论则是由关系性思维决定的。（Granet，1934；Needham，1956，Vol.2；Graham，1986；Hall and Ames，1995）

与这种解读相关，许多学者宣称中国宇宙论与超越问题无关。虽然超越概念在西方的理智传统中是相当重要的，然而，对于"确定中国思想的特殊性"而言，则是一个不合适的概念。（Hall and Ames，1998：221）

确认中国情感与理性的独特形式当然非常重要。然而，将中国宇宙论传统与这个"普遍的观点"相等同则是有问题的。在我看来，这个"普遍的观点"夸大了东西方的差异，混淆了"种类上的不同"与"程度上的不同"。将西方框架强加于中国思想固然是不可取的，但是将两者可能具有的共同基础排除出去，同样不利于双方进行富有成效的对话。

我对迈克尔·普特（Michael Putte）的观点极有兴趣，他表示，永恒宇宙论在中国古典哲学中并不是普遍共享的，而是具有争议性的理论。他的研究证明了在古代中国还有另一种宇宙论，即"世界并非一个自发的，而是由精神发起并控制的宇宙"（Putte，2002：3，118）。

事实上，即使是永恒宇宙论，也并非为中国传统所独有，亚里士多德《形而上学》第12卷以及《尼各马可伦理学》第10卷中的第一推动者（PM）理论就具有永恒的一面。亚里士多德将不动的（或第一）推动者与神交替使用。神的主要功能是引起运动，更确切地讲，是引起一个实体到另一个实体的连续性运动。在亚里士多德的世界里，单个自然个体的运动依据其内在的形式或本性。为了给每一物种的持续性活动以及宇宙秩序提供一个理性解释，亚里士多德引入了第一推动者。第一推动者引起运动不是因为它是一个以物理方式促成运动的活动主体，而是因为它是"欲望与思想的对象"，"它因为被爱而引起运动"（《形而上学》1072a25-29）。万物被第一推动者推动，是因为它们每一个都有超越自己短暂的存在而追求永恒的自然欲望或冲动。这种持续性的运动不是由外在的原因而是由过程中的目的引起的。更精确地说，它是实体追求永恒的内在欲望的实现。与前面提及的中国永恒宇宙论的特征相同，亚里士多德的第一推动者也不涉及神的创造或神的意愿。

而且，就像中国传统所主张的天人之间有着某种连续性一样，在亚里士多德那里，人神之间也有着某种连续性。在亚里士多德看来，人，作为自然的一部分，必定同样被第一推动者吸引。但是，人比其他动物优越，有着比繁殖更高贵、更高级的路径通往永恒。这种路径就是沉思。沉思生活就是投入理论理性的活动中。沉思作为人类最高级的活动，分享着神的特性。"神的实现活动，那最为优越的福祉，就是沉思。"（《尼各马可伦理学》1178b21-22）在沉思中，我们与神处于同一状态，虽然神一直处于这种状态，而人只能在有限的时间内处于这种状态。（《形而上学》1072b24）显然，在亚里士多德那里，人的真正实现是朝着神圣的运动过程。这个过程不是朝向一个外在的目标，不是追随某些外在神的命令，而是我们自身之中的神性的实现。就沉思活动而言，人神之间没有形而上学方面的鸿沟。

这种证明，即永恒宇宙论既非中国思想的唯一取向，也非为中国思想所独有，有助于我们批判地考察这个"普遍的观点"。承认中国宇宙论与西方哲学在概念框架上并不存在设想上的鸿沟，有助于我们在它们之间开展富有成效的对话，并客观地评价中国宇宙论的优点与不足。

二、伦理学的基础：宇宙论还是形而上学

在很大程度上，"缺乏形而上学的观点"与孔子做哲学的方式相关。

孔子对人类以外的生活不感兴趣，他的关注点只是限于人类事物方面。"子不语怪、力、乱、神。"（《论语》7：21）"未知生，焉知死？"（《论语》11：12）他对鬼神采取实用主义的态度："敬鬼神而远之"（《论语》6：22）；"未能事人，焉能事鬼？"（《论语》11：12）乔瑟芬·李约瑟（Joseph Needham）这样评价：孔子"过分地关注人类社会生活，将一切非人类的现象排除在外，不对它们进行研究，这种态度伤害了科学的萌芽"（Needham，1956，Vol.2：12）。我们并不清楚孔子伦理学是如何不利于中国理智史理论科学的发展的，但他对纯理论缺乏兴趣是毋庸置疑的。

但是，孔子伦理学常常被认为有着一个宇宙论的基础，即考虑到了天在伦理学中的地位。在他看来，理想的生活就是天道的具现。虽然孔子本人没有将这一思想阐述清楚，但一些学者坚持认为孔子必定预设了某种类型的宇宙论，这种宇宙论"被与孔子同时代的哲学家及其主要的追随者们共同预设"（Hall and Ames，1987：198）。这里说的宇宙论就是前面提及的"普遍的观点"。

在希腊哲学，苏格拉底将希腊哲学从对自然的研究转向对道德问题的研究。西塞罗说过这样著名的话："苏格拉底第一个把哲学从天上拉了回来，引入城邦甚至家庭之中，使之考虑生活和道德、善、恶的问题。"（《论证》V.4.10–11）这一点也为亚里士多德所证实。（《形而上学》987b1–3；《动物的部分》642a25–31）同孔子一样，苏格拉底对形而上学不感兴趣。在《申辩篇》里，他反复申明自己不知道死亡是好事还是坏事（29a7–8，37b5–7，32d1–2）；并且他是无知论者，对死后灵魂是否有生命不置可否，也不关心（40c–41，42a3–5）。

但苏格拉底之后，柏拉图与亚里士多德很快就着手构建形而上学体系了。尽管苏格拉底影响了希腊哲学，但他之后的希腊哲学并不限于道德哲学。

于是，我们就有了一个有趣的对比：苏格拉底与孔子都对形而上学不感兴趣，而只关心伦理学。在希腊哲学中，柏拉图在考察苏格拉底生活与哲学的形而上学预设时，赋予了苏格拉底伦理学一个形而上学的基础。他主张，指导人们如何生活的实践知识应该由对形相（Forms）世界的理论理解来支撑。形相虽然必须由理性灵魂来把握，但却是独立于思维与信念的客观实在。这个形而上学的基础不同于前苏格拉底的自然哲学。也就是说，柏拉图为苏格拉底伦理学提供的是形而上学而非宇宙论的基础。

相反，在中国哲学中，孔子之后，其追随者们所发展的是《中庸》和《大学》里的那种宇宙论与心理学的基础。而那些反对孔子的学派，同样发展的是宇宙论。这种伦理学成为古典中国哲学的中心。那种类似于柏拉图对苏格拉底伦理学所做的发展，在中国哲学中并没有发生。是因为古代中国宇宙论显然不同于柏拉图的形相论，就像中国哲学的学者们经常说的那样，它是人类学宇宙论而非形而上学的基础吗？

这个对比也让我们不由地产生以下几个问题：柏拉图是如何将苏格拉底的伦理学扩展至形而上学的？为什么同样的情形没有在中国哲学中发生？全面地理解这些涉及每一方的历史、语言、科学、社会以及人类学的研究。这里我只想阐明紧跟苏格拉底与孔子之后的哲学内部发展中的一个主要困惑。

苏格拉底的哲学名言是"照顾你的灵魂"，他将灵魂看作所有德性的居住之地。但是，苏格拉底从来没有关于灵魂形而上学性质的理论。何谓灵魂？它是一个实体还是实体的一种属性？它经历生成与腐败的过程吗？苏格拉底并没有清晰阐明灵魂/身体二元论。在很大程度上，这些理论是因为柏拉图在《斐多篇》中要考察灵魂的不朽才被引入的，指导如何生活的实践知识必须由对世界的理论理解来支撑。正是在这个过程中，形相论、德性即净化、假设法、学习即回忆说、灵魂/身体二元论、真实自我的确认等，都被引入并得以考察。换言之，柏拉图形而上学的绝大部分元素都产生于其对灵魂不朽的证明中。最终，苏格拉底"照顾你的灵魂"奠基于形相理论。柏拉图在《斐多篇》中开拓了形而上学和知识论层面，这是苏格拉底的考察中所暗含或预设的东西。

孔子将"孝道"作为主要德性之一。"孝道"要求人们在父母去世时应该遵守相应的礼节。(《论语》2：5，17：21）考虑到葬礼在其思想中的重要性，孔子自然应当严肃对待鬼神的存在（以及死后灵魂的不朽性）。然而，如前所言，孔子只是采取了一个实用的立场，对鬼神的本性并不感兴趣。墨家的创立者墨子——一个严厉批判儒家的人，认为儒家伦理学中存在着一个紧张：一方面要求人们遵循祭礼/葬礼仪式，另一方面却对鬼神的存在持不可知的态度。《墨子》文本中记载了一段墨子与一个叫公孟子的儒者的对话。公孟子一方面认为"无鬼神"，另一方面又认为"君子必学祭祀"。墨子反驳他说："执无鬼而学祭礼，是犹无客而学客礼也，是犹无鱼而为鱼罟也。"(《墨子》12：48）

墨子所揭示的这种紧张关系在很大程度上也可以运用到孔子身上。没有对鬼神存在的承诺，祭祀仪式就显得非常空洞。既然孔子非常重视孝的德性，那么对孔子而言，这是一个很严肃的问题。

因为墨子是孟子的两个主要对手之一，我们自然就很期待孟子能着手解决鬼神存在这个问题，从而探究灵魂的不朽性。孟子确实强调祖先崇拜。他将"神"看作为比圣人更高级的一种存在，而且是普通人无法理解的。(《孟子》7b25）尽管如此，他还是没有讨论鬼神的本性，甚至没有触及灵魂不朽的问题。既然灵魂的不朽是柏拉图对苏格拉底伦理学的形而上学发展的两大主要论点之一（另一个是形相），那么孟子对此的沉默就是我们理解中国哲学发展方式的一个特别的关注点。我认为，对此及其相关问题的深入探究，可以为理解中国宇宙论的发展提供许多重要的洞见。

三、宇宙论与希腊 being 的形而上学

希腊哲学有着丰富的自然哲学传统，宇宙论居于其中心，但该传统同时孕育了西方的形而上学。希腊形而上学最重要的问题是 being 的问

题（ontology 一直被视作形而上学的同义词，其字面意思为关于 onto——希腊动词 to be 的分词——的理论）。亚里士多德明确表示，being 的问题"事实上，过去是，现在仍是，始终被探索而又始终令人困惑的问题"（《形而上学》1028b2-4）。

相反，中国哲学有着丰富的宇宙论传统，但 being 的问题从来没有作为哲学思考的主题。这个现象自身就是一个很大的困惑。至少它提出了这样两个问题：（a）为何中国哲学缺乏一个关于 being 的理论（ontology）？如前所言，缺乏 being 的理论或许是其缺乏形而上学视角的主要原因之一。（b）在何种程度上我们可以说缺乏 being 的理论影响了中国宇宙论的形而上学的性质？

对于第一个问题，至少有两种解释途径：一是依据古汉语的特性；二是审察希腊形而上学是如何从宇宙论中发展出来的。

许多学者已经依据汉语的特性来解释中国哲学缺乏 being 的理论了。（Graham，1976；Mei，1961；Yu，1999）ontology 关系到印欧语系动词"to be"的特征。个别与普遍、主体（subject）与属性的基本区分正是建立在对主谓项关系（predication）（即 S is P）的分析上。然而，动词"to be"（汉语中的"是"）在诸子百家时期并没有作为系词使用。语言学家们一直在争论"是"作为系词使用出现在汉代（公元前 206—公元 220 年）还是五代时期（公元 907—960 年）。总之，英语的主项表达式与谓项表达式都无法为中国先秦哲学家所运用。这似乎解释了西方形而上学中的诸多二元论为何没有出现在中国哲学中。实际上，即使现代汉语中的"是"可以作为系词使用，将 being 翻译为汉语依然存在着巨大的困难，因为汉语中的动词没有分词形式，不能用来表示名称。

如果这种以语言为基础的分析是合理的，那么阐明其具体含义就还需要我们做更多的工作。比如，这是否意味着西方形而上学中 being 与 ontology 的各种二元论是以它所运用的语言为条件的，所以它们就是相对的、局部的而非普遍的？我们能够从形而上学的性质以及哲学与语言的关系中获得什么启示？另外，中国宇宙论与古汉语的独特性相关吗？

如果答案是肯定的，又是如何相关的？

希腊哲学始于宇宙论。它是如何发展成形而上学的？这种自然哲学的传统是经由泰勒斯、阿那克西曼德、阿那克西美尼、赫拉克利特等人发展起来的。他们认为，宇宙中的各种事物都产生于某些内在一致的物质以及它的稀释或浓缩。然而，巴门尼德挑战了这个传统。他认为自然哲学虽然假设了一个变化的宇宙，却不能解释变化自身。在日常经验中，我们能够体验到流动、变化、运动与生成。巴门尼德却说变化的实在具有误导性与欺骗性，自然世界并非像我们所观察的那样。真理只有依靠推理的力量才能被揭示出来。"思维与存在是同一的"（to gar auto noein estin te kai einai，《残篇》3）但理性推导的结果是：变化是不真实的。

巴门尼德是这样论证他对变化存在的反对的：生成的东西必然要从存在或者非存在中生成（What comes to be must come from what is, or from what is not），而这些都是不可能的；如果它来自存在，那它就不是生成的，因为它已经在那里了；如果它来自非存在，这是不可能的或者是荒谬的，因为从无中不能生成任何事情（the ex nihilo principle）；因此，没有什么能够生成，也没有什么会变化。（亚里士多德，《物理学》191a27-31）巴门尼德这种对变化的否定严重挑战了自然哲学。巴门尼德之后的自然哲学家，比如阿那克萨哥拉、恩培多克勒以及原子论者虽然都迎接了这个挑战，但其解释却不能令人满意。他们能够解释偶性的变化，却无法解释实体的变化（substantial change）。

巴门尼德宣称自然哲学家追寻着意见（doxa）之道，这种途径认为"要么是要么不是"，他自己则是通往真理（aletheia）之路，始于这样一种假设，即"那所是者必然是，并且不可能不是"。前者跟随着信念，后者则信赖理性推理的力量，跟随它所引导的论点。对巴门尼德来说，只有真理之路才规定了人类知识的必要条件。他被柏拉图尊称为"父亲巴门尼德"（《智者篇》241d），并被看作西方理性主义之父。

考察中国宇宙论是否屈从于巴门尼德的挑战，将是非常有益的。中国宇宙论关注变化，它对变化的解释是否经受得住巴门尼德的批评？中国宇宙论学说是由理智论证来支撑的吗？中国宇宙论是否反思过自己探究的条件？它能够确定一个安全的出发点吗？

最后，让我们进一步考察中国缺乏 being 的理论是否影响了中国宇宙论的形而上学性质这一问题。我将透过亚里士多德的形而上学与物理学（自然科学）的关系这面镜子来审视这一问题。中国宇宙论从亚里士多德处理两者的关系中可以学习到什么？

亚里士多德将形而上学体系化并对早期自然哲学做了多方面的批评。这些批评很多可以用来审视中国宇宙论学说［例如，他认为，在变化中，一对相反者必须有一个基质（substratum），这有助于我们理解阴阳理论］。他批评巴门尼德拒绝了自然（nature）（《物理学》II.2），而他本人则对自然哲学做出了巨大的贡献。那么，他是如何在一个体系中协调形而上学与宇宙论（以及一般意义上的物理学）的关系的？以此为参照，将有助于我们探究中国的宇宙论与形而上学是否一致。

亚里士多德在哲学里区分了形而上学与物理学。但这种区分并不清晰。他的以《形而上学》命名的著作是由第一个编纂其著作的安德罗尼柯（Andronicus）将一组作品集合起来的产物。安德罗尼柯发明了这个题目。从字面上讲，它是指位于自然哲学（或者物理学，physics 就是指自然，即 nature）之后。但这并不仅仅是一个关于位置的问题。亚里士多德确实说过，第一哲学处理的事物要高于物理学。（《形而上学》1026a1-22）但我们必须清楚，物理学与形而上学的区分并不对应于《物理学》与《形而上学》的区分。以《物理学》命名的著作具有很强的形而上学性质，其内容与《形而上学》有很多重叠交融处。更为重要的是，他的形而上学概念是含混的，他称之为"being qua being 的科学"（《形而上学》1003a21-22；VI.1，1025b1-18）以及"神学"（1026a19），而"神学"就是"第一科学"（1026a24-31）。being qua being 的科学是关于一般的 being 的，而神学则是关于不动的、可分的事物的；前者在传统上被称作普遍的形而上学（metaphysica generalis），后者则为特殊的形而上学（metaphysica specialis）。长期以来，我们便有着这两种形而上学能否统一为一门科学的大讨论；而亚里士多德的"物理学"概念也是含混的。被冠名为亚里士多德《物理学》的著作，其研究的主题十分广泛，包括天文学、动物学、植物学、宇宙论、生物学、心理学，等等。我们需要区分具体的物理学与普遍的物理学：前者研究的是某类具体的本是（substances），而后者则研究一切具体物理学假设与共享的原则。如果事实如此，那么一般的物理学，即《物理学》中的许多内容就应该属于亚里士多德的形而上学。

我的意见是，在他的《形而上学》中，亚里士多德认为 being 在最一般的意义上可以分为四种类型：（1）偶性之 being；（2）真假之 being；（3）潜能/现实之 being；（4）依凭自身之 being 或范畴之 being。（《形而上学》V.7）这四者之中，依凭自身之 being 与潜能/现实之 being 是 being 的科学的主要对象。依凭自身之 being 研究的是实在（reality）的基本要素，关系到主谓项关系、范畴以及定义；而潜能/现实之 being 研究的是世界的运动、过程与功能。换言之，前者研究的是静态的世界，而后者研究的则是动态的世界。

这两种 being 的不同在于：（1）亚里士多德用于区分依凭自身之 being 或范畴之 being 的本质主谓项关系结构与潜能/现实之 being 没有关联。（2）一个依凭自身之 being 同以属加种差方式所揭示的恒是（essence-revealing）的定义之间具有"是论"上的对应性（ontological counterpart）。与之相反，我们无法寻求潜能或现实的定义，它们无法通过其他观念而只能通过例证与类比的方式得到解释。（《形而上学》1048a36）（3）不矛盾律是"一切事物最切实的原则"（《形而上学》1005b11）。然而，它只适用于依凭自身之 being，并不适合潜能/现实之 being。因为同一事物在同一时刻能够潜在地含有对立的两端，但在现实中却不行。（《形而上学》1009a30-35）

但这两种 being 是相关联的。潜能与现实是每一范畴之 being 的两层意义。范畴之 being 的某一个有时是潜在的，有时是现实的。这两种研究之间并不紧张，而是构成一个关于 being 的完整理论，体现了亚里士多德形而上学研究的两个中心关注点：实在（reality）的基本构成元素问题以及世界运动问题。

亚里士多德在将神学称作第一哲学时，没有将它与 being 的科学，而是与被称作第二哲学的物理学相对照。物理学（自然科学）与神学都属于理论科学。两者的对比如下：（1）物理学处理的对象是那些形式与质料不可分离的事物，而神学的对象则是可分的；（2）物理学处理的对象是可以运动的事物，而神学的对象是不可以运动的事物。（《形而上学》1025b19-1026a23）但是，神学与物理学都属于潜能／现实之 being 的研究。因此，两者都是 being qua being 这一科学的组成部分。

亚里士多德的形而上学框架对我们研究中国宇宙论至少有以下两点提示：第一，中国宇宙论可以被作为形而上学。虽然它没有一种 being 的理论，也没有以主谓项关系为基础，但依据亚里士多德的术语，它是变化（生成）的形而上学，是对潜能／现实的研究。第二，在当前中国宇宙论的研究中，人们通常认为中国的宇宙论是纯粹的非本体论的过程形而上学，而西方的形而上学则是本体论的。而怀特海及其过程理论成为呈现中国宇宙论的标准框架。当然，证明中国哲学关注过程与变化是没有错的，但没有必要由此得出它只能是非本体论的过程形而上学。根据亚里士多德范畴之 being 与潜能／现实之 being 的关系，变化自身应该就假设了某物正在变化。本体论与过程形而上学并非一定是对立的。亚里士多德对形而上学与物理学关系的处理为我们提供了一面历史上的镜子，表明中国宇宙论可以是形而上学讨论的一部分。

参考文献：

Burkert, W., 1985. *Greek Religion*. Cambridge, MA：Harvard University Press.

Eno, Robert, 1990. *The Confucian Creation of Heaven*. Albany：State University of New York Press.

Fung, Youlan, 1952. *A History of Chinese Philosophy*. Princeton, NJ：Princeton University Press.

Graham, A C., 1976. "Being in Classical Chinese," in *The Verb 'Be' and Its Synonyms* 1, ed. J. W. M. Verhaar. New York: The Humanities Press, pp.1-39.

——. 1986. *Yin-yang and the Nature of Correlative Thinking*. Singapore: The Institute of East Asian Philosophies.

——. 1989. *Disputers of the Tao*. La Salle, IL: Open Court.

Granet, Marcel, 1934. *La pensechinoise*. Paris: La Renaissance du Livre.

Hall, David and Roger Ames, 1987. *Thinking Through Confucius*. Albany: State University of New York Press.

——. 1995. *Thinking Through the Narratives of Chinese and Western Culture*. Albany: State University of New York Press.

——. 1998. *Thinking from the Han*. Albany: State University of New York Press.

Hansen, Chad, 1992. *A Daoist Theory of Chinese Thought*. Oxford: Oxford University Press.

Henderson, John B., 1984. *The Development and Decline of Chinese Cosmology*. New York: Columbia University Press.

Lloyd, Geoffrey E. R., 1990. *Demystifying Mentalities*. Cambridge: Cambridge University Press.

Lloyd and Nathan Sivin, 2003. *The Way and the Word*. New Haven: Yale University Press.

Mei, Tsu-lin, 1961. "Subject and Predicate, A Grammatical Preliminary," *The Philosophical Review*, IXX.

Needham, Joseph, 1956. *Science and Civilization in China*. Cambridge: Cambridge University Press, Volume 2.

Putte, Michael, 2002. *To Become a God: Cosmology, Sacrifice and Self-divinization in Early China*. Cambridge, MA: Harvard University Press.

Schwartz, B., 1985. *The World of Thought in Ancient China*. Cambridge, MA: The Belknap Press.

Yu, Jiyuan, 1999. "The Language of Being: Between Aristotle and Chinese Philosophy," *International Philosophical Quarterly* 39, 4: 439-454.

——. 2003. *The Structure of Being in Aristotle's Metaphysics*. Dordrecht: Kluwer Academic Publishers.

Zeller, Eduard, 1997. *Outlines of the History of Greek Philosophy*, orginally published in 1883, reprinted by the Thormmes Press.

新儒学的《宣言》与德性伦理学的复兴 *

1958 年，张君劢、牟宗三、唐君毅和徐复观共同发表了《为中国文化敬告世界人士宣言》。①该《宣言》批判西方文化的缺陷，并通过探索中国文化对世界人类问题的贡献而倡导中国文化的复兴。该《宣言》影响深远，被认为是"现代新儒学第二阶段发展历程中最重大的事件"②。

同样在 1958 年，英国学者安斯康姆（Elizabeth Anscombe）发表了《现代道德哲学》一文。③文章旨在阐明三个命题：第一，在现阶段研究道德哲学没有多大益处，应将之搁在一边，而首先了解心理哲学；第二，道德职责、道德义务、道德上的对与错、道德意义上的"应当"等概念都可以被抛弃；第三，从西季威克到今天的英国伦理学家之间的种

　＊　原载于《山东大学学报》（哲学社会科学版）2007 年第 1 期。——编者注

　①　其中文稿同时于 1958 年 1 月发表于香港《民主评论》和台湾《再生》杂志，并收录于张君劢著《新儒学思想史》，弘文馆出版社，1986，第 621-674 页。本文所引页码依据后者。该宣言的英文标题为"A Manifesto for a Re-appraisal of Sinology and Re-construction of Chinese Culture"。

　②　方克立：《现代新儒学的发展历程》，载方克立、李锦全主编《现代新儒家学案》上卷，中国社会科学出版社，1995，《〈现代新儒家学案〉代序》第 24 页。

　③　"Modern Moral PhilosoPhy," *Philosophy* 33（1958）；收录于 Roger Crisp and Michael Slote eds., *Virtue Ethics*（Oxford：Oxford University Press，1977），pp.26-44. 本文来自此书的引文页码出自后者。

种不同没有太多意义，因他们都是错的。相对照之下，古希腊柏拉图、亚里士多德的以德性为中心的伦理学显得更为合理。安斯康姆的文章是现代西方伦理学史上的分水岭，"人们广泛认为这是当今德性伦理学复兴的开始"①。

这两篇历史性文献没有互相提及。表面看来，安斯康姆的文章是纯学术的，而《宣言》的范围及目的远远超出了专业哲学问题的讨论。《宣言》以复兴中华民族文化大业为己任，力图阐明中国文化不仅可以回答西方科学与民主所提出的问题，而且具有无限的内在生命力，能够提供普遍永恒的智慧去解决西方文化的根本缺陷。尽管如此，这两篇文献具有以下两大共同特性：（1）它们的矛头都指向西方的问题；（2）它们所指出的新方向具有高度相似性。安斯康姆认为德性伦理学是伦理学发展的未来和希望所在。《宣言》的作者们虽然以中国文化复兴为目的，可他们认定中国文化之根是哲学，尤其是儒学的心性之学。因此，中国文化的复兴归根到底是儒学的复兴。在笔者看来，儒学心性之学也正是一种德性伦理学。

尽管这两篇文献所指出的方向相似，可是新儒学《宣言》对亚里士多德德性伦理学不置一言，《现代道德哲学》也似乎丝毫不提儒学。由它们所分别推动的新儒学复兴与德性伦理学复兴这两大运动之间也缺少对话和交流。这实在是世界学术史上的怪事。如果说安斯康姆不提及孔子乃是出于西方学者对东方学术思想不屑于了解的傲慢和偏见，《宣言》对亚里士多德只字不提则发人深省。因为《宣言》的任务正是要比较西方文化与中国文化，并说明中国文化有其内在价值，使西方人向其学习。换言之，《宣言》在倡导复兴儒学以解决西方问题时却忽视了西方自身所具有的相似的理智道德传统。《宣言》的作者们皆一代饱学之士，对西方哲学有着精深的了解，故而不可能是他们对亚里士多德不了解。究竟是什么哲学上的原因导致了《宣言》的这一盲角？

---

① Crisp and Slote eds., *Virtue Ethics*, "Introduction" p.3.

本文的目的就是要通过比较这两篇同年发表的历史性文献，来探索和分析这种原因。首先我要考察这两篇文献对西方的批评，然后说明为什么它们所指出的发展方向是相似的，最后审视它们分别对新儒学运动与德性伦理学复兴运动的影响。希望这一讨论有助于以后的中西哲学对话。

一、对西方的批判

《宣言》认为，西方文化来源众多，不像中国文化"有一脉相承之统绪"。尽管如此，《宣言》是把"西方文化"当作一个统一的解释客体进行评述，着眼于其共同特征及缺陷。批判西方文化的文章总是罗列一堆西方社会中的弊病，如种族歧视、宗教冲突、劳资矛盾、科学发展与核武器之间的紧张、环境污染、毒品泛滥、家庭破裂，等等。《宣言》的作者们远为深刻。他们一方面平实地肯定"由近代西方文化进步所带来之问题，亦多由西方人自身所逐渐解决"[①]；另一方面又力图深入一步，"但是照我们的看法，这许多问题虽已解决，但其问题之根源于西方文化本身之缺陷者，则今日依然存在"[②]。

那么，什么是这些根源性的缺陷呢？"真正的西方人之精神之缺陷，乃在其膨胀扩张其文化势力于世界的途程中，他只是运用以往的理性，而想把其理想中之观念，直接普遍化于世界，而忽略其他民族文化的特殊性"[③]。这段话似乎只是讲西方文化在处理与其他民族文化关系时的问题。可在《宣言》的作者们看来，这种理性绝对化、普遍化的倾向源自希腊理性传统、希伯来宗教文化传统，再加上近代之使用技术的精

[①] 张君劢、牟宗三、唐君毅等：《为中国文化敬告世界人士宣言》，载张君劢：《新儒学思想史》，第661页。

[②] 同上。

[③] 同上书，第662页。

神。它其实反映了西方文化内在的缺陷。具体而言，问题表现在以下一些方面：（1）向外做无限追求，但不向内收敛，故在现实生活中精神相当空虚①；（2）重抽象理智，轻具体的情感人生，"以概念累积之多少，定人生内容之丰富与否"，忽略人之交往中的生命之"直相照射"②；（3）重普遍的概念原理，忽视事物的特殊性与个性③；（4）重道德规则与行为，而忽略德性的影响。总之，西方文化及伦理的中心问题是把自然社会及人类历史仅仅作为客观的对象加以理智研究，而忽视人类主体状态之改进。

现在让我们转到安斯康姆的《现代道德哲学》。她先是做了一个看似相当极端的论断："近代最著名的伦理学家，从巴特勒到密尔都在伦理学这一主题思考中有严重缺陷，因此，要从他们那里获取对伦理学问题的识见是不可能的。"④这是因为，根据近代道德哲学，无论是康德的义务论，还是英国以功利主义为代表的效用主义，都认为道德基于普遍的理性法则，而理性在于遵从这一法则。这是一种以法律为模型的伦理学，根源于基督教伦理学。法概念的伦理学是以上帝是立法者为前提的。"义务"、"责任"、"应该"、道德上的"对与错"这些概念之所以有意义，乃是由于基督教。然而经过启蒙运动与宗教改革，基督教在近代社会中已不再占主导地位，对神作为立法者的信仰已经减弱，于是这些概念也就失去了根据。如同当人们废除刑事法庭和刑法之后，"刑事"这一概念便不知所云了一样。

伦理学家曾做过多次努力，希望保持一种没有神圣立法者的法概念的伦理学。于是他们便寻求新的立法源泉。康德的"自我立法"影响最大。可安斯康姆说，"自我立法"是一个荒唐的概念。一个人为自己做

---

① 参见张君劢、牟宗三、唐君毅等：《为中国文化敬告世界人士宣言》，载张君劢：《新儒学思想史》，第664页。

② 同上。

③ 参见上书，第664-665页。

④ Anscombe, "Modern Moral Philosophy," in *Virtue Ethics*, eds. Roger Crisp and Michael Slote, p.27.

什么，"或许是值得敬佩的，但却不能是立法"①。其他的行为规范源泉包括"社会传统规范"与"自然法"。可两者自身的定义都不清楚。还有一条出路是诉诸"契约论"，可一方面什么是契约并不清楚，另一方面契约只对签约方才有约束力。

英语世界的道德哲学更有一个共同的问题，即它们都无法坚持在这个世界中总有一些事情，如杀害无辜，是不应该做的。效用主义以行为的后果来确定一个行为的对与错。一个可以产生最佳结果的行为在道德上便是正确的。据此，杀害无辜如果能取得更大更好的后果，就可以得到道德上的许可。安斯康姆断定，这种道德哲学肯定有问题，因为总有一些事情不管结果是什么，都应是禁止做的。

比较这两篇文章中的批判，我们不难发现，两者有许多共同点。第一，两者都指出批判对象只重视建立行为指导及道德规则。安斯康姆以"法概念的伦理学"来描绘西方近代伦理学的基本特征。这一类型的伦理学的基本特征便是建立一条或少数几条普遍适用的原则和规范去指导、约束人们的道德行为。当今西方伦理学一般都认为，以康德义务论及以功利主义为代表的西方伦理学与德性伦理学最基本的差别就在于：（1）近代伦理学以行为为中心，而德性伦理学以德性为关注对象；（2）近代伦理学以建立行为规范为主要任务，而德性伦理学则以"德性"为首要伦理概念。《宣言》的作者们亦很准确地把握住了这些基本差别。他们说："在西方伦理学上谈道德，多谈道德规则、道德行为、道德之社会价值及宗教价值，但很少有人特别着重道德之彻底变化我们自然生命存在之气质，以使此自然的身体之态度气象，都表现我们之德性，同时使德性能润泽此身体之价值。"②

第二，两篇文章都指出批判对象重抽象普遍，忽略特殊性与个性。

① Anscombe, "Modern Moral Philosophy," in *Virtue Ethics*, eds. Roger Crisp and Michael Slote, p.39.

② 张君劢、牟宗三、唐君毅等：《为中国文化敬告世界人士宣言》，载张君劢：《新儒学思想史》，第 644 页。

根据《宣言》，"要曲尽事物的特殊性，必须我们之智慧成为随具体事物之特殊单独的变化，而与之宛转俱流之智慧"①。安斯康姆同样指出，法一样的普遍伦理规则不能解决问题。虽然我们需要一些一般性的指导，需要划一些界限，可对特殊情况做决定则主要应根据在当下情况下什么是合理的。遵循安斯康姆的思路，威廉姆斯（Williams）在其《伦理学与哲学的界限》一书中声称，近代伦理理论的一个中心特征是"欲求把一切伦理考虑都归结为一个模式"②。阐明什么是着重特殊性的实践智慧已是现代德性伦理学的中心话题之一。

第三，《宣言》批判西方文化的理智主义，指斥其忽略具体的情感人身。当安斯康姆强调要抛弃"职责""义务"等概念，而着重心理哲学，研究"意向性""快乐""欲求"等问题时③，她显然也在指出同样的问题。沿着安斯康姆的思路，迈克·斯多坎（Michael Stocker）在其著名的《近代伦理理论的精神分裂症》④一文中表明，近代伦理学只关注理性和价值，却忽略了伦理生活的动机与情感结构。伦理主体必须去履行其职责与义务，不管他是否有动机，或者动机是什么。近代伦理学几乎不考虑价值与动机的和谐问题。

当然，这两种批判的差别亦是显然的。第一，《宣言》虽然说西方文化无道统，可依然把西方文化当作一个整体对待，这一整体包括希腊理性哲学、基督教传统、近代科学精神等，《宣言》批判的对象是作为一个整体的西方。与此相对，安斯康姆根本没有把西方传统作为一个整体对待的意识。其文章的一个主要之点是说明西方古代伦理学与西方近代伦理学之间的差别。"每个读过亚里士多德的《伦理学》，并且也读过

① 张君劢、牟宗三、唐君毅等：《为中国文化敬告世界人士宣言》，载张君劢：《新儒学思想史》，第 666 页。

② Bernard Williams, *Ethics and the Limits of Philolophy*（London：Fontana/Collins, 1985），pp.16–17.

③ 参见 Anscombe, "Modern Moral Philosophy," in *Virtue Ethics*, eds. Roger Crisp and Michael Slote, p.40.

④ Michael Stocker, "The Schizophrenia of Modern Ethical Theories," *Journal of Philosophy* 76（1973）：453–466.

近代道德哲学的人一定会强烈感受到它们之间的显著对比。"①近代哲学中占主导地位的概念在亚里士多德那里要么完全缺乏，要么只是背景性的。同样，近代哲学已不能明白亚里士多德伦理学的诸多理论。究其原因，安斯康姆认为，在亚里士多德和近代伦理学之间有基督教，正是基督教影响了法概念的伦理学。遵循安斯康姆的思路，探索古代伦理学与近代伦理学的差异已成为现代伦理学的中心议题之一。威廉姆斯坚持把"伦理学"（ethics）与"道德"（morality）相区别。虽然这两个概念的原义相同，都与"风俗"相联，只是希腊文与拉丁文间的不同，可威廉姆斯断定，古代伦理学接近"伦理学"的原义，而近代道德理论已经不再与"风俗""品性"等相联，而变成了以建立原则为核心任务。②在他看来，近代道德理论有不如无。③

与此相联系，麦金泰尔也指出，现今的道德语言充满争议，处于"严重无序的状态"④。不同道德理论的前提有各自的历史根源。它们互不相容，不可公度，没有什么理性的途径去取得道德上的一致。而这一切是由于启蒙运动造成的。启蒙运动随着近代科学理论的发展，排斥了亚里士多德的目的论，转而以理性为标准批判道德，而独立的理性本身则产生了种种不同的道德原则。

非常清楚，当《宣言》认为希腊、基督教及近代科学造就了西方文化时，西方哲学家们自己却认为这些传统导致了截然不同的伦理倾向。当《宣言》把批判指向西方文化整体时，安斯康姆及受她影响的德性伦理学家则把相似的批判只局限于西方近代伦理学。这便彰显出，《宣言》的批判对象过宽。而这在很大程度上归咎于它那种把中国文化看作整个西方文化的对立面的立场。

第二，《宣言》在批判西方时，所指向的不仅是西方整体，而且是

---

① Anscombe, "Modern Moral Philosophy," in *Virtue Ethics*, eds. Roger Crisp and Michael Slote, p.26.

② 参见 Williams, *Ethics and the Limits of Philosophy*, p.6。

③ 参见上书，第 175 页。

④ Alasdair MacIntyre, *After Virtue* (London: Duckworth, 1985), p.2.

西方文化。"文化"是一个相当广泛的概念。相比之下，安斯康姆的批判不仅只涉及近代西方，而且只是近代西方的伦理学。结果，这两种批判虽然有相似性，但其论证方式却很不相同。《宣言》只是泛泛而谈，很少提及西方具体的思想家及其著作，几乎不涉及具体理论。安斯康姆的批判则立足于近代西方伦理学家的主要概念、命题，以及它们的发展。

这里体现出两种做哲学的方式。《宣言》的作者们相当清楚其间的差别。他们指出，西方哲学著作"其界说严，论证多，而析理亦甚繁。故凡以西洋哲学之眼光去看中国哲人之著作，则无不觉其粗疏简陋，此亦世界之研究中国学术文化者，不愿对中国哲学思想中多所致力的原因之一"[1]。不过，《宣言》亦力图为中国哲学的研究方式辩护，认为中国哲人的著作以"要言不繁为理想"，源自中国传统中哲学、科学、政治、法律、宗教、伦理等同为一源之故。"虽极简陋，而其所涵之精神意义、文化意义、历史意义，则正可极丰富而极精深。"[2] 这些论断自有其道理。在一定意义上，《宣言》与安斯康姆的文章正反映了这两种风格。

但是，从西学东渐的角度看，重要的不是为中国传统的哲学研究方式辩护，而是应该反思自己的不足，着眼于别人的优点。毕竟，以西方之长克服自己之短，应该是"西学东渐"的题中之义。中国传统中哲学、科学、政治、法律、宗教等不分，可这并不意味着当我们面临西方具有明确界限的各学科时，仍然一味要以笼统对精细。儒学固然不是一种纯哲学，但也不意味着我们在做理论研究时不可以把它的哲学与其他方面做相对独立的抽象分析。"要言不繁"是理智美德，可是"立言有据，推断有理，论证翔实"也是理智美德。儒家哲学传统要复兴，应当融合和吸纳现代西方哲学的论证方式，从而建立其现代理论形态。

---

① 张君劢、牟宗三、唐君毅等：《为中国文化敬告世界人士宣言》，载张君劢：《新儒学思想史》，第632页。

② 同上。

二、指向德性

《宣言》的作者们与安斯康姆都认定西方文化或伦理具有如此缺陷，那么新的方向在哪里？由于《宣言》将西方文化整体与中国文化相对立，其得出的结论是：应当向中国文化学习。"如西方要改正其向外作无限追求的精神，便需学习中国文化中'当下即是''知进知退'的生活智慧"[①]；"要改正其以概念累积定人生内容的倾向，则应体会与欣赏中国文化中无执着及虚无之智慧"[②]；"要改正其重视普遍原理、忽略特殊性的思维方式，则应学习中国文化中不执着于普遍，却绕具体内容事物之中心旋转，与物宛转之活泼周运之圆而神的智慧"[③]。此外，西方还应该向中国学习"一种温润而怛恻或悲悯之情"[④]"如何使文化悠久的智慧"[⑤]"天下一家之情怀"[⑥]。

以上种种中国文化智慧，皆根源于中国文化，尤其是儒学的"心性之学"。在《宣言》的作者们看来，心性之学是"中华民族之客观的精神生命之核心"[⑦]，"为中国学术文化的本原或神髓"[⑧]，"不了解中国之心性之学，即不了解中国文化也"[⑨]。这种心性之学，按照《宣言》，在宋明时大盛，可在先秦之儒道中已成为"思想核心"[⑩]，其大致要点是：人有受赋于天的内在心性，这一心性是义理之本源，具有客观要求的道德

---

① 张君劢、牟宗三、唐君毅等：《为中国文化敬告世界人士宣言》，载张君劢：《新儒学思想史》，第664页。

② 同上书，第665页。

③ 同上书，第666页。

④ 同上书，第667页。

⑤ 同上书，第668页。

⑥ 同上书，第669页。

⑦ 同上书，第630页。

⑧ 同上书，第641页。

⑨ 同上书，第641页。

⑩ 同上书，第637页。

实践基础，它随着人的道德实践生活之深入而加深觉悟。人生之一切道德实践行为皆依赖于此心性，其最后发展是上通于天，与天地为一体。"人能尽心知性则知天"①。

我们在上一部分指出，《宣言》批判西方伦理学只讲道德原则，忽视德性。与此对立，"中国之儒学传统思想中则自来即重视此点"②，而中国儒学之所以能发展德性伦理，"其本原乃在我们之心性，而此性同时即是天理，此心亦通于天心，此心此性，天心天理，乃我们德性的生生之原"③。

由此可见，西方真正应该向中国学习的是儒学以心性之学为特征的德性伦理学。心性之学并不一直都是显而易见的，不仅西方人未识，连近代中国人自己亦多忽视。据《宣言》的分析，自清末之百年来，重考证训诂，继则又羡慕西方之船炮科学、法制及民主，随后又批唯心论。这一过程使得传统心性之学遗失。结果，中国伦理学被认为只是一些外表的行为规范的条文，只重道德的社会效用而缺乏"内心之精神生活的依据"④。故此，《宣言》倡导复兴儒学心性之学，即德性伦理传统，既为重彰中国文化之精华，又为纠正西方文化的内在缺陷。

现在让我们转向安斯康姆的答案。她在其文章的开头便提到了亚里士多德德性伦理学与近代伦理学间的重大差别，而其结论正是要发展古代德性伦理学的思路。根据安斯康姆的思想，我们应当抛弃道德意义上的"应该"和"错误"这样的概念，而代之以"公正""不公正"这样的德性概念。"道德上错误"意味着主体有义务不做某事，而"义务"这个概念只是在法的语境中才有意义。与此对立，"公正"这样一种美德不是由后果决定的，行为的好坏不是取决于后果，而是取决于行为所依据的品行。安斯康姆认为，这正是柏拉图和亚里士多德看问题的方

---

① 张君劢、牟宗三、唐君毅等：《为中国文化敬告世界人士宣言》，载张君劢：《新儒学思想史》，第 641 页。
② 同上书，第 644 页。
③ 同上书，第 644 页。
④ 同上书，第 633 页。

式。他们的立场是，公正是德性，不公正是邪性。德性是道德主体通过长期从事有德的行为而习得的。公正这一德性使一个人成为好人，而做一个好人使得一个人的人生成功兴旺。安斯康姆基本肯定这一模式，相信伦理学应基于"德性"概念，"德性"概念比"职责""义务"等概念更为根本，品德应成为伦理学的主要关涉对象，而德性则是兴旺人生的一个关键部分。但她也指出，一种模式或世界观虽然基本正确，在哲学上却需要做进一步完善。我们需要补充一个有关人性、人的行为、美德是一种什么样的特性，以及什么是人生的兴旺（幸福）等方面的论述。这一工作的出发点则是研究心理学，阐明"行为""意向""快乐""欲求"等概念，"最终我们或可能进而考虑德性概念，从那里，我相信，我们应该可以做某种伦理研究了"①。

由上可知，面临西方近代伦理学的困境，《宣言》的处方是儒学，而安斯康姆的处方是让伦理学以法概念为基础转型为以亚里士多德主义德性伦理学为基础。安斯康姆没有提及儒学。而《宣言》不仅一字不提亚里士多德，而且似乎否认西方有德性伦理传统。"西方之哲学、宗教、道德之分离，缺少中国心性之学，亦可能是西方文化中之一缺点。"②

表面上看来，这两个给西方文化开的处方并不相近。《宣言》强调中国文化含有宗教性之超越感情，极力推崇"天人合一"之思想。"中国文化能使天人交贯，一方使天由上彻下以内在于人，一方亦使人由下升上而上通于天。这亦不是只用西方思想来直接类比，便能得一决定之了解的。"③而安斯康姆对以自然和自然法则为基础的伦理学颇有微词。她说："前苏格拉底哲学以为公正可与事物运行的平衡和谐相比拟。这种情感距我们已经很遥远了。"④

---

① Anscombe, "Modern Moral Philosophy," in *Virtue Ethics*, eds. Roger Crisp and Michael Slote, p.40.

② 张君劢、牟宗三、唐君毅等：《为中国文化敬告世界人士宣言》，载张君劢：《新儒学思想史》，第 647 页。

③ 同上书，第 636 页。

④ Anscombe, "Modern Moral Philosophy," in *Virtue Ethics*, eds. Roger Crisp and Michael Slote, p.39.

尽管如此，透过这两篇文献的不同表达方式，它们的处方在实质上是相似的。这是因为安斯康姆的方案是一种需改进的亚里士多德式研究方式，而亚里士多德伦理学模式与《宣言》所力倡的孔子儒学伦理学模式，在我看来，在基本趋向和结构上有着惊人的相似性。首先，亚里士多德的伦理学力图回答"什么是幸福（人生兴旺）"，这里"幸福"不是指主观的满意感觉，而是人之为人的充分发展，实现人生的潜能或应有之义。简而言之，即是做人的正道。一个幸福的人即是一个好人，一个实现了人生目的的人。与此相应，孔子儒学的中心问题是寻找"什么是（人生和社会）道"，而得道之人即是君子。这样，亚里士多德伦理学和孔子儒学都关注"如何成为一个好人"这一问题。

其次，亚里士多德认为幸福生活在于履行有德性的活动。于是他的伦理学便以阐明什么是德性，以及如何获得德性为中心内容。德性这种品质乃是人之所以能幸福、能兴旺的关键因素。与此相应，孔子认为要得道，必须修德，德是道在个体中的体现。而人之德则为"仁"，"仁"在英文中被译为"benevolence"或"humanity"。可自理雅各（James Legge）始，也一直被称作"virtue"（德）。对于孔子来说，最大的关注便是什么是"仁"和如何获得"仁"。只有通过修炼"仁"这一品行，人才能成为君子，才能体现天道。这样，亚里士多德与孔子不仅共同以"如何成为一个好人"作为伦理学的中心问题，而且采用共同的研究方式来回答这一问题，即注重德性的培育。而重主体不重行为、重德性不重规则，正是德性伦理学的两大最显著的特征。

除了在伦理学的基本趋向上基本一致之外，亚里士多德伦理学与孔子儒学在诸多具体问题上皆持相似的立场。虽然论述的角度和侧重点不尽一致，这里当然不可能详细说明他们之间的一致和差异，但我希望罗列下面一些相似点，足以显现他们的伦理世界的相似。①

1. 对亚里士多德来说，德性是通过习性（habituation）获得的，习

---

① 有关他们的系统比较研究，参见拙著 *The Ethics of Confucius and Aristotle*： *Mirrors of Virtue*（New York and London：Routledge, 2007）。

性基于社会风俗与习惯（ethos）。①对孔子来说，"克己复礼为仁"②，礼教形成人的品格。习性与礼教皆是把社会价值内在化为德性的过程。

2.亚里士多德宣称"人是政治的（或社会的）动物"③，而孔子儒家强调人是互相联系的。"仁"字是由"二"和"人"合成。

3.亚里士多德和孔子都断定伦理学与政治学是不可分的。亚里士多德宣称其伦理学只是其政治学的一部分。宪制的好坏依据其是否以培育公民的德性为中心任务而定④，而孔子则曰："政者，正也。"⑤

4.亚里士多德与孔子都认定家庭教育在德性修炼中的作用。重视家庭一向被认为是儒学的特征。其实亚里士多德也强调家庭在道德教育中的作用。⑥

5.亚里士多德定义德性为"中庸"（mean）⑦，而夫子亦曰："中庸之为德也，其至矣乎！"⑧

6.两者都认为德性概念至少包括以下方面：（a）社会价值；（b）道德情感；（c）道德智慧。

7.亚里士多德伦理学的最高境界（第一幸福）是思辨，乃是人与神合一，而儒学的最高境界（"诚"）乃是"天人合一"。

由于亚里士多德伦理学与儒学伦理之间惊人的相似性，我们正在讨论的两篇文献分别指向这两种伦理学，却又各自对另一种伦理学闭口不提，便令人非常惊奇。从西学东渐的角度看，《宣言》忽略亚里士多德最可能是由于以下两个方面的原因：

第一，《宣言》以中国文化与西方文化为对立的两方，过于强调西方文化作为一个整体以至于完全忽视了安斯康姆所强调的西方古代伦理

---

① 参见《尼各马可伦理学》II.1-2。

② 《论语》12：1。

③ 《尼各马可伦理学》1097 b8-11，1162b16-20；《政治学》1253a4，1278b20。

④ 参见《尼各马可伦理学》X.9。

⑤ 《论语》12：17。

⑥ 参见《尼各马可伦理学》X.9。

⑦ 参见《尼各马可伦理学》II.5-6。

⑧ 《论语》6：29。

学与近代伦理学之间的重大差异，错误地把对西方某些方面的批判当作对西方整体的批判。

第二，《宣言》在做学术思考时具有强烈的民族情结。其作者们明确指出："真正的智慧是生于忧患"[①]。他们忧虑中国文化在欧美民主科技文明冲击下的生存危机，急于确立中国传统思想具有其独特的重要性。他们的目标是要证明尽管西方在科技文明上高于中国，可中国在道德文化上却远高于西方。这种研究所体现的民族情怀可敬可叹，为我所共鸣。可仅就学术讨论而言，则容易割裂科技文明与道德文明，并忽视西方文化具有重要的与中国文化的相似性成分，而导致偏颇的结论。

三、两种复兴运动的发展

安斯康姆文章中的每一个论点几乎在以后几十年中都引起了激烈的争论与探索。它在相当程度上决定了 20 世纪后半叶西方伦理学的方向。经过菲莉帕·富特（Philippa Foot）、赫斯特豪斯（Rosalind Hursthouse）、麦金泰尔、约翰·麦克道尔（John McDowell）、艾里斯·默多克（Iris Murduch）、迈克尔·斯洛特（Michael Solte）、玛莎·努斯鲍姆（Martha Nussbaum）、伯纳德·威廉姆斯等学者的努力，德性伦理学已经成功地打破了康德义务论与功利主义二分天下的局面，而成为与这两大传统伦理学派系相抗衡的第三种流派。为近代伦理学所忽略的一系列重大问题，如动机、道德品性、个性、道德教育、情感、幸福、友谊等，重新成为伦理学思考的主题。"如何做一个好人"成为伦理学的中心问题。

在现代德性伦理学的发展中，亚里士多德之思想模式一直是占主导地位的模式。他的伦理学被看成迄今为止德性理论的最好代表。其《尼各马可伦理学》被奉为德性伦理学的《圣经》。更有甚者，现代德性伦

---

① 张君劢、牟宗三、唐君毅等:《为中国文化敬告世界人士宣言》，载张君劢:《新儒学思想史》，第 623 页。

理学被广泛称为"新亚里士多德主义"。这里的"新"是指德性伦理学所讨论的诸多问题或者直接基于亚里士多德的伦理著作，或者从亚里士多德的思路来考察，虽然学者们普遍排斥亚里士多德伦理学的时代性局限，如他对女性及奴隶的看法等。结果，《尼各马可伦理学》大概是20世纪下半叶被最密集地研究和讨论的伦理学经典。

"新亚里士多德主义"由于学者们对亚里士多德论点的理解角度不同，又具有许多不同的形态。有的侧重反对功利主义，有的反对康德，有的则两者都反。在我们中国广有影响的麦金泰尔即是一名新亚里士多德主义者。他在其名著《德性之后》中承认安斯康姆对他的影响，但他力图超越安斯康姆，以建立一种正面的亚里士多德主义理论来纠正在他看来是由启蒙运动造成的近代伦理世界的无序状态。麦金泰尔坚信："如果我们能以某种方式重新阐述亚里士多德传统，那么我们应该可以恢复对我们的道德和社会态度所承诺的可理解性和理性。"[1]他的《德性之后》正是想提供这样一种阐述。在他看来，亚里士多德伦理学的中心问题是"我应当变成什么样的人"。在这一问题中，德性占据首要地位。为了复兴德性伦理学，他的做法是以一种新的目的论——"社会目的论"——去取代亚里士多德的形而上学生物学目的论。社会目的论依赖于从社会传统中形成的人生统一体。以此为基础，麦金泰尔的新亚里士多德主义德性伦理学包括三个相继的理论部分：关于实践的概念，关于人生的叙述顺序，以及关于道德传统之构成。

德性伦理学的发展对传统伦理学理论提出的挑战也刺激了这些伦理学自身的发展。康德研究者现在强调，对康德伦理学的理解不能局限于《道德形而上学的奠基》，而必须包括其后期注重德性的伦理学讲义。即使是对《道德形而上学的奠基》的阅读，也不能过分注重"绝对命令"，而必须着眼于其"善良意志"。现在有许多康德研究者强调康德与亚里士多德或许不是那么对立。同样，功利主义研究者也强调密尔的幸福主

---

[1] MacIntyre，*After Virtue*，p.259.

义，并力图展示德性问题在功利主义框架之中也可以纳入。① 由于义务论与功利主义亦能容纳德性问题，这又引起了德性伦理学是不是一种完全独立的伦理学体系的争议。

与此同时，不同伦理理论之间的攻防也迫使德性伦理学回应种种批评，力图对近代伦理学的中心问题做出自己的回答，说明品质成为德性的根据，克服德性的历史相对性及德性如何指导具体道德行为等。这使得许多学者不再局限于亚里士多德主义模式，而努力以多元视角来丰富德性理论的探究。② 结果，有关德性伦理学究竟应采取什么形式的讨论更为激烈。在不久前出版的《论德性伦理学》一书中，赫斯特豪斯一方面承认她的理论仍是一种"新亚里士多德主义"，另一方面也认为德性伦理学、康德义务论与功利主义这几种伦理学间的界限由于最近的发展而变得有些模糊。但赫斯特豪斯中肯地指出，让德性伦理学唯我独尊不是她的目的。"其实，我更希望未来的、在所有这三种流派中培养出来的道德哲学家们，能够不再感兴趣把他们自己分类列属于这一流派或另一流派。那样的话，三种标签便只具有历史上的兴趣了。"③ 无疑，德性伦理学的发展使伦理学成为 20 世纪后半期最令人激动的哲学领域。

现在让我们转向新儒学的发展。新儒学的《宣言》所倡导的复兴儒家以心性之学为特征的德性伦理学在方向上与西方伦理学一致。按理，我们应当见到一场有关儒学德性理论相当热烈的争论和系统的探索，可以期待许多有关儒学德性化如何克服康德义务论与功利主义的理论缺陷的讨论，并迫使西方伦理学回应儒学的挑战。

可是，继《宣言》后的新儒学却没有沿着这一方向发展。唐君毅、徐复观、牟宗三等先生在随后的大量著作中进一步阐发了《宣言》的基本论点，但未能与西方德性伦理学对话。在 20 世纪六七十年代，康德

---

① 参见 Julia Driver, *Uneasy Virtue* (New York：Cambridge University Press，2001)。

② 参见 Christine Swanton, *Virtue Ethics: A Pluralistic View* (Oxford：Oxford University Press，2003)。

③ Rosalind Hursthouse, *On Virtue Ethics* (Oxford：Oxford University Press，1999)，p.5.

是西方德性伦理学的主要批判对象，而牟宗三先生则力图通过康德哲学重论宋明理学。

新儒学第三代领袖杜维明先生在 1995 年发表的《为儒学发展不懈陈辞》①中提出有关儒学第三期发展的设想，包括以下五个步骤：（1）"究竟儒学发展的前景如何，儒学有没有第三期发展的可能，儒学应否发展之类的设问是属于哪一种形态的课题？"；（2）"具体考察作为文化资源的儒家传统在儒学文化圈，特别是工业东亚社会中运动的实际情况"；（3）"设法了解儒家传统在大陆的存在条件，特别是经过'文革'破除'四旧'之后，还有什么再生的契机"；（4）"探讨儒学研究对欧美知识界可能提供思想挑战的线索"；（5）"儒学若有第三期发展的可能，它不仅是中国和东亚的，也应该是世界的精神资源"。杜先生说，在 80 年代初期，这五个步骤已成为"五条同时并进的长河"。

杜先生为复兴儒学做出了巨大的努力，取得了不朽的业绩，深为我辈所敬仰。可是我想指出杜先生的事业亦有美中不足之处，那就是他忽略了儒家伦理学与当代新亚里士多德主义德性伦理学的相似性，并基本上不提及后者。本来，德性伦理学可以归入他的第四个步骤，可杜先生在解释那个步骤时根本没有提及新亚里士多德主义德性伦理学。在《通向第三期儒学人文主义》一文中，他认为唐君毅、徐复观、牟宗三等先生已经深刻地认识到应该让儒学成为新的哲学人类学，能够帮助解决人类共同面临的问题。他指出儒学须将其关注的问题普遍化，扩展到人类的福祉，要有全球的视角。要达到这一目的，儒学应与世界各地的精神传统进行对话。"儒学能获益于与犹太、基督和伊斯兰神学家，与佛教徒，与马克思主义者，与弗洛伊德及后弗洛伊德心理学家的对话。以康德哲学与黑格尔哲学的范畴来分析，儒学观点的努力已经取得了相当瞩目的结果。可这种努力必须扩展去容纳 20 世纪的新的哲学洞见。"②我

---

① 《读书》1995 年第 10 期：第 34-43 页。

② Weiming Tu, "Toward the Third Epoch of Confucian Humanism," in *Way, Learning and Politics*（Albany：State University of New York Press，1993），p.159.

们注意到，虽然这段文字中提到的对话伙伴是开放的，可亚里士多德与德性伦理学毕竟还是榜上无名。

这一不足已经为新的发展所补充。大致从 20 世纪 90 年代初起，西方一批儒学研究者开始把儒学与德性伦理学联系起来。他们大致上受德性伦理学发展的启发，应用其概念、问题、视角及框架来考察儒学学说，并力图展示儒学对这一发展也能提供新的思路。一批从祖国出去留学又留美教哲学的学人，包括笔者在内，也加入了这一阵营。仅就哲学范围内而言，以德性伦理学模式研读儒学乃是现下儒学哲学研究中占主导地位的模式。由于这一新的发展，可以说，儒学与德性伦理学的对话已经蓬勃展开。亚里士多德与孔子的异同也引起了伦理学界的重视。只是这一发展很难说是属于新儒学复兴运动的一部分。况且，西方学界总觉得儒学的德性伦理学性质只是通过西方德性伦理学的发展才得以认识。

不难看出，儒学伦理学的重要问题，如人性及其实现、传统教育的作用、自我修养、人际关爱、家庭价值、仁政、道德情感、道德理性等，正是新亚里士多德主义德性理论认为被近代伦理学边缘化而需重新变成伦理学主题的问题。儒学与西方近代伦理学的对立不是东方与西方之间的对立，而是以主体为中心的伦理学与以行为为中心的伦理学之间的对立。从新儒学的《宣言》到杜维明先生都强调第三代儒学人文主义能否成功的关键在于，它能否将儒学的关注普遍化，超越东亚范围成为人类共同的学说。我以为，从哲学理论角度来说，从德性伦理学的角度把儒学加以系统明晰的阐发，发展儒学传统中对德性伦理学问题的独特视角和灼见，从而把它融入现代德性理论的讨论中，成为亚里士多德系统之外的另一宏大理智资源，正是使儒家哲学普遍化、融入世界体系的最佳途径。

每种哲学都有其社会文化土壤，都带有其时代特征。但真正的哲学是关于人类共性的智慧，虽产生于某种文化却不为该种文化所限。文化只是造就了它对人类共性思考时的特殊角度。尽管西方社会几经变迁，现在已截然不同于希腊城邦社会，但亚里士多德思想却在西方一再复兴。同样，儒学尽管在诸多时代猛遭抨击，但却经久不衰，这种顽强的生命力应该是其哲学确实把握了人类共性真理的表现。把亚里士多德和孔子结合起来，一定可以为人类提供一种更全面、更有益的伦理学。

回顾两种复兴运动的历史，我们为新儒学发展中的哲学理论部分，即《宣言》所指出的以心性之学为特性的德性理论，终于与西方德性复兴运动走到一起而感到兴奋。与此同时，我们也为新儒学 1958 年的《宣言》未能如安斯康姆的文章一样，对 20 世纪 60 年代至 80 年代西方德性伦理学的形成与发展发生原创性的影响，从而成为与安斯康姆文章并列的现代德性伦理学的共同宣言而感到遗憾。根据《宣言》所包括的智慧，它完全可以成为西方德性伦理发展的开创性文献。

附　录

研究·书评·对话

余纪元著作中的理论与实践 *

蒂姆·康诺利（Tim Connolly）

在教授古希腊哲学时，余纪元教授反复向我们强调理解柏拉图、亚里士多德等哲学家的困难性。他说他们的著作留给我们极大的困惑，需要我们用毕生去研究。在他的研究生讨论课上，他给我们讲许多著名学者的故事以及他们在对《申辩篇》、《理想国》或《尼各马可伦理学》等文本年复一年的研究中所遭遇的困惑。在他的第一部英文大作——*The Structure of Being in Aristotle's Metaphysics*（《亚里士多德〈形而上学〉中 being 的结构》）中，余纪元教授指出，亚里士多德的《形而上学》是所有这些文本中最为困难、最为神秘的。但在课上，他并不用自己的这部著作而是喜欢用他们在牛津大学研讨会上关于著名的 Z 卷（Burnyeat et al., 1979）一部分的课程笔记来讨论。他说他们在每周的课堂讨论上将它逐字逐行地都过了一遍，却没有得出任何明确的结论。因而我们认识到，即使是西方的经典著作，也必须反复地、逐字逐行地阅读，才能理解它们的意思。记得在亚里士多德研讨班的第一天，余教授就给我们讲，开设该课程有三个目标：第一，学会谦虚；第二，阅读

---

* 原文题目为 "Theory and Practice in the Work of Jiyuan Yu"。晏玉荣译。——编者注

亚里士多德；第三，如果觉得太难，千万不要气馁或沮丧。

作为一名比较哲学家，余教授最重要的观点之一就是古希腊与古典中国哲学属于一种整体上的哲学①。与当代伦理学旨在为抽象表述的问题寻求好的论证不同，古典伦理学寻求的则是自我改变（self-transformation）。在这个方面，他最杰出的贡献即是论证了儒家伦理学与亚里士多德伦理学具有相似的结构，即强调通过培育德性而实现人类的繁荣（human flourishing）。他将儒家、亚里士多德的德性伦理学模式与义务论、功利主义等现代伦理理论做了对比。

然而，这个导向并非现成的，而是必须努力从文本中将之挖掘出来。在比较希腊哲学与中国哲学时，对他而言，最大的挑战就是理论与实践之间的紧张。在他关于柏拉图与亚里士多德的一系列研究中，有一个反复出现的主题——在柏拉图与亚里士多德的思想里，存在着以运用道德德性为特征的生活与献身于沉思的生活之间的紧张。就亚里士多德而言，在《尼各马可伦理学》中，他认为首要的幸福在于沉思的活动。这与孔子全然不同。尽管如此，亚里士多德还是在《尼各马可伦理学》中花了大量的篇幅来讨论德性生活以及它的构成成分。在柏拉图那里，也有着哲学家的生活与"哲学王"的生活之间的紧张。前者以纯粹理性来关注形相（Forms），后者则要返回洞穴以统治城邦。作为一名古希腊哲学专家，余教授像很多其他研究者一样，必须面对柏拉图和亚里士多德思想里这些公认的、有待解释的困惑。作为一名比较哲学家，他试图将它们运用到对孔子和亚里士多德的德性伦理学模式的解释中。

下面我将探究在余教授著作中发挥作用的两个主题。这两个主题分别是：（1）古希腊与中国哲学因为有着自我改变这一共同目标而归于同一阵营；（2）在比较亚里士多德与孔子时，存在着理论与实践之间的紧张。假如这种紧张确实存在的话，那它们如何因为强调自我改变而属于同一阵营呢？

---

① 余教授的意思是：现在的哲学都专业化、技术化了，古希腊与古典中国哲学与此不同。——译者注

正如余教授所言，古希腊与中国这两个古典伦理学共同的目标是：通过哲学而掌控我们的生活。他这样写道："（古代哲学家）之所以要做伦理学，是因为他们将伦理学看作一种生活方式。它关于个人的生活，而非一种职业……他们寻求在生活中实现他们的哲学；讨论伦理学就是一种自我修养与成长的过程……"（Yu，2013：138）相反，当今职业性的、学术性的伦理学家鲜有将他们的学术研究当作一种终生自我修养的机会。余教授进一步指出，当代对德性伦理学的许多批评，都是基于对伦理学的"实践性"的狭隘理解。在他们大多数的著作里都将这一术语理解为：伦理学理论必须能够提供明确的规则，以指导具体情境中的行动。因而他们错误地认为，德性伦理学不能提供这样的规则。但是，正如余教授所指出的那样，古代德性伦理学家对伦理学的实践性有着不同且更为宽泛的理解，其目的在于自我改变。

我们通常认为，比较哲学就是一种将不同的文化传统，比如西方的与中国的，放置在一起的哲学，在比较亚里士多德和孔子的德性概念时，余教授就是这样一位传统意义上的哲学家。然而，根据我的理解，在他的著作中，最基本的比较是古典与现代之间的比较，而非希腊与中国之间的比较。他曾说：

> 比较的作品强调差异的原因之一就是，这种比较通常发生在古代中国与现代西方之间。大量所谓的东西比较实际上是古代世界（包括古代西方和古代中国）与现代西方的比较。（Yu，2011b：379）

当我们习惯于在古代伦理学与现代自由个人主义之间做比较，就像麦金泰尔在他的德性伦理学著作中所做的那样，余教授则把亚里士多德与孔子的伦理学用一种原创性的、独特的方法放在了一起。麦金泰尔认为，希腊和中国的传统是两种不可通约的思想体系。余教授却试图表明，它们可以被看作对某些共享经验有着相似结构的反应，古希腊和中国古代思想家对于德性有着与现代伦理学不同的类似洞见。

这并不意味着中国哲学与西方哲学之间没有显著的不同。但在余教授看来，重要的是要清楚，它们是属于"种类"方面还是"程度"方面的不同。（Yu，2011b：378）一些比较哲学家认为西方哲学是 X，而中国哲学不是 X，即 -X，并将这些差异当作教条。余教授对此则表示质疑。他认为，我们做比较哲学的动力，不应来自上述我们强加于文本中的某种包罗万象的计划，而应该来自对文本中的丰富性的惊奇感。通过对《论语》《孟子》《尼各马可伦理学》等著作的细致研究，余教授为早期儒学与亚里士多德伦理学具有相似的结构——以德性及德性的培育为中心——提供了辩护。

在把古代德性伦理学归为同一阵营的同时，余教授也意识到前文所述的、存在于古希腊哲学中的理论与实践之间的紧张。在他的大部分古希腊哲学著作以及对亚里士多德和孔子的比较研究中，他都试图处理这一紧张。

2000 年，他发表了一篇关于柏拉图《理想国》的"哲学王"悖论的论文。在《理想国》第 7 卷结尾处，苏格拉底说，经过长期的训练，哲学家最后可以看到"善的形相"（the Form of Good）。自此，"在剩下的岁月里，他们得用大部分时间来研究哲学，但是在轮到值班时，他们每个人都要不辞辛苦管理繁冗的政治事务，为了城邦而走上统治者的岗位——不是为了光荣而是考虑到必要"（《理想国》540b1-4）。困惑就在这里出现了：理应作为正义典范的哲学家，却希望把时间花在思辨上，对于去实践正义，他们如同那些普通人一样，是不情愿的。甚至在此文发表之后，这个问题还困扰着他。2005 年秋，我参加了他的柏拉图研讨会。该课程的主题就是柏拉图对话中的哲学与社会政治之间的紧张。这些对话从《申辩篇》开始，一直延续到《理想国》。

第二年，也就是 2001 年，余教授就相似的问题发表了另外一篇论文，该论文是针对亚里士多德伦理学的。在《尼各马可伦理学》第 1卷，亚里士多德提出了一种"涵盖性"幸福（inclusive eudaimonia）的观点，这种幸福包括德性的活动以及一些适度的外在善；然而到了第10 卷，他又给出了一个"理智论"（intellectualist）的观点，认为幸福等同于沉思。很多学者试图调和这个矛盾，甚至一致认为亚里士多德自己的立场就是完全矛盾的。但是余教授认为，亚里士多德和他的老师柏拉图一样，对人类的幸福有两种不同的解释：一种由沉思组成，对应于柏拉图的哲学家的生活；另一种由伦理德性及其活动组成，对应于柏拉图的国王的政治生活。余教授提出，亚里士多德对沉思的强调与他对道德生活的看法矛盾。在这篇论文的最后几页，他试图让我们想象这对亚里士多德的学生们所产生的影响：

　　具有讽刺意味的是，正是亚里士多德的教学以及他的（幸福）等级制直接在学生们的灵魂里孕育了一种紧张。在没有听亚里士多德的课之前，学生们对于政治生活和沉思生活有着通常的观点。而现在，听完他的课后，学生们被教导说，最首要的幸福不能完全体现在他们当中很多人可能会选择的沉思的生活，相反，作为首要幸福的沉思活动与作为伦理德性的活动是对立的。接着，亚里士多德这个老师又要求他的学生们尽力去从事思辨活动，因为这种活动能够让他们不朽。（1177b27-35）这在学生的灵魂中植入了一种声音，促使他们意识到当前的社会生活与道德生活的局限性，并渴望能够超越这种局限性从而获得最好的人的卓越。结果就是，学生的灵魂，至少是那些用心听讲的学生，将永远处于不安的状态。（Yu，2002：132）

　　在对待柏拉图和亚里士多德的这一问题上，余教授使用伯特兰·罗素对高更的讨论进行类比。正如高更为了完善他的艺术而放弃了对家庭的道德责任一样，余教授认为，在亚里士多德看来，哲学家为了从事沉思活动，也必须放弃对伦理德性的追求。

　　"沉思的价值"是他最重要的哲学著作——《德性之镜：孔子与亚里士多德的伦理学》最后一节的标题。在这一节，余教授指出，当我们将亚里士多德与孔子进行比较时，突出点之一就是亚里士多德对永恒与普遍知识的亲近感。他写道："对纯粹理论的探究热情正是孔子伦理学所缺乏的，因此后者也缺乏一种思辨理论。孔子全神贯注于人类事物，似乎从不认为存在一种高于近处的关注人的知识。"（Yu，2007：219）

这里需要澄清一点，在余教授的这部哲学著作出版之后，一些学者批评他说，他并没有将古希腊和中国的这两位哲学家彼此为镜，而是将孔子"亚里士多德化了"。然而，这些批评忽视了余教授独特的研究方法，即将亚里士多德作为解读古希腊传统哲学家的一面透镜。比如，他对柏拉图德性的理解建立在功能论证的基础上，这个功能论证就是他借鉴了亚里士多德在《尼各马可伦理学》的观点从《理想国》第 1 卷中重新构建的；他还写过这样一篇论文，即《亚里士多德认为苏格拉底幸福吗？》（Yu，2003b）。因此，余教授对于亚里士多德和孔子的比较并非文化片面化的结果，在他看来，在所有的古代思想家里，亚里士多德对于德性以及德性的培育有着最为详细而系统的阐述。此外，正如我们所看到的，余教授意识到亚里士多德对沉思的强调是很成问题的，同时也是紧张的根源。

在孔子这里，余教授拒斥中西比较学者经常提出的一个观点，即中国哲学缺乏形而上学的维度。在他的《中国宇宙论是形而上学吗？》一文中，他反对那些认为经典中国思想家只关心内在的、现世的过程的观点。他指出，亚里士多德对形而上学的探究，既包括范畴之 being（"本是"、量、质、关系），又包括潜能/现实之 being。这两种 being 是相互联系的——要有变化，就必须有某种正在变化的东西，它们共同构成了 being 的完整科学。因此，余教授摒弃了那种以"本是"为基础的西方形而上学与以过程为基础的中国哲学之间的对立，认为中国哲学应该被视为形而上学。

但余教授认为，孔子与苏格拉底最为接近，他们都是对现实事物而不是形而上学的问题感兴趣，因而将孔子与苏格拉底进行比较，在某些方面要比将中国思想家与亚里士多德进行比较更富有成果。说苏格拉底与孔子，相较于柏拉图与亚里士多德而言，只对现实事物感兴趣，并非一种批评，而是对他们作为各自伦理传统的奠基人的一种陈述而已。

这里，我们很想知道，余教授自己是如何看待古代哲学中理论与实践的价值的。余教授最终会赞同这种版本的亚里士多德主义吗，即认为沉思是最高的善，这种善与苏格拉底以及孔子所体现的道德生活矛盾？抑或赞同一种统一的观点，认为实践性的自我改变是希腊与中国伦理学共同的目标？余教授后来发表了一篇关于冯友兰的论文。冯友兰也许是第一个对古希腊和中国哲学进行广泛比较研究的中国学者，他的两卷本《中国哲学史》成功地将中国哲学的研究转变为一个现代学科。在论文的最后，他讨论了冯友兰试图为中国传统哲学提供一个形而上学的基础。这种新的形而上学借鉴了柏拉图和亚里士多德的思想，试图将他们的超验的沉思观与儒家的社会道德结合起来。冯友兰说，这个新体系中的圣人类似于柏拉图的"哲学王"。

然而，余教授批评了冯友兰忽视了存在于柏拉图与亚里士多德中的沉思的活动与有德性的道德生活之间的紧张。余教授在最后一行写道："冯先生构建的形而上学，虽然本来是为了证明儒家生活方式，可结果却成为道家生活方式的基础。"（Yu，2015：70）道家，如同柏拉图的哲学王，是不愿意介入政治生活的。《庄子》里有个故事讲到，当庄子被楚王请求去治理他的国家时，庄子对来者说，有只神龟的骨头被国王包裹起来，供奉在庙堂之中，难道这只龟不宁愿活在烂泥里打滚吗？

在其最后发表的著作中，余教授转向了道家和斯多葛学派的比较。在发表于2016年的《道家和斯多葛学派的道德自然主义》一文中，他提出道家和斯多葛学派都强调遵循自然生活。在这个意义上，道家和斯多葛学派享有共同的理念。但对于如何过这种生活，道家和斯多葛学派却是有分歧的：斯多葛学派认为，要达成这样的目标，我们需要变得完全理性；道家则认为，我们应该消除自身做判断和区分的部分等等，以采取自然而然的人生态度。余教授对道家和斯多葛主义的解读，突出了这两种哲学都注重与事物的自然秩序建构一种思辨性联系。正如他在文章结尾处总结的那样："道家和斯多葛学派尽管对遵循自然而生活的描述不同，但有着一个共同的目标，即发展和实现这种本真的自然，这种本

真的自然是通过与宇宙运行的亲密关系来理解的。"（Yu，2016：112）

在第一次注意到余教授的这种转向时，我想，在完成那部关于孔子和亚里士多德的著作之后，他开辟了一个新的研究领域。但是在他去世之后，重读这些论文，我发现这个新的领域与他早期的工作有着某种统一性。他先是在柏拉图和亚里士多德的文本中提出了沉思生活和道德生活之间的这个令人困惑的关系，然后在比较亚里士多德和孔子时又提出了这个困惑。这个困惑在他对道教和斯多葛学派的研究中继续发挥着作用。这并不是说他曾经"解决"过这个难题，而是说他想继续探索古代哲学文本中的丰富性——只有当我们把古希腊和中国的文本放在一起对照时，这种丰富性才会增加。

即使在完成对古代哲学的研究之后，我们也必须继续思考如何将这些哲学思想成功地应用到我们自己的经验中。在余教授生命的最后一段时间，他从事的是对道家、斯多葛主义与疾病的研究。对他的一次采访发表在 2016 年 4 月底（Jacobs，2016），他谈到了这项研究的个人维度：他相信这两种哲学可以帮助人们获得某种意义上的平静，从而主宰自我；他希望自己的研究可以帮助到那些饱受疾病折磨的人。对于余教授来说，罹患癌症并不意味着停止哲学思考而转向其他，相反，疾病只是让他与古代中国和希腊的思想家们，以及他们对于如何生活的思考有着更加深刻的联系。

参考文献：

Burnyeat，Myles，et al.，1979. *Notes on Book Zeta of Aristotle's Metaphysics*. Oxford：Sub-faculty of Philosophy.

Feng，Youlan，1952. *A History of Chinese Philosophy*. Princeton，NJ：Princeton University Press，1952.

Jacobs，John，2016. "The Philosophy of Overcoming Cancer：UB Professor Uses Attitude to Overcome Cancer Diagnosis," *The Spectrum*［University at Buffalo］April 27，Available at https://issuu.com/thespectrum/docs/web_b5b89c85ad7821（accessed April 3，2019）.

Yu, Jiyuan, 2000. "Justice in the *Republic*: An Evolving Paradox," *History of Philosophy Quarterly* 17（2）: 121−141.

———. 2001. "Aristotle on Eudaimonia: After Plato's *Republic*," *History of Philosophy Quarterly* 18（2）: 115−138.

———. 2003a. *The Structure of Being in Aristotle's Metaphysics*. Dordrecht: Kluwer Academic Publishers.

———. 2003b. "Will Aristotle Count Socrates Happy? " in *Rationality and Happiness: From the Ancients to the Early Medievals*, eds. Jiyuan Yu and Jorge Gracia. Rochester, N.Y.: Rochester University Press, pp.51−73.

———. 2007. *The Ethics of Confucius and Aristotle: Mirrors of Virtue*. New York and London: Routledge.

———. 2011a. "Is Chinese Cosmology Metaphysics? A Greek-Chinese Comparative Study," *Journal of East-West Thought* 1（1）: 137−150.

———. 2011b. "After *the Mirrors of Virtue*: Response to My Critics," *Dao* 10: 377−389.

———. 2013. "The Practicality of Ancient Virtue Ethics: Greece and China," in *Virtue Ethics and Confucianism*, eds. Stephen C. Angle and Michael Slote. New York: Routledge.

———. 2015. "Feng Youlan and Greek Philosophy," *Journal of Chinese Philosophy* 41（1−2）: 55−73.

———. 2016. "Moral Naturalism in Stoicism and Daoism," *Philosophical Inquiry* 40（1−2）: 95−112.

跨文化比较研究的普遍性要求 *

——以余纪元的相关论述为中心的讨论

傅永军

　　全球化时代，不同哲学传统间的比较与对话面临着重要的视域转换。从不同哲学传统通过"之间"（between）意识的植入，在区分"自我与他者"的对比视域中展开旨在发现异同关系的比较研究，到超越"之间"视域的局限，将不同的哲学传统带入跨文化语境（Intercultural Context），在多重复合文化背景下进行比较对话，比较哲学进入了跨文化对话和关注普遍哲学问题阶段。比较哲学的这种视域转换不仅极大地激发出哲学家对于哲学对话的兴趣，致力于"不同哲学传统在互动中提炼出超越特定文化限制的可普化因素，并在交谈中相互丰富"①；而且，更为重要的是，这种视域转换同时也导致比较哲学自身旨趣、研究方法及任务的变化。跨文化比较研究将超越传统比较研究之"自我"与"他者"二元对立格局，从关心不同哲学传统的异同关系及其价值，转向更为普

---

　　* 本文原为提交给 2017 年 7 月 4—7 日在新加坡南洋理工大学召开的"第 20 届国际中国哲学大会"的会议论文，并在纪念余纪元先生的分会场宣读。本文主体内容后以《跨文化比较研究的普遍性要求——一种关于比较哲学的新诠释》为题，载于《社会科学战线》2018年第 1 期。——编者注

　　① 沈清松：《跨文化哲学论》，人民出版社，2014，第 6 页。

遍的主题——超越不同哲学传统的特殊关怀而回到哲学的溯真本性，通过自我理解和相互理解，走向一种由交叠共识形成的普遍的哲学主题。

本文讨论比较研究朝向跨文化比较研究的主题变化，探究跨文化比较研究的普遍性问题。论文的第一部分主要讨论比较研究的可能性及其理性根据；论文的第二部分主要讨论跨文化语境下，比较研究在旨趣与任务等方面发生的变化，指出跨文化比较研究必然会提出一种普遍性要求；论文的第三部分则重点讨论跨文化比较研究如何实现自己的普遍性追求，阐论跨文化比较研究的基本形态，指出跨文化比较研究应当在对话中通过公共理性的应用达成基于人类普遍经验的"交叠共识"，走向一种普遍的世界哲学之思。

一、比较研究的可能性及其理性根据

哲学并非在单一文化中存在是比较哲学之所以必要的基本前提。承认这个基本前提，意味着承认并尊重如下两个承载着睿智识见的事实：

第一，以欧洲中心论为基础的哲学单一形态说，即"认为哲学仅限于欧洲和欧洲历史之中"[①]，是启蒙哲学造就的神话，这个神话已经被文化全球化过程中呈现出来的文化多样性解构。因为文化、传统和社会生活的不同，进入世界历史进程中的各族群自然会发展出对待世界（自然的、人类的、社会的等）的不同的智慧态度，形成不同的交往方式、实践态度以及在内容和形式上都有着明显差别的信仰样态。也就是说，文化的多样性必然导致哲学以离散性、差异性方式并存于不同文化传统之中，表现出形态的多样性。由于哲学起源于古希腊，现代性又发源于欧洲且在西方获得了其成熟的表现形式，所以，欧洲哲学（更广义地说是西方哲学）肯定是其他囿于自身文化传统之哲学的重要"他者"。透过

---

① 海因兹·基姆勒：《非洲哲学——跨文化视域的研究》，王俊译，人民出版社，2016，第122页。

这个"他者",其他传统的哲学能够更好地理解自我,并与其他传统的哲学达成相互理解。但是,这个"他者"不应该被排他性地解读为哲学的标准形态和模仿范本。应当且必须给予其他传统的哲学真诚的尊重和严肃认真的对待。

第二,欧洲之外的其他哲学传统也必须摆脱排他性的国族叙述和争胜性的文化殖民心态。在文化全球化背景下,通过相互关注而开启通往人类共同的哲学关怀之路,已经成为不同形态的哲学突破特殊文化传统限制,与国际化的哲学探索接轨,在哲学的世界关联整体中实现持续发展的不二选择。也就是说,如果一种哲学的地域特色被特别强调,它在文化上的特殊性就会被有意识地放大,那么,一种排他性的情绪(自卑或者自大)就会侵入这种哲学,它就会自觉不自觉地丧失自我理解和理解他者的能力,从而否弃人类理性的开放性,以及哲学用理性思考人类所面对的普遍性问题的其他可能性。这是一条走向封闭、走向一元和陷自身于自我盲信陷阱中的绝路。所以,栖身不同文化传统中的各种"特殊性"哲学,必须面对多元他者,与它们展开比较、诠释与对话,在互动脉络中实现自我理解和相互理解,并通过相互理解而实现哲学对绝对普遍性的追求,走向世界性的普遍哲学。

这样两个睿智之见证成了比较哲学事实上的合法性。在全球文化交汇互动已经成为常态的今天,不同传统的哲学之间的比较、诠释与对话已经成为一种有自明特征的理性事实。以中国哲学为例,比较研究在近现代中国哲学界既是一种重要的中国哲学自我理解的方式,同时也是刺激中国哲学不断发现新议题从而推进自身发展的方式。[①] 然而,事实如

[①] 生活在跨文化语境中的华人学者对此感受更深。美国纽约州立大学布法罗分校哲学系教授余纪元认为,与西方哲学进行比较已经成为中国哲学(广义上可以包括一切非西方哲学)研究的一个主要进路。比较研究开辟了两种发展中国哲学的方式:"第一种是去找出传统西方哲学的问题在中文文献中是如何得以处理的;另一种是通过确立中国哲学自身的独特感悟与理性,去表明中国哲学怎样与西方哲学有所不同。虽然这两种进路彼此相反,但它们都拥有这样一个态度,即从事中国哲学不可避免地要求与西方哲学进行比较。不用说,两种进路都相当有助于我们对中国哲学的理解。"(余纪元:《德性之镜:孔子与亚里士多德的伦理学》,林航译,中国人民大学出版社,第4页)新加坡南洋理工大学哲学系教授李晨阳强调指出,比较哲学可以帮助哲学家在跨文化语境中发现新的哲学观念,解决在单一文化语境中可能存在的哲学难题,帮助人们理解不同的文化模式。[Ghenyang Li, "Comparative Philosophy and Cultural Patterns," *Dao* 15, 4(2016):533–546]

此并不代表在理性上理由充足。不同的哲学传统之间进行比较的合法性根据是否坚实可靠，能否经得起质疑，依然是一个理性不得不面对的问题。换句话说，不同的哲学传统之间事实上能够进行比较，并不能被当作比较研究具有合法性的理由，比较哲学的合法性仍然需要理性给出理由。

从事比较研究的学者必须关注比较的可能性问题。许多比较哲学研究者也为此进行过多方面的努力，他们试图从不同的角度回答这个问题。在众多的相关论述中，我认为，美国纽约州立大学布法罗分校哲学系教授余纪元提供的证明比较具有说服力。在他出版的有关比较哲学的著作①中，他专门讨论了在隶属不同传统的哲学之间进行比较研究的可能性问题。在他看来，"比较哲学常常面临一个关于其可能性的质疑。该质疑通常以不可通约性问题的形式表现出来"②。而不同的哲学传统之间之所以会存在不可通约难题，究其根源，就是因为它们生成自不同的社会背景，从属于不同的文化传统，有着不同的内在概念体系，其体系内部亦有着解释与推论的特色标准。简而言之，不可通约问题主要是"不同文化背景下的哲学理论能否通约的问题，归根到底是不同文化之

---

① 余纪元教授（1964—2016）是国际著名的希腊哲学研究专家，他以对亚里士多德形而上学的开创性研究而蜚声国际学术界。但是，余纪元教授的学术成就并不局限于亚里士多德哲学。早在 20 世纪 90 年代，余纪元教授就关心跨文化背景下中西哲学比较论题（余纪元：《中西哲学比较与哲学论证》，《江海学刊》1996 年第 6 期）。21 世纪之初，他又对比较哲学方法进行了探讨［Jiyuan Yu, and Nicholas Bunnin, "Saving the Phenomena: An Aristotelian Method in Comparative Philosophy," in *Two Roads to Wisdom? Chinese and Analytic Philosophical Traditions*, ed. Mou Bo (Chicago, USA: Open Court, 2001)］。随后，余纪元教授将亚里士多德和孔子放在德性伦理学领域进行比较研究［Jiyuan Yu, *Ethics of Confucius and Aristotle: Mirrors of Virtue* (New York and London: Routledge, 2007)；中文版《德性之镜：孔子与亚里士多德的伦理学》由中国人民大学出版社 2009 年出版］，应用自己的比较哲学方法实践着自己的比较哲学思想，取得了令学术界同行额首称赞的重要成果。虽然余纪元教授在比较哲学研究领域的著述不多，篇幅也算不上宏大，但却非常重要。他在比较哲学研究的范围、目的、任务、方法及其比较研究的可能性等问题上，都提出了一些原创性的、有重要开拓意义的观点。更令人钦佩的是，余纪元教授还在自己的研究中身体力行，发凡起例，通过自己的研究实践对自己的比较哲学主张进行检证，体现了一种知行合一的学术态度。

② 余纪元：《德性之镜：孔子与亚里士多德的伦理学》，林航译，第 8 页。

间是否可以相互理解的问题，即不同哲学之间的文化'间距'问题"①。

然而，余纪元认为，哲学体系的"间距"与"差异"并不必然导致"不可通约"难题。他从主张那些用"差异"证成"不可通约"现象的哲学家（如麦金泰尔）那里看到了这样一个反讽性事实：这些哲学家之所以能够清楚地说出两种哲学体系之间的差异性或相似性，恰恰是因为他们对两种不同的哲学体系进行了比较研究。这个事实清楚明白地告诉我们："说两种哲学体系是不同的，并不意味着它们是不可通约的。"②哲学体系之间的差异并不会构成一种隔离两者的"间距"。相反，"间距"和"差异"反倒构成哲学体系之间可以通约的前提与条件。

从证成出发，笔者将综合考量余纪元教授的相关论述，从三个方面对这个观点给予强化论证。首先，"间距"和"差异"之所以构成不同哲学传统之间可以通约的前提与条件，是因为比较哲学恰恰就发生在存在明显"间距"和"差异"的哲学传统之间。正像余纪元教授指出的那样，可能的比较研究不会发生在同一哲学传统之中。同一哲学传统内部即便存在着错综复杂的关系，不同时期、不同形态的哲学哪怕道多么不同、理多么相异，彼此之间争讼不已，也不过是一件寻常不过的事情，属于一个传统之家族内部的争吵。争吵的目的是拓宽和发展自身所属传统的解释力，夯实所属传统的根基。任何一种思想史都不会把同一传统内部派系之间的争吵归入比较哲学范畴。比较只能在那些历史上可能没有发生任何关联或极少发生关联的哲学传统之间发生。也就是说，只有那些各自孤立发展的哲学传统之间才存在比较对话关系，也才有进行比较研究的必要性。一句话，"比较哲学是将不同传统的现象放置在一起，而这些传统在发展过程中没有直接或非常密切的作用。比较哲学并不探究已经存在的或者有可能存在的自然对话，而是把对话的形式强加于缺

---

① 张志伟：《跨文化的哲学对话如何可能——关于比较哲学的几个理论问题》，《学术月刊》2008 年第 5 期。

② 余纪元：《德性之镜：孔子与亚里士多德的伦理学》，林航译，第 10 页。

乏对话所必需的实质性条件的地方"①。由此可以自然而然地推导出如下结论:"一个人不能基于不同传统有着不同的心理学、社会学和概念体系而拒绝比较哲学的可能性。为了发现不同传统有着不同的假定与推理模型,需要去对它们加以比较。文化差异并不是比较哲学的绊脚石。相反地,去揭示和认同这些差异正是比较哲学所能提供的最大益处。"②

其次,不同哲学传统之间存在的"差异"形成一种"间距",而这种"间距"恰恰是使得比较双方的沟通与对话可能的"中介"。根据哲学诠释学,相互理解的对话行动使得理解活动进入一种历史意识中,不同哲学传统所具有的不同视域在这种历史意识中获得融合。而不同哲学传统的视域融合意味着间距的缩短,乃至融为一体。因此,"间距"并不是不同哲学传统比较对话的障碍,反倒是它们之间比较对话之所以可能的不可缺少的前提。因为理解所最终追求的视域融合,其基本前提就是因"间距"而形成的视域"差异"。唯其有差异,视域相互融合的理解行动才能够发生。在此过程中,"间距"在文本理解与比较对话中构成相互区别之视域的中间地带。这个中间地带作为意义的生长域,是对话双方视域融合的中介,是对话双方视域的过滤器,它使得对话的意义向着参与对话的双方敞开。所以,恰如哲学诠释学所揭示的那样,作为中介的"间距""不是一个张着大口的鸿沟,而是由习俗和传统的连续性所填满"③的联络桥梁,它的中介作用能够让进入跨文化语境对话过程的不同形态的哲学传统,消除各自的陌生性而完成双方的"视域融合",从而"使存在于事情里的真正意义充分地显露出来"④。一句话,不同形态的哲学必须根据自身流传下来的文化传统打开自己的视域,在世界中活动,接受不同于自身的视域的冲击,"间距"发挥效应,促使

① Yu and Bunnin, "Saving the Phenomena: An Aristotelian Method in Comparative Philosophy," *in Two Roads to Wisdom? Chinese and Analytic Philosophical Traditions*, ed. Mou Bo, p.296.

② 余纪元:《德性之镜:孔子与亚里士多德的伦理学》,林航译,第 11 页。

③ Hans-Georg Gadamer, *Truth and Method*, translations revised by Joel Weinsheimer and Donald Gmarshall (London and New York: Continuum, 1975), p.309.

④ 同上书,第 308 页。

对话双方的视域不断活动改变，彼此不断排除差异，走向融合，直到实现对话双方视域都能够承认的意义共识。

最后，比较哲学的存在以"间距"和"差异"之事实存在为前提与条件，从根本上否定了比较哲学以发现不同哲学传统之间的异同为自己的旨趣与目标这样一种观点。退一步说，通过比较，对两种不同的哲学传统之差异的意义做出解释，即便是一项极为有价值的工作，也不能将其看作比较哲学的旨趣与目标。比较哲学的旨趣与目标不是要对不同哲学传统之间的异同做出清楚的判分并给出意义判断，更不是为了确认一种思想传统优于另外一种思想传统，而是通过比较不同的哲学传统去发现基于人类"源始境遇"的普遍经验（真理）。就像余纪元教授所说的那样："比较哲学的目标是镜映双方，以增加自我理解和彼此的相互理解，并发现在各种现象中所含的真理因素。确立一个唯一的胜利者对一种比较而言既无必要，也没有帮助。"① 职是之故，比较哲学通过比较对话意图发现的是超出比较对话双方之特殊性的普遍性，而不是为了确认一场哲学对话中谁是胜利者，并为它树立丰碑。比较可能性的判断标准不能是对话双方的特殊经验，它应当是另外一种超越了对话双方特殊性的更高的参考物。这个更高的特殊参照物就是美国哲学家玛莎·努斯鲍姆（Martha Nussbaum）所说的"作为跨文化反思起点"的"人的基本经验"②。

玛莎·努斯鲍姆的观点其实并不新鲜。早在古希腊时期，亚里士多德就提出了类似的主张，在他看来，"口语是灵魂经验的符号，文字是口语的符号，正如所有民族并没有共同的文字，所有的民族也没有相同的口语。但语言只是灵魂经验的符号，灵魂经验自身对整个人类来说都是相同的，而且由这种灵魂经验所表现的类似的对象——实际事物——

---

① 余纪元：《德性之镜：孔子与亚里士多德的伦理学》，林航译，第 12 页。

② Martha Nussbaum, "Nonrelative Virtues: An Aristotelian Approach," *Midwest Studies in Philosophy* 13（1988）: 32–53.

也是相同的"①。可见，尽管两种不同的文化（哲学）间缺乏共同接受的真理标准，但还是存在对两者进行比较的直接参照物即"灵魂经验"。在现代性语境下，我们可以将亚里士多德的"灵魂经验"翻译成"人的基本经验"。"人的基本经验""形成了对不同文化进行比较研究的公共基础"②。比较哲学的可能性就建立在哲学的这种"源始境遇"即"人的基本经验"③之上。余纪元如是说："哲学是对人类经验的反思。在最深远的意义上，哲学并非只是对人类经验的特殊表达，更是要从这些特殊表达中，获得对人类经验的一种理解。亚里士多德区分了实践理性与理论理性。虽然实践理性的运用是内在于文化之中的，理论理性或努斯（intellect）却不是：'努斯是我们身上最高等的部分，努斯的对象是最好的知识的对象。'理论理性让我们认识到对于人类而言的普遍性真理。据此，不同传统的哲学都是对人类的共同经历进行共同的理论理性反思的结果。它试图理解共同的人性，解决人类共同的问题。以此为基础，我们将不同文化与传统的哲学观点归置在一起，并借此证成比较哲学的可能性。"④

以上论述给出了关于比较可能性的理性证成。不仅如此，这种证成将比较哲学的主题从不同文化传统中哲学异同之辨析转换为关于可普遍化的哲学问题的对话。当比较哲学将"人的基本经验"确认为自身合法存在的形而上学基础，当比较哲学将"对人类共同经验的一般理论理性的反思"确认为自身的认知旨趣，这种转换就自然而然地完成了。因此

---

① 亚里士多德：《解释篇》16a-8。这里采用的是余纪元的译文，转引自余纪元：《德性之镜：孔子与亚里士多德的伦理学》，林航译，第12页。

② 余纪元：《德性之镜：孔子与亚里士多德的伦理学》，林航译，第13页。

③ 除了玛莎·努斯鲍姆，还有许多学者将"人的基本经验"确认为跨文化比较的基础，例如，史华慈（Benjamin Schwartz）就曾明确地主张："促进这项事业的是这样一种信念：跨越语言、历史、文化以及福柯所说'话语'障碍的比较思想研究是可能的。这种信念相信：人类有着共同的经验世界。"［B. Schwartz, *The World of Thought in Ancient China*（Cambridge, MA：The Belknap Press, 1985）, p.13］

④ Yu and Bunnin, "Saving the Phenomena：An Aristotelian Method in Comparative Philosophy," in *Two Roads to Wisdom? Chinese and Analytic Philosophical Traditions*, ed. Mou Bo, p.298.

缘故，比较哲学就必须突破狭义的比较哲学（Comparative Philosophy）的阈限，从不同传统哲学之间的双向观照转换为跨文化语境中的彼此对话，为自身注入一种普遍性的要求。

二、跨文化语境与比较研究的普遍性要求

一般来说，主要关注两种哲学之间的二元对话的比较哲学，其主要任务是自我理解和相互理解。

自我理解之于比较哲学具有重要意义。众所周知，以二元对话方式展开的比较研究重在对不同哲学传统之间存在的差异或者拥有的共同性进行对比研究，这种对比研究预设了两种不同形态的哲学在现实中的分裂，并通过将这种预设固化而强化了"自我"与"他者"的对峙。所有比较研究基本上都是在这种"自我"与"他者"的分野中进行，相对于"自我"而言的"他者"是"自我"观看自己的一面镜子，它提供了"自我"从外部思考自身的一种机缘。或者说，"自我"是透过"他者"这面镜子来认识自身、理解自己，在研究中使自身回归"自我"，以便"重新审视自己的问题、传统与文化动机"①。这种通过"他者"来理解"自我"的方法，就是为余纪元教授所强调的亚里士多德的"朋友如镜"方法。②

---

① 当代法国学者于连（Francois Jullien）语，转引自张隆溪：《阐释学与跨文化研究》，三联书店，2014，第152页。

② "朋友如镜"是余纪元教授在对亚里士多德和孔子进行比较研究中所使用的主要方法。余纪元教授不仅使用这个方法进行具体的比较研究，而且也借助这个方法引申、阐论比较研究的旨趣、目的和任务。兹引述他的这样一段论述佐证之："亚里士多德和孔子的伦理学可被视为彼此的镜子。一个人过他自己的生活，但仍在许多方面需要朋友。相似地，我们必须通过读亚里士多德和孔子自己的原著去理解他们，但一种比较将有助于对他们的更好的理解。把他们作为彼此之镜使我们得以反思各自伦理学的传统根基，考察他们未经审查的预设，并提出双方何以用他们各自的方式研究伦理学的不同的视角。哲学的一个主要任务是揭示隐而不显的假定，而跨文化的哲学比较在这方面能有许多作为。不仅如此，通过相互理解的增进，对它们的比较也将帮助哲学跨越文化的界限，并达成跨越文化阻隔的真正洞见。"（余纪元：《德性之镜：孔子与亚里士多德的伦理学》，林航译，第6页）从中我们可以看到"朋友如镜"方法所内含的从哲学的二元对比到跨文化对话的超越路径。

如同一个人是通过自己的朋友来认识自己那样，比较研究中的自我理解总是通过作为比较对象的"他者"的镜鉴作用而完成的，就像亚里士多德所说的那样："当我们想看自己的脸时，我们借用镜子来看；同样，当我们想认识自己时，我们通过看我们的朋友来知晓。因为正像我们所说的，朋友是第二个自我。因此，如果认识自己是快乐的，而没有另一个人作为朋友又不可能认识自己，那么，自足者就应该需要友爱，以便认识他自己。"①可见，在"朋友如镜"方法规范下，比较研究中的自我认知方式主要表现为一种反思行动。就像反思（reflection）概念的原义和所指示的那样，反思行动借用光反射的间接性来映现不能直接表现出来的东西，表现为一种不同于直接认识的间接认识。"朋友如镜"就意味着把朋友当作第二个自我，一面映现自身的镜子。同样，在比较哲学研究中，一种作为比较对象出现的哲学是能够映现自身之他方的镜子。这面镜子为比较的任何一方提供了一种从外部思考自身的机缘，也成为通过他者理解自身的最佳方式。

比较研究中的自我理解是相互理解的前提。比较的任何一方通过自身的他者理解了自身，特别是理解了自身作为一种哲学传统所具有的限制性，以及他者作为不同于自身之哲学传统所具有的存在价值与意义，自觉意识到尊重和沟通交往是哲学寻求保持差异之更高普遍性的必然要求。如此一来，不同哲学传统的并存以及相互尊重就必然能够指出一条人类哲学活动之理性而成熟的路径。一句话，只要不同文化背景下的哲学"操着不同的语言"，以至于不可能达成完全的同质性，比较哲学就不会放弃相互理解之任务。

从自我理解走向相互理解，是比较哲学走向跨文化比较研究的关键步骤。比较哲学如果仅仅把自我理解当作自己的任务，比较研究就必然单纯地专注对特殊性的论证，强调差异的意义。在此情势下，比较哲学就极为容易落入狭隘的国族叙述的巢穴之中，"运用比较研究来证成自

---

① 亚里士多德：《大伦理学》1213a20-26。这里采用的是余纪元的译文，转引自余纪元：《德性之镜：孔子与亚里士多德的伦理学》，林航译，第 5 页。

己国族的文化与哲学的优越性"，为民粹主义和反向的文化殖民行为背书。所以，单纯停留在自我理解上的比较哲学，尽管因其对不同哲学传统之差异性或者一致性的揭示，具有抵抗文化一元主义和解构文化霸权主义之作用，也有利于正确理解文化多元性这一现代性图景，某种意义上还会带来一种积极而"健康的相对主义，瓦解学术宰制，但对于哲学真正的自我理解以及哲学自身的实践，并没有实质性的帮助"①。所以，比较哲学中的自我理解必然要过渡到相互理解。正像诠释学大师伽达默尔所说的那样，"'理解首先指相互理解（sich miteinander verstehen）。'理解首先是相互一致（Verständnis ist zunächst Einverständnis）。所以，人们大多数是直接地相互理解（Versteben），也就是说，他们相互理解（Verständigen sich）直到取得相互一致（Einverständnis）为止"②。在相互理解的比较对话中，不同形态的哲学彼此尊重，宽容合作，在互动中成长，通过相互理解的增进，必然能够使得对话双方实现自我超越，跨越障碍，让通过比较对话呈现出来的哲学活动回归哲学溯真的本性。

由此前进一步，可以引申出比较哲学的一个更大抱负：比较对话应当是面对一个对象的哲学对话活动，活动的宗旨是求取真理。③ 也就是说，在这种对话活动中，面对同一个对象，参与对话的双方各自陈述自己的观点，交换视角，论证立场，但陈述与论证既不是为了借助对话而形成更为清楚的自我认知，更不是为了强化自身的特殊性以说服对方理

---

① 沈清松：《跨文化哲学论》，第 5 页。

② Hans-Georg Gadamer, *Truth and Method*, pp.186–187.

③ 余纪元教授在进行比较研究时，除了使用"朋友如镜"法，还从亚里士多德那里借来"拯救现象"法。"拯救现象"是亚里士多德在科学、形而上学与伦理学中最经常使用的方法，它包括下面三个步骤：（1）搜集和设立现象（phenomena）；（2）讨论与分析这些现象间的冲突和它们所引起的难题；（3）保留包含在所有观点中的真理要素。"拯救现象"也被称为"亚里士多德的辩证法"，它通过阐明那些看似冲突的现象之中所蕴含的真理，得到一个可靠而确切的解释。在比较研究中，"拯救现象"法重点突出了其在比较研究中发现真理的作用。（参见 Yu and Bunnin, "Saving the Phenomena: An Aristotelian Method in Comparative Philosophy," in *Two Roads to Wisdom? Chinese and Analytic Philosophical Traditions*, ed. Mou Bo, p.293）这就是说，跨文化比较研究的普遍性要求，作为人类追求普遍经验的理论活动的目标，提出了跨文化比较研究的真理之路。跨文化比较研究尊重所有哲学传统，主张真理存在于不同哲学传统之中，其最终根据奠基在人类的生存与行动方式这种基本实践经验之上。

解或尊重自己的独特传统。对话是为了双方能够更好地相互理解，以实现对自身特殊性的超越，达到对一个共同对象的更加完善与全面的认识。一句话，比较对话是一种指向真理的哲学实践，也是一种充满了普遍意义的理论行动。这种哲学实践和理论行动"将不同文化或传统的现象放置在一起，不仅能够拓宽人类寻求真理的共同体联盟的范围，而且还能够为我们自己追寻真理的活动提供更广阔的基础。将世界各地能够收集的现象聚集在一起，我们能够感受得到人类经验的丰富性。比较哲学的目的不是要在互竞的现象之中寻求单一的真理，而是将人类的努力联合起来，从而发现与调和各种现象之中的部分真理"①。

因此缘故，比较哲学必然会突破自身而转变为跨文化比较对话。跨文化比较对话将不再把自身限制在"自我"与"他者"二元对立格局之中，它将关注的重心指向一个更为普遍的主题——超越不同哲学体系的特殊性关怀而回到哲学的溯真本性。如果说，以探究异同为主题的狭义比较哲学进行的主要是二元对话，强调的是两种形态不同的哲学的"之间"（between）关系，其最终导向一种哲学的特殊主义和个体主义，那么，跨文化语境下的比较哲学就是一种在不同哲学传统之间进行对话的哲学，它强调的是不同哲学传统的相遇与互动，坚持将超越了特殊立场的普遍性追求当作自己的慧命。因此，它最终导向的是哲学的普遍主义和共同体主义。由此可以得出这样的结论：跨文化比较对话将总体地转换比较研究的格局，从自我理解和相互理解走向关注人类精神的普遍性，立基于人类共同经验，探究人类经验的"共在状态"。它并不试图去建构一种绝对正确的知识（从人类立场看也绝无可能），而仅仅企图从原初已有的不同传统的哲学资源出发，去获得对事物更好的理解。②

---

① Yu and Bunnin, "Saving the Phenomena: An Aristotelian Method in Comparative Philosophy," in *Two Roads to Wisdom? Chinese and Analytic Philosophical Traditions*, ed. Mou Bo, p.301.

② 参见上书。

三、比较研究的对话形态与交叠共识

比较哲学的普遍性要求将自我理解和相互理解转化为对同一对象的理解，这种朝向真理的哲学之路，导向超越一切文化形式之上的跨文化哲学之思。跨文化哲学创始人之一拉姆·阿德哈·莫尔（Ram Adhar Mall）这样描述哲学的跨文化之思，他认为，从跨文化立场看，"'哲学'一词同时具有文化与跨文化的向度，主张从多种传统资源出发来进行哲学运思，注重不同文化之间生机勃勃的互动，而不欣赏思想史式的静止的观察与陈述"①。也就是说，跨文化哲学之思所追求的真理存在于不同传统中，没有一种哲学可以单纯地发现真理而成为人类唯一的哲学。哲学的真理生成于不同形态的哲学的碰撞与交往之中。通过不同哲学之间的对话寻求共识，是哲学言说真理最为可靠的道路。在这个意义上，跨文化比较研究就是一种哲学对话活动。它追求的是不同哲学系统之间的交往与沟通。它当然关心不同哲学传统之间因历史文化传统、问题表达和地缘因素等所导致的差异，但它把对这种差异的关注解读为不同哲学能够相互理解并通过相互理解而产生精神共鸣的前提和条件，因而，它真正关心的是不同哲学传统共同寻求普遍的人类经验的可能与实际行动。这种关心必然要求对话双方从相互理解中生发出一种康德式的理性感情即敬重。这种敬重情感将驱赶比较研究中的权力因素和感性因素，让真理在理性的比较对话中能够无任何遮蔽地呈现出来，同时也保证比较研究能够在一种平等追求真理的理性竞争状态中展开，比较对话旨在追求真理和达成有理性基础的思想共识，致力进入一种对话式主体间性状态。

由此可见，跨文化比较研究所进行的哲学对话，目的"不是差异的

---

① 转引自马琳：《海德格尔论东西方对话》，中国人民大学出版社，2010，第 12 页。

消除，不是把理解者自己的主观的先入之见投射到被理解客体上，也不是而且不可能是完全排除理解者的主观性，把自己变成另一个文化的'他者'"①。对话是让参与对话的哲学系统之间以一种批判的方式和互补的方式相互发生影响，双方互为中介架通思想超越的桥梁，将哲学之思目标还原到人类的"源始境遇"这个基本的经验，通过"视域融合"，实现对历史性真理的真正占有。因此，比较对话所欲达成的目标，不是证成参与对话的任何一方的意义诠释，也不是要还原双方对话所以能够发生的源始的文化－传统处境，而是要生成参与对话者所共有的东西，即对话双方可以沟通契合的共同思想。如伽达默尔所说："每一次谈话都预先假定了某种共同的语言，或者更正确地说，谈话创造了某种共同的语言。正如希腊人所说的，中间放着某种事物，这是谈话伙伴所共有的，他们彼此可以就它交换意见。因此关于某物的相互理解——这是谈话所想取得的目的——必然意味着：在谈话中首先有一种共同的语言被构造出来了。这不是一种调整工具的外在过程，甚至说谈话伙伴相互适应也不正确，确切地说，在成功的谈话中谈话伙伴都处在事物的真理之下，从而彼此结合成为一个新的共同体。谈话中的相互理解不是某种单纯的自我表现和自己观点的贯彻执行，而是一种使我们进入那种使我们自身也有所改变的公共性的转换。"②

由此出发，跨文化比较对话应当联合人类的智识努力，探究普遍性的东西，以获取关于人的基本经验的更好的共识性理解。跨文化比较对话的这种努力需要在两个方向展开，一个是"去蔽"，一个是"重建"③。

---

① 张隆溪：《阐释学与跨文化研究》，第 164-165 页。

② Hans-Georg Gadamer, *Truth and Method*, pp.386-387.

③ 这是借用德国哲学家哈贝马斯的概念术语。哈贝马斯曾提出一种被称为"重建"的方法，用于他对马克思历史唯物主义的重新解释。在《重建历史唯物主义》一书中，哈贝马斯这样解释"重建"这种方法，他说："我们所说的重建是把一种理论拆开，用新的形式重新加以组合，以便更好达到这种理论所确立的目标。这是对待一种在某些方面需要修正，但其鼓舞人心的潜在的力量仍旧（始终）没有枯竭的理论的一种正常态度，我认为，即使对马克思主义者来说，也是正常的态度。"（哈贝马斯：《重建历史唯物主义》，郭官义译，社会科学文献出版社，2000，第 3 页）

"去蔽"就是要在对话中祛除对其他哲学传统的误解，同时祛除哲学上的文化本位主义和分离主义，用亚里士多德的"朋友如镜"法在对话中自我反思，由自我理解进入相互理解，进而再使用亚里士多德的"拯救现象"法，发现各种哲学中受尊重的观点。这无疑是要我们牢牢记住伟大的先哲亚里士多德的教导：真理不可能只存在于一种现象中。发现真理也绝非一个人或一个群体的事情，只有隶属于不同族群的人们共同努力，真理最终才能向着人类款款走来。①

"重建"则意味着从对话中发现并对各种伟大传统进行新的诠释，在一种开放的诠释学处境中建立对话传统之间视域融合的意义联系方式，在相互理解中实现共同的超越，走向对共同对象的共识性理解。就此而言，"重建"倾向于把比较对话理解为通过主体间性走向共识的集体行动，这种行动将满足比较对话双方相互承认及共同承认之双重目标，将人类的哲学财富解释为一种通过比较对话而动态演进的历史流传物。

当然，跨文化比较对话所追求的共识，不是一种消除了差异的强的共识，它应当是罗尔斯所说的"交叠共识"（Overlapping Consensus），即保持差异又寻求在诸种学说之间保持平衡，是一种保持多样性的弱的共识。这是在文化多元化的今天可以实现的一种共识。它拒绝将任何一种文化当作人类文化的绝对中心，它承认理性多元状态这一事实，它拒斥将某种形而上学信念当作建立人类共识的普遍前提，它相信人的理性只有相互交往才能形成有基础的共识，因此，在比较对话中，对话双方只能使用"公共理性"。因为唯有"公共理性"才具有形式上的公共性，蕴含着共享性、相互性、自主性等

---

① 亚里士多德对这个问题有这样一段精彩的论述："对真理的寻求既困难，又容易。证据之一是以下事实，即没有单个人的人能适当地获得真理；可另一方面，也没有人完全失败。每个人对事物的本性都说了一点真实的东西。或许作为个人，每个人对真理的贡献很小，甚至可以忽略不计；可是把大家的贡献加在一起，则有了可观的成果。真理如同我们俗话所说的门，谁都可以敲，从这方面来讲它是容易的。困难在于，事实上我们可以有一般的、笼统的知识，却搞不清楚我们所要寻求的具体知识。"（《形而上学》993a28—993b7）

多元智慧，能够指导人们超越非此即彼的二元对立思维，而致力去寻找"好"的理由。职是之故，我们只要坚持在比较中使用"公共理性"，就能够在对话中达成"交叠共识"，实现理性为跨文化比较研究所批判建构的目标。

关于比较哲学方法的几个问题 *

——从余纪元的《德性之镜》说起

傅有德

　　这里的比较哲学，指用比较方法所从事的哲学研究。在过去十几年中，有影响的比较哲学论著不时出版，相关学者也随之涌现，使这个原本薄弱的学科呈现出方兴未艾、生机勃勃的气象。在诸多比较哲学家中，美国纽约州立大学布法罗分校的余纪元教授是很值得关注的一位。余纪元教授首先是国际著名的希腊哲学专家，他对亚里士多德哲学的深厚造诣，为国际哲学界所公认。除了希腊哲学之外，余纪元的研究领域还延伸到希腊伦理与儒家伦理的比较研究，《德性之镜：孔子与亚里士多德的伦理学》便是其代表作。[①] 2016 年 11 月，余纪元教授因病去世，令中外哲学界同行悲痛不已。笔者撰写此文，一方面是借总结、评析余纪元的比较哲学方法表达对他的深切怀念之情；另一方面也是从他的研究说起，引申到其他几位比较哲学家，就其中涉及的几个比较哲学问题

---

　　* 　原载于《哲学研究》2017 年第 8 期。——编者注
　　① 　该书的英文版 *The Ethics of Confucius and Aristotle: Mirrors of Virtue* 于 2007 年由劳特利奇出版社出版，2009 年中国人民大学出版社出版了该书的中文本，本文引用据此版本。余纪元是以儒家的四书为文本展开其比较研究的，因此书名中的"孔子"实际是指荀子以外的先秦儒家。（余纪元，2009：第 39 页注释 48）

谈点个人的看法。

一、比较对象的平等性

唐太宗李世民曾经说："以铜为鉴，可正衣冠；以古为鉴，可知兴替；以人为鉴，可明得失。"（《新唐书》第12册，第3880页）亚里士多德虽未曾说过要"以铜为鉴"或"以古为鉴"，但他的确说过要以人为镜，尤其是"以友为镜"。他说："当我们想看自己的脸时，我们借用镜子来看；同样，当我们想认识自己时，我们通过看我们的朋友来知晓。因为正像我们所说的，朋友是第二个自我。因此，如果认识自己是快乐的，而没有另一个人作为朋友又不能认识自己，那么，自足者就应该需要友爱，以便认识他自己。"（亚里士多德，《大伦理学》1213a20-26；转引自余纪元，2009：第5页）余纪元认为，亚里士多德的这些话可以用来作为比较哲学的方法。这段话蕴含的主要意思是，参与比较的双方是平等的，其关系犹如朋友之间平等相待，而不是一方居高临下，另一方卑微屈就。他明确指出，亚里士多德与孔子是平等的，他们的"伦理学可被视为彼此的镜子"（余纪元，2009：第6页）。"本书平等地对双方进行研究，并意在通过对双方的比较，从而发展一种对它们各自的解释。"（余纪元，2009：第4页）值得注意的是，余纪元在出版该书英文版时，扉页上的题词是 For Norman（献给诺曼），而在同一著作的中译本扉页上则变成了："给我的儿子诺曼：另一面德性的镜子"。中译本的这一改动明确表示，他和儿子诺曼可以作为平等的朋友，可以在道德上互学、互知、互鉴，取长补短，彼此完善。此外，余纪元在一个注释中援引了亚里士多德《尼各马可伦理学》中的一段话，表示他赞成、接受其中所说的以邻为友、以友为镜的平等比较思想。（余纪元，2009：第33-34页）

从余纪元的《德性之镜》一书，我们还可以发现，他提出孔子与亚里士多德的平等比较是有针对性的。按照他的考察,"概括说来,在中国哲学中使用的是两种主要的解释进路。第一种是去找出传统西方哲学的问题在中文文献中是如何得以处理的;另一种是通过确立中国哲学自身的独特感悟与理性,去表明中国哲学怎样与西方哲学有所不同"(余纪元,2009:第4页)。在注释中,特别引用了葛瑞汉(A.C.Graham)的一段话,借以明示这两种观点的代表人物:"一些对中国思想进行探索的西方人更喜欢把中国人看作和我们西方人自己一样,另一些学者则不这么看。一种趋势是在各种分歧中,将中国思想视为通过跨文化及语言差异的、对于普遍性问题的探究;另一种趋势则是在各种相似性中间,发现种种关键性的不同,这些不同与中文与印欧语言之间文化性概念体系及结构差异相关。史华慈的《古代中国的思想世界》是前一种观点的突出代表。"(余纪元,2009:第33页)简言之,第一种进路就是以西方哲学为基准,从中找出普遍性的哲学问题或概念,然后来看中国传统文献是怎样回答或解决它们的。对于这样一种以西方哲学的问题为出发点,然后确定哲学研究的对象和范围,进而看待中国传统是如何对待这些问题的路径,史华慈(Benjamin Schwartz)对此坦然承认。(Schwartz, 1992)美国的郝大维(David Hall)、安乐哲(Roger Ames)也明确地说:"我们努力从西方文化的背景中找出一些特殊问题,然后用孔子的思想作为工具,精确地阐明这些问题的关键所在,提出解决这些问题的途径。"[1](郝大维、安乐哲,1996:第3页)除了西方的汉学家以外,目前从事比较哲学研究的华人学者中,如此说、如此做的也不乏其人。其中,黄勇教授便是有代表性的一位。黄勇在《西方世界中国哲学研究者之"三重约束"》[2]一文中认为,在西方语境下研究中国哲学,"关键点"在于激发西方"主流哲学家对于中国哲学的兴趣",要做

---

[1] 值得注意的是,虽然葛瑞汉、安乐哲是以西方哲学为依据找出问题,进而进行比较研究的,但是他们的著作中充斥着对西方思维方式(因果思维)和理论的批评,而对中国哲学的思维方式(关联性思维)和观点,例如角色伦理等,持非常肯定的态度。

[2] 该文的原标题是"The 'Double Blind' on Specialists in Chinese Philosophy",首发于2016年《美国哲学学会通讯》(*APA Newsletter*),中文发表时作者做了修订。

到这一点，"我们首先应该熟悉西方哲学家关注的问题，西方哲学传统就这些问题所发展出来的不同观点，以及这些观点面临的问题；其次，我们要看看中国哲学家关于这些问题是否有不同的、更好的观点"（黄勇，2017）。黄勇长期在西方哲学语境下研究中国哲学，根据多年采用上述立场和进路所做研究的经验，他对于是否"中国哲学有助于解决那些当今哲学家致力于研究的问题"做了明确而肯定的回答。（黄勇，2017）余纪元没有提及黄勇或其他海外哲学家的名字，但他显然对于不加批评地接受西方的问题和框架并在此基础上研究中国哲学的做法持反对态度。他说，有一种做法是，"当比较被用于研究非西方哲学时，西方哲学通常被处理为可直接引用的已建立好的框架或分析结构，而不是作为一个自身需要研究的对象。讨论的焦点一般集中在非西方哲学这一边"（余纪元，2009：第4页）。这意味着，此种研究进路以西方哲学或范型为主导，被比较双方是不平等的。显然，余纪元不会赞同这样的做法，他的《德性之镜》是借用亚里士多德"朋友如镜"的比喻，将孔子和亚里士多德的伦理学放在平等的地位上，在两者的相互参照中分析各自的主要概念和伦理体系，力求正确和深入理解古代儒家，也理解亚里士多德的德性伦理，兼知彼此的异同和特点。

仔细阅读余纪元的《德性之镜》，我们从字里行间发现，"以友为镜"所表达的对等或平等比较包含了两层意思。其一是指比较者本人的主观立场，即摈弃对于被比较对象的任何先入之见，不对任何一方带有偏见或厚此薄彼。换言之，比较者在主观上不站队，始终保持"中立"的态度。读完《德性之镜》后，我们应该承认，余纪元做到了这一点。其二是指被比较对象之间事实上是对等或平等的。在同一个主题下，被比较双方有共同的问题意识，并都围绕共同的主题和若干分题做了大量的研究，发表了丰富的意见和讨论。就是说，在研讨的范围、深度和高度（量与质）上，被比较对象事实上都难分高下，具有同等或近似的重要性。余纪元的比较研究是在德性伦理学范畴之下比较亚里士多德和孔子的，或者说是围绕"如何成为一个好人"，怎样做一个有"德性"的人这样一个两者都关心的主题而展开比较研究的。（余纪元，2009：第11页）众所周知，儒家学说的主体是伦理道德，即关于伦常亲疏、心性情理、道德修养、礼法规范的统一体。因此，就德性伦理而言，甚至就全部伦理道德体系而言，儒家传统不仅不亚于亚里士多德的伦理学，而且可以说在某些方面比后者更为丰富。也就是说，在事实上或客观上，儒家德性伦理与亚里士多德的德性伦理完全可以并驾齐驱，平起平坐而毫不逊色。在笔者看来，客观上被比较对象的平等是主观上被比较者平等对待的基础。假如没有前者，比较者的态度无论怎样中立或平等，实际的比较研究也是很难平等展开的。假如儒家伦理没有涉及足够多的问题，没有足够丰富的理论资源，以至于可以和亚里士多德旗鼓相当，余纪元的平等研究是无法进行下去的。假如亚里士多德伦理学所涉猎的问题，如人类的善和幸福（做得好、活得好）、人性与人的功能、人生目的、中庸或中道、习惯与礼俗，如此等等，在孔孟之道中没有相应的部分，平等的比较就是不可能的。余纪元之所以做到了平等比较，是因为他主观上的平等比较态度和亚里士多德与孔子之间客观上的平等地位恰好达到了某种程度的契合。由此可以得出结论，只有在主客观条件兼备的情况下，平等的比较才是可能并可以实现的。

那么，我们能否从余纪元就德性伦理学所做的亚里士多德与孔子的平等比较推而广之，以至认为中西哲学在其他领域或整体上是可以平等比较的呢？答案基本上是否定的。众所周知，中国以农业文明的发达而著称于世，而农业文明的突出特点是以血缘为基础，以家庭或宗族为本位的伦理关系学，不论是孔子的"仁"，还是作为"仁之方"的"忠恕之道"，不论是孟子作为善良本性的"四端"和由之扩充而来的"四德"，还是荀子的"性恶""化性起伪"产生的德行，不论是《大学》的"三纲领八条目"，还是《中庸》的"修道之谓教"、"中庸"至"诚"，当然还有被奉为"为仁（人）之本"的孝道，以及三纲、五常、礼法、君子和圣人的理想人格，等等，所有这些，都可以隶属于伦理道德这个范畴。没有人否认，中国古代传统，尤其是儒家传统，拥有充盈丰厚的伦理资源，如上所述，这是余纪元之所以可以将孔子和亚里士多德进行平等的比较研究的客观条件。但是，我们应该承认，余纪元所做的德性伦理只是伦理学这一学科的一部分（还有功利主义、规范伦理，等等），伦理学又是哲学这个更大范畴下面的一个分支。因此，把孔子和亚里士多德放在平等地位上比较其德性伦理学，并不等于把孔子和亚里士多德放在平等地位上做一般性的哲学比较。众所周知，哲学范畴下包括宇宙发生论（cosmology）、存在论（ontology）、知识论（epistemology）、伦理学（ethics）、逻辑学（logics）、美学（aesthetics）等多个分支。显而易见，孔孟儒学，乃至整个古代中国传统思想体系，与起源于希腊的哲学系统是不完全匹配的，除伦理学外，其他多数哲学分支处于弱势甚至阙如。这就在很大程度上失去了做平等比较研究的客观基础，因此，无论我们的主观态度如何平等，都无法实现事实上的平等比较；既无法就孔子哲学和亚里士多德哲学做全面的平等比较，更无法对中西哲学做整体性的平等比较。尽管在比较的主观态度或立场上，如果比较者愿意，永远可以是平等的。这一点，是笔者受到余纪元的平等比较研究方法及其应用的启发，进而引申、推论出来的。

由此可以继续追问：进行比较研究的主观态度或立场必须是平等的吗？客观上不平等的双方可以作为比较对象吗？余纪元强调被比较双方的平等地位，认为不能将其中一方，主要是西方哲学一方，当作不容置疑的框架接受，而只研究非西方哲学的另一方。他按照这样的平等态度写出了一部优秀的比较哲学著作。这表明，比较哲学是可以平等地进行的。但是，这并不意味着比较总是应该或能够平等地进行，或者说，不平等的双方就不能或不应该进行比较。实际上，无论是在日常生活中的比较，还是在学理上的比较，被比较的双方往往是不平等的。在哲学领域，西方哲学起源于古希腊哲学家对世界本原的理性追问，由此而逐渐发展出一套系统的本体论（存在论）哲学。在古代中国，我们的先祖没有把心智集中于客观世界及其本原，因此，关于世界万物的本质（本原、实体、本体）这个问题的探索较少，而且比较零散。正如李晨阳在列举了中国古代的五行说并指出其与希腊的元素说之区别后所说的那样：相比之下，中国古代思想家在某些方面的讨论不如西方那么集中，那么明确。（李晨阳，2005：第15页）总之，与希腊哲学的本体论相比，中国古代哲学处于弱势。推广开来，我们甚至可以说，和整个西方哲学相比，中国哲学在大部分领域是处于弱势地位的。但是，这并不妨碍我们找出相应的领域进行比较，哪怕这种比较是在不平等的双方之间进行的。黄勇就是在承认中西哲学总体上不对等的前提下，将比较的范围缩小到细小的分支或问题，进而开展比较的。① 黄勇的主张和研究成果表明，比较研究可以在主观态度和客观对象都不平等的情况下进行。除黄勇外，类似的例证还有许多。

实际上，按照余纪元对麦金泰尔不可通约（incommensurability）理论的反驳而得出的结论是，没有什么东西是绝对不可通约、不可放在一起做比较研究的。当代德性伦理学的泰斗麦金泰尔认为，在差别巨大或相互冲突的观点或理论之间不存在共同的衡量尺度，因而是无法进行比较的。他指出，孔子和新儒家与亚里士多德、托马斯·阿奎那提出了"极其不同、不可通约的学说"，"根本不存在中立的、独立的方法来展现这些材料，从而能对相互竞争的德性伦理提供一种裁决"（转引自余纪元，2009：第9页）。余纪元敏锐地发现，麦金泰尔能够提出儒家与亚里士多德"对人类的最佳生活方式这一问题提出了极其不同、不可通约的学说"这样的看法，正说明他在两者之间做过比较，该看法恰好是他比较研究之后的结论。质言之，麦金泰尔得出儒家与亚里士多德之间不可通约、不可比较这一结论恰好说明他们之间是可以公度、可以做比较和裁决的。可见，"麦金泰尔似乎在比较哲学的结果与比较哲学的可能性之间陷入了混乱"（余纪元，2009：第10页）。在余纪元看来，不同的思

① 黄勇指出，为了激发西方主流哲学家对中国哲学的兴趣，我们可以避开一些主题或领域，"把研究的重点缩小到形而上学、认识论、伦理学、政治哲学等哲学的子领域"。例如可以选取荀子或王阳明哲学中的某一个小的方面或小问题，而通过分析发现其对于解决西方哲学中的某个问题而具有的价值和意义。（黄勇，2017）

想或哲学理论，哪怕其间差别巨大，也不是不可能进行比较研究的。
"一个人不能基于不同传统有着不同的心理学、社会学和概念体系而拒绝比较哲学的可能性。"（余纪元，2009：第11页）笔者赞成余纪元对麦金泰尔的批评和他的这个论断。

但是，在赞成余纪元的这个论断的同时，笔者也隐约感到，余纪元对麦金泰尔的批评和得出的结论与他自己的平等比较论是不一贯或不一致的。如前所述，在各种不同的思想文化领域，无论其范围的大小，有些是等量齐观的，也有很多则在涉及问题的广度和深度上差别甚大。对于后者，不管我们的主观态度如何平等，我们都是无法在事实上做出余纪元所说的平等比较的。换言之，在两个对象之间可以进行比较和可以实现平等比较是两个不同的问题。因此，余纪元在批评麦金泰尔的不可通约论并在理论上肯定相互冲突的理论之间可以进行比较时，应该得出的结论是：不同哲学思想文化领域或主题的比较研究是可能的，也是可行的；但是，比较研究有时是平等的，有时则可以是不平等的。

二、比较的步骤和层次

除了让被比较者彼此为镜，进行中立平等的比较外，余纪元还采用了亚里士多德的"保留现象"法[①]，借以展开具体的比较。具体步骤是：（1）收集和确定关于某一主题的不同观点；（2）讨论和分析这些观点的对立之处和难题；（3）保留包含在所有观点中的真理。我把这三点综合起来说，就是通过鉴别而"去粗取精，去伪存真"。这里的第三步涉及了比较哲学的两个难题：比较者是否应该在被比较对象之间做出裁决？如果裁决，依据的标准是什么？

一个比较过程，一般都涉及比较者和被比较对象（往往是两个，有

---

① 原文是"saving the phenomena"，意思是在比较分析各种不同的意见或现象后保留其中的真理性因素。中译本译作"拯救现象"，似不够准确。

时更多）。比较的过程其实不是被比较对象自己主动或直接去接触对方，而是靠比较者将它们联系起来，使它们彼此相遇，进而产生对照与认知，以及相互理解。在这个过程中，比较者的作用是主导性的，就是说，比较的深度和广度、比较的结论，即比较的全过程都取决于比较者的部署、引导或裁决。比较者的角色是有区别的。（1）如果比较者只想起牵线搭桥或介绍人的角色，目的是使被比较的双方见面与相识，那么，只要把被比较者的思想通过叙述对照起来，他的目的就达到了。（2）如果在介绍的过程中，比较者还就被比较的双方做了分析与对比，发现了被比较双方的相似或差异之处，并理解了各自的特点，这时，他的作用就不只是介绍人，更是一个鉴别师或分类者了。（3）如果比较者再进一步，进而就被比较的双方关于某一领域或某一问题的理论或观点做出评判或裁决，宣告彼此的真伪、强弱或优劣，那么，他就类似于一个法官或裁判了。（4）假如比较者在了解了被比较各方的正确或错误、优势或弱势之后，而将各方的真理性因素综合或融合起来，建立起一个超乎被比较者之上的思想体系，那么，他就达到了比较者的最高境界，成为一个通过比较而造就的哲学家了。在这四个级次里，后者一定包含了前者，而前者则不可能包含后者。其中的道理是显而易见的。

由余纪元的《德性之镜》联想到李晨阳的《道与西方的相遇：中西比较哲学重要问题研究》①。李晨阳在书中采撷出存在论、真理论、语言论、道德论、家庭论、宗教论、正义论等七个哲学分支或问题域，就中西哲学双方做了一一对应的比较。该书表明，他作为比较者超越了介绍人的层次，而在中西哲学之间很好地扮演了鉴别与分类者的角色。李晨阳明确表示，他的比较研究就是试图在中西哲学之间架起一座桥梁。"'建桥'并不仅仅是寻找两岸的相似的地方。它也包括发现不同之处，特别是重要的文化差别……穿过桥之后，用心的人们一定会发现双方的相同和不同的地方。这不仅可以加深他们对对方的理解，也会加深他们

---

① 该书英文版 *The Tao Encounters the West: Explorations in the Comparative Philosophy* 1999 年由纽约州立大学出版社出版，中文版 2005 年由中国人民大学出版社出版。

对自身的理解。"（李晨阳，2005：第 7 页）李晨阳的比较研究特别看重差异和特殊性，因此，他更多看到的是中西哲学的分殊。他的结论是：中西哲学有不同的问题意识、不同的认知取向、不同的道德追求、不同的社会和政治诉求与制度。所有这些"不同"，使得两者可相遇但不可会通，共存但彼此独立不依。这样的两种哲学之间，实际上不存在高下优劣的问题。因此，他拒绝对被比较双方做出是非正误式的判断，而且认为那不属于比较哲学的任务。同时，他也否认将两者融合为一体的必要性和可能性，称如果硬要融合，结果会搞出一个"四不像"或"大杂烩"。（李晨阳，2005：第 6-7 页）可见，李晨阳认为比较哲学的任务就是牵线搭桥与分殊鉴别，不存在笔者上面提到的比较者之为裁判或法官以及综合、融合的哲学目的。①

余纪元在《德性之镜》中担当了裁判角色。说其担当了裁判角色，是因为他就所依据的问题或问题的某些方面做了判断。余纪元认为，孔子和亚里士多德有共同感兴趣的大问题，这就是如何做一个有德行的好人，如何实现幸福——"做得好""活得好"。所以，他们的伦理学都属于德性伦理学。他说："亚里士多德和孔子的伦理学都关注人之为人的发展与实现。它们的总体框架惊人地相似，但在各自的人的自我实现的展开过程中存在一些重要的差异。"（余纪元，2009：第 32 页）"我希望论证的是，亚里士多德和孔子都不是完全的对，也不是完全的错。每一方在某些问题或同一个问题的不同方面说了一些很重要的话，而每一方也都在处理某些问题或一个问题的不同方面时有所不足。通过结合各自 phenomenon 之中的真理性因素，可为我们提供对德性与人的完善的更好理解。"（余纪元，2009：第 8 页）如此等等。在做判断的时候，余纪元还是遵循亚里士多德的教导，"如果所做的断言在一种意义上真实，

---

① 值得注意的还有武汉大学吴根友教授的观点。他明确反对"判教"，即反对站在自己的哲学立场或以某种认同的哲学理论为标准对被比较的对象进行评判。荀子从儒家角度对其他各家的评判，庄子从道家理论出发对各家各派所做的评判，都属于他反对的判教案例。但是，他认可"以道观之"的评判，即超越被比较对象之上的更高层次或整全角度所做的评判。（吴根友，2014：第 354-355 页）

在另一种意义上不真实，那么，矛盾的两种观点最终都可以接受"（亚里士多德，《优台谟伦理学》1235b13-17；转引自余纪元，2009：第7页）。这样，余纪元所做的判断就不是完全的真假好坏，而是不同视角或意义上的优点和缺点（强与弱）。余纪元不像李晨阳那样因为被比较双方的差异而不做判断，而是做出判断。但是，他所做的判断又不是宣布某一方绝对胜利，另一方全然失败。[①] 这样的结果，既避免了非此即彼的绝对主义论断，又避免了彼此都有同等价值的相对主义。

笔者上面提到比较研究的第四个层次，即通过比较而实现综合创新，进而产生一种新的思想或哲学理论。对此，余纪元也有所涉及。他仍然是以亚里士多德为根据：关于真理，"从没有一个人能够把握到它本身，也没有一个人毫无所得就可以看出来。每个人都对事物的本性说了些什么，作为一个个体，对真理可能全无或很少贡献，但联合起来就产生了巨大的效果"（亚里士多德，《形而上学》993a28-993b7；转引自余纪元，2009：第11页）。据此推知，每个个体的人，如同盲人摸象，都不可能说出完全的真相，但可以说出片面或部分的真相。假如我们比摸象的盲人更聪明，知道每个盲人所说的只是大象的一部分真相，那么，我们就可以将各个摸象人的意见综合起来，进而构成关于大象的全部或近乎全部的真相（真理）。按理说，余纪元据此应该明确地说，既然孔子和亚里士多德各自都对德性伦理所关心的"如何成为好人"的问题说了重要的话，那么，把他们的话综合起来，就一定会对同一个主题有更全面的把握；再进一步，如果把中外传统中各家各派的德性伦理思想综合起来，就一定会形成一个近乎完美的德性伦理学。这个道理是显而易见的。然而，可惜的是，这一点在他那里是不够清晰明确的。而且，他的著作也未沿此思路进行实际的联合或综合，进而形成一种包含并高于亚里士多德、孔子的伦理学的更全面的德性伦理学。他仍然停留

---

① 余纪元说："比较哲学的一个极其狭隘的概念，就是在比较不同阵营时把目标定位于确定哪一边是胜者。这是一种把真理认作只能存在于一种传统或一种哲学体系之中的非亚里士多德的做法。"（余纪元，2009：第11页）

在肯定"孔子和亚里士多德各自都说了某些重要的话"这样的裁决层次上。

这里还要提及李晨阳和张祥龙的看法。李晨阳也提到了盲人摸象的比喻。他指出：对于中国的"道"是否对应于希腊哲学里的"逻各斯"这个问题，答案是既是又否。关键是要弄清在什么情况下为是，什么情况下为否。否则，就像盲人摸象，各执一词，莫衷一是，结果是瞎争一气，无济于事。（李晨阳，2005：第9页）李晨阳做比较哲学的目的不是做是非正误的判断，因此他也不会在这个基础上进行整合创新。相类似的是，张祥龙一直反对像西方哲学那样，通过构造概念来解答根本性的问题，寻找和设立一切存在者所共遵的普遍标准、基础和前提，而且他力图证明这种追求概念化的进路在比较哲学研究中的不可行性。（张祥龙，1996：第191、196页；张祥龙，2008）既然不能通过比较而构造概念，不寻求普遍性的概念，那么，也就不存在通过比较做哲学、创立新思想理论的任务。

在通过比较综合创新进而构建哲学理论这一点上，海外华人学者牟博和国内的张志伟有充分的认识，尽管他们没有将比较分出不同的层次。牟博提出了"建设性交锋－交融"比较法。该方法要求，"就一系列双方（主观上或有意识地）共同关注的哲学问题或者是双方（客观上或无意识地）不得不共同涉及的哲学问题，通过反思性批判和自身批判而探索双方如何在方法上和在实质性观点见解上相互学习，取长补短而为共同哲学事业（或一系列哲学上的共同问题和关切）携手做出创造性贡献"（牟博，2008）。牟博认为，人类有共同的哲学关切和对普遍价值的追求，因而通过比较而让那些共同关切的问题的不同见解或理论交锋，进而实现融合，以建构一种新的哲学。因此，牟博强调，比较哲学的重心和关键是哲学，而非比较，比较只是为了实现哲学创新而采用的手段。无独有偶，张志伟也主张将比较哲学的重点放在"哲学"上，而不仅仅是将不同的哲学体系放在一起，寻找异同，做一种经验性的归纳和描述。在他看来，如果比较研究关注的是哲学本身，那么，比较哲学

就是哲学，即哲学下面的一个分支。(张志伟，2008)

牟博、张志伟的上述认识是难能可贵的，为比较哲学的研究提出了哲学化要求和期望。但是，他们似乎过于看重了通过比较做哲学这一点。而在我看来，虽然比较的各个层次目的不同、任务不一，但各有其存在的价值。有人旨在发现异同，有人希望鉴别被比较双方各自的特点，有人希望对于被比较双方的优势程度或价值大小做出裁决，还有人旨在通过比较而将被比较的哲学思想融合为一，进而形成新的哲学。每一个目的和任务的实现，都有其意义。当然，从比较哲学本身而言，通过比较而创造新哲学是最有哲学意义的。

三、综合创新与裁决标准

那么，比较哲学的第四步，即综合创新应该如何实现呢？笔者认为，没有一种固定的、一成不变的哲学方法，也没有一种固定不变的通过比较做哲学的方法和步骤。下面所论，不过是笔者的点滴体会和思考罢了。

首先，一种做法是综合现有意见中真理性的或有价值的成分，即通过归纳和概括(induction and generalization)而形成一种理论或体系。按照前面引述的亚里士多德的意见，即"每个人都对事物的本性说了些什么，作为一个个体，对真理可能全无或很少贡献，但联合起来就产生了巨大的效果"，显而易见的道理是，把现有的有关同一主题的不同意见去粗取精，去伪存真，然后综合或联合起来，就可以看到一个近乎整全的或符合本性的观点或理论。如同在盲人摸象的故事中，每个摸象盲人的意见都是片面的，但也包含了真理性因素。我们如果将他们的不同意见"结合"或综合起来，就会得到一个接近大象整体的看法。在西方哲学史上一直存在经验主义和理性主义两大认识论派别。前者认为知识是后天经验的积累和概括，后者则认为知识源于天赋观念和由之而做的演绎推理。康德提出了"先天综合判断"这一概念，认为科学的知识是先天的直观、范畴与后天的经验质料统合起来的结果。康德对于先天综合判断如何可能的论证非常复杂，但其基本思路就是让先验因素统合经验的材料。这样，康德创立了自己的哲学，对于历史上长期争论不休的知识的来源与构成问题提出了一种解答。余纪元在《德性之镜》中很明确地说，亚里士多德和孔子都围绕如何做一个好人说了一些正确的话。如果将他们这些正确的话综合起来，就会形成一个更接近全体或更符合人性的好人（君子）的理论。也就是说，如果比较者将更多关于同一主题的那些被比较对象的正确意见结合进来，就会综合成更完善的理论。例如，孔孟言性善，荀子道性恶，基督教言"原罪"，告子称人性无善无恶，犹太教的《塔木德》认为人性既善又恶；等等。若将种种人性善恶的理论综合起来，我们便可得到一个较为全面完善的关于人性善恶的理论。

其次，通过概括将特殊性上升为普遍性的概念或原则。在同一主题下，如果被比较双方的意见差异明显，甚至相反，我们就可以（并非总是）把被比较的一方所见设定为正题，而另一方的观点设定为反题，然后通过综合、反思而上升到更高层次或更高的普遍性。众所周知，黑格尔的逻辑学，乃至整个哲学体系，就是这样建构起来的。我的意思是，将被比较的双方融合，而不是组合或结合，通过抽象（abstract）分别（separate）出真理性的因素，使之概括（generalize）提升而化为一体。如果说，前述的综合法主要在于使片面或部分的真相复合而构成整全的真相，是一个从部分到整体的过程（可以用 1+1=2 表示），这后一种方法所得到的结果则主要是由表及里、由浅入深、由特殊到普遍的升华（可以用 $1 \times 1 = 1$ 表示）。举例来说，古代儒家和犹太教各有其孝道，但是两者之孝道在来源和程度上是有明显区别的。前者认为儿女对父母的孝敬源于血缘亲情或自然本性；后者则被视为来自上帝的律令。儒家要求孝敬父母的程度很强，要时刻敬畏、服从父母（无违），自己高兴也让父母舒心（色难），"父母在，不远游"，即便父亲去世也要"三年无改于父之道"，如此等等。犹太教中对父母的敬爱程度则相对较弱，虽然严禁打骂父母，但按教规，有些场合，例如儿女在敬拜神灵、读经等时刻，可以不听从父母的话。作为比较者，我们可以将儒家的孝道和孝行设定为正题，而将犹太教的孝看作反题。然后我们可以通过分析，结合时代的变化和可能实现的条件，将两者之中的合理因素融合为一，进而形成一种在敬畏天帝或终极实在的基础上的对于父母的适度的敬爱理论。当然，对于超越存在敬畏的程度以及孝敬父母的方式，不同的比较者可以做出自己的选择和界定。

在进行综合创新的过程中，总会伴随着比较者对被比较对象的分析和判断，而做判断则一定需要标准，正如体育运动的裁判员要按规则裁判，法官判案要以法律为准绳。那么，在比较哲学研究的过程中，比较者做判断的标准是什么？

余纪元在《德性之镜》中，根据亚里士多德关于人类共同的"灵魂经验"及其表现的对象的一致性的文本，以及玛莎·努斯鲍姆（Martha Nussbaum）所说的"人的基本经验"，写道："人类生活在同样的世界上，拥有相似的精神能力，并共同享有许多基本的关系与组织，诸如父子、兄弟、朋友、家庭、社区、政治等。所以，存在一套基本的欲求、感受、信念和需要，这些是人类都享有且对于过一种有生命的人的生活而言所必需的。这形成了对不同文化进行比较研究的公共基础。"[①]（余纪元，2009：第13页）从余纪元这里我们可以进一步推论，既然人类共同具有社会关系和组织，以及基本的个体欲求和需要之类的东西是跨文化研究的基础，而那些被比较的文化因素就是其外在的表现或现象，那么，外在的被比较对象越符合内在的社会结构或人的心理需求，其价值和意义就越应该被肯定。换言之，人类共同具有的心理或社会需求就是比较者在比较不同文化现象时应该采取的判断标准。既然跨文化的比较研究以共同或普遍的基础为标准，那么，比较哲学、比较伦理学、比较

---

① 努斯鲍姆称之为"对于跨文化反思的合理起点"（转引自余纪元，2009：第13页）。

宗教学、人类学等，作为文化的一部分，也应各以其内在的根基为标准。

值得注意的是，西方学者韦宁（Ralph Weber）提出了"比较的第三方"这个概念。他指出：比较研究需要一个比较的基点，也就是比较项之间的某些共性（commonality），它们是超越了两个比较项之外的第三方，将其单独拈出名为"比较的第三方"（tertium comparationis）。① 这个"第三方"的重要性体现在，它是两个比较项之所以可以进行比较研究的前提，并且其所体现的共性能够不偏不倚地、平等地同时兼顾两个比较项。韦宁明确指出，这个第三方是比较项之间的共同点，无此则比较研究不可能进行。②（Weber，2014a：151–171）韦宁将作为被比较对象的共性作为比较者、被比较者之外的第三方，并且认为是比较研究的基础和根本，类似于余纪元指出是人类共同的社会结构与心理需要，对于如何开展比较研究，具有重要的启示。可惜的是，他并没有进一步从这里明确引申出比较研究中的判断标准。

事实上，余纪元所做的是亚里士多德与孔子的德性伦理学比较研究，那么，其判断标准就应该是德性伦理现象背后的共同基础，即人的内在的善良本性。亚里士多德在《尼各马可伦理学》和《政治学》中都谈到伦理学是"对人类本性的研究"，是以使人实现为一个好人为目的，以培养人的德性为目标的。这也就意味着，是否有利于或在多大程度上有利于教导人们成为善良的、有德性的人便是比较伦理学做判断的标准。余纪元正是按照怎样成为一个好人这一主题展开其比较研究，并以此作为标准评价亚里士多德和孔子在伦理学主要方面的强弱与得失。

有些比较哲学家拒绝做出判断，是因为没有考虑衡量标准的问题。前述李晨阳在《道与西方的相遇》一书中就明确表示不做裁决。他认为，对于已经流传了上百年甚至上千年的哲学思想，因其各有自己的文化历史域境，故而对其判决必须从它的内部来做出。（李晨阳，2005：

---

① 韦宁连续发表三篇英文章来阐释这个概念。（Weber，2013：593–603；2014a：151–171；2014b：925–935）

② 对于韦宁观点的详细引述和评论，参见王强伟，2016：第 226–227 页。

第7页）其实，这个从被比较对象自身做出判断的思路是成问题的。所谓比较，一定是比较者按照自己的标准对被比较的双方（或更多方）进行评价，而不是从被比较方的立场或让被比较者自身做评价。也就是说，比较研究若要做出裁决或评价，一定是比较者按照自己的立场和观点对被比较对象做出评价，而无论如何不应该让被比较对象自我评判。当然，也可以在比照异同之后止步，不做评价性的判断。每一个传统，每一种哲学思想，都有其产生的自然与历史文化语境，都有存在的理由和价值（至少在其产生和流行之际）。如果听任自我评判，一定导致相对主义的结论。犹如在法庭上，一个原告和一个被告各做陈述，很可能是"公说公有理，婆说婆有理"，没有"公理"可言。再如，若让参与比赛的两个球队自我评判，恐怕也会莫衷一是。正如法官或裁判的作用在于根据自己的标准（已有法律或规则）做出判决，比较者的作用也是要对被比较对象的不同意见做出判决，其衡量的标准一定不是其中一方的理论或观点，而一定是区别于被比较对象并涵盖它们的更高、更普遍的原则或理论。比较者能否做出合理的判断，关键在于是否有一个公平衡量被比较者的标准。

笔者想指出的是，所谓做出判断，即表明被比较方各自满足这个标准的广度和深度的程度：或比较全面，或较为片面；或很充分丰盈，或缺失羸弱；或深入，或肤浅；或正确，或错误；等等。对于被比较的哲学对象做出的判断，有时可以是正确与错误，如同在逻辑学中概念之间的矛盾关系（A与非A），两者之间非此即彼，没有中间答案。但是，在很多情况下所做的裁决或判断往往不是非此即彼的是非对错，而是价值或意义的大小、广度和深度的程度。例如，余纪元在其《德性之镜》中讨论了两种德性——理智的与实践的，而且认为前者对于个人的幸福而言，具有更高的地位。相比之下，孔子及其儒学，则没有讨论理智的德性，但孔子和儒学对于"仁""诚"则论之甚为详尽完备。（余纪元，2009：第二章第五、六节）亚里士多德有比较完整的人的功能理论，而孔子较少谈及人的功能，但是儒家对于实现仁德而成为君子却有丰富的内容。这意味着，对于理智真理或科学以外的伦理等领域，比较者所做的判断是价值或意义多少的问题，不是真假正误的问题。换言之，在哲学等文化领域，比较研究所做的判断都是正值，而不是负值，如果用数学的语言来说，都是零以上的正数，而不是负数，如果用价值论的术语表达，则是级次不同或优势程度不同，没有科学或知识论意义上绝对对错的意思。

从上述可知，一个比较研究的开展，除了需要比较者和被比较对象这两个方面，还需要一个作为被比较对象之共同性的第三方，后者既是确定被比较对象时运用的内在根据，也可以作为比较者做出判决的标准。比较研究的第一步，是比较者根据这个共同的、具有较高普遍性的第三方确定被比较对象，例如余纪元实际上就是以德性论为根据选取孔子和亚里士多德的伦理学作为比较对象。比较研究的第二步，是使被比较对象相遇，并对比观察其异同，甚至指出异中之同或同中之异，由此而得知被比较双方各自的特点。比较研究的第三步，是根据一定的标准（往往是被比较问题的共性或更高一层的普遍性概念或命题、理论）做出裁决，即在什么意义上何者强、何者弱，何者优、何者非优，何者意义大、何者意义小，等等。比较研究的第四步，是综合创新而形成新的思想或理论，其方式包括将被比较各方的真理性（或正面）因素结合或整合，借以克服原有各方的片面性而获得较为完备的整体性思想或理论，也包括通过抽象、概括等逻辑思维从个别上升到更高的一般性或普遍性原理。需要特别指出的是，比较哲学研究，以及其他领域的比较研究，并非一定要走完这四个步骤。实际上，比较研究进行到哪一步取决于比较者的目的。假如比较者的目的就是发现被比较双方的异同和特点，那么，他的比较过程在完成其找出异同的任务后就完全实现了，没有必要继续下去。如果比较者的目的是明确被比较方之价值或意义的大小多寡，他就应该在比较出异同之后进一步做出裁决，这样才有可能"取其精华，去其糟粕"。假如比较者还想通过比较研究而成为一个哲学家或思想家，他就应该进一步完成综合创新、提高升华这一步，即把

"精华"或真理性因素综合起来或从个别上升到一般。这里重复一遍前面说过的话：在比较过程的这四个步骤中，前面的步骤不包含后面的步骤，即可以不进行后面的比较，但后面的步骤必须以前面的步骤为基础，因此，比较者必须首先完成前面的比较步骤。

参考文献：

郝大维、安乐哲，1996.《孔子哲学思维》，蒋弋为、李志林译，南京：江苏人民出版社。

黄勇，2017.《西方世界中国哲学研究者之"三重约束"》，崔雅琴译，《文史哲》第 2 期。

李晨阳，2005.《道与西方的相遇：中西比较哲学重要问题研究》，北京：中国人民大学出版社。

牟博，2008.《论比较哲学中的建设性交锋 - 交融的方法论策略》，《社会科学战线》第 9 期。

王强伟，2016.《比较哲学：一个观察和评论》，北京：中国社会科学出版社。

吴根友，2014.《求道求真求通：中国哲学的历史展开》，北京：商务印书馆。

《新唐书》，1975. 北京：中华书局。

余纪元，2009.《德性之镜：孔子与亚里士多德的伦理学》，林航译，北京：中国人民大学出版社。

张祥龙，1996.《海德格尔思想与中国天道：终极视域的开启与融合》，北京：三联书店。

——. 2008.《比较悖论与比较情境——哲学比较方法论反思》，《社会科学战线》第 9 期。

张志伟，2008.《跨文化哲学对话如何可能——关于比较哲学的几个理论问题》，《学术月刊》第 5 期。

Schwartz, B. I., 1992. "A Review of 'Disputers of the Tao': Philosophical Argument in Ancient China by A. C. Graham," *Philosophy East and West* 42（1）.

Weber R., 2013. "'How to Compare?': On the Methodological State CcomparativePhilosophy," *Philosophy Compass* 8（7）.

——. 2014a. "Comparative Philosophy and the Tertium: Comparing What with What, and in What Respect?" *Dao* 13（2）.

——. 2014b. "On Comparative Approaches to Rhetoric in Ancient China," *Asiatische Studien/Études Asiatiques* 68（4）.

通过美德伦理学超越传统 *
——余纪元著《德性之镜》的评论

丹尼尔·J. 勒米厄（Daniel J. Lemieux）

不管人们认为这个标题可能意味着什么，余纪元的《德性之镜：孔子与亚里士多德的伦理学》一书都是对美德伦理学的两种不同传统的完整解读，并且它批判性地考察了远远不止两位思想家的著作。这并不是说孔子或者亚里士多德在文本比较的重要部分不占中心地位，而是说，余先生通过更加完整地描画每一种传统的进路，提供了每一种传统观点的全方位图景，其中还有他自己的解释。这本书的卓越之处在于它能如此分明地勾勒出两种传统——经常被描绘成具有根本性的差异，有时甚至被认为是完全不可公度的——之间的相似性。余先生对孔子和亚里士多德的思想之间的显著相似性的刻画，将自身引向了整个比较哲学的一个光明未来，以及在已经呈现的共同基础之上的某种全球哲学的可能性。

---

* Daniel J. Lemieux，"Transcending Tradition through Virtue Ethics：A Review of Jiyuan Yu，*The Ethics of Confucius and Aristotle: Mirrors of Virtue*，" in *Comparative Philosophy: Reviewing the State of the Art*，ed. Stephen C. Angle（2016），Faculty Scholarship.3. https://wesscholar.wesleyan.edu/eastfacpub/3，pp.7–14.惠贤哲译，许欢校。——编者注

余先生努力远离那种使中国研究成为西方思想衍生物的比较方式。他借用了亚里士多德的"朋友如镜"（friend-as-mirror）与"拯救现象"（saving the phenomena）的概念，发展出一套更加建设性的比较方法论。（第 4 页）接受了这种做法之后，比较以如下方式被建构：两种传统分别去做另一传统的镜子，使得每种传统中呈现或不呈现的事物变得明显，与此同时，这有助于阐明呈现于两者之中的现象（phenomena，呈现的或者显明的东西）或普遍接受的意见（endoxa，著名的观点）。（第 5 页）本质上讲，比较两种不同的传统，并不是要明确地寻找相似性和差异性，也不是要找一个优胜者，比较者必须致力于理解一个个体是如何理解另一个个体的生存，并且去理解呈现于其中的公分母是什么。实际上，这看起来就像是在把问题进行归类，然后批判性地思考那些相似性与差异性的发现究竟意味着什么。余先生对于现象的萃取与并置（distillation and juxtaposition）创造了一个比较的平台，这个平台帮助我们避免了好斗的语言和投射（projection）。

余先生的比较范围涵盖了大量思想，处理了两种传统中的一些文本和观点。首先，余先生从亚里士多德的著作中选取了《尼各马可伦理学》《优台谟伦理学》《大伦理学》《政治学》《形而上学》等作品，还有柏拉图的《理想国》，作为亚里士多德的美德伦理学的代表。其次，余先生选取了《论语》《孟子》《大学》《中庸》作为儒家思想的代表。通过对这些文本的精细分析，余先生特意阐述了他的解释的论证过程，并在其中明确了他的相似性和差异性的主张。他做到这一点，是因为他按照主题来处理问题，他的书每一章都聚焦于孔子和亚里士多德的共同或对立的美德伦理学的某个不同方面，同时在更大的比较中明确这些方面各自的位置。

《德性之镜》一书开始于比较每种传统的美德伦理学的基础，分别考察了亚里士多德和孔子的美德伦理学的两个核心的目的概念："幸福"（eudaimonia）和"道"。第一章树立的观点为书中的其他部分奠定了基础。正如余先生所阐明的，两位思想家都意识到了伦理学的终极关怀是自我与某些隐藏的自然秩序的协调。关于 eudaimonia，余先生发现happiness 这一标准翻译过于简单以至于具有误导性。幸福不仅意味着活得好，并且意味着以某种方式获得成功，后者与通过正当行为达至幸福一致。类似地，道或者说"道路"（the way）暗示着上天——"道德价值和世界秩序的终极保证"（第 26-27 页）——设置的秩序。这两类关于理想的人类生存或道路的概念都是基于美德的观念提出的。对于亚里士多德而言，关注点在于美德（aretē），而对于孔子而言，关注点在于"德"和"仁"（我会在随后讨论这些概念的相似性）。余先生指出，两种美德伦理学中的基础概念如此大的相似性——尽管他们的历史背景不同——证明了一种共同现象（phenomena）或经验（experience）的存在。换句话说，这两位思想家都关注个体的完整生活（whole lives），并且寻找使人为善的东西。（第 21 页）

另外一个相似之处在于，两种传统对于人性（humanity）及其与德性的联系的关注方式，余先生在第二章用了大量篇幅讨论这一点。儒家对人类本性这个话题进行过激烈的争论，其中涉及了孔子、孟子和荀子的不同观点。然而，余先生自己首先关注的是孟子的人性（"性"）理论，他设想其中包括两重含义。"性"的第一重含义是"根本含义"（root sense），它描述了人的先天禀性，而"性"的第二重含义是"特殊含义"（special sense），它描述了人的特征。（第 58 页）余先生继续论述，这在结构和内容上都类似于亚里士多德的功能（ergon）观念。ergon 为了方便使用，被翻译为 function，但更准确地说，它表示对人来说"使其成为人的本质，或者人类最初的本体"（第 59 页）。余先生认为，ergon 非常像儒家的"性"，它是一个有双重含义的术语，也包含着一般用法和特殊用法。这种相似性更强烈地体现在，ergon 的一般用法和特殊用法——正如余先生所界定的那样——和"性"的用法几乎是一样的。当余先生指出这种相似追求是源于它们有着相似的对手：利己主义者和后果主义者，两者的对比就变得特别深刻。无论孟子还是亚里士多德，他们都必须捍卫他们的美德伦理学，使之不受近来流行的个人所得和利益观念的影响。因此，这一对比阐明了两种传统不仅在主题上，而且在叙事语境上是如何相似的，完全否认了那种认为不同传统内在地不可调和的主张。

也许亚里士多德和孔子的哲学中最为惊异的重叠部分是他们对美德和中庸的讨论。两位哲学家都选择以"中庸"（the mean）来刻画他们的美德概念，并且他们是以几乎相同的方式去描述和建构"中庸"的。举个例子，在两位哲学家对中庸的讨论中，都出现了射箭隐喻（archery metaphor）。余先生论证说，通过将射箭作为谈论中庸之道的工具，两位思想家都证明了他们的美德观念如何不同于简单的适度（simple moderation）或寻找中间立场（middle ground）。对于亚里士多德和孔子来说，中庸之道的发现和运用代表了一种双重的努力，即选择"在过度和不足之间"的东西，但也要做"正确和适当"的事情。（第84页）就像射箭一样，选择做有德性的行为也可能会在不止一个方面出错：箭可能飞得太左或太右，也可能飞得太高或太低。评估环境和击中目标这一任务需要的不仅是在各种极端之间保持适度，而且是对做正确之事所需行动的一种适当评估。

德性行为的最终目的是达到做正确之事的目标。的确，那个目标位于多组极端之间，但是，射手（或美德伦理学家）为了成功地实现他们的目标就必须了解这个状况。余先生论证说，两位思想家在他们的美德观念中所采取的另一个关键步骤是阐述了内在中庸和外在中庸之间的相互作用。虽然这些事情在每种传统中有略微不同的含义，但把它们放在一起阅读有助于阐明他们强调的是"有条件的道德反应"（conditional virtuous response），而不仅仅是适度。我们从《中庸》中可以看出，儒家的"中"或"内情"与"和"是相联系的，翻译过来就是harmony，它描述的是一种内在中庸在行动中的实践。（第83页）类似地，对亚里士多德来说，性格的发展对于美德在"激情与行动"中的恰当表现是不可或缺的。（第81页）还有，这两种传统都强调内在美德的实践，以便在一个人的行动中"击中目标"（hit the mark）。最后，余先生认为，将美德划分为社会情感（social feeling）、道德情感（moral feeling）和道德智慧（moral wisdom）三大类是两种哲学的内在建构。余先生对跨文化的美德伦理学的讨论，提供了对儒家和亚里士多德的伦理学的解释，两者在结构和概念上都出乎意料地契合。

在第四章中，余先生阐述了在他对于德性的讨论中引入的条件反应（conditional response）与倾向（disposition）的概念。尽管基于不同的信念，《德性之镜》中两位著名思想家都相信德性行为的重复。"我们总是在修身养性（cultivation and refinement）的道路上"（第168页），这一观念与孔子和亚里士多德的伦理学产生了共鸣。对孔子来说，这意味着通过遵循礼回归仁。亚里士多德虽然较少关心严格意义上的传统，但重视通过社会习俗和重复行为来使得道德行为成为一种习惯。余先生解释说，两位作者都同意"重复的好行为产生好性格，而重复的坏行为产生坏性格"（第98页）的观点。对于这些美德伦理学家来说，做得好需要在行动中实践，它才能内化并被理解为美德。余先生论证说，这部分源于快乐和痛苦，或喜欢和不喜欢某些刺激物所带来的影响，并且人类倾向于被带来快乐的行为吸引，而不是被德性行为吸引。孔子和亚里士多德都不认为这种冲动是一种绝对消极的东西，但它会阻碍德性行为。《论语》中写道："好仁者，无以尚之"。因为有德性地行动部分表现为克服冲动，而那些有冲动做德性行为的人并不一定要限制自己好的行动。（第103页）孔子认为家庭是负责发展礼仪和教化的主要社会结构，亚里士多德则认为是政治制度（虽然孔子也认为政治是美德和教化的重要组成部分）。最终，孔子和亚里士多德都认为，人无疑是社会存在，要实现他们的全部潜能，就需要人与人之间的互动和联系。余先生认为，对于礼仪和何为道德行为的学习，然后还有对于那些学习内容的重复，都表明了不断重复的教化的共同价值，无论这种学习是通过家庭灌输的价值观，还是通过政府设定的规范和期望。

余先生解释说，尽管孔子和亚里士多德可能都不同意苏格拉底的方法与信念中的理智主义（intellectualism），但他们仍然认为理性在伦理学中占有一席之地。概念化（conceptualization）和判断力（discretion）在亚里士多德的"实践智慧"（phronesis）和孔子的"义"（适当性）中扮演着重要的角色。这两个概念都有一定程度的模糊性和争议，但在这个方面仍然有相关的联系。余先生在第五章中对这些主题进行了详尽的论述。这一章考察"德性"的第三部分：伦理智慧（ethical wisdom）。余先生认为，这两种观点的相似之处就在于，它们所描述的一个人如何实现它们的伦理目标的动机。对于这两位哲学家来说，这些能力同时包含了内在动力和外在动力，它们由两个相互联系的部分组成。在亚里士多德看来，伦理智慧由认识正确的事物和选择正确的事物两部分构成，而孔子则认为伦理智慧是"义"（适当性）和"智"（智慧）。如果美德是"一种知道该做什么并选择去做的倾向"（第148页），那么这两个偶然的部分都允许个人将这种善良的性格付诸行动。正如余先生所指出的，这代表了两种德性伦理学中的行为机制，即提供了一种将倾向转化为善行的方式。

《德性之镜》的后两章主要论述了儒家与亚里士多德的美德伦理学的主要区别。第六章是对人类的最高道德境界的不同解读。紧接着的是亚里士多德对实践与沉思的区别的讨论，这在儒家伦理学中是没有的。首先，对孔子来说，道德修养的最高境界是自我完善（self-completion）或"诚"，而对亚里士多德来说，则是"沉思"（contemplation）。我所理解的两者不同之处在于，孔子认为，通过达至"诚"因而成为圣人，一个人可以做到与"道"最大程度的一致，然而，亚里士多德认为仅仅拥有这种能力是不够的，要完全地把它实现出来，你必须通过"沉思"来践行它。其次，亚里士多德发展了一种德性的分化结构，理智在这种结构中是实践德性（practical virtue）发展之后最后一步被发展出来的。相反，孔子为了发展出一种没有任何组成部分的凝聚力，提倡自我实现（self-actualization）。书中各处还提到了其他一些不同之处以及每种思想的一些独特之处，第六章和第七章包含了对那些余先生认为是最明显的不同之处的基本考察。

现在看来，余先生在这本书中做了许多令人赞叹的事情，从详尽的分析，到富有启发的观察，到证据充分的论证。在很大程度上，余先生在这整本书中所构建的论证说服了我。话虽如此，但我对这本书的某些方面还有一些小的疑虑。我将以讨论余先生的方法论开始我的评论。在此之后，我将尝试处理书中一部分我认为特别引人瞩目的内容。

这部著作特别值得赞扬的方面是其讨论的范围之广。余先生的比较在两重意义上提供了一个广泛的视野。首先，他关注的不是两种传统相似或不同的单一问题。相反，他在更大的伦理学比较框架内分析和讨论了几个不同的、复杂的问题。余先生写道："我们比较的重点是……每一种伦理学的实质内容，即每一方伦理学文本中的思想和论点。"（第17页）余先生成功地以清晰和有针对性的方式处理了广泛的话题，同时提供了相互竞争的意见，而没有过度强调他的论证。其次，余先生用几篇不同的文本来支撑他对这两种传统的看法，从而使他的比较更加全面。余先生最初"只是想比较《论语》和《尼各马可伦理学》……但很快就发现……它没有那么有价值，也没有那么有趣"（第18页）。正是通过拓宽他的阅读范围，余先生才能够处理如此多的主题。然而，我确实觉得他对二手文本（《论语》或《尼各马可伦理学》之外的文本）的使用更多是为了儒家传统，或许他对儒家伦理学给出的解释比对亚里士多德伦理学给出的解释要更为普遍化。余先生作品的广度是值得称道的，他将如此多的主题结合在一起，对这两种传统进行了独特的探索。

同样值得注意的是，对所有这些文本及其思想的解释都是激烈辩论和讨论的领域，因此可以推出比余先生所选择的更多的解释。余先生在阐明自己的解释的同时，也阐明了争论的主要领域，并且我认为他很好地完成了这项工作，全面而不失简明地阐述了这些问题。承担如此宏大的工作，需要在可能排除有用信息和将必要观点与次要思想弄混淆之间做出选择。例如，儒家关于人性的辩论是一个被大量讨论的主题，任何关于这个问题的讨论都必须承认这一点，但它可能会占据整个章节。相反，余先生通过对孔子和荀子的论述，提出了儒学思想中关于人性的不同阵营，同时主张我们分析的主体将是孟子。（第54页）总之，他涵盖了许多非常有争议的话题，每一个都有大量的著作与之关联。因此，我很难相信，任何一个在过去从事这些伦理学研究的人，对余先生的任何观点都不会感到不安，但话虽如此，我并不认为这有损于他论证的说服力。

麦金泰尔声称："要裁决（孔子和亚里士多德的）对立主张，可能要诉诸两个体系之外并且相对双方保持中立的共同标准和尺度，这样的共同标准和尺度是不存在的。"[①]我认为，余先生在他的比较中使用"朋友如镜"很好地阐明了他打算做的比较工作背后的意图，并且，这在某些方面反驳了麦金泰尔的挑战，但在另一些方面却有所不足。通过把每一位哲学家作为比较的参与者，揭示其长处和短处、相同点和不同点，我们朝着构建一个共同的真理和可以在其中提出的新问题迈进。余先生称："使他们成为彼此的镜子使我们得以反思各自伦理学的传统根基，审视他们未经审查的预设，并提出双方何以用他们各自的方式研究伦理学的不同视角。"（第4页）在很大程度上，这种方法避免了那些与萨拉·A. 玛蒂丝（Sarah A. Mattice）所谓战斗隐喻（combat metaphor）相关的语言，这个隐喻经常在比较哲学的讨论中占据上风，让我们倾向于试图选出一个优胜者。[②]此外，余先生对"朋友如镜"的使用是作为比较路径的另一种选择引入的，不同于那些使用西方哲学作为模型、框架或工具来分析非西方传统的比较路径。麦金泰尔提出了几个关于不可公度性和相对主义的论证，他认为，即使在最好的情况下进行比较，"每一个都将在自己的话语中呈现另一方的信念，并将它们从相关传统中抽象出来，因此在某种程度上也会导致误解"[③]。虽然我认为余先生肯定成功地质疑和分析了这两种传统，而没有把西方哲学作为一个既定的前提，但我不敢说用亚里士多德的概念来比较亚里士多德和儒家的思想是

---

① MacIntyre，1991：109.

② 参见 Mattice，2014：1。

③ MacIntyre，1989：188.

完全没有偏见的。从这个意义上说，余先生的方法论并不是一个完全中立的比较标准。然而，我不同意麦金泰尔的观点，即这一状况会让使用这种方法进行的比较变得无效。虽然我认为余先生在避免一面之词（one-sidedness）和泛泛而论（generalization）的问题上做得非常出色[1]，但重要的是，要认识到这本书是从西方话语的角度写的，而不是完全移除所有的传统。

关于这本书的分析一开始所提出的论证，我发现余先生一上来就以一个清晰而令人信服的例子来说明"道"与"幸福"（eudaimonia）之间的相似之处。这一比较为接下来的论证奠定了基调，因为它例证了两种美德伦理学尽管基于不同的原则，但其意图是多么协调。从某些方面看，余先生在第一章提出的论证就像一所房子的地基：没有它，整个论证就坍塌了。余先生首先论证了每位思想家理想的终极性（finality）。"道"代表的是由上天设置的事物的规则，"幸福"代表的是道德的标准，因为它代表着充分实现潜能和幸福。余先生以"朋友如镜"为方法，对不同语境的概念的相似意图进行了有说服力的论证。除了起源不同，对于通过这种理想寻求启蒙教化的个体来说，两者都代表着个体的实现和幸福。余先生在这一章对美德的讨论也是一个很好的例子，它说明了他如何构建他的解释，以便使两者间的联系更加明显。余先生将儒家美德（"德"和"仁"）定义为"使人成人的东西"，而将亚里士多德的"美德"（aretē）观念视作"使人善并使之实现其功能的状态"（第35页）。在这一章，余先生将美德与两位思想家的道德理想内在地联系在一起，从而解释了美德是如何以几种略微不同的方式被构思出来，却在相似的语境中用于相似的目的。

在第一章的后半部分，余先生用苏格拉底代替亚里士多德，比较了每一种传统中伦理学的建立。尽管这条探究之路引出了许多引人入胜的

---

① 蒂姆·康诺利（Tim Connolly）解释说，一面之词是把我们自己传统的观念同化为另一个，而泛泛而论则是在描述另一种文化及其哲学时使用"宽泛的描述"（broad characterization）。（Connolly，2015：105，125）

观点，但将苏格拉底纳入其中，多少让人对这两种传统的起源比较产生了一种混乱的印象。这是因为苏格拉底被描绘成西方伦理学的先驱，然后又被设定为孔子和亚里士多德的美德伦理学的对立面，他作为一个过于理智的、厌恶传统的思想家，没有过多考虑个人的幸福。余先生认为，这两种伦理学传统都是从神的命令的某种复述中开始的。话虽如此，苏格拉底和孔子都从未声称自己研究哲学是因为神或上天让他们这样做的，他们都是出于"自我获得的义务，而不是直接的谕旨"（第39页）。亚里士多德没有对他追求伦理学的灵感过多解释，他在许多方面重新评估了苏格拉底的伦理学。事实上，"亚里士多德和孔子有许多相似之处，因为他们不同于苏格拉底"（第47页）。在余先生的比较中，苏格拉底的介入这180度的转弯是否必然是有问题的？我们能否将一位思想家同时作为一种伦理学的奠基人和陪衬者？虽然我认为苏格拉底的介入和西方伦理学的起源很吸引人，但我不知道这是推进了余先生的相似性论点，还是削弱了它。也许这就是余先生的工作范围广泛的缺点：这种探究带来更多的成果，但也带来更麻烦的结果。

在我看来，书中对相似性的最有力的论证之一是美德和射箭隐喻的并置，这是两种哲学的相似含义的切题证明。这是因为，它证实了余先生的许多主张，同时提供了两种哲学之间的共同意象的一个实例。首先，射箭是在你的行动中使用内在中庸（inner mean）达至外在中庸（outer mean）的恰当表现。当弓箭手瞄准并调整以试图达到正确的轨迹时，他或她就是在转换倾向上的内在中庸来执行恰当的动作，从而击中目标。也许在这个意义上，一个好人仍然具有"坦白正直之人"（straight shooter）的惯用概念的特征；尽管一个人可能并不总是击中目标，但他或她在行动中诚实和直率，因此"做得坦白正直"。其次，这个隐喻显示了中庸观念的二重性，即中庸部分地存在于各个极端之间，也在于做正确的事。弓箭手可能只是简单地测量所有方向上的极端的中间值，或者计算即将到来的龙卷风的风速；无论如何，目标仍然是击中目标。最后，射箭例证了要获得适当反应的条件。一个人要射好几年的箭才能稳定地射中目标。在很多方面，射箭的例子为这种跨文化的美德伦理学的交流提供了一个媒介。在使用一个从对于两种传统都有文化相关性的形象中抽取的例子时，余先生利用了共同例子的恰当重合，并令人信服地证明了这一细节如何具有共同的含义。

余先生以这一可能被误解为两位思想家所共有的肤浅特点为例，阐释了关于美德的文本讨论如何明确表明射箭（隐喻）对于亚里士多德和孔子两人多么核心。余先生的论证超越了简单的概念比较，即他们各自如何处理这个隐喻，剖析了射箭意象的起源和含义，围绕着中庸讨论相关术语的词源学，以及中庸的解构部分。余先生前面就指出，孔子和亚里士多德都在远离上层阶级的道德观念，而这种道德观念在他对射箭的研究中重新出现，因为射箭在两种文化中都是高贵和阳刚的象征。（第90页）余先生始终注意和关注这两种哲学选择的词所引发的意象。例如，"亚里士多德反复使用了'命中中庸'（hitting the mean）这个表达。'命中'（stochastikē，来自动词 stochazesthai，瞄准或射击）一词强烈地表明，射箭的技艺是亚里士多德建立中庸学说的模型"（第86页）。同样地，"在汉语中，'发'直接与'发射'有关，也和动词'中'（命中目标）有关。要赞扬一位优秀的射手，人们会说他'百发百中'（字面意思是射出一百支箭并命中一百次目标）"（第85页）。"命中中庸"和"中"等核心概念阐释了射箭与德性伦理学（或至少是中庸观念）之间不可分割的联系。在阐述两位思想家的德性伦理学体系的术语如何唤起射箭意象的过程中，余先生展示了两种德性伦理学的相似结构如何是有意为之的。

最后，我觉得这本书很好地证明了孔子和亚里士多德的相似之处，同时也重申了他们的独特之处。除此之外，我认为余先生对这两种哲学的根本区别进行了批判性审视。虽然我认为最后两章发人深思，但我不认为它们的不同之处会像相似之处那样让人印象深刻。余先生在最后几章中提出的两个主要区别，都是亚里士多德做的而孔子没有做的区分。在我看来，这里提出的区分更多是在重点上而不是在内容上，因为我认为孔子尤其不会同意已经开化之人应该做德性行为和沉思，或者说美德同时包含了实践性和沉思性因素。亚里士多德认为："首要的幸福是一种沉思的生活，而一种实践美德的生活则是第二位的。"（第 169 页）这源于他对理论与实践的分离，这是两者之间的第二个主要区别。与此同时，孔子认为"人类原初性善的最终实现……被称为'诚'"，余先生称它"更多是实践美德的对应物"（第 169 页）。现在，虽然"诚"建立在通过"仁"的发展来实现自我实现的顶点，但我认为儒家对圣人的追求也有一个理论方面。《孟子》说："心之官则思，思则得之……。此为大人而已矣。"[①] 我认为，通过反思发展个人的"伟大部分"（great parts）的兴趣类似于沉思的持续的理性行为，而余先生认为这是亚里士多德哲学独有的。虽然沉思对亚里士多德的美德伦理学来说尤为重要，但儒家伦理似乎并非完全缺少美德的理论之维。在我看来，区别更多在于亚里士多德对沉思的重要性的强调，而非亚里士多德的哲学包含了一种孔子哲学所不具备的观念。

总而言之，《德性之镜：孔子与亚里士多德的伦理学》是建构性比较哲学的胜利，因为它努力创造互惠互利而非一个优胜者。余先生的论证深思熟虑并且被用心地加以证实。这项工作将为未来的跨文化伦理学研究提供一个起点，并反驳了不同传统的不可公度性。余先生并没有回避围绕任何一位思想家的争议，并且在承认那些细微差别的同时注意提出自己的观点，为相似性创造了令人信服的论证。在我看来，余先生已经完成了令人印象深刻的任务，即梳理和讨论了两位被大量讨论的思想家著作中的基础、框架、概念和论证，这样不仅他们的观点可以相互交流并提出新的问题，而且人们可能会很惊讶为什么这样明显的联系还未曾被提出过。

参考文献：

MacIntyre, Alasdair, 1989. "Relativism, Power, and Philosophy," in

---

① 《孟子》6a15；参见 Mengzi, 2008：156。

Relativism: Interpretation and Confrontation, ed. Michael Krausz. Notre Dame: University of Notre Dame Press, pp.182–204.

————. 1991. "Incommensurability, Truth, and the Conversation Between Confucians and Aristotelians about the Virtues," in *Culture and Modernity: East-West Philosophic Perspectives*, ed. Eliot Deutsch. Honolulu: University of Hawaii Press, pp.104–123.

Mattice, Sarah A., 2004. "'Introduction' and 'Metaphor and Metaphilosophy'," in *Metaphor and Metaphilosophy: Philosophy as Combat, Play, and Aesthetic Experience*. Lanham: Lexington Books.

Connolly, Tim, 2015. *Doing Philosophy Comparatively.* London: Bloomsbury Academic.

Mengzi, 2008. *Mengzi: With Selections from Traditional Commentaries*, trans. Bryan Van Norden. Indianapolis: Hackett.

余纪元著《德性之镜：孔子与亚里士多德的伦理学》的评论 *

布拉德·威尔伯恩（Brad Wilburn）

在《德性之镜：孔子与亚里士多德的伦理学》中，余纪元致力于比较两位颇有影响力的思想家——孔子与亚里士多德——的伦理学思想。这本书"旨在通过比较来发展一种对它们各自的解释"（第3页）。余先生借助亚里士多德"朋友如镜"（friend-as-mirror）的隐喻来描述他的计划。正如德性上相似的朋友可以通过审视对方从而更好地看待自己，把"（亚里士多德和儒家的伦理学）作为彼此之镜，能够指引我们反思两种伦理学的传统根基，审视其未经审查的预设，并提出双方何以用各自的方式研究伦理学的不同视角"（第4页）。因此，在这本书最后，余先生给我们提供了一个对亚里士多德的解释，一个对孔子的解释，以及对两者的全面比较。

余先生从两个方面进行了广泛的比较。首先，他从两位思想家的伦理学思想的大体出发来进行比较，而不是关注他们观点中的一个方面。其次，他将范围广泛的文本纳入他的讨论之中。在亚里士多德方面，余先生专注于亚里士多德的《尼各马可伦理学》，尽管他在适当情况下也

---

* Brad Wilburn, "Review of Jiyuan Yu, *The Ethics of Confucius and Aristotle: Mirrors of Virtue*," *Notre Dame Philosophical Reviews* 3（2008）：1–3. 惠贤哲译，许欢校。——编者注

使用了《优台谟伦理学》与《大伦理学》，以及亚里士多德的其他作品。此外，余先生还对苏格拉底和柏拉图进行了一些讨论，以便将亚里士多德置于背景之中去理解。在儒家方面，余先生利用经典儒家思想的"四书"，不仅包括《论语》，还有《孟子》《大学》《中庸》。

各个章节按主题进行组织，对孔子和亚里士多德的讨论贯穿始终。在第一章，他提出了他们观点的核心概念：亚里士多德的 eudaimonia 或 happiness（幸福），孔子的道或道路（the way），以及两者共有的美德概念。在第二章，他讨论了这些思想家如何将他们的伦理学思想植根于其人性概念中。在第三章至第五章，余先生专注于亚里士多德的实践德性，即品格的美德以及实践智慧的理智美德，和一般的儒家美德，即"仁"。第三章侧重于这两位思想家的中庸学说。第四章探讨了美德是如何培养的——亚里士多德的习惯化过程和孔子的礼仪化过程。第五章着眼于伦理智慧（ethical wisdom）。在第六章和第七章，余先生转向了对这两位思想家的最高善（highest good）的讨论——亚里士多德的"沉思"（contemplation）和孔子的"诚"（余先生译为"自我完善"）。最后两章转向了余先生在亚里士多德思想中发现的一对区分，但他没有在孔子思想中找到这对区分。第六章讨论了美德（virtue）与德性活动（virtuous activity）之间的区别。在这种区分的基础上，余先生发展了一种对亚里士多德的幸福（eudaimonia）概念的理解，其中包括做得好（acting well）和活得好（living well）之间的模糊性。第七章涉及实践智慧和理论智慧之间的区分。再次诉诸他在亚里士多德那里发现的做得好和活得好之间的模糊性，余先生就介入了亚里士多德研究界的相容主义（inclusivism）和理智主义（intellectualism）之间的争论。他认为亚里士多德的活得好概念包括了各种层面的善（goods）和活动，而我们能达到的做得好的最高形式是智力活动。

余先生的讨论有许多宝贵的见解和有趣的建议。我将列出几个。首先，余先生在第三章对中庸学说的讨论建立在一个射箭模型的有趣表述之上。孔子和亚里士多德都使用射箭隐喻，而且余先生说，这个隐喻可以帮助我们正确理解这两位思想家的中庸学说。余先生确定了"关于亚里士多德和孔子伦理学的中庸含义的两种观点：（A）中庸处于过度和不足的中间；（B）中庸是正确或恰当的"（第 84 页）。余先生认为，射箭隐喻能够帮助我们统一这两种观点。成功是一个击中正确、合适的目标的问题，并且一个人可能在目标的任何一侧误入歧途，因此击中正确的目标是介于两种出错方式之间的事情。

作为进一步的例子，余先生对在亚里士多德和孔子那里出现的美德统一性进行了有趣的解读。他指出了这些思想家的美德究竟是通过什么结合在一起的：亚里士多德的实践智慧（《尼各马可伦理学》6.13），孔子的学习仪式和对适当性的判断（《论语》17：8）。他指出，这种说法针对的是完全意义上的美德。余先生从中汲取的经验在我看来是正确的经验："这意味着，对于两种伦理学而言，我们总是在教化（cultivation）和完善（refinement）的道路上，无论是特定的美德（particular virtue）还是一般的美德（general virtue）。"（第 168 页）"人的各种品格美德是统一的"这一说法是建立在完全、完整的美德概念之上的，而这种美德概念是必要的，并且它可以引导一种持续的自我修养（self-cultivation）的过程。

作为最后一个例子，余先生在最后两章发展并运用了以下说法，即亚里士多德的幸福概念在做得好和活得好之间是模糊的，这是一个发人深省的建议。我虽然将在下面对这一说法提出一些看法，但承认其价值是非常重要的。一方面，余先生在为这一说法辩护时，对文本进行了仔细的解读；另一方面，他以一致和系统的方式用这一分析来解决亚里士多德伦理学中最为棘手的两个问题：外在的善（external good）在亚里士多德的美好生活（good life）概念中的角色和亚里士多德在《尼各马可伦理学》10.6–8 中将沉思抬高到公民参与的生活之上。余先生利用这种模糊性，就能够承认外在的善以及公民参与的生活对于作为活得好的幸福的重要性，同时坚持认为，当我们将幸福理解为做得好时，关于幸福的更加排他式的主张就是恰当的。

余先生的计划展示了一种雄心，但也会涉及一些典型的挑战。一方面，关于亚里士多德和儒家思想的学术讨论已经进行了几千年，因此，正如余先生经常承认的那样，不可能对这些学术争论进行彻底的讨论。这意味着这是一条困难的走钢索之路。考虑到该书雄心勃勃的视野，人们不想陷入太多细节的泥潭。另一方面，不见任何树木就考察森林也是错误的。在大部分情况下，余先生在走钢索方面做得令人钦佩。他在仔细阅读原始文本的基础上很好地阐述了争议之处。他描述了学术上的争议，不带讽刺，也不沉溺于其中。尽管他无法追踪所有可能的反对各种对手的论证路线，但他清晰地提出自己的立场，这些立场通常是有可能的，并且事实上是有文本依据的。对于一部试图涵盖与余先生著作一样多的作品来说，这是正确的写作路径。

另一个余先生所从事的那种比较彻底的挑战是，有时比较的切入点可能是牵强的。余先生最大程度地避免了这种情况。尽管他能够识别出许多有趣的相似之处，但他也善于承认差异。一个典型的模式是，他将指出两个不同的概念（如亚里士多德的习惯化过程和孔子的仪式化过程）如何发挥类似的功能作用，即使各自是以不同的方式做成的。例如，在第六章和第七章，余先生在孔子的"诚"或"自我完善"（self-completion）和亚里士多德的"沉思"（contemplation）之间做出了一个粗略的对比。余先生认为，这两个概念是两位思想家的最高善，但他在这两章中的讨论强调了它们之间的区别。诚是德性（virtue），而沉思是德性的活动（virtuous activity）。此外，对于亚里士多德，沉思是我们的理论理性的卓越实践，而孔子则没有单独的理论智慧的范畴。余先生指出，这两个概念的主要其他相似之处在于，沉思是我们最神性的部分的活动，而"诚"是我们人性的充分实现，这是上天（Heaven）赐给我们的，并将我们与上天联系在一起。因此，余先生对有趣的相似之处有着敏锐的眼光，但他避免了仅仅为了使两者观点彼此步伐一致就对观点做出错误描述（mischaracterizing）。

考虑到余先生计划的范围，任何熟悉其中一位或两位思想家的读者都很可能会不同意余先生的阐释和比较的一些细节。我将指出我所持有的两点分歧，但我想首先提出两点一般性意见。首先，我不认为这些不可避免的分歧是余先生的处理方式的弱点。通过对亚里士多德伦理学和儒家伦理学的广泛解释，以及对两者的广泛比较，余先生在其中许多问题上表明了清楚的立场，推进了一个颇有成效的学术讨论，从而将许多个别争议置于更广阔的背景之中。其次，我认识到，我所列出的挑剔之处可能是特殊的（idiosyncratic）。其他学者很可能在这些问题上同意余先生的观点，而在我认为余先生正确的其他问题上可能不同意余先生的观点。

首先，我对余先生声称亚里士多德的幸福概念在做得好和活得好之间是模糊的这个观点表示担忧。这个观点主导了余先生在第六章和第七章的分析。我担心的是在这里亚里士多德可能不会主张这样一种区别，这会让他在两种不同的幸福观念之间来回摇摆。我对功能论证（《尼各马可伦理学》1.7）的解读是，亚里士多德试图从做得好的角度来理解活得好。真正的人类生活是由某种活动（理性活动）刻画的，因此，人的美好生活（或人活得好）是由较好地或出色地或有德性地做这种活动来刻画的。这确实给亚里士多德带来了挑战，因为这会把活得好与做得好联系得过于紧密，所以可能很难说亚里士多德最后在这条路上走了多远，但这确实看起来像是亚里士多德的道路。

其次，在我看来，余先生声称亚里士多德的最高善是德性活动，"但不是具有德性"（第22页），而对于孔子而言，"重要的是美德，而不是它的活动"（第191页），这夸大了两位思想家之间的区别。他指出按照亚里士多德的说法，一个人在睡觉时可能拥有美德，但这并不构成美好的生活。他认为，"从孔子的角度来看，亚里士多德把德性生活比作睡眠状态令人不安"（第193页）。他举了颜回的例子说，孔子曾高度评价过颜回，尽管颜回缺乏外在的善，也不是一个成就巨大的人，甚至还早死。余先生认为，"如让亚里士多德来评价颜回的一生，结果将会不同"（第191页）于孔子的积极评价。这里存在一个对比，余先生在这一点上很可能是对的，但我认为这更多是强调性的对比，而不是实质性的。两位思想家都认为美德和德性活动同样至关重要。正如余先生所指出的，儒家并不倾向于做出这种区分，但这是因为"他们似乎认为，如果一个主体拥有美德，那么当面临一个实践它的场合时，他就会去做"（第176页）。我觉得这并没有减少德性活动的价值，因为它隐含了对德性活动与美德不可分割性的承诺。在我看来，如果设想一个德性之人一生都在睡眠中度过，孔子的回答可能不会认为这样的人的生活价值没有减少，但他可能会不理解这样的生活怎么会被认为是德性的生活。颜回的一生可能没有巨大的成就，也没有外在的善，但可以想象它包含了大量的德性活动。在余先生于第190页引用的段落中，颜回被描述为不发泄愤怒，不会两次犯同样的错误，全神贯注倾听孔子的意见，在工作时勇往直前。这些似乎都是他实践自己的卓越，而不仅仅是拥有它的例子。至于亚里士多德，我不同意余先生的说法，即"亚里士多德把美德作为其幸福主义的核心话题，又把《尼各马可伦理学》的大部分讨论集中于美德，但随即声称，一种德性生活若无活动就等于一种沉睡生活，这肯定是很奇怪的"（第193页）。即使德性活动是最高善，美德仍将是一个中心话题，因为美德是德性活动的核心。亚里士多德的"沉睡论"（sleeping thesis）并不是说，德性的生活就像沉睡的生活，而是沉睡的生活可以是沉睡者仅仅拥有美德的生活，我们不会仅仅因为沉睡者有美德，就把这样一种一直沉睡的生活看作一个令人信服的目标。亚里士多德在此可能不是正确的，但这不意味着美德的价值与它的践行密切相关这一主张就变得"太过强大"（第194页）。

总之，这是一本非常有价值的著作。它是对这两位思想家进行的丰富而有文本依据的探讨。它是对他们之间的相似之处和分歧之处的一个有启发性的解释。在整个著作中，余先生提出了许多富有成效的建议和发人深省的主张，这些建议和主张进一步加深了我们对这两位思想家的理解，也加深了我们对他们同时纠结的深层次问题的理解。

以亚里士多德之镜观照儒家伦理学？ *

萧　阳

　　很荣幸能够参与这次关于余纪元的大作《德性之镜：孔子与亚里士多德的伦理学》的研讨会。我相信，回报这一荣幸的最好做法就是积极地和批判地参与到对余纪元所提出的问题的讨论中去。不过，在本文，我将只能选择这本内容极其丰富、宏大、博学、激动人心的书的有限几个方面来讨论。我将会专注于这本书的三个最令人印象深刻的成果。

　　这本书的第一个成果是，它对如何从事比较哲学的方法论的贡献。余纪元用一种"批判性"和"哲学性"的方式重新定义了如何从事比较哲学这一实践。首先，对余纪元而言，"批判性地"（critically）从事比较哲学意味着我们对比较的双方都应当做批判性的审视；没有任何一方应当被看作一个毋庸置疑的权威。这本书的一个强项是，作者是一位亚里士多德专家，而这本书既是关于亚里士多德的也是关于儒家的。① 事实上，正如他让儒家看起来更像亚里士多德，余纪元的亚里士多德最后也带有了某种儒家的特点。其次，"哲学性地"（philosophically）从事

---

　　* 原文题目为 "Holding an Aristotelian Mirror to Confucian Ethics？"，载于 *Dao* 10（2011）：359–375。许欢译，萧阳校。——编者注

　　① 余纪元的第一本书是关于亚里士多德形而上学中的 being 概念的专著（Yu, 2003）。

比较哲学则意味着我们还应当探究这两种被比较的伦理学体系本身究竟是不是真的。他认为，仅仅提出关于儒家伦理学和亚里士多德伦理学的融贯的（coherent）解释是不够的；我们还想要知道它们是不是真的（true）。换句话说，余纪元的旨趣不仅是要寻找儒家伦理学和亚里士多德伦理学的"正确的解释"，而且还在于追问它们是不是一种"正确的伦理学"。他最后达成的结论是："无论亚里士多德还是儒家，都不是完全正确的或完全错误的"（Yu，2007：6）。

　　余纪元的第二个成果是，他对儒家伦理学和亚里士多德伦理学各自给出了融贯的解释（coherent interpretations）。面对这本书，读者注意到的第一件事就是余纪元的思考方式可以用人们通常用来形容亚里士多德的形容词来加以描述，例如"系统性的"、"细致的"、"耐心的"和"有洞察力的"。不过，余纪元还是一个更深层次的亚里士多德主义者：他熟练掌握了亚里士多德的"拯救现象"（saving the phenomena）的方法，以及亚里士多德式的制造区分的技艺（the Aristotelian art of distinction-making）。读者会发现余纪元经常会做出各种分类（classifications）和区分（distinctions），并且分类之下还有分类，区分之下还有区分。由于亚里士多德制造区分的技艺是澄清和消解矛盾以及不一致的最有效方法之一，不难想象，人们在读这本书时，儒家伦理学和亚里士多德伦理学的清楚融贯的图景就逐渐浮现出来了。

　　余纪元的第三个成果是，如果我们假设儒家伦理学的基本结构的确以镜像的方式平行于亚里士多德伦理学的基本结构（尽管他也指出它们之间具有不同程度的差异和不同层次的对比），那么，我们可以在这本书中找到对这一结构最为系统的描写。① 或许我们可以对这本书做这样一个概括性的总结：它基本上有两个重要的结论。第一个是由一系列我将称之为"'平行结构'（parallel structure）论题"（PS 论题）（以及支

---

　　① 这里需要强调的是，这个句子有一个限定性子句，"如果我们假设……"。我个人其实并不接受这一限定性子句。我在本文的第二部分会回到这一点。

持这些命题的详尽而细致的论证和文本解释）构成的。^① 第二个是一个更为一般性的镜像论题（general thesis），我们可以将它表述如下：

> （GT）儒家伦理学是一种美德伦理学，并且在结构上以镜像的方式类似于亚里士多德的美德伦理学。

我们后面会看到，一般性的镜像论题（GT）应当被看作对所有特殊的"平行结构论题"（PS）的一个概括总结而得到的结果。

以下是我这篇文章的行文脉络。它分为四个部分：第一部分、第三部分和第四部分分别处理上面提到的三个成果，而在第二部分，我将会选择这本书的两个成问题的方面做一个批判的和哲学的审视。一个针对的是在对一般性论题（GT）进行论证时，余纪元对于英语世界当代伦理学理论的类型学所做的预设；另一个针对他对孔子与儒家伦理学所涉及的有关文本的统一性与同质性所做的预设。

一、批判性地和哲学性地从事比较哲学

在这一部分，我首先将讨论余纪元的工作面临的一种可能的反对意见，这种反对意见来自对于整个比较哲学的一个一般性的担忧。我将跟随史华慈（Benjamin Schwartz），把它称为"诉诸西方的'最新话语'"（appealing to the "latest word" from the West）的反对意见。对此，我将说明史华慈已经提出了一个很好的解决方案（我称之为"史华慈策略"）；我们会发现，余纪元其实也采纳了这样一种策略。

余纪元论证说，对儒家伦理学和亚里士多德伦理学做比较研究是必要的。在他的论证中，他运用他所说的"亚里士多德的'朋友如镜'命题"，指出儒家和亚里士多德是"朋友"，两者的伦理学"可以被视为彼

---

① 如果某人把余纪元在书中所辩护的所有主要命题放到一块，他就会注意到它们几乎全都是"镜像平行结构命题"。

此的镜子"（Yu，2007：4）。余纪元书的一位评论者已经正确地指出了儒家和亚里士多德并不能成为字面上的"朋友"："亚里士多德和儒家并非朋友。他们从未相遇而且从来没有见过对方。他们没有'一块活动'和'共同生活'，而这些是成为亚里士多德所说的意义上的朋友所需要的东西。"（Wenzel，2010：306）不过，我们可以看一下余纪元到底是如何论证他的主张的：

> 一个人过他自己的生活，但是，一个人依然以各种不同的方式需要朋友，相似地，我们必须通过读亚里士多德和孔子自己的原著去理解他们，但是，我们依然需要通过将他们进行比较才能对他们得到更好的理解。把他们作为彼此之镜，使我们得以反思这两个伦理学各自的传统根基，考察他们未经审查的预设，并提出双方何以用他们各自特有的方式研究伦理学的不同视角。哲学的一个主要任务是揭示隐而不显的假定，而跨文化的哲学比较在这方面能有许多作为。（Yu，2007：4；强调为我所加）

需要注意的是，当余纪元说儒家和亚里士多德是"朋友"时，他明显是想用一种比喻的方式说话，这里的"朋友"一说不过意味着我们应该"把他们视为彼此的镜子"。

如果我们必须进行比较，我们应该怎么做？余纪元在一开始就非常清楚地说明，在他的研究中比较的双方都应该（并将会）得到平等对待并接受批判性的审视：

> 当比较被用于非西方哲学时，西方哲学通常被处理为可直接引用的、已建立好的框架或分析结构，而不是作为一个自身需要研究的对象。讨论的焦点一般集中在非西方哲学这一边。相反，在本书之中，虽然我们借用亚里士多德的方法论，但他的伦理学说也属于被研究的对象之列。本书平等地对双方进行研究，并意在通过对双方的比较，从而发展一种对它们各自的解释。（Yu，

2007：3）①

为什么对比较双方都需要做出批评性的审视是重要且必要的事情？为什么余纪元在书中用大量材料来讨论如何批判性地解释和建构亚里士多德的伦理学？我想要说，这不是因为余纪元恰好是一位亚里士多德专家，而是因为，这是回应针对整个比较哲学的一种最为有力的反对意见的最佳方式。

某些人可能会这样称赞这本书，他们会说，通过指出儒家伦理学和亚里士多德美德伦理学（西方当代道德哲学中最激动人心的重新发现或复兴之一）之间的结构相似性，余纪元将儒家伦理学（作为一种美德伦理学）做出了价值肯定（validated）。然而，对于另外一些人来说，他们可能并不把这样的话当作赞扬之语。相反，他们会把这种说法视为拒绝余纪元的研究进路的理由。他们会说，当然，亚里士多德的美德伦理学的确在当下风靡一时。但是，用史华慈的术语来说，为什么我们应该把"来自西方的最新话语"作为"毋庸置疑的权威"（unquestioned authority）？

正如我们下面将看到的，这个反对意见正好对应于史华慈对葛瑞汉的反对意见，葛瑞汉对赫伯特·芬格莱特（Herbert Fingarette）的《孔子：即凡而圣》（*Confucius: Secular as Sacred*）一书有类似的称赞，即他认为芬格莱特通过指出孔子的礼的理论和 J. L. 奥斯汀（J. L. Austin）的言语行为理论的相似性从而对孔子的礼的理论做出了价值肯定。史华慈这样描述葛瑞汉的称赞："事实上，葛瑞汉深深地被如下事实打动，即芬格莱特能够将《论语》和 20 世纪'严肃哲学'的某些令人激动的发展趋势相联系……这告诉我们，孔子和当代的'专业'哲学是可以联

---

① 余纪元的批判性研究进路似乎代表了一种最近出现的新趋势，这种新趋势可以在比较哲学和中国哲学领域的越来越多的作品中看到。如果我们把这种新趋势视为一种"批判性地做比较哲学"这一传统的最新发展，那么它的起源可以追溯到史华慈。在这里，我不同意余纪元在书中对史华慈的研究进路的解读和评价。余纪元采纳了葛瑞汉（A. C. Graham）对史华慈的解读，把史华慈的进路误读为他在书中所拒绝的两种非批判性研究进路之一。（Yu, 2007：226n6）

系起来的。"（Schwartz，1996：144）正如史华慈所指出的，我们从这一段话中会得到一种"令人不安的印象"，那就是，葛瑞汉对中国哲学的价值肯定是建立在一种新的权威性原则之上的：

> 在没有对西方思想家本身做进一步讨论的情况下，通过指出中国思想与某些西方哲学家（比如康德或黑格尔）的相似性来对中国思想做价值肯定的做法，过去往往被认为是一种为自身文化所局限的（cultural-bound）研究进路。比较本身谈不上是否被自身文化所局限，相反，被自身文化所局限的是以下前提：那就是，假设比较中的某一方代表了毋庸置疑的权威。（Schwartz，1996：144；强调为我所加）

值得注意的是，史华慈并非反对将中国古代思想与西方现代思想进行比较。事实上，史华慈坚称他并非先天地（a priori）认为中国古代思想不能够和西方思想做出有意义的比较。他甚至承认"奥斯汀的某些倾向可能比柏拉图更接近中国古代思想"（Schwartz，1996：145）。他担忧的是，比较研究可能会"为自身文化所局限"，这意味着比较中有某一方不受批判地被认为是理所当然的："我还是会提出，一个人如果试图通过奥斯汀来对《论语》做价值肯定，那就必须严格审视奥斯汀本人的主张，甚至审视奥斯汀的西方评论者关于他的评论。"（Schwartz，1996：145）①

我相信正是史华慈这里谈论的这种担忧促使余纪元接受了对于比较双方的批判性态度。更进一步说，余纪元在此关心的是如下两件事：第一，他敏锐地意识到任何一方都存在各种不同的并且经常冲突的解释（interpretations），因此一个人总是不得不为他关于儒家或亚里士多德的

---

① 强调对比较的双方都应当持有批判性的态度是贯穿史华慈所有作品的共同主题。早在1964年，史华慈就已经在他讨论严复与西方的相遇的书中这样说："每当谈及西方与'非西方'的冲突，我们通常总是（错误地）把西方假设为已知量。……对西方我们无疑'知'之甚多，但对西方的认识照样留有疑团。我们甚至希望两种文化的相遇本身或许会提供一个有利的切入点，以便由此重新审视双方。"（Schwartz，1964：1-2）

解释做辩护；第二，一个人必须非常小心，以免不自觉地把某一方作为真理（truth）的代表。我们可以把第一个叫作"关于解释的担忧"，把第二个叫作"关于真理的担忧"。余纪元关于解释的担忧在下面的段落中得到了明确的说明：

> 由于从事比较哲学时的一个主要失误在于未加反思地把一方的传统强加于另一方，我将特别注意不落入这一陷阱。我也会考虑到双方已有的丰富的学术研究，并在每一种比较研究做出之前处理双方各种相关的一些争论的问题。（Yu，2007：6）

在这里，余纪元的解决方案正是一个史华慈式的方案，他认为"很难设想人们能把西方哲学作为一种随手可用的框架（a ready-to-use framework），因为西方哲学中几乎不存在从未引起争议的概念或问题"（Yu，2007：3）。他强调在对亚里士多德思想的研究中尤其如此：

> 几乎关于他的所有观点都存在着不同甚或对立的解释。《尼各马可伦理学》也绝非例外。无数的论争不仅针对其中包含的各种观点的内容，也针对亚里士多德"幸福"（eudaimonia）理论的结构，以及针对《尼各马可伦理学》是不是一部统一与一致的著作这一问题。……因此，我们的比较研究就要求我们对自己所理解的亚里士多德进行辩护，正如它需要我们对自己所理解的孔子进行辩护一样。（Yu，2007：4）

余纪元甚至比史华慈走得更远，他建议可以用亚里士多德的方法来找出亚里士多德的伦理学究竟有多少为真（以及儒家伦理学究竟有多少为真）。这就是余纪元在比较哲学中运用亚里士多德的"拯救现象"这一方法时，对它做出重大修改的一个主要原因。他把亚里士多德伦理学和儒家伦理学同等地作为两个"受尊重的意见"（endoxa，reputable opinions），这两者构成了他的比较研究的出发点。① 由此出发，余纪元接下来着手寻找亚里士多德伦理学和儒家伦理学究竟有多少为真。这正是他所说的他想要"从它们两者当中拯救现象"（Yu，2007：10）的意思。余纪元在批判性地对它们做出评价时，诉诸的权威既不是亚里士多德也不是孔子，而是他［追随玛莎·努斯鲍姆（Martha Nussbaum）］称之为"人的基本经验"（human grounding experience）的东西：

> 人类生活在同样的世界上，拥有同样的精神能力，并共同享有许多基本的关系和组织，诸如父子、兄弟、家庭、社区、政治等等，所以，存在一套基本的欲求、感觉、信念和需要，这些是所有人类都享有的，并且对于"过一种人的生活"（living a human life）而言是必需的。这形成了对不同文化进行比较研究的共同基础。在玛莎·努斯鲍姆的术语里，这一共同基础可被称为"人的基本经验"，她也正确地把它们看作"跨文化反思的合理起点"。把亚里士多德伦理学和孔子伦理学作为彼此的镜子，以及从它们那里拯救现象，我们这么做的最终基础在于人的基本经验。（Yu，2007：9-10）②

---

① 这是一个非常创新和有原创性的想法。但是我们可以想象，有些人可能会这样来反对它，他们会说亚里士多德的《尼各马可伦理学》是亚里士多德本人在"受尊重的意见"（endoxa）之基础上运用拯救现象方法而得到的结果，而儒家伦理学并没有经历这一程序。《论语》应当被看作一组"未经加工的 endoxa"，也就是"来自那些有经验的老人……那些有实践智慧的人的未经证明的说法和意见"（《尼各马可伦理学》1143b11-14；转引自 Kraut，2006：78）。因此，即使我们假设亚里士多德伦理学和儒家伦理学都可以作为我们研究的endoxa，它们在以下意义上也并不是"平等的"：前者不是"未经加工的 endoxon（endoxa 的单数形式。——译者注）"，因为它是经过某一程序已经"被拯救"的，而后者仅仅只是"未经加工的 endoxon"。所以，按照这样一个反对意见，余纪元"把比较双方平等对待"（第3页）是不对的。对于余纪元将"拯救现象"应用于比较哲学的另一个有趣的反对意见来自思想史上的"剑桥学派"（Cambridge School）（Lang，2009）。可惜这里不可能有时间讨论它。

② 然而，对于许多人来说，余纪元的观点（也是努斯鲍姆的观点）面对很多问题与异议。比如，参见伯纳德·威廉姆斯（Bernard Williams）对努斯鲍姆的这一观点的批评及讨论。（Williams，1985：30-53；Nussbaum，1995；Williams，1995）对于余纪元的工作来说，如何回应威廉姆斯的批评是一个特别重要的议题，但遗憾的是，他在书中并未提及。

在此意义上说，这本书已经超越了我们通常所说的"比较哲学"，尽管余纪元自己经常用这个标签来描述他的工作。我相信更准确的描述是，余纪元通过向我们展示应该如何批判性地与哲学性地从事比较哲学进而重新定义了"比较哲学"，也重新定义了"哲学"。正如他自己所说，他力图说明"为什么比较哲学是一项严肃的哲学事业"（Yu，2007：1）。这本书应当被看作他给我们提供的一种新的从事比较哲学以及从事哲学的方法范式，这一范式的最好描述来自以下口号：哲学应该"比较地"做，而比较哲学应该"哲学地"做。①

二、批判性地审视余纪元书中的两个预设

在这一部分，我将会以余纪元的书中所体现的批判精神来考察这本书本身所可能存在的某些问题。我的主要批评是，余纪元并非总是遵循他自己所倡导的批判性地和哲学性地从事比较哲学研究这一精神。他有时候并没有把他批判考察的范围扩展得足够宽；这本书中有几个重要的预设被不加批判地、理所当然地接受了。在此，我想选择其中两个具体的预设，将它们纳入批判性和哲学性的审视中。第一个是余纪元接受了当代英美主流伦理学所公认的，对伦理学理论加以分类的类型学（typology），并用它作为他的研究框架；第二个是他关于儒家文本的统一性（unity）的预设。

我想区分余纪元的书中存在的两个不同的"比较"。首先，他着力于儒家伦理学和亚里士多德伦理学的比较。我们可以把它称为"第一比较"：

---

① 这一范式已经为麦金泰尔所预见，他是最早对儒家伦理学和亚里士多德伦理学进行比较研究的先行者之一。（MacIntyre，1991，2004a，2004b）尽管余纪元表达了他和麦金泰尔在某些问题上的分歧（Yu，2007：6-10），但他们其实都同意一个基础性的洞见，即如果不以某种方式做比较哲学就不可能做哲学，反之亦然。正如麦金泰尔所说："所有反思性的伦理学都或明或暗地需要发展出一种比较的维度。"（MacIntyre，2004a：152）

（第一比较）（1a）"儒家伦理学" vs（1b）"亚里士多德伦理学"

这显然是这本书的主要关注点。余纪元将比较的双方——（1a）和（1b）——都置于批判性的和哲学性的审视中，并且试图从它们两者当中拯救现象（这一点详见第三部分的讨论）。

不过，余纪元同时又把（1a）和（1b）一起归为伦理学的一种著名的理论类型（美德伦理学），从而用它来比较和对照另一种被认为是有根本性差异的理论类型，也就是"现代西方道德哲学"（康德的义务论和后果主义）。我们可以把它称为"第二比较"：

（第二比较）（2a）"儒家伦理学和亚里士多德伦理学" vs（2b）"现代西方道德哲学"

余纪元仅仅在书的导论部分对"第二比较"做了一个非常简洁的讨论。我对这本书的一个主要的批评意见就是，他轻易地就把当代英美伦理学理论中最流行的类型学当作他的研究的基本框架，他对"第二比较"没有像他对"第一比较"那样做出批判性的与哲学性的审查。因此，他接受了流行的类型学对于两类有着根本性差异的伦理学理论所做的区分。我将它称为余纪元的"大区分"（big divide）预设：

（大区分预设）在（2a）"儒家伦理学和亚里士多德伦理学"与（2b）"现代西方道德哲学"之间存在一个大区分：前者是"美德伦理学"（virtue ethics）或者"基于品性的伦理学"（character-based ethics），而后者是"基于行动的伦理学"（action-based ethics），或者"基于规则或基于权利的伦理学"（rule-based or rights-based ethics）（Yu，2007：2）。[1]

---

① 严格来说，余纪元这里并没有使用"基于行动的"（action-based）一词，他说的是"现代伦理学关注的是道德行动"（Yu，2007：2）。

我认为余纪元不应当轻易地和不加批判地接受这个在当代英美哲学界最为流行的类型学，而他的"大区分预设"正是建立在这个类型学之上的。根据他自己所说的，"我们应当批判性地与哲学性地从事比较哲学"，他本来是不应该把这个类型学当作一个"随手可用的框架"（a ready-to-use framework）来使用的。换句话说，他在这里似乎忘记了他在讨论第一比较时所表现出来的批判态度，对于"来自西方的最新话语"应当持有谨慎的态度，不应当把它自动地当作"毋庸置疑的权威"。

由于篇幅的限制，这里只能对当代英美哲学界中这个对伦理学理论加以分类的标准类型学做一个非常简略的、评判性的讨论。[①] 我们注意到的第一件事是，它仅仅区分了那些可以被描述为"基于 x 的伦理学"（x-based ethics）的伦理学理论，这里的 x 可以是"品性"、"美德"、"规则"或"行动"等等。比如说，一种"美德伦理学"在以下意义上是一种"基于美德的伦理学理论"：美德（virtue）或值得称赞的品性（admirable character）是一个"原初概念"（primary concept），其他所有概念都可以由这个概念来定义；比如，"道德上的正当行动"（morally right actions）这个概念就是通过"一个有德性的行动者会怎么做"来定义的。（Watson，1997；Hursthouse，1999）

"原初概念"是这种类型学的一个核心观念。以下是我对"原初概念"所做的一个形式化的定义：x 在一个伦理学理论 E 中是一个原初概念，当且仅当（1）x 在逻辑上优先于并且独立于 E 中的所有其他概念，同时（2）E 中的所有其他概念都可以通过 x 来定义。当这些条件被满足时，我们就说 E 是一种"x 伦理学"（"基于 x 的伦理学"）。值得注意的是，所有根据这种类型学被分类的伦理学理论有一个共同点，即它们

---

① 更为详细的讨论，参见 Yang Xiao，"Virtue Ethics as Political Philosophy: The Structure of Ethical Theory in Early Chinese Philosophy," in *The Routledge Companion to Virtue Ethics*, eds. Lorraine Besser-Jones and Michael Slote（New York and London: Routledge，2015），pp.471-489；与此略有不同的中文版，参见萧阳：《论"美德伦理学"何以不适用于儒家》，高菱译，萧阳校，《华东师范大学学报》（哲学社会科学版）2020 年第 3 期。本文中的"原初概念"（primary concept）后来改用"基础概念"（basic concept）。

全都具有一种"等级次序"或"等级性的"（hierarchical）结构：在底层是原初概念，而在更高层次是其他的衍生概念。我将把这类理论称为"带有等级结构的伦理学理论"。①

我们现在可以发现，这种类型学并不是对伦理学理论的完整分类。它仅仅对"带有等级结构的伦理学理论"进行了分类；它没有包括那些没有原初概念的或没有等级结构的伦理学理论。也就是说，这个分类不是完整的（complete, comprehensive）。我们知道，亚里士多德在从事分类时，强调分类的系统性与完全性。因此，从亚里士多德式的观点来看，这显然是个很大的瑕疵。

这里只需提及具有不同结构的伦理学理论的两种可能的形态。第一，伦理学理论在全局（global）以及局部（local）的地方可能具有一种"扁平"结构：在这种理论中不存在可以用来定义其他概念的原初概念。第二，我们可以想象一种伦理学理论可以具有全局的"扁平"结构，但同时具有多个局部的"等级结构"，并且这些等级结构对应着不同生活领域中的不同原初概念。在后面这类伦理学理论中，特定生活领域中的一些局部结构可能具有包含原初概念的等级结构，即使全局结构仍然是非等级的。《论语》所表达的伦理学似乎就是一个例子。

陈来最近提出一个观点，他认为《论语》中的"礼"并不是一种美德，"好礼"才可以被看作美德。（Chen, 2010）用我们的话来说，对他的观点可以做如下重述：在礼的范围内，"礼"是一个原初概念，而"好礼"作为一个美德是通过礼来定义的。②需要注意的是，即使"礼"在礼的范围内是一个原初概念，它在《论语》所表达的伦理学理论的全

---

① "等级结构"一词借用自茱莉亚·安娜斯（Julia Annas）（Annas, 1993）。类似的想法也可以在苏珊·赫利（Susan Hurley）的工作中找到（Hurley, 1989），她使用"中心主义"（centralism）一词来指称一个具有"中心"概念的伦理学理论，而"中心概念"跟我们所说的"原初概念"是类似的意思。

② 《论语》中"礼"这个术语既可以指"礼仪规则"，也可以指"符合礼的恰当行动"。因此，这里的原初概念既可能指礼仪规则，也可能指符合礼的恰当行动。

局结构中也并不是一个原初概念。这是因为《论语》中的所有其他概念并不都是用"礼"概念来定义的。因此,《论语》伦理学理论的全局结构仍然是"扁平"的,即使它的内部存在某些"等级性的"局部结构。

在此,借用一下最近有些哲学家所做的"美德伦理学"(virtue ethics)和"关于美德的理论"(theory of virtue)之间的区分是有帮助的(Baxley,2007),美德伦理学是一种"基于美德"(virtue-based)的伦理学理论,它把美德作为原初概念,并由此出发定义了正当行动这个概念。然而,我们也会在"基于行动"(act-based)的伦理学理论中找到"关于美德的理论"。既然正当行动在基于行动的伦理学中是原初概念,而德性是一个衍生的概念,那么,德性就可以用正当行动来定义:德性就是任何那些可以可靠地产生出正当行动的品性。这样,我们就在一个基于行动的伦理学理论中做出了一个"关于美德的理论"。① 陈来的观点用这些术语来表述,就等于是说,在《论语》中存在一种在礼的范围内"基于礼的"(ritual-based)、"基于规则的"(rule-based)或"基于行动的"(action-based)伦理学,"礼"这个概念及其具体的礼仪规则来自传统(周礼),它们是在先地被给定的(尽管孔子也容许一定程度的变通)。也就是说,在生活的这一范围内,我们看到的是一个以"符合礼仪规则的恰当行动"为原初概念的伦理学。它是"行动伦理学"或"规则伦理学",而非"美德伦理学"。但是,这不意味着我们在其中就不可能发现一个"关于美德的理论"。其实,它可以如下方式把"好礼"这种美德通过"符合礼仪规则的恰当行动"来加以定义:具有"好礼"这一美德的人就是那些具有如下品性的人——他们热爱礼仪规则,热心学习及演练礼仪,总是能够可靠地做出符合礼的适当行动,并且在做所有

---

① 比如说,康德在《道德形而上学》的第二部分"美德的原则"中提出了他的"关于美德的理论"(或者用康德自己的话说"关于美德的学说"),其中他把美德定义为一种品性。(Baxley,2007)

前面提到的这些事情中得到快乐。①

　　在陈来和余纪元对《论语》的伦理学结构的解释之间，我们要如何选择？谁的解读是对的？正如我将在第四部分论证的，要解决这样的问题，我们除了基于文本证据和哲学考虑进行细致的论证以外，别无他法。只有细致地审查他们的具体论证，我们才能够知道谁的解读是正确的。幸好，我在这里并不是要讨论陈来的另一种解读的有效性。我这里要说明的是一个较弱的命题，那就是，由于余纪元采纳了一个不完整的伦理学理论的类型学作为他的研究框架，陈来这种解读的可能性从一开始就被排除了。

　　我想要进行批评性审视的第二个预设，是余纪元关于儒家文本的性质所预设的两个前提。第一个是关于"《论语》的统一性"的前提：

> （UA）《论语》具有一种融贯的统一性，这种统一性是孔子统一的道德洞见。

第二个是关于四书（《论语》《孟子》《大学》《中庸》）的统一性的前提：

> （UFB）四书具有一种融贯的统一性，这种统一性是儒家的美德伦理学。

由于《论语》是四书中的一本，我们把（UA）与（UFB）放到一起，就可以从中得出如下结论：《论语》所体现的"孔子伦理学"与四书所体现的"儒家伦理学"有融贯的统一性。这就是为什么余纪元在此书中一直将"孔子伦理学"与"儒家伦理学"做等价交换使用的主要根据。在此，由于篇幅限制，我只讨论（UA）。我所说的大部分相关结论都可以应用到（UFB）上。

---

　　① 当然，在生活的其他领域，我们有可能会发现，"品性"，而不是"礼仪规则"，被当成原初概念。此外，如下这一可能性也是存在的：我们在《论语》中看到的结构，与我们在《孟子》中看到的结构，不一定是一样的。我们必须根据一个个具体案例来做出判断。换句话说，四书就它们的伦理学理论的结构而言，可能并不具有统一性与同质性（后面还会详说这一点）。最后，应该指出的是，这是我对陈来的阅读（和重述），而他并不一定同意我的观点。

余纪元认为孔子的自我理解能够支持（UA）。在引用了《论语》的一些相关段落之后，余纪元总结说：

> 显然，他（孔子）认为其工作形成了一种一致性的伦理世界观或伦理观念。所以，当我们阅读《论语》时，我们应当假设，在那些碎片化的格言里隐含着一致的伦理观点。一个好的《论语》读者必须对这一道德洞见有所理解。不用说，这一洞见对不同的理解是敞开的，但如果我们没有看到它的统一性，我们也就无法理解孔子。（Yu，2007：14；强调为我所加）

这是一些非常强的论断。余纪元似乎只允许对"孔子的统一的道德洞见"有不同的解释，而不允许对"孔子的道德洞见一定有统一性"这一预设有不同的意见。他先天地排除了以下可能性：《论语》可能是一个包含了异质的和不一致的成分或洞见的混合物。然而，在上面所引用的段落中，从"所以"前面孔子自我描述的话开始，然后得出"所以"后面的结论，余纪元并没有给出论证。当然，我并不是说孔子的自我描述一定是假的；我只是在否认说他必然是真的。我们只需要承认，孔子的自我描述可能是真的，也可能是假的。

我相信我们可以论证孔子的自我描述可能是假的。这个论证的核心部分应该基于细致和详尽的文本解释（此外当然还可能有其他的考虑）。我在此提四点理由。第一，《论语》就其构成而言，并非一个独立作者的独立作品。《论语》单独的"篇"或者连续的篇章在它们被放到一块作为一本书之前，很可能已经有所流传。①《论语》的现存文本是许多人长期劳动的产物，并且我们不清楚在现存文本中孔子的语录有多少可以忠实地归功于历史上的孔子。当然，《论语》的构成的事实并不必然意味着孔子的道德洞见必然不具有统一性。但是它有可能（或甚至很可

---

① 这个特定假设是基于我们关于文本在早期中国的流传情况的一般认识（参见余嘉锡的《古书通例》一书）。我们并没有关于《论语》这一具体文本的流传情况的一手具体知识。

能）不具有统一性。①第二，许多评论者和学者已经注意到现存文本中大量的不一致和矛盾。第三，在《论语》漫长的注释史上，评论者和学者已经得出何为孔子的道德图景的许多解释，非常令人吃惊的是，这些解释非常多元和异质，并且经常互相冲突。更进一步说，这些解释都可以在《论语》中找到支持自己的文本证据。"拯救"这些学者的解释的一种方式就是，承认它们中的每一个都抓住了孔子的道德洞见的一个成分。由此造成的后果是，我们可能会得出结论，与其说孔子的道德洞见没有统一性，不如说它是包含各种不同洞见的复杂洞见（complex vision）。第四，我们为什么不应该自动地接受（UA）和（UFB）的理由是，它们与批判性和哲学性的研究风格是不一致的。②我们似乎不应该先天地和不加批判地排除以下可能性：四书，以及四书所包含的观念，可能比我们想象的更异质（heterogeneous）和多元（diverse）。在开始我们的研究之前，我们并不希望排除这一广阔的可能性。这里我仅提出两个具体的可能性：（1）用亚里士多德的结构去解释（或组织）《论语》中的某些段落，有可能是最好的选择，但是这并不意味着我们能够如此解释《论语》中的所有其他段落。[但这种可能性被（UA）排除了。]（2）用亚里士多德的结构去解释（或组织）《论语》中的某些段落，有可能是最好的选择，但是这并不意味着我们能够如此解释四书中其他的文本。[但这种可能性被（UFB）排除了。]

应该强调一下，我在此持有的立场是审慎与中立的。我并不认为这两种情形事实上就是历史事实；我仅仅是说，这些可能性不应该在研究开始之前就先天地被排除。我相信，补救这一点的方法很多，其中一种方法就是，可以把（UA）和（UFB）作为工作假设（working hypotheses）

---

① 余纪元似乎会允许这样一种可能性，即《论语》不是一部独立的作品这个事实可能会部分地造成孔子道德图景中的某些非统一性和不一致性。他在讨论亚里士多德的《政治学》时就承认了这种可能性的存在："部分由于《政治学》不是一个独立和融贯的文本，亚里士多德对最佳政体的描述并不总是前后一致的。"（Yu，2007：134）

② 它跟亚里士多德的"拯救现象"方法也是不一致的。我会在下一部分更多地讨论这一点。

来看待，因此，它们将不得不通过文本证据的测试来加以证实、修正或者否证。这样一来，上述可能性就不会在一开始就被先天地排除掉；这两个工作假设如果可以通过基于文本解释的确定和检验，那么就能够成为比较哲学的批判性大厦的不可取代的一部分。我将会在第四部分讨论对这一研究进路的更为细致的论证。

三、余纪元对亚里士多德"拯救现象"方法的使用

在这一部分，我想讨论两件事。首先，我们将讨论余纪元在解释亚里士多德和儒家时，他消解矛盾和不一致（以及多样性和多重可能性）所使用的两种主要方法。然后，我们将说明这些方法如何也可能被用来调和学者们关于一个文本的各种不同解释。

人们读完余纪元的书之后就会看到，在儒家伦理学与亚里士多德伦理学中的那些表面上的矛盾被消解了，对它们的不同解释被调和了，读者最终看到的，是一幅关于这两种伦理学体系的融贯的画面。那么，余纪元是如何做到这一点的呢？答案是：亚里士多德的拯救现象方法。以下是余纪元对该方法的一个总结：

> 亚里士多德的"拯救现象"方法由以下步骤构成：（1）收集和设立现象；（2）讨论与分析这些现象的冲突和它们所带来的难题；（3）保留包含在所有"受尊重的意见"中的真理。（Yu，2007：5）

其中的步骤（2）不仅包括"讨论与分析"种种疑难和矛盾（aporiai），而且包括"解决掉"（putting an end to）种种疑难和矛盾。(《优台谟伦理学》1235b14；转引自 Yu，2007：5）亚里士多德对这套步骤的结果做出了如下描述："（我们最终达成的）这一看法将与现象最为一致；通过表明一个断言在一种意义上为真，而在另一种意义上则不为真，那么两个相互矛盾的观点最终都可以被接受。"（《优台谟伦理学》

1235b15-17；转引自 Yu，2007：5）显然，亚里士多德并不是真的想要同时主张两个真正矛盾的断言。他想说的是，一个断言有可能"在一种意义上为真，而在另一种意义上则不为真"。由此观之，两个表面上矛盾的断言最终可以是一致的。为了达到调和表面上相互矛盾的断言这个目标，亚里士多德基本上使用了两种策略。第一种策略是承认语词的语义、含义的模糊性。第二种策略是承认概念或观点的内容的多重性。

我们不妨从第一种策略开始。一个常见的现象是，如果某些术语在一个断言中具有两重含义，那么这个断言就会"在一种意义上为真，而在另一种意义上则不为真"。在我看来，区别术语的模糊含义的策略，属于我所说的"亚里士多德式的制造区分的技艺"。事实上，这也是余纪元用来构建融贯解释的主要策略之一。在书中可以找到大量的例子。我们这里不用讨论细节，只需提及四个例子。第一个例子是如何对亚里士多德和儒家关于"中道"（doctrine of the mean）的说法给出一个融贯的解释。通过假定"中道"（the mean）这个术语具有"内在中道"和"外在中道"这两重含义，余纪元最终证明，在儒家和亚里士多德那里可以找到一个融贯而有说服力的中道理论。（Yu，2007：80-90）第二个例子是余纪元对于亚里士多德关于"美德的统一性"（the unity of virtues）这一命题的处理。余纪元从亚里士多德关于"美德"一词具有双重含义的假设出发，对它加以推广发挥，最后认为"美德"一词实际上具有三重含义：（1）我们生来具有的自然美德；（2）训练而来的或者习惯的美德；（3）伦理美德和实践智慧融于一体的完满美德。利用这个假设，余纪元能够解决掉所有和亚里士多德的美德统一性命题相关联的主要疑难。（Yu，2007：162-165）第三个例子是余纪元如何论证《论语》中的"仁"具有"卓越"（excellence，一般意义的美德）和"仁爱"（一种特殊的美德）这两重含义。（Yu，2007：33-35）他的论证是，这是理解"仁"这个术语在《论语》中表面看上去用法不一致的最佳方式。① 第四个例子是余纪元对《尼各马可伦理学》中亚里士多德幸福观念的包容论解读和理智论解读之间持续进行的著名争论的处理。他假设在亚里士多德那里，幸福一词具有"活得好"和"做得好"这两重含义，由此他最终发展出了对亚里士多德的幸福理论的第三种解读，这是超越了包容论和理智论的第三种解读。（Yu, 2007：172-176，196-200）②

有趣的是，我们可以注意到，在亚里士多德的《尼各马可伦理学》中，并非所有相互冲突的"受尊重的意见"都是通过辨别诸术语之含义的歧义性而得到调和的。有时候，亚里士多德也试图通过假定每一个意见都仅仅抓住了一个复杂观念的内容的某一成分来调和不同的意见。在《尼各马可伦理学》关于幸福的一个段落（1098b9-29）中，他似乎就是这么做的。亚里士多德一开始对"幸福是什么"的各种"受尊重的意见"做了一个调查：

> 有些人把幸福等同于美德，有些人将它等同于实践智慧，还有人将它等同于一种哲学智慧，还有人要么将它等同于这类东西，要么等同于这类东西中的一个，或者伴随着快乐，或者不伴随着快乐；而另外一些人则把外在的成功也算在内。目前这些观点中的一些是被大众和老人持有，另外一些则是被少数杰出人物持有。(《尼各马可伦理学》1098b23-27）③

亚里士多德接着做出了一个直白的断言："这些观点不大可能全是错误的，更可能的是它们至少在某些方面或者甚至在大多数方面是正确的。"（《尼各马可伦理学》1098b27-29）众所周知，亚里士多德自己的幸福

---

① 在此，读者应该读一下这次研讨会上乔治·鲁迪布什（George Rudebusch）的文章，他在文章中批评了余纪元的解释，以及余纪元对他的文章的回应。似乎不存在一种决定性的先天论证来解决他们之间的分歧；这表明了我们在实际的文本解释中，不得不基于一个个案例来彼此交换意见。

② 余纪元这里的解释和萨拉·布拉迪（Sarah Broadie）的解释类似。（Broadie, 1991）

③ 我这里用的是大卫·罗斯（David Ross）的英译本。

观确实包含了几个构成要素，诸如美德、实践智慧、外在成功，这些要素中的每一个都被不同的哲学家片面地认为等同于幸福本身。亚里士多德可能会说这些意见没有一个是完全正确的或者完全错误的，而这非常类似于余纪元关于亚里士多德伦理学和儒家伦理学的最终结论："无论亚里士多德还是儒家，都不是完全正确的或完全错误的。"（Yu，2007：6）由于确实把这两种伦理学都视为"受尊重的意见"（或现象），余纪元最终得出这一结论，也就是题中应有之义。

余纪元所做的是把拯救现象的方法应用到"比较哲学"，有人可能会受此启发想把它应用到"解释文本的实践"中。我们似乎没有理由认为我们不能把学者们关于某个文本的解释作为各种不同的"受尊重的意见"。我们会说，假如亚里士多德和余纪元能够在如何成为一个好人的问题上拯救人们的意见，为什么我们不试着在如何理解文本的含义这个问题上拯救人们的意见？也许我们可以运用拯救现象方法来调和学者们关于某个文本的相互冲突的解释，正如亚里士多德用它来调和哲学家们关于如何生活的相互冲突的意见。

在总结了亚里士多德的拯救现象方法的三个步骤（见我前面的引文）之后，余纪元继续说："这是在通过表明每一现象都既非全错亦非全对，来解决现象之间的冲突。它指出了每一现象的界限，并调和争论的所有各方所说的话。"（Yu，2007：5）我们如果把上述段落中的"现象"一词换成"解释"，似乎就得到了一个对于那些具有诠释学智慧的人的解释实践的完美描述，同时也得到了他们如何处理其他人的解释的描述。亚里士多德的方法并不仅仅属于亚里士多德；它应该被看作具有实践智慧的人理解事物（既包括生活也包括文本）的策略，这一点已经为伽达默尔所论证与发挥。伽达默尔强调，人们在对文本做解释时所需要的判断力和智慧（judgment and wisdom in hermeneutics）与实践智慧（practical wisdom）是相通的。（Gadamer，1979）

不过，余纪元并没有系统地和有意识地将拯救现象方法应用于学者们对文本做的不同的解释。我只找到了一个他明显地如此做的例子，在这个例子中余纪元似乎就是在运用拯救现象方法来调和其他学者在表面上互相冲突的解释。我们已经提过余纪元假设了"仁"一字在《论语》中具有双重含义：它可能指一般意义的德性（卓越）或者仁爱（一种特殊的德性）。余纪元接着认为"仁"（卓越）的观念在它的相关语境中其实具有三个构成要素。① 他证明这一点的步骤与亚里士多德的拯救现象方法非常相似。他首先对学者们的现存观点做了一个调查：一些人将卓越等同于"遵循礼仪"，一些人将它等同于"爱（或仁爱）"，还有人将它等同于"义"（适宜）。我们可以注意到，这三项（"循礼""仁爱""义"）是非常异质性的，并且持有这些解读的评论家各自都有支持它们的文本证据。在我看来，余纪元正是在应用拯救现象方法，当他做出如下假设时："仁"（卓越）这一观念事实上具有三个构成要素，而现有的三种解读只是各自片面地把握住了其中的一个要素：

> 孔子那里的一般之"仁"（卓越）是一个复杂的观念。"礼"、"爱"（或仁爱）和"义"是孔子一般之"仁"（卓越）的三个关键性构成要素。……这些观点都各有其基础，但每一种又都是片面的。孔子的"仁"的观念应该被视为一个辩证性的统一体，它由这三个方面构成。（Yu，2007：94-95）

余纪元的解释的另外一个好处是，他很容易用它来给出一个我们可以称为"错误理论"（theory of error）的东西，这个理论能够说明为什么其他人的理解都部分地、片面地错了："许多评论者选择了它们（三个）中的一个进行集中论述，或因抬高一个方面而贬低其他一个或两个方面。这样的部分性强调，很可能是为何存在如此之多乃至冲突的对于'仁'的解释的主要原因之一。"（Yu，2007：94）

余纪元没有说为什么众多评论者会"选择"仅仅强调"仁"的构成要素中的一个而忽略其余。因此，为了建构一个完整的错误理论，我们

---

① 这也是余纪元（正如我前面观察到的）"分类之下再分类，区分之下再区分"的众多例子中的一个。

似乎需要更多来自亚里士多德的补充。亚里士多德在批驳"巨大的坏运和幸福是相容的"这个观点时说："没有人会认为过着那种生活的人是幸福的——除非他要不顾一切地维护这个论题。"(《尼各马可伦理学》1096a2；转引自 Kraut，2006：79）正如理查德·克劳特（Richard Kraut）指出的：

> 亚里士多德这里使用的"论题"一词（其希腊词 thesis，精确对应于英语中的 thesis）具有一种专门的含义：它指的是一个著名哲学家的悖论式的假说。(《论题篇》1048b18）当哲学家们互相辩论时，大家都知道他们会想尽办法，执着地辩护那些在大多数人看来是完全不可能的命题。（Kraut，2006：79）

我们也可以补充说，和普罗大众不一样，哲学家们似乎有其行业的兴趣（professional interest）来尽力地表明他们的观点完全与众不同，这是因为他们所处的是这样一种"行业"，一个哲学家是否有独创性，是否能够说出和其他哲学家已经说过的东西完全不同的东西，是利害攸关的。

余纪元并没有直白地说，他调和孔子"仁"概念的三种解释所用的方法事实上就是把亚里士多德的拯救现象方法应用到解释上。因此，我们并不清楚他是否会同意我们上面对他这里的工作所做的描述。我们也不清楚他是否愿意将它当作一种普遍的解释方法，因为我们发现他对于该方法仅仅使用了一次。我认为我们有理由说服余纪元，他应该将它当作一种普遍的解释方法。一个主要的理由是，这一方法能够为他提供一种强大的工具，使他能够处理以下历史事实：在《论语》源远流长的注释史上，注疏者和学者们已经提出了对《论语》所体现的伦理学的各种相互冲突的解释。应对这一事实的方法之一是，将学者们对《论语》伦理学的解释视为"受尊重的意见"（或现象），然后将亚里士多德的拯救现象方法应用到这些解释上。我们可以通过假设它们各自只是把握住了孔子伦理学的许多构成要素中的某一个来拯救与调和这些解释。[①]

四、余纪元的一般性镜像论题

我在文章的开头部分已经说过余纪元的第三个成果是，如果我们假设儒家伦理学的基本结构的确以镜像的方式平行于亚里士多德伦理学的基本结构（尽管他也指出它们之间具有不同程度的差异和不同层次的对比），那么，这本书就以最为系统的方式为我们勾勒出了儒家伦理学所呈现的图景。这一点可以概括为所谓的"一般性镜像论题"：

> （GT）儒家伦理学是一种美德伦理学，并且在结构上以镜像的方式类似于亚里士多德的美德伦理学。

现在我将讨论一个针对（GT）的具体的反对意见。这个反对意见大概是这样的："儒家伦理学和亚里士多德伦理学是两个具有根本性差异的伦理思想体系；所以，余纪元肯定是把一种亚里士多德的框架或者结构强加到儒家伦理学之上了。我们之所以能看到儒家伦理学具有亚里士多德的结构，不是因为儒家的原始文本中具有这种结构，而是因为余纪元以亚里士多德之镜来观照儒家所制造出来的后果。换句话说，余纪元在儒家伦理学中发现的亚里士多德的结构事实上是把亚里士多德的结构投射（project）在儒家伦理学上的结果。"[②]我把它称为"镜像投射"（mirror-projecting）的反对意见。

余纪元可能已经注意到这种类型的反对意见，因为他对于"从事比

---

①　毫无疑问，对于那些认为《论语》所体现的伦理学并不具有全局的等级结构的人而言，这样一种方法也可以成为一种强有力的工具。通过这一方法，他们可以论证说，对儒家所做的美德伦理学的解释仅仅片面地把握住了《论语》伦理学的某些局部真理。

②　我在这里没有给出来自任何学者的引文。这是因为太多的学者持有这个观点。在比较哲学的二手文献中，对其他学者所做的最为常见的批评就是：对方对某个文本的解释是将为自己的文化所局限的观点投射到了这个来自另一个文化的文本上。

较哲学的一种主要失误"有一种普遍的担忧，也就是"未加反思地把比较的一方的传统强加于另一方"（Yu，2007：6）。在本文的第一部分，我们已经讨论了余纪元是怎样接受我们所说的史华慈式策略的，即为了处理类似关切，我们要对亚里士多德伦理学的解释和真假采取一种批判性的态度。然而，这种史华慈式策略似乎无法在此发挥作用；把亚里士多德伦理学置于批判性的审视和辩护，对它的解释看起来是不够的。因为即使一个人被余纪元对亚里士多德伦理学的结构的解释说服，他仍然可能不同意余纪元对儒家伦理学的结构的解释，特别是他的结论：儒家伦理学是一种美德伦理学，而且它的结构在很多层面都是亚里士多德伦理学的结构的一个"镜像"（mirror image）。

那么应该如何回应这种"镜像投射"的反对意见呢？显然，我们可以承认，这种反对意见背后的担忧是有道理的。然而，我们看到这一提法的表达方式是模糊不清的。我们这里可以单独拎出两个有问题的假设。我们注意到，首先，这一反对意见是以这样一种方式被提出的，以至于"儒家伦理学"和"亚里士多德伦理学"看起来就像作为比较的双方的两个统一的实体（伦理学体系）。这是关于这两种伦理学体系的本质或形式（eidos）的先天的、猜测性的、本质主义的假设。这个假设中有关儒家伦理学的那一部分正是我们在本文第二部分提到过的一个假设：

（UFB）四书具有一种融贯的统一性，这种统一性是儒家美德伦理学。①

下面让我们来看一下第二个假设。注意到"镜像投射"这一反对意见的表述是相当简单和抽象的；它的结论不是任何根据文本解释而得出的结论。它似乎已经假定双方的伦理学体系的"本质"或"形式"都存在某些"直接入口"（direct access）。"直接"一词在这里的意思是"没

① 于是，我们在这里看到了我们认为余纪元本来应当放弃（UFB）的另一层理由。这是因为，如果他不接受这一假设，他就可以毫不费力地消解掉那些基于该假设的反对意见。

有解释做中介"。我将它称为"直接入口"假设：

> （DA）对于亚里士多德伦理学和儒家伦理学的本质，我们可以
> 找到通往它们的，无须解释为中介的直接入口，通过这个入口我们
> 可以"洞见"两个统一体系中的每一个的本质，并"看到"它们具
> 有根本的差异。

这两个假设似乎就是"镜像投射"这一反对意见的核心所在。很明
显，如果余纪元不需要借助（UFB）和（DA）这两个假设就能推导出
（GT），这个反对意见就会变得没有那么有力。

余纪元似乎不接受（DA），即便他清楚地表达了对（UFB）的支
持。那我就从（DA）谈起。不接受（DA）意味着什么呢？这意味着我
们对儒家伦理学和亚里士多德伦理学的所有理解，都不可能来自通过某
种直接入口而得到的洞见，而是必须通过文本解释这一中介而得到的一
种解释。不接受（DA）的实践意义是什么呢？这意味着一般性镜像论
题（GT）不应该被当作对儒家伦理学和亚里士多德伦理学的本质的
"洞见"的结果。相反，它应当被看作对所有特殊的"平行结构论题"
（PS 论题）的一个概括总结而得到的结果。而这些"PS 论题"则是通
过基于文本证据的细致论证来确立的。进一步说，任何一个特殊的
"PS 论题"都不应该被看成从一般性镜像论题（GT）推导而来的。相
反，它是在一个个特殊案例的基础上确立起来的；要判断一个特殊的
PS 论题是否为真，总是需要我们对以下情形做出具体的判断：借助亚
里士多德框架所进行的，对儒家文本中相关段落的解释，是否最好地解
释了这些段落。

这看起来恰好就是余纪元在这本书中所做的事情。他并没有把他的
一般性镜像论题（GT）当作可以推导出所有特殊 PS 论题的一个先天论
题。对于余纪元来说，（GT）要么是一个有待证实的工作假设，要么就
是对在书中随后单独被确立起来的特殊 PS 论题的概括总结。这就是为
什么余纪元在好几个地方都能够发现儒家伦理学和亚里士多德伦理学之

间的鲜明差异和对比。这些具体的例子其实构成了对他的一般性论题的
修正。这就能解释为什么这本书的一大优点是它令人难以置信地充满了
对于比较双方文本中大量段落的详尽而细致的解释，以及为什么阅读余
纪元的书对于那些热爱细节的人来说是一种快乐。

余纪元对于（UFB）的支持意味着什么呢？正如我们在第二部分提
到的，余纪元不必接受作为先天假设的（UFB）。同样本着他对（GT）
的处理精神，他可以将（UFB）重塑为一个工作假设，即它必须通过文
本证据的测试来加以证实、修正甚至否证。

正如我们所提到的，余纪元的（GT）是由一组我们所称的"并行
结构"论题（PS 论题）组成的。在所有的 PS 论题中，我相信最有说服
力的例子是他关于亚里士多德和儒家的中道学说的论题。我认为这个论
题可以通过文本解释的检验，因为它似乎最好地解释了《论语》《中庸》
《尼各马可伦理学》的相关段落。此外，余纪元的论证在更深的层次上
解释了亚里士多德和儒家的中道学说为何有着平行的镜像结构：这两种
学说都把射箭作为理解正当行动的模型。这一事实有力地排除了亚里士
多德和儒家的中道学说可能是投射的结果，或者某种前定和谐，或者纯
粹巧合的可能性。

我个人认为，余纪元关于儒家和亚里士多德的中道学说所做的平行
镜像论题的文本证据是非常有说服力的。当然，我对这一个平行镜像论
题的判断和余纪元的判断一致，并不意味着我对其他所有 PS 论题的判
断也必定和他的判断一致（事实上，我也的确在其中几个案例中有不同
的判断）。此外，即使在关于中道学说这一特殊的案例上，我也清楚其
他人有可能会对余纪元的文本证据做出不同的解释。我一直在使用诸如
"文本证据"和"文本解释和注释"这样的短语。我希望我没有给读者
留下一种错误印象：我们可以找到文本证据的没有解释中介的"直接入
口"，或者我试图在"文本证据"中寻找柏拉图的"形式"的替代品。
正好相反，我认为唐纳德·戴维森（Donald Davidson）在批判"没有中
介的感觉材料"（unmediated empirical sense data）时所做的论证完全可

以应用到批判"没有中介的文本证据"（unmediated textual evidence）的论证上。学者们关于"文本证据"总是会有进一步的分歧，比如说，学者们对下列问题都可能会有不同的意见：某一小段文本证据到底意味着什么，什么才能算作"文本证据"，我们在奎因－戴维森主义的整体解释框架下应该给予某一小段文本证据怎样的权重，如此等等。这一系列的争论原则上是不可能终结的。

然而，我们在此别无选择。世界上并不存在一种决定性的、先天的哲学证明可以一次性地解决全部问题，终结所有的哲学论争；我们的双手不得不在文本解释的泥潭中沾上泥泞。我们完全知道，学者们会做出不同的解释学判断，并且不存在没有解释中介的对儒家伦理学的"本质形式"的洞见（或纯粹的文本证据），可以被用来终结我们在文本解释层面的论争。因此，关于我们要如何评价余纪元的书中的各种论题，以下是我的建议：我们应当把它们当作工作假设，并且将它们置于文本解释的检验、学者共同体的共识的检验，以及时间的检验（the test of time）中。我在本文中所说的不过是很多"受尊重的意见"之一，是我们未来研究的一个出发点而已。

［致谢］本文的早期版本曾经在 2010 年 3 月的"美国哲学学会太平洋分组会议"（APA Pacific Division Meeting），关于余纪元 2007 年出版的英文专著 *The Ethics of Confucius and Aristotle: Mirrors of Virtue*（《德性之镜：孔子与亚里士多德的伦理学》）所专门召开的"作者－遇见－评论家"会上宣读。非常感谢马克·麦克弗兰（Mark McPherran）召集了这个小组并邀请我参加。我在会上从另外两位"评论家"丽莎·拉斐尔斯（Lisa Raphals）和乔治·鲁迪布什那里学到了很多东西。感谢《道》的匿名审稿人提出的有益批评意见。

参考文献：

Annas，Julia，1993. *The Morality of Happiness*. New York：Oxford University

Press.

Aristotle, W. D. Ross, J. O. Urmson, and J. L. Ackrill, 1980. *The Nicomachean Ethics*. New York: Oxford University Press.

Baxley, Anne Margaret, 2007. "Kantian Virtue," *Philosophy Compass* 2 (3): 396–410.

Broadie, Sarah, 1991. *Ethics with Aristotle*. New York: Oxford University Press.

Chen, Lai, 2010. "Virtue Ethics and Confucian Ethics," *Dao* 9 (3): 275–287.

Fingarette, Herbert, 1972. *Confucius: The Secular as Sacred*. New York: Harper & Row.

Gadamer, Hans Georg, 1979. *Truth and Method*, 2nd English ed. London: Sheed and Ward.

Hurley, S. L., 1989. *Natural Reasons: Personality and Polity*. New York: Oxford University Press.

Hursthouse, Rosalind, 1999. *On Virtue Ethics*. Oxford: Oxford University Press.

Kraut, Richard, 2006. "How to Justify Ethical Propositions: Aristotle's Method," in *The Blackwell Guide to Aristotle's Nicomachean Ethics*, ed. R. Kraut. Malden, MA: Blackwell Pub.

Lang, Melissa, 2009. "Comparing Greek and Chinese Political Thought: The Case of Plato's *Republic*," *Journal of Chinese Philosophy* 36 (4): 585–601.

MacIntyre, Alasdair C., 1991. "Incommensurability, Truth, and the Conversation between Confucians and Aristotelians about the Virtues," in *Culture and Modernity: East-West Philosophic Perspectives*, ed. Eliot Deutsch. Honolulu: University of Hawaii Press, pp.104–123.

——. 2004a. "Questions for Confucians," in *Confucian Ethics*, eds. Kwong-loi Shun and David Wong. Cambridge: Cambridge University Press.

——. 2004b. "Once More on Confucian and Aristotelian Conceptions of the Virtues," in *Chinese Philosophy in an Age of Globalization*, ed. R. R. Wang. Albany: State University of New York Press.

Nussbaum, Martha, 1995. "Aristotle on Human Nature and the Foundations of Ethics," in *World, Mind, and Ethics: Essays on the Ethical Philosophy of Bernard Williams*, eds. J. E. J. Altham and Ross Harrison. Cambridge: Cambridge University Press.

Schwartz, Benjamin, 1964. *In Search of Wealth and Power: YEN Fu and the West*. Cambridge, MA: The Belknap Press.

——. 1996. *China and Other Matters*. Cambridge, MA: Harvard University Press.

Watson, Gary, 1996. "On the Primacy of Character," in *Virtue Ethics*, ed. D. Statman. Edinburgh: Edinburgh University Press.

Wenzel, Christian Helmut, 2010. "Review of *The Ethics of Confucius and Aristotle: Mirrors of Virtue*," *Philosophy East and West* 60（2）: 303–306.

Williams, Bernard, 1985. *Ethics and the Limits of Philosophy*. Cambridge, MA: Harvard University Press.

——. 1995. "Replies," in *World, Mind, and Ethics: Essays on the Ethical Philosophy of Bernard Williams*, eds. J. E. J. Altham and Ross Harrison. Cambridge: Cambridge University Press.

Yu, Jiyuan, 2003. *The Structure of Being in Aristotle's Metaphysics*. Dordrecht: Kluwer Academic Publishers.

——. 2007. *The Ethics of Confucius and Aristotle: Mirrors of Virtue*. New York and London: Routledge.

余嘉锡, 1985.《古书通例》, 上海: 上海古籍出版社。

[后记] 谨以此后记纪念余纪元（1964—2016）。我将永远记得，2006 年在牛津，我们在共同的朋友尼克·布宁（Nick Bunnin）家后院的长谈。我相信那是我第一次见到纪元，尽管在那之前我就很欣赏他的作品。我记得我们谈到了他对罗伯特·沃迪（Robert Wardy）的《亚里士多德在中国》（*Aristotle in China*）一书的评论，这将我们引向了语言相对主义、语言与思想之间的关系，以及他在 20 世纪 90 年代撰写的关于亚里士多德本体论和希腊词 On（存在）的有重要影响力的文章①。

---

① 这篇文章应该是《亚里士多德论 ON》, 收入了本文集第二编。——编者注

余纪元、孔子和仁 *

乔治·鲁迪布什（George Rudebusch）

一、《德性之镜》概观及其总论题

就我的理解而言，余纪元《德性之镜》一书的总论点是：儒家传统和亚里士多德在"那些对于人的生活而言具有普遍重要性的东西"（Yu，2007：x）上高度一致。该书的导论和前六章对这个总论点做了阐发和辩护：（1）"它们两者所考虑的都涉及怎样成为一个好人的同样问题，也都试图理解对于人类自身而言什么是善的，而不只是对于古希腊人或古代中国人"（Yu，2007：10）。因此，孔子和亚里士多德的比较研究既有可行性，又颇有意义（导论）。（2）两者都给出了德性理论，都把卓越的生活（通过培养重要的品格特征而达到的生活）当作人的善（第一章）。（3）亚里士多德的人的功能论和孟子的性善说，为两种伦理理论提供了自然基础（第二章）。（4）两者都把德性当作一种中道，即

---

* 原文题目为"Yu, Confucius, and *Ren*"，载于 *Dao* 10（2011）：341–348。孔祥润译，金小燕校。——编者注

个人情感的内在积淀，它能使人做出正确的实践，就像射箭的知识能使一个人命中标靶（第三章）。（5）两者都提到要想个人情感的积淀恰到好处，则社会礼仪传统不可或缺（第四章）。（6）两者都提到一种合理的力量，即实践智慧，它能使卓越之人辨别出适用于具体生活情境的东西（第五章）。（7）两者都把人的最高善看作人性和神性的统一体（第六章）。（8）然而，两者还有一个重要的不同：对亚里士多德来说，最高的善是对神圣的、永恒的必然真理的理论沉思，它脱离了相对而言不那么重要的人的关切和人的需求；对孔子来说，理论生活和实践生活之间不存在这种张力（第七章和第八章）。

就我个人的判断而言，《德性之镜》对总论题的论证是成功的。这个结果很重要。自 20 世纪 70 年代以来，在标准的解释中，要想理解中国思想，就要使用从根本上不同于传统西方哲学的术语体系；《德性之镜》则开辟了一条新道路。东西方在文化、语言、文体和原则上存在着各种不同（东方内部和西方内部也是这样），尽管如此，这些不同并不能排除这种可能性：尝试着理解"什么是对人而言的善"这一理论问题以及"试着过上好生活"这一实践问题时，东西方有可能走上同一条路。①

例如，就亚里士多德的《尼各马可伦理学》和孔子的《论语》而言，东西方在文体形式上的确有区别。正如《德性之镜》所意识到的，《论语》的系统性和论证性不强，它更多使用了比喻和类比。（第 10 页）然而，文体上的这种不同甚至还没有西方名著本身之间的不同那么大，例如《尼各马可伦理学》与《圣经》的不同、与莎士比亚剧作的不同。一位哲人想要从《圣经》、莎士比亚剧作或孔子那里寻求智慧，就不需要考虑文本上的不同，他要么放弃诸多的传统标准，例如严密的论证、逻辑的一致性和定义的清晰性，要么承认在不同文本中寻求深邃的理论智慧是不可能的。再者，《德性之镜》的总论点说得很清楚，就哲学原

---

① 此书的一处瑕疵是，它忽略了为比较理论所做的其他辩护，例如 Wardy，2000。

则而言，亚里士多德和孔子的不同还没有亚里士多德与非德性伦理学（例如康德的伦理学）之间的不同大。就共同的哲学原则的不清晰性而言，亚里士多德与孔子之间的不同还没有亚里士多德与康德之间的不同大。现在，当代道德哲学家经常把亚里士多德和康德当作哲学启示或哲学论证的源头。随着《德性之镜》的问世，我希望有一天当代道德哲学家也会把孔子当作哲学启示或哲学论证的源头。[①] 因此，我要为余纪元和《德性之镜》取得的成就喝彩。

二、"仁"

在《德性之镜》看来，"仁"这个词是模糊的，它介于总体德性（virtue in general）和一种具体德性（the specific virtue）即仁慈（kindness）之间。（第 33 页）该书提到"仁"的时候，把它当作仁慈（kindness or affection）（第 33 页），把它当作爱或仁爱（love or benevolence）（第 104 页）："总的说来，作为'爱'的仁应被作为对他人的人类同胞般的移情和关怀态度。"（第 107 页）受到训练后，这种同情和关爱变成一种德性。"如果没有学社会之'礼'的强制要求，品格就没有特殊特征以成为真正的德性了。"（第 165 页）这种受过训练的情感表达了"一个人应该在巡礼时具有的内在态度"，这种内在态度"自愿和真挚地尊崇规范的要求"（第 105 页）。

《德性之镜》把"仁"这种总体德性当作"使人成为好人的状态……这一状态是亚里士多德所言的 aretē（德性）和孔子所言的'仁'（excellence）"（第 89 页）。在《德性之镜》看来，"像基本德性一样，孔子的'仁'概念是一个包括不同成分的混合体。我们应该把孔子对

---

① 在这篇评论文章中，我也略去了《德性之镜》在亚里士多德伦理学上的重要贡献，尤其是此书对生命（life）和活动（activity）所做的区分；正是这一区分解决了最高水平的解释者们所争论的问题，例如库柏（Cooper）和厄尔文（Irwin）之间的争论。

'仁'的各种说法——至少最重要的那些——看作其总体德性的不同构成成分或方面"（第 92 页）。这种德性"是一种像技艺那样的品质。正如拥有射箭术使一个箭手得以命中目标一样，拥有德性使一个行为者正确地感受和行动"。为了"成为一个德性行为者，一个人必须不仅在情感和行为中命中德性，而且更重要的是，'他必须是出于一种确定了的、稳定的习性而那样选择'"（第 90 页），"作为一种稳固品质，德性是第二本性"（第 91 页）。

古希腊语给亚里士多德提供了不同词语来表达人的总体德性和爱（经过恰当训练的、对人的同情）这种具体德性。与此类似，古汉语给孔子提供了不同词语来表达人的总体德性（"德"）和爱。《德性之镜》对"仁"这个词的看法是："仁"是模糊的，有时候与"德"是同义词，有时候与"爱"是同义词。这种模糊理论的一个结果就是：我们可以重写、澄清乃至于改进《论语》，删除《论语》中出现的"仁"这个词，代之以"德"或"爱"。

一位哲学学者能够给另一位哲学学者的最大好处就是校正他的总论点。就此而言，我失败了；但是，我确实为《德性之镜》关于孔子"仁"的某个具体论点提供了一种校正。在《论语》中，孔子从未把"仁"的两种不同含义区分开，因此，我们描述"仁"的时候应当把模糊论贯穿始终。此外，正如我将证明的，《德性之镜》对"仁"的两种释读（把仁当作总体德性、当作爱这种具体德性）都不符合孔子所说的"仁"。

《德性之镜》也承认"孔子没有把作为总体德性的'仁'细分为不同的类型"（第 77 页），因而任何一种理解都需要在理性的驱使下把"仁"当作一种总体德性。[①]《德性之镜》对仁是德性整体（the whole of virtue）或仁是总体德性所做的论证是：

---

① 《德性之镜》的这个观点，即"仁"和"德"是同义词，会导致对《论语》中"志于道，据于德，依于仁"的不当理解；也就是说，这三个子句并没有真正区分开什么［"不过是一种修辞手法"（第 33 页）］。

在《论语》(17：6) 中：……（孔子说）"能行五者于天下，为仁矣"。这五种事物是五种具体的德性，即恭（respectfulness）、宽（tolerance）、信（trustworthiness）、敏（quickness）和惠（generosity）。既然这样，那么"仁"至少含有这五种具体的德性。通过《论语》（5：19），我们知道缺少智慧和忠诚，一个人就不可能"仁"。[①] 因此，"仁"的成分中必然也包含智慧和忠诚。我们被引向这个结论：一般的"仁"是各种具体德性的复合物或总和。（第 166 页）

这个论证存在一个问题。《论语》(17：6) 列出的五种德性不包括智慧或忠诚。如果我们把《论语》(17：6) 解读为对"整体－部分"关系的描述，那么即便没有智慧或忠诚，这五种德性也足以构成整个的"仁"（无论谁拥有这些德性，他"肯定'仁'"），所以智慧和忠诚并不是"仁"不可或缺的部分。然而，这个论证还认为《论语》(5：19) 表明了"智慧和忠诚是'仁'的必要成分"。对《论语》(17：6) 的"整体－部分"的解读，与《论语》(5：19) 矛盾。对"整体－部分"关系所做的论证并不成功。

《德性之镜》接下来确定"仁"的其他部分："'礼'（rites）、'爱'（或仁爱，benevolence）和'义'（appropriateness）是孔子全德之'仁'的三个关键性组成部分。"（第 94 页）按照我的理解，说它们是"关键成分"就意味着它们是"不可或缺的部分"。但是，依照《论语》(17：6)，它们三者并不是不可或缺的部分。这是更深层次的矛盾，它伴随着"整体－部分"的诠释而来。

想避免这个矛盾也是可能的。这一段把"仁"与"能行五者"（激发五种具体德性的能力）联系起来。这一段并没说这种联系是什么。与其把这五种具体德性当作"仁"的五个部分，不如把它们当作"仁"的五个标志，这五个标志共同表征了"仁"的存在，这样我们就能避免上

---

① 《德性之镜》想引用的肯定是《论语》5：19，它原本标注的《论语》5：18 肯定是标错了。

述矛盾。这五种具体德性还暗示了智慧的存在，因此这就与《论语》（5：19）不矛盾了。

正如《德性之镜》所说，德性"意味着一种稳固或不易更改的性质"（第90页），因而德性"作为一种稳固品质"，它被强化到了"第二本性"（第91页）的程度。以此为标准，"仁"当然不是一种德性，无论这种德性是一般的还是具体的。依照《论语》（6：7）的用词，颜回是令人钦佩的，"回也，其心三月不违仁，其余则日月至焉而已"。因此，有可能在三个月乃至更短暂（日月至焉）的时段里获得"仁"这种东西。当然了，无论"三个月"还是"日月至焉"，如此短暂的时间不足以强化人的性情或第二天性。因此，"仁"根本就不会是一种德性。根据《论语》（7：30），"仁"是近在咫尺的："仁远乎哉？我欲仁，斯仁至矣！""我欲仁，斯仁至矣"，这一事实表明"仁"根本就不是一种德性。①

"仁"是短暂的，它这种能力会根据人们的需要而出现，这表明它根本不是德性，无论是总体德性还是具体德性。因而《德性之镜》中所主张的模糊在两个方面都是错误的："仁"既不是一般的人的德性，也不是与情感（受过训练的爱这种情感）有关的具体德性。但是请注意，作为解释者，我们仍然有可能挽救"'仁'是德性"这一论点。我们也许可以主张，在孔子哲学中，"仁"是在三种（而不是两种）意义上被使用。在孔子那里，有时候"仁"被说成总体德性，有时候被说成仁爱这种具体德性，还有时候被说成太过于短暂而不能作为德性的某种东西。然而，要是孔子赋予自己的核心术语"仁"三种不同含义，而且是在《论语》文本中未揭示出来的含义，这也太苛刻了。与其尝试着在孔子哲学中找到一个贯穿始终的线索，不如认为一种过度模糊的策略势必把孔子描述为一个粗心大意的人。

正如我们看到的，孔子赋予"仁"很高的价值，又没把"仁"当作

---

① "仁"是近在咫尺的，这种说法并不意味着变得"仁"是件易事；就像孔子所说，"我未见好仁者、恶不仁者"（《论语》4：6）。

人的德性，这是有可能的。正如《德性之镜》（第 36–37 页，第 44–46 页）所说，亚里士多德和孔子把人的善当作一种卓越的生活，通过培养人的卓越或德性就能获得这种生活，就此而言，苏格拉底与这二人相似。①苏格拉底是一位德性伦理学家，但他高度重视哲学，就像孔子高度重视"仁"一样。对苏格拉底来说，想要成为哲学家就要改变自己优先看重的东西。大多数人认为一系列不同的善都有价值，例如健康、财富、财产和朋友。苏格拉底则试图证明，大多数人不知道如何使用这些传统的善以便产生每个人所看重的好生活。当人们意识到自己忽视了如何过一种好生活时，他们已经有了惯常的经验。他们不再看重那些传统的善。寻求智慧成了他们生活中优先看重的东西。在真正的哲人生活中，对智慧的欲求是主导性的，其他一切都是从属性的。

孔子论述"仁"的那些话（《论语》7：30）会被苏格拉底用以论述哲学："哲（哲学）远乎哉？我欲哲（哲学），斯哲（哲学）至矣！"与技术或德性不同，这种优先看重的东西可以转瞬即至。例如，"你"此时此刻接受苏格拉底说的话，但是读完本文后，"你"优先看重的东西有可能退回到传统上所看重的价值。很抱歉，我要说"你"得到的哲学只不过能维系"日月至焉"的短暂时间，如果颜回也是读者中的一位，他对哲人看重的东西有可能维系"三（个）月"的较长时间。

请不要搞错：我并不是说"仁"就是苏格拉底的哲学！通过讨论苏格拉底的哲学，我想证明的是：一位德性伦理学家除了看重各种德性，他还要改变听众在生活中优先看重的东西。改变一个人优先看重的东西并不能使此人变得有德性，但这些东西是唯一的手段，以便通达此人所欲求的卓越的生活。这就是我所理解的《论语》（7：6）："志于道，据于德，依于仁。""道"是我的心灵所欲求的东西；想走向"道"，就要以人的德性中"德"这种力量作为基础；想要达到"德"，就需要依靠

---

① 《德性之镜》正确地认识到苏格拉底的德性表不一样，他列出的德性表上只有一个东西——智慧。除了在人类福祉上纯粹的智慧，亚里士多德和孔子还要求其他性情。

生活中一种新的优先看重的东西——"仁"。① 我要用"'仁'是优先看重的东西"这种解释来代替关于"'仁'是一种德性"的任何解释。但究竟什么是"仁"呢？苏格拉底哲学把寻求智慧当作优先看重的东西，与此不同，我的主张是：孔子的"仁"把人性（humanity）当作第一优先性的东西。请允许我拿我所在的学术研究机构做个类比。

我所在的哲学系里，办公室主任要履行诸多职责：准备各种文件，扫描论文，接发邮件，参加培训，以及其他很多工作任务。与这些工作任务相对立的是走进办公室寻求帮助的学生。该学生进入办公室的时候，办公室主任正忙于一些任务，他手头还有其他很多待完成的任务。办公室主任既要处理这些任务，又要接待学生；他有可能先处理工作任务，也有可能先接待学生。如果优先处理工作任务，那么这个学生也只不过是一件任务，而且是与有待处理的其他任务相冲突的任务。但是，如果优先接待学生，就不存在冲突了。办公室的各项工作任务就不会与优先看重的东西——照顾学生——相冲突。我所在的哲学系以及我所在的整个研究机构［北亚利桑那大学（Northern Arizona University）］，其存在就是为了学生。因此，优秀的办公室主任会把学生当作第一优先性，把办公室工作任务当作第二优先性；低劣的办公室主任把学生仅仅当作要处理的办公室工作任务之一。

这个类比就是：办公室主任处理学术机构的生活，与此类似，每个人都在处理自己的人的生活。优秀的办公室主任把学生当作第一优先性，以同样的方式，优秀的人（"君子""大人"）把人性当作第一优先性。把人性当作第一优先性，又是什么意思呢？孔子用十几页篇幅阐述优秀之人（君子）和低劣之人（小人）的不同，他们优先看重的东西不一样。人性具有第一优先性，一个方面就在于自我的完善。孔子告诉我们，"君子病无能焉"（《论语》15：19），"君子求诸己（小人求诸人）"（《论语》15：21）；这与《论语》（19：6）中子夏所说"博学而笃志，切

---

① 不要把《论语》7：6当作纯粹的修辞手段。

问而近思"形成类比。人性具有第一优先性,另一方面就在于"直以待人"。孔子告诉我们,君子想的是"直"而不是"利"(《论语》4:16),是"上达"而不是"下达"(《论语》14:23),是"怀德"而不是"怀土"(《论语》4:11),"君子成人之美,不成人之恶"(《论语》12:16)。

孔子告诉我们把人性当作第一优先性的诸多标志,这些标志把君子和小人区分开来。这使得孔子说"君子有三畏:畏天命,畏大人,畏圣人之言"(《论语》16:8),"君子周而不比"(《论语》2:14),"人无远虑,必有近忧"(《论语》15:12),"君子易事而难说也"(《论语》13:25),"君子和而不同"(《论语》13:23),"君子不可小知而可大受也"(《论语》15:34),以及"君子坦荡荡,小人长戚戚"(《论语》7:37)。

当孔子说"仁"就是"爱人"时(《论语》12:22),就我的理解而言,他说的并不是得到恰当训练的这种情感——同情,而是使人们得出第一优先性的动机结构。当人性是你的第一优先性时,只要你出去,无论遇到谁,你都会"出门如见大宾,使民如承大祭"(《论语》12:2)。当然,"仁"的字形就表明"两个人"(礼仪社会中的成员)之间相应的关系;从甲骨文的字形看,所谓礼仪社会中的人就是鞠躬的人;这种关系就是彬彬有礼。我的主张是孔子扩大了"仁",使它由贵族之间的彬彬有礼变成了适用于每个人的彬彬有礼(humane courtesy)。①

---

① 正如《德性之镜》所说,"对这一词语在孔子之前的文本中的用法存在各种不同见解,但很清楚的是,这一概念有一个演进的过程。在《诗经》中,一个贵族猎手被称赞为'洵美且仁''洵美且好''洵美且武'"(第33页)。林毓生的判断——"仁"不可能是"男子气概"之外的任何东西——肯定不对。葛瑞汉(A.C.Graham)的观点是有可能的:在孔子之前,"仁"是"周代贵族集团常用来把他们自己与庶民区别开来"的术语;它"如英语中的'高贵的'(noble)一词,涵括全部有教养的人所独有的优秀品质"(第33页)。

在英文词典中,courtesy(彬彬有礼、礼)这个词与 etiquette 是同义词,但它们的哲学意蕴不尽相同,这种不同来自两个词的词源学分析。courtesy 与 courtly 有关,它源自古希腊词 χορός,意思为"歌舞队表演歌舞的地方"。与之相比,etiquette 源自与士兵临时宿营地有关的一个古法语单词,它与英文词 ticket 有关,它是写给侍者的便签,士兵房间需要什么服务写在上面即可。其含义由这种 ticket(票)演化为一种"叮嘱方式"。合礼仪的生活是自由的,不需要其他东西;持票者的生活则有一种"给予-接受"结构,它预设了每当持票者拿出"票"时,他都处于需要某些东西的状态。孔子把我们引向前者(courtesy 意义上的彬彬有礼、礼),而不是后者。

我要在礼（courtesy）的优先性和仁爱（benevolence）的优先性上做出区分。仁爱即试着帮助他人，使之到达更新的、更高的位置。然而在天堂，不存在仁爱的行为，因为在那种理想的生活中，不需要再加以改善。与之相比，礼不是为了达到其他某个高度而付出的努力，它是对这种共同人性的庆贺。献身于仁爱的那个人，只要有可能，为了达到其善良的目的，他会抄近路；这个人过着炼狱般的生活，他始终在试图到达某个地方。与之相比，献身于礼的那个人过着天堂般的生活，他不会"行不由径"（《论语》6：14）。不是为了进一步得到什么，他的关注点就在于依照礼当下所可能是的东西。正因如此，"不仁者，不可以久处约，不可以长处乐"（《论语》4：2）。在当下的快乐和为了更进一步的快乐而改善自己之间，孔子所做的区分令人印象深刻："仁者安仁，知者利仁"（《论语》4：2），因此孔子才说"知者乐水，仁者乐山；知者动；仁者静"（《论语》6：23）。

我们如果把"仁"看作仁者之礼所看重的东西，而不是仁者之仁爱所看重的东西，那么就能对"行不由径""仁者安仁"做出解释，就能对"乐水""乐山"的比喻做出解释。我们也能够理解孔子对欲求成"仁"的学生所做的训导："克己复礼为仁"（《论语》12：1）。仁爱之人最看重的是某种改善，守礼之人最看重的是自身在当下的完善，这能够解释孔子对"仁"的另一处表述："仁者先难而后获，可谓仁矣。"（《论语》6：22）①

三、结语

我赞同《德性之镜》一书的目标，即把孔子思想解读为志在传授一

---

① 对于"什么是'仁'"，孔子还有另外三个答案："居处恭，执事敬，与人忠"（《论语》13：19），"恭、宽、信、敏、惠"（《论语》17：6），以及"仁者，其言也讱"（《论语》12：3）。这三个答案告诉我们把仁者之礼作为第一看重的东西能够带来的结果。

门指向人的幸福的伦理学，而且这种幸福源自人的德性。但是，我批判《德性之镜》的这个论点——孔子对"仁"的表述是模糊的，它介于总体德性和一种具体德性（仁爱）之间。我要用"'仁'是优先看重的东西"来代替任何形式的这种论点——"'仁'是一种德性"。当我强烈赞同《德性之镜》一书的目标的时候，即把孔子解读为志在传授一门指向人的幸福的伦理学，而且这种幸福源自人的德性，我会做出相应的补充：当我们把人性看作生活中优先看重的东西时，我们就走在了通向那种德性的路上；这种德性并不改善仁爱行为中的人性，毋宁说，它在隆重的礼仪中颂扬人性。我要说的是，这一点就是"一以贯之"（《论语》15：3）的东西，正是它把孔子的所有教导串联起来。

参考文献：

Wardy, Robert, 2000. *Aristotle in China: Language, Categories and Translation*. Cambridge: Cambridge University Press.

Yu, Jiyuan, 2007. *The Ethics of Confucius and Aristotle: Mirrors of Virtue*. New York and London: Routledge.

Rudebusch, George, 2011. "Yu, Confucius, and *Ren*," *Dao* 10（2011）: 341-348, Published online: 5 August 2011.（DOI 10.1007/s11712-011-9229-y）.

丽莎·拉斐尔斯论《德性之镜》之评析

金小燕

《德性之镜》的作者是余纪元先生。余纪元先生是举世公认的亚里士多德研究专家，在古希腊哲学、古希腊哲学与古代中国哲学的比较研究以及德性伦理学等诸多领域著述精深，造诣深厚，成绩斐然。《德性之镜》是一部关于亚里士多德和孔子伦理学比较的哲学著作。历来哲学家们对如何展开比较哲学研究存有争议，作为一部中西比较哲学领域的前沿著作，《德性之镜》同样迎来了哲学家们的诸多讨论和评论，丽莎·拉斐尔斯（Lisa Raphals）从"方法论"和"个人与传统"等多个视角展开了富有建设性的评论，既具有针对性，又具有比较哲学研究的普遍性。本文将结合丽莎的评论以及余先生的回应展开评议，阐述《德性之镜》对丽莎问题的关注、策略，并以此窥见方法论、比较策略在比较哲学研究中的运用。

一、对丽莎论"方法论"不平衡的评析

丽莎认为，余先生使用的"朋友如镜论"和"拯救现象法"都来源

于亚里士多德。在《德性之镜》中，余先生讨论了《大伦理学》（1213a20-26）的文本，指出亚里士多德认为朋友是第二个自我，可以当作镜子更好地了解自己，并在脚注中引用了《尼各马可伦理学》（1169b33-117a2）的文本。通过对两处文本的阐述，丽莎认为"这种有距离的隐喻显然（the metaphor of distance clearly）适用于孔子和亚里士多德的比较"①，和萧阳、尼古拉斯·吉尔（Nicholas Gier）一样，她也赞同余先生"朋友如镜论"的方法。

接下来我将结合余先生的回应，以丽莎的评论为契机，拓展"朋友如镜论"方法的论证，结合文本论证"朋友如镜论"不仅是采用亚里士多德的方法，也是（先秦）儒家的方法，说明在比较方法论的运用中，亚里士多德和孔子的伦理学是平等的对话者。当然，更为重要的是，余先生之所以使用这种方法，"不是因为它们是希腊的或亚里士多德的（Aristotelian），而仅仅是因为它们可以指导我更有效率和成效地进行比较"②。

> 当我们想看自己的脸时，我们借用镜子来看；同样，当我们想认识自己时，我们通过看我们的朋友来知晓。因为正像我们所说的，朋友是第二个自我。因此，如果认识自己是快乐的，而没有另一个人作为朋友又不可能认识自己，那么，自足者就应该需要友爱，以便认识他自己。（《大伦理学》1213a20-26）③

> 如果我们更能够沉思邻人而不是我们自身，更能沉思邻人的而不是我们自身的实践，因而好人以沉思他的好人朋友的实践为愉悦（因为这种实践具有这两种愉悦性），那么享得福祉的人就需要这样的朋友，因为，他需要沉思好的和属于他自身的实践，而他的好人

---

① Lisa Raphals, "On *Mirrors of Virtue*," *Dao* 10（2011）：350.

② Jiyuan Yu, "After *the Mirrors of Virtue*: Response to My Critics," *Dao* 10（2011）：386.

③ 这段译文，参见余纪元：《德性之镜：孔子与亚里士多德的伦理学》，林航译，中国人民大学出版社，2009，第5页。

朋友的实践就是这样的实践。(《尼各马可伦理学》1169b33–
1170a2)①

亚里士多德指出，借助邻人或朋友可以更好地知晓自我。当我们想
看自己的脸时，我们借用镜子来看，同样，当我们想认识自己时，借助
邻人或朋友可以更好地知晓自我。"邻人"是隐喻，邻人与他（或她）
拥有一些可以共享的因素，这包括共同或相似的处境或情境，运用相同
或相似的原则、视角或方法，关注或处理共同或相似的问题，拥有"邻
域"意味着有了比较的可能性，邻人成为参照物。这里强调由于距离使
得参照物更能清楚地显现"我"所关注的邻域活动。个人往往由于
"意、必、固、我"②等原因很难"沉思自身"，也就难以认识、反思自
我的实践，通过邻人或朋友这样有距离的参照，可以较为客观、科学、
理性地观察、分析事物或活动，通过"邻域"共享邻人的活动反射自
我，从而较为真实地显现自我、认识自我、反思自我。所以，邻人或朋
友就如同一面镜子，借助邻人或朋友更好地发现自我、认识自我。

既然能够通过沉思邻人沉思自己的实践，更好地知晓自我，那么亚
里士多德为何又强调"朋友如镜"呢？在第二处文本有回答"好人以沉
思他的好人朋友的实践为愉悦"③。"我"能否通过邻人，即沉思"我"
的"好人邻居"的实践而愉悦呢？即便与邻人已经具备成为朋友的条

---

① 这段译文，参见亚里士多德：《尼各马可伦理学》，廖申白译，商务印书馆，2003，
第 279 页。

② 出自《论语》9：4："子绝四：毋意，毋必，毋固，毋我。"

③ 这并不否认自我认识、反省的过程不会带来快乐。《论语》中有多处内容表明对德性
的感悟、反思能给人带来满足、宁静、安详、愉悦。例如："子贡曰：'贫而无谄，富而无骄，
何如？'子曰：'可也。未若贫而乐、富而好礼者也。'子贡曰：《诗》云"如切如磋，如琢
如磨"，其斯之谓与？'子曰：'赐也，始可与言《诗》已矣！告诸往而知来者。'"（《论语》
1：15）"子曰：'不仁者，不可以久处约，不可以长处乐。仁者安仁，知者利仁。'"（《论语》
4：2）"子曰：'贤哉！回也。一箪食，一瓢饮，在陋巷。人不堪其忧，回也不改其乐。贤
哉！回也。'"（《论语》6：11）"子曰：'知之者不如好之者，好之者不如乐之者。'"（《论语》
6：20）"子曰：'饭疏食，饮水，曲肱而枕之，乐亦在其中矣！不义而富且贵，于我如浮
云。'"（《论语》7：16）"子曰：'知者乐水，仁者乐山；知者动，仁者静；知者乐，仁者
寿。'"（《论语》6：23）"孔子曰：'益者三乐，损者三乐。乐节礼乐，乐道人之善，乐多贤
友，益矣！乐骄乐，乐佚游，乐宴乐，损矣。'"（《论语》16：5）

件，例如拥有共同或相似的德性，但毕竟邻人和朋友与自己存在不同，交流和共同经历的实践活动以及在此基础上形成的亲密性，使得"我"对朋友的实践更容易感同身受，在认知和情感上更容易获得认同与共鸣。因此，沉思"好人朋友"实践带来的愉悦延展至自身实践的愉悦更加真切、更加充沛。而邻人的实践，由于"我"和邻人之间的陌生或不熟识，更多则是较为客观、理性的分析，基于邻域进而反射自我、知晓自我，对好实践和好邻人的实践沉思也许会产生丝毫的快乐，延展至自身实践感受的快乐又会衰弱以至于可以忽略。

基于丽莎的启发，依据这两处文本，余先生认为"朋友如镜"的方法可以有更为全面的理解。余先生指出"朋友如镜"的方法应该分为两个阶段。"第一个是'邻居'阶段，双方只要处于邻域，就可以进行比较。在哲学中，'邻域'代表着它们关注相似的问题，处理相同的论题，或者采用相似的方法。'朋友如镜论'的运用结果是比较它们是否真的相似。如果事实证明它们真的不同，要么停止比较，要么继续从哲学意义上追问为何如此不同。如果事实证明它们是真正的相似，这种比较将进入第二阶段，即'朋友'阶段。"① 随后，解释了必须进入第二阶段的原因，"没有'邻居'阶段，我们将无法知道谁是朋友。然而，促进道德行为者幸福的是'朋友'阶段"②。通过邻人对邻域问题的比较，如果得出在德性上有共同或相似性，说明有相处的可能性，可能会进入朋友阶段。邻人阶段是进入朋友阶段的前置阶段。这两处文本的隐喻具有内在的相通性，但是两者的侧重点不同。前者强调"邻人如镜"，以此发现、认识自我；后者强调在"我"（好人）与好人朋友的友谊中，"我"与好人朋友的实践活动的共同和相似性，以及两者关系的亲密性，使得"我"对朋友的实践体验更为深刻，在认知和情感上能够获得强烈的认同与共鸣，进而折射到对自我的认识、发现和体验，"我"（好人）可以

---

① Jiyuan Yu, "After *the Mirrors of Virtue*: Response to My Critics," *Dao* 10（2011）: 382.

② 同上书，第383页。

通过沉思"我"的好人朋友的实践获得愉悦。因此，朋友是道德行为者获得幸福的必要条件和重要内容。

　　余先生从三个方面说明具有相同或相似德性品质的朋友并不意味着拥有严格等同的品质，即这些朋友在德性上具有差异性，因为：一是朋友不能拥有相同数量的德性；二是德性具有程度的不同（《尼各马可伦理学》1144b33-1145a1）；三是朋友们为了追求德性活动需要花时间相处（《尼各马可伦理学》1170a12，1172a5-12），且德性的培养是一个终身的过程（《尼各马可伦理学》1180a1-4）。余先生接着指出，正是由于这些差异性——在将朋友当作镜子时，发现、认识自己与朋友德性上的差异——使道德行为者通过"朋友如镜"，培养、提升自身的德性成为可能。

　　丽莎在评论中提出，"问题是余先生的方法完全是希腊式的，不仅是希腊式的，更是亚里士多德式的。在目的上他是不偏不倚的，但在方法论证的过程中却不是"[1]。余先生指出，问题的实质是"一种方法仅仅是因为它的有效性而被使用，它的出生地或作者身份无关紧要"[2]。在回应中，余先生一针见血地指出，衡量一种方法能否被使用的根本标准在于这一方法是否被有效地使用。在我看来，这里的有效性包括两个方面，一方面指方法的有效性，也就是说，方法能被运用为方法的合理性和合法性论证；另一方面指方法在某事件使用过程中的有效性。《德性之镜》蕴含了比较哲学中前沿和创新性的方法、观点、思想，这无疑表明无论是"朋友如镜论"还是"拯救现象法"的运用，在《德性之镜》中都是有效性的运用。因而，丽莎的批评显然有待进一步商榷。但是，余先生非常赞同丽莎提出要"更加注意从中国哲学方面寻找和采用合适的方法"，同时也表示，"朋友如镜论方法既是亚里士多德的也是儒家的"。

---

① Lisa Raphals，"On *Mirrors of Virtue*，" *Dao* 10（2011）：354.

② Jiyuan Yu，"After *the Mirrors of Virtue*：Response to My Critics，" *Dao* 10（2011）：386.

作为回应丽莎有关方法论观点的补充，在余先生"朋友如镜论不仅是采用亚里士多德的方法，也是儒家的方法"观点的基础上，我将进一步论证儒家也有使用朋友如镜论方法，它是孔子启发教育学生修养德性的重要方法。

事实上，邻人、朋友如镜论的方法存在于孔子的视野中。在《论语》中，孔子曰："见贤思齐焉，见不贤而内自省也。"（《论语》4：17）我们如果仔细挖掘文本，就会发现，朋友如镜这种方法，"见贤思齐"的方法几乎贯穿《论语》的文本，"贤者识其大者，不贤者识其小者"（论语》19：22）。卫公孙朝问子贡，仲尼的学问从哪里来，子贡以贤者、不贤者的比较来说明孔子的大贤之处在于了解事物的根本，而不是末节，表明做学问应该用的方法，以此启发卫公孙朝反省自身，进而学习孔子做学问的方法。《论语》4：1、6：11、7：22、11：16、19：24等多个地方都运用了这种朋友如镜的方法。① 把贤者、善者（有的地方是孔子、颜回）或不贤者、不善者当作镜子，对照镜子认识、发现自我，反思自己的德性活动，发现自己需要改进或提高的地方，向贤者、善者看齐，避免不贤者、不善者存在的问题，提升自我的德性修养。

《论语》中有多处强调朋友对"我"修德的重要性、必要性，即通过朋友的帮助、切磋、督促加强自我修德与成仁。曾子曰："君子以文会友，以友辅仁。"（《论语》12：24）子曰："切切偲偲、怡怡如也，可谓士矣。朋友切切偲偲，兄弟怡怡。"（《论语》13：28）孔子曰："益者三友，损者三友。友直，友谅，友多闻，益矣。友便辟，友善柔，友便佞，损矣。"（《论语》16：4）这些段落无不折射出儒家强调朋友如镜方法对修德的重要性。贤友是"我"的镜子，通过贤友的德性活动反观自

---

① "子曰：'里仁为美，择不处仁，焉得知？'"（《论语》4：1）"子曰：'贤哉！回也。一箪食，一瓢饮，在陋巷。人不堪其忧，回也不改其乐。贤哉！回也。'"（《论语》6：11）"子曰：'三人行，必有我师焉！择其善者而从之，其不善者而改之。'"（《论语》7：22）"子贡问：'师与商也孰贤？'子曰：'师也过，商也不及。'曰：'然则师愈与？'子曰：'过犹不及。'"（《论语》11：16）"子贡曰：'无以为也！仲尼不可毁也。他人之贤者，丘陵也，犹可逾也；仲尼，日月也，无得而逾焉。人虽欲自绝，其何伤于日月乎？多见其不知量也！'"（《论语》19：24）

我，镜子（朋友）引导、督促"我"拥有正直、诚信等德性，成为仁者。在与朋友的相处中，好人在沉思好人朋友的德性实践中沉思自我的德性活动，由于认知的一致或相似以及亲密情感上的感同身受，"我"在沉思中获得满足、快乐。亚里士多德有关朋友如镜论的说明在儒家的文本中也能找到共振点，"乐多贤友"，拥有的好人或有德性的朋友越多，"我"获得的愉悦也越多。因此，在孔子看来，朋友能促进人的成仁，朋友是值得欲求的，是获得好生活的必要条件。

二、对丽莎论内容不均衡的评析

在《德性之镜》这本书中，余先生将亚里士多德的"拯救现象法"延伸到亚里士多德和孔子的伦理学的比较中。《尼各马可伦理学》中对这一方法做了说明："先摆出现象，再考察其中的困难，如果可能，这样我们就可以确定所有关于这些感情的意见。"（《尼各马可伦理学》1145b1-7）丽莎认为余先生对亚里士多德这一方法的运用很大程度上是余先生自己的方法。"他对两种文本的研究方法细致、条理。就像亚里士多德一样，他尝试通过摆出在各自文本中出现的困难，把彼此看作镜子，论证其中在伦理上哪些是有效的和有价值的，以期对亚里士多德伦理学和孔子伦理学给出清晰、公平的阐述。这种方法非常适合亚里士多德，但当它应用到《论语》文本时，却产生了一些问题，《论语》显然不系统，而且也没有提供分类和对比。"[1]丽莎进一步指出，虽然余先生试图通过其他儒家文本——特别是四书，即《论语》《孟子》《大学》《中庸》——补充《论语》缺乏的证明，以此解决这种不平衡。但是四书以及理学家朱熹的有关编著（可追溯到 12 世纪）的时间线与孔子的不一致，尽管余先生主张这些著作真正洞悉了古典儒家思想（Yu，

---

① Lisa Raphals，"On *Mirrors of Virtue*，" *Dao* 10（2011）：351.

2007：19），在与亚里士多德伦理学比较的过程中，丽莎却怀疑对镜子的位置布局会影响映现的内容，从而难以在内容上与孔子伦理学具有一致性。

除了文本的不均衡外，丽莎还提出《德性之镜》在比较中存在内容上的不均衡。在对亚里士多德伦理学和孔子伦理学的比较中，这一问题表现在"德性与中庸""政治动物和关系自我""实践智慧和义"这三章。

在"德性与中庸"的论述中，基于产生各自传统文化的环境，余先生运用朋友如镜论，尝试阐释亚里士多德伦理学和孔子伦理学对中庸的理解。丽莎赞赏余先生反思的方法，"德性、中庸与品质"（第三章）"是余先生比较分析论证的一个精妙表现，这也展现出他的论证方法具有哲学洞察力。……对于把中庸理解为适度的观点，余先生做了重新思考，这有助于我们理解孔子和亚里士多德的伦理学"①。首先，将"中庸"理解为适度，无论是在亚里士多德还是在孔子的文本都存在一定的争论和困难。亚里士多德明确地说："虽然从其本质或定义来说德性是中庸，但从什么是最好的或什么是对的这一角度说，它是一个极端。"（《尼各马可伦理学》1107a6-8）在亚里士多德看来，德性是一种中庸，在做最好的事情时它就成了极端。余先生指出，对"庸"的不同解释导致对孔子"中庸"的不同理解，甚至导致对《中庸》书名的不同译法。"庸"有三种解释："用"或"实践"、"不可改变的"、"平常"或"普通"。亚里士多德以中庸指称品格的内在状态，又以中庸指称德性在情感与行为中的外在表现。（Yu，2007：81）余先生将中庸解释为一种内在状态被实践达到与生活或行为相合宜的"中-和"结构，以此来阐释亚里士多德的中庸，即内在中庸被实践成为外在中庸（Yu，2007：82），以此阐释清楚亚里士多德和孔子关于中庸的意蕴。

丽莎认为，将中庸分为内在中庸和外在中庸在亚里士多德那里有明

---

① Lisa Raphals, "On *Mirrors of Virtue*," *Dao* 10（2011）：352.

确的区分，但是《论语》却没有提供足够的材料说明这一论点。丽莎忽略了《论语》中有关中庸的论述，细读文本，我们会发现《论语》对于内在中庸和外在中庸以及两者的关系都有丰富的论述。

在《论语》中，有三处明确提及"中庸"或同类含义的词语"中行""中"，子曰："中庸之为德也，其至矣乎！"（《论语》6：29）子曰："不得中行而与之，必也狂狷乎！狂者进取，狷者有所不为也。"（《论语》13：21）尧曰："咨！尔舜！天之历数在尔躬，允执其中。四海困穷，天禄永终。"（《论语》20：1）这三处都表明"中庸"、"中行"或"中"是最好、最正确的事情，如同亚里士多德讲的，"它是一个极端"。因此，孔子以中庸作为至高的德性评价学生，把中庸作为最高的德性标准评价学生在德性修养上的程度。"子贡问：'师与商也孰贤？'子曰：'师也过，商也不及。'曰：'然则师愈与？'子曰：'过犹不及。'"（《论语》11：16）"柴也愚，参也鲁，师也辟，由也喭。"（《论语》11：18）

"和"是先秦儒家伦理思想的重要概念，以"乐"喻"和"状态，即和谐、从容不迫的状态，含有道德行为者情感与行为外在表现的恰当、合宜、正当之义，对应"外在中庸"。有子曰："礼之用，和为贵。先王之道，斯为美，小大由之。有所不行，知和而和，不以礼节之，亦不可行也。"（《论语》1：12）这段话表明，礼是外在行为活动的规范性表达，"和"是礼之用的最佳状态，是一个人德性运用的外在表现，德性的最佳状态也就是中庸。要想达到外在中庸，也就是和谐（人际关系），需要以礼——社会既有的社会习俗和礼仪规范——克制自己的欲望，表现出理性、合理、恰当的行为。

外在中庸需要道德主体具有稳定的品格，这种内在的德性在具体情境中表现为正确、恰当、合适的情感和行为，这表明道德行为者具有中庸的品质。就如同亚里士多德所说，"在正确的时间、正确的场合，对于正确的人，出于正确的原因，以正确的方式感受这些感情，就既是中庸的又是最好的。这也就是德性的特征"（《尼各马可伦理学》

1106b21-23）。在《论语》中，孔子及其弟子多次赞赏中庸这一德性活动，在内正确感受这些情感，具有稳定的道德感的品格，在外表现为最好的、最恰当的情感和行动。"《关雎》乐而不淫，哀而不伤。"（《论语》3：20）孔子借用《诗经》中的《关雎》提出哀乐有所节制，即内在情感的表露需要以礼节之，不应过分哀伤，也不应过分快乐，即德性处于两种恶之间的中庸，使情感或行为既是中间的又是正确的。孔子最喜爱的弟子颜渊去世时，"'子哭之恸'。从者曰：'子恸矣！'曰：'有恸乎？非夫人之为恸而谁为？'"（《论语》11：10）弟子觉得孔子哭得如此悲痛于礼不合，而于孔子来讲，最好、最喜欢的弟子走了，他内心异常悲痛，因悲叹而大哭。孔子此时此地的大哭合乎情理，不愠不火的态度反而不符合具体情境，不恰当。这也表明，作为外在行为规范的标准，"礼"需要遵循内在中庸，遵循内在道德感（仁、敬等），如果没有仁、敬等道德情感，作为调节人际伦理关系的外在规范"礼"也就没有意义了。于德性的期许，孔子显然认同，道德情感要和道德行为具有一致性。儒家讲的君子，内有确定而又稳定的品质，并以此持续驱动自己表现有德性的行为。[①] 因此，我们可以得出孔子是赞同《中庸》的"中-和"结构，即内在中庸与外在中庸的统一性，并且强调外在中庸是内在中庸的运用，正确的道德情感和行为是从内在的稳定品质发出的。"子温而厉，威而不猛，恭而安。"（《论语》7：38）这句话表明在待人接物的德性活动中，一个人应该追求中庸的德性。这种"温而厉，威而不猛，恭而安"的外在中庸神态，是内在修养（内在中庸）的表达。孔子关于"和"这一中庸的外在运用也体现在人与自然的关系中，例如"子钓而不纲，弋不射宿"（《论语》7：27）。

《论语》上述材料的论述契合余先生对《中庸》第1章有关内在中庸运用的阐述，"喜怒哀乐之未发，谓之中；发而皆中节，谓之和"。也

---

① 拙文《〈论语〉中"孝"的德性期许：道德感与行为的一致性——兼与安乐哲、罗思文商榷》（《孔子研究》2016年第3期）论证了内在品质与外在德性活动或行为的一致性，契合中-和的中庸结构。

就是说，"中－和"结构对应于亚里士多德的"内在中庸－外在中庸"的结构。（Yu，2007：82）余先生运用朋友如镜论进行了三个论证：（1）孔子和亚里士多德的伦理学都将中庸分为内在中庸与外在中庸。（2）对于两种伦理学来说，中庸都不是一个数量或比例的概念，而是由什么是正确的界定的。（3）两种伦理学在解释德性本质的时候都类比于射箭，表明德性应当被理解为一种如同射箭技能一样的素质。

在第四章，余先生论述亚里士多德的习惯化和孔子的礼仪化具有惊人相似的平行性，这一平行性植根于他们共享的信念，即我们是在每个人得以形成的社会网络中成长和生活的。（Yu，2007：108）这一论述偏离了通常将孔子的关系自我概念与西方自由主义的个人概念比较的趋势，丽莎觉得这是一个有趣的偏离。但是，她并不认为这是一个公平的比较。在这个比较中，丽莎指出亚里士多德的观点更吸引人，部分原因在于亚里士多德对政治动物概念的讨论翔实、清楚，这些讨论又基于人类有内在自然冲动、语言天赋、天然道德感的信念。（Yu，2007：110）丽莎主张，这个不公平的比较，体现在比较的双方在这方面的论述并不相当。我将丽莎论点的依据归纳为两个方面：一方面，孔子对关系自我的论述内容不充分，孔子关于人性的阐述很难被称为一个理论；另一方面，以孟子对原始本性中具有德性的观念的扩展作为与亚里士多德关于人类社会本性的观点的"镜子"并不均衡。丽莎提出，在孔子之后，其思想被孟子、荀子传承并扩展，但孟子和荀子的阐述却是两种冲突的理论。

余先生对丽莎关于内容不均衡评论的回应是"哪一方应该得到更详细的讨论，绝不是一个预先设定的问题。有时当一方发展出比另一方更为重要的哲学观点和哲学论证时，被比较的双方可能必须保持不均匀"①。在余先生看来，比较哲学对双方的差异或相似在类型或程度上的多少难以有均衡的设定，另外，也许正是因为比较的视野中存在不均衡

---

① Jiyuan Yu, "After *the Mirrors of Virtue*: Response to My Critics," *Dao* 10（2011）: 386.

的现象，才可能推动另一方观点重建的研究，或者进一步丰富另一方的论点。例如，"关系性自我"的精确含义有不同的版本。"既然我的目的是考察亚里士多德提出的观点在我们阅读孔子的过程中如何得到体现，那为什么我们不使用亚里士多德形成类似论点的丰富论据呢？"① 在比较的视野中推动对问题的研究不正是比较哲学的应有之义吗？"公平的比较"本身就不存在，内容上存在不均衡是现实的、难以避免的，只要比较是有价值的，比较哲学就有其存在的意义。因此，丽莎提出"亚里士多德以收集 158 种政体著称，我们不能忽略其更严格的含义"的观点值得重视，而孔子相信理想的政体能在周礼那里找到，这两种体制的比较则会推进两者在政治与伦理关系相似性上的比较。但是，丽莎在内容不均衡基础上——亚里士多德以收集 158 种政体著称而孔子对理想政体的论述则没有如此严格的论证——确立的"在政治与伦理的关系中，镜子可能会扭曲其中一个形象"的观点则需要推敲。

　　丽莎在第五章发现的一个比较不均衡的案例是关于"实践智慧与义"的论述。"亚里士多德论述的实践智慧，即实践德性的理智方面，余先生选取'义'作为德性伦理方面。……在余先生的论述中'义'被理解为一种伦理标准，也被理解为一种实践理性的能力。虽然第一种观点有坚实的文本基础"②，但丽莎对"义"有关理智德性的文本基础或连贯性的解释则表示怀疑。同样，按照余先生对丽莎关于内容不均衡评论的回应，正是在比较哲学的视野中，学者关注"义"、"智"和其他理智品质的"权""心"的关系，从中能推导出有意义的对立性和相似性的问题。

---

　　① Jiyuan Yu, "After *the Mirrors of Virtue*: Response to My Critics," *Dao* 10（2011）:386.

　　② 我和傅永军合写的《谏亲：儒家孝道的"实践智慧"》(《理论学刊》2015 年第 5 期）一文对"义"作为实践理性能力的含义有所论证。

三、对丽莎论"不可通约"问题的评析

依据麦金泰尔不可通约的立场，丽莎指出亚里士多德和孔子的伦理学根本不相容，因为两种伦理学体系有各自的哲学心理学和政治学，在解释和评判上有各自的内在标准。因此，余先生很难回答麦金泰尔不可通约的立场，即"根本不存在可通约的、独立的方法来展现这些材料，从而能对相互冲突的德性提供一种裁决"（MacIntyre，1991：105）。对于丽莎提出的"麦金泰尔的不可通约问题"，在对批评者的回应中，余先生有关"差异性和相似性"的论述可以回答丽莎的质疑。乔治·鲁迪布什（George Rudebusch）教授在对《德性之镜》的评论中总结，整体论点是亚里士多德和孔子在多数最重要的问题上达成了一致。萧阳教授赞同其评价，"孔子伦理学是一种在结构上与亚里士多德德性伦理相似的德性伦理学"。这两位评论者的观点也在一定程度上可以回答丽莎的担忧。

另外，丽莎主张，如果中国思想家（或者说儒家）可以和亚里士多德的理智方法比较，显然，庄子和荀子是两位合适的候选人。丽莎说："庄子将是亚里士多德的一个奇怪'朋友'，因为庄子的伦理学（我相信他有一个伦理学体系！）如此不同，以至于很难想象他和亚里士多德生活在相同的历史时代。"① 对于余先生提出的"在历史上，荀子的观点没有得到垂青，而孟子的观点界定了儒家的正统"（Yu，2007：54）这一观点，丽莎更倾向于主张孟子的观点界定了理学的正统。相比之下，丽莎进一步说明，"汉代的儒家推崇的是荀子的思想，因为在强化汉代儒家的教育和儒家传统中，荀子是一个中心人物。由于朱熹和其他理学家更偏爱孟子的思想，人们往往未充分意识到荀子对汉代的重要影响"②。

---

① Lisa Raphals, "On *Mirrors of Virtue*," *Dao* 10（2011）：354.
② 同上书，第 355 页。

丽莎提出的"庄子、荀子有关理智的论述可以与亚里士多德的理智方法进行比较"的建议富有吸引力，但是上面对丽莎的评析表明，除了庄子和荀子，显然孔子是合适的一面镜子。

四、对丽莎论个人与传统不平衡的评析

在孔子伦理学与亚里士多德伦理学互为镜像的比较中，除了方法和内容上不均衡的批评外，丽莎还提出了个人与传统之间的平衡。"余先生最初设想比较的是两位思想家，但是经常比较两种传统。中国这边，中国的传统包括孔子、孟子和《礼记》的思想（特别是《大学》、《中庸》和朱熹的《四书章句集注》），甚少关注荀子，理学的伦理学思想很少或者说没有。希腊的传统包括苏格拉底和柏拉图，甚少关注苏格拉底之前的思想家，斯多葛学派和其他亚里士多德的继承者（某种意义上）也很少或者说没有。"[1] 丽莎分析，个人和传统的互换"不是一个比较（亚里士多德和孔子）的结果，而是一系列比较的结果：（1）孔子和亚里士多德；（2）亚里士多德和一个儒家传统；（3）亚里士多德和他的智者前辈们（his own intellectual predecessors）；（4）孔子和他的前辈"[2]。丽莎总结说，在这一系列的比较中，第一，在理智的论述上，（3）与（4）没有可比性。第二，在（2）的比较中，运用儒家传统，不可避免地会采用后来思想家截然不同的（甚至矛盾的）理智方面的论述来诠释《论语》，来论证孔子的观点，丽莎认为这种方法会产生时代的错乱感。

在回应的文章中，余先生认为丽莎提出的"最初设想比较的是两位思想家，但是经常比较两种传统"的说法有失公允。对于《德性之镜》不仅仅局限于比较《尼各马可伦理学》和《论语》两个文本，余先生做

---

[1] Lisa Raphals, "On *Mirrors of Virtue*," *Dao* 10（2011）：355.

[2] 同上。

了三点说明：第一，《论语》代表一种传统而不是个人的著作。第二，四书本身代表了古典儒学是什么的深刻哲学洞察。第三，与亚里士多德伦理学对应的孔子伦理学是从四书中提取和重建的伦理理论。[1]虽然余先生并不认为自己是丽莎批评的靶子，但是他认为丽莎对于比较方法提出的观点是值得认真对待的，即"在比较哲学中，个人和传统的互相转换是一个重要问题，我们必须谨慎对待"[2]。

五、对丽莎论伦理学和其他学科关系的评析

丽莎主张在做比较伦理学时需要讨论伦理学和其他学科的关系问题。"伦理学和其他学科的关系问题在中国与古希腊都有比较复杂的形而上学的背景，古希腊的这一背景表现为亚里士多德将科学划分为理论科学、实践科学和创制科学。如果仅仅关注亚里士多德的伦理学（一个实践学科），不考察他在理论和创制科学上的贡献，我们能清楚地了解亚里士多德的思想吗？"[3]若是基于他对理论科学、实践科学和创制科学的理解而探究亚里士多德的伦理学，孔子和他的继承者并不与亚里士多德的这类论述对应，丽莎进一步指出了与之对应比较的对象，比如道家中有关数学、天文学、医学的研究者，像葛洪、陶弘景和孙思邈，战国诸子伦理和逻辑方面的思想家，如墨家、庄子，以及其他可能的思辨哲学和技术传统之间的复杂关系（参考书目有《汉书·艺文志》、《兵书》、《数术》和《方技》部分章节）。

余先生同样强调背景的重要性，选择研究四书而不是单独讨论《论语》的重要原因就在于，"亚里士多德伦理学是亚里士多德整个知识体

---

[1] 参见 Jiyuan Yu, "After *the Mirrors of Virtue*: Response to My Critics," *Dao* 10 (2011): 383。

[2] 同上书，第384页。

[3] 同上书，第355-356页。

系的一部分，这与从作为整体的四书中重建的孔子伦理学恰好匹配"①。与亚里士多德的伦理学关涉政治学、心理学、形而上学基础的背景类似，孔子及其传承者孟子也有相似的德性政治观念、道德心理学、宇宙论基础。显然，基于伦理学和其他学科的关系探究伦理学的比较，亚里士多德并未失去孔子这个朋友。更为重要的是，余先生一针见血地指出了"在比较哲学研究中，我们需要考虑多少背景？"这个关键性的问题。在《德性之镜》的写作中，余先生的总体策略是："哲学不是在真空中发生的。所以，我们的比较考虑到了在古代中国和希腊那里，分别影响了孔子和亚里士多德的各种背景（社会、政治、文化以及理论背景）。然而，我们比较的焦点则在于两种伦理学实际上说的是什么，亦即各自伦理学文本的观点与论证是什么。这对于避免鲁莽、没有充分支撑的比较性概括是首要的。"（Yu，2008：17）也就是说，在比较哲学中比较的焦点是思想和论点，文本背景只有在影响其思想和论点时才有意义，"应该怎么看待比较研究中的背景问题，这取决于背景问题对'我们正在讨论的问题'的充分必要性"②。

《德性之镜》是比较哲学领域富有前沿性和创新性的著作，也正是因为如此，引导了更多学者关注亚里士多德、孔子的哲学思想以及两者的比较研究，包括丽莎在内的知名学者对《德性之镜》提出了富有创意性、建设性的评论，这些是作者余先生写这本书最想要的收获，余先生也会因此而感到满足、愉悦，因为"好人"以沉思他的"好人朋友"的实践为愉悦。

---

① Jiyuan Yu，"After the Mirrors of Virtue：Response to My Critics，" Dao 10（2011）：384–385.

② 同上书，第385–386页。

写在《德性之镜》之后 [*]
——对我的批评者的回应

余纪元

对于一位作者来说，最好的事情莫过于杰出优秀的同行们认真对待自己的著作。在此，我非常感谢丽莎·拉斐尔斯（Lisa Raphals）教授、乔治·鲁迪布什（George Rudebusch）教授和萧阳教授对《德性之镜：孔子与亚里士多德的伦理学》（以下简称《德性之镜》）富有灵感、鼓舞性、建设性的评论。《德性之镜》是一本关于比较哲学的书。如何开展比较哲学研究已成为一个具有争议的话题。鉴于充分意识到比较哲学面临困难的本质，我在《德性之镜》前言中特意花费较长篇幅来描述、证成我的方法论。尽管如此，批评者的主要关注点仍是在比较方法论方面。这些关注点虽然针对《德性之镜》，却带有比较研究的普遍性质。在这篇回应文章中，我将集中讨论这些方法论问题，并将这种回应转化为进一步阐述、捍卫和反思我的比较哲学观点的机会，尽管这些观点我已经在《德性之镜》导论中提及。基于批评者提出的主要观点，本文主要关注以下问题：第一，差异性和相似性；第二，朋友如镜法（mirror

[*]　原文题目为 "After *the Mirrors of Virtue*: Response to My Critics," 载于 *Dao* 10（2011）：377–389。韩燕丽译，金小燕校。——编者注

method）；第三，比较的平衡；第四，镜像和投射。

一、差异性和相似性

比较的主要目的是找出差异性还是建立相似性？乔治·鲁迪布什指出："自20世纪70年代以来，中国思想的阐释标准已经倡导，用与传统西方哲学完全不同的术语来理解它。"他的说法显然十分精准。中国哲学和比较哲学的主流趋势已经变为，通过辨识、确认中国哲学的独特道德敏感性和合理性来呈现它与西方哲学的不同。然而乔治·鲁迪布什也认为，尽管东西方之间存在着各种各样的差异，但"这些差异并不排除存在共同方法的可能性"来理解人类的善。在他的评价中，《德性之镜》体现了后一种方法，因为它的整体论点是亚里士多德和孔子在多数最重要的问题上达成了一致。萧阳赞同他的观点，亦指出《德性之镜》的总体论点是，"孔子伦理学是一种在结构上与亚里士多德德性伦理学相似的德性伦理学"。

在一般比较方法论层面，我认为相似性或差异性应该是比较的结果，而不是预先确定的目标。如果我们预先假定不同的传统具有截然不同甚至不可通约的概念结构，那这种比较将更多是一种意识形态（ideology），而不是客观的学术研究。我们必须进行深入研究，以弄清显然的或所谓的相似或不同之处是否真实。即使存在真正的差异，我们也需要确定这些差异是"基于类型的"（in types）还是"基于程度的"（in degrees）。一方面，过分强调相似性会导致将西式框架强加于中国思想，也会无法了解各方的独特贡献，尤其是后者；另一方面，过分强调中西方之间的差异，会阻碍通往富有成效的跨文化哲学对话之路，因为它要么会误导许多专业的主流哲学家将中国哲学视为一种不同的思想类型，要么会误导反对传统西方哲学的学者以极端方式强调中国哲学的独特性。

就《德性之镜》而言，乔治·鲁迪布什和萧阳指出其主要论点是呈现亚里士多德与孔子的相似架构这一观点显然是正确的。正如《德性之镜》前言中所描述的那样，我最初被这个话题吸引，就是因为它们有明显的相似之处。这种明显的相似性让我产生了一种好奇，促使我去理解它们在多大程度上是真正相似的，也促使我去探究这种比较对于当前德性伦理学讨论的意义。通过我的研究，我确信它们的相似具有巨大价值。我首先在论文《德性：孔子和亚里士多德》（Yu，1998）中简述过我的立场。这篇论文得到了学界一些学者的热情鼓励，包括为用德性伦理学方法阐释孔子伦理学做出巨大贡献的艾文贺（P. J. Ivanhoe）和万百安（Bryan Van Norden）。正是这种鼓励促使我执笔《德性之镜》，系统呈现孔子伦理学的德性伦理本质。乔治·鲁迪布什评论说："目前，当代道德哲学家经常向亚里士多德和康德寻求哲学灵感以及哲学论证。不管怎样，我希望因为这本书，当代道德哲学家同样也会把孔子作为哲学灵感和论证的借鉴来源。"他的确敏锐地抓住了我写《德性之镜》的主要动机。

然而，必须强调的是，证明孔子伦理学与亚里士多德德性伦理学相似，并不意味着将孔子伦理学与同时期的西方专业哲学强行建立联系，或者将西方复兴的德性伦理视为"权威"，而是找到了一个卓有成效的视角，来更好地理解孔子思想的哲学本质。将西方理论强加于中国文献是错误的，同样有意拒绝向西方哲学学习也是错误的。正如我在《德性之镜》中提到，亚里士多德和孔子之间的明显相似之处只是我研究的起点。他们促使我产生了一种"好奇感"，即"亚里士多德伦理学与孔子伦理学在何种程度上是可匹敌或可互补的，以及我们能从它们的差异或相似之间获得什么样的哲学教益"（Yu，2007：3）。虽然对于亚里士多德伦理学与孔子伦理学的关系存有异议，但很难否定的是，德性伦理方法可能已成为我们当前孔子伦理学（Confucianism）研究中最具影响力的方法。鉴于此，这种方法中肯定有一些"真知灼见"。

事实上，我对孔子伦理学的德性伦理特质早年没有被西方学界所解深表遗憾。众所周知，1958 年安斯康姆（Elizabeth Anscombe）的《现代道德哲学》一文肇始了当代德性伦理学的复兴。但西方学界鲜为人知的是，1958 年同一时期一些新儒家发表了《为中国文化敬告世界人士宣言——我们对中国学术研究及中国文化与世界文化前途之共同认识》（Zhang et al., 1986；以下简称《宣言》）一文，该文成为新儒学复兴运动中里程碑式的文件。就像安斯康姆的文章一样，新儒家的《宣言》批评了现代西方伦理，并且按照我的理解，它指向了德性伦理。然而，《宣言》对亚里士多德或西方传统德性伦理学只字未提。相反，它声称儒家思想可以弥补现代西方道德哲学的缺陷。按照这种思路，我们大概可以期待一系列论证孔子德性伦理学如何战胜康德义务论和功利主义的交锋文章。不幸的是，这种情况并没有发生（恰恰相反，《宣言》的许多作者都对孔子伦理学给出康德式的解读）。否则，《宣言》应该成为西方德性伦理发展的先驱文献。尽管今天随着西方德性伦理学的发展，将孔子伦理学视为德性伦理学已经成为一种被广泛接受的方式，但在我看来，孔子伦理学错过了一个千载难逢的机会，它本可以从 20 世纪 60 年代到 80 年代对德性伦理的发展产生一种独创性的（original）和关键性的影响。（Yu，2008）

新儒家《宣言》和许多其他比较哲学著作强调差异性的一个原因是，它们往往将古代中国哲学与现代西方哲学进行比较。东西方之间众多所谓的对比，事实上是古代世界（包括古代西方与古代中国）与现代西方之间的对比。让我们以影响广泛（influential）的"关系自我"（relational self）这一概念（the issue）为例。尽管学界对儒家（Confucian）"关系自我"究竟何意未达成共识，但这一概念通常被与以个人选择和自由为特征的个人的主体自由概念比较来进行讨论。在这个框架中，儒家伦理（Confucian ethics）被认为与西方自我概念形成鲜明对比，是以权利为中心的现代伦理的另类模式。然而，我们一旦借鉴亚里士多德的"政治动物"观点，就会发现东方孔子和西方亚里士多德都重视人类间的联系性。在比较中需要重点澄清的是，我们所说的"西方”是古代西方还是现代西方，儒家思想是经典儒家思想、宋明理学（neo-Confucianism）还是新儒家。

我们说亚里士多德伦理学和孔子伦理学有许多相似之处，意味着它们在总体方向和方法上都存有相似，并且都关注一系列相似的问题。但这并不意味着它们简单地相同。正如我在《德性之镜》中呈现的那样，它们属于相似的属（genus），但是不同的种（species）。虽然亚里士多德伦理学和孔子伦理学有许多相似的观点，但它们有不同的方式来表达、证明和评价这些观点。也就是说，在它们类似的方法中存在实质的和显著的差异。

事实上，一旦限于德性伦理学框架，识别两种伦理学的独特性，识别德性伦理学种范畴内的独特特征，就变得更加重要。《德性之镜》已经呈现了两者之间的许多重要差异，尽管有些工作有待进一步完善。在这一方面，我的批评者提出了一些值得认真对待的重要观点。根据乔治·鲁迪布什的观点，关于"仁"概念还有很多东西需要研究。他主要有两种异议：第一，质疑将"仁"作为一般德性与作为一种具体德性之间的区分。第二，质疑"仁"是不是一种德性和一种行为倾向。为了取代"仁作为一种德性"这一观点，乔治·鲁迪布什提出一个建设性观点，即"先天的仁"（ren as priority），根据这一论点，"仁是一种动机方面的优先性（标准）"。他的观点很有趣，我期待更全面的版本。

此外，我专注于捍卫自己的观点。我先将回应他的第二个挑战。乔治·鲁迪布什说"仁根本就不是一种德性"的主要原因是，仁并不是根深蒂固的行为倾向。他引用了两个段落来支持自己的论点。其中一篇是《论语》（6：7），提及颜回"回也，其心三月不违仁"。因此，仁似乎是暂时的。另一个是《论语》（7：30）："仁远乎哉？我欲仁，斯仁至矣！"在《德性之镜》中，我引用了以下段落来证明孔子的仁为什么是根深蒂固的品格，是长期自我修身的结果："吾十有五而志于学，三十而立，四十而不惑，五十而知天命，六十而耳顺，七十而从心所欲，不逾矩。"（《论语》2：4）"不仁者，不可以久处约，不可以长处乐。仁者安仁，知者利仁。"（《论语》4：2）"君子去仁，恶乎成名？君子无终食之间违仁，造次必于是，颠沛必于是。"（《论语》4：5）

乍一看，乔治·鲁迪布什单挑的两个段落似乎与这种观点不一致。但我认为这种表面的不一致可以解释得过去。与情境伦理学不同，我认为仁不是静态的，而是变化发展的，且具有程度问题。"仁远乎哉？我欲仁，斯仁至矣！"（《论语》7：30）其中的仁并不是指培养德性品格；相反，它是说每个人都有一种自然潜力变成德性行为者。如果一个人决心拥有仁这种德性品质，那他就有可能变成德性行为者。关于"回也，其心三月不违仁"，"三个月"不应按字面意思来理解；相反，它应该意味着"很长一段时间"。一种德性品质是逐渐形成的，它涉及一个不断深化的过程。它在一开始是短暂的，但会变得越来越稳定和坚固。这段文本可以理解为，作为践行仁的典型代表，颜回培养了一种比其他人更加坚固的德性品格倾向。

将仁作为一般德性与特殊德性区别对待，并不是我的独创，冯友兰和陈荣捷（Wing-Tsit Chan）早就对此给出过论述。我在《德性之镜》中给出了较长的文本讨论说明为什么我要保持这种区分。就像乔治·鲁迪布什一样，我也更喜欢"一致的、连贯的仁论述而不是模糊的观点"。虽然很难从文本中获得关于仁的一致的、连贯的论述，但我仍然相信将仁作为一般德性和特殊德性区别对待，对于解释《论语》相关段落具有更强的解释力。乔治·鲁迪布什的反对意见是基于他所谓的《论语·阳货》和《论语·公冶长》之间的矛盾。在《论语》（17：6）中，孔子在回答何为仁时，指出仁有五种，曰："恭、宽、信、敏、惠。"即仁有五种，恭、宽、信、敏、惠。乔治·鲁迪布什指出，如果把这五种德性视为整体德性仁的"充分部分"，那么"智"和"忠"就不是必不可少的部分。但《论语·公冶长》中指出，若没有"智"和"忠"这两种德性，一个人就不可能真正具有仁这一德性。作为辩护，应该说在《德性之镜》中，我避免了"必要""充分"之类的负载和有争议的术语。我引用的是《论语》（17：6）所说的，"仁至少包含这五种特殊德性"

（Yu，2007：166）。

然而，乔治·鲁迪布什的反对意见引发了一些值得思考的问题。首先，用什么语言来描述作为一般德性的仁与特殊德性的仁以及其与他德性之间的关系更恰当呢？我确实使用了"必要组件"（necessary components）之类的术语，这些术语似乎（错误地）暗示了它们之间的部分或整体关系。乔治·鲁迪布什本人更喜欢使用"仁的显象"（signs of Ren）来描述它们之间的关系。同样的问题亦存在于亚里士多德那里，他明确区分了特殊德性和一般德性。（《尼各马可伦理学》1220a2-4）然而，作为一种特殊德性的实践智慧，如何才能成为德性的每种品格特征不可或缺的方面呢？一个人到底需要多少特殊德性才能拥有好的德性品格？这个问题与"德性统一论"有关。这些问题和其他问题应该迫使我们更加思考"仁"到底是什么。

同样，在孔子德性伦理的独特贡献方面，萧阳提出了不同的异议。他认为我不加批判地接受"以德性为基础的伦理学"与"以规则为基础的伦理学"之间的"鸿沟"，我接受了一种普遍的道德理论类型。据他说，这种道德理论不是一个完整的道德理论分类。因为上面提到的两种理论都是"具有等级结构的伦理理论"；然而，可能存在一个没有基本概念（primary concept）的道德理论，以及一个具有全部"扁平"结构但多个局部存在等级结构的理论。他的论文本身很有趣，并且值得更充分完善地发展。伦理学图景一直在不断变化。首先，德性伦理、康德义务论和功利主义之间的边界变得模糊不清。有些学者试图证明亚里士多德和康德之间的差异并不那么重要（例如可参考论文：Engstrom and Whiting，1996），也有学者认为德性问题可以包含在功利主义框架中（例如 Driver，2001）。许多学者试图通过区分德性伦理学和德性理论来缩小古代伦理与现代伦理之间的区别。其次，在德性伦理学中，有各种努力来发展主流亚里士多德或者说幸福主义方法的替代方法，例如基于休谟或尼采的德性伦理学。（Slote，2001；Swanton，2003）在写《德性之镜》的过程中，我的主要目标是证成孔子伦理学是一种德性伦理学，并证明这种基于仁的伦理学能够被视为以德性为基础的亚里士多德主义伦理学的朋友。然而，我们应该进一步探索孔子伦理学中那些似乎不符合传统类型的元素。最近，赫斯特豪斯（Hursthouse）评论说："对中国古代伦理学的兴趣日益增长，现在倾向于强调其与古希腊传统的共同点，但随着中国古代伦理学的发展，它可能会更激进地离开古希腊传统。"（Hursthouse，2007）我完全同意这种观点，这应该是我们追求的一个方向。

二、朋友如镜论

在《德性之镜》导论中，我提出了两种亚里士多德的比较方法。一种是"朋友如镜论"，根据这种方法，亚里士多德和孔子伦理可以视彼此为镜子；第二种是"拯救现象法"。第二种似乎已被广泛接受；然而"朋友如镜论"引起了一些批评，值得进一步讨论。

在传统的比较实践中，西方哲学通常被处理为可直接引用的、已建立好的框架或分析结构，而不是作为一个需要被研究的对象。比较哲学讨论的焦点也总是聚焦于非西方这一边。然而，"朋友如镜论"需要两个方面的比较。这种比较将西方从被效仿对象或权威转变为平等的对话者。萧阳在他的文章中就此点评论到，以这种方式做比较哲学可以避免他所谓的"诉诸西方话语的'最终解释'"错误。尼古拉斯·吉尔（Nicholas Gier）也认可此点，说道："这种方法也将避免这样一种倾向，即避免将欧洲哲学范畴作为评估亚洲思想之标准规范的倾向。"（Gier，2008）

亚里士多德在两处提到过"朋友如镜论"。一个是《大伦理学》（213a20-26），他指出朋友是第二个自我，可以用作镜子来更好地了解自己。第二个是《尼各马可伦理学》（1169b33-117a2），除了朋友之外，他还引出了"邻居"一词来阐释相同的观点。在《德性之镜》中，我讨论了文本中的第一处，在一个脚注中引用了第二处，但没有详细说明"朋友如镜论"中"邻居"和"朋友"之间的细微差别。一些评论者试图通过对《大伦理学》相关文本的阅读来反对朋友如镜论。他们认为亚里士多德和孔子之间不是朋友，因为他们不满足亚里士多德可以称作朋友的所有条件。这种批评似乎完全错误地理解了我的观点。我并没有完全照搬亚里士多德的观点，而是借用他的观点来引申出一种比较方法。萧阳敏锐地感知到了这一点，他指出"余纪元显然打算用隐喻的方法来进行论述"。丽莎·拉斐尔斯也对我的方法持赞同态度，她引用《尼各马可伦理学》的一段话（1169b33—1170a3）来支持我对"邻居"的观点。她指出："《尼各马可伦理学》中的这一段落着重强调这一点，借助强调朋友和镜子的不同，通过反思我们邻居（由于距离产生的）更干净（cleaner）的行为，让我们更好地了解自己的行为。"这种富有洞察力的观察使她得出结论："这种有距离的隐喻显然适用于孔子和亚里士多德的比较。"

反思"朋友如镜论"引发的争议，特别是受到丽莎·拉斐尔斯洞察力的启发，我发现我们可以对这种方法有更全面和更好的理解与表达。一种更为合适的表达是，"朋友如镜论"应该分为两个阶段。第一个是"邻居"阶段，双方只要处于邻域，就可以进行比较。在哲学中，"邻域"代表着它们关注相似的问题，处理相同的论题，或者采用相似的方法。"朋友如镜论"的运用结果是比较它们是否真的相似。如果事实证明它们真的不同，要么停止比较，要么继续从哲学意义上追问为何如此不同。如果事实证明它们是真正的相似，这种比较将进入第二阶段，即"朋友"阶段。

如果它们相似，我们为什么必须进入第二阶段呢？让我们再看一遍《尼各马可伦理学》中的一个段落：

> 如果我们更能够沉思邻人而不是我们自身，更能沉思邻人的而不是我们自身的实践，因而好人以沉思他的好人朋友的实践为愉悦

（因为这种实践具有这两种愉悦性），那么享得福祉的人就需要这样的朋友。（《尼各马可伦理学》1169b33-1170a2）

虽然"邻居"也让我们更好地思考自己，但"好人以沉思他的好人朋友的实践为愉悦"。朋友之间的比较是愉悦的，"邻居"阶段是必要的。没有"邻居"阶段，我们将无法知道谁是朋友。然而，促进道德行为者幸福的是"朋友"阶段。友谊是自我认识和自我发现，是道德行为者获得兴旺发达人生所必需的。这是因为尽管朋友可能具有类似的德性品质，但并不意味着他们拥有严格等同的品质。亚里士多德自己也认为，富有德性品质的朋友并不意味着这些朋友不具有差异性。第一，德性有很多种。亚里士多德有一个很长的特殊德性的清单，这个清单是开放的。朋友不能拥有相同数量的德性。一个朋友可能拥有另一个朋友没有的德性。第二，德性具有程度的不同（《尼各马可伦理学》1144b33-1145a1），并且有自然德性、习得的德性和完全德性。德性的培养是一个不断深化的过程。第三，朋友们为了追求德性活动需要花时间相处（《尼各马可伦理学》1170a12，1172a5-12），且德性的培养是一个终身的过程（《尼各马可伦理学》1180a1-4）。事实上，这是因为每个人身上具备的德性并不完全相同，在把朋友当作镜子时，一个德性行为者可以发现其他德性，并且意识到自己修德与他人修德的差异。这种镜子有助于道德行为者培养自身的德性。

三、两种比较的平衡

如果比较是互为镜像，一个更进一步的问题是如何保证比较镜像双方的平衡。这种平衡涉及很多方面。丽莎·拉斐尔斯明确地提出两点：个人与传统之间的平衡以及道德与背景（contexts）之间的平衡。她的文章还进一步暗含着另一种平衡：方法与内容之间的平衡。丽莎·拉斐尔斯在这些问题上挑战我的观点。虽然我可以通过呈现我在《德性之镜》中如何解决这些问题而避免成为她的靶子，但我完全同意比较的平衡是一个重要问题，这一问题值得认真对待。

（一）个人与传统之间的平衡

丽莎·拉斐尔斯说："余先生最初设想比较的是两位思想家，但经常比较了两种传统。"这种说法有失公允。确实在《德性之镜》开始部分，我将比较范围界定如下："本书在广义上使用孔子伦理学一词，这一词不仅涵盖《论语》，亦包含古典儒学的核心文本四书中的相关学说政治动物的概念。"（Yu，2007：xii）《德性之镜》不局限于比较《尼各马可伦理学》和《论语》两个文本的理由如下：第一，《论语》本身是孔子相关言语以及和对话片段的集合，经他的弟子们几个世纪的编写最终成型。即使我们的比较仅仅限制在《论语》一书，此书也代表一种传统而不是个人的著作。第二，在哲学上，尽管四书的划分是理学的做法，但四书本身代表了古典儒学是什么的深刻哲学洞察。第三，与亚里士多德伦理学对应的孔子伦理学是从四书中提取和重建的伦理理论（我将在稍后回到这一点）。

此处我需要阐述另一个相关的问题。萧阳从另外的角度质疑了我的方法。他认为将《论语》视为一个整体以及将四书视为另一个整体是《德性之镜》一书中的两个前提假设，并且我的这种做法是"先验地、不加批判地"（a priori and uncritically）排除不管是《论语》还是四书都不是一个统一整体的可能性。我对他的担忧表示同情，但不认为这些批评是站得住脚的。我很清楚这些文本不同结构的本质（heterogeneous nature），并且在《德性之镜》中已经对为何将它们视为一个统一整体给出过辩护。（Yu，2007：166）当我说"统一整体"时，它意味着哲学意义上的统一而不是文本的统一。对于《论语》，我遵循了孔子的自我声明（self-declaration），他的道是一种"单线"（a single thread）（《论语》4：5）。萧阳认为这种自我声明"可能是错误的"。但在我们有确定证据证明这一点之前，我宁愿跟随孔子的观点。至于我把四书视为一个统一整体，不是因为理学们将它们放在一起，而是因为我在其中看到了一种系统的德性理论。我的研究聚焦于《论语》一书，并阅读其他文本作为《论语》的详细解读和扩展。我解释孔子如何提出一种观点，以及这种观点在其他三本书中如何改变、发展、补充。这种做法绝不是假设它们总是一致的，或者我的阅读能够覆盖每一段文本。事实上，研究伊始这种一元论立场只是我的特征假设，但随着研究的深入，我确信这种阅读方法很有意义。我们把四书看作一个整体并且通过一种与亚里士多德比较的视角来阅读时，就会发现孔子《论语》中所具有的整体和系统的但未直接给出的道。

现在让我们回到丽莎·拉斐尔斯的批评。虽然我不认为自己是她批评的靶子，但她对于比较方法有一个值得认真对待的观点。在比较哲学中，个人和传统的互相转换是一个重要问题，我们必须谨慎对待。在文献中经常出现这样的情况：在讨论孔子思想时，人们不仅自由地引用其他经典文本的文本，而且还引用了宋明理学和其他几代人的文本。用丽莎·拉斐尔斯的话说，这种做法"当我们在用大量不同后来者的思想来对《论语》进行阐释或说明时，会产生不合时宜（anachronism）的问题"。同一传统中的个人可以大不相同。我们不应该让整个传统的相似性覆盖每个单独个人的独特贡献，我们也不应该把单个个人的贡献与整个传统的内容混为一谈。

（二）伦理学与其背景之间的平衡

丽莎·拉斐尔斯认为，在做比较伦理学时，我们不应该只关注伦理道德，而应该处理伦理道德与其他科学之间关系的问题。正如她所说："但如果我们将亚里士多德伦理学置于他关于理论科学和生产科学的论述中，我们会再次失去我们的'朋友'和'邻居'，因为不管是儒学传统中的孔子还是他的后世学者都没有提供任何对应物。"拉斐尔斯建设性地建议我注重道家对数学、天文学和医学的兴趣，战国诸子的逻辑学，以及论理与致用传统之间复杂的联系和竞争。

背景的重要性显而易见。事实上，我选择研究四书而不是单独讨论《论语》的一个主要原因，恰恰是亚里士多德伦理学是亚里士多德整个知识体系的一部分，这与从作为整体的四书中重建的孔子伦理学恰好匹配。第一，亚里士多德的伦理学与他的政治学密不可分，并且孔子也有类似的德性政治观念，而在孟子的仁政理论和《大学》中已经全面展开。第二，亚里士多德的伦理学涉及心理学。《论语》中缺乏亚里士多德的功能论证或者道德心理学，但孟子的性善论（innate goodness）填补了这一空白。第三，亚里士多德的伦理学具有形而上学基础，与形而上学理论如潜能现实理论（actuality）、目的论、神学等密切相关。《论语》中孔子预设了天这一观念，因而他的伦理学有了宇宙论基础。然而，正是在《孟子》和《中庸》中，儒家道德形而上学得到了充分发展。因此，四书中的孔子德性伦理表明它与政治学密不可分，并且具有稳固的形而上学和心理学基础。

虽然在不考虑其心理学以及形而上学背景的情况下，比较道德体系肯定是不合适的，但在另一方面也存在一个问题：在比较哲学研究中，我们需要考虑多少背景？这是一个困扰许多比较主义者的普遍问题。例如，G.E.R. 劳埃德（G.E.R. Lloyd）在他对郝大维（David Hall）和安乐哲（Roger Ames）的《通过孔子而思》（*Thinking through Confucius*）的书评中，指出郝大维以及安乐哲狭隘地关注哲学来源，过分强调个体思想家的价值，忽略了社会和学术环境。（Lloyd，1996）在他们的回应中，郝大维和安乐哲认为他们既不是社会学家也不是历史学家，他们只是想"纪念那些最有成效的，塑造了中西文化的主要感受的思想和活动"（Hall and Ames，1998：xvi）。

在《德性之镜》中，在处理哲学论证与社会语境之间的关系时，我的总体策略如下："哲学不是在真空中发生的。所以，我们的比较考虑到了在古代中国和希腊那里，分别影响了孔子和亚里士多德的各种背景（社会、政治、文化以及理论背景）。然而，我们比较的焦点则在于两种伦理学实际上说的是什么，亦即各自伦理学文本的观点与论证是什么。这对于避免鲁莽、没有充分支撑的比较性概括是首要。"（Yu，2008：17）这个观点我至今仍然遵守。比较哲学中比较的是哲学思想和论点。文本背景只有在影响哲学思想时才有意义。在背景和思想之间，总有一段距离。正如相似的中国古代背景产生了截然不同的思想理论系统一样，诸如道教和儒家，类似的希腊背景也产生了柏拉图主义和亚里士多德主义。但是，如果任何概念和论证受到文本背景的影响，那么一种有价值的比较就必须研究该背景。

在这个问题上，亚里士多德本人再次为我们提供了直接指导。在《尼各马可伦理学》（1.7）中，功能论证得出结论：幸福在于呈现德性的灵魂活动。在这个结论之后，他的伦理学应该有一个灵魂论。亚里士多德确实要求："显然政治学学生必须知道一些关于灵魂的事实。"（《尼各马可伦理学》1102a20）尽管如此，他明确表示这种心理学背景应该在有限的程度上被考虑："不过，他应当着眼于他的特殊对象，并且研究到适合他的目的的程度。追求过分的确定性将要求繁冗的工作，这会超出我们的目的。"（《尼各马可伦理学》1102a22-25）遵循这段文本的精神，我们应该怎么看待比较研究中的背景问题，这取决于背景问题对"我们正在讨论的问题"的充分必要性。

（三）方法与内容之间的平衡

丽莎·拉斐尔斯指出的另一种不平衡是我主要使用希腊哲学中的方法。她说："问题在于他的方法完全是希腊的，而不仅仅是希腊的，更是亚里士多德的（Aristotelian）。他在结果上一碗水端平，但在过程中并非如此"；并且"他的那对朋友（孔子和亚里士多德）在他们对德性的考虑中是平等的，但是在他们的方法的复杂性或广度上不是平等的"。

这里隐含的要求似乎是，在做比较研究时，我们不仅需要将双发的内容视为平等，而且还应该使用双方的方法。

作为辩护，我认为一种方法仅仅是因为它的有效性而被使用，它的出生地或作者身份无关紧要。我采用亚里士多德的方法，不是因为它们是希腊的或亚里士多德的，而仅仅是因为它们可以指导我更有效率和成效地进行比较。基于此，我确实看到并欣赏拉斐尔斯批评中的一个重要观点，即我们应该更加注意从中国哲学方面寻找和采用合适的方法。拉斐尔斯认为庄子和荀子是可能的方向。事实上，我在阅读她的批评时发现"朋友如镜论"也存在于孔子中。在《论语》中，孔子曰："见贤思齐焉，见不贤而内自省也。"（《论语》4：17）你可以使有价值的和没有价值的事物都作为你的镜子。把有价值的事物作为镜子，是找到你需要改进的地方；把没有价值的事物作为镜子，可以用来反思自己的状态。在我看来，本该说朋友如镜论方法既是亚里士多德的也是儒家的。

与之相关的问题是关于呈现内容的平衡的。《德性之镜》给人的印象是，我对亚里士多德的讨论往往更加详细。在《德性之镜》第三章，我将亚里士多德的"政治动物"与儒家的"关系性自我"结合起来。拉斐尔斯说："然而，这并不是一个不偏不倚的比较。"尽管她补充道："比较的过程中（作者）比较偏向亚里士多德，部分原因是亚里士多德的政治动物概念是明确的、详细的。"哪一方应该得到更详细的讨论，绝不是一个预先设定的问题。有时当一方发展出比另一方更为重要的哲学观点和哲学论证时，被比较的双方可能必须保持不均匀。至于关系性自我的问题，"关系性自我"概念是一种学术性建构，而不是孔子独有的概念。四书中几乎没有任何关于"关系性自我"的直接论证。相比之下，亚里士多德在《政治学》（1.2）中明确地阐述并论证了"政治动物"论点。这种比较的实际情况决定对亚里士多德一方不可避免地要更多地进行讨论。而且，这种做法在哲学上也很有价值。学者们对"关系性自我"的精确含义有不同的版本。既然我的目的是考察亚里士多德提出的观点在我们阅读孔子的过程中如何得到体现，那为什么我们不使用亚里士多德形成类似论点的丰富论据呢？

四、镜像和投射

　　萧阳在他论文中提出的一个重要观点是：应该如何评价余纪元关于亚里士多德与孔子的比较？可以推测，正如萧阳所说，人们对《德性之镜》的一个重要的可能性批判是，我对孔子思想的德性伦理学解读是将亚里士多德框架强加到儒家文本的结果。他指出，虽然在文献中没有找到实际的引用，但他"经常听到人们给出这种论证"。为了辩护我的观点，萧阳指出，我不是把我的整个观点作为先验的观点来进行讨论，这些论点不是从书中所有平行结构派生推演而来，相反，这些平行结构的论点是比较两边文本中无数细致的段落和详细阐释的结果。我很欣赏他的正义感。

　　确实，正是由于我的亚里士多德背景，我才首先注意到孔子思想的德性伦理特征。这是最初《德性之镜》的构思方式。如果一个比较主义者可以成为一个"理想的观察者"，那将是理想状态。但这只是一个理想。要解释文本，我们必须从某个地方开始。然而，即使我从亚里士多德的观点出发，也并不意味着我无意识地将亚里士多德的概念框架强加于儒家文献资料上。我们精确引入镜像方法可以避免这种错误。在《德性之镜》中，亚里士多德框架本身就需要经过审视，任何应用都要在文本论据的基础上仔细证成。在进行比较时，我一直遵循以下标准：（1）所有比较的观点必须引用双方的实质性文本证据；（2）所有相关的主要概念都在各自的语言、历史和文化发展中进行了考察；（3）由于中西方都存有充满学术争议的问题，任何一方丰富的学术讨论和相关争议都必须经过审视。不难看出，在《德性之镜》中，我们对亚里士多德伦理学的讨论至少与我们对孔子伦理学的讨论相平衡。

　　然而，萧阳的观点不仅对于评价我的书具有重要意义，而且对于一般的比较哲学也具有重要意义。"给中国文献强加上西方框架"可能是对比较哲学最容易提出的指责。我们如何评估一种观点是否真的在强加西方框架来解读中国文本？这导致了一个关于"什么算作好的比较著作？"的一般性问题。显然，这不是一个容易回答的问题，就像学者们对于什么算是一部好的哲学著作几乎没有一致意见一样。"不令人信服"甚至"不是哲学的"，可能是对任何哲学著作最容易提出的指责。我们都熟悉一种社会现实，即在西方人们一直怀疑中国哲学是不是"真正的"哲学。即使在西方，也存在着对中国哲学和分析哲学之间哲学性评价的熟悉斗争。虽然建立客观标准只是理想，但对这个评估问题（issue of assessment）进行讨论肯定会有所帮助。萧阳表达了他自己的立场："我们应当把它们当作工作假设，并且将它们置于文本解释的检验、学者共同体的共识的检验，以及时间的检验中。"他这里列出了三个测试：（1）文本解读的检验；（2）学术共同体内学者的检验；（3）时间的检验。针对《德性之镜》，萧阳的"三个检验"可以普遍应用。在这三个检验中，时间的检验显然是最正确的，尽管比较主义者自己能够做到的只是文本解读的检验。我们有很多理由做比较哲学，其中之一正是，比较使我们能够更好地理解相关文本并能够重新解读文本。虽然我们必须阅读亚里士多德和孔子的相关经典原著来理解它们，但是如朋友如镜法所示，朋友可以让人更清楚地看到自己的脸。比较来自不同传统的伦理理论有助于我们反思两种伦理学的传统根源，检验其未经检验的预设，并产生另外的观点，以确定被比较的双方为何以这种方式存在。

当我说比较主义者可以控制的就是文本解读的检验时，我的意思是比较主义者可以尽其所能地提供他或她认为最好的解读。这绝不是指他或她认为最好的解释将被其他解读者采纳。不同的学者往往对同一文本有不同甚至相互矛盾的解释。这就是学术的本质。萧阳说得好，"没有类似于孔子伦理的'形式'，或纯文本的论据这样的东西可以用来于解决分歧"。鉴于此，学术界的共识只能在相对意义上进行检验。在相对意义上，它仅与该特定共同体相关，因此仅在此范围内具有价值。也许重要的不是一些著作是对还是错的共识（人数多少从来不是真理的标准），而是学术界对你的著作是否感兴趣甚至兴奋。学者们对某项工作感到兴奋至少有两个相反的原因：或者是工作开辟了新的视野，值得讨论和发展；或者是它威胁到自己的立场，所以他们必须捍卫自己的立场来应对挑战。对于《德性之镜》而言，如果它可以作为比较方法论的一个测试案例，如果它引起人们对亚里士多德伦理学的阅读，如果它引导更多的学者对孔子德性伦理学文本感兴趣，如果它变成那些不认为孔子伦理学是德性伦理学的学者频繁引用的一个靶子，我这位作者就得到了我想要得到的一切。

[致谢] 感谢马克·麦克弗兰（Mark Mcpherran）在 2010 年 3 月组织了美国哲学学会太平洋分组会议关于《德性之镜》的"作者–遇见–评论家"会；感谢丽莎·拉斐尔斯、乔治·鲁迪布什和萧阳参与该小组并撰写评论文章；感谢凯瑟琳·乌尔曼（Catherine Ullman）以及萧阳的有益评论。

参考文献：

Driver, Julia, 2001. *Uneasy Virtue*. New York：Cambridge University Press.

Engstrom, Stephen, and Jennifer Whiting, eds., 1996. *Aristotle, Kant and the Stoics: Rethinking Happiness and Duty*. Cambridge：Cambridge University Press.

Gier, Nicholas, 2008. "A Review of Jiyuan Yu's *The Ethics of Confucius and Aristotle: Mirrors of Virtue*," *Journal of Chinese Philosophy* 35：692–695.

Hall, David, and Roger T. Ames, 1998. *Thinking from the Han*. Albany：State University of New York Press.

Hursthouse, Rosalind, 2007. "Virtue Ethics," *Stanford Encyclopedia of Philosophy*.

Lloyd, Geoffrey, 1996. "Review of *Anticipating China*," *China Review International* 3：425–427.

Slote, Michael, 2001. *Morals from Motives*. Oxford：Oxford University Press.

Swanton, Christine. *Virtue Ethics: A Pluralistic View*. Oxford：Oxford University Press, 2003.

Yu，Jiyuan，1998.	"Virtue：Confucius and Aristotle,"	*Philosophy East and West* 48：323–347.

——. 2007. *The Ethics of Confucius and Aristotle: Mirrors of Virtue*. New York and London：Routledge.

——. 2008.	"The Manifesto of New-Confucianism and the Revival of Virtue Ethics," *Frontiers of Philosophy in China* 3：317–336.（首次发表于《山东大学学报》（哲学社会科学版）2007 年第 1 期：1–9）

张君劢、牟宗三、唐君毅、徐复观，1986.《为中国文化敬告世界人士宣言》，载张君劢，《新儒学思想史》. 香港：弘文馆出版社 .（1958 年 1 月，原刊于香港《民主评论》和台湾《再生》杂志）

后　记

　　编辑完纪元学术文集，我的思绪马上回到了 2016 年 11 月 2 日，那日下午，我突然接到美国纽约州立大学布法罗分校张杰教授的电话，他心情沉重地告诉我，纪元已经处于生命的弥留状态，就要进入医院的临终关怀室，让我给纪元说句话。我的大脑瞬间一片空白，泪水止不住地流下来，我急切地对着手机呼喊"纪元！纪元！……"，但手机那端只能听见不均匀的呼气声……之后不久，令人心碎的噩耗就传来了。我真的不敢相信纪元离开了我们，大约在此一个月前，我们俩还有一次长长的通话，听起来电话那端的纪元情绪饱满，说话声如洪钟，铿锵有力，洋洋盈耳。他较为详细地说到了自己的治疗，谈到有华人朋友建议他接受中医调理，平静的叙述中一如既往地保持着一种淡然态度，让手机这端的我感到非常欣慰。我们甚至还谈到了中西哲学比较研究中的一些问题，谈到他作为中西哲学"居间者"的重要性和工作的意义。通话的最后，他向我讨要了我们一位研究生同学的联络方式，说要联络一下。我们愉快地说了再见，并约定再找时间聊聊。然而，一切的一切都随着这残酷的消息飘零而去。昨夜星辰昨夜风，寒雨飘洒心悲鸣，泪痕重叠，无语凝噎……

　　但，总觉得应该做些什么。大约三年前，雅洁的一个电话使得要做的事清晰起来。雅洁在电话中告诉我，她在北京见到了志伟师兄，志伟师兄提议要为纪元编辑一本纪念文集，并由我和他担任这本书的主编，具体组织实施，共同完成这个工作。纪元本科就学于山东大学哲学系，硕士研究生就读于中国人民大学哲学系，我们在两个校园共同生活过，又同以外国哲学为学术志业，而志伟则是我们的师兄，不仅在同一个教研室学习过，相知相熟，而且毕业后长期保持着密切的兄弟情谊。再加上后来纪元担任过中国人民大学讲座教授和山东大学长江学者讲座教授，为两个母校哲学学科的发展做出了巨大贡献，我和志伟师兄承担纪元文集的主编工作，自是义不容辞。

更重要的原因还在于，我们希望通过这本文集的编辑出版，留住纪元的思想与精神。纪元逝世于学术创造力旺盛时期，他的哲学研究与思想发展起源于中国，发展于欧洲，成熟于北美。他是国际著名亚里士多德专家，同时又对中国哲学，特别是中国哲学的早期传统有着精深研究，可谓栖居于中西哲学传统之间，纵横东西，捭阖今古，独步学林，以求新知。我们虽无力夺回纪元的物质生命，但可以通过探究和传播纪元的睿智哲思，继续推进纪元的思考，在中西哲学和古今思想之间思考，阐扬恢宏大道，摘得新颖思想硕果。

文集编选的最初想法是将其分成二编：一为学术编，主要包括纪元在域外发表的英文论文、部分在国内学术期刊发表的中文论文和部分研究纪元学术思想的论文；二为纪念编，主要收录海内外学术同道的纪念文章，同学、学生的回忆文章，以及其他纪念性文字（诗、赋、挽联等）。学术编的选目、翻译组织以及编辑等由我负责，纪念编的编辑委托给四川外国语大学的王毅教授。但在与出版社进一步沟通之后，最终决定删除纪念编，只保留学术编，书名的副标题随之做了修改，即由"余纪元纪念文集"改为"余纪元学术文集"，于是这本带有纪念性质的文集最终确定了这样的书名：《在中西古今之间——余纪元学术文集》。

文集出版事宜由志伟师兄负责。在志伟师兄的努力下，中国人民大学哲学院欣然应允资助文集出版，中国人民大学出版社顺利接受了我们提出的选题，出版事宜很快敲定。

本文集收入了纪元在柏拉图研究、亚里士多德研究、中国的希腊哲学研究、孔子与亚里士多德、比较哲学与德性伦理学等方面发表的部分中英文论文，以附录形式收录了部分研究论文、有关他的著作的学术性书评以及他的回应。文集编辑中最为繁重的工作是将纪元用英文发表的学术论文以及英美学界讨论纪元著作的多篇书评翻译成中文。感谢晏玉荣、李涛、金小燕、韩燕丽、钱圆媛、惠贤哲、许欢、孔祥润和陈昱翰，他们大都是在国内受教于纪元的学生和我的学生，也大都属于在高校工作的"青椒"一族。作为高校聘用制下的教研人员，他们身上压着完成聘用任务（论文发表、项目申报、教学量、评优获奖等）、养老育小、贷款购房"三座大山"，工作和生活的压力可想而知，但他们依然怀着崇敬纪元之心，承担起赓续师者道统之责，毫无怨言地投身于翻译、校对工作中。没有他们勤勤恳恳的努力和脚踏实地的工作，本文集不可能如此顺利地完成。作为主编，我和志伟师兄衷心感谢他们。

他们具体承担完成的翻译和校对任务如下：《〈理想国〉中的正义：一个逐步发展的悖论》，钱圆媛译；《古代德性伦理学的实践性：希腊与中国》，钱圆媛译，晏玉荣校；《亚里士多德的存在的核心意义是什么？》，李涛译；《〈形而上学〉7、8、9卷中形质论的两种观念》，李涛译；《"述而不作"何以成就孔子？》，金小燕译，韩燕丽校；《追寻苏格拉底和孔子：自我、德性与灵魂》，金小燕译，陈昱翰校；《遵循自然生活：斯多葛学派与道家》，金小燕译，韩燕丽校；《Being 的语言：在亚里士多德与中国哲学之间》，晏玉荣译，李涛校；《中国宇宙论是形而上学吗？》，晏玉荣译，李涛校；《余纪元著作中的理论与实践》，晏玉荣译；《论万百安〈孟子〉一书中"仁"的翻译》，韩燕丽译，陈昱翰校；《写在〈德性之镜〉之后——对我的批评者的回应》，韩燕丽译，金小燕校；《通过美德伦理学超越传统——余纪元著〈德性之镜〉的评论》，惠贤哲译，许欢校；《余纪元著〈德性之镜：孔子与亚里士多德的伦理学〉的评论》，惠贤哲译，许欢校；《以亚里士多德之镜观照儒家伦理学？》，许欢译，萧阳校；《余纪元、孔子和仁》，孔祥润译，金小燕校。

　　说到翻译，还要感谢朱清华、林航和旅美学者萧阳。朱清华翻译了《亚里士多德论幸福：在柏拉图的〈国家篇〉之后》一文，林航翻译了《"活得好"与"做得好"：亚里士多德幸福概念的两重含义》一文，并先后在国内学术期刊上发表，他们同意将他们的译文收入本文集。萧阳先生不仅欣然同意文集采用他的文章，而且还致函我，对本文集的编选给予肯定与鼓励，并主动提出亲自校对自己文章的译文。他们的深情厚谊，令人动容，深铭肺腑。

　　还有老友江怡，当我们提出请他为本文集撰写序言时，他没有片刻犹豫，即刻答应，在了解文集编选的基本情况后，用很短时间就撰写完成了序言，全面评介了纪元的学术贡献。这篇序言是对编选出版这部学术文集之学术价值和意义的最好推介。编选好文集并高质量出版，当是对老友友谊的最好回应。

　　傅有德始终关心本文集的编选工作，多次问及文集编辑进展，并多次表示，只要需要，就给予必要的经费支持。真诚友谊，拳拳服膺。

　　刘大钧先生作为纪元、有德和我的老师，听闻我正在编辑纪元学术文集，欣然为本文集题写书名。老师对纪元的爱和对学生的关心，透显在一笔一画中，激励我们砥砺前行。恩师的厚爱，深藏在心，铭感不忘。

　　本文集最初的编辑是中国人民大学出版社的张杰先生，从文集选题的提出到文集内容的编选，他都提出了很好的意见，遗憾的是，他因学业之故离开了中国人民大学出版社，我们之间的合作关系也因之不得不中断。凌金良先生接手本文集的编辑工作后，仔细审阅了文集的文字稿，有针对性地提出了修改意见，对于提升文集出版质量很重要。衷心感谢两位可敬的编辑。

　　中国人民大学哲学院为本文集的出版提供了经费支持，铭感于怀。

　　本文集的出版至少推迟了近两年，主要责任当然在我。导致推迟出版的原因，一是纪元英文论文版权问题处理不力，走了一段弯路，耗费了一段时间。最后还是拜托雅洁出面，一一联络原文作者，顺利解决版权难题。二是我本人承担着有时间限制、必须在规定时段完成的项目研究，不得不将大量时间用于其上，这在客观上影响了文集的出版进程。

最后，我想说的是，纪元走了，虽然他的肉体被上天带走了，但他的思想和精神永久地留下了。一位把智慧之思当成自己生命中自愿经历的冒险而快乐旅程的哲学家，死亡对他来说不过是一次"练习"，一次对"界限"的突破之旅。哲学家将怀着生命的欢愉走入历史，因为他的思想已经镌刻进入人类永恒的精神殿堂，并将永远保持着鲜活的状态。后来者总会在思想中一次又一次与纪元相遇，纪元也将在这种相遇中不朽。

Live well，Do well！

傅永军

2021 年 10 月 6 日记于山东大学青岛校区乐水居

图书在版编目（CIP）数据

在中西古今之间：余纪元学术文集 / 傅永军，张志
伟主编 . ‒‒ 北京：中国人民大学出版社，2022.12
　　ISBN 978-7-300-31257-6

　　Ⅰ. ①在… Ⅱ. ①傅… ②张… Ⅲ. ①伦理学－文集
Ⅳ. ①B82-53

中国版本图书馆 CIP 数据核字（2022）第 223106 号

在中西古今之间——余纪元学术文集

傅永军　张志伟　主编

Zai Zhongxi Gujin Zhijian—Yu Jiyuan Xueshu Wenji

出版发行	中国人民大学出版社			
社　　址	北京中关村大街 31 号		邮政编码	100080
电　　话	010 - 62511242（总编室）		010 - 62511770（质管部）	
	010 - 82501766（邮购部）		010 - 62514148（门市部）	
	010 - 62515195（发行公司）		010 - 62515275（盗版举报）	
网　　址	http://www.crup.com.cn			
经　　销	新华书店			
印　　刷	北京联兴盛业印刷股份有限公司			
规　　格	160mm×230mm　16 开本		**版　次**	2022 年 12 月第 1 版
印　　张	37.5　插页 3		**印　次**	2022 年 12 月第 1 次印刷
字　　数	515 000		**定　价**	118.00 元

版权所有　侵权必究　印装差错　负责调换